江苏省技工院校一体化系列教材

工厂电气控制技术

GONGCHANG DIANQI KONGZHI JISHU

江苏省技工院校教材编写委员会组织编写

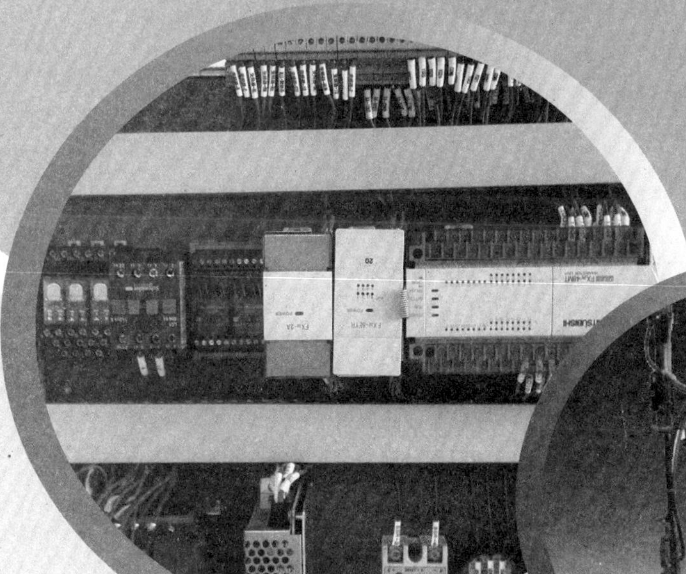

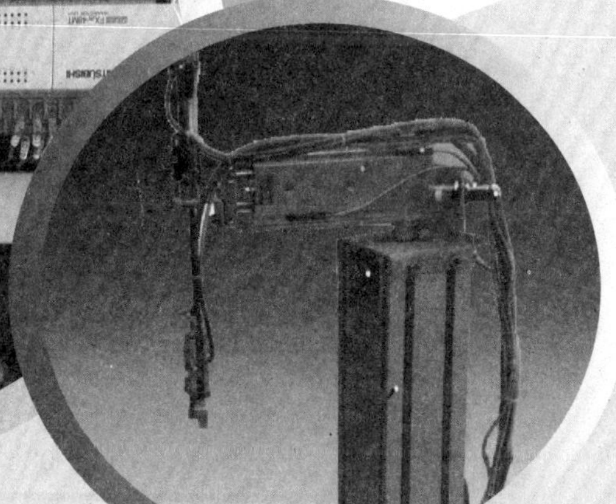

苏州大学出版社
Soochow University Press

图书在版编目(CIP)数据

工厂电气控制技术／孙怀荣主编；江苏省技工院校教材编写委员会组织编写. —苏州：苏州大学出版社，2014.6

江苏省技工院校一体化系列教材

ISBN 978-7-5672-0863-6

Ⅰ. ①工… Ⅱ. ①孙…②江… Ⅲ. ①工厂－电气控制－技工学校－教材 Ⅳ. ①TM571.2

中国版本图书馆 CIP 数据核字(2014)第 114887 号

工厂电气控制技术

江苏省技工院校教材编写委员会组织编写

责任编辑 周建兰

苏州大学出版社出版发行

(地址：苏州市十梓街 1 号 邮编：215006)

宜兴市盛世文化印刷有限公司印装

(地址：宜兴市万石镇南漕河滨路 58 号 邮编：214217)

开本 787 mm×1 092 mm 1/16 印张 34.5(共两册) 字数 818 千

2014 年 6 月第 1 版 2014 年 6 月第 1 次印刷

ISBN 978-7-5672-0863-6 定价：68.00 元(共两册)

江苏省技工院校教材编写委员会

本书编审人员
主　编： 孙怀荣
副主编： 刘井彬　李建军　肖　俊
参　编： 张　周　张锦荣　王德斌
主　审： 朱建明

总序

General Preface

近年来，我省加快经济发展方式转变和产业结构优化升级，为技工教育创造了广阔的发展空间，也对技能人才的培养提出了更高要求。为提高技能人才培养契合产业需求的有效性、针对性，从2009年起，人力资源和社会保障部启动了以课程为中心的一体化课程教学改革，给技能人才培养带来了全新的教学理念，是技能人才培养模式的一场教学革命，推动了我国技工教育与国际先进教学方式的接轨。

教材是体现技工院校教学课程目标和内容的重要载体，高质量的教学培训需要高质量的教材，加快研究开发理论与实践一体化的教材，是提高技工教育、技能人才培养质量的重要基础。为此，江苏省人力资源和社会保障厅于2013年初，组建了江苏省技工院校教材编写委员会，启动了全省技工院校新设专业课程标准和省版教材的开发。

省版教材的开发坚持两条原则：一是坚持贯彻急需紧缺并与部编教材相辅相成的原则，即开发目前尚无部编计划的教材，以及结合沿海地区经济发达、科技先进、教育领先的实际情况，经专家论证，重点开发高新技术专业教材和落后陈旧不适用的教材。二是坚持理论知识和实践操作融通合一的原则，教材编写借鉴先进的一体化课程教学改革的理念，采用项目引领、任务驱动、活动载体的格式体例，以学生为中心、以职业活动为导向、以综合职业能力培养为核心，充分调动学生的主观能动性和参与意识，实现理论教学与实践教学融通合一、能力培养与工作岗位对接合一，努力开发一批具有地方特色、理论与实践一体化的精品教材。

本教材可作为技工院校相关专业的教学用书及产业现场的职工技能培训用书。由于教材结构采用了理论知识和实践操作紧密结合、融通合一的方式，教学内容反映了国际先进的职业教育理念，因此本教材也可作为专家、学者的参考资料。

教材编写工作得到了全省各技工院校的大力支持，在此，我们表示诚挚的感谢。由于一体化课程教学改革目前仍处于探索、试点阶段，可供借鉴的资料和经验还不多，另外，由于受时间和编者水平的限制，不当甚至错误之处在所难免，恳切希望广大师生和专家学者提出宝贵意见与建议。

江苏省技工院校教材编写委员会

2014年5月

前言

Preface

《工厂电气控制技术》是技工院校工业自动化、机电一体化、自动化设备安装与维修等专业的通用教材。

本书依据一体化课程改革的理念和要求，贯彻以学生为中心，以职业活动为导向，以综合职业能力培养为核心的原则，打破传统学科知识体系，注重项目引领、任务驱动，以实践活动为载体，调动学生的主观能动性和参与意识，实现理论教学与实践教学融通合一、能力培养与岗位技能对接合一的要求.

《工厂电气控制技术》在江苏省人力资源和社会保障厅组织指导下，由省内多位知名专家反复研讨，多所技工院校的资深教师共同撰稿，并经多次函审、会审、修改，合作完成.本书根据省颁《工厂电气控制技术课程标准》的要求，主要包括四个项目：基本电气控制线路的安装与检修、机床电气控制线路的检修、PLC 控制技术的基本应用、物料分拣生产线的 PLC 控制系统的设计、安装与调试。每一个项目分解为若干个任务，每一个任务包括若干个活动，全书共计 22 个任务、49 个活动，内容安排上项目之间既相互联系，又相互独立，以利于不同年级、不同专业选用其中的不同项目实施教学。

本书在编写过程中突出了以下特点：

1. 紧扣维修电工(高级工)的职业标准，选取适当的任务作为载体，构建教学活动，内容上既有基本的继电器控制系统的装、调、修，又有以 PLC 为控制核心的物料生产线系统的电气安装、编程、调试。重点培养学生的电气安装、设备调试维修能力以及分析编程能力等工程应用能力。全书既照顾到应用面，又体现一定的先进性。

2. 在编写体例上，按照“项目—任务—活动”的结构，符合一体化教学的要求，便于实施一体化教学。同时以活动记录表作为活动实施的过程文件，为学生的学习留下痕迹，以自评、互评和教师评价的多方评价模式作为检验工具，引导学生学习、教师施教，实现以学生为主体、教师为主导的教学模式。

3. 全书尽量采用生产及生活中的应用案例，力求既能满足企业生产需要，又能反映本职业工种对新技术的应用，并且具有很强的可操作性，有利于一体化的职业教学模式的推广。

4. 教材配套习题集，按照教材项目、任务、活动顺序编排，题型丰富多样，难易配置适当。

江苏省盐城技师学院孙怀荣任主编，进行全书(包括习题集)的选例、设计和统稿工作。江苏省无锡技师学院教授级高级讲师朱建明主审，并提出有益的建议和意见。肖俊(镇江技师学院)、刘井彬(淮安技师学院)、李建军(盐城技师学院)、张周(盐城技师学院)、张锦荣(盐城技师学院)、王德斌(苏州技师学院)参与编写。其中孙怀荣编写了项目三的任务二、任务五的活动三以及附表；刘井彬编写了项目一的任务二至任务七；肖俊编写了项目一的任务一，项目三的任务一、任务三、任务四以及任务五的活动一、活动二，张周和张锦荣共同编写了项目二，李建军编写了项目四，王德斌编写了项目三的任务六。与教材配套的习题集由孙怀荣、刘井彬、张锦荣、肖俊、李建军编写。

本书在编写过程中参阅了大量的同类教材，在此对这些教材的作者表示衷心的感谢！

限于编者的水平，加上编写时间有限，书中难免有不妥之处，恳请读者批评指正。

编　者

2014 年 5 月

Contents

目 录

项目一 基本电气控制线路的安装与检修

项目一　基本电气控制线路的安装与检修

项目学习目标

- 熟悉常用低压电器的功能和结构，熟记其电气符号.
- 掌握三相异步电动机的基本电气控制线路的结构组成及工作原理.
- 能正确选择电气控制线路安装所需电器型号、数量及技术参数.
- 能正确识读和绘制基本电气控制线路电路图、位置图和接线图.
- 会安装、调试和检修基本电气控制线路，并能达到相关安装工艺要求.

任务一　常用低压电器的识别与检测

任务描述

你见过图 1-1-1 中常用的低压电器吗？都知道它们有什么作用吗？在生活中、工厂车间的设备或控制柜上，都可以找到它们的身影，这就是本任务要学习的常用低压电器.本任务通过识别、检测与拆装这些常用低压电器，熟悉它们的结构原理，并学会正确选用.

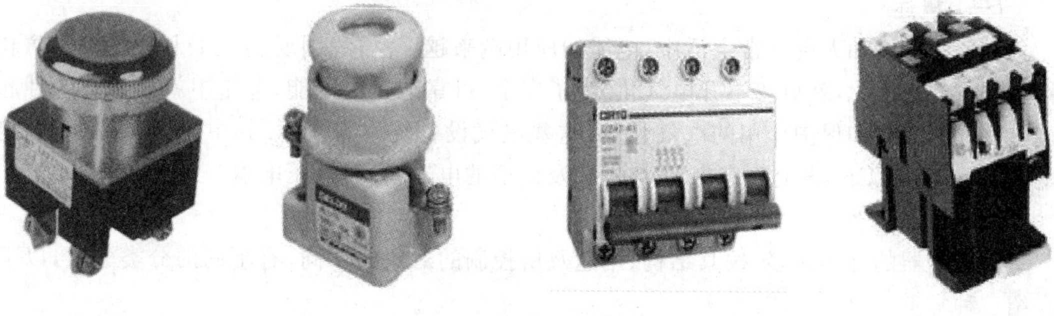

图 1-1-1　常用低压电器

活动一　低压配电电器的认识与拆装

活动描述

低压电器的种类繁多,按用途和控制对象的不同,可将低压电器分为低压配电电器和低压控制电器.这些低压电器和导线是组成电动机控制电路的基本元素.在学习控制电路之前,我们需要认识这些低压电器的名称、型号,知道它的作用、符号,学习它的使用方法,掌握它的选用原则.本活动将通过认识与拆装这些低压配电电器,了解其结构,掌握其在电路中的文字符号与图形符号,以达到正确使用低压配电电器的目的.

学习目标

◇ 认识转换开关、低压断路器、低压熔断器,知道其用途,会选用上述低压电器.
◇ 能准确绘制上述低压电器的图形符号,并能标注其文字符号.
◇ 能正确拆装并检测转换开关、低压熔断器等电器.

学习地点

电力拖动实训室(配备多媒体教学设备).

学习准备

低压电器使用手册、常用的低压配电电器及相关配件、电工工具等.

知识准备

一、低压电器

(一) 概述

在经济建设和人民日常生活中,电能的应用越来越广泛,我国要实现工业、农业、国防和科学技术的现代化,就更离不开电气化.为了安全、可靠地使用电能,电路中就必须有各种起调节、分配、控制和保护作用的电气设备,这些电气设备统称为电器.其中,工作在交流额定电压1200V及以下,直流额定电压1500V及以下的电器,称为低压电器.

(二) 分类

低压电器的种类繁多,按其结构、用途及所控制的对象的不同,有不同的分类方式,以下介绍三种常见的分类方式.

1. 按用途和控制对象分

前面已介绍,按用途和控制对象的不同,可分为配电电器和控制电器.典型的低压配电电器有刀开关、转换开关、空气断路器、熔断器等;典型的低压控制电器有接触器、各种继电器、主令电器等.

2. 按操作方式分

按操作方式的不同,可将低压电器分为自动电器和手动电器.

3. 按工作原理分

按工作原理的不同,可将低压电器分为电磁式电器和非电量控制电器.电磁式电器是依据电磁感应原理来工作的电器,如接触器、各类电磁式继电器等.非电量控制电器是靠外力或某种非电物理量的变化而动作的电器,如行程开关、按钮等.

二、典型的低压配电电器

(一) 低压开关

低压开关又称低压隔离器,是低压电器中结构比较简单、应用广泛的一类手动电器.主要有刀开关、组合开关以及由刀与熔断器组合成的胶盖瓷底刀开关和熔断器式刀开关,其外形如图 1-1-2 所示.

(a)　　(b)　　(c)

图 1-1-2　刀开关与组合开关

组合开关又称转换开关,其机构特点是用动触片代替闸刀.以左右旋转操作代替刀开关的上下分合操作,有单极、双极和多极之分.实物如图 1-1-2(b)、(c)所示.

1. 用途

常用来作为电源引入开关,也可以用它直接启动和停止小容量鼠笼式电动机或使电动机正反转,机床的局部照明电路也常用它来控制.

2. 选用

选用转换开关时应根据电源种类、电压等级、所需要的触头数、接线方式和负载容量选用.开关的额定电流一般为

$$I=1.5I_N\sim2.5I_N$$(其中 I 为开关电流,I_N 为电动机额定电流)

3. 型号含义及电气符号

(1) 转换开关的型号含义如下图所示:

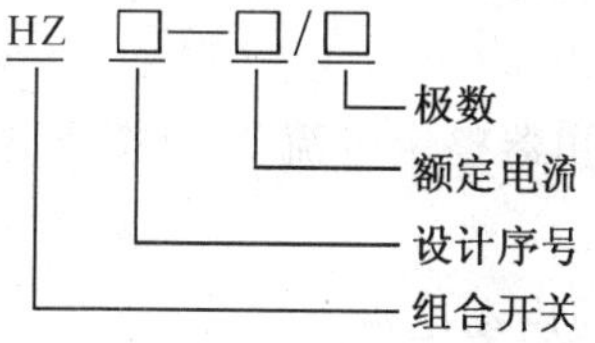

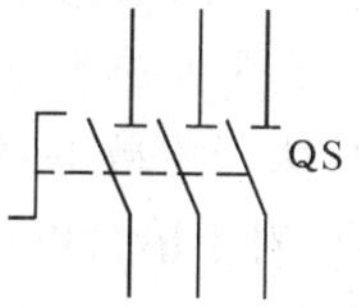

图 1-1-3　转换开关的图形符号和文字符号

(2) 转换开关的图形符号和文字符号如图 1-1-3 所示.

(二) 低压断路器

低压断路器又称自动空气开关或自动空气断路器，是低压配电网络和电力拖动系统中常用的手动开关电器，有单极、双极和多极之分. 从结构上看，低压断路器主要由触头系统、灭弧系统、操动机构和保护装置组成. 其外形如图 1-1-4 所示，结构原理如图 1-1-5 所示.

图 1-1-4　低压断路器

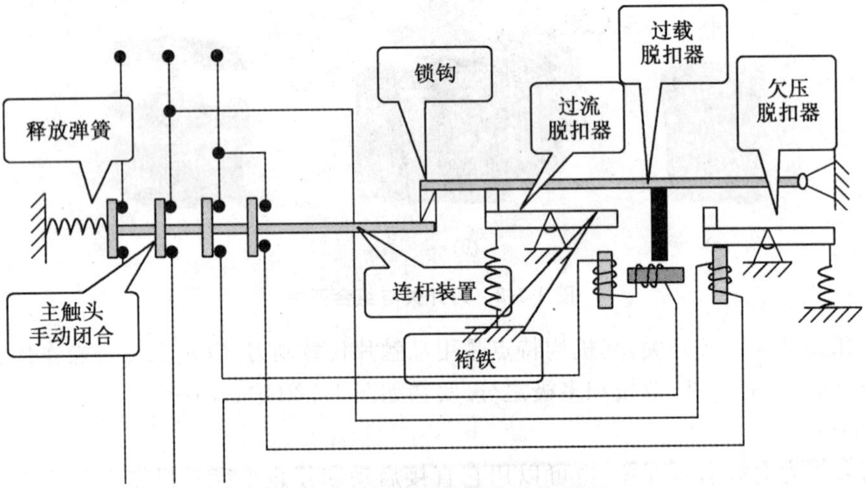

图 1-1-5　低压断路器的结构原理

1. **用途**

低压断路器是一种不仅可以接通和分断正常负荷电流和过负荷电流，还可以接通和分断短路电流的低压开关电器. 低压断路器在电路中除起控制作用外，还具有一定的保护功能，如短路、过载、欠电压保护等.

2. **选用原则**

(1) 低压断路器的额定电压和额定电流应不小于电路的额定电压和最大工作电流.

(2) 热脱扣器的整定电流与所控制负载的额定电流一致，电磁脱扣器的瞬时脱扣整定电流应大于负载电路正常工作时的最大电流.

① 对于单台电动机来说，电磁脱扣器的瞬时脱扣器整定电流 I_z 可按下式计算：

$$I_z \geqslant kI_{st}$$

式中，k 为安全系数，一般取 1.5～1.7；I_{st} 为电动机的启动电流.

② 对于多台电动机来说，电磁脱扣器的瞬时脱扣器整定电流 I_z 可按下式计算：

$$I_z \geqslant kI_{stmax} + \text{电路中其他工作电流}$$

式中，k 也可取 1.5～1.7，I_{stmax} 为其中一台启动电流最大的电动机的电流.

3. 型号含义及电气符号

(1) 低压断路器的型号含义如下图所示：

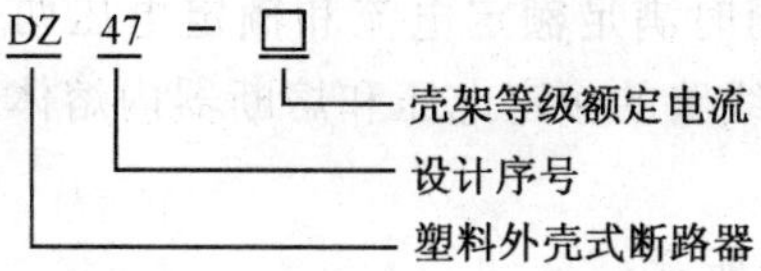

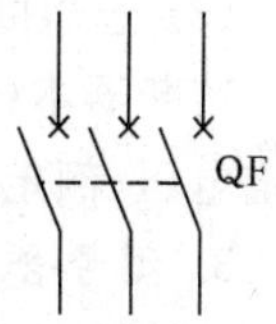

图1-1-6　低压断路器的图形符号和文字符号

(2) 低压断路器的图形符号和文字符号如图 1-1-6 所示.

(三) 低压熔断器

低压熔断器是低压配电网络和电力拖动系统中的保护电器，由熔体、触点插座和绝缘底板等部分组成.常用的低压熔断器有 RC1A 系列瓷插式熔断器、RL1 系列螺旋式熔断器、RT 系列有填料封闭管式熔断器、RM10 型无填料封闭管式熔断器等，分别如图 1-1-7(a)、(b)、(c)、(d)所示.

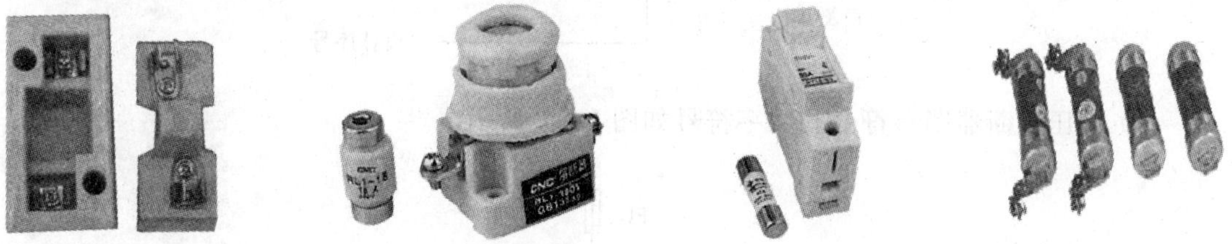

(a)　(b)　(c)　(d)

图 1-1-7　各种熔断器

1. 用途

熔断器串接在电路中，常用来作为电路中短路或者严重过载时的保护.

2. 选用原则

(1) 选类型.

选用熔断器时应根据负载的保护特性、短路电流的大小和使用环境来选择.其中，瓷插式熔断器常用于容量较小的照明电路中；螺旋式熔断器常用于机床电气控制线路中；无填料封闭管式熔断器常用于开关柜或者配电屏中；有填料封闭管式熔断器常用于短路电流特别大或者有易燃气体的场合.

(2) 选熔体电流.

熔断器在电路中起短路保护作用，而真正起保护作用的部件是熔体，因而熔体的选择较为重要.

① 对于无冲击电流的负载(如一般照明电路、电热电路)，可按负载电流的 1～1.1 倍选用熔体的额定电流.

② 对于有冲击电流的负载(如电动机)，要求它既能躲过尖峰电流(包括正常短时的过载电流和启动电流)，又能在最短的时间内分断短路电流.对于单台电动机，一般选择熔体的额定电流为电动机额定电流的 1.5～2.5 倍；对于多台电动机，熔体的额定电流应大于或等于其中最大容量电动机的额定电流的 1.5～2.5 倍，再加上其他电动机的额定电流.

③ 为防止越级熔断，上下级(供电干线、支线)熔断器之间应有良好的配合，为此应使上

一级(供电干线)熔断器的熔体额定电流比下一级(供电支线)大1～2个级差.

(3) 选熔断器.

熔断器本体的主要选用条件应能同时满足额定电流和额定电压两个条件,即熔断器的额定电压、额定电流要分别大于或等于线路的额定电压和熔断器内熔体的额定电流.

3. **型号含义及电气符号**

(1) 低压熔断器的型号含义如下图所示:

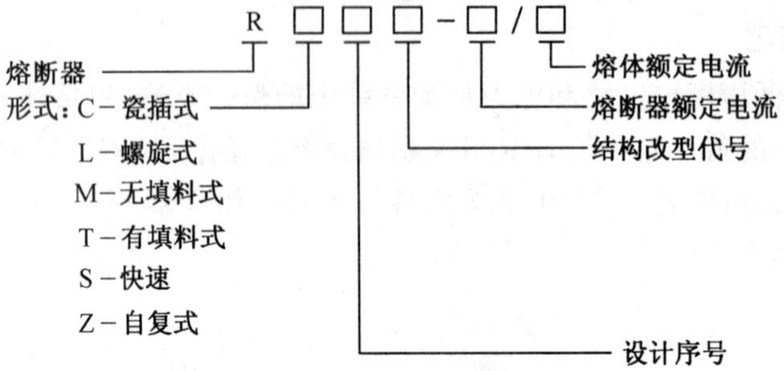

(2) 低压熔断器图形符号和文字符号如图1-1-8所示.

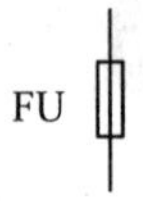

图1-1-8　低压熔断器的图形符号和文字符号

活动实施

一、写出实物名称和型号

根据实训场所提供的实物,写出该实物的名称和型号.

二、拆装与检测典型的低压配电电器

(一) 转换开关

转换开关的结构如图1-1-9所示.

1. **拆卸与装配步骤**

(1) 卸下手柄紧固螺钉,取下手柄.

(2) 卸下支架上紧固螺母,取下顶盖、转轴、弹簧和凸轮等操作机构.

(3) 抽出绝缘杆,取下绝缘垫板上盖.

(4) 拆卸三对动、静触头.

(5) 检查触头有无烧毛、损坏,视损坏程度进行修理或更换.

(6) 检查转轴、弹簧是否松脱和消弧垫是否有严重磨损,根据实际情况确定是否调换.

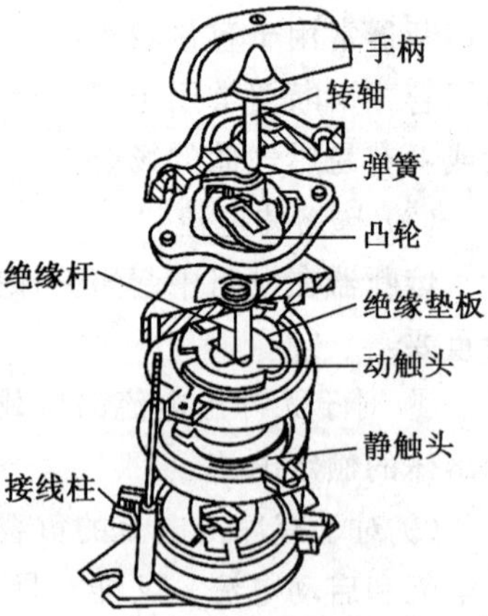

图1-1-9　转换开关的结构

(7) 将任一相的动触头旋转90°,然后按拆卸的逆序进行装配.

(8) 装配时，应注意动、静触头的相互位置是否符合改装要求及叠片连接是否紧密.

(9) 装配结束后，要用万用表测量各对触头的通断情况，检测安装是否正确，若不正确，则须拆卸重装.

2. 转换开关的识别与检测

表 1-1-1 所示为转换开关的识别与检测内容.

表 1-1-1　　转换开关的识别与检测

序号	任务	备注/操作要点
1	识读型号	转换开关的型号标注在手柄下方的胶盖表面
2	识别接线柱	转换开关水平放置，左右各有 3 个接线柱，分为 3 层，分别是三对触头
3	检测转换开关的好坏	将万用表置于 $R\times1\Omega$ 挡，调零后，将两表笔分别搭接在转换开关左右两侧相同高度的接线柱上，合上开关时，阻值应为 0；断开开关时，阻值应为∞

(二) 低压熔断器

RL 系列熔断器的结构如图 1-1-10 所示.

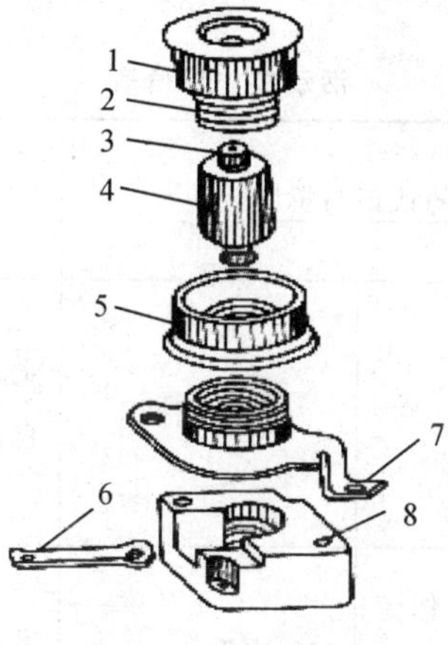

1—瓷帽　2—金属螺管　3—指示器　4—熔管　5—瓷套
6—下接线端　7—上接线端　8—瓷座

图 1-1-10　低压熔断器拆卸操作过程组图

1. 拆装步骤

按照图 1-1-10 所示，按从上到下的顺序依次进行拆卸，安装时按照相反顺序进行装配.

2. 低压熔断器的识别与检测

表 1-1-2 所示为低压熔断器的识别与检测内容.

表 1-1-2　　　　低压熔断器的识别与检测

序　号	任　务	备注/操作要点
1	识读熔断器型号	熔断器的型号标注在瓷座的铭牌上或瓷帽上方
2	识别上、下接线柱	上接线柱(高端)为出线端子,下接线柱(低端)为进线端子
3	识别熔体好坏	从瓷帽玻璃往里看,熔体有色标表示熔体正常,无色标表示熔体已断路
4	识读熔体额定电流	熔体额定电流标注在熔体表面
5	检测熔断器好坏	将万用表置于 $R\times1\Omega$ 挡,调零后,将两表笔分别搭接在熔断器的上、下接线柱上,若阻值为 0,熔断器正常;若阻值为∞,熔断器已断路.应检查熔体是否断路或瓷帽是否旋好等

活动评价

一、活动记录

活动记录见附表 1.

二、活动实施评价表

活动实施评价表见表 1-1-3.

表 1-1-3　　　　活动实施评价表

<table>
<tr><td colspan="3">活动名称：低压配电电器的认识与拆装</td><td colspan="6">班级：
小组：
姓名：</td></tr>
<tr><td rowspan="3">评价项目</td><td rowspan="3">评价标准</td><td rowspan="3">评价依据</td><td colspan="3">评价方式</td><td rowspan="3">权重</td><td rowspan="3">得分</td><td rowspan="3">总分</td></tr>
<tr><td>学生自评</td><td>小组评价</td><td>教师评价</td></tr>
<tr><td>0.2</td><td>0.3</td><td>0.5</td></tr>
<tr><td>职业素质</td><td>(1) 遵守安全管理规定和工作劳动纪律
(2) 按时按要求完成学习及工作任务
(3) 工作积极主动、勤学好问
(4) 工作岗位 6S 完成情况良好</td><td>(1) 出勤
(2) 工作态度
(3) 劳动纪律
(4) 团队协作精神</td><td></td><td></td><td></td><td>0.2</td><td></td><td></td></tr>
<tr><td>专业能力</td><td>(1) 会识别、检测常用的低压配电电器
(2) 会拆装常用的低压配电电器(如转换开关、熔断器等)</td><td>(1) 操作的准确性和规范性
(2) 专业技能完成情况
(3) 工作页或报告完成情况</td><td></td><td></td><td></td><td>0.7</td><td></td><td></td></tr>
</table>

续表

评价项目	评价标准	评价依据	评价方式			权重	得分	总分
			学生自评	小组评价	教师评价			
			0.2	0.3	0.5			
创新能力	(1) 在任务完成过程中能提出自己的有一定见解的方案 (2) 在教学或生产管理上提出的建议具有创新性	(1) 方案的可行性及意义 (2) 建议的可行性				0.1		
指导教师综合评价	指导教师签名：　　　　日期：							

活动二　低压控制电器的认识与拆装

活动描述

在工厂的生产车间里，工人师傅们正在熟练地操控着各种各样的机床设备，只需轻轻按下机床上的按钮，机床的电动机就带动着运动部件旋转了，再轻轻按下红色按钮，电动机和运动部件立即停止运转. 难道是按钮直接控制了电动机吗？当然不是，在按钮和电动机之间，有一件低压电器，那就是接触器. 接触器是一种低压控制电器，除此而外还有继电器、主令电器等低压控制电器. 本活动将学习这些低压电器的基本知识，学习如何正确选用相关元器件和拆装接触器等低压控制电器.

学习目标

◇ 认识各型号的低压控制电器，分析其结构和作用.

◇ 能正确熟练地绘制低压控制电器的电路符号.

◇ 能对接触器等低压控制电器进行拆装和检修，明确其常见故障的处理方法.

学习地点

电力拖动实训室（配备多媒体教学设备）.

学习准备

低压电器使用手册、交流接触器、热继电器、时间继电器、主令电器以及电工工具等.

知识准备

一、交流接触器

交流接触器是一种自动的电磁式开关.

1. 用途

交流接触器是一种用于远距离频繁地接通或断开交流主电路及大容量控制电路的自动切换电器. 控制对象通常为电动机,也可以是其他负载. 常用的交流接触器如图 1-1-11 所示.

(a) CJX2 系列接触器　(b) CJ20 系列接触器　(c) NC8 系列接触器　(d) 家用接触器

图 1-1-11　常用的交流接触器

2. 选用原则

(1) 选择接触器主触头的额定电压. 接触器主触头的额定电压应大于或等于控制线路的额定电压.

(2) 选择接触器主触头的额定电流. 接触器主触头的额定电流应不小于负载电路的额定电流.

(3) 选择接触器吸引线圈的电压. 当控制线路简单、使用电器较少时,可直接选用 380V 或 220V 的交流电压;当线路复杂、使用电器超过 5 个时,可用 36V 或 110V 的交流电压.

(4) 选择接触器的触头数量及类型.

3. 型号含义及电气符号

(1) 交流接触器的型号含义如下图所示:

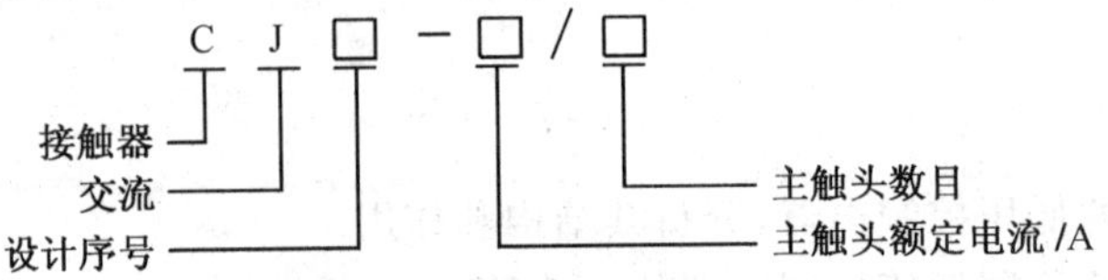

(2) 交流接触器的图形符号和文字符号如图 1-1-12 所示.

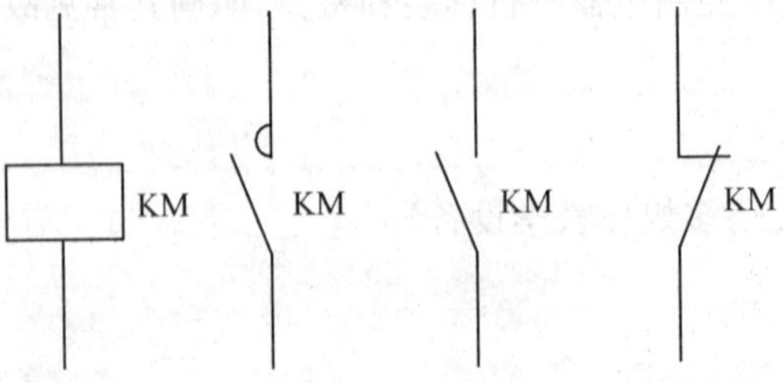

交流接触器线圈　交流接触器主触头　交流接触器动合触头　交流接触器动断触头

图 1-1-12　交流接触器的图形符号和文字符号

二、继电器

继电器是一种根据某种输入信号接通或断开小电流电路，以实现远距离自动控制和保护的自动控制电器.

（一）中间继电器

中间继电器实质上是一种电磁式继电器，其结构和工作原理与交流接触器相同，其触头的额定电流较小，一般为5A.

1. 用途

中间继电器在电路中主要用来扩展触头的数量、转换接点的类型以及作为电磁开关等. 常用的中间继电器如图1-1-13所示.

图1-1-13　中间继电器

2. 选用原则

主要依据被控制电路的电压等级、所需触头数量、种类、容量等要求来选择.

3. 型号含义及电气符号

（1）中间继电器的型号含义如下图所示：

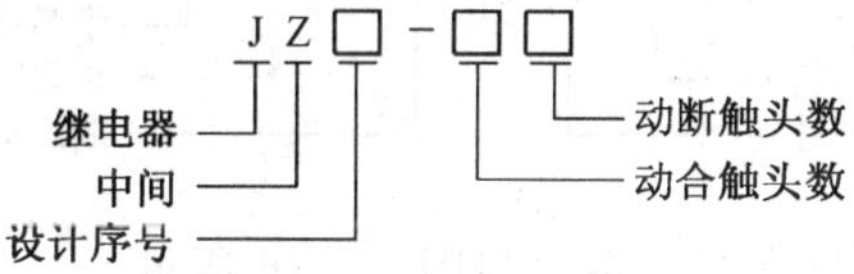

（2）中间继电器的图形符号和文字符号如图1-1-14所示.

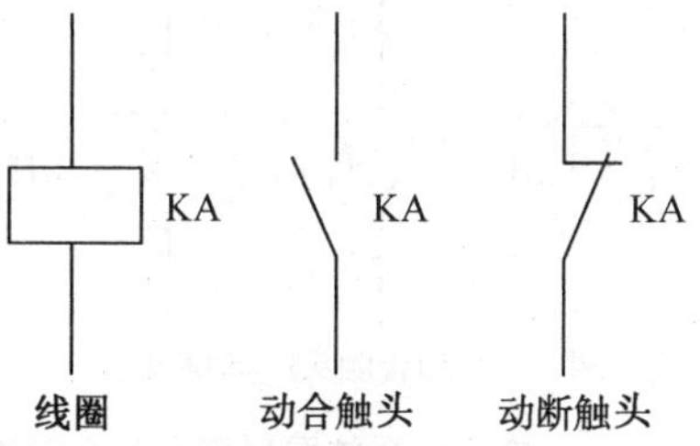

图1-1-14　中间继电器的图形符号和文字符号

（二）热继电器

热继电器是利用流过继电器的电流所产生的热效应，而反时限动作的自动保护电器.

1. 用途

与接触器配合使用，用作电动机的过载保护. 常用的热继电器如图 1-1-15 所示.

图 1-1-15　热继电器

2. 选用原则

(1) 根据电动机的额定电流选择热继电器的规格. 一般应使热继电器的额定电流略大于电动机的额定电流.

(2) 根据需要的整定电流值选择热继电器的编号和电流等级. 一般情况下，热继电器的整定电流为电动机额定电流的 0.95～1.05 倍.

(3) 根据电动机定子绕组的连接方式选择热继电器的结构形式. 定子绕组为 Y 形连接的电动机选用普通三相结构的热继电器；定子绕组为△形连接的电动机应选用三相结构带缺相保护装置的热继电器.

3. 型号含义及电气符号

(1) 热继电器的型号含义如下图所示：

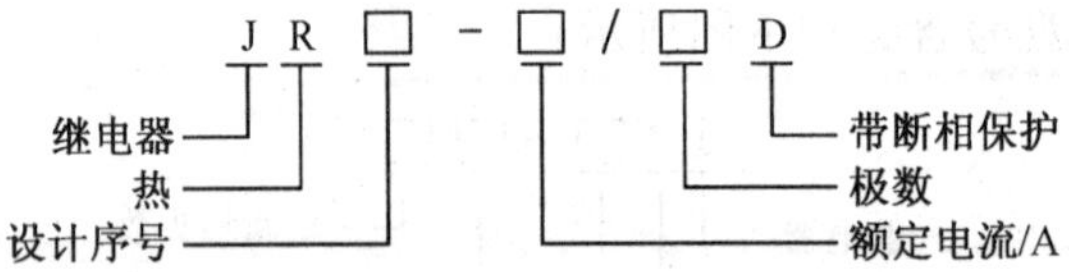

(2) 热继电器的图形符号和文字符号如图 1-1-16 所示.

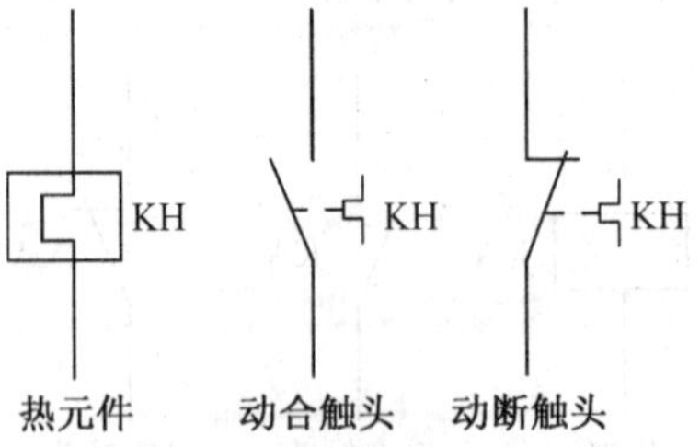

图 1-1-16　热继电器的图形符号和文字符号

(三) 时间继电器

时间继电器(图 1-1-17)是一种利用电磁原理或机械动作原理，来实现触头延时闭合或分断的自动控制电器.

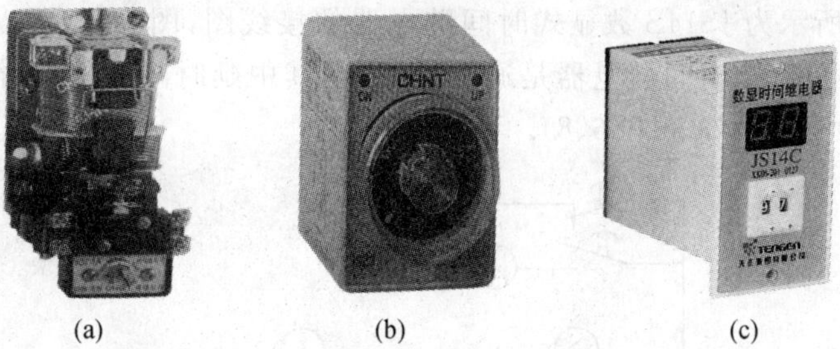

图 1-1-17　常用的时间继电器

1. 用途

时间继电器广泛应用于按时间顺序控制的电气线路中.

2. 选用原则

(1) 根据系统的延时范围和精度选择时间继电器的类型和系列. 在延时精度要求不高的场合,一般可选用价格较低的空气阻尼式时间继电器(JS7 系列),如图 1-1-17(a)所示;反之,对精度要求较高的场合,可选用晶体管式时间继电器,如图 1-1-17(b)、(c)所示.

(2) 根据控制线路的要求选择时间继电器的延时方式(通电延时和断电延时);同时还必须考虑线路对瞬时动作触头的要求.

(3) 根据控制线路电压选择时间继电器吸引线圈的电压.

3. 型号含义及电气符号

(1) 时间继电器的型号含义如下图所示:

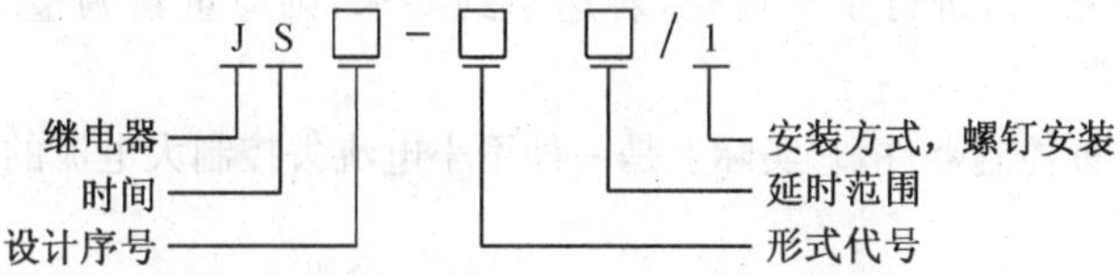

形式代号: 1—通电延时,无瞬时触头　　2—通电延时,有瞬时触头

3—断电延时,无瞬时触头　　4—断电延时,有瞬时触头

(2) 时间继电器的图形符号和文字符号如图 1-1-18 所示.

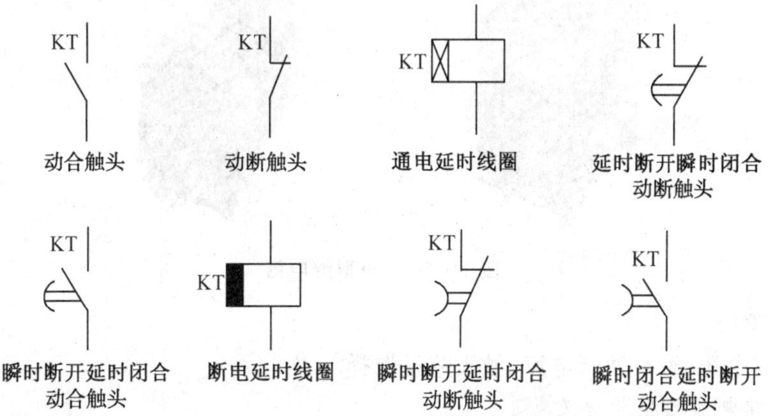

图 1-1-18　时间继电器的图形符号和文字符号

如图 1-1-19 所示为 JS14S 数显式时间继电器的接线图，图中 1 和 2 之间接交流 220V（或者直流 24V）电源．该时间继电器是通电延时型，其中延时闭合的动合触点 2 对（3、4 和 6、7），延时动断触头 2 对（3、5 和 6、8）．

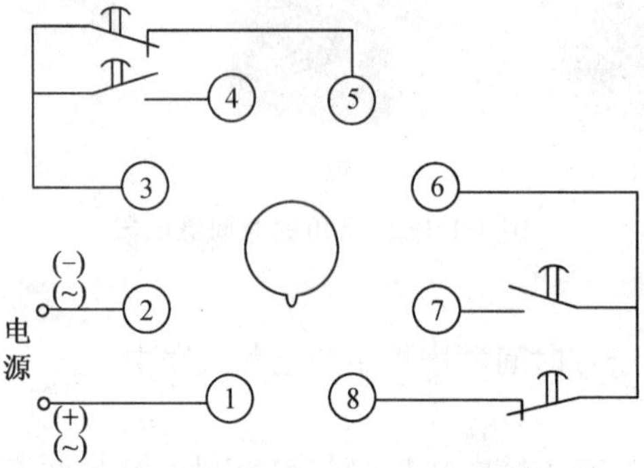

图 1-1-19　JS14S 数显式时间继电器的接线图

4．将 JS7-2A 型改装成 JS7-4A 型

(1) 松开线圈支架紧固螺钉，取下线圈和铁芯总成部件．

(2) 将总成部件沿水平方向旋转 180°后，重新旋上紧固螺钉．

(3) 观察延时和瞬时触头的动作情况，将其调整在最佳位置上．调整延时触头时，可旋松线圈和铁芯总成部件的安装螺钉，向上或向下移动后再旋紧．调整瞬时触头时，可松开安装瞬时微动开关底板上的螺钉，将微动开关向上或向下移动后再旋紧．

(4) 旋紧各安装螺钉，进行手动检查，若达不到要求，则应重新调整．

(四) 小型继电器

小型继电器是一种控制器件，它实际上是一种用小电流去控制大电流的"自动开关"．

1．用途

小型继电器(图 1-1-20)通常应用于自动化的控制电路中，故在电路中起着自动调节、安全保护、转换电路等作用．

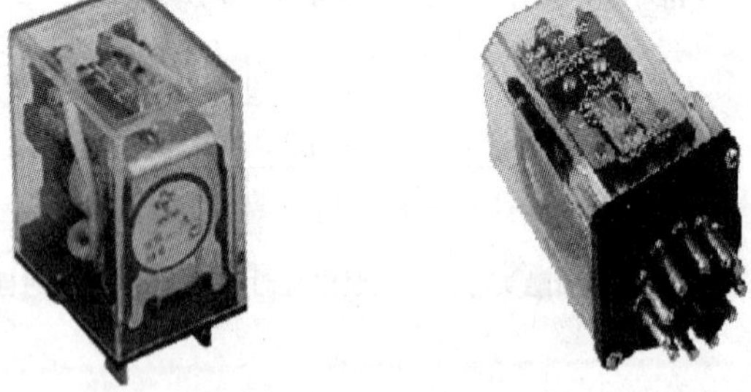

图 1-1-20　小型继电器

2．选用原则

根据控制电压、触头通断电流、触头数量选择．

3．小型继电器的型号含义

小型继电器的型号含义如下图所示：

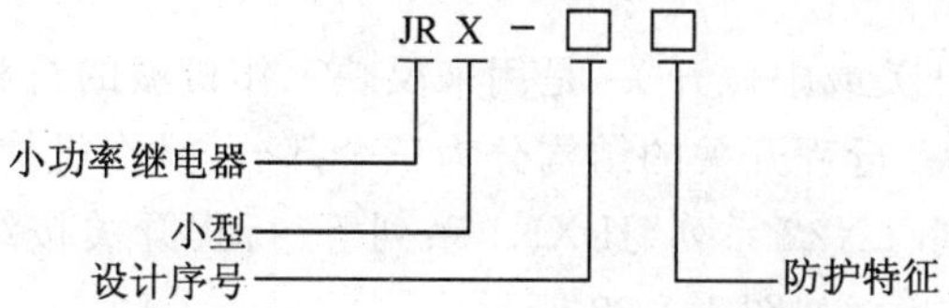

三、主令电器

主令电器是用作接通或者断开控制电路，以发出指令的开关电器．常用主令电器有按钮、位置开关、万能转换开关和接近开关等．本活动只介绍机床上常用的按钮和行程开关．

(一) 按钮

按钮是一种利用外力（一般由人的手指或手掌所施加）操作并具有储能复位功能的控制开关．它的触头允许通过的电流一般是 5A．

1．用途

接通或断开控制电路，以达到对电力拖动系统的控制．

2．选用原则

根据使用场合选择按钮的种类；根据用途选择合适的按钮形式；根据控制回路的需要确定按钮数；根据工作状态指示和工作情况要求选择按钮的颜色．

国标 GB5226－2002 对按钮的颜色作出如下规定：

(1)“停止”和“急停”按钮的颜色为红色．

(2)“启动”按钮的颜色为绿色．

(3)“启动”与“停止”交替动作的按钮为黑白、白色或灰色．

(4)“点动”按钮为黑色．

(5)“复位”按钮为蓝色（如保护继电器的复位按钮）．

3．型号含义及电气符号

(1) 按钮的型号含义如下图所示：

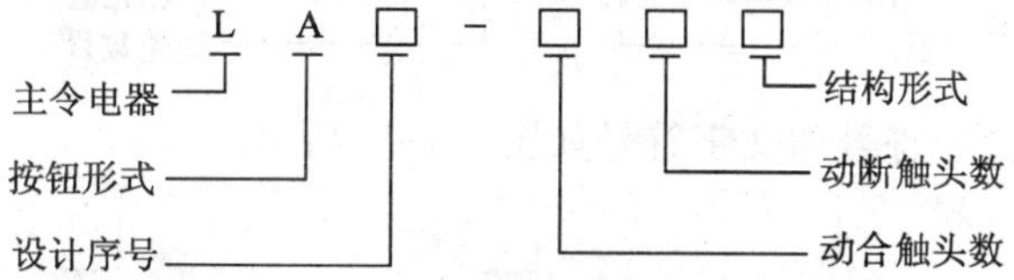

A—按钮　K—开启式　S—防水式　H—保护式　F—防腐式　J—紧急式

X—旋钮式　Y—钥匙式　D—带指示灯式　DJ—紧急式带指示灯

(2) 按钮的图形符号和文字符号如图 1-1-21 所示．

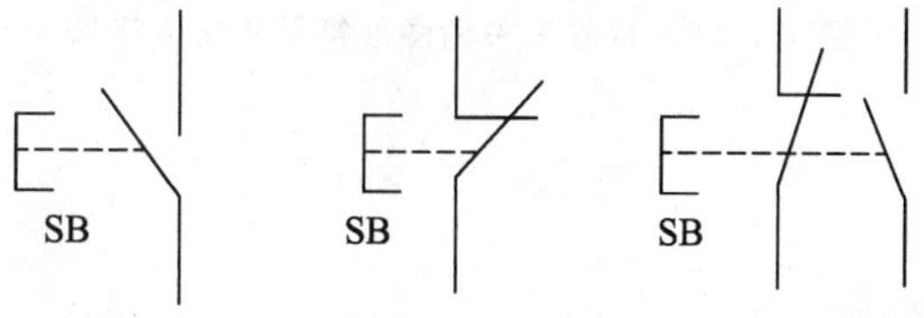

(a) 常开按钮　(b) 常闭按钮　(c) 复合按钮

图 1-1-21　**按钮的图形符号和文字符号**

(二) 行程开关

行程开关又称位置开关或限位开关，是用来反映工作机械的行程，发出命令以控制其运动方向和行程大小的开关. 行程开关的结构分为三个部分：操作机构、触头系统和外壳. 常见的行程开关有 LX19 系列、LX22 系列、JLXK1 系列等. 行程开关按结构可分为直动式、滚轮式、微动开关式、组合式四种，如图 1-1-22 所示.

(a) 直动式　(b) 滚轮式　(c) 微动开关式　(d) 组合式

图 1-1-22　行程开关

1. 用途

行程开关常用于限制机械运动的位置或行程，使运动机械按一定的位置或行程实现自动运行、反向或变速等运动.

2. 选用原则

根据动作要求、安装位置和触头数量来选择.

3. 型号含义及电气符号

(1) 行程开关的型号含义如下图所示：

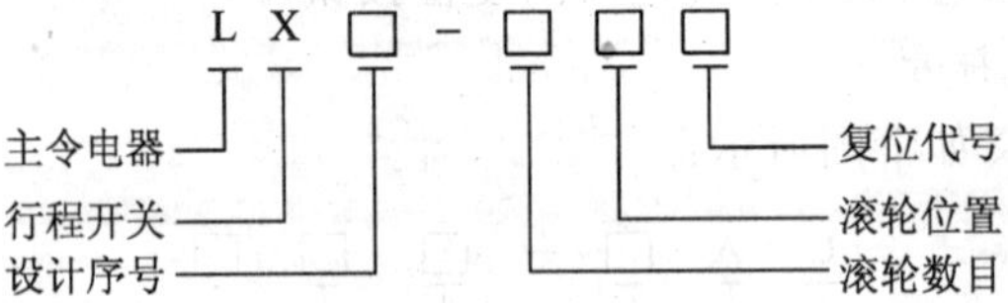

(2) 行程开关的图形符号和文字符号如图 1-1-23 所示.

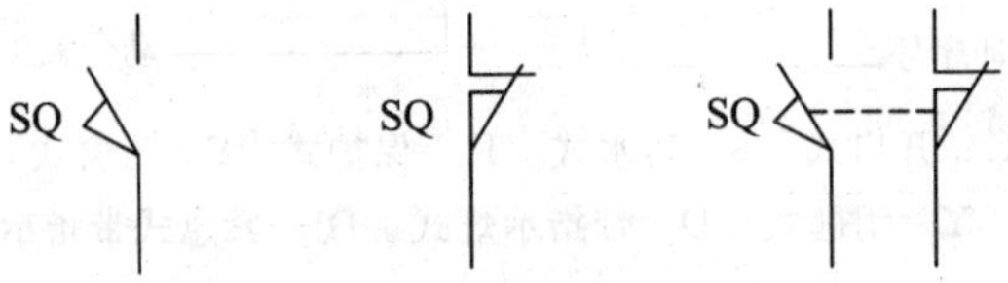

(a) 动合触头　(b) 动断触头　(c) 复合触头

图 1-1-23　行程开关的图形符号和文字符号

活动实施

一、认识低压控制电器

根据准备的实物，认识各种典型的低压控制电器.

二、拆装与检测典型的低压控制电器

(一) 交流接触器

1. 交流接触器的外形和结构

交流接触器的外形和结构如图 1-1-24 所示.

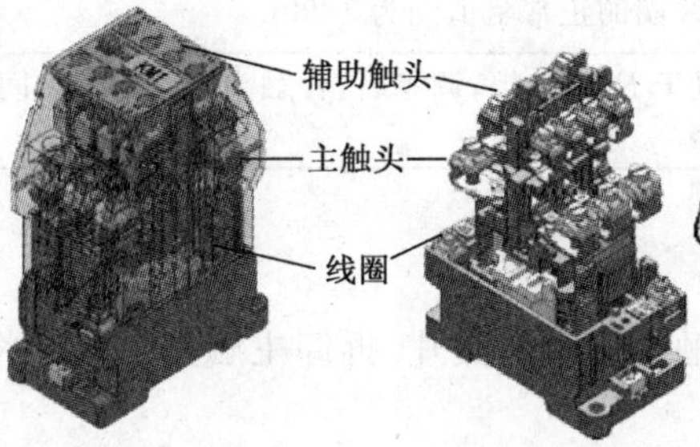

(a) 外形图

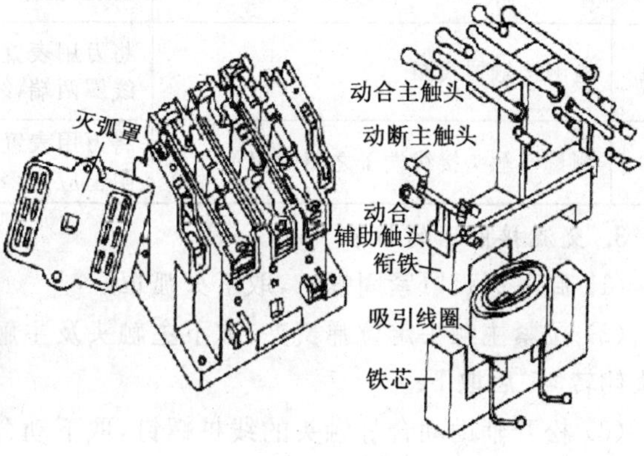

(b) 结构示意图

图 1-1-24　常用交流接触器的外形和结构

2. 交流接触器的识别与检测

表 1-1-4 所示为交流接触器的识别与检测内容.

表 1-1-4　交流接触器的识别与检测

序号	任　务	备注/操作要点
1	识读交流接触器的型号	交流接触器的型号标注在窗口侧的下方(铭牌)
2	识别交流接触器线圈的额定电压	从交流接触器的窗口向里看(同一型号的接触器线圈有不同的电压等级)
3	找到线圈的接线端子	在接触器的下半部分,编号为 A1—A2,标注在接线端子旁
4	找到 3 对主触头的接线端子	在接触器的上半部分,编号为 1/L1—2/T1、3/L2—4/T2、5/L3—6/T3,标注在对应接线端子的顶部
5	找到 2 对辅助动合触头的接线端子	在接触器的上半部分,编号为 22—24、43—44,标注在对应接线端子的外侧
6	找到 2 对辅助动断触头的接线端子	在接触器的顶部,编号为 11—12、31—32,标注在对应接线端子的顶部
7	压下接触器,观察各触头吸合情况	边压边看,动断触头先断开,动合触头后闭合
8	释放接触器,观察各触头复位情况	边放边看,动合触头先复位,动断触头后复位
9	检测 2 对动断触头	将万用表置于 $R\times1\Omega$ 挡,调零后,将两表笔分别接在动断触头两端. 常态时,各动断触头的阻值约为 0;压下接触器后,测量阻值,阻值应该为∞

续表

序号	任　　务	备注/操作要点
10	检测 5 对动合触头	将万用表置于 $R\times1\Omega$ 挡，调零后，将两表笔分别接在动合触头两端. 常态时，各动合触头的阻值约为∞；压下接触器后，测量阻值，阻值应为 0
11	检测接触器线圈	将万用表置于 $R\times100\Omega$ 挡，调零后，将两表笔分别搭接在线圈两端，线圈的正常阻值约为 1800Ω
12	测量各触头接线端子之间的阻值	将万用表置于 $R\times1\Omega$ 挡，调零后，各触头接线端子之间的阻值应为∞

3. 交流接触器的拆装

(1) 卸下灭弧罩紧固螺钉，取下灭弧罩.

(2) 拉紧主触头定位弹簧夹，取下主触头及主触头压力弹簧片. 拆卸主触头时必须将主触头侧转 45°后取下.

(3) 松开辅助动合静触头的线桩螺钉，取下动合静触头.

(4) 松开接触器底部的螺钉，取下盖板. 在松螺钉时，要用手按住盖板，慢慢放松.

(5) 取下静铁芯及缓冲绝缘纸片.

(6) 取下静铁芯支架及缓冲弹簧.

(7) 拔出线圈接线端的弹簧夹片，取下线圈.

(8) 取下反作用弹簧、衔铁和支架.

(9) 从支架上取下动铁芯定位销.

(10) 取下动铁芯及缓冲绝缘纸片.

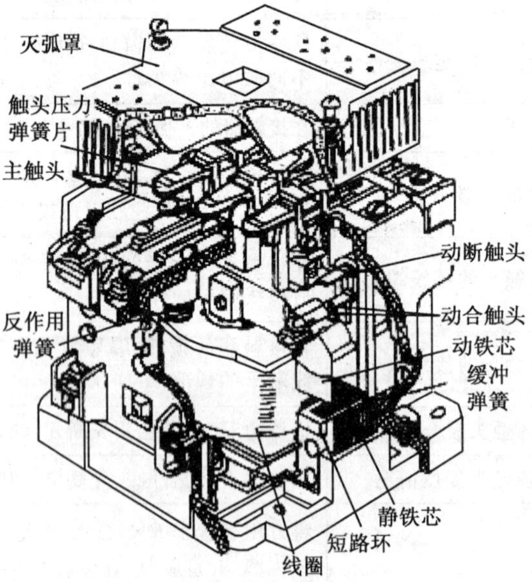

图 1-1-25　交流接触器拆卸操作过程组图

4. 交流接触器的检查

(1) 检查灭弧罩有无破裂或烧损,清除灭弧罩内的金属飞溅物和颗粒.

(2) 检查触头的磨损程度,磨损严重时应更换触头.若不需更换,则清除触头表面上烧毛的颗粒.

(3) 清除铁芯端面的油垢,检查铁芯有无变形及端面接触是否平整.

(4) 检查触头压力弹簧及反作用弹簧是否变形或弹力不足,如有需要则更换弹簧.

触头压力的测量与调整:将一张厚约 0.1mm、比触头稍宽的纸条夹在触头间,使触头处于闭合状态,用手拉紧纸条.若触头压力合适,稍用力纸条便可拉出;若纸条很容易被拉出,则说明触头压力不够;若纸条被拉断,则说明触头压力过大,可调整或更换触头弹簧,直到符合要求为止.

(5) 检查电磁线圈是否有短路、断路及发热变色现象.

(6) 用万用表欧姆挡检查线圈及各触头是否良好;用兆欧表测量各触头间及主触头对地电阻是否符合要求;用手按动主触头检查运动部分是否灵活,以防产生接触不良、振动和噪声.

5. 交流接触器的装配

装配时按拆装的逆顺序进行.

提示

(1) 拆装过程中,应备有盛放零件的容器,以免丢失零件.

(2) 拆装过程中不允许硬撬,以防损坏电器.装配辅助静触头时,要防止卡住动触头.

(3) 通电校验时,接触器应固定在控制板上,并有教师监护,以确保用电安全;通电校验过程中,要均匀、缓慢地改变调压变压器的输出电压,以使测量结果尽量准确.

(二) 热继电器

热继电器的结构如图 1-1-26 所示.

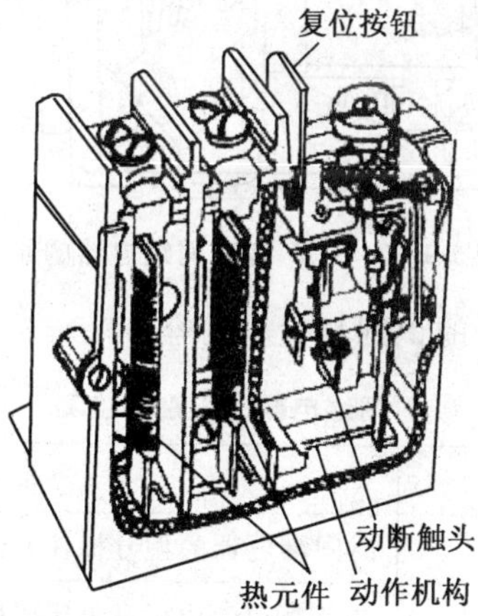

图 1-1-26　JR 型热继电器的结构

表 1-1-5 所示为热继电器的识别与检测内容.

表 1-1-5　　　　热继电器的识别与检测

序号	任　　务	备注/操作要点
1	识读热继电器的铭牌	铭牌贴在热继电器的侧面
2	找到整定电流调节旋钮	旋钮上标有整定电流
3	找到复位按钮	REST/STOP
4	找到测试键	位于热继电器前侧下方，TEST
5	找到驱动元件的接线端子	编号与交流接触器相似，1/L1－2/T1、3/L2－4/T2、5/L3－6/T3
6	找到动断触头的接线端子	编号编在对应的接线端子旁，95－96
7	找到动合触头的接线端子	编号编在对应的接线端子旁，97－98
8	检测动断触头	将万用表置于 $R\times1\Omega$ 挡，调零后，将两表笔分别接在动断触头两端. 常态时，各动断触头的阻值约为 0；按下测试键后，再测量阻值，阻值为∞
9	检测动合触头	将万用表置于 $R\times1\Omega$ 挡，调零后，将两表笔分别接在动合触头两端. 常态时，各动合触头的阻值约为∞；按下测试键后，阻值为 0

（三）时间继电器

时间继电器的结构如图 1-1-27 所示.

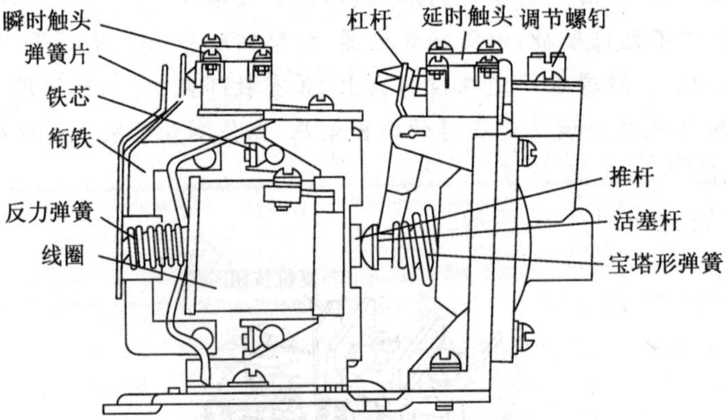

图 1-1-27　JS7 型时间继电器的结构

表 1-1-6 所示为时间继电器的识别与检测内容.

表 1-1-6　　　　时间继电器的识别与检测

序号	任　　务	备注/操作要点
1	识读时间继电器的型号	时间继电器的型号标注在正面（调节螺钉边）
2	找到整定时间调节旋钮	调节旋钮旁边标有整定时间
3	找到延时动断触头的接线端子	在气囊上方两侧，旁边有相应符号标注
4	找到延时动合触头的接线端子	在气囊上方两侧，旁边有相应符号标注

续表

序号	任　　务	备注/操作要点
5	找到瞬时动断触头的接线端子	在线圈上方两侧，旁边有相应符号标注
6	找到瞬时动合触头的接线端子	在线圈上方两侧，旁边有相应符号标注
7	找到线圈的接线端子	在线圈两侧
8	识读时间继电器线圈参数	时间继电器线圈参数标注在线圈侧面
9	检测延时动断触头的接线端子	将万用表置于 $R\times1\Omega$ 挡，调零后，将两表笔分别接在触点两端. 常态时，阻值约为 0
10	检测延时动合触头的接线端子	将万用表置于 $R\times1\Omega$ 挡，调零后，将两表笔分别接在触点两端. 常态时，阻值应为∞
11	检测瞬时动断触头的接线端子	将万用表置于 $R\times1\Omega$ 挡，调零后，将两表笔分别接在触点两端. 常态时，阻值应为 0
12	检测瞬时动合触头的接线端子	将万用表置于 $R\times1\Omega$ 挡，调零后，将两表笔分别接在触点两端. 常态时，阻值应为∞
13	检测线圈的阻值	将万用表置于 $R\times100\Omega$ 挡，调零后，将两表笔分别接在线圈两端

(四) 按钮

按钮的结构如图 1-1-28 所示.

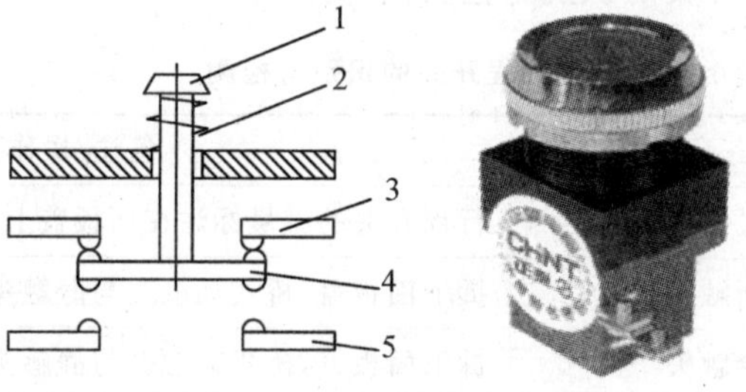

1–按钮　2–复位弹簧　3–动断静触头　4–动触头　5–动合静触头

图 1-1-28　按钮的结构

表 1-1-7 所示为按钮的识别与检测内容.

表 1-1-7　　按钮的识别与检测

序号	任　　务	备注/操作要点
1	看按钮的颜色	绿色、黑色为启动按钮，红色为停止按钮
2	观察按钮的动断触头	找到对角线上的接线端子，动触头与静触头处于闭合状态
3	观察按钮的动合触头	找到另外一对角线上的接线端子，动触头与静触头处于分断状态
4	按下按钮，观察触头动作情况	边按边看，动断触头先断开，动合触头后闭合
5	松开按钮，观察触头动作情况	边松边看，动合触头先复位，动断触头后复位

续表

序号	任　　务	备注/操作要点
6	检测动断触头的好坏	将万用表置于 R×1Ω 挡，调零后，将两表笔分别接在动断触头接线端子上. 常态时，各动断触头的阻值应为 0；按下按钮后，阻值应为∞
7	检测动合触头的好坏	将万用表置于 R×1Ω 挡，调零后，将两表笔分别接在动合触头接线端子上. 常态时，各动合触头的阻值应为∞；按下按钮后，阻值应为 0

(五) 行程开关

行程开关的结构如图 1-1-29 所示.

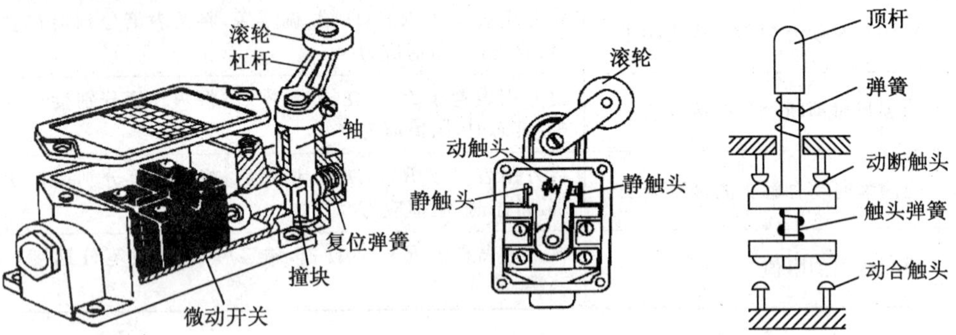

图 1-1-29　行程开关的结构

表 1-1-8 所示为行程开关的识别与检测内容.

表 1-1-8　　行程开关的识别与检测

序号	任　　务	备注/操作要点
1	识读行程开关的型号	行程开关的型号标注在面板盖上
2	观察行程开关的动断触头	拆下面板盖，桥式动触头与静触头处于闭合状态
3	观察行程开关的动合触头	拆下面板盖，桥式动触头与静触头处于分断状态
4	压下行程开关，观察触头动作情况	边压边看，动断触头先断开，动合触头后闭合
5	松开行程开关，观察触头动作情况	边松边看，动合触头先复位，动断触头后复位
6	检测动断触头好坏	将万用表置于 R×1Ω 挡，调零后，将两表笔分别接在动断触头接线端子上. 常态时，各动断触头的阻值应为 0；压下行程开关后，阻值应为∞
7	检测动合触头好坏	将万用表置于 R×1Ω 挡，调零后，将两表笔分别接在动合触头接线端子上. 常态时，各动合触头的阻值应为∞；压下行程开关后，阻值应为 0

活动评价

一、活动记录

活动记录见附表 1.

二、活动实施评价表

活动实施评价表如表 1-1-9 所示.

表 1-1-9　　活动实施评价表

活动名称：低压控制电器的认识与拆装			班级： 小组： 姓名：					
评价项目	评价标准	评价依据	评价方式			权重	得分	总分
			学生自评	小组评价	教师评价			
			0.2	0.3	0.5			
职业素质	(1) 遵守安全管理规定和工作劳动纪律 (2) 按时按要求完成学习及工作任务 (3) 工作积极主动、勤学好问 (4) 工作岗位 6S 完成情况良好	(1) 出勤 (2) 工作态度 (3) 劳动纪律 (4) 团队协作精神				0.2		
专业能力	(1) 会识别和检测接触器、热继电器、时间继电器、按钮及行程开关等低压控制电器 (2) 会拆装接触器、时间继电器等控制电器	(1) 操作的准确性和规范性 (2) 专业技能完成情况 (3) 工作页或报告完成情况				0.7		
创新能力	(1) 在任务完成过程中能提出自己的有一定见解的方案 (2) 在教学或生产管理上提出的建议具有创新性	(1) 方案的可行性及意义 (2) 建议的可行性				0.1		
指导教师综合评价	指导教师签名：　　　　日期：							

知识拓展

一、万能转换开关

万能转换开关实际上是多挡位、控制多回路的组合开关，主要用作控制线路的转换及电气测量仪表的转换，也可用于控制小容量异步电动机的启动、换向及调速. 由于触头挡数多、换接线路多、能控制多个回路，适应复杂线路的要求，故称为万能转换开关.

1. 结构与工作原理

万能转换开关主要由接触系统、操作机构、转轴、手柄、定位机构等部件组成，用螺栓组装成整体. 其外形及工作原理如图 1-1-30 所示.

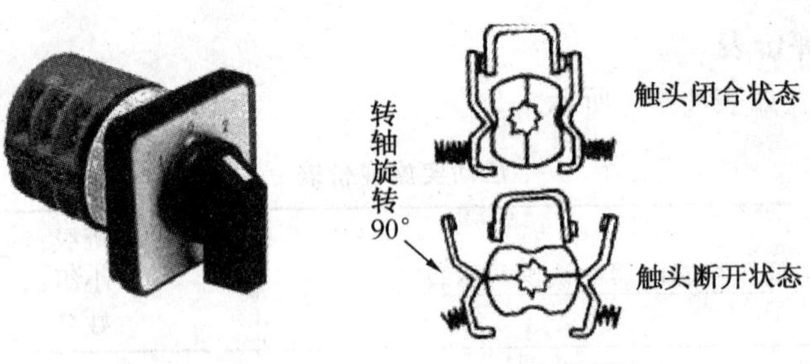

(a) 外形图　　(b) 工作原理图

图 1-1-30　LW5 系列万能转换开关

万能转换开关的接触系统由许多接触元件组成，每一接触元件均有一胶木触头座，中间装有一对或三对触头，分别由凸轮通过支架操作. 操作时，手柄带动转轴和凸轮一起旋转，凸轮推动触点接通或断开，如图 1-1-30(b)所示. 由于凸轮的形状不同，当手柄处于不同的操作位置时，触点的分合情况也不同，从而达到换接电路的目的.

万能转换开关在电路图中的符号如图 1-1-31(a)所示. 图中"－"代表一路触头，竖的虚线表示手柄位置. 当手柄置于某一位置上时，就在处于接通状态的触头下方的虚线上标注黑点"·"表示. 触头的通断也可用如图 1-1-31(b)所示的触头分合表来表示. 表中"×"号表示触头闭合，空白表示触头分断.

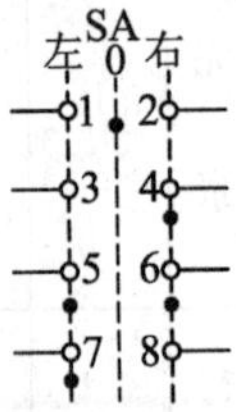

(a) 图形符号及文字符号

	位置		
触头	左	0	右
1–2		×	
3–4			×
5–6	×		×
7–8	×		

(b) 触点分合表

图 1-1-31　万能转换开关的符号和触头分合表

2. 型号含义

LW5 系列万能转换开关的型号含义如下图所示：

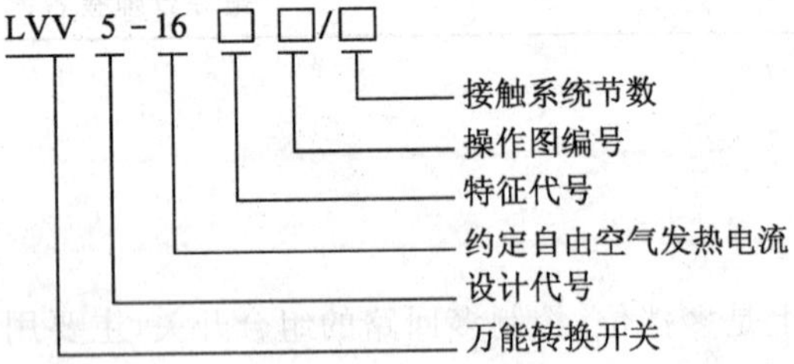

二、速度继电器

速度继电器(转速继电器)又称反接制动继电器，是利用电磁感应原理工作的感应式速度继电器，它能反映出速度和转向信息. 常用的速度继电器有 JY1 型和 JFZ0 型两种. 它的主要结构由转子、定子及触头三部分组成，如图 1-1-32 所示.

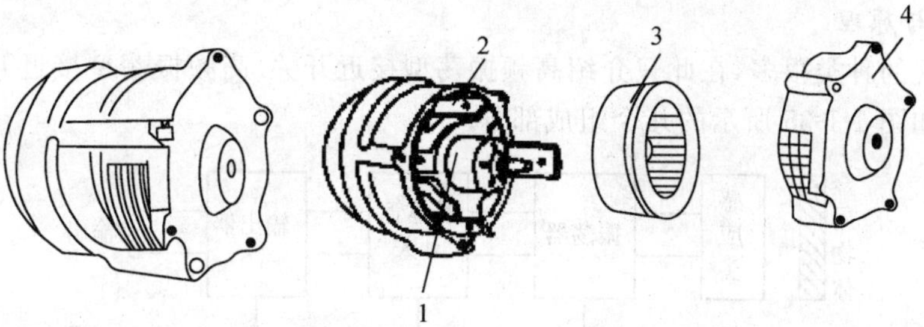

1—转子　2—可动支架　3—定子　4—端盖

图 1-1-32　速度继电器的结构

1. 用途

主要用于生产机械运动部件的速度控制和实现对电动机的反接制动.

2. 选用原则

速度继电器根据其所要控制的速度的大小、触头电压、电流来选用.

3. 符号

如图 1-1-33 所示是速度继电器的电气符号.

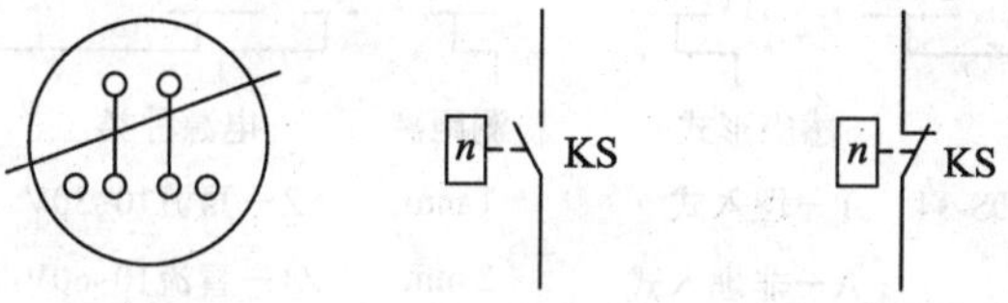

(a) 转子　(b) 动合触头　(c) 动断触头

图 1-1-33　速度继电器的图形符号和文字符号

三、接近开关

1. 功能与特点

接近开关又称为无触头位置开关，是一种非接触型检测开关，如图 1-1-34 所示. 它采用了无触头电子结构形式，克服了有触头位置开关可靠性差、使用寿命短和操作频率低的缺点.

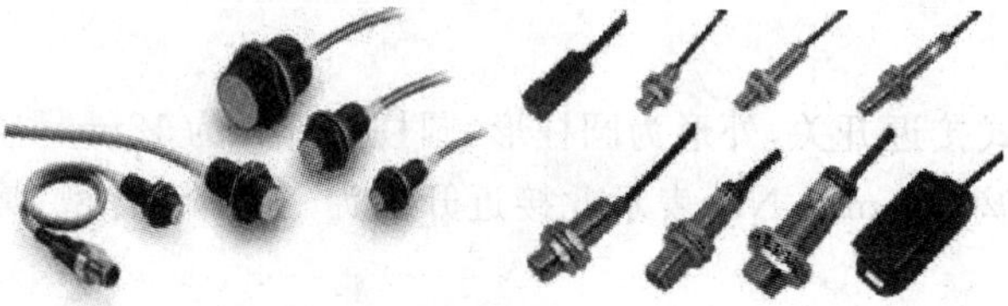

(a) 外形图

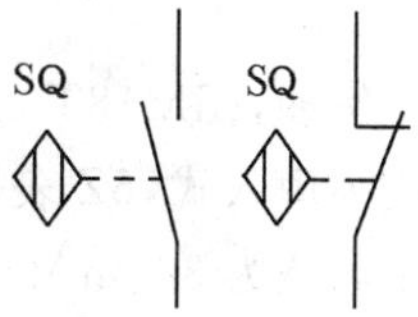

(b) 电气符号

图 1-1-34　接近开关的外形图和电气符号

它除了可用于行程控制和限位保护外，还可用于检测金属体的存在，与控制器配合可实现高速计数、测速、定位、变换运动方向、检测零件尺寸、控制液面等功能，还可以用作无触头按钮等.

与行程开关相比，接近开关具有定位精度高、工作可靠、寿命长、操作频率高以及能适应恶劣工作环境等优点. 但在使用接近开关时，由于其负载能力的限制仍要用有触头继电器作为输出器.

2. 结构与原理

接近开关的种类很多，在此只介绍高频振荡型接近开关. 高频振荡型接近开关电路结构可以归纳为如图 1-1-35 所示的几个组成部分.

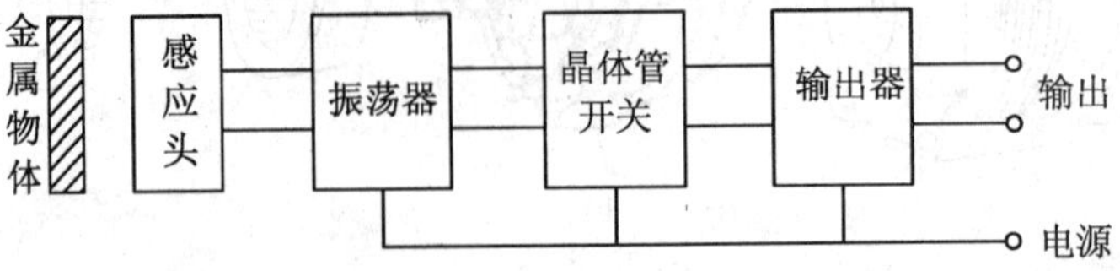

图 1-1-35 接近开关的工作原理方框图

高频振荡型接近开关的工作原理为：当有金属物体靠近一个以一定频率稳定振荡的高频振荡器的感应头附近时，由于感应作用，该物体内部会产生涡流及磁滞损耗，以致振荡回路因电阻增大、能耗增加而使振荡减弱，直至停止振荡. 检测电路根据振荡器的工作状态控制输出电路的工作，输出信号去控制继电器或其他电器，以达到控制的目的.

3. 型号含义

接近开关的型号含义如下图所示：

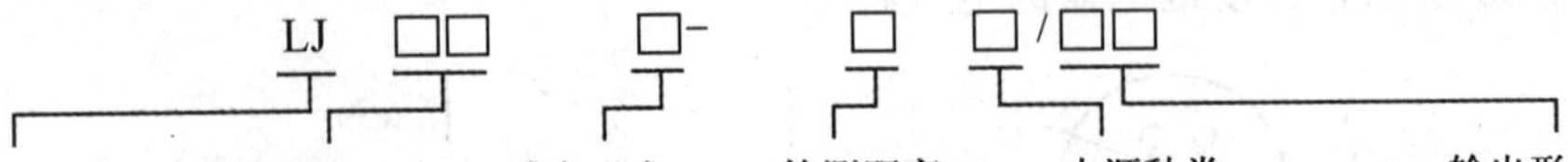

代 号	结构形式	感应形式	检测距离	电源种类	输出形式
LJ—电感式	M—圆柱DOS-34	T—埋入式	1 mm	Z—直流10~30V	NK—NPN动合
CJ—电容式	B—小方形	A—非埋入式	2 mm	Z1—直流10~60V	NH—NPN动断
SJ—霍尔式	C—大方形	G—分离式	3 mm		NU—NPN—常开—常闭
	D—普通型	S—左侧	4 mm	J—交流90~250V	PK—PNP动合
	E—档型	K—右侧	5 mm	J1—350~450V	PH—PNP动断
	F—分离型	I—顶端	8 mm		PU—PNP—常开—常闭
			10 mm		W—继电器输出
			15 mm		
			20 mm		
			……		

例如，LJM18T-5Z/NK 表示电感式接近开关，外形为圆柱形，圆柱的外径为 18mm，感应形式为埋入式，5Z 表示电流型检测距离为 5mm. NK 表示此接近开关为 NPN 动合型，最大输出电流为 300mA.

四、固态继电器

固态继电器(Solid State Relay，简称 SSR)，是由微电子电路、分立电子器件、电力电子功率器件组成的无触头开关，如图 1-1-36 所示.

图 1-1-36 固态继电器

1. 用途

固态继电器的输入端用微小的控制信号，以达到直接驱动大电流负载的目的.

2. **选用原则**

根据所要控制对象的电压、相数(单相或三相)、输入驱动电流和开关速度的大小等来选择.

3. **型号含义**

固态继电器的型号含义如下图所示：

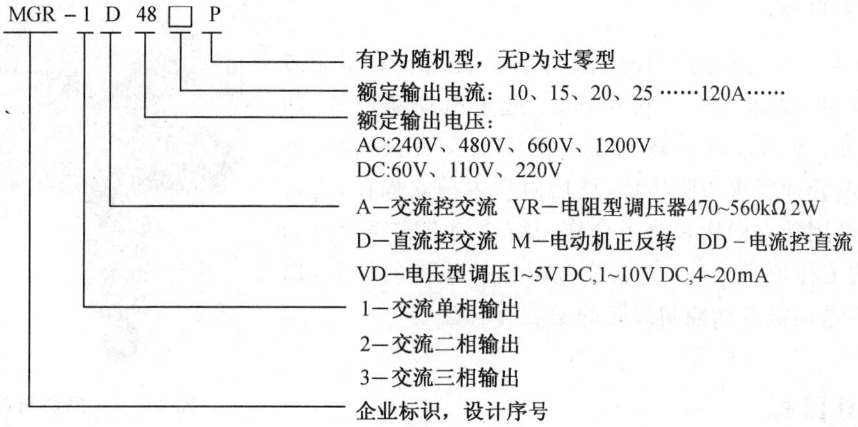

任务二　三相异步电动机点动、单向连续控制线路的安装与检修

任务描述

在某些生产机械工作中，有时需要电动机短时运行，有时又需要电动机长时间运行以实现连续生产加工. 例如，CA6140 型普通车床的刀架快速移动就是采用了点动控制，以实现加工前快速对刀；车床的主轴电动机则采用连续控制，以实现长时间连续加工目的，如图1-2-1所示. 本任务将学习如何安装与检修三相异步电动机的点动、单向连续控制线路.

图 1-2-1　CA6140 型普通车床

活动一　三相异步电动机点动控制线路的安装

活动描述

在实际生产中,点动控制的应用十分广泛.例如,车床刀架的快速移动、铣床工作台快速移动、起重电动葫芦等,如图 1-2-2 所示.本活动通过教师在实训板上安装、调试的示教,学生根据教师要求边听边练,然后由学生独立操作,进行巩固训练.采用独立操作和分组合作相结合的方式完成点动控制线路的工作原理分析,电路位置图和接线图的绘制,以及三相异步电动机点动控制线路的安装、调试.

图 1-2-2　电动葫芦

学习目标

◇ 掌握三相异步电动机点动控制原理图及安装图识读、绘制基本原则.

◇ 能正确识读和绘制三相异步电动机点动控制电路图、位置图和接线图,认识电气图形符号和文字符号.

◇ 能熟练叙述三相异步电动机点动控制电路的工作原理.

◇ 学会点动控制电路安装、调试,并达到相关安装工艺要求.

学习地点

电力拖动实训室(配备多媒体教学设备).

学习准备

电气控制线路安装与检修相关图纸及参考资料,常用电工工量具一套,万用表、钳形表、兆欧表各一块,三相异步电动机、常用低压电器和各种规格导线若干,文具和劳动保护用品等.

知识准备

一、电路图的识读与绘制

电路图是根据生产机械运动形式对电气控制系统的要求,采用国家统一标准规定的电气图形符号和文字符号,按照电气设备和电器的工作原理把它们排列起来,详细表示电器、设备或成套装置的全部组成和连接关系,能充分反映电气设备和电器的用途及线路的工作原理,而不涉及电气设备的结构尺寸、型号选用、安装位置和实际接线方法的一种简图.它是电气线路安装、调试和维修的理论依据.图 1-2-3 就是三相异步电动机点动控制电路图.

(一) 电路的组成

电路图一般由电源电路、主电路和辅助电路三部分组成,如图 1-2-3 所示.

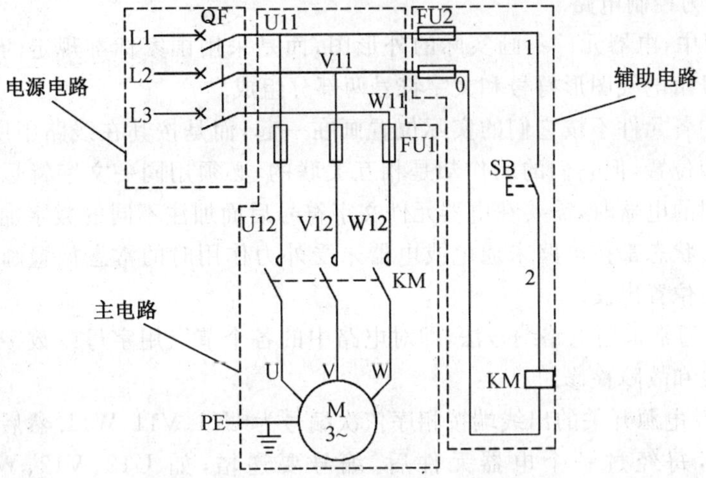

图 1-2-3　三相异步电动机点动控制电路图

1. 电源电路

根据电气设备所需电源种类不同，一般分为交流电源和直流电源两类，其中交流电源又分为单相交流电源和三相交流电源两种. 图 1-2-3 左上方水平画出的 L1、L2、L3 即为三相交流电源电路.

2. 主电路

主电路是指由受电的动力装置及控制、保护电器的支路等组成的，是电源向负载提供电能的电路，一般由主熔断器、接触器的主触头、热继电器的热元件以及电动机等组成. 如图 1-2-3 左边虚线框中控制电动机 M 的电路即为主电路.

3. 辅助电路

一般包括控制主电路工作状态的控制电路、显示主电路工作状态的指示电路和提供机床设备局部照明的照明电路等. 一般由起短路保护的熔断器、主令电器的触头、接触器的辅助触头及线圈、继电器的触头及线圈、指示灯和照明灯等组成. 如图 1-2-3 右边虚线框中即为辅助电路.

(二) 电路图的绘制原则

电路图的一般绘制原则如下：

(1) 电源电路一般画成水平线，位于电路图的上方. 三相交流电源按 L1、L2、L3 相序自上而下依次画出，若有中性线 N 和保护地线 PE，则依次画在相线下方；直流电源的“＋”极在上，“－”极在下依次画出；电源开关也应水平画出，如图 1-2-3 上方所示.

(2) 主电路通过的是电动机等大容量负载的工作电流，电流比较大，绘制于电路图的左侧并垂直于电源电路，如图 1-2-3 左侧即为主电路.

(3) 辅助电路通过的电流较小，一般不超过 5A. 辅助电路要跨接在两相电源之间，一般按控制电路、指示电路和照明电路的顺序，依次垂直画在主电路的右侧，并且耗能元件要画在电路图的下方，如接触器和继电器的线圈、指示灯、照明灯等，而电器的触头要画在耗能元件的上方. 为读图方便，一般按照从左到右、自上而下的顺序排列来表示电路动作过程，如

图 1-2-3 右侧即为控制电路.

(4) 电路图中,电器元件不画实际的外形图,而是采用国家标准规定的电气符号表示,电器的电气符号由电气图形符号和文字符号两部分组成.

同一电器的各元件不按它们的实际位置画在一起,而是按其在线路中所起的作用分画在电路中不同的位置,但它们的动作却是相互关联的,必须用同一文字符号标注.同一电路图中有多个相同的电器时,需要在电器元件文字符号后面加注不同的数字加以区别.电路图中各电器的触头状态都按电路未通电或电器未受外力作用时的常态位置画出,分析原理时应从触头的常态位置出发.

(5) 电路图通常采用电路编号法,即对电路中的各个节点用字母或数字进行编号,以便于电路安装接线和故障检修.

① 主电路在电源开关的出线端按相序依次编号为 U11、V11、W11.然后按从上到下、从左到右的顺序,每经过一个电器元件后,编号要递增,如 U12、V12、W12;U13、V13、W13……单台三相交流异步电动机的三根引出线,按相序依次编号为 U、V、W,对于多台电动机引出线的编号,为了不引起误解和混淆,可在字母前用不同的数字加以区别,如 1U、1V、1W;2U、2V、2W……

② 辅助电路编号按"等电位"原则,按从上到下、从左到右的顺序用数字依次编号,每经过一个电器元件后,编号要依次加 1.控制电路编号的起始数字从 1 开始,其他辅助电路编号的起始数字从 101 开始,依次递增 100.例如,照明电路编号从 101 开始;指示电路编号从 201 开始.

(6) 在电路图中,导线、电缆线及电器元件和设备的引线均称为连接线.绘制连接线一般应采用实线,而且应尽量减少不必要的连接线,避免线条交叉和弯折.对有直接电联系的交叉连接导线的连接点,要用小黑圆点表示;无直接电联系的交叉跨越导线则不画小黑圆点;T 字形连接不画小黑圆点也表示有电联系,如图 1-2-4 所示.

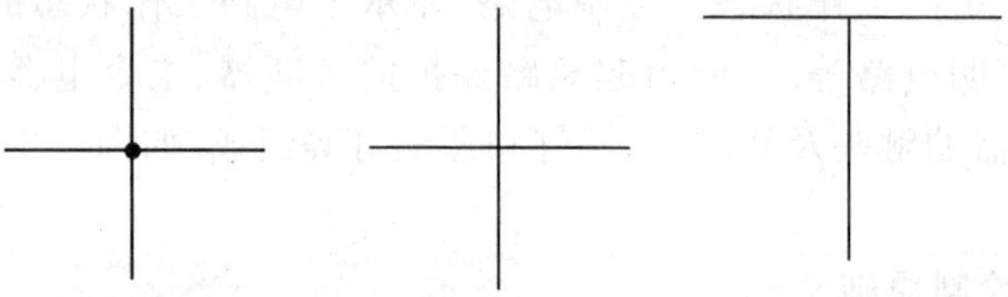

(a) 交叉连接　(b) 交叉跨越　(c) T字形连接

图 1-2-4　连接线的绘制

二、电路安装图

电路安装图是电气控制线路安装接线的依据.它包括电器元件安装位置图和控制线路安装接线图.

(一) 位置图

位置图是根据电器元件在控制板上的实际安装位置,采用简化的外形符号(例如,正方形、矩形、圆形等)绘制而成的一种简图.它不表达各电器的具体结构、作用、连接关系以及工作原理,主要用于反映各电器元件的实际位置,它是电器元件安装的依据.位置图中各电器的文字符号,必须与电路图和接线图中的标注相一致.例如,闸刀开关、熔断器和接线端子排的安装位置图如图 1-2-5 所示.

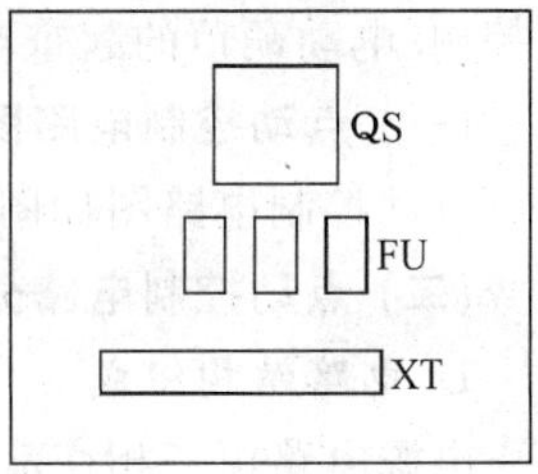

图 1-2-5　电器元件安装位置图

(二) 接线图

接线图是根据电气设备及电器元件的位置图和电路图绘制而成的,只用来表示电气设备及电器元件的位置关系、配线要求和接线方式,而不明显表示电气线路动作原理和电器元件之间的控制关系.它是电气施工的主要图纸,主要用于安装接线、检查线路和故障检修等.例如,用闸刀开关控制三相异步电动机的接线图如图 1-2-6 所示.

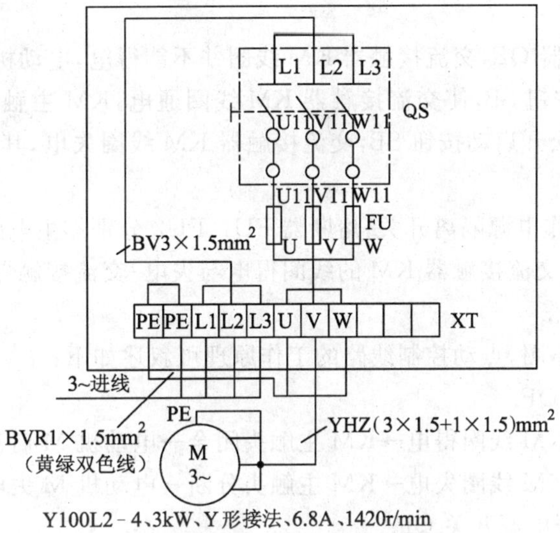

图 1-2-6　电动机单向运转控制线路接线图

绘制、识读接线图应遵循以下原则:

(1) 接线图中一般标出如下内容:电气设备和电器元件的相对位置、文字符号、端子号、导线号、导线类型、导线截面积等.

(2) 所有的电气设备和电器元件都按其所在的实际位置绘制在图纸上,且同一电器的各元件根据其实际结构,使用与电路图中相同的图形符号画在一起,并用点画线框上,其文字符号以及接线端子的编号应与电路图中的标注相一致,以便对照检查接线.

(3) 接线图中的导线有单根导线、导线组(或线扎)、电缆等之分,可用连续线和中断线表示,凡导线走向一致的可以合并,用线束来表示,到达接线端子板或电器元件的连接点时再分开画出,在用线束表示导线组、电缆时,可用加粗的线条表示,在不引起误解的情况下,也可采用部分加粗.另外,导线及管子的型号、根数和规格应标注清楚.

生产机械电气控制线路的电气图常用电路图、位置图和接线图来表示.在实际工作中,电路图、位置图和接线图要结合起来使用.

三、点动控制电路

在生产实际中,有许多点动控制的应用.例如,用电动葫芦起吊重物时,当操作人员按下上升按钮,重物立即上升;松开按钮时,重物立即停止.

像这种按下按钮,电动机就得电运转;松开按钮,电动机就失电停转的控制方式称为点动控制.电动葫芦的起重电动机和车床刀架快速移动电动机都是采用点动控制方式.

(一)点动控制电路图

点动控制电路图如图 1-2-3 所示.

(二)点动控制电路分析

1. 电路结构组成

电源电路由三相交流电源 L1、L2、L3 与低压断路器 QF 组成.

主电路由熔断器 FU1、交流接触器 KM 三对主触头和三相异步电动机 M 构成.

控制电路由熔断器 FU2、启动按钮 SB 和交流接触器 KM 的线圈组成.

2. 电路工作原理

先合上低压断路器 QF,交流接触器 KM 线圈并不能得电,电动机 M 也不能得电启动运转,只有再按下启动按钮 SB,使交流接触器 KM 线圈通电,KM 主触头闭合,才能使电动机 M 得电启动运转.若松开启动按钮 SB,交流接触器 KM 线圈失电,其主触头断开复位,电动机 M 立即失电停转.

低压断路器 QF 作电源隔离开关;熔断器 FU1、FU2 分别作主电路和控制电路的短路保护;启动按钮 SB 控制交流接触器 KM 的线圈得电与失电;交流接触器 KM 的主触头控制电动机 M 的启动和停止.

根据图 1-2-3 电路图,点动控制线路的工作原理可叙述如下:

先合上电源开关 QF.

启动:按下 SB→KM 线圈得电→KM 主触头闭合→电动机 M 启动运转.

停止:松开 SB→KM 线圈失电→KM 主触头分断→电动机 M 失电停转.

停止使用时,断开电源开关 QF.

活动实施

一、选用设备及器材

根据电路图 1-2-3 及控制要求来选择设备、元器件、线材.具体选择见表 1-2-1.

表 1-2-1　设备及器材选用明细表

序号	名称	代号	型号及规格	单位	数量
1	三相异步电动机	M	Y80M1-4、0.55kW、380V、Y 形接法、1.5A、1390r/min 或自定	台	1
2	配线板	—	木工板、600mm×500mm×20mm	块	1
3	断路器	QF	DZ5-20/330	只	1
4	熔断器	FU1	RL1-15/10	只	3
5	熔断器	FU2	RL1-15/2	只	2
6	交流接触器	KM	CJ10-10、线圈电压 380V、10A 或自定	只	1
7	按钮	SB	LA10-3H	只	1
8	木螺钉		∅3×15mm、∅3×20mm	个	若干
9	平垫圈		∅4mm	个	若干

续表

序号	名称	代号	型号及规格	单位	数量
10	主电路导线		$BV1mm^2$ 或 $BVR1mm^2$(黑色)	米	若干
11	控制电路导线		$BV0.75mm^2$ 或 $BVR0.75mm^2$(红色)	米	若干
12	按钮线		$BVR0.75mm^2$(红色)	米	若干
13	接地线		$BVR1.5mm^2$(黄绿双色)	米	若干
14	端子排	XT	JX2-1015,500V、10A、15 节	条	1

二、检测电器、设备

(1) 按图 1-2-3 所示,结合控制电路要求,配齐所用电器元件,并检查各电器设备的数量、型号、规格以及技术参数是否符合控制要求.

(2) 检查各电器设备的外观是否完好无损,附件和配件是否齐全,运动部件是否灵活,有无卡阻现象.

(3) 利用仪表检测接触器线圈、电动机绕组的阻值和绝缘电阻是否正常,额定电压为 380V 的接触器线圈阻值一般为 1.5kΩ,绝缘阻值一般不小于 1MΩ.

(4) 用仪表检测断路器、接触器、按钮的触头通断是否良好.

三、绘制电气图

根据图 1-2-3 画出电动机点动控制电路的元器件位置图,如图 1-2-7 所示;根据电路原理图和位置图绘制点动控制电路的接线图,如图 1-2-8 所示.

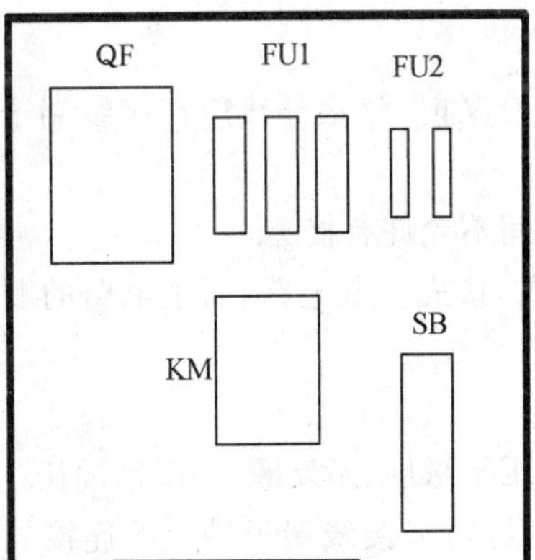

图 1-2-7　点动控制电路的元器件位置图

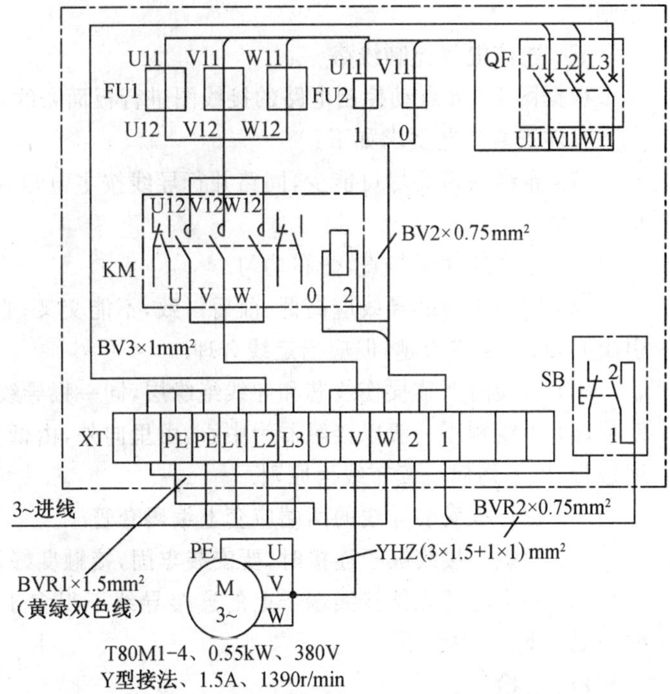

图 1-2-8　点动控制电路的接线图

提示

1. 绘制位置图的注意事项

(1) 各电器元件的位置、方向和间距要正确.

(2) 位置图中各电器图形符号旁要标注文字符号，而且要与电路图中的标注一致.

2. 绘制接线图时的注意点

(1) 接线图中各电器元件的位置要反映实际位置关系，可参考其位置图.

(2) 接线图中各电器元件要按国家标准规定的统一电气符号集中画在一起，且文字符号的标注必须与电路图中的一致.

(3) 同一通道的导线可以按导线束画成一根，到接线端子板和电器连接点时再分开画出，但是必须注明导线的种类和根数.

(4) 各电器元件连接点都要标注接点编号，而且必须与电路图中编号一致.

四、安装电器元件

根据图 1-2-7 点动控制位置图安装各电器元件. 安装的具体要求如下：

(1) 各电器元件的安装位置应垂直整齐、不得歪斜，间距与位置图要求一致，以便于线路安装和元件的检修与更换.

(2) 紧固电器元件时，用力要适当，紧固程度要合理. 在紧固熔断器、接触器等易碎元件时，应该用手按住元件，一边用旋具轮换旋紧对角线上的螺钉，一边轻轻摇动，直到手摇不动后，再适当加固旋紧些即可.

(3) 断路器、熔断器的进电端子应安装在控制板的外侧，对熔断器应遵循“低进高出”的原则.

五、连接电气控制线路

根据图 1-2-8 点动控制电路的接线图进行板面布线，并连接电动机.

具体安装工艺要求如下：

(1) 布线通道要尽可能少，同路并行导线按主电路、控制电路分类集中，单层密排，紧贴板面布线.

(2) 布线应横平竖直，分布均匀.

(3) 同一平面的导线应高低、前后一致，不能交叉；必须交叉时，该根导线应在接线端子引出时，水平架空跨越，但应当走线合理.

(4) 布线时严禁损伤线芯和导线绝缘层，同一根导线中间不允许有接头.

(5) 布线顺序一般以接触器为中心，由里向外，由低至高，按先控制电路、后主电路的顺序进行，以不妨碍后续布线为原则.

(6) 在每根安装导线的两端应套上编码套管.

(7) 导线与接线端子连接时，要安装牢固，接触良好，不压绝缘层、不反圈、不露铜过长.

(8) 一个电器元件接线端子上的连接导线不得多于两根，每节接线端子排上的连接导线一般只允许连接一根.

六、自检

线路安装结束，应根据电路图或接线图进行正确性、安全性检查. 具体检查方法如下：

(1) 先目检电路接线正确性.

① 按电路图或接线图从电源端开始,逐段核对接线和接线端子处线号是否正确,有无漏接、错接之处.

② 检查导线接点是否符合要求,压接是否牢固,接触是否良好,以避免带负载通电运转时产生闪弧现象.

(2) 用万用表检查接线.

① 首先检查电路电源开关 QF 应为断开状态.然后将万用表调到倍率适当的电阻挡(一般选用 $R\times100$ 挡),并调零,以防线路有短路故障.检查控制电路时,将两表笔分别搭接在 U11、V11 线端上,此时读数应为"∞";按下 SB 时,读数应为接触器线圈的直流电阻值.

② 检查主电路时,可人为用手动来代替接触器动作,再逐相检查主电路有无开路现象以及两相之间有无短路现象.

(3) 检查电动机接地线安装是否良好.

(4) 用兆欧表检查电动机绝缘电阻的阻值应不得小于 1MΩ.

七、交验及通电试车

自检完毕,可以向教师申请通电试车,经教师检查同意后方可通电试车.

具体通电调试步骤及要求如下:

(1) 为保证人身安全,在通电试车时,要认真执行安全操作规程的有关规定,一人监护,一人操作.

(2) 试车前,应检查与通电试车有关的电源设备是否存在不安全的因素,若查出应立即整改,然后方能通电试车.

(3) 通电试车前,必须得到教师的同意,并由指导教师接通三相电源,同时在现场监护.学生合上电源开关 QF 后,用测电笔检查熔断器出线端,氖管亮说明电源接通.然后按下 SB,观察接触器动作是否正常,是否符合线路功能要求,接触器有无卡阻及噪声过大等现象,电动机运行情况是否正常等,当电动机运转平稳后,用钳形电流表测量三相电流是否平衡;手松开 SB,接触器应随即失电复位,电动机停转.

注意:观察过程中,若发现有异常现象,应立即切断电源.

(4) 出现故障后,学生应独立进行检修.若需带电检查时,教师必须在现场监护,检修完毕后,如再次试车,教师也要在现场监护,并做好故障、时间记录.

(5) 通电试车完毕,首先切断电源,然后再拆除三相电源线,最后拆除电动机线.

活动评价

一、活动记录

活动记录见附表 1.

二、活动实施评价表

活动实施评价表见表 1-2-2.

表 1-2-2　　　　活动实施评价表

活动名称：三相异步电动机点动控制线路的安装			班级： 小组： 姓名：					
评价项目	评价标准	评价依据	评价方式			权重	得分	总分
			学生自评	小组评价	教师评价			
			0.2	0.3	0.5			
职业素质	(1) 遵守安全管理规定和工作劳动纪律 (2) 按时按要求完成学习及工作任务 (3) 工作积极主动、勤学好问 (4) 工作岗位 6S 完成情况良好	(1) 出勤 (2) 工作态度 (2) 劳动纪律 (4) 团队协作精神				0.2		
专业能力	(1) 会绘制电气图 (2) 会检测电器设备 (3) 能正确安装电器元件并布线 (4) 会通电试车	(1) 操作的准确性和规范性 (2) 专业技能完成情况 (3) 工作页或报告完成情况				0.7		
创新能力	(1) 在任务完成过程中能提出自己的有一定见解的方案 (2) 在教学或生产管理上提出的建议具有创新性	(1) 方案的可行性及意义 (2) 建议的可行性				0.1		
指导教师综合评价	指导教师签名：　　　　日期：							

活动二　三相异步电动机单向连续运行控制线路的安装与检修

活动描述

本活动在三相异步电动机点动控制的基础上学习单向连续运行控制线路，学生在教师的指导下，采用独立操作和分组合作相结合的方式完成单向连续运行控制电路的工作原理分析，电路位置图和接线图的绘制，以及三相异步电动机点动控制线路安装、调试与故障处理，做好活动记录与总结评价.

学习目标

◇ 能读懂三相异步电动机的单向连续运行控制线路工作原理，掌握自锁的作用.

◇ 能绘制三相异步电动机的单向连续运行电气控制电路图，并会进行电路安装.
◇ 能正确调试电动机的单向连续运行控制电路，并能对电路常见故障进行检修.

学习地点

电力拖动实训室(配备多媒体教学设备).

学习准备

电气控制线路安装与检修相关图纸及参考资料，常用电工工量具一套，万用表、钳形表、兆欧表各一只，三相异步电动机、常用低压电器和各种规格导线若干，三相五线制电源设备，文具和劳动保护用品等.

知识准备

一、三相异步电动机单向连续运行控制电路图

三相异步电动机单向连续运行控制电路如图 1-2-9 所示.

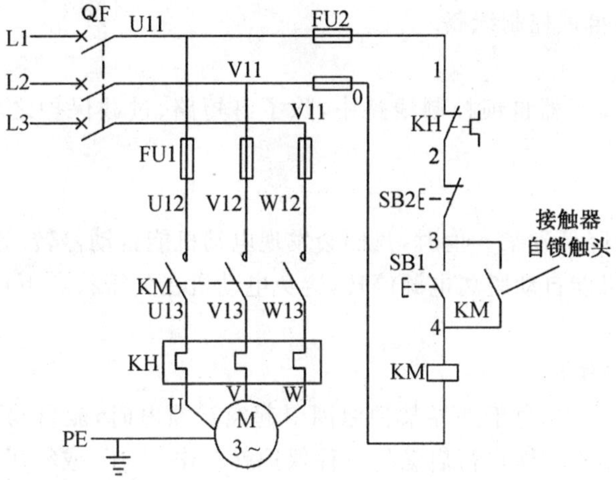

图 1-2-9　三相异步电动机单向连续运行控制电路

二、电路分析

(一) 电路的结构组成及作用

1. 电源电路

低压断路器 QF，实现三相交流电源接通与关断.

2. 主电路

熔断器 FU1，对主电路实现短路保护；交流接触器 KM 主触头，控制电动机 M 得电与失电；热继电器 KH 热元件，实现对电动机过载保护.

3. 控制电路

熔断器 FU2，对控制电路实现短路保护；热继电器 KH 动断触头，电动机过载时，切断接触器 KM 线圈电源；停止按钮 SB2，按下时切断接触器 KM 线圈电源；启动按钮 SB1，按下时使接

触器 KM 线圈得电；接触器 KM 辅助动合触头，当手松开启动按钮后，使接触器 KM 线圈保持得电；接触器 KM 线圈，通过线圈得失电，带动其主触头通断，从而实现电动机 M 运行与停止.

（二）电路工作原理

线路的工作原理分析如下：首先合上电源开关 QF.

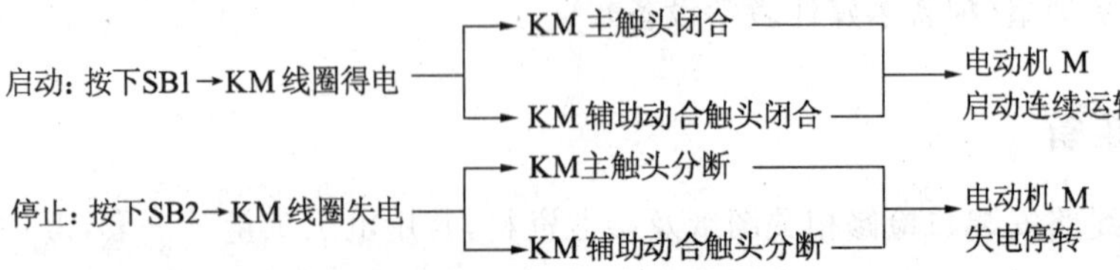

由以上分析可知，当松开启动按钮 SB1 后，SB1 的动合触头虽然恢复分断，但接触器 KM 的辅助动合触头已经闭合，此时已将 SB1 短接，使控制电路仍保持通路，接触器 KM 线圈继续保持得电，电动机 M 实现了连续运转.

像这种当松开启动按钮后，接触器通过自身的辅助动合触头使其线圈保持得电的作用叫作自锁. 与启动按钮并联起自锁作用的辅助动合触头叫作自锁触头. 手松开启动按钮后，接触器通过自锁作用使电动机继续保持运转的控制方式，称为自锁控制. 如图 1-2-9 所示的控制线路叫作接触器自锁控制线路.

（三）电路保护

在图 1-2-9 所示接触器自锁控制线路中，除了有短路、过载保护之外，还有欠压和失压（或零压）保护功能.

1. 欠压保护

当出现电源电压降低到某一值时，我们会发现电动机能自动停转. 这种当线路电压下降到某一数值时，电动机能自动脱离电源停转，避免电动机在欠压状态下运行而导致损坏的一种保护就叫作“欠压保护”.

2. 失压（或零压）保护

电动机在正常运行中，由于外界某种原因引起突然断电时，能自动切断电动机电源；当重新供电时，保证电动机不能自行启动的一种保护就叫作“失压（或零压）保护”.

提示

（1）熔断器和热继电器都是保护电器，在电动机控制线路中两者不能相互代替使用，熔断器只能作短路保护，热继电器只能作过载保护.

（2）欠压和失压保护的器件都是接触器.

① 欠压保护是因为当线路电压下降到一定值（一般指低于额定电压 85%以下）时，接触器线圈两端的电压也同样下降到此值，使接触器线圈磁通减弱，产生的电磁吸力减小. 当电磁吸力减小到小于弹簧弹力时，动铁芯被迫释放，主触头和自锁触头同时分断，自动切断主电路和控制电路，从而使电动机失电停转，起到了欠压保护的作用.

② 失压保护是因为接触器自锁触头和主触头在电源断电时已经分断，使控制电路和主电路都不能接通，所以在电源恢复供电时，电动机就不会自行启动运转，从而保证了人身和设备的安全.

活动实施

一、安装三相异步电动机单向连续运行控制电路

(一) 选用设备及器材

根据电路图 1-2-9 及控制要求来选择设备、元器件、线材. 具体选择参考表 1-2-1. 需要注意的是增加一个热继电器.

(二) 检测器件

同本任务活动一.

(三) 绘制电气图

绘制位置图如图 1-2-10 所示. 并请根据电路图 1-2-9 与位置图在图 1-2-11 线框中画出接线图(注意事项同本任务活动一).

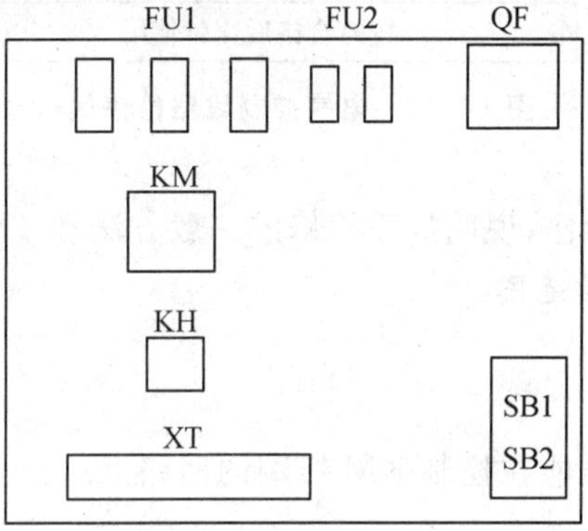

图 1-2-10　安装位置图

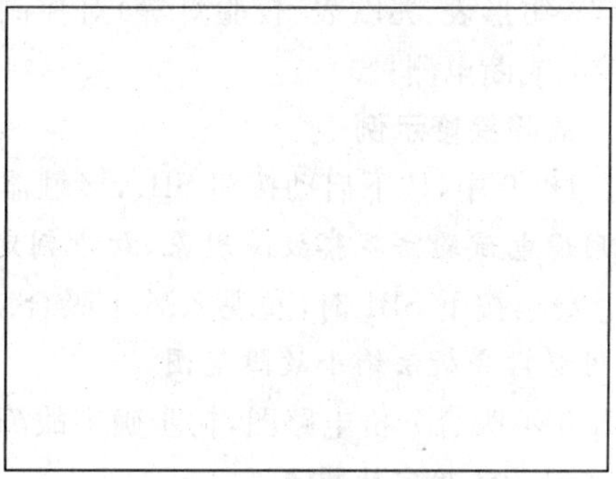

图 1-2-11　电路接线图

(四) 安装电器元件

按图 1-2-10 所示位置图安装电器元件. 安装电器元件的具体要求参考本任务活动一中电器元件安装要求.

热继电器要安装在发热电器元件的下方,并保持一定的距离,以免热源对它的动作干扰. 安装完毕,还要根据电动机参数调节好热继电器的整定电流值,选择其复位方式等.

(五) 连接电气控制线路

根据图 1-2-11 电动机单向连续运行控制电路接线图,在已经安装完成的点动控制线路的基础上,进行线路改动、安装.

想一想: *如何在点动按钮上并接一个 KM 的动合辅助触头? 如何在点动控制回路中串接一个按钮的动断触头?*

(六) 自检

电路安装完毕,通常要对所安装的电路进行正确性检查,具体检测方法参考活动一.

(七) 交验及通电试车

自检没有错误后再向教师汇报,提出通电申请,然后在教师检查同意和监督指导下进行通电调试. 通电试车的方法和步骤参考活动一.

二、检修三相异步电动机单向连续运行控制电路常见故障

（一）电气控制线路故障检修

一般方法和步骤如图 1-2-12 所示.

（1）通电试验法必须在不扩大故障范围、不损坏电气设备的前提下，对线路进行短时通电试验，通过观察电气设备和电器元件动作的异常现象，初步判断故障发生的大概位置或回路.

（2）逻辑分析法是根据电气控制线路的工作原理、控制环节的动作过程以及它们之间的联系，结合故障现象做具体的分析，从而缩小故障范围，有利于迅速判断出故障所在.

（3）测量法是利用电工工具和仪表（如测电笔、万用表、钳形表、兆欧表、校验灯等）对控制线路进行带电或断电测量.

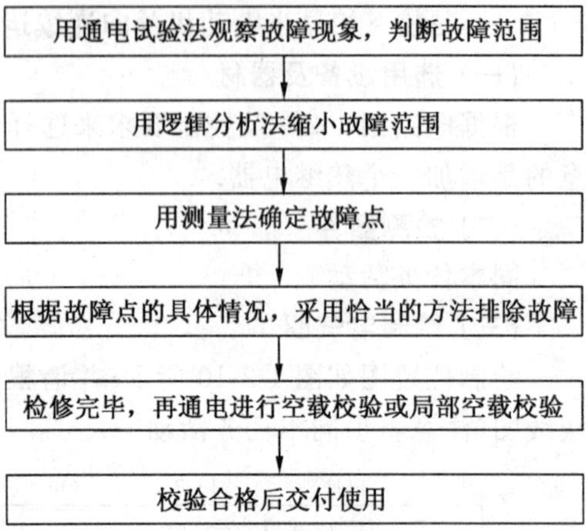

图 1-2-12　电气控制线路检修的一般步骤

（二）故障检修示例

在图 1-2-9 中，按下启动按钮 SB1，接触器不动作，说明故障检修的一般方法和步骤.

1. 用通电试验法观察故障现象，初步判定故障范围

合上 QF，按下 SB1 时，发现 KM 不吸合.

2. 用逻辑分析法缩小故障范围

由 KM 不吸合分析电路图，初步确定故障点可能在控制 KM 线圈的回路上.

3. 用测量法确定故障点

常用的测量方法有电压测量法、电阻测量法、测电笔法、校验灯法和短接法等. 本例所举的故障现象可采用使用较多的测电笔法、电压测量法或电阻测量法来进行检查.

（1）测电笔法.

使用测电笔法检查电路时，先合上断路器 QF，然后用测电笔依次测量 0、1、2、3、4 各点，根据电笔是否发光来判断故障点所在位置. 具体故障判断方法如表 1-2-3 所示.

表 1-2-3　　测电笔法故障点判断表

故障现象	0	1	2	3	4	故障点
按下 SB1 时，接触器 KM 不吸合	不亮	×	×	×	×	下方 FU2 熔断或接触不良
	亮	不亮	×	×	×	上方 FU2 熔断或接触不良
	亮	亮	不亮	×	×	KH 动断触头接触不良
	亮	亮	亮	不亮	×	SB2 动断触头接触不良
	亮	亮	亮	亮	不亮	KM 线圈断路
	亮	亮	亮	亮	亮	SB1 触头闭合时接触不良

(2) 电压测量法.

使用电压测量法检查电路时，首先把万用表的转换开关调到交流电压 500V 的挡位上，然后按如图 1-2-13 所示的方法进行测量.

检测时，合上 QF，在松开按钮 SB1 的条件下，先用万用表测量 0 和 1 两点之间的电压，若电压为 380V，则说明控制电路的电源电压正常. 然后把黑表笔接到 0 点上，红表笔依次接到 2、3 各点上，分别测量出 0－2、0－3 两点间的电压，若电压均为 380V，再把黑表笔接到 1 点上，红表笔接到 4 点上，测量出 1－4 两点间的电压. 根据其测量结果即可找出故障点，见表 1-2-4. 表中符号"×"表示不需再测量.

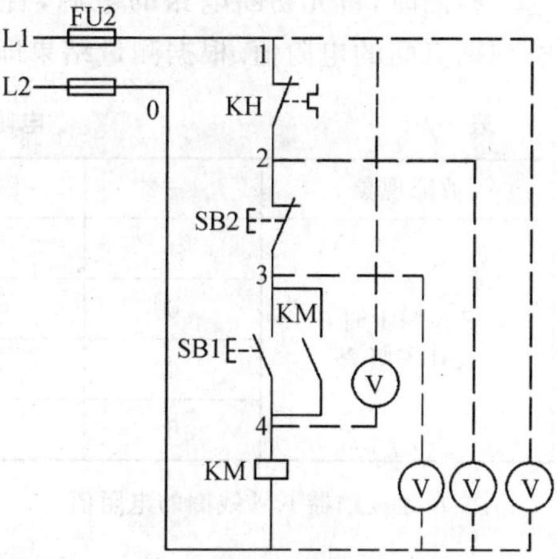

图 1-2-13　电压测量法

表 1-2-4　电压测量法故障点判断表

故障现象	0－1	0－2	0－3	1－4	故障点
按下 SB1 时，接触器 KM 不吸合	0	×	×	×	FU2 熔断或接触不良
	380V	0	×	×	KH 动断触头接触不良
	380V	380V	0	×	SB2 动断触头接触不良
	380V	380V	380V	0	KM 线圈断路
	380V	380V	380V	380V	按下 SB1，触头接触不良

(3) 电阻测量法.

使用电阻测量法检查时，首先把万用表的转换开关调到倍率适当的电阻挡位上(一般选 $R\times100$ 挡)，并进行调零，然后按如图 1-2-14 所示的方法进行测量.

图 1-2-14　电阻测量法

检测时，首先切断电路的电源，否则将损坏万用表. 用万用表依次测量出 1－2、1－3、0－4两点间的电阻值. 根据测量结果即可找出故障点，见表 1-2-5.

表 1-2-5　　电阻测量法故障点判断表

故障现象	1－2	1－3	0－4	故障点
按下 SB1 时，KM 不吸合	∞	×	×	KH 动断触头接触不良
	0	∞	×	SB2 动断触头接触不良
	0	0	∞	KM 线圈断路
	0	0	R	SB1 触头闭合时接触不良

注：R 为接触器 KM 线圈的电阻值.

4. 根据故障点的实际情况，采取正确的检修方法排除故障

例如，故障点是 FU2 接触不良时，旋紧熔断器即可；如果是 FU2 熔芯熔断，则更换同规格的熔芯即可.

5. 检修完毕，再进行通电空载校验或局部空载校验

切断电源重新连好 M 的负载线，在教师同意并监护下，合上 QF，按下 SB1，观察与检测线路和电动机的运行情况是否正常，控制环节的动作程序是否符合要求，用钳形电流表测电动机三相电流是否平衡等. 经检验合格后，电动机正常运行.

校验合格后即可交付使用.

提示

在实际维修过程中，由于出现的故障是随机多样的，就是同一种故障现象，发生的故障部位也不一定相同. 因此，采用以上介绍的步骤和方法时，不宜生搬硬套，而应按不同的故障情况灵活运用，妥善处理，力求迅速、准确地找出故障点，从而正确地排除故障.

（三）故障检修练习

断开电源，在控制电路或主电路中人为设置电气自然故障两处，由学生在规定的时间内独立完成故障检修. 其处理方法填入表 1-2-6 中.

表 1-2-6　　故障情况分析及处理方法

序号	故障现象	原因分析	检查要点与处理方法
1			
2			

活动评价

一、活动记录

活动记录见附录 1.

二、活动实施评价表

活动实施评价表见表 1-2-7.

表 1-2-7　　活动实施评价表

<table>
<tr><td colspan="3">活动名称：三相异步电动机单向连续运行控制线路的安装与检修</td><td colspan="6">班级：
小组：
姓名：</td></tr>
<tr><td rowspan="3">评价项目</td><td rowspan="3">评价标准</td><td rowspan="3">评价依据</td><td colspan="3">评价方式</td><td rowspan="3">权重</td><td rowspan="3">得分</td><td rowspan="3">总分</td></tr>
<tr><td>学生自评</td><td>小组评价</td><td>教师评价</td></tr>
<tr><td>0.2</td><td>0.3</td><td>0.5</td></tr>
<tr><td>职业素质</td><td>(1) 遵守安全管理规定和工作劳动纪律
(2) 按时按要求完成学习及工作任务
(3) 工作积极主动、勤学好问
(4) 工作岗位 6S 完成情况良好</td><td>(1) 出勤
(2) 工作态度
(3) 劳动纪律
(4) 团队协作精神</td><td></td><td></td><td></td><td>0.2</td><td></td><td></td></tr>
<tr><td>专业能力</td><td>(1) 会绘制电气图
(2) 会检测电器设备
(3) 能正确安装电器元件并布线
(4) 会通电试车
(5) 会检修故障</td><td>(1) 操作的准确性和规范性
(2) 专业技能完成情况
(3) 工作页或报告完成情况</td><td></td><td></td><td></td><td>0.7</td><td></td><td></td></tr>
<tr><td>创新能力</td><td>(1) 在任务完成过程中能提出自己的具有一定见解的方案
(2) 在教学或生产管理上提出的建议具有创新性</td><td>(1) 方案的可行性及意义
(2) 建议的可行性</td><td></td><td></td><td></td><td>0.1</td><td></td><td></td></tr>
<tr><td>指导教师综合评价</td><td colspan="8">

指导教师签名：　　　　日期：</td></tr>
</table>

知识拓展

一、三相异步电动机点动与连续混合正转控制

(一) 电路图

其电路图如图 1-2-15 所示.

(二) 电路工作原理

图 1-2-15 所示控制线路是在启动按钮 SB1 的两端并接了一个复合按钮 SB3 来实现点动与连续混合正转控制的，SB3 的动断触头应与 KM 自锁触头串接. 线路的工作原理分析如下，首先需合上电源开关 QF.

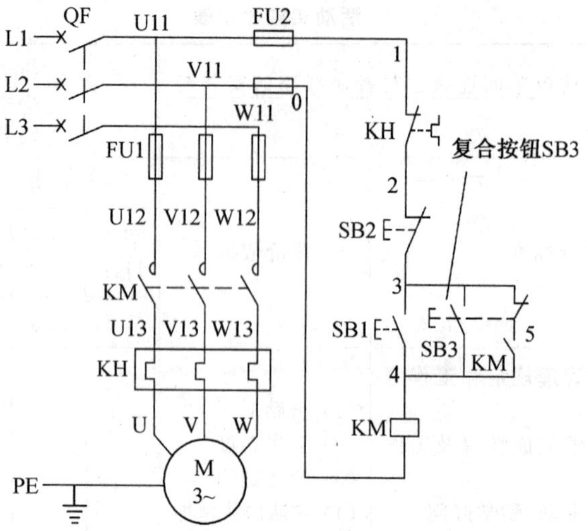

图 1-2-15　点动与连续混合正转控制线路图

1. 连续控制

启动：按下SB1→KM线圈得电→KM自锁触头闭合自锁；KM主触头闭合→电动机M启动连续运转

停止：按下SB2→KM线圈失电→KM自锁触头分断解除自锁；KM主触头分断→电动机M失电停转

2. 点动控制

启动：按下 SB3→SB3动断触头先分断切断自锁电路；SB3动合触头后闭合→KM 线圈得电→KM自锁触头闭合；KM主触头闭合→M启动运转

停止：松开 SB3→SB3动合触头先恢复分断→KM 线圈失电→KM自锁触头分断；KM主触头分断→M停转；SB3动断触头后恢复闭合，此时KM自锁触头已经分断，M不会启动

二、识读电气原理图的方法

（一）先区分出主电路和辅助电路

1. 主电路

主电路是给用电设备供电的电路，是受辅助电路控制的电路. 主电路一般画在图纸的左边和上部.

2. 辅助电路

辅助电路是给控制元件供电的电路，是控制主电路动作的电路. 辅助电路一般画在图纸的右边或下部.

（二）识读电气原理图的步骤和方法

先看主电路，后看辅助电路.

1. 识读主电路的具体步骤

(1) 看用电设备. 首先看清主电路中有几个用电设备,及它们的类别、用途、接线方法以及一些不同的要求等. 如图 1-2-15 中用电设备是一台电动机.

(2) 看清主电路中用电设备用几个控制元件控制. 如图 1-2-15 中电动机是用接触器控制启动和停止的.

(3) 看清主电路除用电设备外还有哪些元器件及这些元器件的作用. 如图 1-2-15 中,主电路中还有断路器 QF 和熔断器 FU.

(4) 看电源. 了解电源的种类和电压等级,分清是直流电源还是交流电源.

2. 识读辅助电路的具体步骤和方法

(1) 看辅助电路的电源,分清辅助电路电源种类和电压等级. 如果将交流控制元件用于直流电路,通电会烧坏交流线圈,如果将直流元件用于交流电路,通电控制元件不工作.

(2) 弄清辅助电路中每个控制元件的作用,弄清辅助电路和控制元件对主电路用电设备的控制关系. 如图 1-2-15 中,按下启动按钮 SB1,电动机启动;按下停止按钮 SB2,电动机停运.

(3) 弄清辅助电路中各个控制元件之间的制约关系. 图 1-2-15 中 SB1 是控制 KM 通电的元件.

3. 识读原理展开图

原理展开图通常属于电气原理图中的控制电路部分. 识读时必须参照整个电路原理图对展开图按从左向右或自上而下的顺序分析.

首先应按列或行一个支路、一个支路依照顺序读通,有时性质不同的支路是交错画在一起的,就要跳过无关的支路,找到有关的支路,在整张展开图中,把与这个支路有联系的所有支路都找到. 在读具体支路时,要先找到继电器线圈的启动支路,然后寻找该继电器的触点支路. 一个继电器有几对触点时,不要遗漏. 要注意的是,同一元件的不同部分是分开布置的,元件的触点和线圈可能接在不同的回路中.

(三) 识读电气接线图的方法和步骤

识读电气接线图,要弄清楚电气原理图,这是看懂电气接线图的最好办法.

(1) 分析清楚电气原理图中主电路和辅助电路所含有的元器件,弄清楚每个元器件的动作原理和作用;要特别弄清楚辅助电路控制元件之间的关系,弄清楚辅助电路中控制元件与主电路的关系.

(2) 弄清楚电气原理图和接线图中元器件的对应关系. 同一个元器件在两种电路图中的绘制方法可能不同,在原理图中同一元件的线圈和触点画在不同位置,而在接线图中同一元件的线圈和触点是画在一起的.

(3) 弄清电气接线图中接线导线的根数和所用导线的具体规格.

(4) 根据电气接线图中的线号弄清主电路的线路走向.

(5) 根据线号弄清楚辅助电路的走向. 在实际接线中主电路和辅助电路是按先后顺序接线的,另外,主电路和辅助电路所用导线型号规格也不相同.

任务三 工作台自动往返控制线路的安装与检修

任务描述

在生产机械工作中，经常需要工作台自动往返运行，以提高加工精度和生产效率. 例如，X62W型万能铣床工作台的前后、左右、上下自动进给运动就是采用了自动往返控制. 本任务将学习三相异步电动机的正反转及自动往返控制线路的结构组成与工作原理，学生通过独立或小组合作的形式完成三相异步电动机的正反转及自动往返控制线路的安装、调试和检修.

活动一 三相异步电动机正反转控制线路的安装与检修

活动描述

在实际生产中，经常需要电动机做正、反两个方向转动. 例如，起重机吊钩的升降运动，铣床铣刀的正反向旋转运动以及工作台的左右运动等，都是由电动机正反转实现的. 本活动通过教师在实训板上安装、调试的示教，学生根据教师要求边听边练，然后由学生独立操作，进行巩固训练. 采用独立操作和分组合作相结合的方式完成三相异步电动机的正反转控制线路工作原理分析，能安装、调试和检修三相异步电动机的接触器互锁正反转控制线路，并做好活动记录与总结评价.

学习目标

◇ 能读懂三相异步电动机正反转控制线路图，理解互锁的作用.

◇ 能正确绘制接触器互锁正反转控制电路的电路图、位置图和接线图.

◇ 能按照工艺要求正确安装接触器互锁正反转控制电路.

◇ 能根据故障现象正确检修接触器互锁正反转控制电路.

学习地点

电力拖动实训室(配备多媒体教学设备).

学习准备

电气控制线路安装与检修相关图纸及参考资料，常用电工工量具一套，万用表、钳形表、兆欧表各一只，三相异步电动机、常用低压电器和各种规格导线若干，文具和劳动保护用品等.

知识准备

任务二学习的电动机单向控制线路只能使电动机朝一个方向旋转，带动生产机械的运动部件朝一个方向运动.但在实际生产中,机床工作台需要前进与后退;车床的主轴需要正转与反转;起重机的吊钩需要上升与下降.要实现生产机械运动部件向正、反两个方向运动,就要求电动机能实现正转与反转控制.

一、接触器互锁正反转控制线路

接触器互锁正反转控制线路如图 1-3-1 所示.

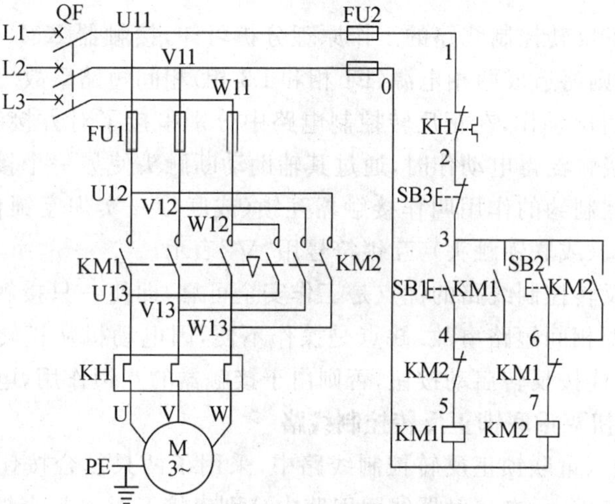

图 1-3-1　**接触器互锁正反转控制线路图**

二、接触器互锁正反转控制线路工作原理分析

(一) 线路主要结构分析

在图 1-3-1 所示接触器互锁正反转控制电路中,采用了两个接触器,分别控制电动机的正转与反转.从主电路中可以看出,这两个接触器的主触头所接通的电源相序不同,接触器 KM1 按 L1—L2—L3 相序接线,接触器 KM2 则按 L3—L2—L1 相序接线,这两只接触器的作用实现了三相异步电动机三相交流电源的换相,即实现了电动机正反转.对应地控制电路有两条,一条是由按钮 SB1 和接触器 KM1 线圈组成的正转控制电路;另一条是由按钮 SB2 和接触器 KM2 线圈组成的反转控制电路.

(二) 线路工作原理分析

接触器互锁正反转控制线路的工作原理分析如下,首先需合上电源开关 QF.

1. 正转控制

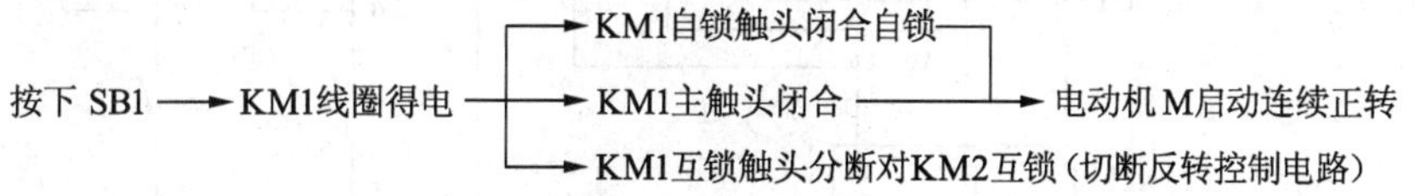

2. 反转控制

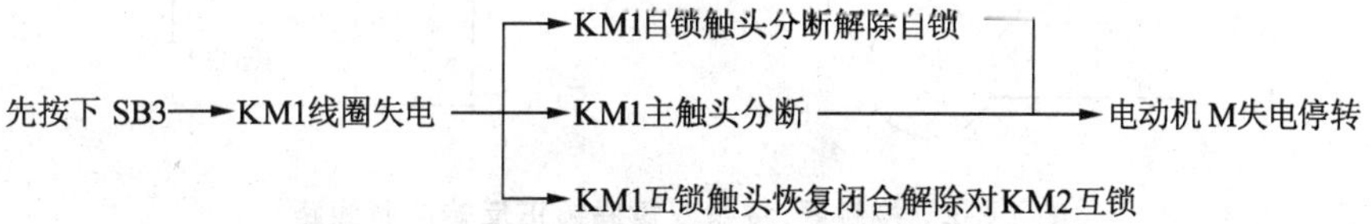

再按下 SB2→KM2线圈得电→KM2自锁触头闭合自锁
　　　　　　　　　　　→KM2主触头闭合→电动机M启动连续反转
　　　　　　　　　　　→KM2互锁触头分断对 KM1互锁（切断正转控制电路）

3. **停止控制**

按下停止按钮 SB3→控制电路失电→KM1（或 KM2）主触头分断→电动机 M 失电停转

从接触器互锁正反转控制线路的工作原理分析可知，接触器 KM1 和 KM2 的主触头绝不允许同时闭合，否则将造成两相电源（L1 相和 L3 相）相间短路事故. 为了避免两个接触器 KM1 和 KM2 同时得电动作，在正反转控制电路中分别串接了对方接触器的一对辅助动断触头，这样，当一个接触器得电动作时，通过其辅助动断触头使另一个接触器不能得电动作，接触器之间这种相互制约的作用叫作接触器互锁（或联锁）. 实现互锁作用的接触器辅助动断触头称为互锁触头（或联锁触头），互锁符号用“▽”表示.

接触器互锁正反转控制线路的优点是工作安全可靠，即使一只接触器发生熔焊故障，主电路也不会发生电源相间短路事故. 缺点是操作不便，因电动机从正转变为反转时，必须先按下停止按钮后，才能按反转启动按钮，否则由于接触器的互锁作用，电动机不能实现反转.

三、接触器、按钮双重联锁正反转控制线路

在接触器、按钮双重联锁正反转控制线路中，采用了两只复合按钮，它是在接触器联锁正反转控制线路的基础上，在接触器线圈回路中分别串接了对方复合按钮的动断触头，得到了如图 1-3-2 所示的控制线路，请读者自行分析其工作原理.

通过分析接触器、按钮双重联锁正反转控制线路工作原理可知，该线路的优点是：电动机从正转变为反转时，无需再先按下停止按钮，可直接按下反转启动按钮就能实现反转，增加了线路操作的方便性和工作安全可靠性. 缺点是：在直接进行电动机正反转切换时，电动机的反接电流很大，从而影响电动机寿命，因此，双重联锁正反转仅适用于小容量电动机的控制.

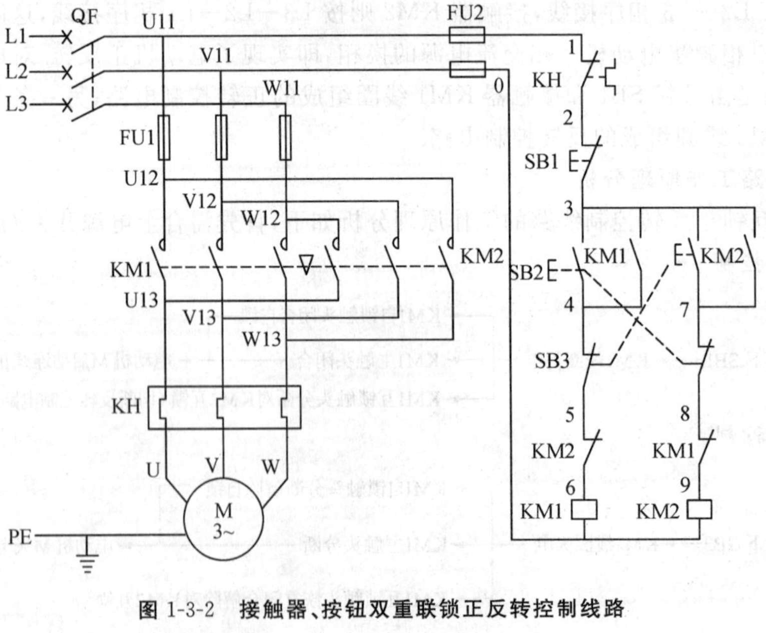

图 1-3-2　接触器、按钮双重联锁正反转控制线路

活动实施

一、安装接触器互锁正反转控制线路

(一) 选用设备及器材

根据电路图 1-3-1 及控制要求来选择设备、元器件、线材. 具体选择见表 1-3-1.

表 1-3-1　　设备及器材选用明细表

序号	名　称	代号	型号及规格	单位	数量
1	三相异步电动机	M	Y80M1-4，0.55kW、380V、Y 形接法、1.5A、1390r/min	台	1
2	配线板	—	木工板，600mm×500mm×20mm	块	1
3	断路器	QF	DZ5-20/330	只	1
4	熔断器	FU1	RL1-15/10	只	3
5	熔断器	FU2	RL1-15/2	只	2
6	交流接触器	KM	CJ10-20、线圈电压 380V、10A 或自定	只	2
7	热继电器	KH	JR20-10	只	1
8	按钮	SB	LA10-3H	只	1
9	木螺钉	—	∅3×15mm、∅3×20mm	个	若干
10	平垫圈	—	∅4mm	个	若干
11	主电路导线	—	BV1mm² 或 BVR1mm²(黑色)/ 电动机连接线 YHZ(3×1+1×1)mm²	米	若干
12	控制电路导线	—	BV0.75mm² 或 BVR0.75mm²(红色)	米	若干
13	按钮线	—	BVR0.75mm²(红色)	米	若干
14	接地线	—	BVR1.5mm²(黄绿双色)	米	若干
15	端子排	XT	JX2-1015，500V、10A、15 节	条	1
16	绘图笔	—	自定	支	1
17	劳保用品	—	工作服、绝缘鞋等	套	1

(二) 检测电器元件

选择电器设备后，要检查其数量是否齐全，外观、触头是否完好，是否符合任务中技术参数要求，否则应予以维修或更换.

(三) 绘制接触器互锁正反转电气控制图

绘制出接触器互锁正反转控制电路的位置图和接线图，分别如图 1-3-3 和 1-3-4 所示.

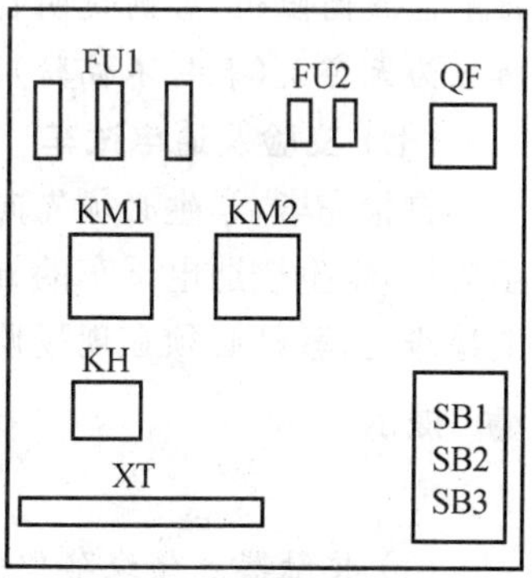

图 1-3-3　位置图

(四) 安装电器元件

按图 1-3-3 所示位置图在控制板上安装电器元件，并贴上醒目的文字符号. 电器布置及安装要求见任务二活动一.

(五) 连接电气控制电路

按图 1-3-4 所示接线图进行板前明布线和套编码套管. 工艺要求见任务二活动一.

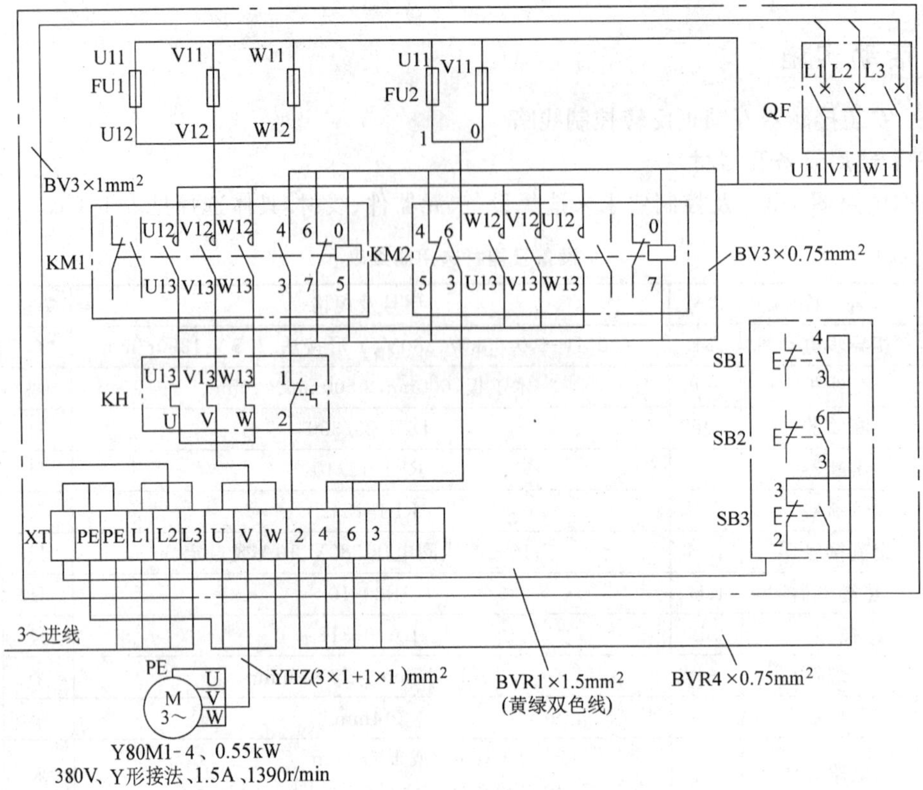

图 1-3-4　接触器互锁正反转控制接线图

(六) 自检

线路安装完毕,可根据图 1-3-1 所示线路图或图 1-3-4 所示接线图,利用仪表检查控制板布线的正确性. 检查方法同任务二活动一.

注意

(1) 主电路接触器 KM1 和 KM2 的回路均要检查.

(2) 检查控制电路时需要人为使 KM1 或 KM2 分别处于吸合状态,测得阻值都应等于接触器线圈阻值,否则说明自锁回路不通;人为使 KM1 和 KM2 同时处于吸合状态,测得阻值应为无穷大(表针不偏转),否则说明控制电路不互锁. 检查结束,再装上熔断器的熔芯.

(七) 交验及通电试车

自检完毕,学生必须先向教师提出通电申请,经指导教师检查同意后,由指导教师在现场监护,学生按通电试车的方法和步骤独立完成. 出现故障后,学生应独立进行检修,若需带电检查时,教师必须在现场监护. 通电试车的一般方法和步骤同任务二活动一.

提示

安装注意事项

(1) 接触器互锁线路中的两对主触头接线必须正确,否则将会造成主电路中两相电源短路事故.

(2) 安装电动机时应做到安装牢固平稳,以防止在换向时产生振动而引起事故.

(3) 应连接电动机和按钮金属外壳的保护接地线.

(4) 通电试车时，应先合上 QF，再按下 SB1(或 SB2)及 SB3，看控制是否正常，并在按下 SB1 后再按下 SB2，观察有无互锁作用.

(5) 训练应在规定的定额时间内完成，同时要做到安全操作和文明生产.

二、检修接触器互锁电动机正反转控制线路常见故障

(一) 接触器互锁电动机正反转控制线路常用故障分析与检测

接触器互锁电动机正反转控制线路常见故障现象、原因分析及检修方法和步骤举例如表 1-3-2 所示.

表 1-3-2　　接触器互锁正反转控制线路常见故障现象、原因分析及检修方法

故障现象	原因分析	检修方法
按下 SB1 时，接触器 KM1 动作，电动机启动正转；按下 SB2 时，接触器 KM2 也动作，但电动机不能启动反转	按下 SB1(或 SB2)时，接触器 KM1(或 KM2)都动作，说明控制电路正常，故障应在主电路上，而电动机能正转不能反转，说明主电路公共部分无故障，其故障原因可能是： (1) 接触器 KM2 主触头闭合时接触不良 (2) 连接 KM1 和 KM2 主触头的连接导线断路或连接点松动 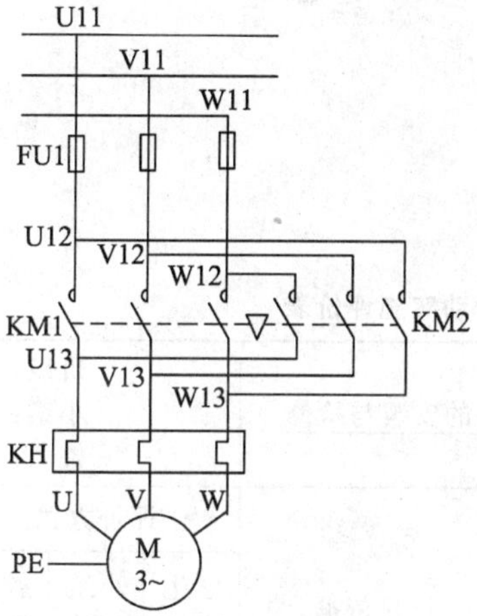 	方法：电阻测量法 (1) 将万用表调到 $R\times100$ 欧姆挡，并进行调零，断开电源后，人为按下接触器 KM2 使其处于吸合状态，将两表笔依次连接在接触器 KM2 的每对主触头上、下两接线桩上，检查每对主触头的通断情况 (2) 如果 KM2 每对主触头都接触良好，再用万用表检测连接 KM1 和 KM2 主触头的连接导线通断情况
正转控制正常，反转时接触器 KM2 不动作，电动机不启动	正转控制正常，说明电源电路、主电路均正常，接触器 KM1 和 KM2 控制电路的公共部分也正常，其故障点可能在反转控制电路 3 号线－SB2－6 号线－KM1 互锁触头－7 号线－KM2 线圈－0 号线上 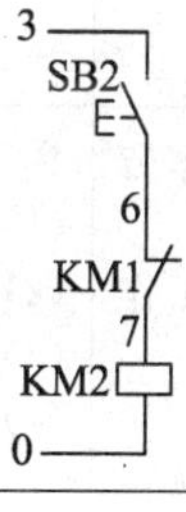 	方法：测电笔法 取出 FU2 下方一只熔断器的熔芯，按住 SB2 不放，然后用测电笔依次检查反转控制电路上反转启动按钮 SB2、联锁触头 KM1 和接触器 KM2 线圈的上、下接线桩，当电笔不亮时，故障点为该点与上一点之间
按下 SB1 时，电动机正常运转；松开 SB1 后，电动机立即停转	由故障现象可判断故障点应在正转控制电路的自锁电路上 故障原因可能是： (1) 接触器 KM1 的自锁触头接触不良 (2) KM1 的自锁回路断路 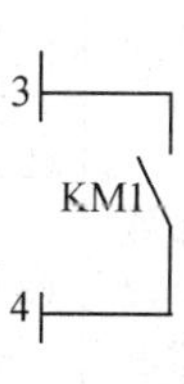 	方法：电阻测量法 断开电源，将万用表置于倍率适当的电阻挡，将一支表笔固定在 SB3 的接线桩 3 号点上，人为使 KM1 吸合，另一支表笔依次逐点检查自锁回路的通断情况，当检查到电路不通的点时，则故障点在该点与上一点之间

(二) 故障检修练习

参照本活动中的检修步骤、方法和注意事项，由教师在主电路和控制电路中，人为设置自然电气故障各一处进行检修，并填入表 1-3-3 中.

表 1-3-3　　异常情况分析及处理方法

序号	故障现象	原因分析	检查要点与处理方法
1			
2			

故障设置提示：必须在断电情况下设置故障，故障点通常设置为线路断路或电器元件触头故障，而不应改变电路的接线.

活动评价

一、活动记录

活动记录见附表 1.

二、活动实施评价表

活动实施评价表见表 1-3-4.

表 1-3-4　　活动实施评价表

活动名称：三相异步电动机正反转控制线路的安装与检修			班级： 小组： 姓名：					
评价项目	评价标准	评价依据	评价方式			权重	得分	总分
			学生自评	小组评价	教师评价			
			0.2	0.3	0.5			
职业素质	(1) 遵守安全管理规定和工作劳动纪律 (2) 按时按要求完成学习及工作任务 (3) 工作积极主动、勤学好问 (4) 工作岗位 6S 完成情况良好	(1) 出勤 (2) 工作态度 (3) 劳动纪律 (4) 团队协作精神				0.2		
专业能力	(1) 会绘制电气图 (2) 会检测电器设备 (3) 能正确安装电器元件并布线 (4) 会通电试车	(1) 操作的准确性和规范性 (2) 专业技能完成情况 (3) 工作页或报告完成情况				0.7		

续表

评价项目	评价标准	评价依据	评价方式			权重	得分	总分
			学生自评	小组评价	教师评价			
			0.2	0.3	0.5			
创新能力	(1) 在任务完成过程中能提出自己的有一定见解的方案 (2) 在教学或生产管理上提出的建议具有创新性	(1) 方案的可行性及意义 (2) 建议的可行性				0.1		
指导教师综合评价	指导教师签名：　　　　日期：							

活动二　工作台自动往返控制线路的安装与检修

活动描述

在实际生产过程中，许多生产机械如摇臂钻床、万能铣床、刨床、桥式起重机等，它们的某些运动部件的行程或位置要受到限制，而有些生产机械的工作台则要求在一定行程范围内做自动往返运动，以便实现对工件的连续加工，提高生产效率，实现控制过程自动化. 例如，磨床工作台以及刨床刨头的自动往返运动等. 本活动将学习工作台自动往返控制电路结构组成与工作原理，通过操作训练，学会安装、调试和检修工作台自动往返控制电路，并做好活动记录与总结评价.

学习目标

◇ 知道行程开关在工作台自动循环控制电路中的作用及限位保护原理.

◇ 能读懂用行程开关实现工作台自动循环控制电路的工作原理.

◇ 能正确识读和绘制用行程开关实现工作台自动循环控制电路的电路图、位置图和接线图.

◇ 能按照工艺要求，正确安装行程开关实现工作台自动循环控制电路.

◇ 能根据故障现象，正确检修行程开关实现工作台自动循环控制电路.

学习地点

电力拖动实训室（配备多媒体教学设备）.

学习准备

电气控制线路安装与检修相关图纸及参考资料，常用电工工量具一套，万用表、钳形表、兆欧表各一只,三相异步电动机、常用低压电器和各种规格导线若干,文具和劳动保护用品等.

知识准备

自动往返控制是通过安装在运动部件上的挡铁碰撞位置开关(又叫行程开关),使位置开关的触头发出动作,从而通过电气控制线路去实现电动机正反转自动换接,并带动运动部件做自动往返控制.

一、用行程开关实现工作台自动往返控制电路图

用行程开关实现工作台自动往返控制电路如图 1-3-5 所示.

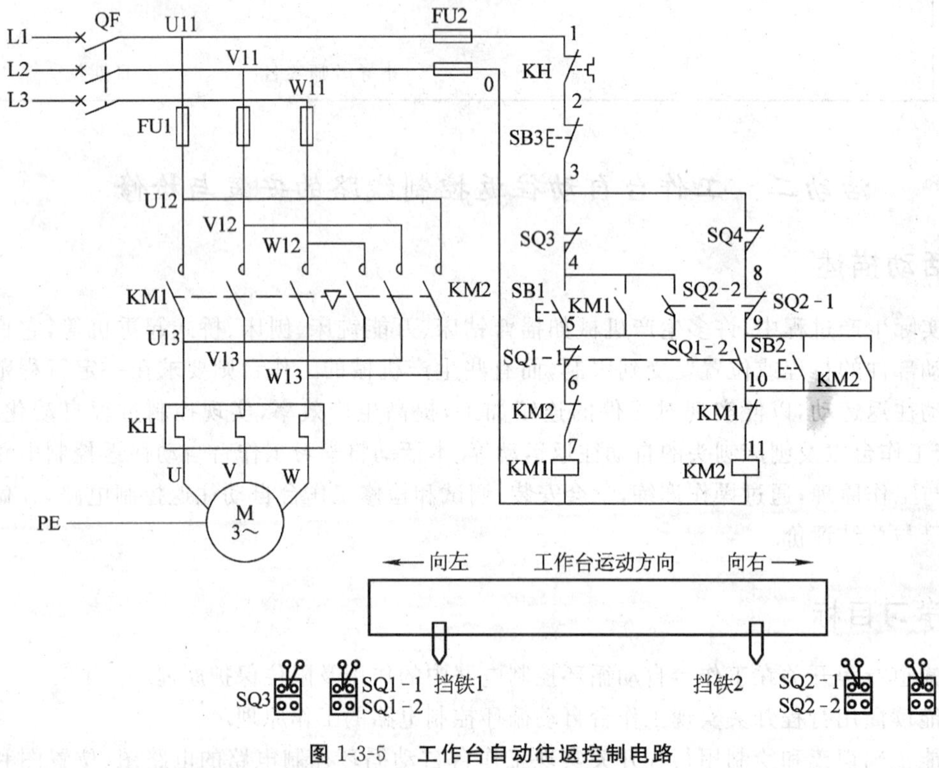

图 1-3-5 工作台自动往返控制电路

二、工作台自动往返控制电路工作原理分析

(一) 电路结构组成及特点分析

工作台自动往返控制电路是在接触器互锁正反转控制电路的基础上增加了四只行程开关,并把它们安装在工作台需限位的地方.其中 SQ1、SQ2 采用了两对复合触头,动断触头串接在正转或反转控制接触器线圈回路中,动合触头并接在对方的反转或正转启动按钮两端,通过挡铁与之碰撞,来实现自动换接电动机正反转控制电路,实现工作台的自动往返循环控制;SQ3 和 SQ4 被用来作终端限位保护,以防止 SQ1、SQ2 失灵,工作台越过限定位置而造成事故.

在工作台边的 T 形槽中装有两块挡铁,挡铁 1 只能和 SQ1、SQ3 相碰撞,挡铁 2 只能和

SQ2、SQ4 相碰撞. 当工作台运动到所限定位置时，挡铁碰撞行程开关，使其触头动作，自动换接电动机正反转控制电路，通过机械传动装置使工作台做自动往返运动. 工作台行程可通过移动挡铁位置来调节，缩短两块挡铁间的距离，行程就长，反之则短.

（二）电路工作原理分析

工作台自动往返控制电路的工作原理分析如下，首先需合上电源开关 QF.

1. 自动往返控制

按下SB1 → KM1 线圈得电 →
- → KM1 自锁触头闭合自锁
- → KM1 主触头闭合 → 电动机 M 正转 →
- → KM1 互锁触头分断对 KM2 实现互锁

→ 工作台左移 → 至限定位置挡铁 1 撞击 SQ1 →

- → SQ1-1 先分断 → KM1 线圈失电 →
  - → KM1 自锁触头分断解除自锁
  - → KM1 主触头分断 → M 停止正转，工作台停止左移
  - → KM1 互锁触头恢复闭合
- → SQ1-2 后闭合 →

→ KM2 线圈得电 →
- → KM2 自锁触头闭合自锁
- → KM2 主触头闭合 → 电动机 M 反转 →
- → KM2 互锁触头分断对 KM1 实现互锁

→ 工作台右移（SQ1 触头复位）→ 至限定位置挡铁 2 撞击 SQ2 →

- → SQ2-1 先分断 → KM2 线圈失电 →
  - → KM2 自锁触头分断解除自锁
  - → KM2 主触头分断 → M 停止反转，工作台停止右移
  - → KM2 互锁触头恢复闭合
- → SQ2-2 后闭合 →

→ KM1 线圈得电 →
- → KM1 自锁触头闭合自锁
- → KM1 主触头闭合 → 电动机 M 又正转 →
- → KM1 互锁触头分断对 KM2 实现互锁

→ 工作台又左移（SQ2 触头复位）→ 如此重复上述过程，工作台就在限定的行程内做自动往返运动

2. 停止控制

按下 SB3 → 整个控制电路失电 → KM1（或 KM2）主触头分断 → 电动机 M 失电停转，工作台随即停止

这里 SB1、SB2 分别作为正转启动按钮和反转启动按钮，若启动时工作台在左端，则应按下 SB2 进行启动.

3. 限位保护控制

当工作台向左运动时，由于行程开关 SQ1 松动或失灵，而造成挡铁 1 碰撞不到 SQ1 或碰撞后 SQ1-1 触头不能分断，此时接触器 KM1 继续得电，工作台也继续向左运动，当工作台挡铁 1 到达终端行程开关 SQ3 位置时，它们发生碰撞，SQ3 动断触头分断，接触器 KM1 线圈失电，KM1 主触头分断，电动机 M 失电停转，工作台也随即停止，避免了事故发生.

活动实施

一、安装工作台自动循环控制电路

(一) 选用设备及器材

根据电路图 1-3-5 及控制要求来选择设备、元器件和线材. 具体选择见表 1-3-5(表中空白处请读者填写完整).

表 1-3-5　　设备及器材选用明细表

序号	名称	代号	型号及规格	单位	数量
1	三相异步电动机	M	自定	台	
2	配线板	—		块	
3	断路器	QF		只	
4	熔断器	FU1		只	
5	熔断器	FU2		只	
6	交流接触器	KM		只	
7	热继电器	KH		只	
8	按钮	SB		只	
9	行程开关	SQ		只	
10	端子排	XT		条	

(二) 检测电器元件

选择电器元件后还应检查其外观、触头是否完好,触头螺钉是否缺少,技术参数是否符合控制要求,否则应予以维修或更换.

(三) 绘制工作台自动往返控制电气控制图

工作台自动往返控制电路图如图 1-3-5 所示.

工作台自动往返控制电路的位置图如图 1-3-6 所示.

工作台自动往返控制电路接线图由读者自己完成.

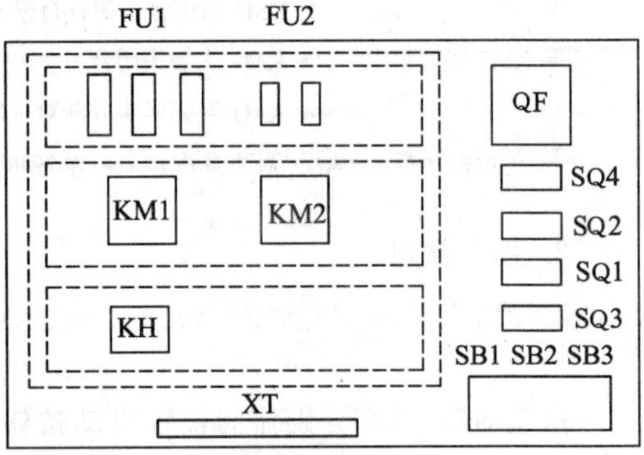

图 1-3-6　工作台自动循环控制电器的位置图

(四) 安装电器元件

根据图 1-3-6 所示位置图进行电器元件安装固定,安装要牢固;滚轮的方向不能装反,特别注意行程开关安装的位置要准确(挡铁与其碰撞的位置应该符合控制线路的要求,并能确保可靠地与挡铁碰撞). 其他安装工艺及要求参考任务二活动一.

(五) 连接电气控制电路

请读者按照自行绘制的工作台自动往返控制电路接线图进行板前线槽配线,其工艺要求如下：

(1) 布线时，严禁损伤线芯和导线绝缘.

(2) 各电器元件接线端子引出导线的走向以元件的水平中心线为界限，在水平中心线以上接线端子引出的导线必须进入元件上面的走线槽；在水平中心线以下接线端子引出的导线必须进入元件下面的走线槽. 任何导线都不允许从水平方向进入走线槽内.

(3) 各电器元件接线端子上引出或引入的导线，除间距很小和元件机械强度很差时允许直接架空敷设外，其他导线必须经过走线槽进行连接.

(4) 进入走线槽内的导线要完全置于走线槽内，并尽可能避免交叉，装线不要超过其容量的 70%，以便于能盖上线槽盖和以后的装配及维修.

(5) 各电器元件与走线槽之间的外露导线应合理走线，并尽可能做到横平竖直，变换走向要垂直. 同一个元件上位置一致的端子和同型号电器元件中位置一致的端子上，引出或引入的导线要敷设在同一平面上，并应做到高低一致或前后一致，不得交叉.

(6) 所有接线端子、导线线头上都应套有与电路图上相应接点线号一致的编码套管，并按线号进行连接，连接必须牢固，不得松动.

提示

由于行程开关数量较多，且作用不同，因此在安装接线时一定不能接错，否则在通电试车时工作台会出现错误动作.

(六) 自检

线路安装完毕，可根据图 1-3-5 所示电路图，从电源端开始，依次核对接线及线号是否正确，有无漏接、错接之处，检查接点导线是否露铜过长，有无压绝缘层现象，安装接线是否牢固，接触是否良好，否则在带负载通电时会出现闪弧现象.

然后利用仪表检查控制板布线的正确性. 一般检查方法如下：

(1) 检查主电路.

由于工作台自动循环控制电路的主电路与接触器互锁正反转控制电路的主电路相同，因此其检查方法也相同.

(2) 检查控制电路.

采用断电条件下的电阻检查法. 将万用表调到 $R\times100$ 欧姆挡，并进行调零.

① 按检查接触器互锁正反转控制电路的检测方法来检查工作台自动循环控制电路的正反转启动控制、自锁控制和互锁控制的作用是否正常.

② 检查正反向行程控制. 把万用表两表笔分别接在 FU2 的 0、1 号节点上，按下 SQ1，测得阻值应等于接触器 KM2 线圈阻值，否则说明控制 KM2 线圈的反转回路有断点；按下 SQ2，测得阻值应等于接触器 KM1 线圈阻值，否则说明控制 KM1 线圈的正转回路有断点.

③ 检查行程开关的互锁控制.

同时按下 SQ1 和 SQ2，测得阻值应为无穷大(表针不偏转).

④ 检查正反向限位控制.

先按住 SB1 不放，测得阻值应等于接触器 KM1 线圈阻值，再同时压动 SQ3 滚轮，此时电路应由通变断；用同样方法先按住 SB2 不放，测得阻值应等于接触器 KM2 线圈阻值，再同时压动 SQ4 滚轮，此时电路应由通变断.

(七) 交验及通电试车

自检完毕，学生必须先向老师提出通电申请，经指导教师检查同意后，由指导教师在现场监护，学生按通电试车的方法步骤独立完成. 出现故障后，学生应独立进行检修，若需带电检查时，教师必须在现场监护. 通电试车的一般方法和步骤同本项目任务二活动一.

二、检修工作台自动往返控制电路常见故障

工作台自动往返控制电路常见故障分析及检测方法如表 1-3-6 所示(请读者填写完整).

表 1-3-6 工作台自动循环控制电路常见故障现象、原因分析及检测方法

序号	故障现象	原因分析	检查要点与处理方法
1	按下 SB1 后工作台左移，挡铁 1 碰撞行程开关 SQ1 后电动机停止，工作台左移运动后不循环		
2	工作台向右运动时，工作台右移运动至 SQ2 位置时不往返，挡铁 2 直到碰撞行程开关 SQ4 后电动机才停止		

注：工作台自动往返控制电路其他常见故障及检修方法参见接触器互锁正反转控制电路.

活动评价

一、活动记录

活动记录见附表 1.

二、活动实施评价表

活动实施评价表见表 1-3-7.

表 1-3-7 活动实施评价表

<table>
<tr><td colspan="3">活动名称：<u>工作台自动往返控制线路的安装与检修</u></td><td colspan="6">班级：________
小组：________
姓名：________</td></tr>
<tr><td rowspan="3">评价项目</td><td rowspan="3">评价标准</td><td rowspan="3">评价依据</td><td colspan="3">评价方式</td><td rowspan="3">权重</td><td rowspan="3">得分</td><td rowspan="3">总分</td></tr>
<tr><td>学生自评</td><td>小组评价</td><td>教师评价</td></tr>
<tr><td>0.2</td><td>0.3</td><td>0.5</td></tr>
<tr><td>职业素质</td><td>(1) 遵守安全管理规定和工作劳动纪律
(2) 按时按要求完成学习及工作任务
(3) 工作积极主动、勤学好问
(4) 工作岗位 6S 完成情况良好</td><td>(1) 出勤
(2) 工作态度
(3) 劳动纪律
(4) 团队协作精神</td><td></td><td></td><td></td><td>0.2</td><td></td><td></td></tr>
</table>

续表

评价项目	评价标准	评价依据	评价方式			权重	得分	总分
			学生自评	小组评价	教师评价			
			0.2	0.3	0.5			
专业能力	(1) 会绘制电气图 (2) 会检测电器设备 (3) 能正确安装电器元件并布线 (4) 会通电试车 (5) 会检修故障	(1) 操作的准确性和规范性 (2) 专业技能完成情况 (3) 工作页或报告完成情况				0.7		
创新能力	(1) 在任务完成过程中能提出自己的具有一定见解的方案 (2) 在教学或生产管理上提出的建议具有创新性	(1) 方案的可行性及意义 (2) 建议的可行性				0.1		
指导教师综合评价	指导教师签名：　　　日期：							

知识拓展

用接近开关实现工作台自动往返控制电路

接近开关是一种无需与运动部件进行机械直接接触而可以操作的位置开关，当物体接近开关的感应面，并达到动作距离时，不需要机械接触及施加任何压力即可使开关动作，从而驱动电器或给 PLC 等装置提供控制指令.

电感式接近开关由电感线圈和电容及晶体管组成振荡器，并产生一个交变磁场，当有金属物体接近这一磁场时就会在金属物体内产生涡流，从而导致振荡停止，这种变化被后极放大处理后转换成晶体管开关信号输出.

将图 1-3-5 所示工作台自动往返控制电路中的位置开关的触点换成由接近开关控制的直流继电器的触点(直流继电器线圈控制接线图见图 1-3-7)，就可以得到由接近开关实现的工作台自动往返控制线路，同时，接近开关安装在原先行程开关的定位点(注意调整接近开关的有效感应距离)，就能实现工作台自动往返控制. 其工作原理与图 1-3-5 控制电路相似，请读者自行分析. 各种接近开关接线图见附表 4.

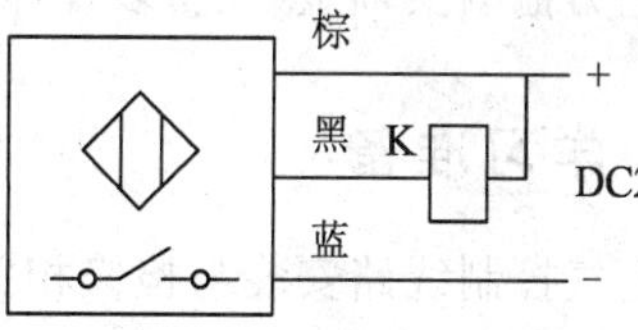

图 1-3-7　接近开关控制继电器线圈接线图

任务四 三相异步电动机顺序控制线路的安装与检修

任务描述

在装有多台电动机的生产机械上，每台电动机所起的作用是不同的，有时需要按一定的顺序启动或停止，这样才能满足生产工艺的要求或工作的安全可靠性. 例如，X62W 型万能铣床上，要求主轴电动机启动后，进给电动机才能启动. 本任务将学习两台电动机顺序控制线路的结构组成与工作原理，通过独立操作与小组合作相结合的形式，完成两台电动机顺序控制线路的安装接线、通电调试和故障排除.

活动 两台电动机手动顺序控制线路的安装与检修

活动描述

手动顺序控制电路是按顺序手动操作启动按钮或停止按钮，从而实现电动机的顺序启动或停止，如图 1-4-1 所示. 本次活动通过观看多媒体视频和老师示范、讲解，采用独立或分组操作训练，学会两台电动机手动顺序控制电路安装、调试和检修方法，并做好活动记录与总结评价.

学习目标

◇ 能叙述两台电动机顺序控制电路的工作原理，并掌握电路结构特点.
◇ 能正确识读并绘制顺序控制电路的电路图、位置图和接线图.
◇ 能按照工艺要求，正确安装两台电动机手动顺序控制电路.
◇ 能根据故障现象，正确检修两台电动机手动顺序控制电路.

学习地点

电力拖动实训室(配备多媒体教学设备).

学习准备

电气控制线路安装与检修相关图纸及参考资料，常用电工工具，万用表、钳形表、兆欧表各一只，三相异步电动机、常用低压电器和各种规格导线若干，文具和劳动保护用品等.

知识准备

像这种要求两台及两台以上电动机必须按一定的先后顺序来启动或停止的控制方式，称为电动机的顺序控制.

一、两台电动机手动顺序控制电路图

常用的两台电动机手动顺序控制电路图如图 1-4-1(a)、(b)、(c)所示.

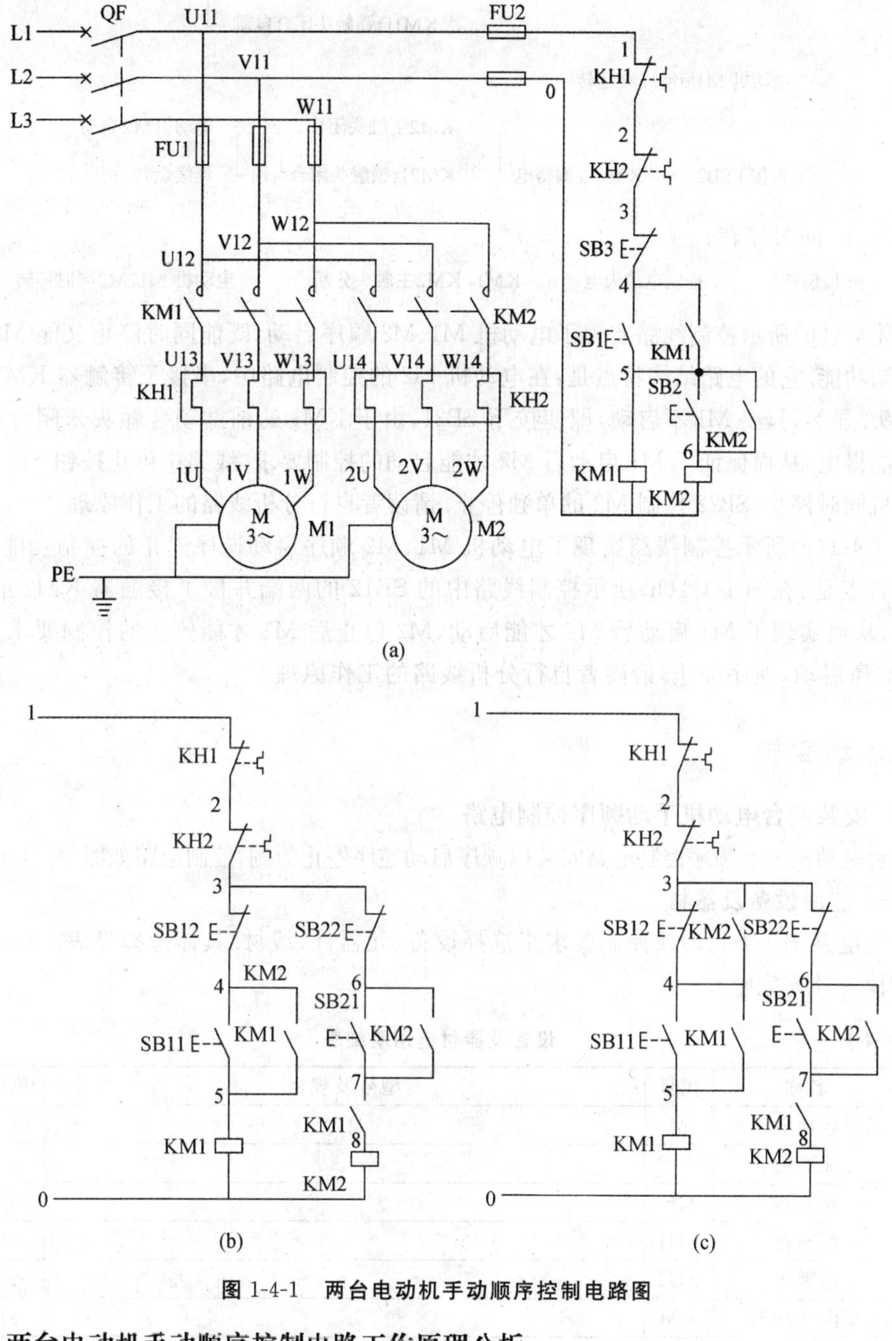

图 1-4-1　两台电动机手动顺序控制电路图

二、两台电动机手动顺序控制电路工作原理分析

图 1-4-1(a)所示控制线路实现了电动机 M1、M2 顺序启动同时停止控制功能. 它的结构特点是:电动机 M2 的控制电路先与接触器 KM1 的线圈并接后再与 KM1 的自锁触头串接,这样就保证了 M1 启动后 M2 才能启动的顺序控制要求.

线路的工作原理分析如下，首先需合上电源开关 QF.

按下SB1　KM1线圈得电　KM1主触头闭合

KM1自锁触头闭合自锁

电动机 M1启动连续运转

再按下SB2　KM2线圈得电　KM2主触头闭合　电动机M2启动

KM2自锁触头闭合自锁　连续运转

M1、M2 同时停转：

按下 SB3　控制电路失电　KM1、KM2主触头分断　电动机 M1、M2同时停转

图 1-4-1(b)所示控制线路实现了电动机 M1、M2 顺序启动，既能同时停止又能 M2 单独停止的控制功能. 它的电路结构特点是：在电动机 M2 的控制电路中，串接了接触器 KM1 的辅助动合触头. 显然，只要 M1 不启动，即使按下 SB21，由于 KM1 的辅助动合触头未闭合，KM2 线圈也不能得电，从而保证了 M1 启动后 M2 才能启动的控制要求. 线路中停止按钮 SB12 控制两台电动机同时停止，SB22 控制 M2 的单独停止. 请读者自行分析线路的工作原理.

图 1-4-1(c)所示控制线路实现了电动机 M1、M2 顺序启动逆序停止的控制功能. 它的电路结构特点是：在图 1-4-1(b)所示控制线路中的 SB12 的两端并接了接触器 KM2 的辅助动合触头，从而实现了 M1 启动后 M2 才能启动、M2 停止后 M1 才能停止的控制要求，即 M1、M2 是顺序启动，逆序停止. 请读者自行分析线路的工作原理.

活动实施

一、安装两台电动机手动顺序控制电路

两台电动机手动顺序控制电路安装以顺序启动逆序停止为例，控制电路如图 1-4-1(c)所示.

(一) 选用设备及器材

根据电路图 1-4-1(c)及控制要求来选择设备、元器件、线材. 具体选择见表 1-4-1(表中空白处请读者补充完整).

表 1-4-1　设备及器材选用明细表

序号	名称	代号	型号及规格	单位	数量
1	三相异步电动机	M	自定	台	
2	配线板	—		块	
3	断路器	QF		只	
4	熔断器	FU1		只	
5	熔断器	FU2		只	
6	交流接触器	KM		只	
7	热继电器	KH		只	
8	按钮	SB		只	
9	导线	—		个	
10	端子排	XT		条	

（二）检测电器元件

检测方法同本项目任务二活动一.

（三）绘制两台电动机顺序启动逆序停止电气控制图

两台电动机顺序启动逆序停止控制电路图如图 1-4-1(c)所示.

两台电动机顺序启动逆序停止控制电路的位置图和接线图由读者自行绘制.

绘制位置图和接线图的要求及原则见本项目任务二活动一.

（四）安装电器元件

请读者根据自己所绘制的位置图进行电器元件安装固定，电器安装的位置、方向、间距要正确，特别注意安装过程中不得损坏电器设备. 具体安装工艺及要求见本项目任务二活动一.

（五）连接电气控制电路

按读者所画的两台电动机顺序启动逆序停止控制电路接线图进行板前线槽配线. 安装工艺见本项目任务三活动二.

（六）自检

线路安装完毕，可根据图 1-4-1(c)所示电路图或自行绘制的接线图进行自检，具体方法参考本项目任务三活动二.

二、检修两台电动机顺序启动逆序停止控制电路常见故障

两台电动机顺序启动逆序停止控制线路常见故障分析及检修方法见表 1-4-2(表中空白处请读者填写完整)

表 1-4-2 两台电动机顺序启动逆序停止控制线路常见故障现象、原因分析及检修方法

序号	故障现象	原因分析	检修方法
1	在 M1 没有启动的情况下，按下 SB21 后 M2 就能启动		
2	在 M1、M2 两台电动机启动后，M2 还没停止，按下 SB12 后两台电动机就会同时停止，即没有实现逆序停止控制		

提示

检修时注意：

(1) 要认真听取和仔细观察指导教师在示范过程中的讲解和检修操作.

(2) 要熟练掌握电路图中各个环节的作用及工作原理.

(3) 在排除故障的过程中，故障分析、排除故障的思路和方法要正确.

(4) 工具和仪表的使用方法要正确.

(5) 不能随意更改线路和触摸带电电器元件.

(6) 尽量使用断电情况下的电阻测量法，带电检修故障时，必须有教师在现场监护，并要确保用电安全.

活动评价

一、活动记录

活动记录见附表 1.

二、活动实施评价表

活动实施评价表见表 1-4-3.

表 1-4-3　　　　活动实施评价表

活动名称：电动机顺序控制线路的安装与检修			班级： 小组： 姓名：					
评价项目	评价标准	评价依据	评价方式			权重	得分	总分
			学生自评	小组评价	教师评价			
			0.2	0.3	0.5			
职业素质	(1) 遵守安全管理规定和工作劳动纪律 (2) 按时按要求完成学习及工作任务 (3) 工作积极主动、勤学好问 (4) 工作岗位 6S 完成情况良好	(1) 出勤 (2) 工作态度 (3) 劳动纪律 (4) 团队协作精神				0.2		
专业能力	(1) 会绘制电动机顺序控制线路电气图 (2) 会检测电器设备 (3) 能正确安装电器元件并布线 (4) 会通电试车 (5) 能检修电路出现的异常情况	(1) 操作的准确性和规范性 (2) 专业技能完成情况 (3) 工作页或报告完成情况				0.7		
创新能力	(1) 在任务完成过程中能提出自己的有一定见解的方案 (2) 在教学或生产管理上提出的建议具有创新性	(1) 方案的可行性及意义 (2) 建议的可行性				0.1		
指导教师综合评价	指导教师签名：　　　　日期：							

知识拓展

两台电动机自动顺序控制电路

1. 两台电动机自动顺序控制电路

两台电动机自动顺序控制电路如图 1-4-2 所示.

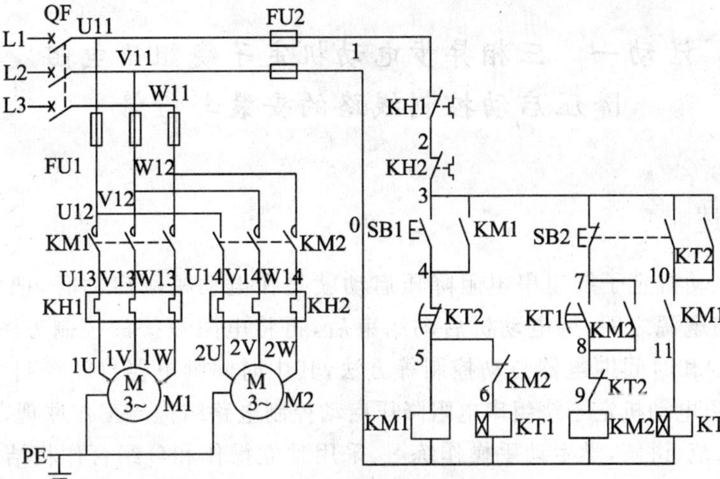

图 1-4-2　两台电动机自动顺序控制电路

2. 两台电动机自动顺序控制电路工作原理分析

主电路结构：主电路中有两台三相异步电动机 M1、M2，分别由接触器 KM1 和 KM2 控制启动与停止，热继电器 KH1、KH2 分别作为过载保护，短路保护由熔断器 FU1 实现.

控制电路结构：控制电路中有两只接触器 KM1、KM2 和两只通电延时型时间继电器 KT1、KT2，其中 KM1 和 KT1 并联，由启动按钮 SB1 控制得电，KT1 得电延时后控制 KM2 得电，这就决定了只有 KM1 得电后 KM2 才能得电，从而实现了自动顺序启动；停止按钮 SB2 采用了复合按钮，按下 SB2，KM2 先失电，同时 KT2 得电延时后再使 KM1 失电，从而实现了自动逆序停止. 调节时间继电器的延时整定时间，就可以改变两台电动机顺序启动逆序停止的时间间隔.

想一想： 若时间继电器 KT2 无瞬动触头，利用中间继电器如何实现两台电动机自动控制电路？

任务五　三相异步电动机降压启动控制线路的安装与检修

任务描述

由于三相异步电动机的启动电流较大，因此，常采用降压启动方法. 定子串电阻降压启动和 Y/△降压启动就是其中的两种方法. 两者都是通过降低电动机的启动电压，从而达到减小电动机启动电流的目的. 本任务将学习三相异步电动机定子串电阻和 Y/△降压启动控制线路的结构组成与工作原理，要求学生独立或小组合作完成三相异步电动机定子串电阻和 Y/△降压启动控制线路的安装、调试和检修.

活动一　三相异步电动机定子绕组串电阻降压启动控制线路的安装与检修

活动描述

三相异步电动机定子绕组串电阻降压启动就是在电动机刚启动时，把电阻串接在电动机定子绕组与电源之间，待电动机启动结束后，再将电阻短接的控制方法．一般有手动控制、接触器控制和时间继电器自动控制等方法，其中时间继电器自动控制线路如图 1-5-1 所示．本活动学习电动机定子绕组串电阻降压启动控制电路结构与工作原理，通过观看多媒体视频和老师示范、讲解，学生动手操作练习，采用独立操作和分组合作相结合的方式完成电动机定子绕组串电阻降压启动控制电路的安装、调试和检修，并做好活动记录与总结评价．

学习目标

◇ 能叙述电动机定子绕组串电阻降压启动控制电路的工作原理，并掌握电路结构特点．

◇ 能正确识读并绘制电动机定子绕组串电阻降压启动控制电路的电路图、位置图和接线图．

◇ 能按照工艺要求，正确安装电动机定子绕组串电阻降压启动控制电路．

◇ 能根据故障现象，正确检修电动机定子绕组串电阻降压启动控制电路．

学习地点

电力拖动实训室（配备多媒体教学设备）．

学习准备

电气控制线路安装与检修相关图纸及参考资料，常用电工工量具一套，万用表、钳形表、兆欧表各一只，三相异步电动机、常用低压电器和各种规格导线若干，文具和劳动保护用品等．

知识准备

电动机加上额定电压启动称为全压启动（又称直接启动）．全压启动时电流较大，一般为电动机额定电流的 5～7 倍．在供电电源变压器容量不够大，而电动机功率又较大的情况下，全压启动将导致电源变压器输出电压降低，不仅减小电动机本身的启动转矩，而且会影响到同一供电线路中其他电气设备的正常工作．因此，较大容量的电动机启动时，就需要采用降压启动的控制方式．

通常规定：电源变压器容量在 180kV·A 以上、电动机容量在 7kW 以下的三相异步电动机可采用全压启动.

一台电动机能否全压启动，还可以用下面的经验公式来确定：

$$\frac{I_{st}}{I_N} \leqslant \frac{3}{4} + \frac{S}{4P}$$

式中，I_{st}为电动机全压启动电流(A)；I_N为电动机额定电流(A)；S为电源变压器容量(kV·A)；P为电动机功率(kW).

凡不满足全压启动条件的，均须采用降压启动.

降压启动是指利用启动设备将电源电压适当降低后，加到电动机的定子绕组上进行启动，待电动机启动运转后，再使其电源电压恢复到额定电压正常运转. 由于电流随电压的降低而减小，所以降压启动达到了减小启动电流的目的.

但是，由于电动机转矩与电压的平方成正比，所以降压启动也将导致电动机的启动转矩大为降低. 因此，降压启动需要在空载或轻载下进行.

常见的降压启动方法有定子绕组串电阻降压启动、自耦变压器降压启动、Y/△降压启动、延边三角形降压启动等几种.

一、时间继电器自动控制电动机定子绕组串电阻降压启动控制线路

时间继电器自动控制电动机定子绕组串电阻降压启动控制线路如图 1-5-1 所示.

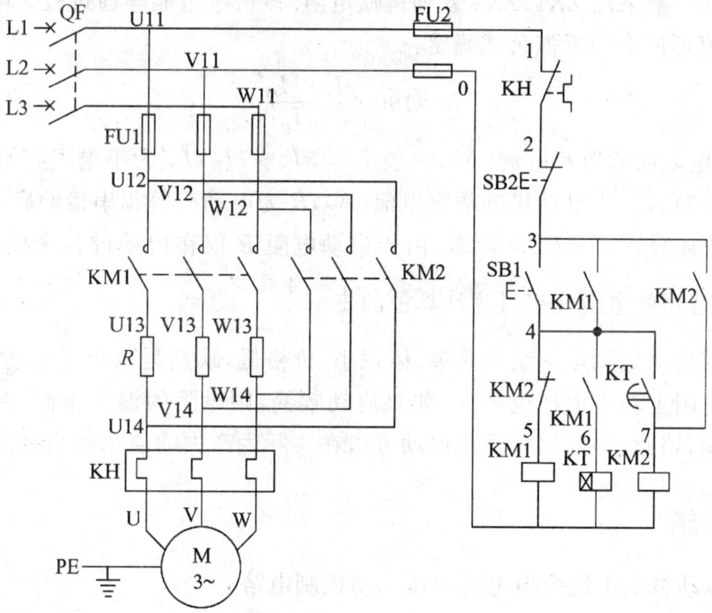

图 1-5-1　电动机定子绕组串电阻降压启动控制线路

二、时间继电器自动控制电动机定子绕组串电阻降压启动控制线路工作原理分析

在时间继电器自动控制电动机定子绕组串电阻降压启动控制电路中，先将接触器 KM1 主触头和电阻 R 串联，然后再与接触器 KM2 的主触头并联，当电动机启动时，接触器 KM1 得电，电动机定子绕组串电阻降压启动，电动机启动结束后，接触器 KM2 得电，主触头短接

了电阻 R，电动机进入全压运行；用时间继电器 KT 来控制电动机从降压启动到全压运行的时间，从而实现了自动控制. 线路工作原理分析如下：

降压启动，首先需合上电源开关 QF.

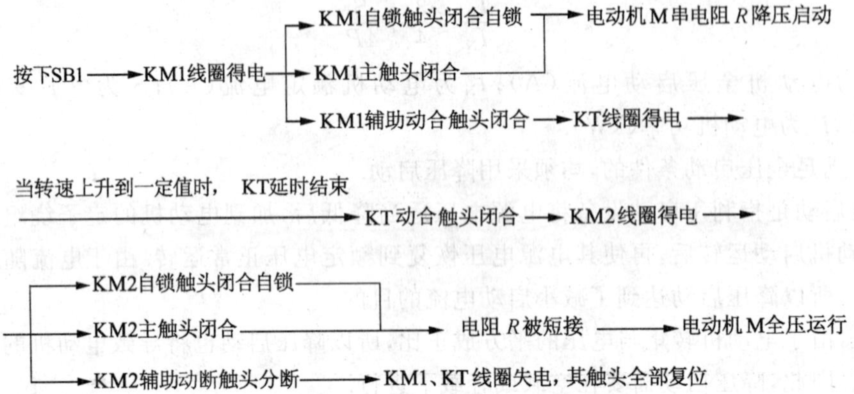

停止时，按下 SB2 即可实现.

可见，定子绕组串电阻降压启动是在电动机启动时，把电阻串接在电动机定子绕组与电源之间，通过电阻的分压作用来降低定子绕组上的启动电压，从而达到减小电动机启动电流的目的. 待电动机启动后，再将电阻短接，使电动机在额定电压下正常运行.

启动电阻 R 一般采用 ZX1、ZX2 系列铸铁电阻. 铸铁电阻能够通过较大电流，功率大. 启动电阻 R 的阻值可按下列近似公式确定：

$$R=190\times\frac{I_{st}-I_{st}'}{I_{st}I_{st}'}$$

式中，I_{st} 为未串电阻前的启动电流(A)，一般 $I_{st}=5I_N\sim7I_N$；I_{st}' 为串电阻后的启动电流(A)，一般 $I_{st}'=2I_N\sim3I_N$；I_N 为电动机的额定电流(A)；R 为电动机每相串接的启动电阻值(Ω).

电阻功率可用公式 $P=I_N^2R$ 计算. 由于启动电阻 R 仅在启动过程中接入，且启动时间很短，所以实际选用的电阻功率可为计算值的 $\frac{1}{3}\sim\frac{1}{4}$.

串电阻降压启动的优点是结构简单、体积小、价格低，缺点是减小了电动机的启动转矩，同时启动时在电阻上功率消耗也较大. 如果启动频繁，则电阻的温度很高，对于精密机床会产生一定的影响，因此，目前这种降压启动方法在实际生产中的应用越来越少.

活动实施

一、安装电动机定子绕组串电阻降压启动控制电路

(一) 选用设备及器材

根据电路图 1-5-1 及控制要求来选择设备、元器件、线材. 具体选择见表 1-5-1(表格空白处请选择并填写).

表 1-5-1 设备及器材选用明细表

序号	名称	代号	型号及规格	单位	数量
1	三相异步电动机	M	自定	台	
2	配线板	—		块	
3	断路器	QF		只	
4	熔断器	FU1		只	
5	熔断器	FU2		只	
6	交流接触器	KM		只	
7	热继电器	KH		只	
8	时间继电器	KT		只	
9	按钮	SB		只	
10	电阻	R		只	
11	木螺钉	—		个	
12	平垫圈	—		个	
13	导线	—		米	

(二)检测电器元件

方法同本项目任务二活动一.

(三)绘制电动机定子绕组串电阻降压启动电气控制图

电动机定子绕组串电阻降压启动控制电路图如图 1-5-1 所示.

电动机定子绕组串电阻降压启动控制电路的位置图和接线图由读者自行绘制.

(四)安装电器元件

按自行绘制的位置图在控制板上安装电器元件,并在各电器旁贴上醒目的文字符号标签.具体要求见本项目任务二活动一.

(五)连接电气控制电路

按照自行绘制的接线图进行板前线槽配线.具体安装工艺要求见本项目任务三活动二.

（六）自检

（1）线路安装完毕，可根据图 1-5-1 所示电路图或自行绘制的接线图进行自检，具体方法参考本项目任务二活动一.

（2）利用仪表检查控制板布线的正确性.

先将万用表调至 $R\times100$ 倍率的电阻挡，并调零.

① 检查主电路.

人为使接触器 KM1 吸合，然后将万用表的两表笔分别接在 U11—U、V11—V、W11—W 两端，万用表显示的阻值都应等于所串接的降压启动电阻 R 的阻值；再使接触器 KM2 吸合，重复上述步骤，这时测得阻值应为零.

② 检查控制电路.

将万用表的两表笔分别接在 FU2 两只熔断器的接线桩上，人为按下 SB1 或 KM1，万用表所测阻值都应等于 KM1 线圈阻值；再人为使接触器 KM2 吸合，这时万用表所测阻值应等于 KM2 线圈阻值.

（七）交验及通电试车

自检完毕，学生必须先向教师提出通电申请，经指导教师检查同意后，由指导教师在现场监护，学生按通电试车的方法和步骤进行试车.

二、检修电动机定子绕组串电阻降压启动控制电路常见故障

电动机定子绕组串电阻降压启动控制电路常见故障分析及检修方法见表 1-5-2（请将表中空白处填写完整）.

表 1-5-2　电动机定子绕组串电阻降压启动控制电路常见故障现象、原因分析及检修方法

序号	故障现象	原因分析	检修方法
1	按下启动按钮 SB1，电动机 M 不能启动，KT 延时时间到，M 突然进行全压启动		
2	按下启动按钮 SB1 后，电动机 M 一直处于串电阻降压启动状态，再观察线路发现 KM2 没有得电动作		

活动评价

一、活动记录

活动记录见附表 1.

二、活动实施评价表

活动实施评价表见表 1-5-3.

表 1-5-3　　　　　　　　　　　　　　活动实施评价表

活动名称：三相异步电动机定子绕组串电阻降压启动控制线路的安装与检修						班级： 小组： 姓名：		
评价项目	评价标准	评价依据	评价方式			权重	得分	总分
			学生自评	小组评价	教师评价			
			0.2	0.3	0.5			
职业素质	(1) 遵守安全管理规定和工作劳动纪律 (2) 按时按要求完成学习及工作任务 (3) 工作积极主动、勤学好问 (4) 工作岗位 6S 完成情况良好	(1) 出勤 (2) 工作态度 (3) 劳动纪律 (4) 团队协作精神				0.2		
专业能力	(1) 会绘制电气图 (2) 会检测电器设备 (3) 能正确安装电器元件并布线 (4) 会通电试车 (5) 会检修故障	(1) 操作的准确性和规范性 (2) 专业技能完成情况 (3) 工作页或报告完成情况				0.7		
创新能力	(1) 在任务完成过程中能提出自己的具有一定见解的方案 (2) 在教学或生产管理上提出的建议具有创新性	(1) 方案的可行性及意义 (2) 建议的可行性				0.1		
指导教师综合评价	指导教师签名：　　　　日期：							

活动二　自动切换 Y/△降压启动控制线路的安装与检修

活动描述

Y/△降压启动，是指电动机在启动时，把定子绕组接成 Y 形，以降低启动电压，限制启动电流，待电动机启动后，再把定子绕组改接成△形，使其全压运行. 自动切换 Y/△降压启动控制电路如图 1-5-2 所示. 本活动将学习自动切换 Y/△降压启动控制电路的结构与工作原理，安装和调试自动切换 Y/△降压启动控制电路，并做好活动记录与总结评价.

学习目标

◇ 能正确叙述时间继电器自动切换 Y/△降压启动控制线路的工作原理.

◇ 能识读自动切换 Y/△降压启动控制线路的电路图、位置图和接线图.

◇ 能正确安装时间继电器自动切换 Y/△降压启动控制电路.

学习地点

电力拖动实训室(配备多媒体教学设备).

学习准备

电气控制线路安装与检修相关图纸及参考资料,常用电工工量具一套,万用表、钳形表、兆欧表各一只,三相异步电动机、常用低压电器和各种规格导线若干,文具和劳动保护用品等.

知识准备

一、时间继电器自动切换 Y/△降压启动控制线路

时间继电器自动切换 Y/△降压启动控制线路如图 1-5-2 所示.

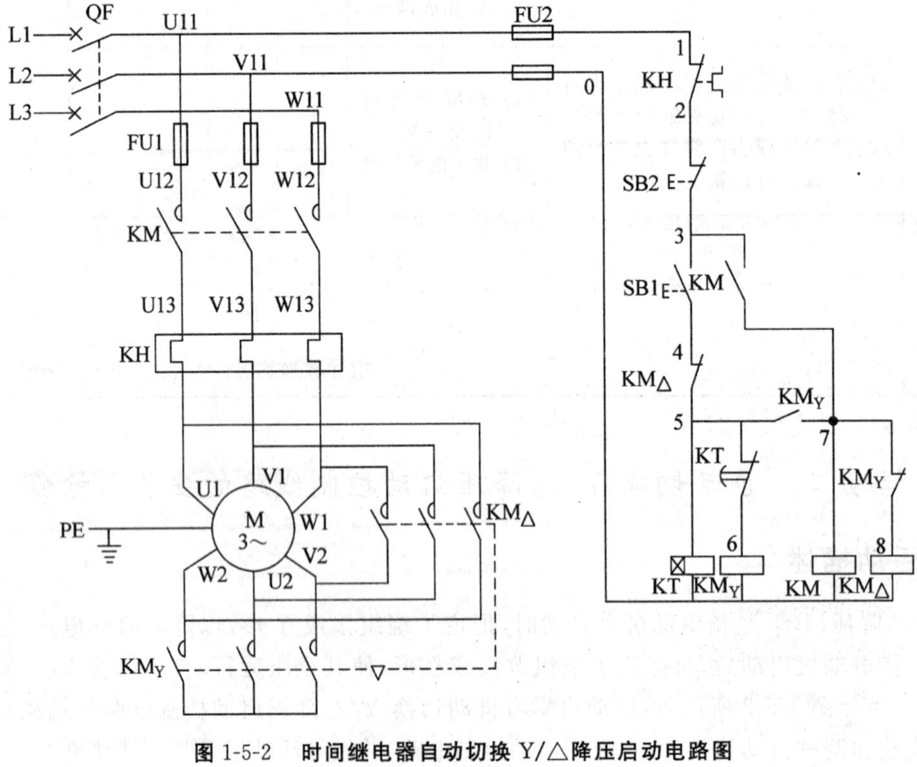

图 1-5-2　时间继电器自动切换 Y/△降压启动电路图

提示

Y/△降压启动适用于正常运行时定子绕组为△形连接的电动机. Y 形接法降压启动时,加在每相定子绕组上的启动电压只有△形接法的$\frac{1}{\sqrt{3}}$,启动电流为△形接法的$\frac{1}{3}$,启动转矩也只有△形接法的$\frac{1}{3}$.

二、时间继电器自动切换 Y/△降压启动控制线路工作原理分析

图 1-5-2 所示时间继电器自动切换 Y/△降压启动控制线路主要由三个接触器、一个热继电器、一个时间继电器和两个按钮组成. 接触器 KM 的作用为控制电动机三相电源,接触器 KM_Y和 $KM_△$的作用分别为 Y 形降压启动和△形全压运行,时间继电器 KT 用作控制 Y 形降压启动时间和完成 Y/△自动切换,SB1 是启动按钮,SB2 是停止按钮,FU1 作主电路的短路保护,FU2 作控制电路的短路保护,KH 作过载保护.

线路的工作原理分析如下:

降压启动,首先需合上电源开关 QF.

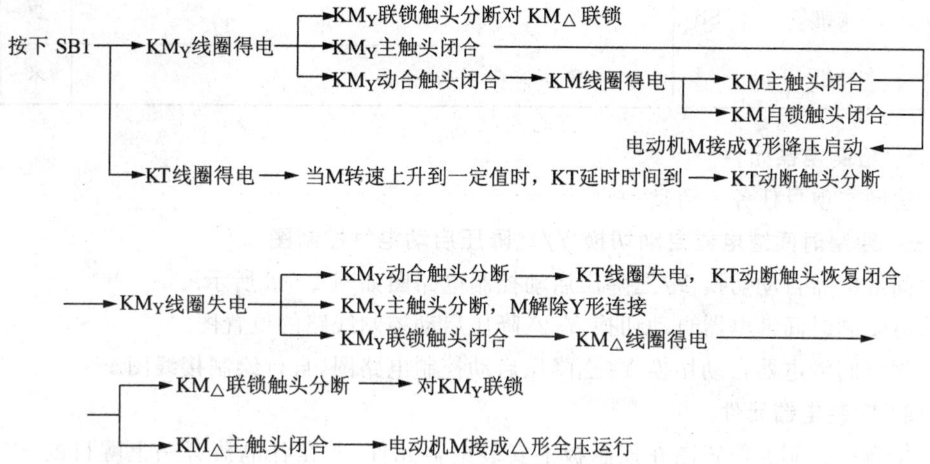

停止时,按下 SB2 即可实现.

该线路中,接触器 KM_Y得电以后,接触器 KM 在 KM_Y的辅助动合触头闭合后才得电动作,这样 KM_Y的主触头是在无负载的条件下闭合的,故可延长接触器 KM_Y主触头的使用寿命.

活动实施

一、安装时间继电器自动切换 Y/△降压启动控制线路

(一) 选用设备及器材

根据电路图 1-5-2 及控制要求来选择设备、元器件、线材. 具体选择见表 1-5-4(表格空白处请选择并填写).

表 1-5-4　　设备及器材选用明细表

序号	名称	代号	型号及规格	单位	数量
1	三相异步电动机	M	自定	台	
2	配线板	—		块	
3	断路器	QF		只	
4	熔断器	FU1		只	
5	熔断器	FU2		只	
6	交流接触器	KM		只	
7	热继电器	KH		只	
8	时间继电器	KT		只	
9	按钮	SB		只	
10	导线			米	

（二）检测电器元件

方法同本项目任务二活动一.

（三）绘制时间继电器自动切换 Y/△降压启动电气控制图

时间继电器自动切换 Y/△降压启动控制电路图如图 1-5-2 所示.

自行绘制时间继电器自动切换 Y/△降压启动控制线路的位置图.

根据时间继电器自动切换 Y/△降压启动控制电路图,自行绘制接线图.

（四）安装电器元件

根据自行绘制的位置图在控制板上安装电器元件,并在各电器旁贴上醒目的文字符号标签.具体要求见本项目任务二活动一.

（五）连接电气控制电路

按照自行绘制的接线图进行板前线槽配线.具体安装工艺要求见本项目任务三活动二.

（六）自检

(1) 线路安装完毕,可根据图 1-5-2 所示电路图或自行绘制的接线图进行自检,具体方法参考本项目任务二活动一.

(2) 利用仪表检查控制板布线的正确性(方法参考本任务活动一).

（七）交验及通电试车

时间继电器自动切换 Y/△降压启动控制电路通电试车的方法和步骤如下:

(1) 先检查电动机的电源线和接地线是否安装正确和牢固,并调节好时间继电器整定值.

(2) 再连接控制电路的三相电源线.

(3) 先合上电源总开关,再合上控制电路的电源开关 QF.

（4）按下启动按钮 SB1，观察电路及电动机运行情况是否符合 Y 形启动控制要求；如果出现异常，则必须立即断电停车，检查故障原因．

（5）当时间继电器延时时间到，观察电路中 KM_Y 和 $KM_\triangle$ 是否切换正常，以及电动机是否切换成△形全压正常运行．

（6）按下停止按钮 SB2，整个控制电路失电，电动机应随即停车．

（7）通电试车结束，先切断控制电路的电源开关 QF，再切断电源总开关．

（8）先拆除控制电路的三相电源线，再拆除电动机的电源线．

安装注意事项

（1）对于 Y/△降压启动控制的电动机，在安装接线时必须先拆除定子绕组的三个连接片，形成 6 个出线端头．

（2）接线时，要保证电动机△形接法的正确性，即接触器 $KM_\triangle$ 主触头闭合时，应保证三相定子绕组的某一相首端和另一相尾端相连接（例如，U1 与 W2、V1 与 U2、W1 与 V2 相连接）．

（3）接触器 KM_Y 的主触头接线必须从三相定子绕组的尾端引入，若误将其首端引入，则在 KM_Y 吸合时，会产生三相电源短路事故．

（4）控制板外部配线，必须按要求一律装在导线通道内，使导线有适当的机械保护．在安装实训时，可适当降低要求，但必须以能确保安全为条件．例如，可以采用多芯橡皮线或塑料护套软线．

（5）通电校验前，要再检查一下熔体规格及时间继电器、热继电器的各整定值是否符合要求．

（6）通电校验时，必须有指导教师在现场监护，学生应根据电路的控制要求独立进行校验，若出现故障也应自行排除，同时要做到安全操作和文明生产．

二、检修时间继电器自动切换 Y/△降压启动控制线路常见故障

时间继电器自动切换 Y/△降压启动控制线路常见故障分析及检修方法见表 1-5-5（表中空白处请读者填写完整）．

表 1-5-5　时间继电器自动切换 Y/△降压启动控制线路故障现象、原因分析及检修方法

序号	故障现象	原因分析	检修方法
1	按下 SB1 后，电动机不能启动，观察接触器 KM、KM_Y 均已吸合		
2	电动机不能启动，观察接触器 KM_Y 已吸合，但 KM 没有得电吸合		
3	电动机能进行 Y 形降压启动，但时间继电器动作后，电动机就停止，不能转换为△形运行，观察 $KM_\triangle$ 没有得电吸合		

活动评价

一、活动记录

活动记录见附表 1．

二、活动实施评价表

活动实施评价表见表 1-5-6.

表 1-5-6　　活动实施评价表

<table>
<tr><td colspan="3">活动名称：自动切换 Y/△降压启动控制线路的安装与检修</td><td colspan="6">班级：
小组：
姓名：</td></tr>
<tr><td rowspan="3">评价项目</td><td rowspan="3">评价标准</td><td rowspan="3">评价依据</td><td colspan="3">评价方式</td><td rowspan="3">权重</td><td rowspan="3">得分</td><td rowspan="3">总分</td></tr>
<tr><td>学生自评</td><td>小组评价</td><td>教师评价</td></tr>
<tr><td>0.2</td><td>0.3</td><td>0.5</td></tr>
<tr><td>职业素质</td><td>(1) 遵守安全管理规定和工作劳动纪律
(2) 按时按要求完成学习及工作任务
(3) 工作积极主动、勤学好问
(4) 工作岗位 6S 完成情况良好</td><td>(1) 出勤
(2) 工作态度
(3) 劳动纪律
(4) 团队协作精神</td><td></td><td></td><td></td><td>0.2</td><td></td><td></td></tr>
<tr><td>专业能力</td><td>(1) 会绘制 Y/△降压启动电路的电气图
(2) 会检测时间继电器、电动机等电器设备
(3) 能正确安装电器元件并布线
(4) 会通电试车
(5) 会检修故障</td><td>(1) 操作的准确性和规范性
(2) 专业技能完成情况
(3) 工作页或报告完成情况</td><td></td><td></td><td></td><td>0.7</td><td></td><td></td></tr>
<tr><td>创新能力</td><td>(1) 在任务完成过程中能提出自己的具有一定见解的方案
(2) 在教学或生产管理上提出的建议具有创新性</td><td>(1) 方案的可行性及意义
(2) 建议的可行性</td><td></td><td></td><td></td><td>0.1</td><td></td><td></td></tr>
<tr><td>指导教师综合评价</td><td colspan="8">

指导教师签名：　　　　日期：</td></tr>
</table>

知识拓展

软启动器

1. 概述

在工程中最常用的就是三相异步电机，在民用和工业工程电动设备中，由于其电动机启动特性，这些电动机直接连接供电系统（硬启动），将会产生高达电动机额定电流 5～7 倍的浪涌（冲击）电流，使得供电系统和串联的开关设备过载. 另一方面，直接启动也会产生较高的峰值转矩，这种冲击不但会对拖动电动机产生冲击，而且会使机械装置受损，还会影响接在同一电网上其他电气设备的正常工作.

软启动器就是在启动时通过改变加在电动机上的电源电压,以减小启动电流、启动转矩.软启动的限流特性可有效限制浪涌电流,避免不必要的冲击力矩以及对配电网络的电流冲击,有效地减少线路刀闸和接触器的误触发动作;对频繁启停的电动机,可有效控制电动机的温升,大大延长电动机的寿命.目前应用较为广泛、工程中常见的软启动器是以晶闸管(SCR)软启动的方式实现的.其外形如图1-5-3所示.

图1-5-3　软启动器的外形图

2. 晶闸管软启动原理

在三相电源与电动机间串入软启动器设备,利用晶闸管移相控制原理,改变晶闸管的触发角,启动时电动机端电压随晶闸管的导通角从零逐渐上升,就可调节晶闸管调压电路的输出电压,电动机转速逐渐增大,直至达到满足启动转矩的要求而结束启动过程;软启动器的输出是一个平滑的升压过程(且可具有限流功能),直到晶闸管全导通,电动机在额定电压下工作;此时旁路接触器接通,短接软启动器(避免启动器在运行中对电网形成谐波污染,延长晶闸管寿命),电动机进入稳态运行状态;停车时先切断旁路接触器,然后软启动器内晶闸管的导通角由大逐渐减小,使三相供电电压逐渐减小,电动机转速由大逐渐减小到零,停车过程完成.

任务六　双速电动机控制线路的安装与检修

任务描述

三相异步电动机主要的调速方法有变频调速和变极调速,其中变频调速属于无级调速,主要适用于节能和精度要求比较高的场合;变极调速属于有级调速,主要适用于不需要无级调速的生产机械,如金属切削机床、升降机、起重设备等.双速电动机就是金属切削机床中常用的有极变速电动机.本任务将学习双速电动机控制线路的安装、调试与检修.

活动　手动切换双速电动机控制线路的安装与检修

活动描述

在一些传统的普通机床上,仍然可以看到有级调速电动机控制的身影,其中双速电动机较多地应用于普通车床、钻床、铣床和镗床的主拖动系统中,通过改变电动机定子绕组接法来改变磁极对数,以实现主轴旋转速度的变换.本活动将学习手动切换双速电动机控制线路的结构组成与工作原理,安装、调试和检修双速电动机的控制线路,并做好记录.

学习目标

◇ 掌握双速电动机的基本结构及工作原理.
◇ 会识读低高速手动切换双速电动机控制线路工作原理.
◇ 能正确绘制手动切换双速电动机的电路图、位置图和接线图.
◇ 会安装低高速手动切换双速电动机控制线路.
◇ 根据电路发生的故障现象,会检修手动切换双速电动机控制线路.

学习地点

电力拖动实训室(配备多媒体教学设备).

学习准备

电气控制线路安装与检修相关图纸及参考资料,常用电工工量具一套,万用表、钳形表、兆欧表各一只,三相异步电动机、常用低压电器和各种规格导线若干,文具和劳动保护用品等.

知识准备

一、双速异步电动机定子绕组的结构与连接

双速异步电动机也有三相定子绕组,三相定子绕组接成△形,由三个连接点分别引出三个出线端 U1、V1、W1,从每相绕组的中点各引出一个出线端 U2、V2、W2,这样双速异步电动机的定子绕组共有 6 个出线端.通过改变这 6 个出线端与电源的连接方式,就可以得到两种不同的转速.双速电动机定子绕组的△/YY 连接如图 1-6-1 所示.

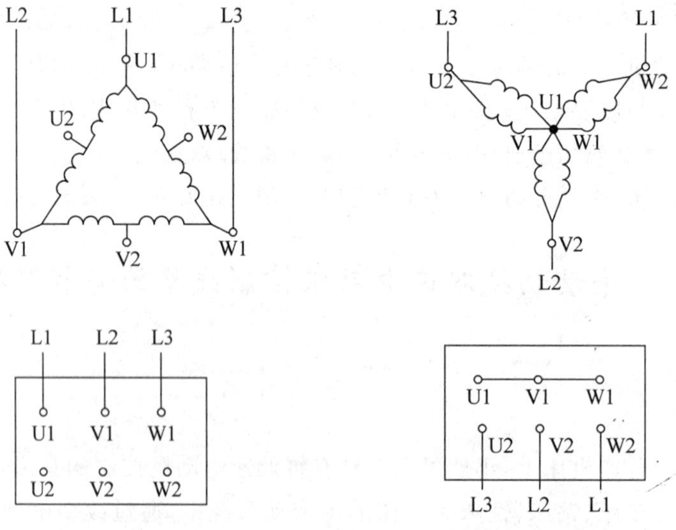

(a) 低速-△接法(4极)　　(b) 高速-YY接法(2极)

图 1-6-1　双速电动机三相定子绕组△/ YY 接线图

电动机低速工作时，就把三相电源分别接在出线端 U1、V1、W1 上，另外三个出线端 U2、V2、W2 空着不接，如图 1-6-1(a)所示，这时电动机定子绕组接成△形，磁极为 4 极，同步转速(即旋转磁场速度)为 1500r/min.

电动机高速工作时，先把三个出线端 U1、V1、W1 连接在一起，三相电源分别接到另外三个出线端 U2、V2、W2 上，如图 1-6-1(b)所示，这时电动机定子绕组接成 YY 形，磁极为 2 极，同步转速为 3000r/min. 可见，双速电动机高速运转时的转速是低速运转时转速的两倍.

提示

双速异步电动机定子绕组从一种接法改变为另一种接法时，必须把三相电源相序反接，以保证电动机的旋转方向不变.

二、手动切换双速电动机的控制线路

通过手动操作按钮开关实现双速异步电动机低速与高速切换的控制线路如图 1-6-2 所示.

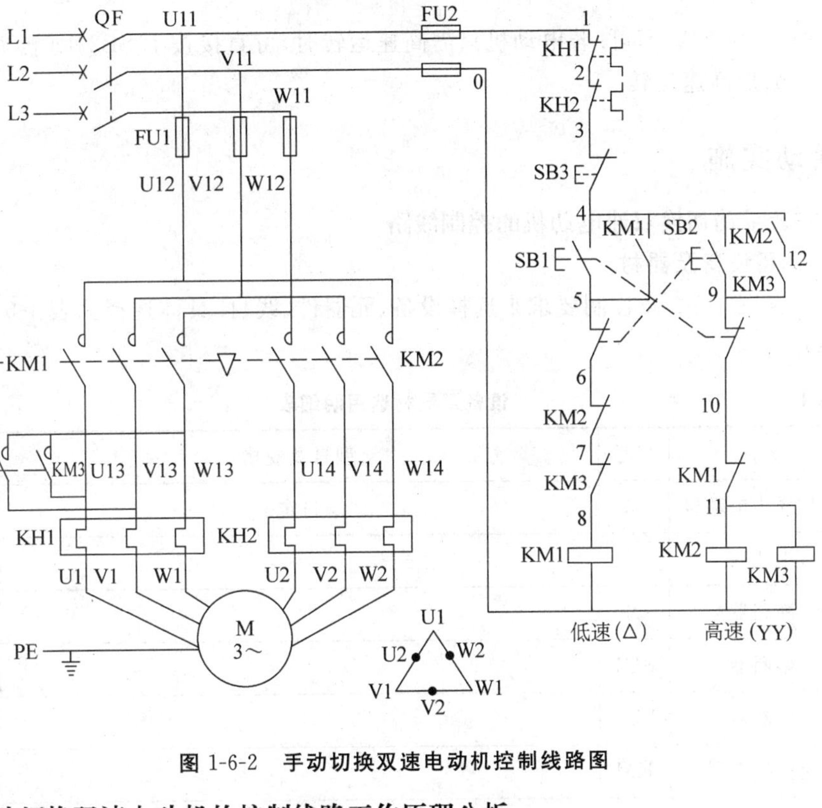

图 1-6-2　手动切换双速电动机控制线路图

三、手动切换双速电动机的控制线路工作原理分析

从控制线路结构组成来看，它与双重联锁正反转控制线路相似，接触器 KM1 得电时，双速电动机定子绕组接成△形实现低速运转，KM2、KM3 得电时，双速电机定子绕组接成 YY 形实现高速运转.

线路的工作原理如下，首先需合上电源开关 QF.

△形低速启动运转：

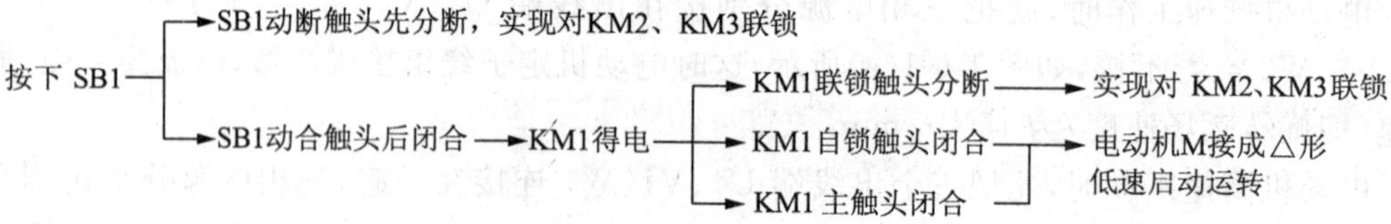

YY 形高速运转：

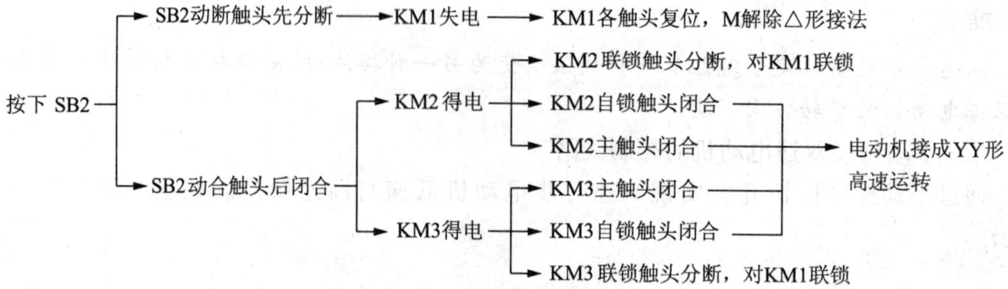

停止时，按下 SB3 即可. 若电动机只需高速运转时，可直接按下 SB2，则电动机定子绕组直接接成 YY 形高速运转.

活动实施

一、安装手动切换双速电动机的控制线路

(一) 选用设备及器材

根据电路图 1-6-2 及控制要求来选择设备、元器件、线材. 具体选择见表 1-6-1(空白处请自行选择).

表 1-6-1　　设备及器材选用明细表

序号	名称	代号	型号及规格	单位	数量
1	三相异步电动机	M	自定	台	
2	配线板	—		块	
3	断路器	QF		只	
4	熔断器	FU1		只	
5	熔断器	FU2		只	
6	交流接触器	KM		只	
7	热继电器	KH		只	
8	按钮	SB		只	
9	木螺钉	—		个	
10	平垫圈	—		个	

(二) 检测电器元件

方法参考本项目任务二活动一.

(三) 绘制手动切换双速电动机的电气控制图

手动切换双速电动机的控制电路图如图 1-6-2 所示.

自行绘制手动切换双速电动机的控制电路的位置图.

根据手动切换双速电动机的控制电路图,自行绘制接线图.

(四) 安装电器元件

在控制板上安装电器元件,并在各电器旁边贴上对应文字符号标签.安装要求见本项目任务二活动一.

(五) 连接电气控制电路

按照自行绘制的接线图进行板前线槽配线.工艺参考本项目任务三活动二.

(六) 自检

线路安装完毕,可根据图 1-6-2 所示电路图或自行绘制的接线图进行自检,具体方法参考本项目任务二活动一.

二、检修手动切换双速电动机控制线路常见故障

手动切换双速电动机控制线路常见故障分析及检修方法如表 1-6-2 所示(表中空白处请填写完整).

表 1-6-2　手动切换双速电动机控制线路故障现象、原因分析及检修方法

序号	故障现象	原因分析	检修方法
1	按下 SB1 或 SB2 后,电动机 M 低速、高速都不启动运转		
2	按下按钮 SB1 后,电动机能低速启动运转;再按下 SB2 时,电动机进入高速运行;手松开 SB2 后,电动机随即停止运转		

活动评价

一、活动记录

活动记录见附表 1.

二、活动实施评价表

活动实施评价表见表 1-6-3.

表 1-6-3 **活动实施评价表**

活动名称：手动切换双速电动机控制线路的安装与检修			班级：______ 小组：______ 姓名：______					
评价项目	评价标准	评价依据	评价方式			权重	得分	总分
			学生自评	小组评价	教师评价			
			0.2	0.3	0.5			
职业素质	(1) 遵守安全管理规定和工作劳动纪律 (2) 按时按要求完成学习及工作任务 (3) 工作积极主动、勤学好问 (4) 工作岗位6S完成情况良好	(1) 出勤 (2) 工作态度 (3) 劳动纪律 (4) 团队协作精神				0.2		
专业能力	(1) 会绘制电气图 (2) 会检测电器设备 (3) 能正确安装电器元件并布线 (4) 会通电试车 (5) 会检修故障	(1) 操作的准确性和规范性 (2) 专业技能完成情况 (3) 工作页或报告完成情况				0.7		
创新能力	(1) 在任务完成过程中能提出自己的具有一定见解的方案 (2) 在教学或生产管理上提出的建议具有创新性	(1) 方案的可行性及意义 (2) 建议的可行性				0.1		
指导教师综合评价	指导教师签名：　　　　日期：							

知识拓展

低高速自动切换双速电动机控制线路

对于低高速手动切换双速电动机控制线路，当需要电动机高速运转时，如果直接按下高速按钮 SB2，电动机将直接进入高速启动运转，启动电流很大，没有低速启动的过渡过程，如果先按下低速按钮 SB1，电动机进行低速启动后，还必须再按一次 SB2，电动机才能进入高速运转，不但操作不便，而且低速向高速切换的时间也难以把握，而用时间继电器实现低高速自动切换双速电动机控制线路就能解决这一问题.

1. 低高速自动切换双速电动机控制线路

用时间继电器实现低高速自动切换双速电动机控制线路如图 1-6-3 所示.

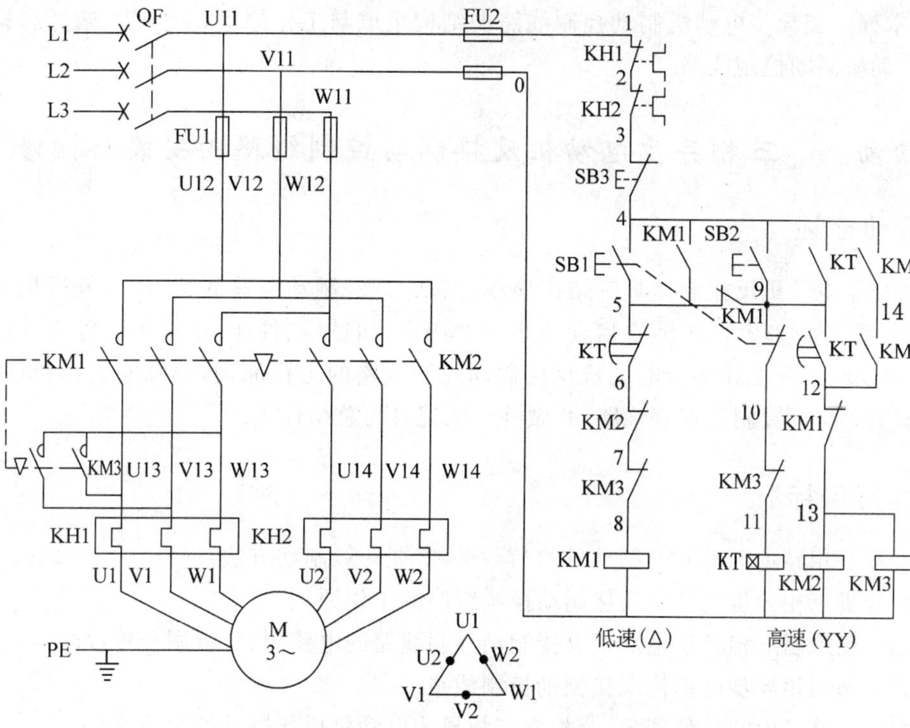

图 1-6-3　低高速自动切换双速电动机控制线路图

2. 低高速自动切换双速电动机控制线路工作原理分析

从图 1-6-3 控制电路中可以看出，双速电动机的低速运转由接触器 KM1 控制，低速启动按钮 SB1 采用复合触头，在按下 SB1 时，其动断触头先切断 KT 的得电回路，避免电动机向高速切换，SB1 动合触头后闭合，使 KM1 得电，从而实现电动机 M 低速启动运转. 双速电动机的高速运转由接触器 KM2、KM3 控制，它有两种操作模式：第一种是合上 QF，直接按下高速启动按钮 SB2 时，KM1 先得电低速启动，同时 KT 得电计时，延时时间到，通过时间继电器 KT 的延时触头使 KM1 失电，KM2、KM3 得电，从而实现电动机 M 由低速向高速的自动切换；第二种是电动机在低速运行过程中按下 SB2，这时只有 KT 得电（KM1 在按下 SB1 时就已经得电），当 KT 延时结束，电动机才由低速自动切换到高速运转.

任务七　三相异步电动机制动控制线路的安装与检修

任务描述

三相异步电动机制动控制线路能够实现快速停车、准确定位，并可防止突然停电而发生事故等，它广泛应用于车床、磨床、铣床、镗床和桥式起重机等生产机械主拖动控制系统中. 本任务要求学生在教师的指导下，通过在实训板上进行控制线路的安装接线、通电调试和故障排除，掌握三相异步电动机制动控制线路的结构组成与工作原理，会安装、调试和检修三相异步电动机制动控制线路.

活动一　三相异步电动机反接制动控制线路的安装与检修

活动描述

三相异步电动机反接制动具有结构简单、制动力强、制动迅速的特点，一般适用于要求制动迅速、系统惯性较大、不经常启动与制动的场合，如铣床、镗床、中型车床等主轴的制动控制. 本活动将学习三相异步电动机反接制动控制线路的工作原理，熟练安装、调试和检修三相异步电动机反接制动控制线路，并做好活动记录与总结评价.

学习目标

◇ 了解三相异步电动机的制动目的与意义，掌握一般制动方法.
◇ 会分析三相异步电动机反接制动控制线路的工作原理.
◇ 能正确绘制三相异步电动机反接制动控制线路的电路图、位置图和接线图.
◇ 会安装三相异步电动机反接制动控制线路.
◇ 根据电路发生的故障现象，会检修三相异步电动机反接制动控制线路.

学习地点

电力拖动实训室(配备多媒体教学设备).

学习准备

电气控制线路安装与检修相关图纸及参考资料，常用电工工量具一套，万用表、钳形表、兆欧表各一只，三相异步电动机、常用低压电器和各种规格导线若干，文具和劳动保护用品等.

知识准备

由于受机械惯性的影响，高速旋转的电动机从切断电源到停止转动要经过一段时间. 这样往往满足不了某些生产工艺快速、准确停车的控制要求，这就需要对电动机进行制动.

所谓制动，就是给电动机一个与其原来转动方向相反的转矩使它迅速停转(或限制其转速)的一种方法. 电动机制动的方法一般有两类：机械制动和电气制动.

利用机械装置使电动机断开电源后迅速停转的方法叫作机械制动. 机械制动常用的方法有电磁抱闸制动器制动和电磁离合器制动. 机械制动的优点是能够准确定位，安全可靠性高. 例如，在起重机起吊重物过程中，可防止电动机突然断电而造成的重物自行坠落. 缺点是制动设备体积大而重，结构复杂，成本高，维护不便等.

所谓电气制动，就是在电动机切断电源停转的过程中，产生一个和电动机实际旋转方向相反的电磁力矩(制动力矩),从而迫使电动机迅速制动停转的方法.电气制动常用的方法有:反接制动、能耗制动、电容制动和再生发电制动等.电气制动的优点是制动设备结构简单,体积小,成本低,操作维护方便;缺点是制动准确性不够高.本活动将学习三相异步电动机反接制动控制线路.

一、反接制动的方法

异步电动机反接制动的方法有两种:一种是在负载转矩作用下使电动机反转的倒拉反转反接制动方法,这种方法不能准确停车;另一种是依靠改变三相异步电动机定子绕组中三相电源的相序产生制动力矩,迫使电动机迅速停车的方法.当改变电动机定子绕组中三相电源相序时,就会使电动机产生一个与转子惯性转动方向相反的电磁转矩,使电动机转速迅速下降,电动机制动到接近零转速时,将反接电源切除,否则电动机将反转.通常采用速度继电器(又称反接制动继电器)来检测电动机转速并自动及时地切断电动机反接电源.

二、三相异步电动机反接制动控制线路

三相异步电动机单向启动反接制动控制线路如图 1-7-1 所示.

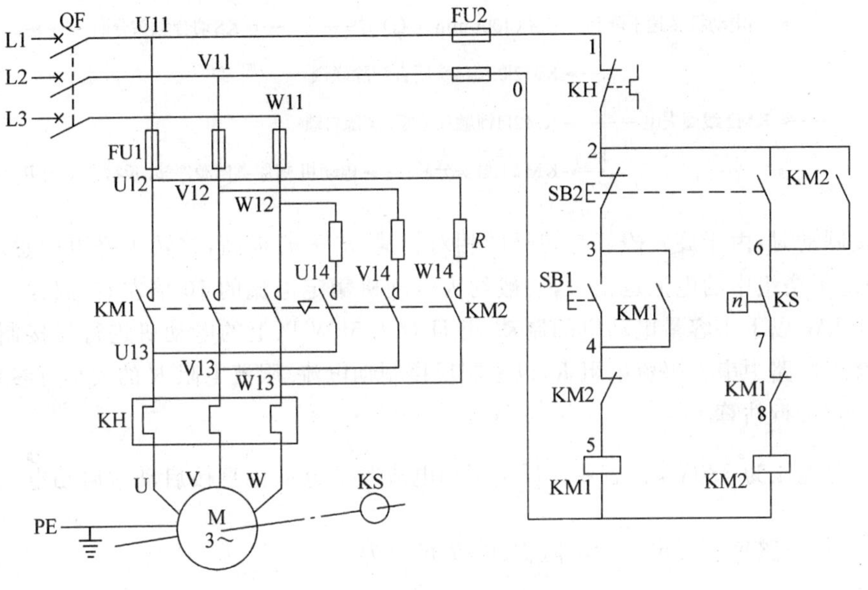

图 1-7-1　单向启动反接制动控制线路图

三、三相异步电动机反接制动控制线路工作原理分析

图 1-7-1 中主电路与正反转控制线路的主电路相似,只是在反接制动时主电路回路中串联了三个限流电阻 R.线路中 KM1 为正转运行接触器,KM2 为反接制动接触器,KS 为速度继电器,其轴与电动机轴相连(在电路图中用点画线表示).

线路的工作原理分析如下,首先需合上电源开关 QF.

电动机单向启动:

按下SB1 → KM1线圈得电 → KM1自锁触头闭合自锁 → 电动机M启动运转 →
按下SB1 → KM1线圈得电 → KM1主触头闭合 → 电动机M启动运转 →
按下SB1 → KM1线圈得电 → KM1联锁触头分断对KM2联锁

→ 当电动机转速上升到一定值(150r/min左右)时 → KS动合触头闭合为制动做准备

反接制动：

按下SB2 → SB2动断触头先分断 → KM1线圈失电 → KM1自锁触头分断解除自锁
按下SB2 → SB2动断触头先分断 → KM1线圈失电 → KM1主触头分断，M失电
按下SB2 → SB2动断触头先分断 → KM1线圈失电 → KM1联锁触头闭合 →
按下SB2 → SB2动合触头后闭合 →

→ KM2线圈得电 → KM2联锁触头分断对KM1联锁
→ KM2线圈得电 → KM2自锁触头闭合 → 电动机M串接电阻 R 反接制动 →
→ KM2线圈得电 → KM2主触头闭合 → 电动机M串接电阻 R 反接制动 →

→ 当电动机转速下降到一定值(100r/min左右)时 → KS动合触头分断 →

→ KM2线圈失电 → KM2联锁触头闭合解除联锁
→ KM2线圈失电 → KM2自锁触头分断，解除自锁
→ KM2线圈失电 → KM2主触头分断 → 电动机M脱离电源停转，反接制动结束

反接制动时，由于旋转磁场与转子的相对转速(n_1+n)很高，故转子绕组中感应电流很大，致使定子绕组中的电流也很大，一般约为电动机额定电流的10倍左右. 因此，反接制动适用于10kW以下小容量电动机的制动，并且对4.5kW以上的电动机进行反接制动时，需在定子绕组回路中串入限流电阻 R，以限制反接制动电流. 限流电阻 R 的大小可参考下述经验计算公式进行估算.

在电源电压为380V时，若要使反接制动电流等于电动机直接启动时启动电流的 $\frac{1}{2}$，即 $\frac{1}{2}I_{st}$，则三相电路每相应串入的电阻 $R(\Omega)$ 值可取为

$$R\approx 1.5\times\frac{220}{I_{st}}$$

若要使反接制动电流等于启动电流 I_{st}，则每相应串入的电阻 $R'(\Omega)$ 值可取为

$$R'\approx 1.3\times\frac{220}{I_{st}}$$

如果反接制动时，只在电源两相中串接电阻，则电阻值应加大，分别取上述电阻值的1.5倍.

反接制动的优点是制动力强，制动迅速；缺点是制动准确性差，制动过程中冲击性强，易损坏传动零部件，制动能量消耗大，不宜经常制动. 因此，反接制动一般适用于制动要求迅速、系统惯性较大、不经常启动与制动的场合，如铣床、镗床、中型车床等主轴的制动控制.

活动实施

一、安装三相异步电动机反接制动控制线路

(一) 选用设备及器材

根据电路图 1-7-1 及控制要求来选择设备、元器件、线材，并填入表 1-7-1(表中空白处请自行选择).

表 1-7-1　　设备及器材选用明细表

序号	名称	代号	型号及规格	单位	数量
1	三相异步电动机	M	自定	台	
2	配线板	—		块	
3	断路器	QF		只	
4	熔断器	FU1		只	
5	熔断器	FU2		只	
6	交流接触器	KM		只	
7	热继电器	KH		只	
8	速度继电器	KS		只	
9	按钮	SB		只	
10	电阻	*R*		只	
11	木螺钉	—		个	
12	平垫圈	—		个	
13	主电路导线	—		米	
14	控制电路导线	—		米	
15	按钮线	—		米	
16	接地线	—		米	

(二) 检测电器元件

检测方法参考本项目任务二活动一.

(三) 绘制三相异步电动机反接制动电气控制图

三相异步电动机反接制动控制电路图如图 1-7-1 所示.

三相异步电动机反接制动控制线路的位置图参考任务三活动一中正反转控制线路的位置图. 请读者根据三相异步电动机反接制动控制线路图自行绘制接线图.

(四) 安装电器元件

根据自己所绘制的位置图进行电器元件安装固定，电器安装的位置、方向、间距要正确，特别注意安装过程中不得损坏电器设备. 具体安装工艺及要求见本项目任务二活动一.

（五）连接电气控制电路

安装工艺参考本项目任务二活动一.

速度继电器的安装方法如下：

（1）速度继电器的转轴应与电动机同轴连接，使两轴的中心线重合.

（2）速度继电器安装接线时，要搞清楚其结构，分清动合、动断触头的接线端，应注意正反向触头不能接错；否则，不能实现反接制动控制.

（3）速度继电器的金属外壳应可靠接地.

（六）自检

线路安装完毕，可根据图 1-7-1 所示电路图或自行绘制的接线图进行自检，具体方法参考本项目任务二活动一.

利用仪表检查控制板布线的正确性.

1. 检查主电路

三相异步电动机反接制动控制线路的主电路检查方法和步骤与接触器互锁正反转控制线路的主电路的检查方法和步骤相同.

2. 检查控制电路

断开电源开关 QF，取下熔断器 FU2 熔芯，将万用表调至 $R\times100$ 倍率的电阻挡并调零.

（1）检查启动与停止控制电路.

把万用表两表笔分别接在 FU2 的 0、1 号节点上，按住启动按钮 SB1，万用表测得阻值应等于 KM1 线圈阻值，再按下 SB2，万用表应显示电路由通变断.

（2）检查自锁、互锁控制作用.

仍然将万用表两表笔分别接在 FU2 的 0、1 号节点上，先人为使接触器 KM1 处于闭合状态，万用表测得阻值应为 KM1 线圈阻值，再同时使 KM1 和 KM2 处于闭合状态，这时万用表应显示电路由通变断.

（3）检查制动控制电路.

按下 SB2，万用表应显示电路不通. 打开速度继电器的端盖，拨动摆杆，使 KS 动作（KS 动合触头闭合），再按下 SB2，万用表测得阻值应为 KM2 线圈阻值.

自检完毕，重新装上 FU2 熔芯.

（七）交验及通电试车

1. 三相异步电动机反接制动控制线路通电试车的方法和步骤

（1）先检查电动机的电源线和接地线是否安装正确和牢固，电动机与速度继电器连接是否牢固可靠并且要在同一轴线上.

（2）再连接控制线路的三相电源线.

（3）先合上电源总开关，再合上控制电路的电源开关 QF.

（4）先按下启动按钮 SB1，观察电路动作及电动机运转情况是否符合控制要求；如果出现异常，则必须立即断电停车，检查故障原因.

（5）再按下停止按钮 SB2，观察电路动作及电动机制动情况是否符合控制要求.

（6）通电试车结束，先切断控制电路的电源开关 QF，再切断电源总开关.

（7）先拆除控制电路的三相电源线，再拆除电动机的电源线.

2. 通电试车注意事项

(1) 通电试车时,若制动不正常,可检查速度继电器安装是否正确,触头动作是否符合规定要求.若需调节速度继电器的调整螺钉时,必须切断电源,以防止出现相对地短路而引起事故.

(2) 速度继电器动作值和返回值的调整,应先由教师示范操作后,再由学生自己调整.

(3) 制动操作不易过于频繁.

(4) 通电试车时,必须有指导教师在现场监护,同时做到安全文明生产.

二、检修三相异步电动机反接制动控制线路常见故障

三相异步电动机反接制动控制线路常见故障原因分析及检修方法如表1-7-2所示(表中空白处请填写完整).

表1-7-2　三相异步电动机反接制动控制线路故障现象、原因分析及检修方法

序号	故障现象	原因分析	检修方法
1	按下停止按钮SB2,KM1释放,但电动机没有制动,再观察KM2没有吸合		
2	电动机停车时制动效果不显著		
3	停车制动时电动机振动过大		

活动评价

一、活动记录

活动记录见附表1.

二、活动实施评价表

活动实施评价表见表1-7-3.

表1-7-3　活动实施评价表

活动名称:三相异步电动机反接制动控制线路的安装与检修			班级:____ 小组:____ 姓名:____					
评价项目	评价标准	评价依据	评价方式			权重	得分	总分
			学生自评	小组评价	教师评价			
			0.2	0.3	0.5			
职业素质	(1) 遵守安全管理规定和工作劳动纪律 (2) 按时按要求完成学习及工作任务 (3) 工作积极主动、勤学好问 (4) 工作岗位6S完成情况良好	(1) 出勤 (2) 工作态度 (3) 劳动纪律 (4) 团队协作精神				0.2		

续表

评价项目	评价标准	评价依据	评价方式			权重	得分	总分
			学生自评	小组评价	教师评价			
			0.2	0.3	0.5			
专业能力	(1) 会绘制电气图 (2) 会检测电器设备 (3) 能正确安装电器元件并布线 (4) 会通电试车 (5) 会检修故障	(1) 操作的准确性和规范性 (2) 专业技能完成情况 (3) 工作页或报告完成情况				0.7		
创新能力	(1) 在任务完成过程中能提出自己的具有一定见解的方案 (2) 在教学或生产管理上提出的建议具有创新性	(1) 方案的可行性及意义 (2) 建议的可行性				0.1		
指导教师综合评价	指导教师签名：　　　　日期：							

活动二　三相异步电动机能耗制动自动控制线路的安装与检修

活动描述

能耗制动具有制动准确、平稳，且能量消耗较小等优点，因此，一般用于制动要求准确、平稳的场合，如磨床、立式铣床等控制线路中．本活动将学习三相异步电动机能耗制动控制线路的工作原理，安装、调试和检修三相异步电动机能耗制动控制线路，并做好活动记录与总结评价．

学习目标

◇ 掌握三相异步电动机能耗制动的方法．
◇ 会分析三相异步电动机能耗制动控制线路的工作原理．
◇ 能正确绘制三相异步电动机能耗制动控制线路的电路图、位置图和接线图．
◇ 会安装与调试三相异步电动机能耗制动控制线路．
◇ 根据电路发生的故障现象，会检修三相异步电动机能耗制动控制线路．

学习地点

电力拖动实训室(配备多媒体教学设备)．

学习准备

电气控制线路安装与检修相关图纸及参考资料，常用电工工量具一套，万用表、钳形表、兆欧表各一只，三相异步电动机、常用低压电器和各种规格导线若干，文具和劳动保护用品等.

知识准备

反接制动的制动力强，制动迅速，但是由于其存在制动准确性差、制动过程中冲击力强、易损坏传动零部件、不宜经常制动等缺点，所以在实际生产中，对于制动比较频繁的生产机械常采用能耗制动.

一、能耗制动的方法

能耗制动是在切除三相交流电源后，在电动机任意两相定子绕组中通入直流电，让电动机产生一个与惯性转动方向相反的电磁力矩而使电动机迅速停转，并在制动结束后将直流电源切除. 由于这种制动方法是通过在定子绕组中通入直流电，以消耗转子惯性转动的动能来进行制动的，所以称为能耗制动.

能耗制动的制动力矩随着惯性转速的下降而减少，因而制动平稳，并且可以实现准确停车.

二、三相异步电动机单向启动能耗制动自动控制线路

1. 无变压器单相半波整流单向启动能耗制动自动控制线路

无变压器单相半波整流单向启动能耗制动自动控制线路如图 1-7-2 所示. 接触器 KM1

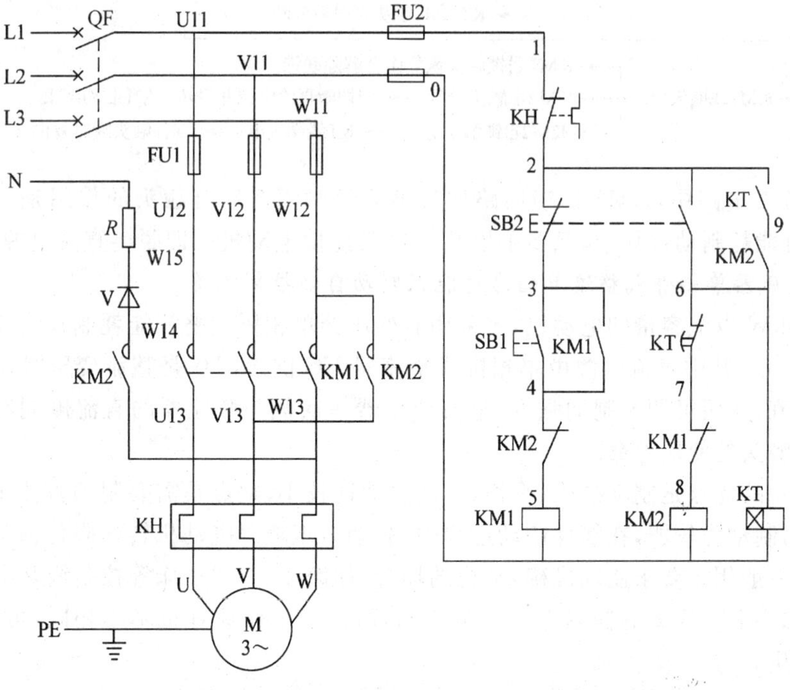

图 1-7-2　无变压器单相半波整流单向启动能耗制动自动控制电路图

控制电动机单向运转，KM2 控制直流电源（即能耗制动），当能耗制动结束时，由时间继电器 KT 自动切断 KM2 线圈电源，从而切断了电动机能耗制动的直流电源. 能耗制动直流电源采用单相半波整流获得，所用附加设备较少，线路简单，成本低，常用于 10kW 以下小容量电动机及对制动要求不高的场合.

线路的工作原理如下，首先需合上电源开关 QF.

单向启动运转：

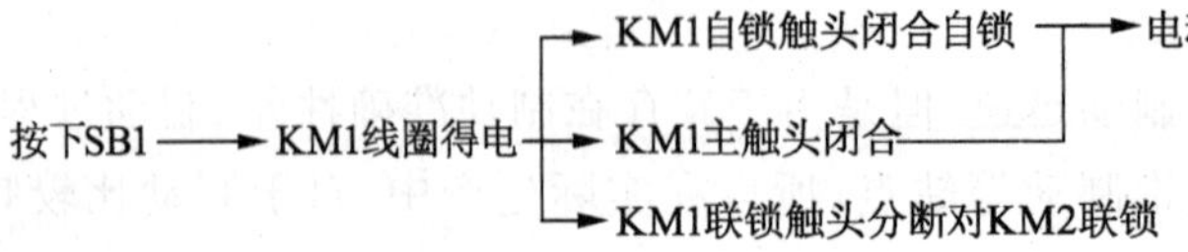

能耗制动停转：

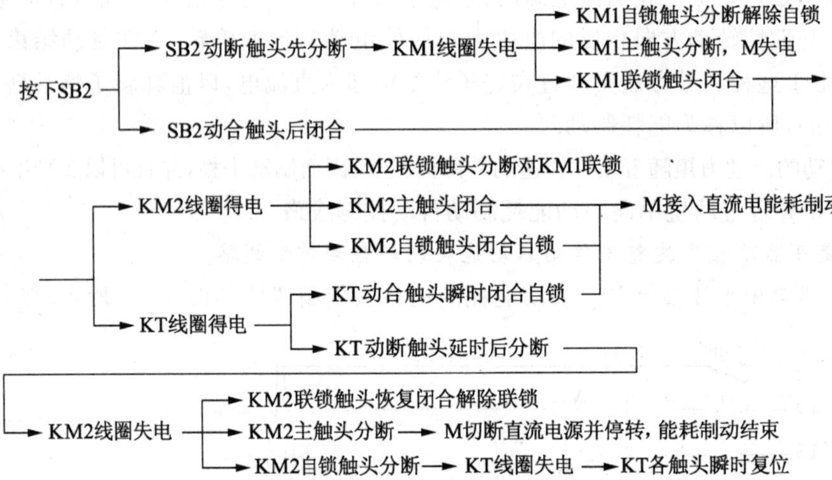

在图 1-7-2 电路中，KM2 自锁回路加入 KT 瞬时闭合动合触头的作用是：当 KT 损坏时，在电动机能耗制动过程中，只要手松开 SB2 就能使电动机立即脱离直流电源.

2. 有变压器单相桥式整流单向启动能耗制动自动控制线路

对于 10kW 以上容量的电动机，多采用有变压器单相桥式整流能耗制动自动控制线路，如图 1-7-3 所示. 其中直流电源由单相桥式整流器 VC 供给，TC 是整流变压器，电阻 R 用来调节直流电流，从而可调节制动强度，整流变压器一次侧与整流器的直流侧同时进行切换，有利于提高触头的使用寿命.

能耗制动的优点是制动准确、平稳，且能量消耗较小；缺点是需要附加直流电源装置，设备费用较高，制动力较弱，在能耗制动过程中，制动力矩随着电动机转速降低而逐渐减小. 因此能耗制动一般用于要求制动准确、平稳的场合，如磨床、立式铣床等控制线路中.

图 1-7-3 与图 1-7-2 的控制电路完全相同，所以其工作原理也基本相同，可参照上面的叙述自行分析.

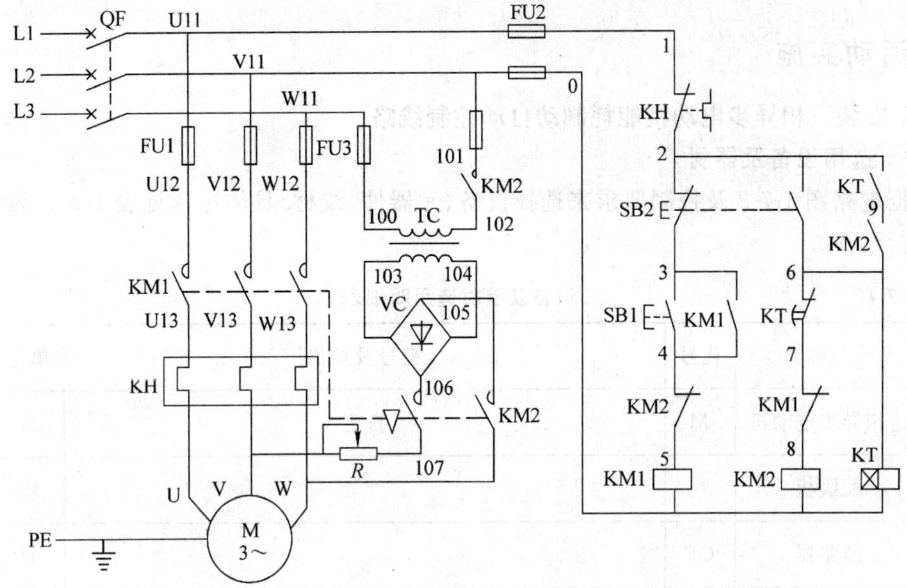

图 1-7-3　有变压器单相桥式整流单向启动能耗制动自动控制电路图

3. 能耗制动所需直流电源的估算

能耗制动时产生制动力矩的大小，与通入定子绕组中直流电流的大小、电动机的转速及转子电路中的电阻有关. 直流电流越大，产生的静止磁场就越强，而转速越高，转子切割磁感线的速度就越大，产生的制动力矩也越大. 对于鼠笼式异步电动机，增大制动力矩只能通过增大通入电动机定子绕组的直流电流来实现，而通入的直流电流又不能太大，过大会烧坏定子绕组. 能耗制动所需的直流电源（以单相桥式整流电路为例），一般用以下方法进行估算，其步骤如下：

(1) 首先测量出电动机三相进线中任意两相之间的电阻值 $R(\Omega)$.

(2) 测量出电动机的进线空载电流 $I_0(\mathrm{A})$.

(3) 能耗制动所需的直流电流 $I_L(\mathrm{A})=KI_0$，所需的直流电压 $U_L(\mathrm{V})=I_LR$. 式中 K 是系数，一般取 3.5～4. 若考虑到电动机定子绕组的发热情况，并使电动机达到比较满意的制动效果，对转速高、惯性大的传动装置可取其上限.

(4) 单相桥式整流电源变压器二次侧绕组电压和电流有效值分别为

$$U_2=\frac{U_L}{0.9}\mathrm{V}$$

$$I_2=\frac{I_L}{0.9}\mathrm{A}$$

变压器计算容量为

$$S=U_2I_2$$

如果制动不频繁，可取变压器实际容量为

$$S'=\frac{1}{3}S\sim\frac{1}{4}S(\mathrm{V\cdot A})$$

(5) 可调电阻 $R\approx2\Omega$，电阻功率 $P_R(\mathrm{W})=I_L^{\,2}R$，实际选用时，电阻功率也可小些.

活动实施

一、安装三相异步电动机能耗制动自动控制线路

(一) 选用设备及器材

根据电路图 1-7-2 及控制要求来选择设备、元器件、线材. 具体选择见表 1-7-4(表中空白处请自行选择).

表 1-7-4　设备及器材选用明细表

序号	名称	代号	型号及规格	单位	数量
1	三相异步电动机	M	自定	台	
2	配线板	—		块	
3	断路器	QF		只	
4	熔断器	FU1		只	
5	熔断器	FU2		只	
6	交流接触器	KM		只	
7	热继电器	KH		只	
8	时间继电器	KT		只	
9	按钮	SB		只	
10	二极管	V		只	
11	电阻	R		只	
12	木螺钉	—		个	
13	平垫圈	—		个	
14	主电路导线	—		米	
15	控制电路导线	—		米	
16	按钮线	—		米	
17	接地线	—		米	

（二）检测电器元件

方法参考本项目任务二活动一.

（三）绘制电气控制图

三相异步电动机能耗制动自动控制电路图如图 1-7-2 所示.

三相异步电动机能耗制动自动控制线路的位置图和接线图请读者自行绘制.

（四）安装电器元件

根据所绘制的三相异步电动机能耗制动自动控制电路的位置图在控制板上安装电器元件,并在对应电器旁贴上醒目的文字符号标签.具体安装工艺要求见本项目任务二活动一.

（五）连接电气控制线路

按照自行绘制的三相异步电动机能耗制动自动控制线路的接线图进行板前线槽配线.具体安装工艺要求见任务三活动二.

（六）自检

线路安装完毕,可根据图 1-7-2 所示电路图或自行绘制的接线图进行自检,具体方法参考本项目任务二活动一.

利用仪表检查控制板布线的正确性.

将万用表调至 $R\times100$ 倍率的电阻挡并调零.

1. **检查主电路**

先断开 QF,取下 FU2 熔芯,然后将万用表两表笔分别接在 U11—V11、U11—W11 之间,再人为使 KM1 处于吸合状态,万用表应显示所测电路由断变通(但有一定的阻值,该阻值为电动机定子绕组的直流电阻),若万用表指针不动,则说明电路有断点,找出原因并修复故障;再将黑表笔接 W11,红表笔接中性线 N,人为使 KM2 处于吸合状态,这时万用表应显示电路由断变通.

2. **检查控制电路**

断开电源开关 QF,取下熔断器 FU2 熔芯,将万用表调至 $R\times100$ 倍率的电阻挡并调零.

(1) 把万用表两表笔分别接在 FU2 的 0、1 号节点上,按下启动按钮 SB1,万用表测得阻值应等于 KM1 线圈阻值,再轻按 SB2,万用表应显示电路由通变断.

(2) 按下 SB2,万用表测得阻值应等于 KM2 线圈阻值.

(3) 仍然将万用表两表笔分别接在 FU2 的 0、1 号节点上,先人为使接触器 KM1 处于闭合状态,万用表测得阻值应为 KM1 线圈阻值,再同时使 KM1 和 KM2 处于闭合状态,这时万用表应显示电路由通变断.

自检完毕,重新装上 FU2 熔芯.

（七）交验及通电试车

自检完毕,学生必须先向教师提出通电申请,经指导教师检查同意后,由指导教师在现场监护,学生按通电试车的方法和步骤进行试车.

1. **三相异步电动机能耗制动自动控制电路通电试车**

其方法和步骤如下:

(1) 核对并调节时间继电器和热继电器的整定值.

(2) 检查电动机的电源线和接地线是否安装正确和牢固.

(3) 连接控制电路的三相电源线.

(4) 先合上电源总开关,再合上控制电路的电源开关 QF.

(5) 先按下启动按钮 SB1,观察电路动作及电动机运转情况是否符合控制要求;如果出现异常,则必须立即断电停车,检查故障原因.

(6) 再按下停止按钮 SB2,观察电路动作及电动机制动情况是否符合控制要求(电动机停转约 1 s 左右,时间继电器应延时结束).

(7) 通电试车结束,先切断控制电路的电源开关 QF,再切断电源总开关.

(8) 先拆除控制电路的三相电源线,再拆除电动机的电源线.

2. 通电试车注意事项

(1) 时间继电器的整定时间不要调得太长,以免制动时间过长引起定子绕组发热.

(2) 根据具体情况可将整流二极管及制动电阻固装在散热器支架上.

(3) 进行停车制动时,停止按钮 SB2 要按到底.

(4) 通电试车时,必须有指导教师在现场监护,同时要做到安全操作和文明生产.

二、检修三相异步电动机能耗制动自动控制线路常见故障

三相异步电动机能耗制动自动控制线路常见故障现象、原因分析及检修方法如表 1-7-5 所示(表中空白处请填写完整).

表 1-7-5 三相异步电动机能耗制动自动控制线路故障现象、原因分析及检修方法

序号	故障现象	原因分析	检修方法
1	按下停止按钮 SB2,观察 KM2 不吸合,电动机 M 无制动		
2	按下停止按钮 SB2,KM2 吸合,电动机 M 无制动		
3	按下停止按钮 SB2 时,KM2 吸合,松开 SB2 时,KM2 复位,电动机 M 为点动制动		

活动评价

一、活动记录

活动记录见附表 1.

二、活动实施评价表

活动实施评价表见表 1-7-6.

表 1-7-6　　　　活动实施评价表

活动名称：三相异步电动机能耗制动自动控制线路的安装与检修									班级： 小组： 姓名：
评价项目	评价标准	评价依据	评价方式			权重	得分	总分
			学生自评	小组评价	教师评价			
			0.2	0.3	0.5			
职业素质	(1) 遵守安全管理规定和工作劳动纪律 (2) 按时按要求完成学习及工作任务 (3) 工作积极主动、勤学好问 (4) 工作岗位 6S 完成情况良好	(1) 出勤 (2) 工作态度 (3) 劳动纪律 (4) 团队协作精神				0.2		
专业能力	(1) 会绘制电气图 (2) 会检测电器设备 (3) 能正确安装电器元件并布线 (4) 会通电试车 (5) 会检修故障	(1) 操作的准确性和规范性 (2) 专业技能完成情况 (3) 工作页或报告完成情况				0.7		
创新能力	(1) 在任务完成过程中能提出自己的具有一定见解的方案 (2) 在教学或生产管理上提出的建议具有创新性	(1) 方案的可行性及意义 (2) 建议的可行性				0.1		
指导教师综合评价	指导教师签名：　　　　日期：							

知识拓展

电容制动和再生发电制动

一、电容制动

(一) 电容制动的概念

当电动机切断电源后，通过立即在电动机定子绕组的出线端接入电容器从而迫使电动机迅速停转的方法称为电容制动.

(二) 电容制动原理

当旋转着的电动机断开交流电源时，转子内仍有剩磁，随着转子的惯性转动，有一随着转子转动的旋转磁场，这个磁场切割定子绕组产生感生电动势，并通过电容器回路形成感生电流，该电流产生的磁场与转子绕组中的感生电流互相作用，产生一个制动力矩，使得电动机受制动而停转.

(三) 基本控制线路

三相异步电动机电容制动控制线路如图 1-7-4 所示.

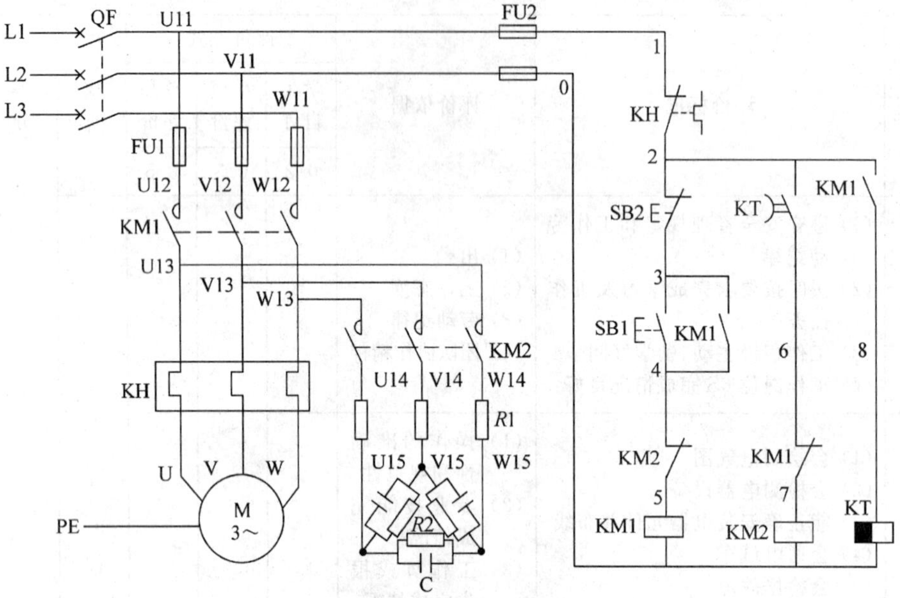

图 1-7-4　**电容制动控制线路**

二、回馈制动

(一) 基本概念

回馈制动亦称“发电制动”. 它是把负载的动能转换成电能,并返回电源的一种制动方式. 电动机在制动时由电动状态变为发电状态. 这种制动方法主要用于起重机械和多速异步电动机上. 下面以起重机械为例说明其制动原理.

(二) 再生发电制动原理

如图 1-7-5 所示,当起重机在高处开始下放重物时,电动机的转速 n 小于同步转速 n_1,此时电动机处于电动运行状态,其转子电流和电磁转矩的方向如图 1-7-5(a)所示. 但是由于重力的作用,在重物下放的过程中,会使电动机的转速大于同步转速 n_1,此时电动机处于发电

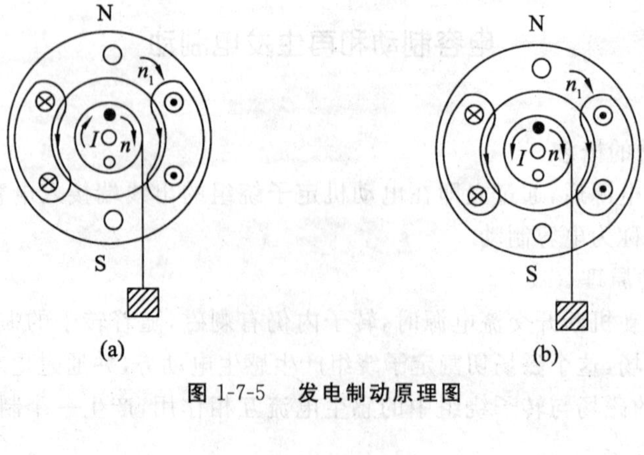

图 1-7-5　**发电制动原理图**

状态,转子相对于旋转磁场切割磁感线的运动方向发生了改变(沿顺时针),其转子电流和电磁转矩的方向都与电动运行时相反,如图 1-7-5(b)所示.可见电磁力矩变为制动力矩,从而限制了重物的下降速度,使重物不至于下降过快,保证了设备和人身安全.

(三)发电制动的优缺点

优点:制动时不需改动线路即可从电动运行状态自动地转入发电制动状态,把机械能转换成电能回馈电网,节能效果显著.

缺点:应用范围较窄,仅当电动机转速大于同步转速时才能实现发电制动,所以,常用于起重机械在位能负载作用下和多速异步电动机由高速转为低速时的情况.

项目二 机床电气控制线路的检修

项目学习目标

- 了解常用机床的用途及其电气控制的要求.
- 能识读常用机床电气控制线路图,掌握电气工作原理,能正确测绘常用机床电气控制线路接线图.
- 掌握常用机床电气控制线路故障分析与检修的一般方法和步骤,能分析、检测常见电气故障并排除.

任务一 CA6140 型卧式车床电气控制线路的检修

任务描述

CA6140 型卧式车床是常用的普通车床,它的加工范围较广,自动化程度低,适用于小批量生产以及修配车间使用.本任务要了解它的电气控制特点和操作方法,掌握电气控制原理,能进行故障判断和排除.学生应根据任务要求,准备工具和材料,做好现场工作准备,严格按照作业规范实施检修工作,检修完毕后试车、填写相关表单交指导教师验收,并按照现场管理规范清理场地、归置物品.

活动一 CA6140 型卧式车床的认识

活动描述

本活动主要通过观察和操作 CA6140 型卧式车床,来认识它的用途、结构,了解其操作流程,分析其电气工作原理,并做好记录.

学习目标

◇ 知道 CA6140 型卧式车床的用途,能说出 CA6140 型卧式车床的结构组成.
◇ 会分析 CA6140 型卧式车床的电气工作原理.

学习地点

实训车间或一体化教室(配备多媒体教学设备).

学习准备

CA6140 型卧式车床(或模拟设备)及相关说明书、常用电工工量具一套.

知识准备

一、CA6140 型卧式车床型号含义

CA6140 型卧式车床型号含义如下图所示:

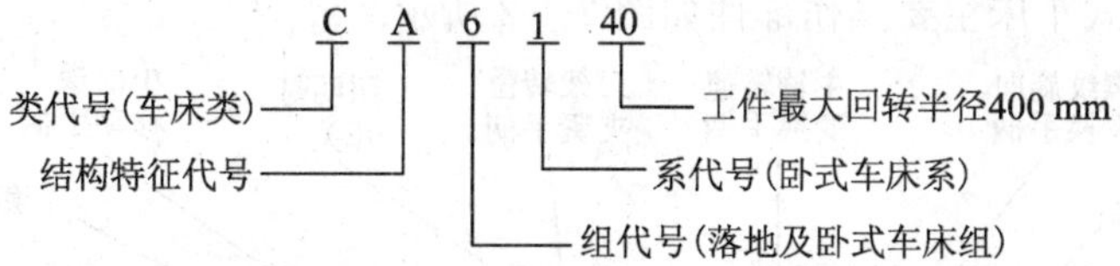

二、CA6140 型卧式车床的主要结构

CA6140 型卧式车床的主要外形如图 2-1-1 所示.

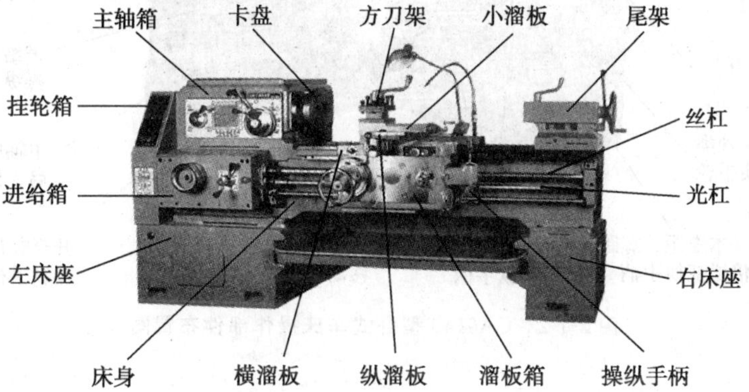

图 2-1-1　CA6140 型卧式车床外形图

三、CA6140 型卧式车床的主要运动形式及控制要求

CA6140 型卧式车床的主要运动形式及控制要求如表 2-1-1 所示.

表 2-1-1　　CA6140 型卧式车床的主要运动形式及控制要求

运动类型	运动形式	控制要求
主运动	主轴通过卡盘或顶尖带动工件的旋转运动	(1) 主轴电动机选用三相鼠笼式异步电动机,不进行电气调速,主轴采用齿轮箱进行机械有级调速 (2) 车削螺纹时,要求主轴有正反转,一般用机械方式实现,主轴电动机只做单向运转 (3) 主轴电动机容量不大,在电网容量满足要求的情况下,可直接启动,启动和停止采用按钮操作

续表

运动类型	运动形式	控制要求
进给运动	刀架带动刀具做纵向或横向直线运动	由主轴电动机拖动,溜板箱把丝杠或光杠的转动传递给刀架部分,变换溜板箱外的手柄位置,经刀架部分使车刀做纵向或横向进给
辅助运动	刀架的快速移动	由刀架快速移动电动机拖动,可直接启动,不需正反转和调速
	尾架的纵向移动	由手动操作控制
	工件的夹紧与放松	由手动操作控制
	加工过程的冷却	冷却泵电动机和主轴电动机实现顺序控制,不需正反转和调速

四、CA6140 型卧式车床主要操作部件

CA6140 型卧式车床主要操作部件如图 2-1-2 所示.

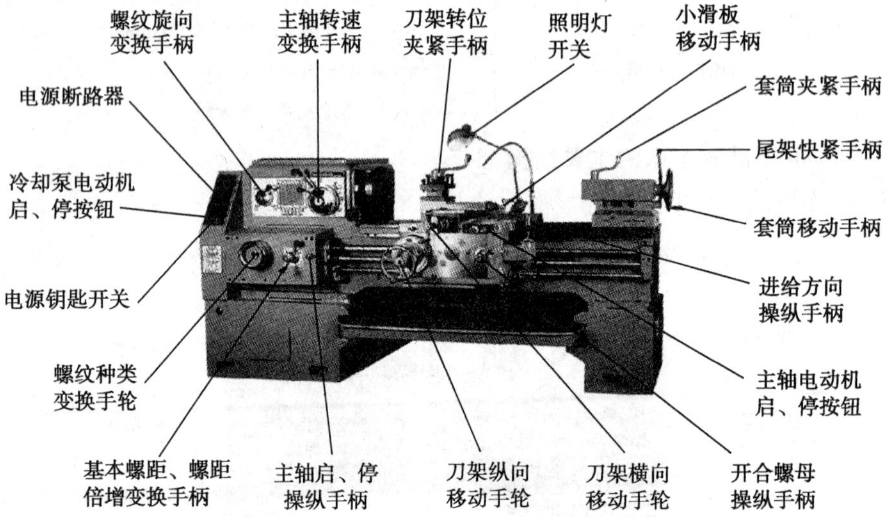

图 2-1-2　CA6140 型卧式车床操作部件布置图

1. 主轴箱

箱内装有主轴,实现主运动,主轴端部有三爪或四爪卡盘以夹持工件.

2. 挂轮箱

把主轴的旋转运动传送给进给箱、变换箱内齿轮,并和进给箱及长丝杠配合,可以车削各种不同螺距的螺纹.

3. 进给箱

变换进给量,并把运动传给溜板箱.利用它内部的齿轮传动机构,可以把主轴传递的动力传给光杠或丝杠,以得到各种不同的转速.

4. 溜板箱

带动刀架实现纵向、横向进给,快速移动或车削螺纹.变换箱外手柄位置,在光杠或丝杠的传动下,可使车刀按要求方向做进给运动.

5. **方刀架**

装四组刀具，按需要手动转位使用.

6. **尾架**

支持工件或安装钻头等孔加工刀具. 用来安装顶尖、支顶较长工件，它还可以安装其他切削刀具，如钻头、绞刀等.

7. **卡盘**

用来夹持工件，带动工件一起旋转.

8. **床身**

部件都安装在床身上，以保持部件间相互位置精度. 用来支持和安装车床的各个部件. 床身上面有两条精确的导轨，床鞍和尾座可沿着导轨移动.

9. **丝杠**

用来车削螺纹.

10. **光杠**

用来传动动力，带动床鞍、中滑板，使车刀做纵向或横向的进给运动.

11. **小溜板**

做纵向移动.

12. **横溜板**

做横向移动.

13. **纵溜板**

做纵向移动.

活动实施

一、列出 CA6140 型卧式车床主要组成部分

列出 CA6140 型卧式车床主要组成部分，并填入表 2-1-2 中.

表 2-1-2　　CA6140 型卧式车床组成部分

序号	名称	作用	序号	名称	作用
1			8		
2			9		
3			10		
4			11		
5			12		
6			13		
7					

二、分析 CA6140 型卧式车床电气控制线路原理

CA6140 型卧式车床电气控制线路如图 2-1-3 所示.

(一) 主电路

主电路中共有 3 台电动机. M1 为主轴电动机,带动主轴旋转和刀架做进给运动;M2 为冷却泵电动机,用以输送切削液;M3 为刀架快速移动电动机,通过操纵手柄配合机械装置使刀架沿前、后、左、右方向快速移动.

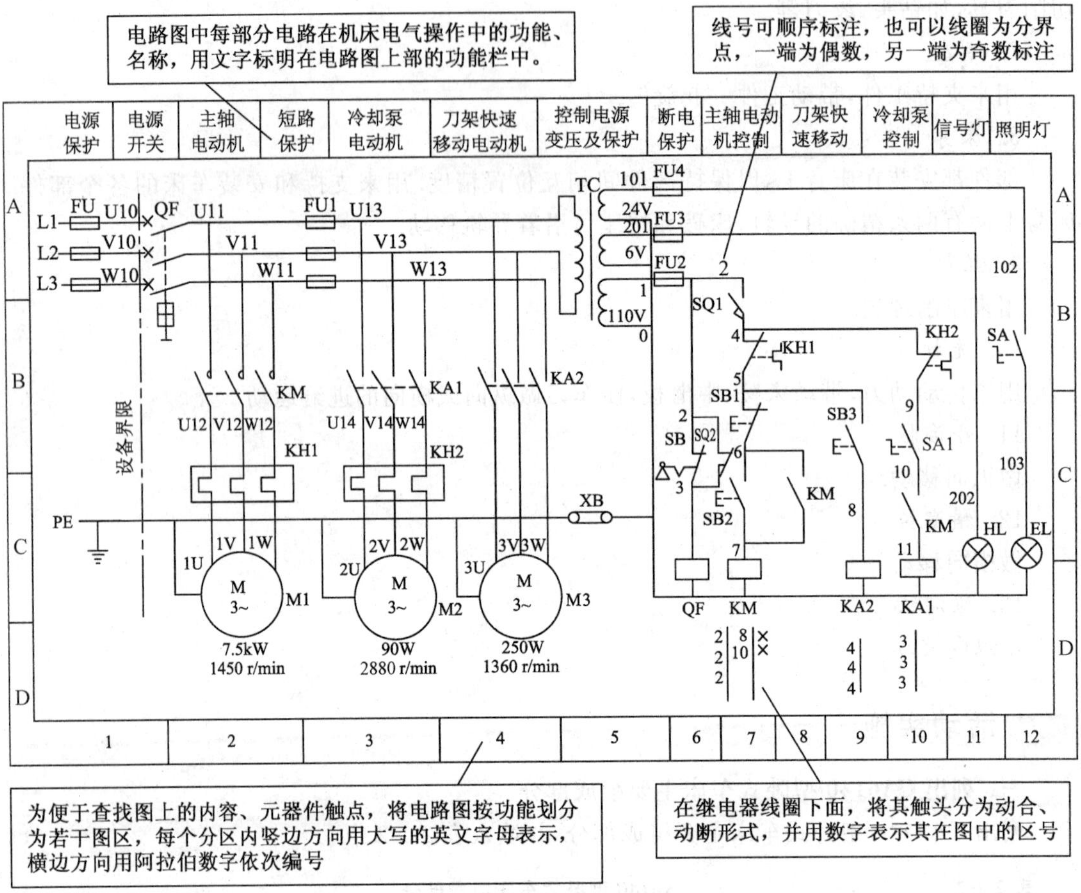

图 2-1-3　CA6140 型卧式车床电气控制线路

将钥匙开关 SB 向右旋转,再接通断路器 QF 将三相电源引入. 主轴电动机 M1 由接触器 KM 控制,KM 作欠压和失压保护,熔断器 FU 作短路保护,热继电器 KH1 作过载保护. 冷却泵电动机 M2 由中间继电器 KA1 控制,热继电器 KH2 作过载保护. 刀架快速移动电动机 M3 由中间继电器 KA2 控制,由于 M3 是点动短时运转,所以未设过载保护. FU1 作为电动机 M2、M3、控制变压器 TC 的短路保护.

(二) 控制电路

控制电路由控制变压器 TC 将 380V 交流电压降为 110V 控制电压供电.

1. 主轴电动机 M1 的控制

车床正常工作时,位置开关 SQ1 的动合触头闭合,打开床头皮带罩后,SQ1 断开,切断控制电路电源,以确保人身安全. 钥匙开关 SB 和位置开关 SQ2 在正常工作状态是断开的,QF 线圈不得电,断路器 QF 能合闸,打开配电壁龛门时,SQ2 闭合,QF 线圈获电,断路器 QF 自动断开.

主轴电动机 M1 启动：

按下SB2 ──→ KM线圈得电 ┬→ KM自锁触头闭合（8区）
├→ KM主触头闭合（2区）──→ 主轴电动机M1启动运转
└→ KM动合辅助触头闭合（10区），为KA1得电做准备

其通电回路为：KM 线圈经 TC—1—2—4—5—6—7—KM 线圈—0 回路得电.

主轴电动机停止：

按下 SB1 ──→ KM 线圈失电 ──→ KM 触头复位 ──→ M1 失电停转

2. 冷却泵电动机 M2 和刀架快速移动电动机 M3 的控制

(1) 冷却泵电动机 M2 的控制. 由于主轴电动机 M1 和冷却泵电动机 M2 在控制电路中采用顺序控制，故只有主轴电动机 M1 启动运转后，即接触器 KM 的动合触头(10 区)闭合，再合上旋钮开关 SA1，中间继电器 KA1 才可能得电，冷却泵电动机 M2 才会启动. 当主轴电动机 M1 停止运转时，冷却泵电动机 M2 自行停止.

其通电回路为：KA1 线圈经 TC—1—2—4—9—10—11—KA1 线圈—0 回路得电.

(2) 刀架快速移动电动机 M3 的控制. 刀架快速移动电动机 M3 的启动由安装在操纵手柄顶端的按钮 SB3 控制，并采用点动控制. 由进给操纵手柄配合机械装置实现刀架前、后、左、右移动方向的改变，若按下 SB3 可实现刀具快速地接近或退离加工部位.

按住 SB3 ──→ KA2 线圈得电 ──→ KA2 主电路中的动合触头闭合 ──→ M3 得电运转

松开 SB3 ──→ KA2 线圈失电 ──→ KA2 动合触头复位 ──→ M3 失电停转

(三) 照明、信号电路

EL 为车床低压照明灯，由控制变压器 TC 的二次侧绕组输出 24V 安全电压供电，由开关 SA 控制，熔断器 FU4 作为短路保护.

其通电回路为：TC—101—102—103—0.

HL 为电源信号灯，由 TC 的二次侧绕组输出 6V 电压供电，熔断器 FU3 作为短路保护，电源接通后信号灯亮，表示车床已开始工作.

其通电回路为：TC—201—202—0.

提示

如何阅读机床电气原理图

掌握阅读机床电气原理图的方法和技巧，对于分析电气电路、排除机床电路故障是十分有意义的. 机床电气原理图一般由主电路、控制电路、照明电路、指示电路等几部分组成. 阅读方法如下.

(1) 分析主电路. 阅读主电路时，关键是先了解主电路中有哪些用电设备，它们所起的主要作用，由哪些电器来控制，采取哪些保护措施.

(2) 分析控制电路. 阅读控制电路时，根据主电路中接触器的主触头编号，很快找到相应的线圈以及控制电路，依次分析出电路的控制功能. 从简单到复杂，从局部到整体，最后综合起来分析，就可以全面读懂控制电路.

(3) 分析照明电路. 阅读照明电路时，查看变压器的电压比及照明灯的额定电压.

(4) 分析指示电路. 阅读指示电路时，了解这部分内容，很重要的一点是：当电路正常工作时，为机床正常状态的指示；当机床出现故障时，是机床故障信息反馈的依据.

活动评价

一、活动记录

活动记录见附表 1.

二、活动实施评价表

活动实施评价表见表 2-1-3.

表 2-1-3　　　　活动实施评价表

<table>
<tr><td colspan="3">活动名称：CA6140 型卧式车床的认识</td><td colspan="6">班级：
小组：
姓名：</td></tr>
<tr><td rowspan="3">评价项目</td><td rowspan="3">评价标准</td><td rowspan="3">评价依据</td><td colspan="3">评价方式</td><td rowspan="3">权重</td><td rowspan="3">得分</td><td rowspan="3">总分</td></tr>
<tr><td>学生自评</td><td>小组评价</td><td>教师评价</td></tr>
<tr><td>0.2</td><td>0.3</td><td>0.5</td></tr>
<tr><td>职业素质</td><td>(1) 遵守安全管理规定和工作劳动纪律
(2) 按时按要求完成学习及工作任务
(3) 工作积极主动、勤学好问
(4) 工作岗位 6S 完成情况良好</td><td>(1) 出勤
(2) 工作态度
(3) 劳动纪律
(4) 团队协作精神</td><td></td><td></td><td></td><td>0.2</td><td></td><td></td></tr>
<tr><td>专业能力</td><td>(1) 会操作车床或叙述操作过程
(2) 能分析车床电气原理图</td><td>(1) 操作(或叙述)的准确性和规范性
(2) 工作页或报告完成情况</td><td></td><td></td><td></td><td>0.7</td><td></td><td></td></tr>
<tr><td>创新能力</td><td>(1) 在任务完成过程中能提出自己的有一定见解的方案
(2) 在教学或生产管理上提出的建议具有创新性</td><td>(1) 方案的可行性及意义
(2) 建议的可行性</td><td></td><td></td><td></td><td>0.1</td><td></td><td></td></tr>
<tr><td>指导教师综合评价</td><td colspan="8">

指导教师签名：　　　　日期：</td></tr>
</table>

活动二　CA6140 型卧式车床电气控制线路接线图的测绘

活动描述

在分析 CA6140 型卧式车床的电气控制系统的基础上，绘制各电气元件在机床上的位置图，测绘出电气接线图.

学习目标

◇ 熟悉 CA6140 型卧式车床的电气控制系统,能正确绘制各电气元件在机床上的位置.
◇ 学会测绘电气系统接线图的方法.

学习地点

实训车间或一体化教室.

学习准备

CA6140 型卧式车床(或模拟设备)及相关说明书、常用电工工量具一套.

知识准备

电气测绘是根据现有的电气电路、机械控制电路和电气装置进行现场测绘,然后经过整理后绘制出安装接线图和控制原理图.

(一) 测绘步骤

(1) 了解机床的基本结构和运动形式.

(2) 准备测量工具和测量仪器.

(3) 通电试车,进一步熟悉机械运动情况.

(4) 绘制草图.草图绘制的原则:先测绘主电路,再测绘控制电路;先测绘输入端,后测绘输出端;先测绘主干线,再依次按节点测绘各支路;先简单后复杂,最后要一个回路一个回路地进行校验.

(5) 整理测绘草图,画出规范的安装接线图和控制原理图.

(二) 测绘方法

电气图的测绘方法有:布置图—接线图—原理图法、查对法、综合法等.

1. 布置图—接线图—原理图法

先根据实物绘制布置图,再绘制接线图,最后绘制原理图.这是最常用的电气原理图绘制法.

2. 查对法

在调查了解的基础上,分析和判断生产设备控制电路中采用的基本控制环节,并画出控制草图,然后与实际电路进行查对,不对的地方加以修改,最后绘制出完整的电气原理图.

3. 综合法

根据生产设备中所用电动机的控制要求及各环节的作用,将上述两种方法相结合,进行电气图的绘制.如先查对画出草图,再按实物绘制、检查、核对、修改,最后画出完整的电气原理图.

(三) 测绘注意事项

(1) 电气测绘前要切断被测绘设备或装置电源,尽可能做到无电测绘.如果确实需要带电测绘,要做好防范措施.

(2) 要避免大拆大卸,对拆下的线头要做好标记.

(3) 两个人测绘时,要有一人指挥,动作协调一致,以防事故发生.

(4) 测绘过程中,如确需开动机床或设备时,要断开执行元件或请熟练的操作工操作,同时要有人监护.对于可能发生的人身或设备事故要有防范.

(5) 测绘过程中,如果发现有掉线或接错线时,首先做好记录,然后继续测绘,待电路图测绘完成后再做处理.切记不要把掉线随意接在某个元件上,以免发生更大的电气事故.

活动实施

打开 CA6140 型卧式车床电气控制柜,观察车床电气控制线路,如图 2-1-4 所示.

图 2-1-4　CA6140 型卧式车床电气控制柜

测绘 CA6140 型卧式车床电气控制柜.

(1) 按照实物图 2-1-4,参考图 2-1-5 绘制电气控制柜元件布置图.

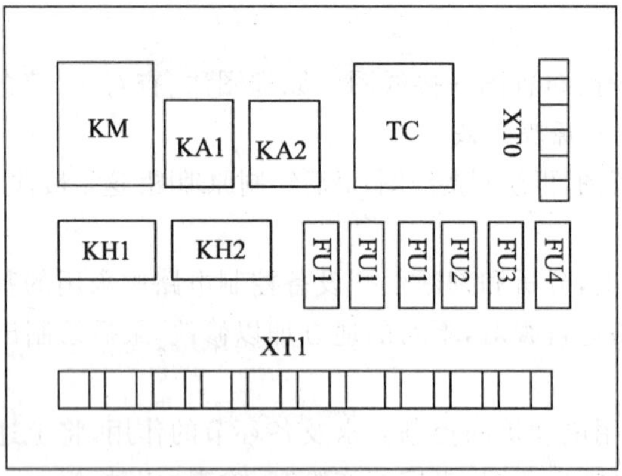

图 2-1-5　CA6140 型卧式车床电气控制柜元件布置图

(2) 根据实物绘制电气控制柜元件连线草图.

(3) 绘制电器安装接线图,如图 2-1-6 所示.

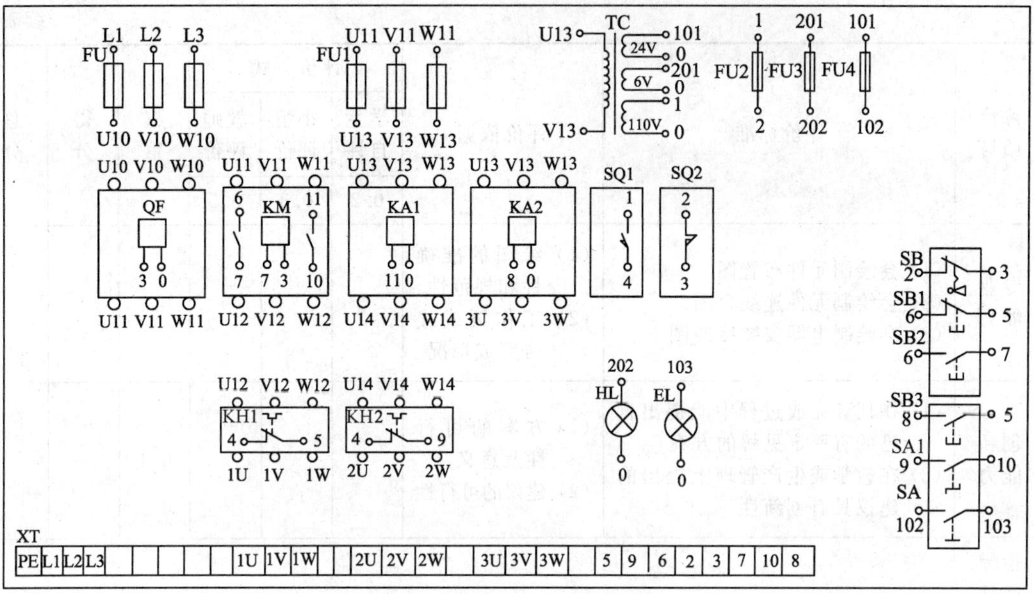

图 2-1-6　电器安装接线图

(4) 对照电气原理图验证电器安装接线图.

活动评价

一、活动记录

活动记录见附表 1.

二、活动实施评价表

活动实施评价表见表 2-1-4.

表 2-1-4　　活动实施评价表

活动名称：CA6140 型卧式车床电气控制线路接线图的测绘			班级： 小组： 姓名：					
评价项目	评价标准	评价依据	评价方式			权重	得分	总分
			学生自评	小组评价	教师评价			
			0.2	0.3	0.5			
职业素质	(1) 遵守安全管理规定和工作劳动纪律 (2) 按时按要求完成学习及工作任务 (3) 工作积极主动、勤学好问 (4) 工作岗位 6S 完成情况良好	(1) 出勤 (2) 工作态度 (3) 劳动纪律 (4) 团队协作精神				0.2		

续表

评价项目	评价标准	评价依据	评价方式			权重	得分	总分
			学生自评	小组评价	教师评价			
			0.2	0.3	0.5			
专业能力	(1) 会绘制元件布置图 (2) 会绘制元件连线草图 (3) 会绘制电器安装接线图	(1) 绘图的准确性和规范性 (2) 工作页或报告完成情况				0.7		
创新能力	(1) 在任务完成过程中能提出自己的有一定见解的方案 (2) 在教学或生产管理上提出的建议具有创新性	(1) 方案的可行性及意义 (2) 建议的可行性				0.1		
指导教师综合评价	指导教师签名：　　　　日期：							

活动三　CA6140 型卧式车床电气控制线路的分析与检修

活动描述

观察 CA6140 型卧式车床(或模拟教学设备)的故障现象,分析其故障原因,使用万用表等检测工具检查控制线路,确定故障范围、故障点,最终排除电气故障.

学习目标

◇ 会调试 CA6140 型卧式车床.
◇ 掌握 CA6140 型卧式车床电气控制线路常见故障分析与检修的方法和步骤.
◇ 能排除 CA6140 型卧式车床电气故障.

学习地点

实训车间或一体化教室(配备多媒体教学设备).

学习准备

CA6140 型卧式车床(或模拟设备)及相关说明书、实训电工工量具一套.

知识准备

一、设备调试前的检查要点

为保证人身和设备安全，设备调试前必须经过认真检查后才允许通电调试，以防因错接、漏接、机械卡阻等原因造成设备不能正常运转或短路等事故.

1. 检查电源进线处有无损伤，以防引起电源接地、短路等现象.

2. 检查熔断器有无熔断痕迹.

3. 按电路图检查接线是否正确，有无错接、漏接，端子处线号是否正确，检查导线连接是否良好，接头有无松动或脱落等.

4. 检查电气元件有无明显的变形损坏或过热、烧焦和变色而出现异味.

5. 检查限位开关、继电保护、热继电器是否动作.

6. 检查断路器、接触器、继电器的可动部分是否灵活.

7. 对控制线路及其元件、电机等用万用表进行通断检查.

8. 用兆欧表检查电动机、控制线路的绝缘电阻，通常不小于 0.5MΩ.

9. 检查机械手柄操作是否灵活.

10. 检查设备润滑是否良好.

二、机床电气控制电路故障的检修步骤

机床电气控制电路故障的检修步骤如图 2-1-7 所示.

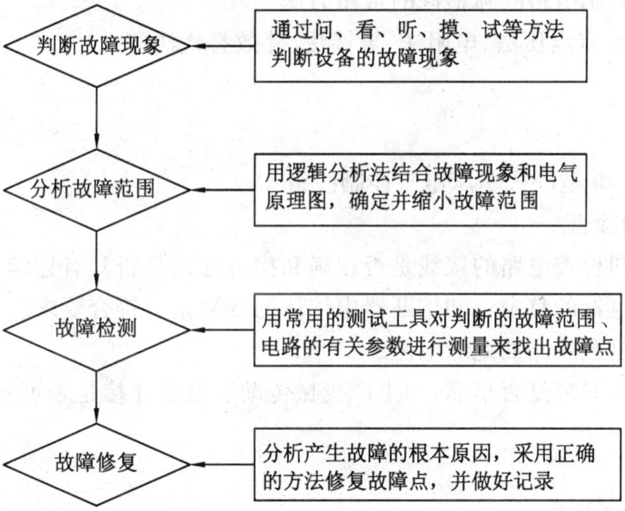

图 2-1-7　检查方法和步骤流程图

（一）修理前的调查

1. 问

询问机床操作人员故障发生前后的情况如何，有利于根据电气设备的工作原理来判断发生故障的部位，分析故障原因.

2. 看

观察熔断器内的熔体是否熔断；其他电气元器件是否有烧毁、发热、断线；导线连接是否

松动等.要特别注意高电压、大电流的地方,容易受潮的接插件等.

3. 听

对于电动机、变压器、接触器等,正常运行的声音和发生故障时的声音是有区别的.听声音是否正常,可以帮助寻找故障的范围、部位.

4. 摸

电动机、电磁线圈、变压器等发生故障时,温度会显著上升,可切断电源后用手去触摸判断元器件是否正常.

注意 不论电路通电还是断电,要特别注意不能用手直接去触摸金属触点,必须借助仪表来测量.

(二) 从机床原理图进行分析

首先熟悉机床的电气控制电路,结合故障现象,对电路工作原理进行分析,以便迅速判断出有可能发生故障的范围.

(三) 对故障范围的外观进行检查

在确定了故障发生的可能范围后,可对范围内的电器元件及连接导线的外观进行检查.

(四) 用测量法确定故障点

测量法是维修工作中用来准确确定故障点的一种行之有效的检查方法.常用的测试工具和仪表有校验灯、测电笔、万用表、钳形电流表、兆欧表等,主要通过对电路进行带电或断电时的有关参数如电压、电阻、电流等的测量,来判断电器元件的好坏、设备的绝缘情况以及线路的通断情况.

三、机床电气控制电路故障检修的常用方法

检查故障的方法有电压法、电阻法、短接法、等效替代法等.

活动实施

一、调试 CA6140 型卧式车床电气控制线路

(一) 调试前的检查

(1) 根据电路图检查电路的接线是否正确和接地通道是否具有连续性.

(2) 检查热继电器的整定值和熔断器中熔体的规格是否符合要求.

(3) 检查电动机及线路的绝缘电阻.

(4) 检查电动机安装是否牢靠,与生产机械传动装置的连接是否可靠.

(5) 清理现场.

(二) 调试

将调试的情况填入表 2-1-5.

表 2-1-5　　调试情况记录表

序号	操作步骤	操作内容	电气元件动作情况
1	运行前的准备		
2	主轴电动机启动		
3	冷却泵电动机启动		
4	刀架运动		

二、分析 CA6140 型卧式车床电气故障

(一) 故障现象

主轴电动机 M1 不能启动.

(二) 故障分析

主轴电动机 M1 不能启动,结合电气原理图分析可知:

(1) 若接触器 KM 吸合,则故障必然发生在电源电路和主电路上. 编制检修流程图如图 2-1-8 所示.

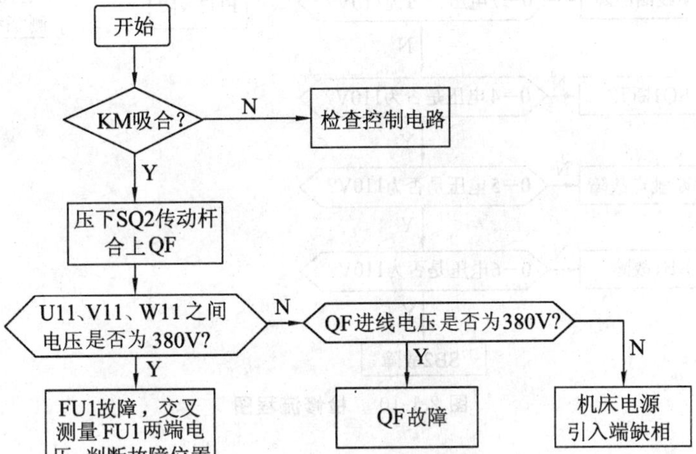

图 2-1-8　检修流程图

根据编制流程图可知,合上 QF,用万用表测量接触器受电端 U11、V11、W11 点之间的电压. 如果电压为 380V,则电源电路正常. 当测量 U11 与 W11 之间无电压时,再测量 U11 与 W10 之间有无电压,如果无电压,则 FU 熔断器或连线断路;否则,故障是断路器 QF 接触不良或连线断路.

(2) 断开 QF 断路器,用万用表的 $R\times1$ 挡测量接触器 KM 主电路间的阻值,如果阻值小且相等,说明所测电路正常,否则依次检查 KM、KH1、电动机 M1 及它们之间的连线. 若接触器 KM 不吸合,则故障可能发生在控制电路中. 相关控制电路原理图如图 2-1-9 所示.

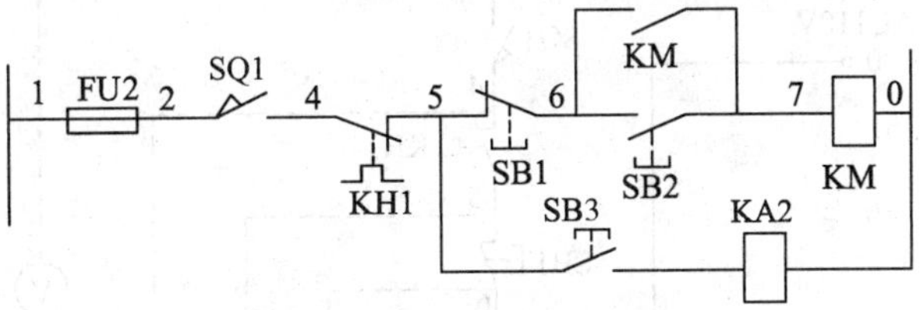

图 2-1-9　相关控制电路原理图

根据控制电路原理图 2-1-3 可知,将 SQ2 开关的传动杆拉出,合上断路器 QF,按下 SB2,此时接触器 KM 不吸合,可基本确定故障范围在 0—1—2—4—5—6—7 之间. 根据控制电路原理,分析和编制检修流程图,如图 2-1-10 所示.

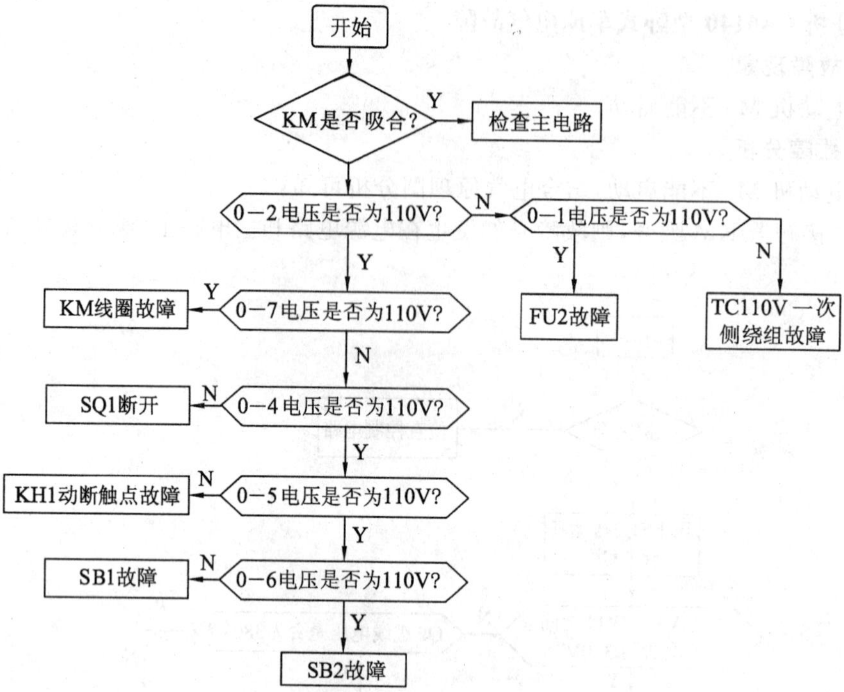

图 2-1-10　**检修流程图**

提示

也可以根据图 2-1-3 分析，确定故障大致范围，首先检查 KA2 是否吸合，若吸合说明 KM 和 KA2 的公共控制电路部分正常，故障范围在 KM 的线圈支路；若 KA2 也不吸合，就要检查 HL、EL 灯是否亮，若亮，说明故障范围在控制电路上，若 HL、EL 灯都不亮，说明控制电源部分 TC 有故障，但不能排除控制电路也有故障.

(3) 通过检测，确定故障点.

根据流程图的检修步骤，采用电压法进行测量，将万用表挡位开关拨至交流 250V 的挡位上. 首先测量控制变压器二次侧输出电压是否为 110V. 其次，以 0 号线为基准，在 SA1 闭合的情况下，分别测量对 1、2、4、5、6、7 号线的电压，将测量结果填入表 2-1-6 中. 测量示意图如图 2-1-11 所示.

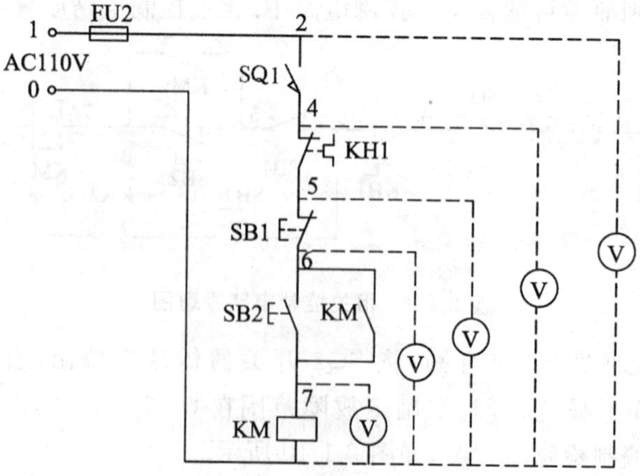

图 2-1-11　**测量示意图**

表 2-1-6　　　　**测量结果记录表**

故障现象	测量状态	两点间的电压/V					
		0—1	0—2	0—4	0—5	0—6	0—7
按下 SB2 时 KM 不吸合	按下 SB2 不放						
故障点							
排除							

（4）故障排除.

任何电气设备在调试过程中所遇到的电气故障大致可分为断路故障和短路故障两种.

① 断路故障的排除：一般方法是用导线直接将断开的两点进行连接即可.

② 短路故障的排除：一般方法是在不破坏原有电路正常运行情况下将其短接点断开即可.当然，要根据具体情况而定.

注意　当需要打开配电壁龛门进行带电检修时，将 SQ2 开关的传动杆拉出，断路器 QF 仍可合上.关上配电壁龛门后，SQ2 复原恢复保护作用.

三、在 CA6140 型卧式车床上进行电气故障分析与检修

常见故障点如表 2-1-7 所示.

表 2-1-7　　　　**常见故障点设置表**

故障编号	故障现象	备　注
1	机床无法启动	TC 一次侧没有电压，二次侧没有电压输出，机床不能启动，照明灯不亮
2	照明灯不亮	照明灯不亮，其他控制正常
3	机床无法启动	信号灯，照明灯正常
4	主轴、冷却泵电动机不能启动	KM 无法吸合
5	刀架不能快速移动	主轴电动机正常启动
6	冷却泵不工作	合上冷却泵控制开关 SA1，KA1 吸合，但冷却泵不工作
7	冷却泵不工作	主轴电动机能正常启动

（一）电气故障检修内容

（1）用通电试验方法发现故障现象，进行故障分析，并在电气原理图中用虚线标出最小故障范围.

（2）根据原理图，排除 CA6140 型卧式车床主电路或控制电路中人为设置的两个电气自然故障点.

（二）电气故障检修要求

（1）应根据故障现象，先在原理图中正确标出最小故障范围的线段，然后采用正确的检查和排故方法并在定额时间内排除故障.

（2）排除故障时，必须修复故障点，不得采用更换电器元件、借用触点及改动线路的方法；否则，作不能排除故障点扣分.

(3) 检修时,严禁扩大故障范围或产生新的故障,并不得损坏电器元件.

注意

(1) 在找出故障点和进行修复故障时,应注意不能把找出的故障点作为寻找故障的终点,还必须进一步分析查明产生故障的根本原因.

(2) 找出故障点后,一定要针对不同故障情况和部位相应采取正确的修复方法,不要轻易采用更换电器元件和补线等方法,更不允许轻易改动线路或更换规格不同的电器元件,以防止产生人为故障.

(3) 在故障点的修理工作中,一般情况下应尽量做到复原.

(4) 电气故障修复完毕,需要通电试运行时,应和操作者配合,避免出现新的故障.

(5) 每次排除故障后,应及时总结经验,并做好维修记录.

四、填写故障报告

故障报告参见附表 2.

活动评价

一、活动记录

活动记录见附表 1.

二、活动实施评价表

活动实施评价表见表 2-1-8.

表 2-1-8　　活动实施评价表

<table>
<tr><td colspan="3">活动名称:CA6140 型卧式车床电气控制线路的分析与检修</td><td colspan="6">班级:
小组:
姓名:</td></tr>
<tr><td rowspan="3">评价项目</td><td rowspan="3">评价标准</td><td rowspan="3">评价依据</td><td colspan="3">评价方式</td><td rowspan="3">权重</td><td rowspan="3">得分</td><td rowspan="3">总分</td></tr>
<tr><td>学生自评</td><td>小组评价</td><td>教师评价</td></tr>
<tr><td>0.2</td><td>0.3</td><td>0.5</td></tr>
<tr><td>职业素质</td><td>(1) 遵守安全管理规定和工作劳动纪律
(2) 按时按要求完成学习及工作任务
(3) 工作积极主动、勤学好问
(4) 工作岗位 6S 完成情况良好</td><td>(1) 出勤
(2) 工作态度
(3) 劳动纪律
(4) 团队协作精神</td><td></td><td></td><td></td><td>0.2</td><td></td><td></td></tr>
<tr><td>专业能力</td><td>(1) 会检修主轴电动机电气故障
(2) 会检修冷却泵电动机电气故障
(3) 会检修刀架快速移动电动机电气故障
(4) 会检修辅助照明电路电气故障</td><td>(1) 操作(或叙述)的准确性和规范性
(2) 工作页或报告完成情况</td><td></td><td></td><td></td><td>0.7</td><td></td><td></td></tr>
</table>

续表

评价项目	评价标准	评价依据	评价方式			权重	得分	总分
			学生自评	小组评价	教师评价			
			0.2	0.3	0.5			
创新能力	(1) 在任务完成过程中能提出自己的有一定见解的方案 (2) 在教学或生产管理上提出的建议具有创新性	(1) 方案的可行性及意义 (2) 建议的可行性				0.1		
指导教师综合评价	指导教师签名： 日期：							

提示

你的防护措施拆除了吗？现场清理了吗？该怎么做？

知识拓展

车床的分类

车床依用途和功能可区分为多种类型，常见的如表 2-1-9 所示.

表 2-1-9 常用的车床

序号	名称	用途和特点	外形图
1	普通车床	普通车床的加工对象广，主轴转速和进给量的调整范围大，能加工工件的内外表面、端面和内外螺纹. 这种车床主要由人手工操作，生产效率低，适用于单件、小批量生产和修配车间	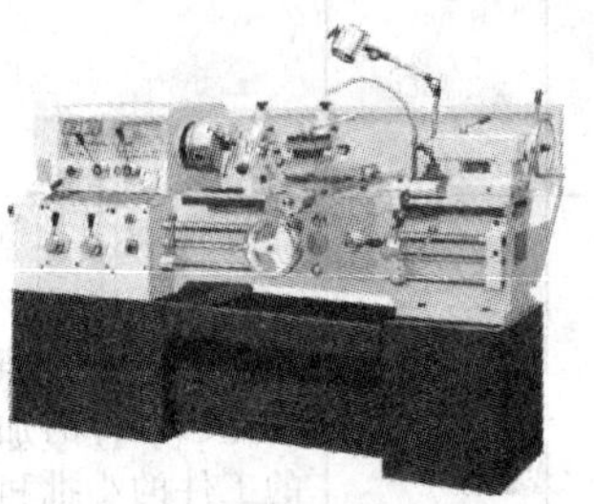
2	立式车床	立式车床的主轴垂直于水平面，工件装夹在水平的回转工作台上，刀架在横梁或立柱上移动. 适用于加工较大、较重、难于在普通车床上安装的工件，一般分为单柱和双柱两大类	

续表

序号	名称	用途和特点	外形图
3	转塔车床和回转车床	转塔车床和回转车床具有能装多把刀具的转塔刀架或回轮刀架，能在工件的一次装夹中由人依次使用不同刀具完成多种工序，适用于成批生产	
4	自动车床	自动车床能按一定程序自动完成中小型工件的多工序加工，能自动上下料，重复加工一批同样的工件，适用于大批量生产	
5	多刀半自动车床	多刀半自动车床有单轴、多轴、卧式和立式之分.单轴卧式的布局形式与普通车床相似，但两组刀架分别装在主轴的前后或上下位置，用于加工盘、环和轴类工件，其生产效率比普通车床提高 3～5 倍	
6	仿形车床	仿形车床能仿照样板或样件的形状尺寸，自动完成工件的加工循环，适用于形状较复杂的工件的小批和成批生产，生产效率比较高	

另外，还有其他几种车床.例如：

(1) 铲齿车床.在车削的同时，刀架周期地做径向往复运动，用于铲车铣刀、滚刀等的成形齿面.通常带有铲磨附件，由单独电动机驱动的小砂轮铲磨齿面.

(2) 专门化车床.用于加工某类工件的特定表面的车床，如曲轴车床、凸轮轴车床、车轮车床、车轴车床、轧辊车床和钢锭车床等.

(3) 联合车床.主要用于车削加工，但附加一些特殊部件和附件后还可进行镗、铣、钻、插、磨等加工，具有“一机多能”的特点，适用于工程车、船舶或移动修理站上的修配工作.

(4) 马鞍车床. 马鞍车床在车头箱处的左端床身为下沉状，能够容纳直径大的零件. 车床的外形为两头高，中间低，形似马鞍，所以被称为马鞍车床. 马鞍车床适合加工径向尺寸大、轴向尺寸小的零件，适于车削工件外圆、内孔、端面、切槽和(公制、英制、模数、经节)螺纹，还可进行钻孔、镗孔、铰孔等工艺，特别适于单件、成批生产企业使用. 马鞍车床在马鞍槽内可加工较大直径工件. 机床导轨经淬硬并精磨，操作方便可靠. 车床具有功率大、转速高、刚性强、精度高、噪音低等特点.

(5) 仪表车床. 仪表车床属于简单的卧式车床，一般来说最大工件加工直径在 250mm 以下的机床多属于仪表车床. 仪表车床分为普通型、六角型和精整型. 这种车床主要由人手工操作，适用于单件、简单零部件的大批生产.

任务二　Z3050 型摇臂钻床电气控制线路的检修

任务描述

Z3050 型摇臂钻床主要用来钻孔、扩孔、铰孔、镗孔、攻丝及修刮平面等多种形式的加工，其操作方便、灵活、适用范围广，特别适用于单件或成批生产中带有多孔大型工件的孔加工. 本任务将了解它的电气控制特点和操作方法；学习 Z3050 型摇臂钻床电气控制原理，能进行故障判断和排除. 学生应根据任务要求，准备工具和材料，做好现场准备工作，严格按照作业规范实施检修工作，检修完毕后试车、填写相关表单交指导教师验收，并按照现场管理规范清理场地、归置物品.

活动一　Z3050 型摇臂钻床的认识

活动描述

本活动主要通过观察和操作 Z3050 型摇臂钻床，来认识它的用途、结构，了解操作流程，学习并分析其工作原理，在分析电气控制系统的基础上，绘制各电气元件在机床上的位置图，测绘出电气接线图，并做好记录.

学习目标

◇ 知道 Z3050 型摇臂钻床的用途，说出 Z3050 型摇臂钻床的结构组成.

◇ 熟悉 Z3050 型摇臂钻床的电气控制系统，能说出各电器在机床上的位置.

◇ 能正确分析、识读 Z3050 型摇臂钻床电气控制线路原理图.

◇ 会测绘 Z3050 型摇臂钻床电气控制线路的接线图.

学习地点

实训车间或一体化教室(配备多媒体教学设备).

学习准备

Z3050 型摇臂钻床(或模拟设备)及相关说明书、常用电工工量具一套等.

知识准备

一、Z3050 型摇臂钻床的型号含义、主要结构及运动形式

(一) 型号

Z3050 型摇臂钻床的型号含义如下图所示:

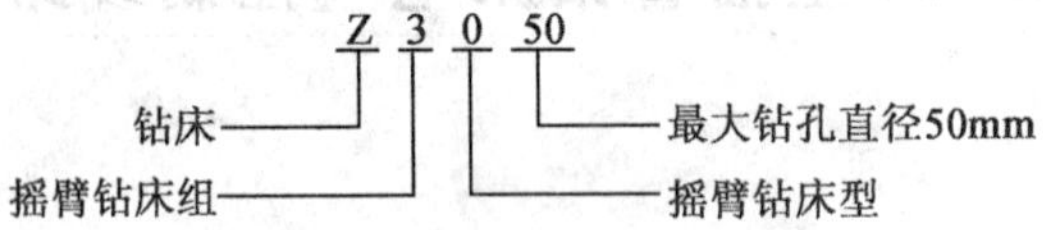

(二) 主要结构

Z3050 型摇臂钻床的外形如图 2-2-1 所示.

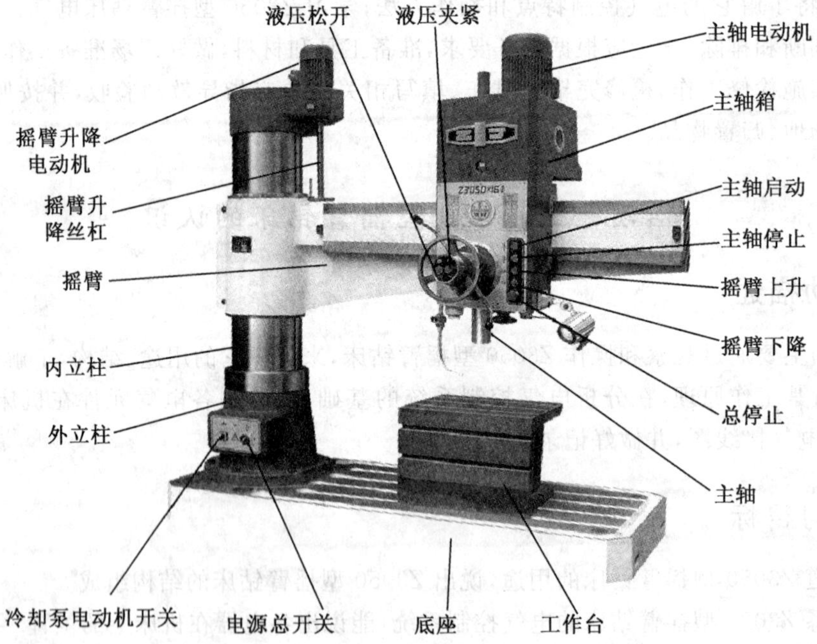

图 2-2-1　Z3050 型摇臂钻床的外形图

(三) Z3050 型摇臂钻床的运动形式

主运动:摇臂钻床主轴带动钻头的旋转运动.

进给运动:摇臂钻床主轴(钻头)的上下运动.

辅助运动:主轴箱沿摇臂水平移动、摇臂沿外立柱上下移动以及摇臂连同外力柱一起相对于内立柱的回转运动.

二、Z3050 型摇臂钻床电力拖动特点及控制要求

(1) 由于摇臂钻床的相对运动部件较多,为简化传动装置,采用多台电动机拖动. 各个电动机功能及控制要求如表 2-2-1 所示.

表 2-2-1　电动机功能及控制要求

电动机名称及代号	作　用	控制要求
主轴电动机 M1	拖动钻削及进给运动	单向运转,主轴正反转通过摩擦离合器实现
摇臂升降电动机 M2	拖动摇臂升降	正反转控制,通过液压装置和电气联合控制
液压泵电动机 M3	拖动液压泵电动机完成内、外立柱及主轴箱与摇臂夹紧和放松	正反转控制
冷却泵电动机 M4	供给冷却液	正转控制,拖动冷却泵输送冷却液

(2) 为了适应多种形式的加工要求,摇臂钻床主轴的旋转及进给运动有较大的调速范围,一般情况下多由机械变速机构实现. 主轴变速机构与进给变速机构均装在主轴箱内.

(3) 摇臂钻床的主运动和进给运动均为主轴的运动,为此这两项运动由一台主轴电动机拖动,分别经主轴传动机构、进给传动机构实现主轴的旋转和进给.

(4) 在加工螺纹时,要求主轴能正反转. 摇臂钻床主轴正反转一般采用机械方法实现,因此主轴电动机仅需要单向旋转.

(5) 摇臂升降电动机要求能正反向旋转.

(6) 内外立柱的夹紧与放松、主轴与摇臂的夹紧与放松可用机械操作、电气—机械装置、电气—液压或电气—液压—机械等控制方法实现. 若采用液压装置,则备有液压泵电动机,拖动液压泵提供压力油来实现,液压泵电动机要求能正反向旋转,并根据要求采用点动控制.

(7) 摇臂的移动严格按照摇臂松开→移动→摇臂夹紧的程序进行. 因此摇臂的夹紧与摇臂升降按自动控制进行.

(8) 冷却泵电动机带动冷却泵提供冷却液,只要求单向旋转.

(9) 具有连锁与保护环节以及安全照明、信号指示电路.

活动实施

一、列出 Z3050 型摇臂钻床各部分名称及作用

参观生产现场或观看 Z3050 型摇臂钻床的视频录像. 根据图 2-2-1 写出钻床各部分的名称及作用,填入表 2-2-2 中.

表 2-2-2　　钻床各部分的名称及用途

序号	名　称	作　用	序号	名　称	作　用
1			11		
2			12		
3			13		
4			14		
5			15		
6			16		
7			17		
8			18		
9			19		
10					

二、分析 Z3050 型摇臂钻床电气控制线路工作原理

Z3050 型摇臂钻床电路如图 2-2-2 所示.为保证操作安全,Z3050 型摇臂钻床具有“开门断电”功能.开车前应将立柱下部及摇臂后部的电门盖关好,方能接通电源.此时合上电源总开关 QF1(2 区)和 QF3(5 区),电源指示灯 HL1 亮,钻床电气线路进入通电状态.同时经控制变压器 TC 为控制电路提供 110V 电源.

(一) 主轴电动机控制线路

Z3050 型摇臂钻床的主轴电动机控制线路如图 2-2-3 所示.主轴电动机 M1 由交流接触器 KM1 控制单向运转,热继电器 KH1 作过载保护,主轴的正反转则由液压系统的操纵机构配合正反转摩擦离合器实现.

M1 的启动:合上电源总开关 QF1 和 QF3.

按下SB3 → KM1线圈得电 → KM1主触头闭合、KM1自锁触头(9—11)闭合 → 主轴电动机M1连续运转

　　　　　　　　　　　　→ KM1动合触头(605—617)闭合 → 指示灯HL2亮

KM1 线圈电流回路如下:

KM1 线圈经 TC(110V)—1—3—7—9—[SB3(启动) / KM1(自锁)]—11—KM1 线圈—13—0—TC(0)回路得电.

M1 停车:按下 SB2,则接触器 KM1 断电释放,主轴电动机 M1 停止运转,同时指示灯 HL2 熄灭.

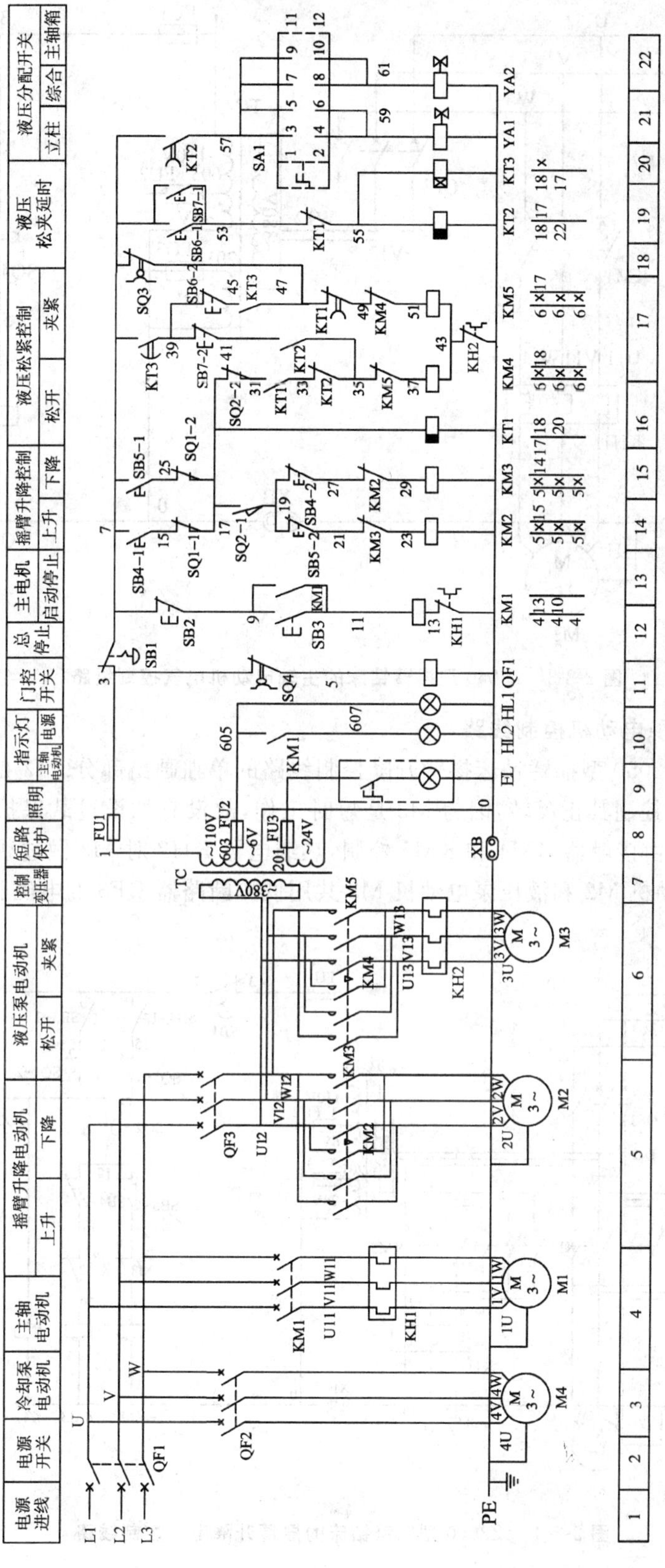

图 2-2-2　Z3050　摇臂钻床电路图

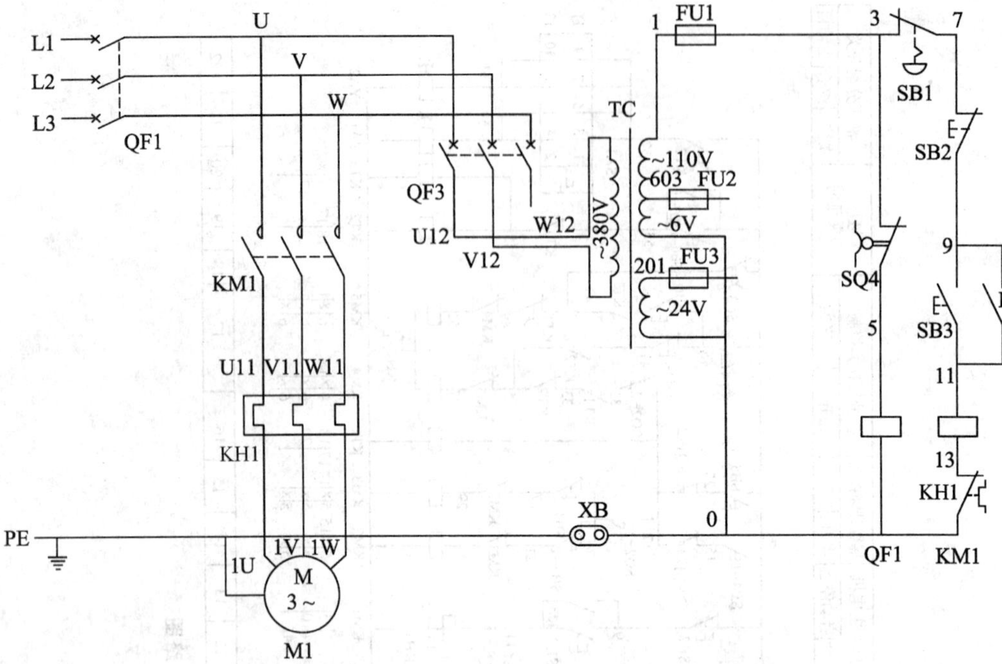

图 2-2-3　Z3050 型摇臂钻床的主轴电动机电气控制线路

(二）摇臂升降电动机控制线路

图 2-2-4 是 Z3050 型摇臂钻床摇臂升降控制线路的单独画出部分. M2 是摇臂升降电动机,KM2 和 KM3 控制其正反转,因为 M2 是短时工作,故没有加设过载保护. M3 是液压泵电动机,其正反转由接触器 KM4 和 KM5 控制,热继电器 KH2 对 M3 做过载保护.

摇臂升降电动机 M2 和液压泵电动机 M3 共用低压断路器 QF3 的电磁脱扣器作为短路保护电器.

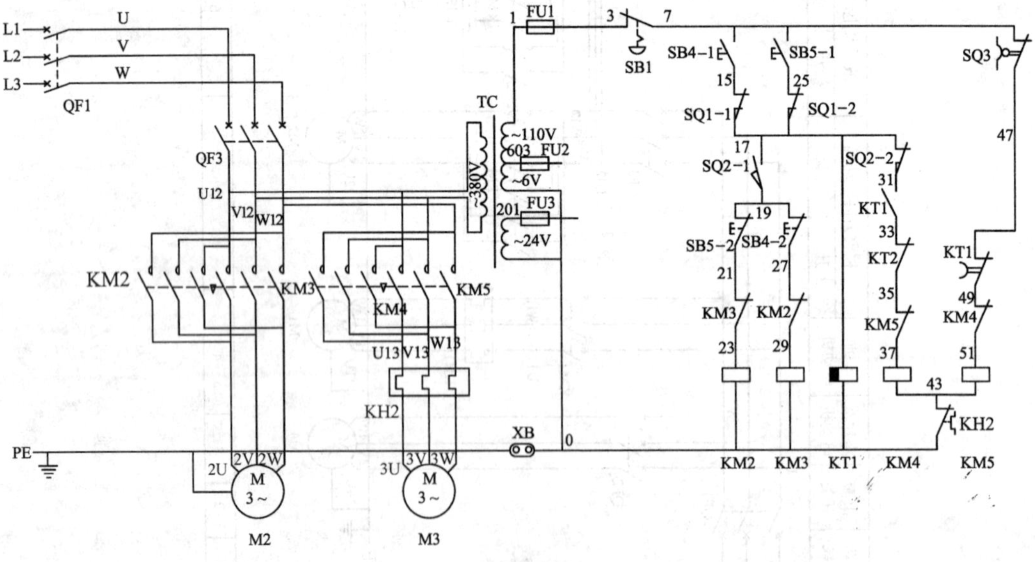

图 2-2-4　Z3050 型摇臂钻床的摇臂升降电气控制线路

通常摇臂处于夹紧状态，以免丝杠承担吊挂载荷. 在控制摇臂升降时，是由升降电动机M2、摇臂夹紧机构和液压系统协调配合，自动完成摇臂松开→摇臂上升（或下降）→摇臂夹紧的控制过程. 其中SQ2压下是升降电动机M2启动运转的指令，SQ3压下是摇臂夹紧的标志.

1. 摇臂的上升控制

（1）摇臂放松. 合上电源总开关QF1和QF3，按住摇臂上升按钮SB4，时间继电器KT1线圈得电动作.

KT1线圈得电 → KT1动合触头（31—33）闭合 → KM4线圈得电 → M3正转 → 摇臂松开

KT1线圈得电 → KT1延时闭合动断触头（47—49）分断

KM4线圈经TC（110V）—1—3—7—15—17—31—33—35—37—KM4线圈—43—0—TC（0）回路得电.

（2）摇臂上升. 摇臂夹紧装置松开后，通过液压机构使微动开关SQ3释放，SQ2压下.

摇臂松开 → SQ2动断触头（17—31）先分断 → KM4线圈失电 → M3停转

摇臂松开 → SQ2动合触头（17—19）后闭合 → KM2线圈得电 → M2正转 → 摇臂上升

KM2线圈经TC（110V）—1—3—7—15—17—19—21—23—KM2线圈—0—TC（0）回路得电.

（3）摇臂夹紧. 摇臂上升至所需位置后，松开按钮SB4.

松开SB4 → KM2线圈失电 → M2停转 → 摇臂停止上升

松开SB4 → KT1线圈失电 → 延时 → KT1延时闭合动断触头（47—49）闭合 → KM5线圈得电 → M3反转 → 摇臂夹紧 → SQ2释放，SQ3压下 → SQ3动断触头（7—47）分断 → KM5线圈失电 → M3停转 → 摇臂夹紧完成

KM5线圈经TC（110V）—1—3—7—47—49—51—KM5线圈—43—0—TV（0）回路得电.

图2-2-4中，组合开关SQ1-1和SQ1-2是用作摇臂升降的超行程限位控制的. 当摇臂上升（或下降）到极限位置时SQ1-1（或SQ1-2）动作，交流接触器KM2（或KM3）断电，升降电动机M2停止转动，摇臂停止上升（或下降）.

2. 摇臂的下降控制

摇臂下降控制的工作原理与摇臂上升控制的工作原理相似，SB5是控制下降按钮，具体工作过程请自行分析.

（三）立柱和主轴箱松开及夹紧控制线路

如图 2-2-5 所示为 Z3050 型摇臂钻床的立柱和主轴箱电气控制线路. 立柱与主轴箱的松开和夹紧是同时进行的，且均采用液压夹紧和松开，控制液压泵电动机 M3 的正反转，驱动液压泵供给机床正反向液压油而达到松开及夹紧立柱和主轴箱的目的.

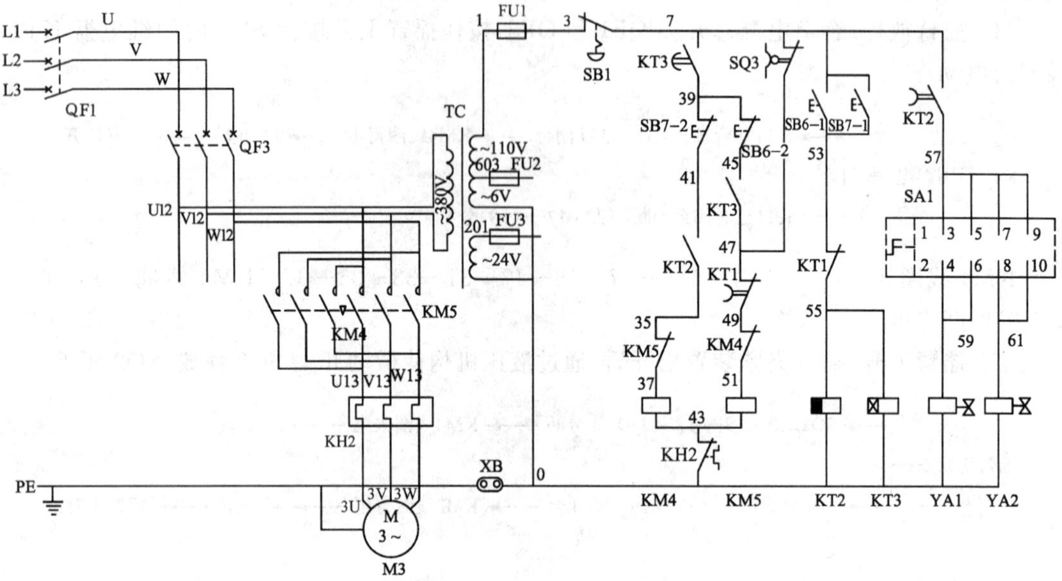

图 2-2-5　Z3050 型摇臂钻床的立柱和主轴箱电气控制线路

（1）立柱和主轴箱的松开（将转换开关 SA1 扳到中间位置）：

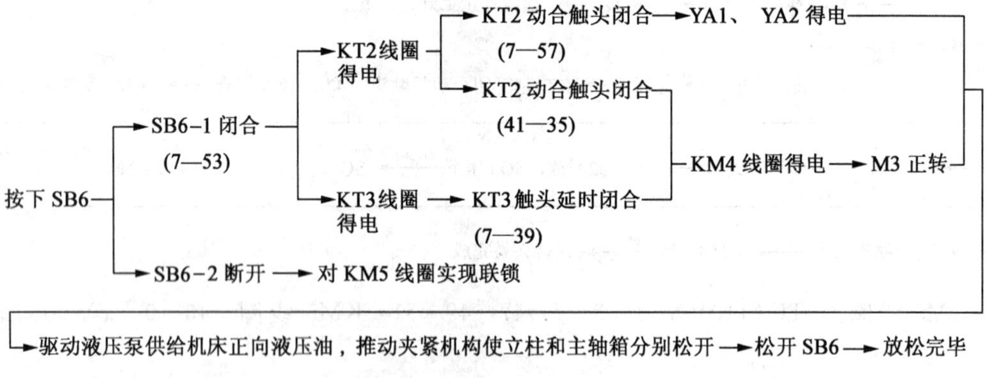

KM4 线圈经 TC(110V)—1—3—7—39—41—35—37—KM4 线圈—43—0—TC(0)回路得电.

（2）立柱和主轴箱的夹紧：

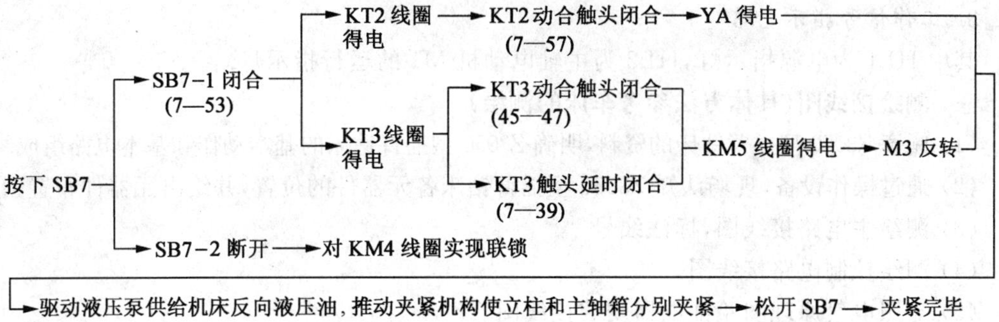

KM5 线圈经 TC（110V）—1—3—7—39—45—47—49—51—KM5 线圈—43—0—TC（0）回路得电.

（四）冷却泵电动机、照明及指示灯电路

图 2-2-6 为冷却泵电动机和照明电气控制线路图.

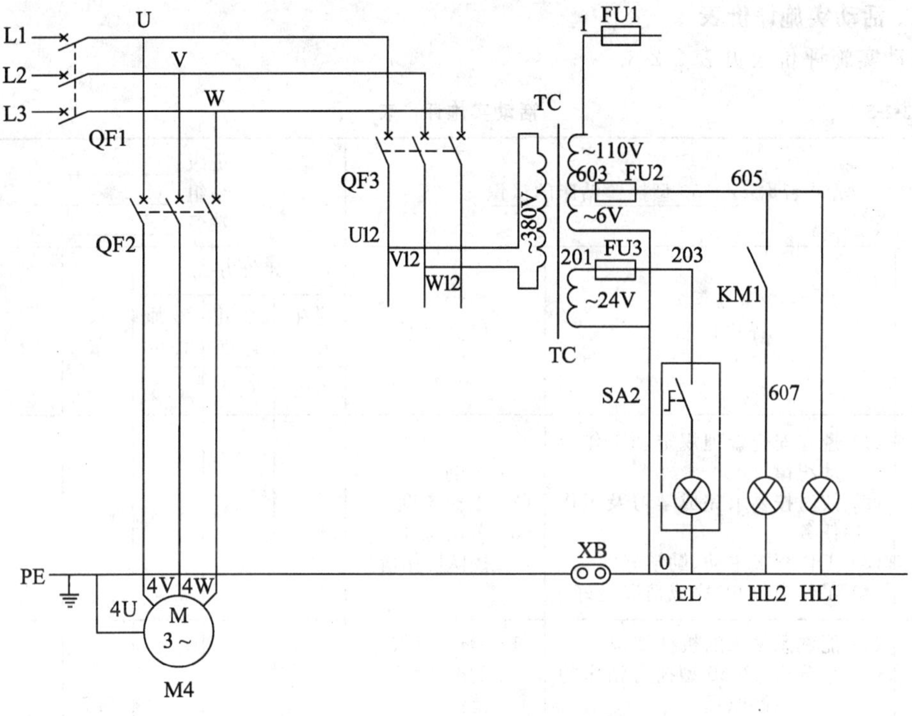

图 2-2-6　冷却泵电动机和照明电气控制线路

1. 冷却泵电动机的控制

冷却泵电动机 M4 由低压断路器 QF2 直接控制其启动和停止，并实现短路、过载及缺相保护.

2. 机床工作照明电路

Z3050 型摇臂钻床工作照明电路由控制变压器 TC 的二次侧绕组提供 24V 交流电压，作为摇臂钻床低压照明灯的电源，熔断器 FU3 对照明灯 EL 起短路保护作用.

3. 工作信号指示电路

其中 HL1 为电源指示灯，HL2 为主轴电动机 M1 的运行指示灯.

三、测绘接线图(具体方法参考车床的测绘)

(1) 阅读 Z3050 型摇臂钻床的资料，明确 Z3050 型摇臂钻床的基本动作和基本电路组成.

(2) 通过操作设备，现场认知 Z3050 型摇臂钻床各元器件的位置，并绘出元器件布置图.

(3) 测绘主电路接线图，标注线号.

(4) 测绘控制电路接线图.

(5) 对照电气原理图验证电器安装接线图.

活动评价

一、活动记录

活动记录见附表 1.

二、活动实施评价表

活动实施评价表见表 2-2-3.

表 2-2-3　　活动实施评价表

活动名称：Z3050 型摇臂钻床的认识			班级： 小组： 姓名：					
评价项目	评价标准	评价依据	评价方式			权重	得分	总分
			学生自评	小组评价	教师评价			
			0.2	0.3	0.5			
职业素质	(1) 遵守安全管理规定和工作劳动纪律 (2) 按时按要求完成学习及工作任务 (3) 工作积极主动、勤学好问 (4) 工作岗位 6S 完成情况良好	(1) 出勤 (2) 工作态度 (3) 劳动纪律 (4) 团队协作精神				0.2		
专业能力	(1) 能熟悉钻床的机械结构 (2) 会分析 Z3050 型摇臂钻床的电气控制原理 (3) 能测绘 Z3050 型摇臂钻床的电气接线图	(1) 操作(或叙述)的准确性和规范性 (2) 工作页或报告完成情况				0.7		
创新能力	(1) 在任务完成过程中能提出自己的有一定见解的方案 (2) 在教学或生产管理上提出的建议具有创新性	(1) 方案的可行性及意义 (2) 建议的可行性				0.1		
指导教师综合评价	指导教师签名：　　　　日期：							

活动二　Z3050 型摇臂钻床电气控制线路的分析与检修

活动描述

观察 Z3050 型摇臂钻床（或模拟教学设备）的故障现象，分析其故障原因，使用万用表等检测工具检查控制线路，确定故障范围、故障点，最终排除电气故障.

学习目标

◇ 会调试 Z3050 型摇臂钻床.

◇ 掌握 Z3050 型摇臂钻床电气控制线路常见故障分析与检修的方法和步骤.

◇ 提高对电气控制线路故障检修的能力.

学习地点

实训车间或一体化教室（配备多媒体教学设备）.

学习准备

Z3050 型摇臂钻床（或模拟设备）及相关说明书、常用电工工量具一套.

知识准备

摇臂钻床调试前的检查

摇臂钻床的工作过程是由电气与机械、液压系统紧密结合实现的. 因此，在维修中不仅要注意电气部分能否正常工作，也要注意它与机械和液压部分的协调关系. 在设备调试之前有必要对摇臂钻床的机械部件进行检查. 具体要求如下：

1. 检查摇臂钻床摇臂及升降夹紧机构

检查并调整升降机构和夹紧机构，使其灵敏可靠.

2. 检查摇臂钻床润滑系统

清洗油毡，要求油杯齐全、油路畅通、油窗明亮.

3. 检查摇臂钻床冷却系统

(1) 清洗冷却泵、过滤器及冷却液槽.

(2) 检查冷却液管路，要求无漏水现象.

4. 检查摇臂钻床电器系统

(1) 清扫电机及电器箱内外的灰尘.

(2) 关闭电源，打开电器门盖，检查电器接头和电器元件是否有松动、老化.

(3) 检查限位开关是否工作正常（需要通电检查，注意安全）.

(4) 检查控制柜能否实现开门断电.

(5) 检查液压系统是否正常,有无漏油现象.

(6) 检查各电器控制开关是否正常.

(7) 特别注意检查一下设备的急停按钮的状态是否正常.

活动实施

一、分析 Z3050 型摇臂钻床电气控制线路故障

(一) 故障现象 1:主轴电动机 M1 不能启动,其他电动机工作正常

1. 故障分析

(1) M1 主电路. 主电路中存在断点,至少缺两相电源或三相电源,可能性较大的有 KM1 主触头接触不良,KH1 热元件损坏,U、V、W、U11、V11、W11、1U、1V、1W 处断线或接线松脱,M1 电动机损坏.

(2) 控制电路. 7 号线局部、SB2 动断触头、9 号线局部、SB3 动合触头、11 号线局部、KM1 线圈、13 号线局部、KH1 动断触头、0 号线局部断线或接线松脱.

2. 故障检修

检修流程图如图 2-2-7 所示.

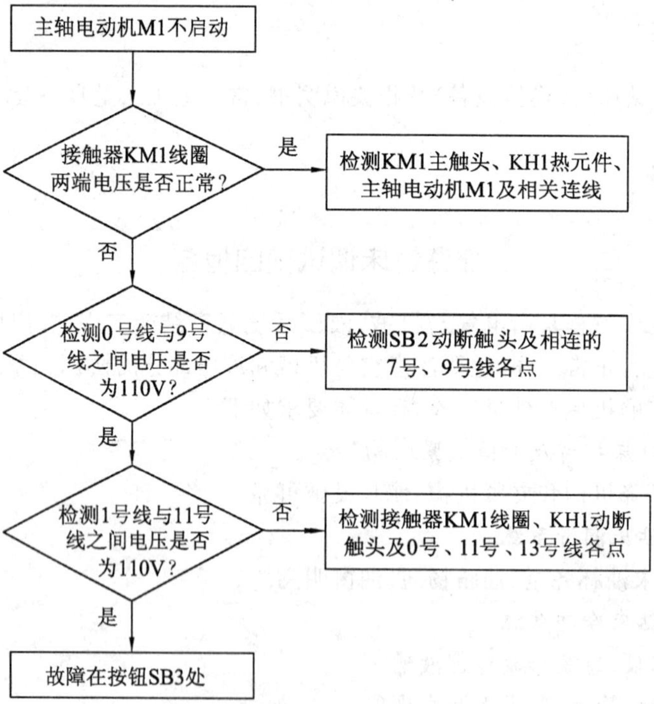

图 2-2-7　主轴电动机不能启动检修流程图

3. 故障修复

查明损坏原因,更换相同规格元器件或修复连接导线.

(二)故障现象2:按下摇臂上升按钮,摇臂不上升

1. 故障分析

按下摇臂上升按钮SB4,KT1、KM4线圈不得电,摇臂不能放松、上升;其他电动机工作正常.可能的故障范围为:7号线局部、SB4-1动合触头、15号线、SQ1-1动断触头、17号线局部、KT1线圈、0号线局部断线或接线松脱,如图2-2-8阴影区.

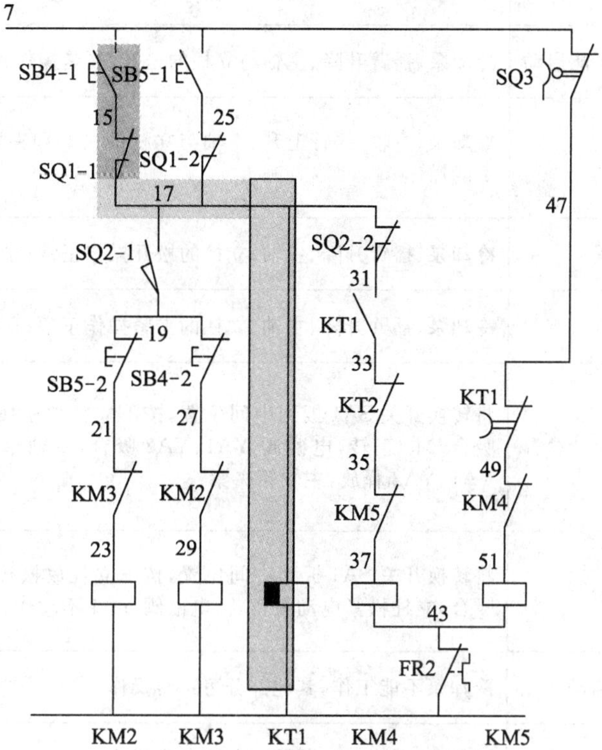

图2-2-8　故障分析图

2. 检查步骤

(1) 打开配电壁龛门,将SQ2开关的传动杆拉出,合上QF1,将万用表打至交流250V挡.

(2) 固定一表笔在变压器的0号线上,用另一表笔依次测SB4-1动合触头上7号线,电压为~110V,正常.

(3) 固定一表笔在变压器的1号线上,用另一表笔测KT1线圈的0号线、17号线电压为~110V,端子上的17号线电压为0V,则可判断该处存在故障.

3. 故障点

KT1线圈上的17号线到接线端子上的17号线之间断线.

4. 故障修复

更换两点之间的连线后,试车,机床能正常工作.

二、分析与检修Z3050型摇臂钻床电气故障

在表2-2-4中选择故障,进行检修练习.

表 2-2-4　　常见故障设置一览表

故障点	故障现象	备　注
1	机床不工作	按下 SB3 接触器 KM1 能吸合,但电源指示灯不亮;冷却泵能工作;主轴不能工作;摇臂不能升降;立柱、主轴箱的松开、夹紧不能操作
2	主轴电动机不能启动	冷却泵、摇臂升降、主轴与立柱的松开、夹紧操作正常
3	摇臂不能下降	冷却泵、主轴、摇臂上升、主轴与立柱的松开和夹紧操作正常;摇臂下降不能操作
4	立柱不能夹紧	冷却泵、摇臂升降、主轴、立柱的松开操作正常;立柱的夹紧不能操作
5	立柱不能松开	冷却泵、摇臂升降、主轴、立柱的夹紧操作正常;立柱的松开不能操作
6	主轴箱不能保持松开	将转换开关 SA1 扳到中间位置,按下立柱放松按钮 SB6,经延时,KM4 吸合,M3 正转,电磁阀 YA1、YA2 吸合,主轴箱松开,松开 SB6 按钮,YA1、YA2 释放,主轴箱夹紧
7	主轴箱不能松开	将转换开关 SA1 扳到中间位置,按下立柱放松按钮 SB6,经延时,KM4 吸合,立柱松紧电动机正转,电磁阀 YA1 不动作,主轴箱不能松开
8	冷却泵不能启动	冷却泵不能工作,其他部分可正常操作
9	照明灯不亮	照明灯不能打开,其他部分可正常操作
10	立柱夹紧电动机不工作	进行立柱的松开或夹紧操作时,KM4 或 KM5 能吸合,但液压泵电动机 M3 不转
11	摇臂不能升降	进行摇臂升降操作时,接触器 KM2 或 KM3 能吸合,但摇臂升降电动机 M2 不转

三、填写故障报告

检修完毕,填写故障报告,见附表 2.

活动评价

一、活动记录

活动记录见附表 1.

二、活动实施评价表

活动实施评价表见表 2-2-5.

表 2-2-5　　活动实施评价表

<table>
<tr><td colspan="4">活动名称：Z3050 型摇臂钻床电气控制线路的分析与检修</td><td colspan="6">班级：
小组：
姓名：</td></tr>
<tr><td rowspan="3">评价项目</td><td rowspan="3">评价标准</td><td rowspan="3">评价依据</td><td colspan="3">评价方式</td><td rowspan="3">权重</td><td rowspan="3">得分</td><td rowspan="3">总分</td></tr>
<tr><td>学生自评</td><td>小组评价</td><td>教师评价</td></tr>
<tr><td>0.2</td><td>0.3</td><td>0.5</td></tr>
<tr><td>职业素质</td><td>(1) 遵守安全管理规定和工作劳动纪律
(2) 按时按要求完成学习及工作任务
(3) 工作积极主动、勤学好问
(4) 工作岗位 6S 完成情况良好</td><td>(1) 出勤
(2) 工作态度
(3) 劳动纪律
(4) 团队协作精神</td><td></td><td></td><td></td><td>0.2</td><td></td><td rowspan="3"></td></tr>
<tr><td>专业能力</td><td>(1) 会调试机床
(2) 会检修主轴电动机故障
(3) 会检修立柱故障
(4) 会检修摇臂故障</td><td>(1) 操作(或叙述)的准确性和规范性
(2) 工作页或报告完成情况</td><td></td><td></td><td></td><td>0.7</td><td></td></tr>
<tr><td>创新能力</td><td>(1) 在任务完成过程中能提出自己的有一定见解的方案
(2) 在教学或生产管理上提出的建议具有创新性</td><td>(1) 方案的可行性及意义
(2) 建议的可行性</td><td></td><td></td><td></td><td>0.1</td><td></td></tr>
<tr><td>指导教师综合评价</td><td colspan="8">

指导教师签名：　　　　日期：</td></tr>
</table>

知识拓展

钻床主要是用钻头在工件上加工孔(如钻孔、扩孔、铰孔、攻丝、锪孔等)的机床，是机械制造和各种修配工厂必不可少的设备. 根据用途和结构，钻床主要可分为表 2-2-6 所示的 6 类.

表 2-2-6　　钻床分类

序号	名　称	用途和特点	外 形 图
1	立式钻床	工作台和主轴箱可以在立柱上垂直移动，用于加工中小型工件	
2	台式钻床	简称台钻，是一种小型立式钻床，最大钻孔直径为 12～15mm，安装在钳工台上使用，多为手动进钻，常用来加工小型工件的小孔等	
3	摇臂钻床	主轴箱能在摇臂上移动，摇臂能回转和升降，工件固定不动，适用于加工大而重和多孔的工件，广泛应用于机械制造中	
4	深孔钻床	可用深孔钻钻削深度比直径大得多的孔（如枪管、炮筒和机床主轴等零件的深孔），为便于除切屑及避免机床过于高大，一般为卧式布局，常备有冷却液输送装置（由刀具内部输入冷却液至切削部位）及周期退刀排屑装置等	

续表

序号	名　称	用途和特点	外形图
5	铣钻床	工作台可纵横向移动，钻轴垂直布置，能进行铣削	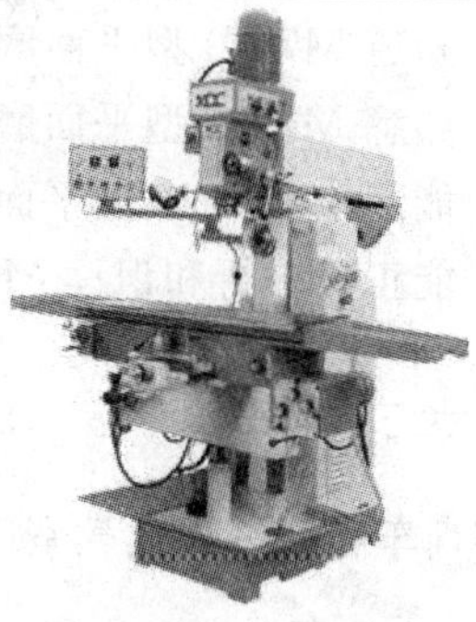
6	卧式钻床	主轴水平布置，主轴箱可垂直移动．一般比立式钻床加工效率高，可多面同时加工	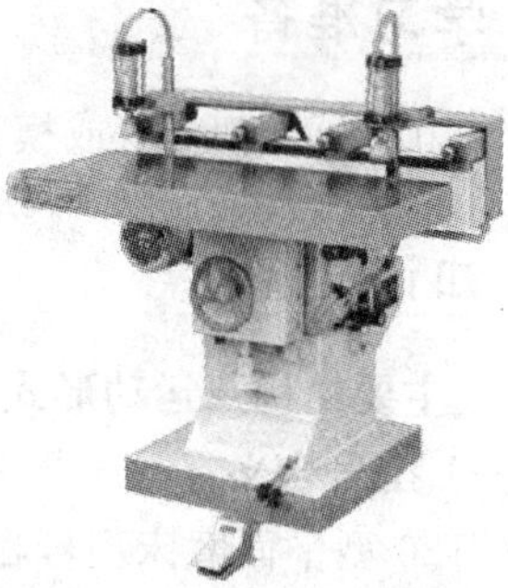

任务三　M7120 型平面磨床电气控制线路的测绘与检修

任务描述

M7120 型平面磨床是平面磨床中使用较为普遍的一种，它利用砂轮来磨削加工各种零件的表面，磨削精度和光洁度都比较高，操作方便，适于磨削精密零件和各种工具，并可做镜面磨削．本任务要了解它的电气控制特点和操作方法；掌握电气控制原理，能进行故障判断和排除．学生应根据任务要求，准备工具和材料，做好现场准备工作，严格按照作业规范实施检修工作，检修完毕后试车、填写相关表单交指导教师验收，并按照现场管理规范清理场地、归置物品．

活动一　M7120 型平面磨床的认识

活动描述

本活动主要通过观察和操作 M7120 型平面磨床，来认识它的用途、结构，了解操作流程，学习并分析其工作原理，在分析电气控制系统的基础上，绘制各电气元件在机床上的位置图，测绘出电气接线图，并做好记录．

学习目标

◇ 知道 M7120 型平面磨床的用途，说出 M7120 型平面磨床的结构组成.
◇ 熟悉 M7120 型平面磨床的电气控制系统，能说出各电器在机床上的位置.
◇ 能测绘 M7120 型平面磨床电气控制线路.
◇ 能正确分析和识读 M7120 型平面磨床电气控制线路原理图.

学习地点

实训车间或一体化教室(配备多媒体教学设备).

学习准备

M7120 型平面磨床(或模拟设备)及相关说明书、常用电工工量具一套.

知识准备

一、主要结构及运动形式

(一) 型号含义

M7120 型平面磨床型号含义如下图所示：

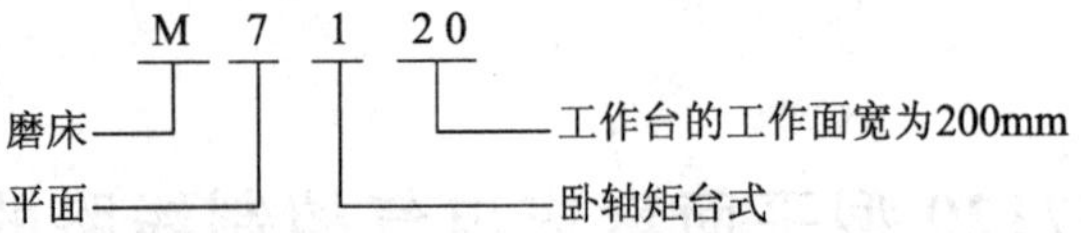

M7120 型平面磨床外形如图 2-3-1 所示.

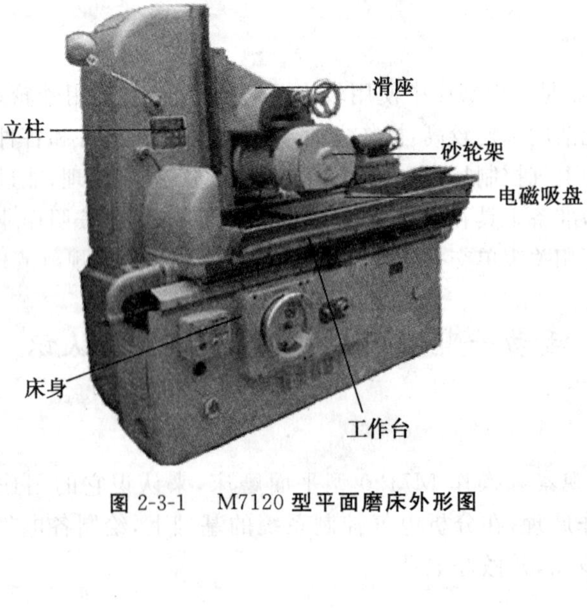

图 2-3-1　M7120 型平面磨床外形图

(二) M7120 型平面磨床的主要运动形式及控制要求

M7120 型平面磨床的主要运动形式及控制要求如表 2-3-1 所示.

表 2-3-1　　M7120 型平面磨床的主要运动形式及控制要求

运动类型	运动形式	控制要求
主运动	砂轮的旋转运动	(1) 为保证磨削加工质量,要求砂轮有较高的转速,通常采用鼠笼式异步电动机拖动 (2) 为了提高高速旋转的砂轮主轴的刚性,采用装入式电动机拖动,电动机与砂轮主轴同轴,从而提高了磨床的加工精度 (3) 砂轮电动机只要求单向旋转,直接启动,无调速和制动要求
进给运动	工作台的往复运动(纵向进给)	(1) 工作台的往复运动采用液压传动.液压传动较平稳,能实现无级调速,换向惯性小,换向平稳.液压电动机 M3 拖动液压泵,经液压传动装置实现工作台的纵向运动 (2) 由装在工作台前侧的换向挡铁碰撞床身上的液压换向开关控制工作台进给方向
	砂轮的横向进给运动(前后进给)	(1) 在磨削过程中,工作台换向一次,砂轮架就横向进给一次 (2) 在修正砂轮或调整砂轮的前后位置时,可连续横向移动 (3) 砂轮的横向进给运动可由液压传动,也可用手轮来操作
	砂轮架的升降运动(垂直进给)	(1) 滑座沿立柱的导轨垂直上下移动,以调整砂轮架的上下位置,适应工件的尺寸 (2) 垂直进给运动是通过操纵手轮由机械传动装置实现的
辅助运动	工件的夹紧	(1) 工件可以用螺钉和压板直接固定在工作台上 (2) 在工作台上可以装电磁吸盘,将工件吸附在电磁吸盘上.此时应有正向励磁和反向退磁控制环节,为保证安全,电磁吸盘与三台电动机 M1、M2、M3 之间有电气联锁,即电磁吸盘吸合后,电动机才能启动.电磁吸盘不工作或发生故障时,三台电动机均不能启动
	工作台的快速移动	工作台能在纵向、横向和垂直三个方向上快速移动,由液压传动机构实现
	工件的夹紧与放松	由人工操作
	工件冷却	冷却泵电动机 M2 拖动冷却泵旋转供给冷却液,要求砂轮电动机 M1 和冷却泵电动机 M2 实现顺序控制

1. 滑座

可在立柱导轨上做上下移动,并可由垂直进刀手轮操纵.

2. 砂轮架

由砂轮和砂轮电动机组成,砂轮直接由砂轮电动机带动旋转,以砂轮周边磨削各种工件平面,亦可以用砂轮的端面来磨削工件的垂直平面.

3. 床身

装有液压传动装置，以使矩形工作台在床身导轨上通过压力油推动活塞杆做纵向往复运动.

4. 工作台

工作台的往返运动采用液压传动，能保证加工精度.

5. 立柱

装有导轨，使滑座沿立柱导轨垂直上下移动，以调整砂轮架的上下位置.

(三) 主要操作部件的功能

M7120 型平面磨床操纵部件布置图如图 2-3-2 所示.

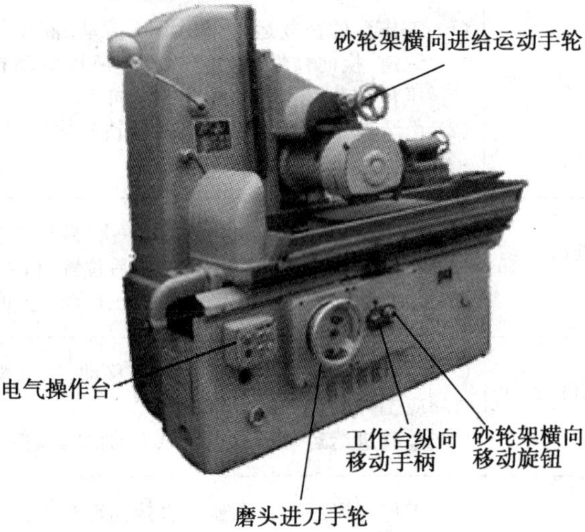

图 2-3-2　M7120 型平面磨床操纵部件布置图

电气操作台如图 2-3-3 所示. 其中 SB1 为砂轮电动机启动按钮（绿色按钮），SB2 为砂轮电动机停止按钮（红色按钮），SB3 为液压泵电动机启动按钮（绿色按钮），SB4 为液压泵电动机停止按钮（红色按钮），QS2 为电磁吸盘转换控制开关，共有“吸合”、“放松”和“退磁”三个位置.

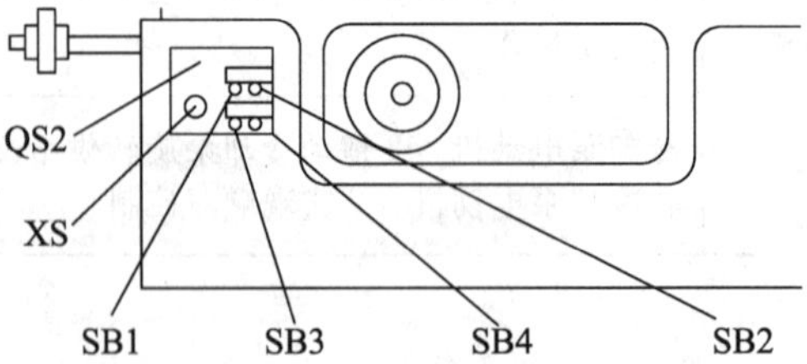

图 2-3-3　电气操作台

砂轮架的垂直进给运动通过磨头进刀手轮由机械传动装置实现，以每格 0.01mm 进刀量手动上下调整磨头进刀.

工作台横向和纵向移动手柄如图 2-3-4 所示.

图 2-3-4　**工作台横向和纵向移动手柄**

二、电磁吸盘

电磁吸盘外形如图 2-3-5(a)所示，它是利用电磁吸力来固定加工工件的一种夹具，具有夹紧迅速、不损伤工件、一次可吸持多个工件、效率高、加工中工件发热可自由伸缩、不会变形等特点．但它的夹紧程度不可调整，不能用于加工非磁性材料的工件．

电磁吸盘的结构示意图如图 2-3-5(b)所示．其外壳和盖板是钢制箱体，箱内安装多个套上电磁线圈的芯体，钢盖板用非磁性材料隔成多个小块．当线圈通入直流电后，凸起的芯体和隔离的钢条被磁化而形成磁极．当工件放在磁极中间，磁通以芯体和工件作为回路，从而构成了闭合磁路，将工件牢牢吸住．

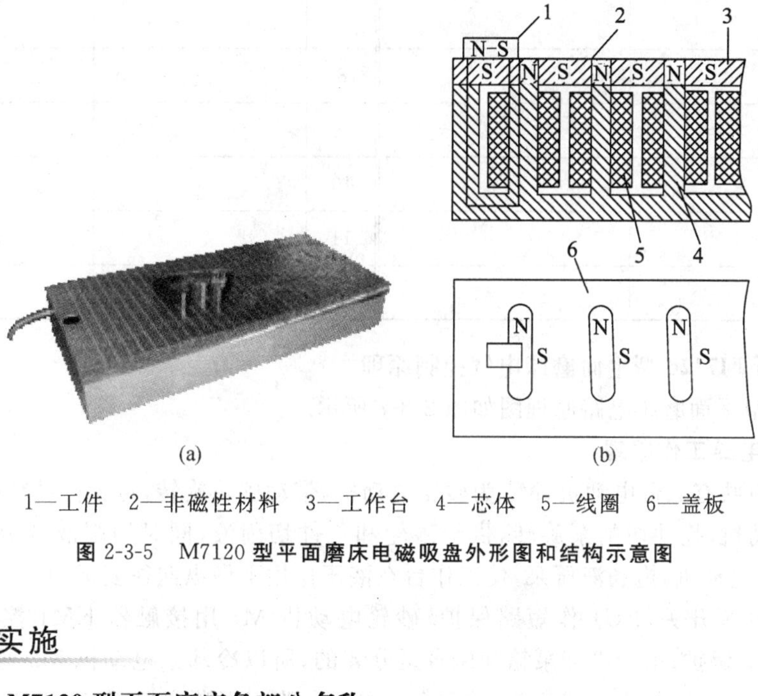

(a)　　(b)

1—工件　2—非磁性材料　3—工作台　4—芯体　5—线圈　6—盖板

图 2-3-5　M7120 **型平面磨床电磁吸盘外形图和结构示意图**

活动实施

一、列出 M7120 型平面磨床各部分名称

查看 M7120 型平面磨床的外形结构，说出图 2-3-6 磨床各部分的名称及用途，填入表 2-3-2 中．

图 2-3-6　M7120 型平面磨床

表 2-3-2　M7120 型磨床各部分的名称及用途

序号	名称	作用	序号	名称	作用
1			7		
2			8		
3			9		
4			10		
5			11		
6					

二、分析 M7120 型平面磨床电气控制原理

M7120 型平面磨床电路原理图如图 2-3-7 所示.

(一) 主电路工作原理

主电路中共有三台电动机,M1 为砂轮电动机,带动砂轮旋转,对工件进行磨削加工;M2 为冷却泵电动机,拖动切削泵旋转,供给砂轮和工件切削液,同时切削液带走磨下的铁屑;M3 为液压泵电动机,拖动液压泵,使工作台在液压作用下做纵向往复运动.

QS1 为电源开关,FU1 作短路保护. 砂轮电动机 M1 用接触器 KM1 控制,热继电器 KH1 进行过载保护;由于冷却泵箱和床身是分装的,所以冷却泵电动机 M2 通过接插器 X1 和砂轮机电动机 M1 的电源线相连,并和 M1 在主电路实现顺序控制. 冷却泵电动机的容量较小,没有单独设置过载保护. 液压泵电动机 M3 由接触器 KM2 控制,由热继电器 KH2 作过载保护.

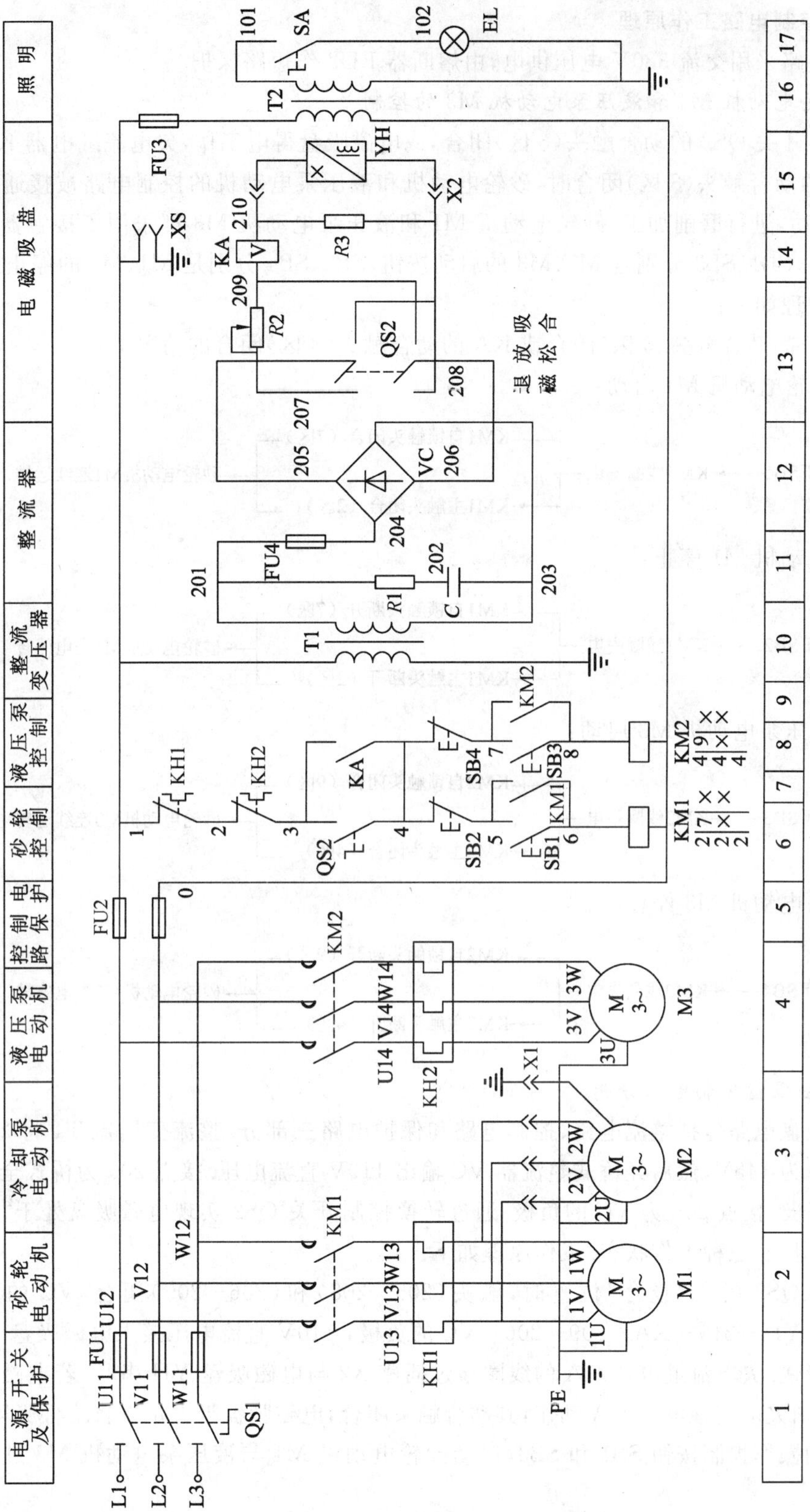

图 2-3-7　M7120型平面磨床电路原理图

(二) 控制电路工作原理

控制电路采用交流 380V 电压供电，由熔断器 FU2 作短路保护.

1. 砂轮电动机 M1 和液压泵电动机 M3 的控制

当转换开关 QS2 的动合触头(6 区)闭合，或电磁吸盘得电工作，欠电流继电器 KA 线圈得电，KA 的动合触头(8 区)闭合时，砂轮电动机和液压泵电动机的控制电路被接通，M1 和 M3 才能启动，进行磨削加工. 砂轮电动机 M1 和液压泵电动机 M3 都采用了接触器正转自锁控制电路，SB1、SB3 分别是 M1、M3 的启动按钮，SB2、SB4 分别是 M1、M3 的停止按钮.

工作原理如下：

在 QS2 的动合触头(6 区)闭合或 KA 的动合触头(8 区)闭合的情况下，

(1) 砂轮电动机 M1 启动：

按下SB1 → KM1线圈得电 → KM1自锁触头闭合（7区）、KM1主触头闭合（2区） → 砂轮电动机M1连续运转

砂轮电动机 M1 停止：

按下SB2 → KM1线圈失电 → KM1自锁触头断开（7区）、KM1主触头断开（2区） → 砂轮电动机M1失电停转

(2) 液压泵电动机 M3 启动：

按下SB3 → KM2线圈得电 → KM2自锁触头闭合（9区）、KM2主触头闭合（4区） → 砂轮电动机M3连续运转

液压泵电动机 M3 停止：

按下SB4 → KM2线圈失电 → KM2自锁触头断开（9区）、KM2主触头断开（4区） → 砂轮电动机M3失电停转

2. 电磁吸盘控制电路分析

电磁吸盘电路包括整流电路、控制电路和保护电路三部分. 整流变压器 T1 将 220V 的交流电压降为 145V，然后经桥式整流器 VC 输出 110V 直流电压. 接点 205 为桥式全波整流器 VC 的正极，接点 206 为 VC 的负极. 通过转换控制开关 QS2 实现电磁吸盘处于“吸合”、“放松”和“退磁”三种工作状态. 工作原理如下：

(1) 当 QS2 扳至“吸合”位置时，触头(205—208)和(206—209)闭合，VC 的正极经 205—208—YH—210—KA—209—206—VC 的负极，110V 直流电压接入电磁吸盘 YH，工件被牢牢吸住. 欠电流继电器 KA 的线圈通过插座 X2 与电磁吸盘 YH 串联. 若电磁吸盘电流足够大，则欠电流继电器 KA 动作，其动合触头闭合，电磁吸盘吸力足以将工件吸牢，这时才可以分别操作控制按钮 SB1 和 SB3，启动砂轮电动机 M1 与液压泵电动机 M3 进行磨削加工.

(2) 待工件加工完毕，先把 QS2 扳到“放松”位置，切断电磁吸盘 YH 的直流电源. 此时由于工件具有剩磁而不能取下，因此，必须进行退磁.

(3) 将 QS2 扳到“退磁”位置，这时，触头(205—207)和(206—208)闭合，VC 的正极经 205—207—R2—209—KA—210—YH—208—206—VC 的负极，电磁吸盘 YH 通入较小的(因串入了退磁电阻)反向电流进行退磁.

(4) 退磁结束，将 QS2 扳回“放松”位置，即可将工件取下.

若有些工件不易退磁，可将附件退磁器的插头插入插座 XS，使工件在交变磁场的作用下进行退磁.

若将工件夹在工作台上，不需要电磁吸盘时，则应将电磁吸盘的 X2 插头从插座上拔下，同时将转换开关 QS2 扳到“退磁”位置，这时，接在控制电路中 QS2 的动合触头(3—4)闭合，接通电动机的控制电路.

电磁吸盘的保护电路是由放电电阻 R3 和欠电流继电器 KA 组成的. 电阻 R3 是电磁吸盘的放电电阻. 因电磁吸盘的电感很大，当电磁吸盘从“吸合”状态转变为“放松”状态的瞬间，线圈两端将产生很大的自感电动势，易使线圈或其他电器由于过电压而损坏. 电阻 R3 的作用是在电磁吸盘断电瞬间给线圈提供一个放电回路，吸收线圈释放的磁场能量. 欠电流继电器 KA 用以防止电磁吸盘断电时工件脱出发生事故.

电阻 R1 和电容 C 的作用是防止电磁吸盘回路交流侧的过电压. 熔断器 FU4 为电磁吸盘提供短路保护.

(三) 照明电路工作原理

照明变压器 T2 将 380V 的交流电压降为 36V 的安全电压，供给照明电路. EL 为照明灯，一端接地，由开关 SA 控制. 熔断器 FU3 作照明电路的短路保护.

三、测绘 M7120 型平面磨床的电气接线图

(1) 阅读 M7120 型平面磨床的资料，明确 M7120 型平面磨床的基本动作和基本电路组成.

(2) 通过操作设备，现场认知 M7120 型平面磨床各元器件的位置，并绘出元器件位置图.

(3) 测绘主电路接线图，标注线号.

(4) 测绘控制电路接线图.

(5) 对照电气原理图验证电器安装接线图.

活动评价

一、活动记录

活动记录见附表 1.

二、活动实施评价表

活动实施评价表见表 2-3-3.

表 2-3-3　　　　　　　　　　活动实施评价表

活动名称：M7120 型平面磨床的认识			班级： 小组： 姓名：					
评价项目	评价标准	评价依据	评价方式			权重	得分	总分
			学生自评	小组评价	教师评价			
			0.2	0.3	0.5			
职业素质	(1) 遵守安全管理规定和工作劳动纪律 (2) 按时按要求完成学习及工作任务 (3) 工作积极主动、勤学好问 (4) 工作岗位 6S 完成情况良好	(1) 出勤 (2) 工作态度 (3) 劳动纪律 (4) 团队协作精神				0.2		
专业能力	(1) 能熟悉磨床的机械结构 (2) 会分析 M7120 型平面磨床的电气控制原理 (3) 能测绘 M7120 型平面磨床的电气接线图	(1) 操作(或叙述)的准确性和规范性 (2) 工作页或报告完成情况				0.7		
创新能力	(1) 在任务完成过程中能提出自己的有一定见解的方案 (2) 在教学或生产管理上提出的建议具有创新性	(1) 方案的可行性及意义 (2) 建议的可行性				0.1		
指导教师综合评价	指导教师签名：　　　　日期：							

活动二　M7120 型平面磨床电气控制线路的分析与检修

活动描述

本活动通过对 M7120 型平面磨床的电气控制原理的分析，针对该机床的常见故障，提出分析的思路与故障检修的方法，从而实现故障的正确检修.

学习目标

◇ 掌握对 M7120 型平面磨床电气控制线路常见故障分析与检修的方法和步骤.

◇ 提高学生对电气控制线路的故障检修能力.

学习地点

实训车间或一体化教室(配备多媒体教学设备).

学习准备

M7120 型平面磨床(或模拟设备)及相关说明书、常用电工工量具一套.

知识准备

一、M7120 型平面磨床安全操作规程

(1) 要求手远离砂轮,禁止戴手套操作.

(2) 砂轮旋转或磨削工件时,不得用快速升降开关进行上下进给.

(3) 砂轮须经过静平衡后方能使用,新砂轮必须经过两次平衡,即修整后再平衡一次后方能使用.

(4) 安装砂轮时多个螺钉应均匀拧紧,防止压力过大,砂轮破损.

(5) 电磁吸盘充磁或夹紧后,才能驱动工作台磨削工件,停机后才能退磁或松开夹具.

二、常见故障的排除

(1) 发现熔断器熔断故障后,不要急于更换熔断器的熔丝,而应仔细分析熔断器熔断的原因.如果是负载电流过大或有短路现象,应进一步查出故障并排除后,再更换熔断器熔丝;如果是容量选小了,应根据所接负载重新核算选用合适的熔丝;如果是因接触不良所引起的,应对熔断器座进行修理或更换.

(2) 如果查出是电动机、变压器、接触器等出了故障,可按照前面学过的方法进行修理.对按钮、开关等电器,这里没有直接介绍修理方法,但由于它们都属于触头开关式电器,可参照其他触头电器的修理方法进行修理.如果损坏严重无法修理,则应更换新的.

(3) 为了减少设备的停机时间,亦可先用新的电器将故障电器替换下来再修.

(4) 对于接触器主触头"熔焊"粘死故障,这很可能是由于负载短路造成的,一定要将负载的问题解决后再试验.

三、电磁吸盘的吸力不足

引起电磁吸盘的吸力不足的原因之一是电磁吸盘损坏或整流器输出电压不正常.M7120 型平面磨床电磁吸盘的电源电压是由整流器 VC 供给的.整流器直流输出电压空载时应为 130～140V,负载时应不低于 110V.若整流器空载输出电压正常,带负载时电压远低于 110V,则表明电磁吸盘线圈已短路,需更换电磁吸盘线圈.

吸力不足的原因之二是整流电路的故障.电路中整流器 VC 由 4 个桥臂组成,若整流器由硅二极管组成,那么每臂就是一只硅二极管,如果有一个硅二极管连接导线断路,就会造成某一臂开路,这时直流输出电压下降,从而造成流过电磁吸盘的电流相应减小,引起吸力降低.检修时可通过测量直流输出电压有效值是否下降来判断.

另外,在断开电磁吸盘 YH 回路的一瞬间,线圈将产生很大的自感电动势,线圈中会出现过电压,因此在直流输出回路中加装熔断器,可有效避免损坏整流二极管.

活动实施

一、调试 M7120 型平面磨床

调试 M7120 型平面磨床，将结果填入表 2-3-4 中.

表 2-3-4　　M7120 型平面磨床调试情况记录表

序号	操作步骤	操作内容	电气元件动作情况
1	运行前的准备		
2	电磁吸盘得电		
3	砂轮电动机启动		
4	冷却泵电动机启动		
5	液压泵电动机启动		
4	照明系统		

二、分析 M7120 型平面磨床主电路故障

(一) 砂轮电动机不工作

1. 故障现象

砂轮电动机不工作，砂轮不能旋转.

2. 故障分析

(1) 检查 M1 主电路. 主电路中存在断点，至少缺两相电源或三相电源，可能性较大的有 KM1 主触头接触不良，KH1 热继电器损坏，U12、V12、W12、U13、V13、W13、1U、1V、1W 断线或接线松脱，M1 电动机损坏.

(2) 检查控制电路. 4 号线局部、SB2 动断触头、5 号线局部、SB1 动合触头、6 号线局部、KM1 线圈、0 号线局部断线或接线松脱.

(3) 故障检修. 检修流程图如图 2-3-8 所示.

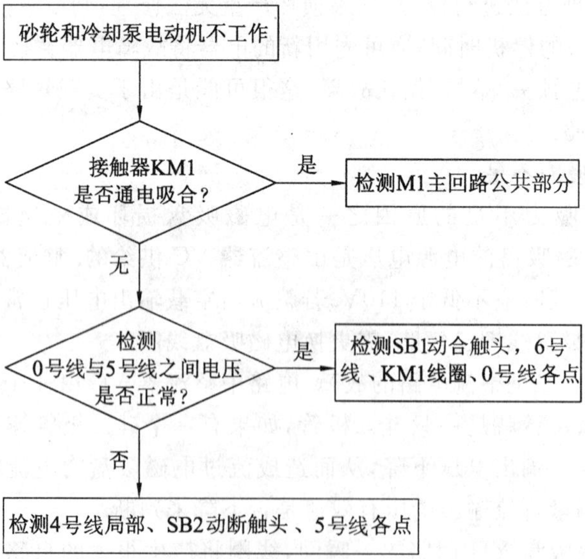

图 2-3-8　砂轮电动机不工作检修流程图

(4) 故障修复. 查明损坏原因,更换相同规格元器件或修复连接导线.

(二) 按下启动按钮 SB1,砂轮电动机 M1 不能启动,砂轮不转

分析:根据图 2-3-8 所示流程图,该故障检修切入点在接触器 KM1 是否得电,如得电,检测 M1 主电路部分;如不得电,检测 M1 控制电路部分,故把该故障细分为两种故障现象,以便更详细地介绍故障检修方法.

1. 情况 1

(1) 故障现象. 砂轮电动机 M1 不能启动,接触器 KM1 吸合.

(2) 故障范围. M1 电动机主电路部分:U12 号线局部、V12 号线局部、W12 号线局部、KM1 主触头、U13 号线、V13 号线、W13 号线、KH1 热继电器、1U 号线、1V 号线、1W 号线断线或接线松脱,M1 电动机损坏,如图 2-3-9 阴影方块区.

(3) 检修步骤.

① 将 X2 插头从插座上拔下,同时将转换开关 QS2 扳到"退磁"位置,合上 QS1,这时,接在控制电路中 QS2 的动合触头(3—4)闭合,接通电动机的控制电路,将万用表打至交流 500V 挡.

② 用万用表的红、黑两表笔依次检测接触器 KM1 主触头上端的 U12 号线—V12 号线、V12 号线—W12 号线、W12 号线—U12 号线之间的电压,若均为～380V,则为正常状态.

③ 测量接触器 KM2 主触头下端的 U13 号线—V13 号线、V13 号线—W13 号线、W13 号线—U13 号线之间的电压,若均为～380V,则为正常.

④ 测得 KH1 热继电器上端的 U13 号线—V13 号线、V13 号线—W13 号线、W13 号线—U13 号线之间电压为 0V,初步判断该处有故障存在.

⑤ 断开断路器 QS1,将万用表打至电阻 $R\times1$ 挡并校零.

⑥ 依次测 KM1 主触头下端的 U13 号线和 KH1 热继电器上端的 U13 号线之间电阻为∞,KM1 主触头下端的 V13 号线和 KH1 热继电器上端的 V13 号线之间电阻为∞,KM1 主触头下端的 W13 号线和 KH1 热继电器上端的 W13 号线之间电阻为 0.

(4) 找出故障点. KM1 主触头下端的 U13 号线和 KH1 热继电器上端的 U13 号线之间断线, KM3 主触头下端的 V13 号线和 KH1 热继电器上端的 V13 号线之间断线.

(5) 故障修复. 更换两点之间的连线后,试车,机床能正常工作.

2. 情况 2

(1) 故障现象. 砂轮电动机 M1 不能启动,接触器 KM1 不吸合.

(2) 故障范围. 4 号线局部、SB2 动断触头、5 号线局部、SB1 动合触头、6 号线局部、KM1 线圈、0 号线局部断线或接线松脱.

(3) 检修步骤.

① 将 X2 插头从插座上拔下,同时将转换开关 QS2 扳到"退磁"位置,合上 QS1,这时,接在控制电路中 QS2 的动合触头(3—4)闭合,接通电动机的控制电路.

② 将万用表打至交流 500V 挡,测得 SB1 动合触头两端电压为 0V,不正常.

③ 固定黑表笔在变压器的 0 号线上,用红表笔依次测得 SB2 动断触头的 4 号线、SB1 动合触头的 5 号线、接线端子的 5 号线、KM1 动合触头的 5 号线电压为交流 380V,则为正常状态.

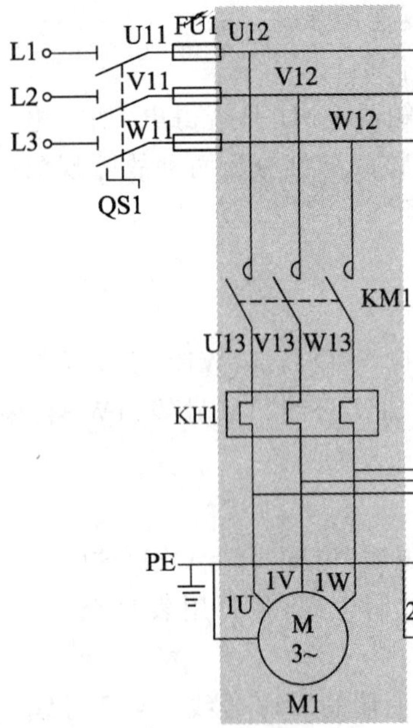

图 2-3-9 情况 1 的故障范围

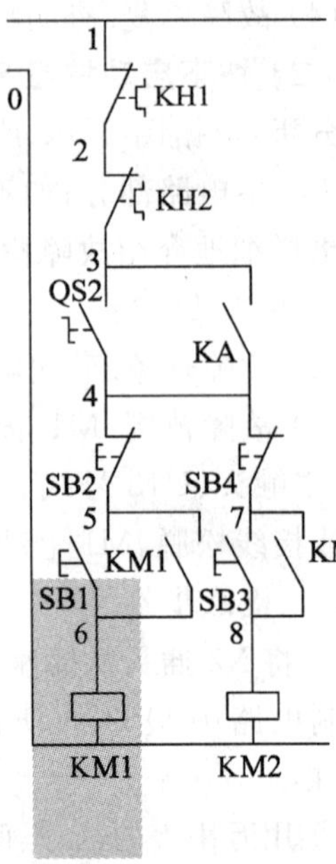

图 2-3-10 情况 2 的故障范围

④ 固定黑表笔在变压器的 1 号线上，用红表笔测 KM1 线圈的 0 号线、6 号线、KM1 动合触头的 6 号线、接线端子下端的 6 号线电压为～380V，表明处于正常状态，测到 SB1 动合触头电压为 0V，则可判断该处有故障存在.

(4) 确定故障点. SB1 动合触头的 6 号线到接线端子下端的 6 号线之间断线，如图 2-3-10 阴影方块区.

(5) 故障修复. 更换两点之间的连线后，试车，机床能正常工作.

三、分析与检修 M7120 型平面磨床电气故障

根据表 2-3-5 的故障设置一览表，设置故障并检修.

表 2-3-5 故障设置一览表

故障点	故障现象	备　注
1	机床无法启动	合上 QS1、QS2，电源指示灯不亮，各电动机均不能工作
2	液压泵电动机无法启动	合上 QS1、QS2，按下 SB3，液压泵电动机不工作
3	砂轮电动机无法启动	合上 QS1、QS2，按下 SB1，砂轮电动机无法启动，其他电动机工作正常
4	液压泵电动机和砂轮电动机均无法启动	合上 QS1、QS2，按下 SB3 和 SB1，两台电动机均无法启动
5	砂轮电动机控制无自锁	砂轮电动机可以启动，但松开启动按钮 SB1，砂轮电动机停转
6	电磁吸盘不能工作	旋转 QS2，分别接通"退磁"、"吸合"两个位置，均不能实现相应的退磁和充磁功能
7	电磁吸盘不能充磁	旋转 QS2，接通"吸合"位置，电磁吸盘不能进行充磁
8	电磁吸盘不能退磁	旋转 QS2，接通"退磁"位置，电磁吸盘不能进行退磁

四、填写故障报告

填写故障报告，如附表 2 所示.

活动评价

一、活动记录

活动记录见附表 1.

二、活动实施评价表

活动实施评价表见表 2-3-6.

表 2-3-6　　　　活动实施评价表

<table>
<tr><td colspan="3">活动名称：M7120 型平面磨床电气控制线路的分析与检修</td><td colspan="6">班级：
小组：
姓名：</td></tr>
<tr><td rowspan="3">评价项目</td><td rowspan="3">评价标准</td><td rowspan="3">评价依据</td><td colspan="3">评价方式</td><td rowspan="3">权重</td><td rowspan="3">得分</td><td rowspan="3">总分</td></tr>
<tr><td>学生自评</td><td>小组评价</td><td>教师评价</td></tr>
<tr><td>0.2</td><td>0.3</td><td>0.5</td></tr>
<tr><td>职业素质</td><td>(1) 遵守安全管理规定和工作劳动纪律
(2) 按时按要求完成学习及工作任务
(3) 工作积极主动、勤学好问
(4) 工作岗位 6S 完成情况良好</td><td>(1) 出勤
(2) 工作态度
(3) 劳动纪律
(4) 团队协作精神</td><td></td><td></td><td></td><td>0.2</td><td></td><td></td></tr>
<tr><td>专业能力</td><td>(1) 会调试机床
(2) 会对砂轮架故障进行检修
(3) 会对电磁吸盘故障进行检修
(4) 会对液压泵电动机故障进行检修</td><td>(1) 操作(或叙述)的准确性和规范性
(2) 工作页或报告完成情况</td><td></td><td></td><td></td><td>0.7</td><td></td><td></td></tr>
<tr><td>创新能力</td><td>(1) 在任务完成过程中能提出自己的有一定见解的方案
(2) 在教学或生产管理上提出的建议具有创新性</td><td>(1) 方案的可行性及意义
(2) 建议的可行性</td><td></td><td></td><td></td><td>0.1</td><td></td><td></td></tr>
<tr><td>指导教师综合评价</td><td colspan="8">指导教师签名：　　　　日期：</td></tr>
</table>

知识拓展

随着高精度、高硬度机械零件数量的增加，以及精密铸造和精密锻造工艺的发展，磨床的性能、品种和产量都在不断地提高和增长. 常见的磨床如表 2-3-7 所示.

表 2-3-7　　常见的磨床简介

序号	名　称	用途和特点	外 形 图
1	外圆磨床	是普通型的基型系列，主要用于磨削圆柱形和圆锥形外表面的磨床	
2	内圆磨床	是普通型的基型系列，主要用于磨削圆柱形和圆锥形内表面的磨床.此外，还兼具外圆磨的功能	
3	坐标磨床	具有精密坐标定位装置的内圆磨床	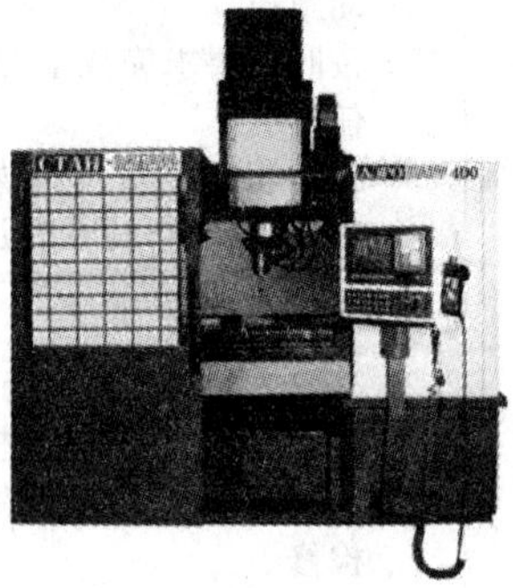
4	无心磨床	工件采用无心夹持，一般支承在导轮和托架之间，由导轮驱动工件旋转，主要用于磨削圆柱形表面的磨床.例如，轴承轴支等	

续表

序号	名 称	用途和特点	外形图
5	平面磨床	主要用于磨削工件平面的磨床	

任务四 X62W 型万能铣床电气控制线路的检修

任务描述

X62W 型铣床是一种通用的多用途机床，它可用来加工各种表面，如平面、阶台面、各种沟槽，装上分度头可以加工齿轮和螺旋面，装上圆工作台可以加工凸轮和弧形槽. 本任务要了解它的电气控制特点和操作方法；掌握电气控制原理，能进行故障判断和排除. 学生应根据任务要求，准备工具和材料，做好现场准备工作，严格按照作业规范实施检修工作，检修完毕后试车、填写相关表单交指导教师验收，并按照现场管理规范清理场地、归置物品.

活动一 X62W 型万能铣床的认识

活动描述

通过观看多媒体视频和教师讲解，学习 X62W 型万能铣床的用途、结构组成；操作 X62W 型万能铣床或教学设备，并做好活动记录与总结评价.

学习目标

◇ 知道 X62W 型万能铣床的用途，说出 X62W 型万能铣床的结构组成.
◇ 能了解 X62W 型万能铣床操作流程.
◇ 会分析 X62W 型万能铣床工作原理，测绘其控制柜接线图.

学习地点

实训车间或一体化教室(配备多媒体教学设备).

学习准备

X62W 型万能铣床(或模拟设备)及相关说明书、常用电工工具等.

知识准备

一、主要结构及运动形式

X62W 型万能铣床型号含义如下图所示:

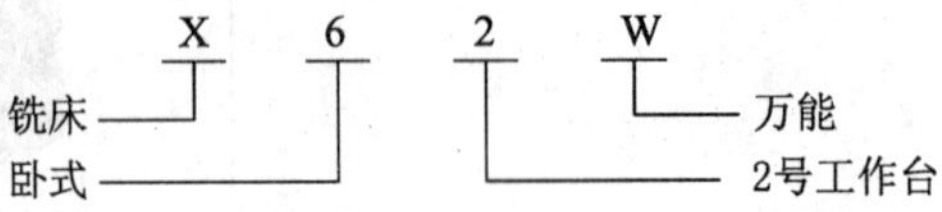

(一) X62W 型万能铣床结构及运动形式

X62W 型万能铣床的运动形式如下:

(1) 主运动:铣床主轴带动铣刀的旋转运动.

(2) 进给运动:铣床工作台的前后(横向)、左右(纵向)和上下(垂直)六个方向上的直线运动和圆工作台的旋转运动.

(3) 辅助运动:铣床工作台在前后、左右及上下六个方向上的快速移动.

X62W 型万能铣床外形如图 2-4-1 所示.

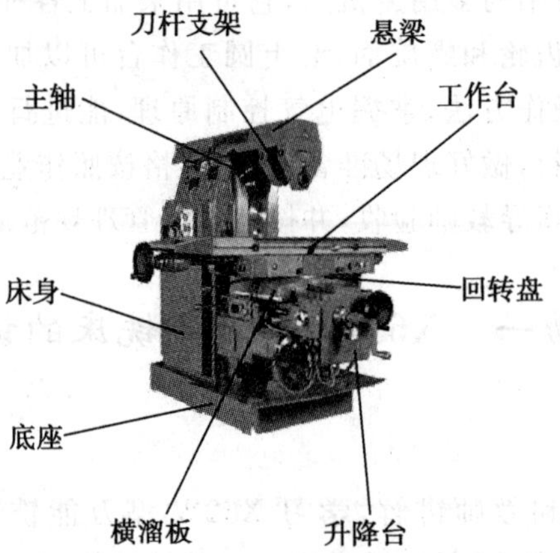

图 2-4-1 X62W 型万能铣床的外形图

(二) X62W 型万能铣床各部分的作用

(1) 底座:固定箱形的床身.

(2) 床身:内装有主轴的传动机构和变速操纵机构.

(3) 主轴:带动铣刀铣削工件.

(4) 悬梁:装有一刀杆支架用来支撑铣刀中心轴的一端.

(5) 工作台:工作台上有 T 型槽用来固定工件.

(6) 回转盘:回转盘相对于溜板可绕中心轴线左右转过一个角度(通常为±450°),工作台在水平面上除了能在平行于或垂直于主轴轴线方向上进给外,还能在倾斜方向上进给,可以加工螺旋槽.

(7) 横溜板:带动工作台在平行主轴轴线方向做前后移动.

(8) 升降台:带动工作台做垂直上下移动.

X62W 型万能铣床共用三台异步电动机拖动,它们分别是主轴电动机 M1、进给电动机 M3 和冷却泵电动机 M2.

二、电力拖动特点

铣削加工有顺铣和逆铣两种加工方式,所以要求主轴电动机能正反转,但考虑到正反转操作并不频繁(批量顺铣或逆铣),因此在铣床床身下侧电器箱上设置一个组合开关(也称倒顺开关),来改变电源相序,从而实现主轴电动机的正反转.

铣刀是一种多刃刀具,其铣削过程是断续的,负载随时间波动,造成拖动不平衡,为了减小负载波动的影响,在主轴上采用飞轮增加惯量,这样又引起主轴在停车时的惯性大,停车时间较长,影响生产效率.为了能实现快速停车的目的,主轴都采用制动停车方式.

铣床的工作台要求有前后、左右、上下六个方向的进给运动和快速移动,所以也要求进给电动机能正反转,并通过操纵手柄和机械离合器相配合来实现.进给的快速移动是通过电磁铁和机械挂挡来完成的.为了扩大其加工能力,在工作台上可加装圆形工作台,圆形工作台的回转运动是由进给电动机经传动机构驱动的.

三、控制要求

(1) 在铣削加工中,为了不使工件与铣刀碰撞而造成事故,要求只有主轴旋转后才允许有进给运动和进给方向的快速移动.

(2) 为了减小加工件表面的粗糙度,只有进给停止后主轴才能停止或同时停止.此铣床在电气上采用了主轴和进给同时停止的方式,但由于主轴运动的惯性很大,实际上就保证了进给运动先停止、主轴运动后停止的要求.

(3) 为了保证机床、刀具的安全,在铣削加工时只允许一个方向的进给运动.该铣床采用了机械操纵手柄和位置开关相配合的方式来实现六个方式的联锁.

(4) 铣床主轴及进给运动采用变速盘来进行速度选择,为了使齿轮在变速时易于相互啃合,要求主轴电动机和进给拖动电动机都应具有变速后做瞬时点动的功能.

(5) 当主轴电动机或冷却泵电动机过载时,进给运动必须立即停止,以免损坏刀具和铣床.

(6) 为了使操作者能在铣床的正面、侧面方便地操作,对主轴的启动、停止,工作台进给运动选向及快速移动等的控制,应设置多地点控制.

(7) 要求有冷却泵系统、照明系统及各种保护措施.

四、主要操作部件

主要操作部件如图 2-4-2 所示.

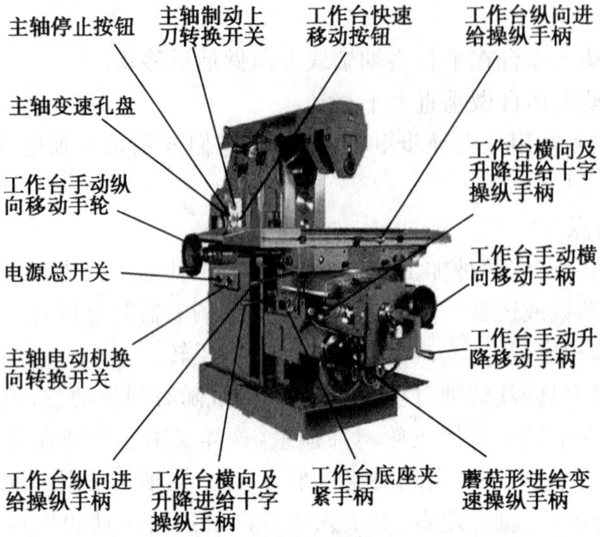

图 2-4-2　X62W 型万能铣床操纵部件位置图

五、X62W 型万能铣床主要电器及操纵手柄的作用

1. 电源总开关

控制整台机床的电源通断，并在机床机械和电气维修时切断电源，以保证安全.

2. 主轴启、停按钮

红色停止按钮为主轴停车制动按钮(SB1 或 SB2)，绿色启动按钮为主轴启动按钮(SB5).

3. 主轴制动上刀转换开关

主轴电动机停转后并不处于制动状态，主轴仍可自由转动. 在主轴更换铣刀时，为更换方便必须避免主轴转动，应用主轴制动上刀转换开关 SA2 将主轴制动.

4. 主轴电动机换向转换开关

铣床的加工方式有顺铣和逆铣两种，在开始工作前选定，加工过程中是不能改变的，故主轴电动机 M1 的正反转的转向由主轴换向开关 SA1 预先确定.

5. 工作台快速移动按钮

为了提高劳动生产率，减少生产辅助时间，铣床在加工过程中，若不做铣削加工时，要求工作台可以快速移动.

6. 主轴变速孔盘

利用变速手柄与冲动位置开关 SQ6 通过机械上的联动机构实现主轴变速时的冲动控制，使齿轮顺利地啮合.

7. 工作台纵向进给操纵手柄

纵向操纵手柄与位置开关联动控制实现工作台的左右进给控制.

8. 工作台横向及升降进给十字操纵手柄

十字操纵手柄与位置开关联动控制实现工作台的前后、上下进给控制.

9. 工作台手动纵向移动手轮

实现工作台的手动纵向移动.

10. 工作台手动横向移动手轮

实现工作台的手动横向移动.

11. 工作台手动升降移动手柄

实现工作台的手动升降移动.

12. 蘑菇形进给变速操纵手柄

蘑菇形进给变速操纵手柄配合位置开关 SQ5 来实现进给变速后的齿轮的良好啮合.

13. 工作台底座夹紧手柄

工作台底座的左右两侧各有一个夹紧手柄,用以将工作台底座夹紧于升降台上,当此手柄处于夹紧位置时,不能摇动横向进给的手轮,更不可进行横向机动进给或快速移动,工作台也可以利用底座前端的两个螺钉来夹紧于燕尾导轨上.

活动实施

一、列出 X62 型万能铣床各部分名称及用途

观察 X62W 型万能铣床的外形结构,列出铣床各部分的名称及用途,填入表 2-4-1 中.

表 2-4-1　　铣床各部分的名称及用途

序号	名称	作用	序号	名称	作用
1			9		
2			10		
3			11		
4			12		
5			13		
6			14		
7			15		
8					

二、分析 X62W 型万能铣床的电气原理

X62W 型万能铣床电路原理图如图 2-4-3 所示.

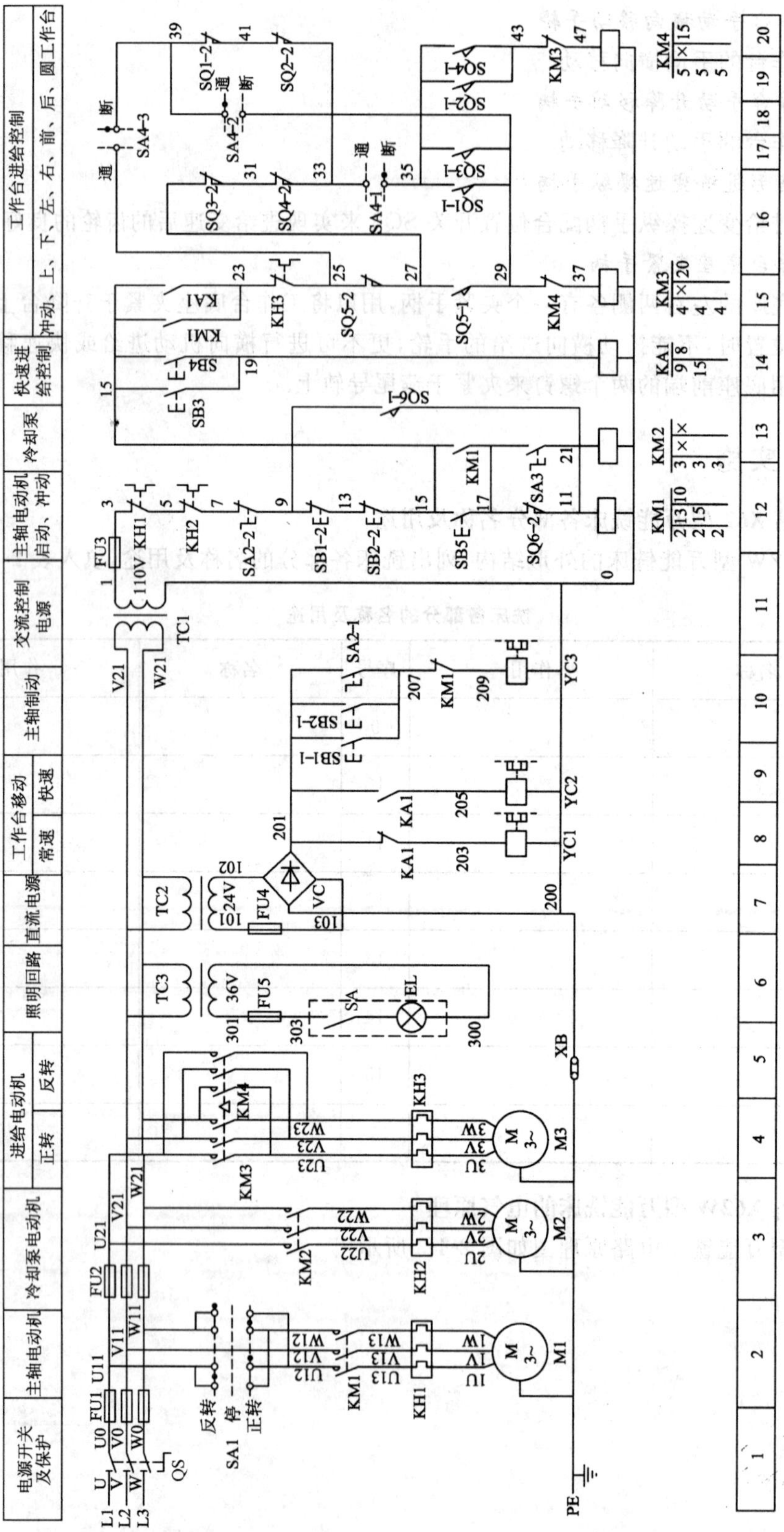

图 2-4-3　X62W 型万能铣床电路图

（一）主轴电动机的控制线路

图 2-4-4 是主轴电动机 M1 的电气控制线路部分.

为了方便操作，主轴电动机 M1 采用两地控制方式，一组安装在工作台上，另一组安装在床身上. KM1 是主轴电动机 M1 的启动接触器，并兼作失压和欠压保护；YC3 是主轴制动用的电磁离合器，SQ6-1 是主轴变速时瞬时点动的位置开关，热继电器 KH1 作过载保护，熔断器 FU1 作短路保护. 主轴电动机 M1 经过弹性联轴器和变速机构的齿轮传动链实现传动，可使主轴具有 18 种转速.

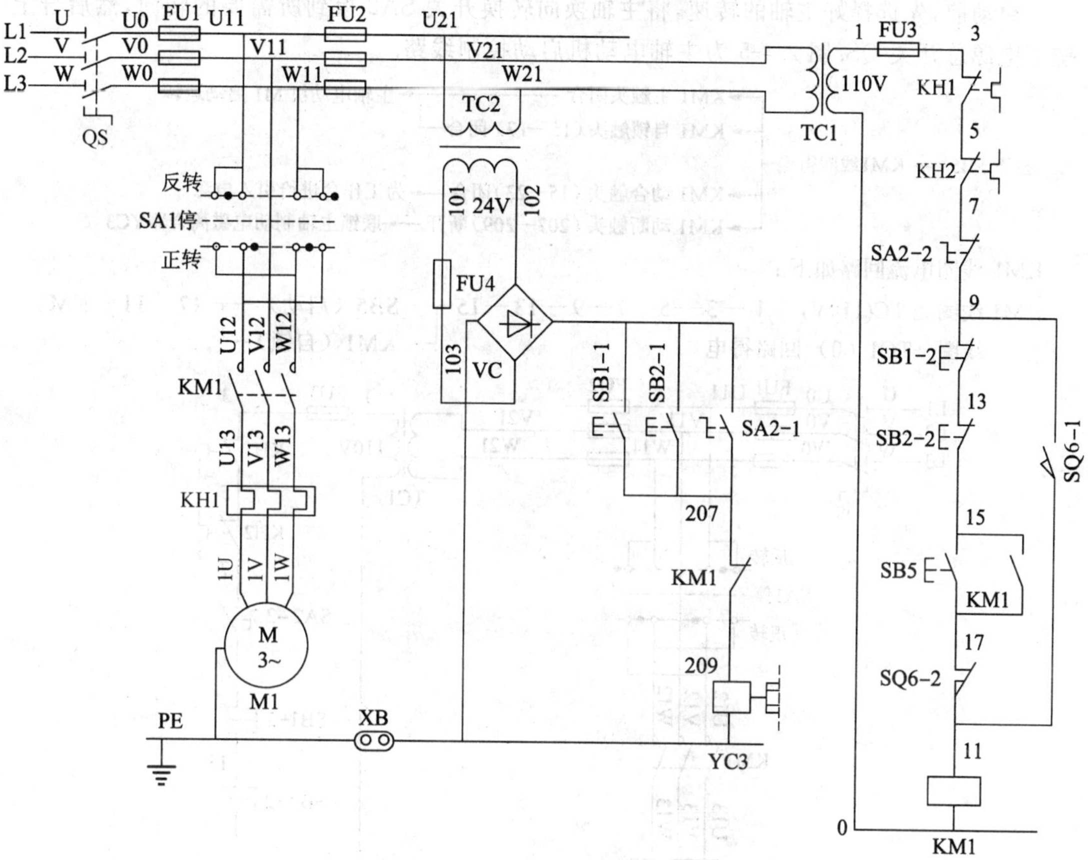

图 2-4-4　主轴电动机 M1 的电气控制线路图

铣床的加工方式有顺铣和逆铣两种，在开始工作前选定，加工过程中是不能改变的，故主轴电动机 M1 的正反转的转向由主轴换向开关 SA2 预先确定. 主轴换向转换开关 SA1 的功能见表 2-4-2.

表 2-4-2　　　　主轴换向转换开关 SA2 位置及动作说明

位置	正转	停止	反转
SA1-1	—	—	+
SA1-2	+	—	—
SA1-3	+	—	—
SA1-4	—	—	+

1. 主轴电动机 M1 启动

启动前，先选择好主轴的转速，将主轴换向转换开关 SA2 扳到所需要的转向，然后合上铣床电源总开关 QS. 图 2-4-5 为主轴电动机启动控制线路.

按下 SB5 → KM1线圈得电
- → KM1 主触头闭合 ┐
- → KM1 自锁触头（15—17）闭合 ┘ → 主轴电动机 M1 启动运转
- → KM1 动合触头（15—23）闭合 → 为工作台进给引入电源
- → KM1 动断触头（207—209）断开 → 联锁主轴制动电磁离合器 YC3

KM1 线圈电流回路如下：

KM1 线圈经 TC(110V) —1—3—5—7—9—13—15—{SB5（启动） / KM1（自锁）}—17—11—KM1 线圈—TC1（0）回路得电.

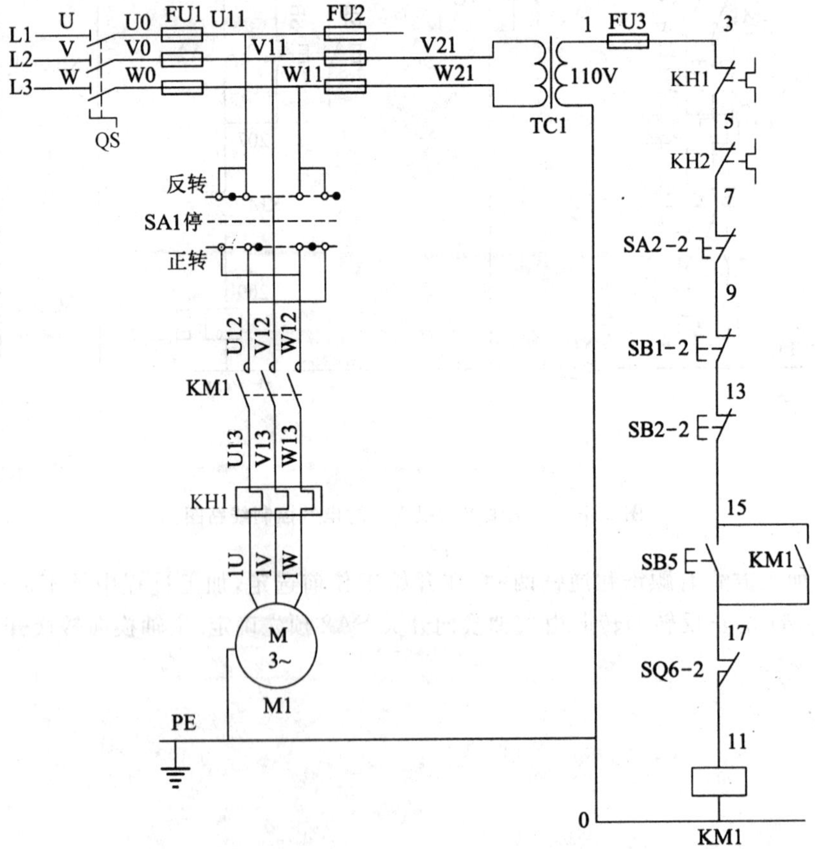

图 2-4-5　主轴电动机启动控制线路图

2. 主轴电动机 M1 停车制动

当铣削完毕，需要主轴电动机 M1 停止时，为使主轴能迅速停车，电路采用电磁离合器 YC3 进行主轴停车制动. 图 2-4-6 为主轴电动机停车制动控制线路部分.

按下停止按钮 SB1(或 SB2)→SB1-2(或 SB2-2)动断触头先分断→接触器 KM1 线圈失电，KM1 触头复位→主轴电动机 M1 做惯性运转→SB1-1(或 SB2-1)动合触头后闭合→接通电磁离合器 YC3，主轴电动机 M1 制动停转.

YC3 线圈经 TC2（101）—103—201—207—209—YC3 线圈—200—TC2（102）回路得电.

值得注意的是，在停车操作过程中停止按钮 SB1(或 SB2)要一按到底，否则主轴制动电磁离合器 YC3 不能得电，主轴电动机 M1 会在惯性作用下自然停车.

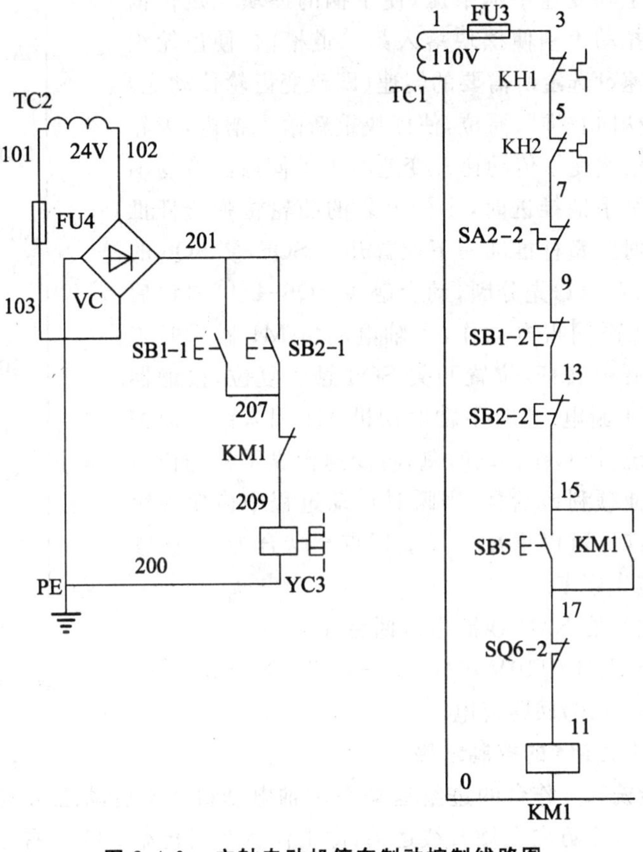

图 2-4-6 主轴电动机停车制动控制线路图

3. 主轴换铣刀控制

主轴电动机停转后并不处于制动状态，主轴仍可自由转动. 在主轴更换铣刀时参考表 2-4-3，为更换方便须避免主轴转动，应将主轴制动. 方法是将主轴制动上刀转换开关 SA2 置于换刀位置(即 SA2 置于“夹紧”位置)，SA2-2 动合触头闭合，电磁离合器 YC3 得电，主轴电动机 M1 制动；同时 SA2-1 动断触头分断，切断了控制线路，铣床无法运行，从而保证了人身安全.

表 2-4-3　　　　　　主轴制动上刀转换开关 SA4 的位置及动作说明

触头	接线编号	操作位置	
		主轴正常工作	主轴上刀制动
SA2-1	201—207	+	−
SA2-2	7—9	−	+

4. **主轴变速时的瞬时点动(冲动控制)**

主轴变速冲动控制线路图如图 2-4-7 所示. 主轴变速操纵箱装在床身左侧窗口上,主轴变速由一个变速手柄和一个变速盘来实现. 主轴变速时的冲动控制,是利用变速手柄与冲动位置开关 SQ6 通过机械上的联动机构进行的.

变速时,先将主轴变速手柄下压,使手柄的榛块从定位槽中脱出,然后向外拉动手柄使榛块落入第二道槽内,使齿轮组脱离啮合. 转动变速盘选定所需要的转速(即改变齿轮传动比)后,把变速操纵手柄向右推回原位,使榛块重新落入槽内,齿轮组重新啮合(此时已改变了传动比). 变速时为了使齿轮容易啮合,在主轴变速操纵手柄推进时,手柄上装的凸轮将弹簧杆推动一下又返回,这时弹簧杆推动一下位置开关 SQ6,使 SQ6 的动断触头 SQ6-2(17—11)先分断,动合触头 SQ6-1(9—11)后闭合,接触器 KM1 瞬间得电动作,主轴电动机 M1 做瞬时点动,紧接着凸轮放开弹簧杆,位置开关 SQ6 触头复位,接触器 KM1 断电释放,M1 断电. 此时主轴电动机 M1 因未制动而惯性旋转,使齿轮系统抖动,在抖动时刻,将变速操纵手柄先快后慢地推进去,齿轮便顺利地啮合. 当瞬时点动过程中齿轮系统没有实现良好啮合时,可以重复上述过程直至啮合为止,必须注意的是变速时应先停车.

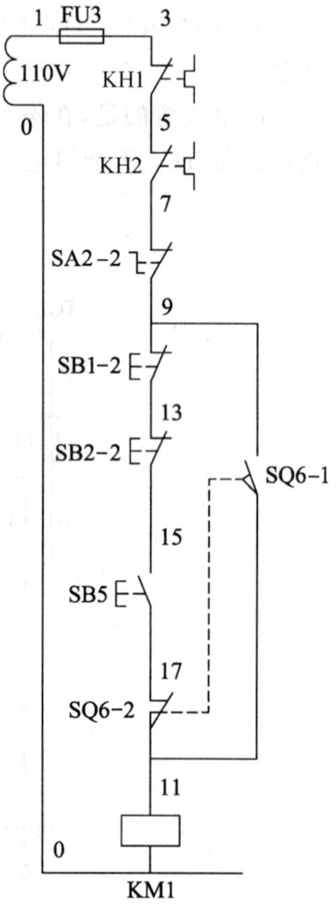

图 2-4-7　主轴变速冲动控制线路图

主轴变速时接触器 KM1 线圈电流回路如下:

KM1 线圈经 TC1(110V)—1—3—5—7—9—SQ6-1—11—KM1 线圈—TC1(0)回路得电.

(二) 进给电动机 M3 的控制线路

X62W 型万能铣床工作台的进给运动在主轴电动机 M1 启动之后方可进行. 工作台的进给可在 3 个坐标 6 个方向上做直线运动,即工作台在回转盘上的左右运动,工作台与回转盘在溜板上和溜板一起的前后运动,升降台在床身的垂直导轨上的上下运动. 这些运动是通过两个操纵手柄、快速移动按钮、电磁离合器 YC1 和 YC2 以及机械联动机构控制相应的位置开关使进给电动机 M3 正转或反转,以实现工作台的常速或快速移动. 并且 6 个方向的运动是联锁的,不能同时进行.

常速时,电磁离合器 YC1 线圈得电;快速时,电磁离合器 YC2 线圈得电;热继电器 KH3 作过载保护.

进给电动机 M3 的电气控制线路部分如图 2-4-8 所示.

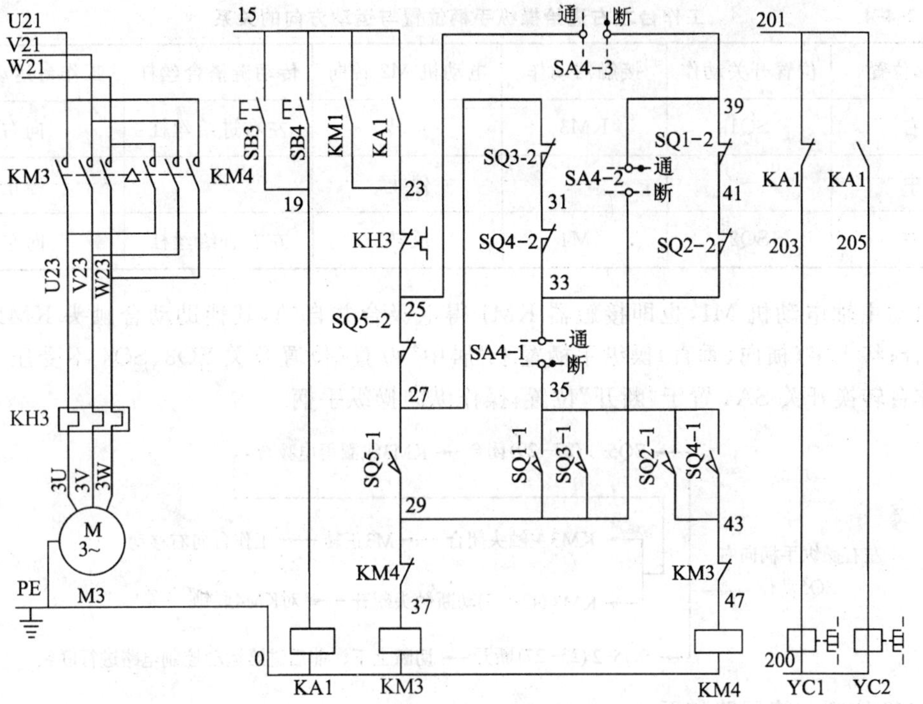

图 2-4-8 进给电动机 M3 电气控制线路图

1. 工作台的左右进给控制

表 2-4-4 为工作台左右(纵向)进给操纵手柄与位置开关的联动控制关系. 图 2-4-9 为工作台左右进给运动电气控制电路.

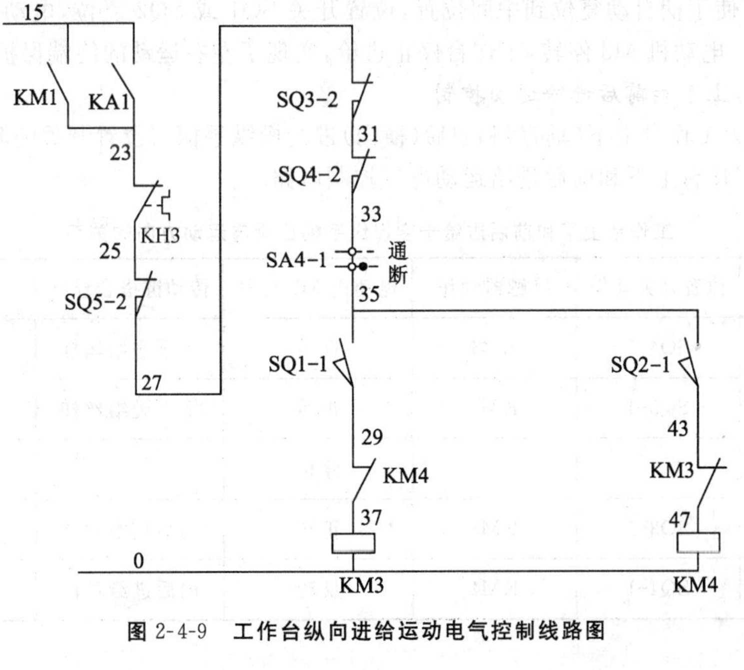

图 2-4-9 工作台纵向进给运动电气控制线路图

表 2-4-4　　工作台左右进给操纵手柄位置与运动方向的关系

手柄位置	位置开关动作	接触器动作	电动机 M2 转向	传动链搭合丝杠	工作台运动方向
右	SQ1	KM3	正转	左右进给丝杠	向右
中	—	—	停止	—	停止
左	SQ2	KM4	反转	左右进给丝杠	向左

启动主轴电动机 M1，也即接触器 KM1 得电吸合并自锁，其辅助动合触头 KM1(15—23)闭合；将十字(横向、垂直)操纵手柄置于“居中”位置(位置开关 SQ3、SQ4 不受压)；控制圆工作台转换开关 SA4 置于“断开”位置；操作纵向操纵手柄.

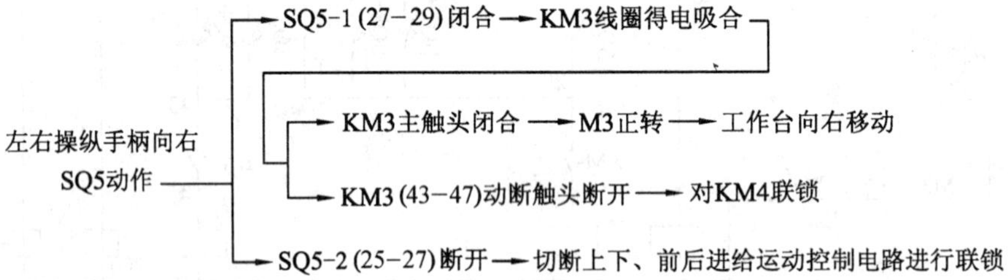

KM3 线圈电流回路如下：

KM3 线圈经 TC1(110V)—1—3—5—7—9—13—15—23—25—27—31—33—35—SQ1-1—29—37—KM3 线圈—TC1(0)回路得电.

工作台向左进给运动与工作台向右进给运动相似，请自行分析.

在工作台左右两端各装有一块限位挡铁，当工作台向右或向左进给至极限位置时，挡铁碰撞手柄连杆使手柄自动复位到中间位置，位置开关 SQ1 或 SQ2 复位，电动机的传动链与左右丝杠脱离，电动机 M3 停转，工作台停止进给，实现了左右运动的终端保护.

2. 工作台上下和前后进给运动控制

表 2-4-5 为工作台上下(垂直)和前后(横向)进给操纵手柄与位置开关的联动控制关系.图 2-4-10 为工作台上下和前后进给运动电气控制电路.

表 2-4-5　　工作台上下和前后进给十字操纵手柄位置与运动方向的关系

手柄位置	位置开关动作	接触器动作	电动机 M3 转向	传动链搭合丝杠	工作台运动方向
向上	SQ4-1	KM4	反转	上下进给丝杠	向上
向下	SQ3-1	KM3	正转	上下进给丝杠	向下
居中	—	—	停止	—	停止
向前	SQ3-1	KM3	正转	前后进给丝杠	向前
向后	SQ4-1	KM4	反转	前后进给丝杠	向后

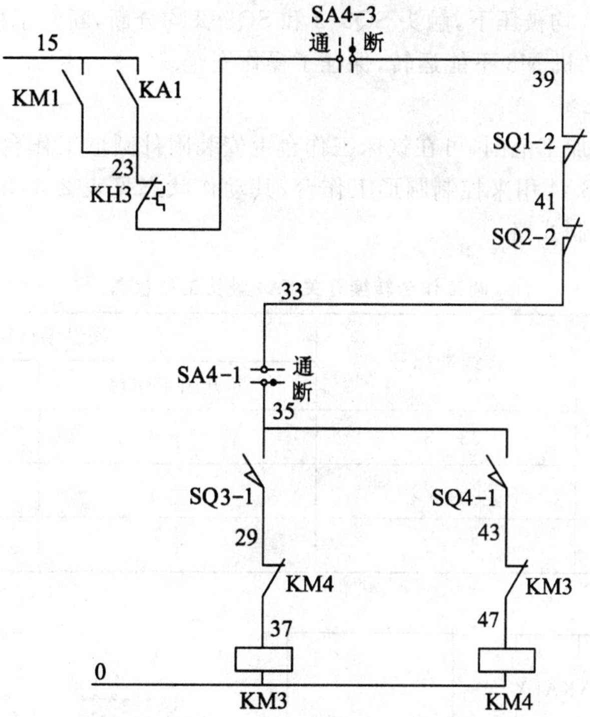

图 2-4-10 工作台上下和前后进给运动电气控制线路图

启动主轴电动机 M1，也即接触器 KM1 得电吸合并自锁，其辅助动合触头 KM1(15—23)闭合；将左右(纵向)操纵手柄置于“居中”位置(位置开关 SQ1、SQ2 不受压)；控制圆工作台转换开关 SA4 置于“断开”位置(具体状态见表 2-4-6)；操作十字操纵手柄.

(1) 工作台向上和向后进给运动.

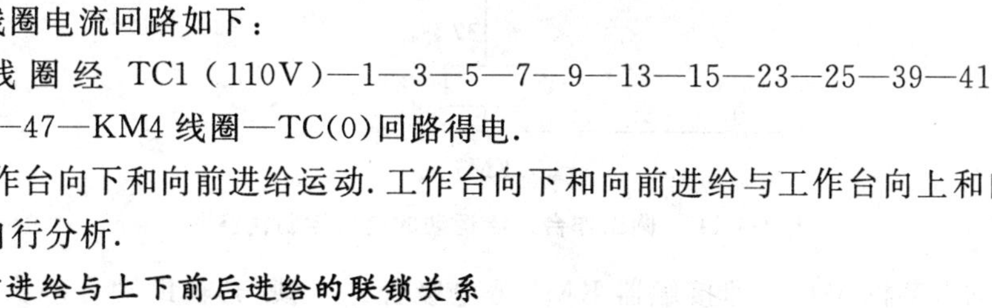

KM4 线圈电流回路如下：

KM4 线圈经 TC1(110V)—1—3—5—7—9—13—15—23—25—39—41—33—35—SQ4-1—43—47—KM4 线圈—TC(0)回路得电.

(2) 工作台向下和向前进给运动. 工作台向下和向前进给与工作台向上和向后进给运动相似，可自行分析.

3. *左右进给与上下前后进给的联锁关系*

在控制左右与上下前后进给的两个手柄中，只能进行其中一个手柄的操作，即当一个操纵手柄被置于某一进给方向后，另一个操纵手柄必须置于“中间”位置，否则将无法实现进给运动. 如当把左右进给操纵手柄扳向“左”时，同时又将十字操纵手柄置于“下”进给方向，则位置开关 SQ2 和 SQ3 均被压下，触头 SQ2-2 和 SQ3-2 均分断，断开了接触器 KM3 和 KM4 的线圈通路，进给电动机 M3 不能运转，保证了操作安全.

4. **圆工作台的控制**

为了扩大铣床的加工范围，可在铣床工作台上安装附件圆形工作台，进行圆弧或凸轮的铣削加工. 转换开关 SA4 用来控制圆形工作台，其动作状态见表 2-4-6. 图 2-4-11 是圆工作台进给运动的电气控制线路.

表 2-4-6　　圆工作台转换开关 SA4 触头工作状态

触头	接线端标号	操纵手柄位置	
		断开圆工作台	接通圆工作台
SA4-1	33—35	+	−
SA4-2	39—29	−	+
SA4-3	27—39	+	−

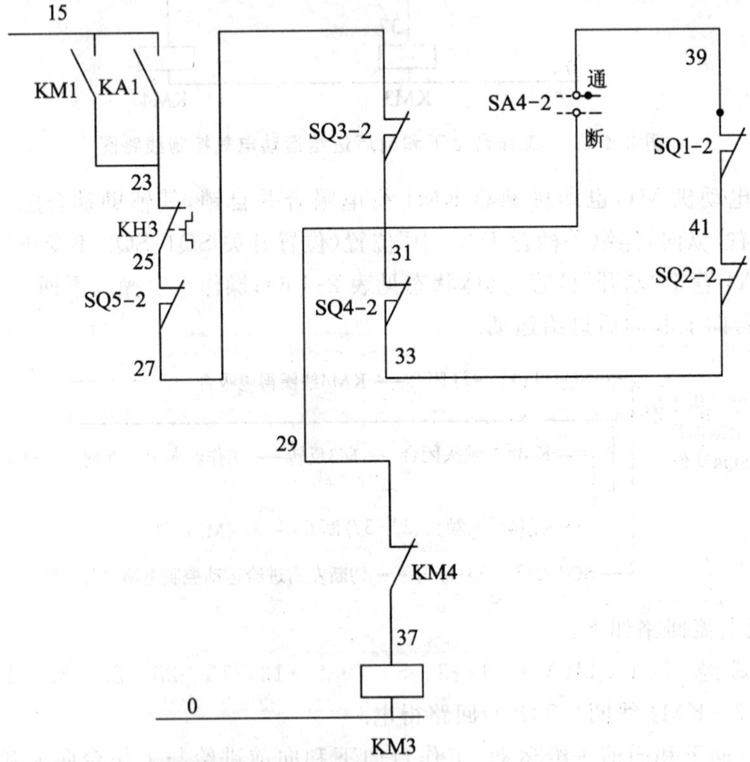

图 2-4-11　**圆工作台进给运动的电气控制线路图**

启动主轴电动机 M1，也即接触器 KM1 得电吸合并自锁，其辅助动合触头 KM1(15—23)闭合；将左右(纵向)操纵手柄和十字(横向、垂直)操纵手柄均置于“中间”位置(即位置开关 SQ1～SQ4 均未受压，处于原始状态)；操作控制圆工作台转换开关 SA4，即将圆工作台转换开关 SA4 置于“接通”位置.

SA4动作
- → SA4-2(29—39)闭合 → KM3线圈得电吸合
  - → KM3主触头闭合 → M3正转 → 圆工作台旋转
  - → KM3动断触头断开 → 对KM4联锁
- → SA4-1(33—35)断开 → 断开左右、上下、前后进给运动控制电路
- → SA4-3(25—39)断开 → 断开进给变速冲动控制电路

KM3 线圈经 TC1(110V)—1—3—5—7—9—13—15—23—25—27—31—33—41—39—SA4-2—29—37—KM3 线圈—TC1(0)回路得电.

圆工作台停止工作,按下停止按钮 SB1 或 SB2 即可.

5. 进给变速时的瞬时冲动

图 2-4-12 为工作台进给变速冲动电气控制线路图.

进给变速冲动与主轴变速冲动一样,是为了使齿轮能良好啮合,在进行变速后须瞬时点动,由蘑菇形进给变速操纵手柄配合位置开关 SQ5 来实现. 进给变速时,必须先把进给操纵手柄放在中间位置,然后将进给变速盘向外拉出,使进给齿轮松开,转动变速盘选定进给速度后,再将变速盘向里推回原位. 在推进过程中,挡块压下位置开关 SQ5,使触头 SQ5-2 分断,SQ5-1 闭合,接触器 KM3 经 TC1(110V)—1—3—5—7—9—13—15—23—25—39—41—33—31—27—SQ5-1—29—37—KM3 线圈—TC(0)回路得电,电动机 M3 启动,但随着变速盘复位,位置开关 SQ5 也复位,使 KM3 断电释放,M3 失电停转. 这样使电动机 M3 瞬时点动一下,齿轮系统产生一次抖动,齿轮便顺利啮合了.

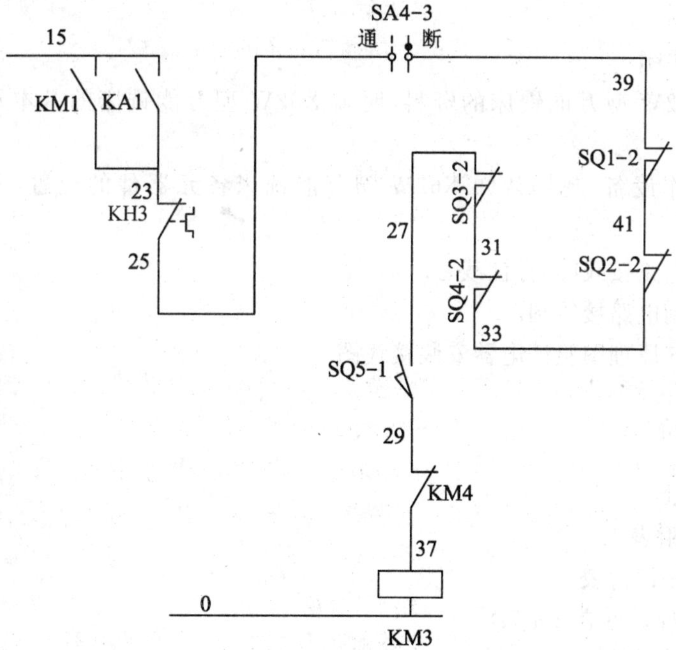

图 2-4-12　工作台进给变速冲动电气控制线路图

6. 工作台的快速移动

为了提高劳动生产率,减少生产辅助时间,X62W 型万能铣床在加工过程中若不做铣削加工时,要求工作台可以快速移动.工作台的快速移动是由各个方向的操纵手柄与快速移动按钮 SB3(或 SB4)配合实现控制的.如果需要工作台在某个方向快速移动,应把工作台操纵手柄扳向相应的方向.

按下 SB3(或 SB4),中间继电器 KA1 线圈得电,KA1 动断触头(201—203)分断,切断常速电磁离合器 YC1,KA1 动合触头(201—205)闭合,接通快速电磁离合器 YC2,KA1 的另一对动合触头(15—23)闭合,使接触器 KM3(或 KM4)得电吸合,电动机 M3 正转(或反转),带动电动机沿选定的方向快速移动.

松开 SB3(或 SB4),快速移动就停止.

(三)冷却泵电动机和照明电路的控制线路

1. 冷却泵电动机的控制

铣床在铣削加工中,其铣刀由冷却泵电动机传送冷却液进行降温,同时冲去铣削下来的铁屑等.

主轴电动机 M1 和冷却泵电动机 M2 在控制电路中采用了顺序控制.即只有主轴启动,接触器的自锁触头(15—17)闭合后冷却泵电动机 M2 方可启动.此时合上 SA3,接触器 KM2 线圈得电,其主触头闭合,M2 启动运转.

断开 SA3,冷却泵电动机 M2 即停转.

2. 照明电路的控制

X62W 型万能铣床由变压器 TC3 提供 36V 的交流电压,作为铣床低压照明灯的电源.并由开关 SA 控制.

三、测绘接线图

(1) 阅读 X62W 型万能铣床的资料,明确 X62W 型万能铣床的基本动作和基本电路组成.

(2) 通过操作设备,现场认知 X62W 型万能铣床各元器件的位置,并绘出元器件位置图.

(3) 测绘主电路接线图,标注线号.

(4) 测绘控制电路接线图.

(5) 对照电气原理图验证电器安装接线图.

活动评价

一、活动记录

活动记录见附表 1.

二、活动实施评价表

活动实施评价表见表 2-4-7.

表 2-4-7　　　　　　　　活动实施评价表

活动名称：X62W 型万能铣床的认识			班级：_____ 小组：_____ 姓名：_____					
评价项目	评价标准	评价依据	评价方式			权重	得分	总分
			学生自评	小组评价	教师评价			
			0.2	0.3	0.5			
职业素质	(1) 遵守安全管理规定和工作劳动纪律 (2) 按时按要求完成学习及工作任务 (3) 工作积极主动、勤学好问 (4) 工作岗位 6S 完成情况良好	(1) 出勤 (2) 工作态度 (3) 劳动纪律 (4) 团队协作精神				0.2		
专业能力	(1) 能熟悉钻床的机械结构 (2) 会分析 X62W 型万能铣床的电气控制原理 (3) 能测绘 X62W 型万能铣床的电气接线图	(1) 操作(或叙述)的准确性和规范性 (2) 工作页或报告完成情况				0.7		
创新能力	(1) 在任务完成过程中能提出自己的有一定见解的方案 (2) 在教学或生产管理上提出的建议具有创新性	(1) 方案的可行性及意义 (2) 建议的可行性				0.1		
指导教师综合评价	指导教师签名：　　　　日期：							

活动二　X62W 型万能铣床电气控制线路的分析与检修

活动描述

观察 X62W 型万能铣床(或模拟教学设备)的故障现象，分析其故障原因，使用万用表等检测工具检查控制线路，确定故障范围、故障点，最终排除电气故障.

学习目标

◇ 掌握对 X62W 型万能铣床电气控制线路常见故障分析与检修的方法和步骤.

◇ 提高学生检修电气控制线路故障的能力.

学习地点

实训车间或一体化教室(配备多媒体教学设备).

学习准备

X62W 型万能铣床(或模拟设备)及相关说明书、常用电工工量具一套.

知识准备

对机床电气故障进行检修,通常按如下几点进行:

一、熟悉电路原理,确定检修方案

当一台设备的电气系统发生故障时,不要急于动手拆卸,首先要了解该电气设备产生故障的现象、经过、范围、原因.熟悉该设备及电气系统的基本工作原理,分析各个具体电路.弄清电路中各级之间的相互联系以及信号在电路中的来龙去脉,结合实际经验,经过周密思考,确定一个科学的检修方案.

二、机电结合,分析排除

电气设备都以电气—机械原理为基础,特别是机电一体化的先进设备,机械和电子在功能上有机配合,是一个整体的两个部分.往往机械部件出现故障,影响电气系统,许多电气部件的功能就不起作用.因此不要被表面现象迷惑,电气系统出现故障并不全部都是电气本身问题,有可能是机械部件发生故障所造成的.因此先检修机械系统所产生的故障,再排除电气部分的故障,往往会收到事半功倍的效果.

三、先简单,后复杂

检修故障要先用最简单易行、自己最拿手的方法去处理,再用复杂、精确的方法.排除故障时,先排除直观、显而易见、简单常见的故障,后排除难度较高、没有处理过的疑难故障.

四、先检修通病,后攻疑难杂症

电气设备经常容易产生相同类型的故障,即"通病".由于通病比较常见,积累的经验较丰富,因此可快速排除.这样就可以集中精力和时间排除比较少见、难度高、古怪的疑难杂症,简化步骤,缩小范围,提高检修速度.

五、先外部调试,后内部处理

外部是指暴露在电气设备外或密封件外部的各种开关、按钮、插口及指示灯.内部是指在电气设备外壳或密封件内部的印制电路板、元器件及各种连接导线.先外部调试,后内部处理,就是在不拆卸电气设备的情况下,利用电气设备面板上的开关、按钮等调试检查,缩小故障范围.首先排除外部部件引起的故障,再检修机内的故障,尽量避免不必要的拆卸.

六、先不通电测量,后通电测试

首先在不通电的情况下,对电气设备进行检修;然后再在通电情况下,对电气设备进行检修.对许多发生故障的电气设备进行检修时,不能立即通电,否则会人为扩大故障范围,烧毁更多的元器件,造成不应有的损失.因此,在故障机通电前先进行电阻测量,采取必要的措施后,方能通电检修.

七、先公用电路,后专用电路

任何电气系统的公用电路出现故障,其能量和信息就无法传送、分配到各具体专用电路,专用电路的功能、性能就不起作用.如一个电气设备的电源出现故障,整个系统就无法正常运转,向各种专用电路传递的能量、信息就不可能实现.因此遵循先公用电路、后专用电路的顺序,就能快速、准确地排除电气设备的故障.

八、总结经验,提高效率

电气设备出现的故障五花八门、千奇百怪.任何一台有故障的电气设备检修完,应该把故障现象、原因、检修经过、技巧、心得记录在专用笔记本上,学习掌握各种新型电气设备相关的机电理论知识,熟悉其工作原理,积累维修经验,并将自己的经验上升为理论.在理论指导下,具体故障具体分析,才能准确、迅速地排除故障.只有这样才能把自己培养成为检修电气故障的行家里手.

活动实施

一、操作试运行

(1) 运行前的准备.

(2) 主轴电动机 M1 变速冲动操作.

(3) 进给电动机控制操作(SA4 开关状态:SA4-1、SA4-3 闭合,SA4-2 断开).

(4) 工作台纵向(左、右)进给运动控制(SA3 开关状态同上).

(5) 工作台快速移动操作.

(6) 进给变速冲动(功能与主轴冲动相同,便于换挡时齿轮的啮合).

(7) 圆工作台回转运动控制:将圆工作台转换开关 SA4 扳到"圆工作台"位置,此时,SA4-1、SA4-3 触点分断,SA4-2 触点接通.在启动主轴电动机后,M2 电机正转,实际中即为圆工作台转动(此时工作台全部操纵"十"字开关扳在零位,即 SQ1～SQ4 均不压下).

二、检修 X62W 型万能铣床电路故障

(一) 故障 1

合上铣床电源总开关 QS,按下主轴电动机启动按钮 SB5,主轴电动机不运转(铣床局部照明灯亮,其他均无).

1. 故障现象

接触器 KM1 不吸合.

2. 故障分析

故障范围可能在:TC1、1 号线、FU3、3 号线、KH1 动断触头、5 号线、KH2 动断触头、7 号线、SA2-2、9 号线局部、11 号线局部、KM1 线圈、0 号线局部,如图 2-4-13 阴影区域内.

3. 检修步骤

采用电压分阶测量法检查.

(1) 将万用表转换开关拨至交流电压 250V 挡.

(2) 将黑表笔接在选择的基准参考点 TC1 上的 0 号线.

(3) 合上铣床电源总开关 QS,红表笔从 TC1 上的 1 号线起逐点测量.

① TC1 上的 1 号线，测得电压值为交流 110V，正常.
② 熔断器 FU3 上的 1 号线，测得电压值为交流 110V，正常.
③ 熔断器 FU3 上的 3 号线，测得电压值为交流 110V，正常.
④ 接线端子 XT3 上的 3 号线，测得电压值为交流 110V，正常.
⑤ 接线端子 XT2 上的 3 号线，测得电压值为交流 110V，正常.
⑥ 热继电器 KH1 上的 3 号线，测得电压值为交流 110V，正常.
⑦ 热继电器 KH1 上的 5 号线，测得电压值为交流 110V，正常.
⑧ 热继电器 KH2 上的 7 号线，测得电压值为交流 110V，正常.
⑨ 接线端子 XT2 上的 7 号线，测得电压值为交流 110V，正常.
⑩ SA2-2 动断触头上的 7 号线，测得电压值为交流 110V，正常.
⑪ SA2-2 动断触头上的 9 号线，测得电压值为交流 0V，不正常.
说明故障就在 SA2-2 上，触头接触不良或损坏.
(4) 故障点：SA2-2 的触头接触不良或损坏.
(5) 故障修复：断开铣床电源总开关 QS，根据故障点情况，修复或更换转换开关 SA2-2.
(6) 通电调试：排除故障后，应通电调试直至铣床工作正常.

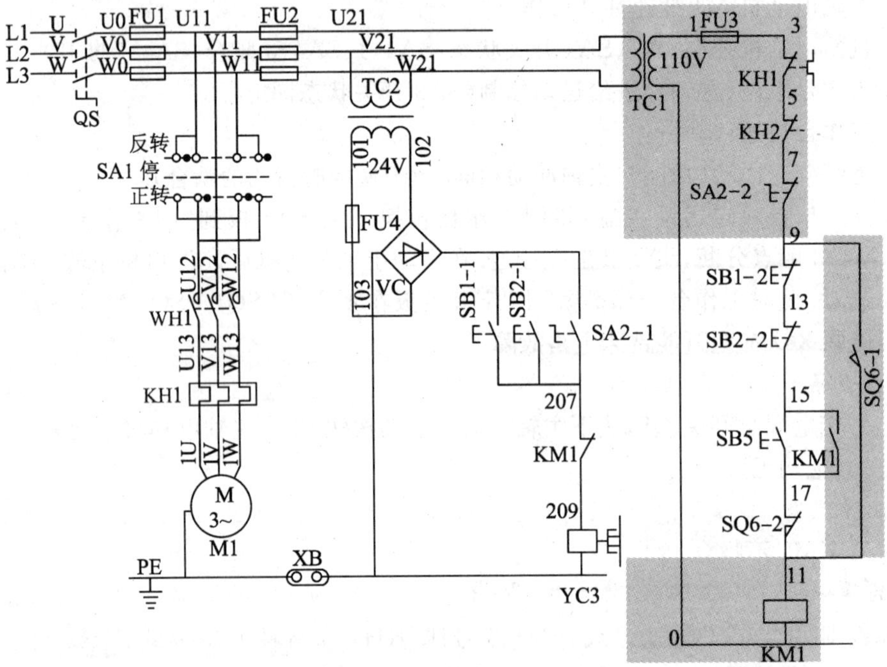

图 2-4-13　故障范围分析图 1

（二）故障 2

合上铣床电源总开关 QS，铣床主轴电动机运转后，操作工作台左右操纵手柄和“十”字操纵手柄，工作台在各个方向上（上、下、前、后、左、右 6 个方向）都不能进给运动，同时也不能进给冲动.

1. 故障现象

接触器 KM3、KM4 均不吸合.

2. 故障分析

故障范围可能在:15 号线、KM1、23 号线、KH3 动断触头、25 号线、0 号线局部,如图 2-4-14阴影区域内.

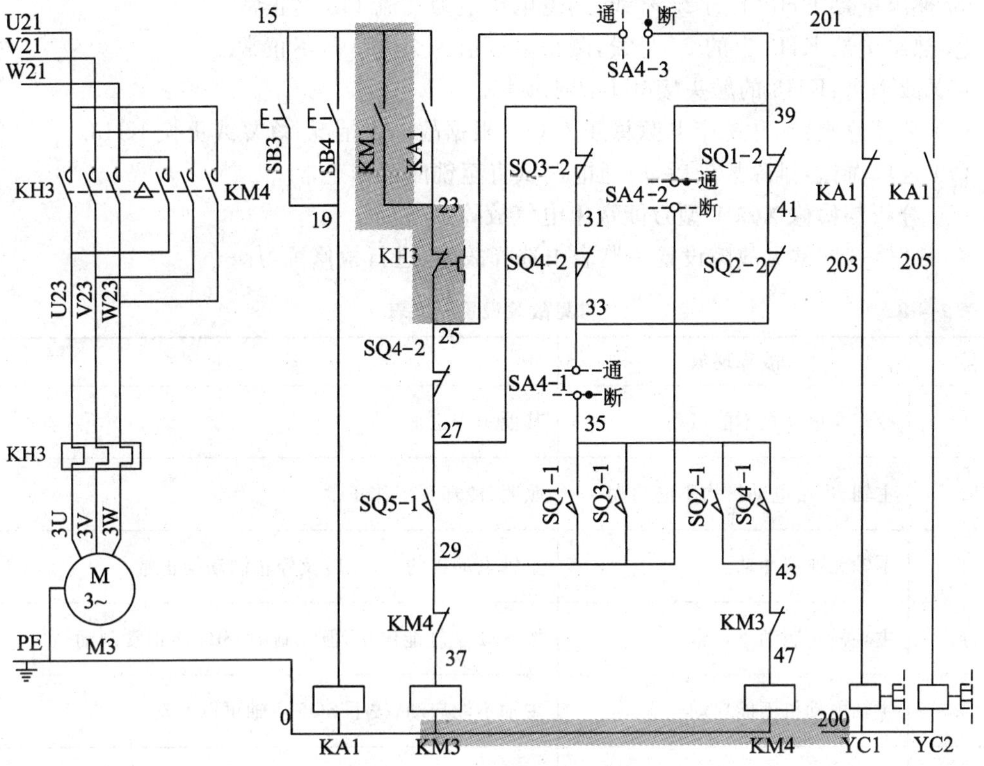

图 2-4-14　故障范围分析图 2

3. 检修步骤

采用电压分阶测量法检查.

(1) 将万用表转换开关拨至交流 250V 挡.

(2) 将黑表笔接在选择的基准参考点 TC1 上的 1 号线或 0 号线上.

(3) 合上铣床电源总开关 QS,将主轴电动机启动后,黑表笔接在选择的基准参考点 TC1 上的 1 号线,红表笔从 TC1 上的 0 号线逐点测量.

① TC1 上的 0 号线,测得电压值为交流 110V,正常.

② 接线端子 XT3 上的 0 号线,测得电压值为交流 110V,正常.

③ 接线端子 XT2 上的 0 号线,测得电压值为交流 110V,正常.

④ 接触器 KM4 上的 0 号线,测得电压值为交流 110V,正常.

⑤ 接触器 KM3 上的 0 号线,测得电压值为交流 110V,正常.

此时,说明 0 号线无故障.

(4) 检查 0 号线无故障后,再检查 15 号线、KM1、23 号线、KH3 动断触头、25 号线和元器件,方法应为以 TC1 上的 0 号线为基准参考点,红表笔从接触器 KM1 上 15 号线起逐点测量.

① 接触器 KM1 上的 15 号线,测得电压值为交流 110V,正常.

② 接触器 KM1 上的 23 号线,测得电压值为交流 110V,正常.

③ 热继电器 KH3 上的 23 号线,测得电压值为交流 110V,正常.

④ 热继电器 KH3 上的 25 号线,测得电压值为交流 0V,不正常.

(5) 故障点:KH3 的触头接触不良或损坏.

(6) 故障修复:断开铣床电源总开关 QS,根据故障点情况,修复或更换 KH3.

(7) 通电调试:排除故障后,应通电调试直至铣床工作正常.

三、分析与检修 X62W 型万能铣床电气故障

在表 2-4-8 即常见故障设置一览表中选择故障,进行检修练习.

表 2-4-8　　　　常见故障设置一览表

故障点	故障现象	备　注
1	冷却泵电动机不能启动	其他工作正常
2	主轴、进给电动机均不能启动	照明、冷却泵工作正常
3	主轴无变速冲动	主轴电动机的正、反转及停止制动均正常
4	主轴停止制动不正常	按 SB1 主轴能停止,但无制动,SB2 能正常制动
5	主轴电动机不能启动	主轴不能启动,按下 SQ6 主轴可以冲动
6	主轴停止不能制动	主轴启动后,按下 SB1 或 SB2 主轴都可以停止,但都没有制动
7	进给电动机不能启动	主轴能启动,进给电动机不能启动
8	进给变速无冲动,圆工作台不能工作	非圆工作台的上下、左右及前后进给工作正常
9	工作台不能左右进给	向上(或向后)、向下(或向前)进给正常,进给变速无冲动
10	工作台不能左右进给	向上(或向后)、向下(或向前)进给正常,能进行进给变速冲动
11	非圆工作台不工作	非圆工作台六个方向的进给都不能工作,进给变速冲动正常,圆工作台工作正常
12	工作台不能向左进给	非圆工作台工作时,不能向左进给,其他方向进给正常

续表

故障点	故障现象	备　注
13	进给电动机不能正转	圆工作台不能工作；非圆工作台工作时，不能向左、向上或向后进给
14	工作台不能向上或向后进给	非圆工作台工作时，不能向上或向后进给，其他方向进给正常
15	圆形工作台不能工作	非圆工作台工作正常，能进给冲动
16	非圆工作台不能向右进给	非圆工作台工作时不能向右进给，其他方向进给正常
17	非圆工作台不能上下(或前后)进给，不能快进	圆工作台工作正常；非圆工作台工作时，能左右进给，不能快进，不能上下(或前后)进给
18	非圆工作台不能向下(或向前)进给	非圆工作台工作时不能向下或向前进给，其他方向进给正常
19	只能一地快进操作	进给电动机启动后，按 SB3 不能快进，按 SB4 能快进
20	只能一地快进操作	进给电动机启动后，按 SB3 能快进，按 SB4 不能快进
21	不能快进	按 SB3、SB4 都不能快进
22	进给电动机不转	进给操作时，KM3 或 KM4 能动作，但进给电动机不转
23	主轴电动机不转	主轴启动时 KM1 能吸合，但主轴电动机不转

四、填写故障报告

故障报告见附表 2.

活动评价

一、活动记录

活动记录见附表 1.

二、活动实施评价表

活动实施评价表见表 2-4-9.

表 2-4-9　　活动实施评价表

<table>
<tr><td colspan="4">活动名称：X62W 型万能铣床电气控制线路的分析与检修</td><td colspan="6">班级：
小组：
姓名：</td></tr>
<tr><td rowspan="3">评价项目</td><td rowspan="3">评价标准</td><td rowspan="3">评价依据</td><td colspan="3">评价方式</td><td rowspan="3">权重</td><td rowspan="3">得分</td><td rowspan="3">总分</td></tr>
<tr><td>学生自评</td><td>小组评价</td><td>教师评价</td></tr>
<tr><td>0.2</td><td>0.3</td><td>0.5</td></tr>
<tr><td>职业素质</td><td>(1) 遵守安全管理规定和工作劳动纪律
(2) 按时按要求完成学习及工作任务
(3) 工作积极主动、勤学好问
(4) 工作岗位 6S 完成情况良好</td><td>(1) 出勤
(2) 工作态度
(3) 劳动纪律
(4) 团队协作精神</td><td></td><td></td><td></td><td>0.2</td><td></td><td></td></tr>
<tr><td>专业能力</td><td>(1) 会调试机床
(2) 会检修冷却泵电动机故障
(3) 会检修工作台故障
(4) 会检修进给电动机故障
(5) 会检修其他电气故障</td><td>(1) 操作(或叙述)的准确性和规范性
(2) 工作页或报告完成情况</td><td></td><td></td><td></td><td>0.7</td><td></td><td></td></tr>
<tr><td>创新能力</td><td>(1) 在任务完成过程中能提出自己的有一定见解的方案
(2) 在教学或生产管理上提出的建议具有创新性</td><td>(1) 方案的可行性及意义
(2) 建议的可行性</td><td></td><td></td><td></td><td>0.1</td><td></td><td></td></tr>
<tr><td>指导教师综合评价</td><td colspan="8">

指导教师签名：　　　　日期：</td></tr>
</table>

知识拓展

按布局形式和适用范围对铣床分类，如表 2-4-10 所示.

表 2-4-10　　铣床分类

序号	名　称	用途和特点	外　形　图
1	升降台铣床	有万能式、卧式和立式等，主要用于加工中小型零件，应用最广	
2	龙门铣	包括龙门铣镗床、龙门铣刨床和双柱铣床，均用于加工大型零件	
3	单柱铣床	水平铣头可沿立柱导轨移动，工作台做纵向进给，用于加工大型零件	

续表

序号	名　称	用途和特点	外　形　图
4	单臂铣床	立铣头可沿悬臂导轨水平移动，悬臂也可沿立柱导轨调整高度，用于加工大型零件	
5	仪表铣床	一种小型的升降台铣床，用于加工仪器仪表和其他小型零件	
6	工具铣床	用于模具和工具制造，配有立铣头、万能角度工作台和插头等多种附件，还可进行钻削、镗削和插削等加工	

还有其他铣床，例如：

(1) 为加工相应的工件而制造的专用铣床，如键槽铣床、凸轮铣床、曲轴铣床、轧辊轴颈铣床和方钢锭铣床等.

(2) 按控制方式，铣床又分为仿形铣床、程序控制铣床和数字控制铣床.

任务五　T68 型卧式镗床电气控制线路的检修

任务描述

T68 型卧式镗床是一种精密加工机床，主要用来加工各种复杂或大型的工件，如箱体零件、机体等，除镗孔外，还可以进行钻孔、扩孔和铰孔、车削内外螺纹等. 本任务通过教师或镗床操作人员现场示教如何简单操作 T68 型卧式镗床，了解本机床的机械结构和电气控制特点，能够分析 T68 型卧式镗床的电气工作原理，并在教师的指导下在本机床上进行故障判断和故障排除训练.

活动一　T68 型卧式镗床的认识

活动描述

本活动主要通过观察和操作 T68 型卧式镗床，来认识它的用途、结构，了解操作流程，分析其工作原理，并做好记录.

学习目标

◇ 知道 T68 型卧式镗床的用途，说出 T68 型卧式镗床的结构组成.
◇ 会分析 T68 型卧式镗床电路原理图.
◇ 会绘出电路位置图和接线图.

学习地点

实训车间或一体化教室(配备多媒体教学设备).

学习准备

T68 型卧式镗床(或模拟设备)及相关说明书、导线及元器件若干、常用电工工量具一套.

知识准备

一、T68 型卧式镗床的机械、电气结构

T68 型卧式镗床的外形如图 2-5-1 所示.

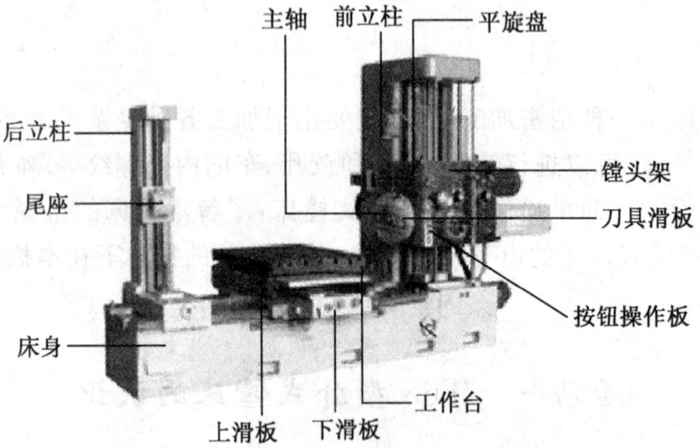

图 2-5-1　T68 型卧式镗床外形图

二、T68 型卧式镗床的电气结构

T68 型卧式镗床的电气控制主要由按钮开关、操作手柄、行程开关、电气控制电路及电动机等部分组成.其中,主轴电动机正反转启动由正反转启动按钮 SB2、SB3 控制,主轴电动机正反转点动由按钮 SB4、SB5 控制,主轴电动机停止由按钮 SB1 控制.

主轴在运动中需要变速,可以将主轴变速操纵手柄拉出,相应的行程开关控制电动机通电状态,待调整完转速后,再将主轴变速操纵手柄推回,电动机将按照变速后的新转速进行工作.

镗头架和工作台做各种快速移动,运动部件及其运动方向的预选由装设在工作台前方的操纵手柄进行,而控制则用镗头架上的快速操纵手柄实现.当扳动快速操纵手柄时,将压合行程开关实现 M2 的正转(或反转),再通过相应的传动机构使运动部件按照选定方向做快速移动.当快速移动操纵手柄复位时,行程开关不再受压,M2 停止旋转,快速移动结束.

三、T68 型卧式镗床的运动形式和控制要求

1. 运动形式

T68 型卧式镗床有主运动、进给运动、辅助运动三种运动形式,如图 2-5-2 所示.

(1) 主运动:主轴的旋转运动和花盘的旋转运动.

(2) 进给运动:主轴的轴向进给、花盘刀具溜板的径向进给、主轴箱沿前立柱导轨的升降运动、工作台的横向和纵向进给.

(3) 辅助运动:工作台的回转运动、后立柱的轴向水平移动、尾架的垂直移动以及各部分的快速移动.

机床的主体运动及各种常速进给运动都是由主轴电动机来驱动的,机床各部分的快速进给运动由快速进给电动机来驱动.

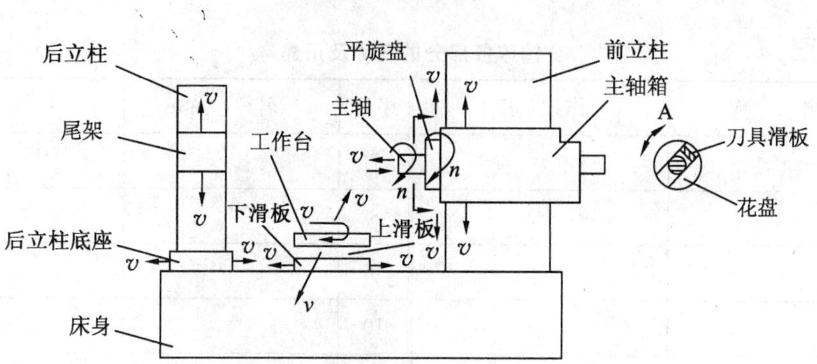

图 2-5-2　T68 型卧式镗床的运动形式

2. 控制要求

(1) 为适应各种工件的加工工艺,主轴应有较大的调速范围,且要求恒功率调速,一般采用机电联合调速.

(2) 由于采用滑移齿轮变速,为防止顶齿现象,要求主轴系统变速时做低速断续冲动.

(3) 主轴能做正反转低速调整,要求主轴电动机实现正反转.

(4) 为使主轴迅速、准确停车,主轴电动机应有电气制动.

(5) 主轴电动机低速时可以直接启动,在高速时控制电路要保证先接通低速,经延时再接通高速,以减少启动电流.

(6) 由于进给部件多,为缩短辅助时间,快速进给用另一台电动机拖动.

活动实施

一、列出 T68 型卧式镗床各部分的名称及用途

观看 T68 型卧式镗床的视频录像,查看 T68 型卧式镗床的外形结构,说出图 2-5-3 所示镗床各部分的名称及用途,填入表 2-5-1 中.

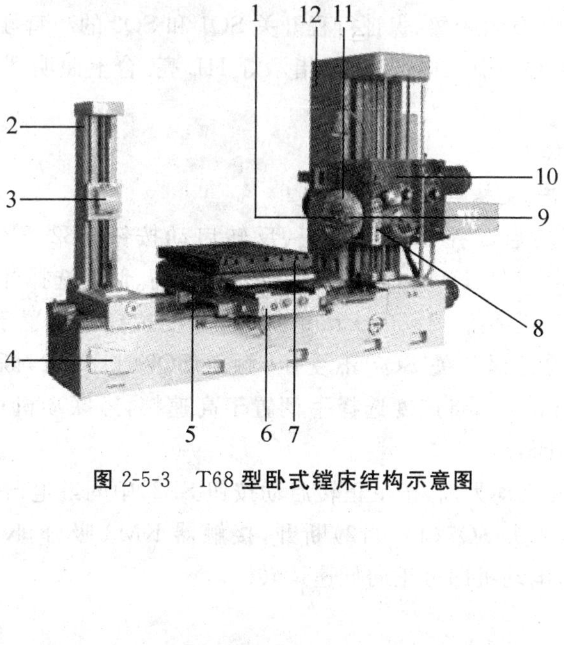

图 2-5-3　T68 型卧式镗床结构示意图

表 2-5-1　　镗床各部分的名称及用途

序号	名　称	作　用	序号	名　称	作　用
1			7		
2			8		
3			9		
4			10		
5			11		
6			12		

二、分析 T68 型卧式镗床电气控制线路

T68 型卧式镗床电路原理图如图 2-5-4 所示.

主轴电动机 M1 为主轴与进给电动机，是一台 4/2 极的双速电动机，绕组接法为△/YY 形. 通过变速箱等传动机构带动主轴及平旋盘、润滑泵转动. M1 由五只接触器控制，其中 KM1、KM2 为电动机正、反转接触器，KM3 为制动电阻短接接触器，KM4 为低速运转接触器，KM5 为高速运转接触器(KM5 是一只双线圈接触器或由两只接触器并联使用). 主轴电动机正、反转停车时，均由速度继电器 KS 控制实现反接制动，为减小制动电流和机器冲击，M1 在制动、点动及变速冲动控制时串入限流电阻. 另外，还设有短路保护和过载保护.

快速进给电动机 M2 由接触器 KM6、KM7 控制，实现正、反转控制，设有短路保护. 因快速进给电动机为短时运行无需采用热继电器进行过载保护.

(一) 开车前准备

(1) 选择好主轴转速和进给量.

(2) 调整主轴箱和工作台位置，保证行程开关 SQ1 和 SQ2 的动断触头均处于闭合状态.

(3) 合上电源开关 QS，引入电源，通电指示灯 HL 亮. 合上照明开关 SA，局部工作照明灯 EL 亮.

(二) 主轴电动机控制

1. 主轴电动机的正、反转启动控制

主轴电动机正、反转启动控制环节由正、反转启动按钮 SB2、SB3，中间继电器 KA1、KA2 和正、反转接触器 KM1、KM2 等组成，另设有主轴高、低速选择开关 SQ7.

主轴低速运转时(△形接法/1460r·min^{-1})，将速度选择手柄置于低速挡，此时与速度选择手柄有联动关系的行程开关 SQ7 不受压，触点 SQ7(11－12)断开，主轴高速运转时(YY 形接法/2880r·min^{-1})，将速度选择手柄置于高速挡，经联动机构将行程开关 SQ7 压下，触点 SQ7(11－12)闭合.

以主轴电动机正转启动为例，按下正转启动按钮 SB2，中间继电器 KA1 吸合.

主轴低速运转时，触头 SQ7(11－12)断开，接触器 KM3 吸合，KM3(11－12)闭合，使 KM1、KM4 通电吸合，电动机即可正向低速运转.

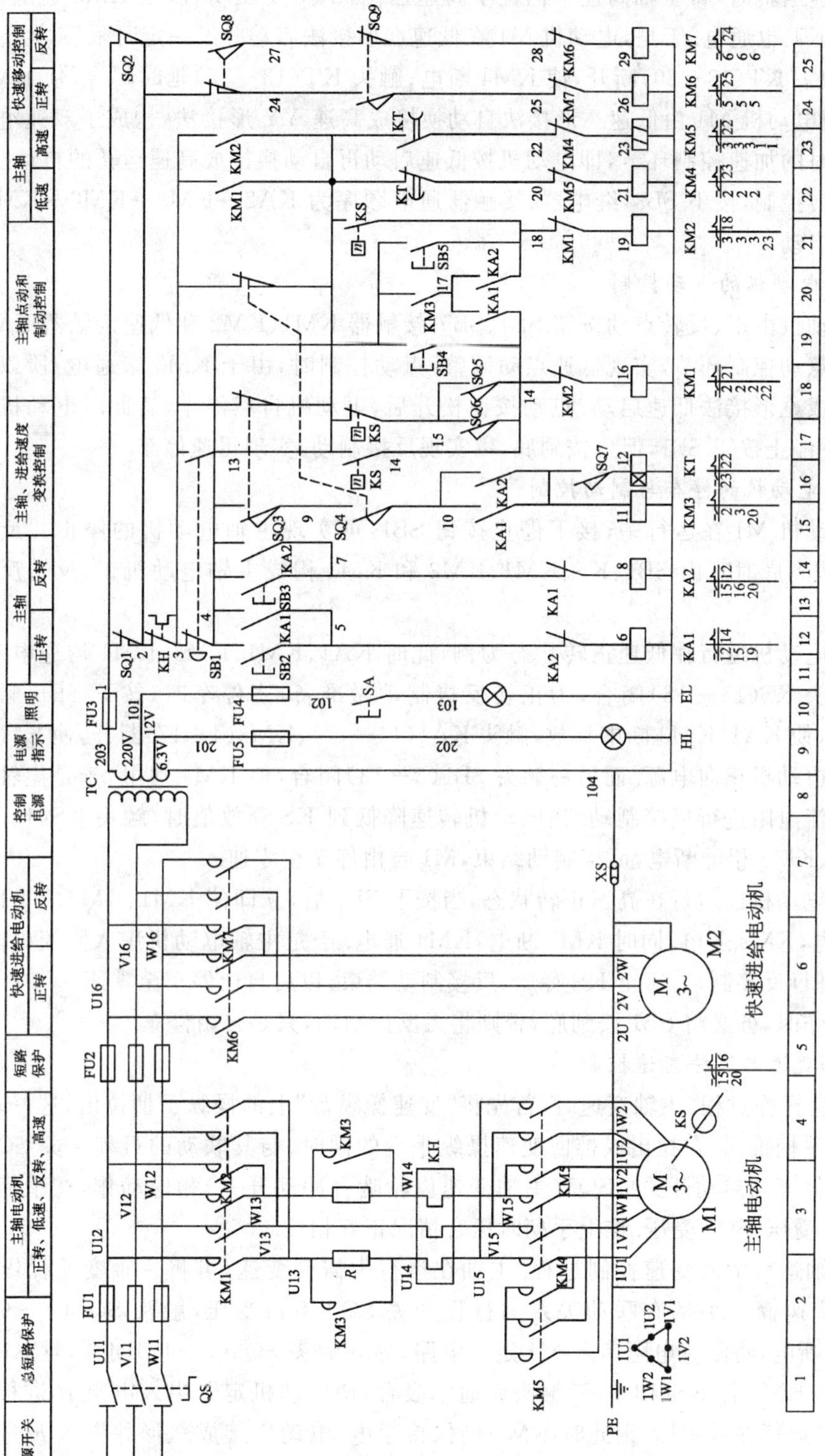

图 2-5-4 T68 卧式镗床原理图

主轴高速运转时，将主轴高速手柄置于高速挡位，SQ7 受压闭合，在 KM3 通电的同时，时间继电器 KT 也通电. 于是，电动机 M1 在低速△形接法启动并经一定时限后，因 KT 通电延时断开，触头 KT(13—20)断开，使 KM4 断电；触头 KT(13—22)延时闭合，使 KM5 通电吸合，从而使电动机 M1 由低速△形接法自动换接成高速 YY 形接法，构成了双速电动机高速运转启动时的加速控制环节，即电动机按低速启动再自动换接成高速运转的自动控制.

如需反转控制，按下 SB3，继电器、接触器通电顺序为 KA2→KM3→KM2→KM4，电动机即可反向启动.

2. 主轴电动机的点动控制

主轴电动机由正、反转点动按钮 SB4、SB5，接触器 KM1、KM2 和低速接触器 KM4 构成正反转低速点动控制环节，实现低速点动调整. 点动控制时，由于 KM3 未通电，所以电动机串入电阻接成△形接法低速启动. 点动按钮松开后，电动机自然停车，若此时电动机转速较高，则可按下停止按钮 SB1，但要按到底，以实现反接制动，实现迅速停车.

3. 主轴电动机的停车与制动控制

主轴电动机 M1 在运行中，按下停止按钮 SB1，可实现主轴电动机的停止并反接制动(当将 SB1 按到底时). 由 SB1、KS、KM1、KM2 和 KM3 构成主轴电动机正、反转反接制动环节.

以主轴电动机运行在低速正转状态为例，此时 KA1、KM1、KM3、KM4 均通电吸合，速度继电器触头 KS(13—18)闭合，为正转反接制动做准备. 当停车时，按下 SB1，触头 SB1(3—4)断开，使 KA1、KM3 断电释放，触头 KA1(14—17)、KM3(4—17)断开，使 KM1 断电，切断了主轴电动机正向电源. 而另一触头 SB1(3—13)闭合，使 KM4 通电，于是主轴电动机定子串入限流电阻进行反接制动. 当电动机转速降低到 KS 释放值时，触头 KS(13—18)释放，使 KM2、KM4 相继断电，反接制动结束，M1 自由停车至零速.

若主轴电动机已运行在高速正转状态，当按下 SB1 后，立即使 KM1、KM3、KT 断电，再使 KM1 断电，KM2 通电，同时 KM5 断电，KM4 通电. 于是主轴电动机串入限流电阻，接成△形接法，进行反接制动，直至 KS 释放，反接制动结束，以后自由停车至零速.

停车操作时，务必将 SB1 按到底，否则将无反接制动，只是自由停车.

4. 主轴变速与进给变速控制

(1) 变速操作过程. 主轴变速时，首先将“变速操纵盘”上的操纵手柄拉出，选好速度后，将变速操纵手柄推回. 在拉出或推回变速操纵手柄的同时，与其联动的行程开关 SQ3(主轴变速时自动停车与启动开关)、SQ5(主轴变速齿轮啮合冲动开关)相应动作，在手柄拉出时开关 SQ3 不受压，SQ5 受压. 推上手柄时压合情况正好相反.

(2) 主轴运行中的变速控制过程. 主轴在运行中需要变速，可将主轴变速操纵手柄拉出，这时与变速操纵手柄有联动关系的行程开关 SQ3 不再受压，触头 SQ3(4—9)断开，KM3、KM1 断电，将限流电阻串入 M1 定子电路；另一触头 SQ3(3—13)闭合，且 KM1 已断电释放，于是 KM2 经 KS(13—18)触头而通电吸合，使电动机定子串入电阻 R 进行反接制动. 若电动机运行在低速挡，则此时 KM4 仍保持通电，电动机接成△形并串入 R 进行反接制动；若电动机原运行在高速挡，则此时将 YY 形接法换成△形接法，串入 R 进行反接制动.

然后转动变速操纵盘至所需转速位置，速度选好后，将变速操纵手柄推回原位，若此时因齿轮啮合不上变速手柄推不上时，行程开关 SQ5 受压，触头 SQ5 闭合，KM1 经触头 KS(13－15)、SQ3(13－3)接通电源，同时 KM4 通电，使主轴电动机串入 R、接成△形低速启动. 当转速上升接近至 120r/min 时，KS(13－15)又断开，KM1、KM4 线圈失电释放，M1 又断电停转. 当转速降到约 40r/min 时，KS(13－15)再次闭合，KM1、KM4 再次吸合，M1 再次启动，使电动机 M1 的转速在 40～120r/min 范围内重复动作，直至齿轮啮合后，方能推合变速操纵手柄，变速冲动才告结束. 手柄推合后，压下 SQ3，而 SQ5 不再受压，上述变速冲动才结束，变速过程才完成. 此时由触头 SQ5 切断上述瞬动控制电路，而触头 SQ3(4－9)闭合，使 KM3、KM1 相继通电吸合，主轴电动机自行启动，拖动主轴在新选定的转速下旋转.

至于在主轴电动机未启动前预选主轴速度的操作方法及控制过程与上述完全相同，不再重复.

T68 型卧式镗床进给变速控制与主轴变速控制相同. 它是通过进给变速操纵盘改变进给传动链的传动比来实现的.

（三）镗头架、工作台快速移动控制

快速进给电动机 M2 经传动机构拖动镗头架和工作台做各种快速移动. 运动部件及其运动方向的预选由装设在工作台前方的操纵手柄进行，而控制则用镗头架上的快速操纵手柄控制. 当扳动快速操纵手柄时，将压合行程开关 SQ8(或 SQ9)，接触器 KM6(KM7)通电，实现 M2 的正转(或反转)，再通过相应的传动机构使运动部件按选定方向做快速移动. 当快速移动操纵手柄复位时，行程开关 SQ8(或 SQ9)不再受压，KM6(或 KM7)断电释放，M2 停止旋转，快速移动结束.

（四）机床的联锁保护

T68 型卧式镗床具有完善的机械和电气联锁保护. 如当工作台或镗头架自动进给时，不允许主轴或平旋盘刀架进行自动进给，否则将发生事故，为此设置了两个联锁保护行程开关 SQ1 和 SQ2. 其中 SQ1 是与工作台和镗头架自动进给手柄联动的行程开关，SQ2 是与主轴和平旋盘刀架自动进给手柄联动的行程开关. 将 SQ1、SQ2 动断触点并联后串接在控制电路中，若扳动两个自动进给手柄，将使触点 SQ1 与 SQ2 断开，切断控制电路，使主轴电动机、快速进给电动机均不能启动或运转，从而实现联锁保护.

三、测绘接线图

(1) 阅读镗床的资料，明确 T68 型卧式镗床的基本动作和基本电路组成.

(2) 通过操作设备，现场认知镗床各元器件的位置，并绘出元器件位置图.

(3) 测绘主电路接线图，标注线号.

(4) 测绘控制电路接线图.

(5) 对照电气原理图验证电器安装接线图.

活动评价

一、活动记录

活动记录见附表 1.

二、活动实施评价表

活动实施评价表见表 2-5-2.

表 2-5-2　　活动实施评价表

活动名称：T68 型卧式镗床的认识				班级： 小组： 姓名：				
评价项目	评价标准	评价依据	评价方式			权重	得分	总分
			学生自评	小组评价	教师评价			
			0.2	0.3	0.5			
职业素质	(1) 遵守安全管理规定和工作劳动纪律 (2) 按时按要求完成学习及工作任务 (3) 工作积极主动、勤学好问 (4) 工作岗位 6S 完成情况良好	(1) 出勤 (2) 工作态度 (3) 劳动纪律 (4) 团队协作精神				0.2		
专业能力	(1) 熟悉镗床的结构 (2) 会分析 T68 型卧式镗床的电气控制原理 (3) 能测绘 T68 型卧式镗床的电气接线图	(1) 操作(或叙述)的准确性和规范性 (2) 工作页或报告完成情况				0.7		
创新能力	(1) 在任务完成过程中能提出自己的有一定见解的方案 (2) 在教学或生产管理上提出的建议具有创新性	(1) 方案的可行性及意义 (2) 建议的可行性				0.1		
指导教师综合评价	指导教师签名：　　　　日期：							

活动二　T68 型卧式镗床电气控制线路的分析与检修

活动描述

本活动在分析 T68 型卧式镗床的电气控制线路的工作原理和绘制位置图、接线图的基础上，了解该机床的常见故障及其原因，学习故障分析思路与故障排除的方法，从而实现故障的正确检修.

学习目标

◇ 掌握对 T68 型卧式镗床电气控制线路常见故障分析与检修的方法和步骤.

◇ 提高检修电气控制线路故障的能力.

学习地点

实训车间或一体化教室(配备多媒体教学设备).

学习准备

T68 型卧式镗床(或模拟设备)及相关说明书、常用电工工量具一套.

知识准备

首先,查清不动作的电动机工作电路.在不通电的情况下,以该电动机的接线盒为起点开始查找,顺着电源线找到相应的控制接触器.然后,以此接触器为核心,一方面从主触点开始,继续查到三相电源,查清主电路;另一方面从接触器线圈的两个接线端子开始向外延伸,经过什么电器,弄清控制电路的来龙去脉.必要的时候,边查找边画出草图.若需拆卸时,要记录拆卸的顺序、电器结构等,再采取排除故障的措施.

活动实施

一、调试 T68 型卧式镗床

调试 T68 型卧式镗床,将结果填入表 2-5-3 中.

表 2-5-3　　T68 型卧式镗床调试情况记录表

序号	操作步骤	操作内容
1	运行前的准备	
2	主轴电动机低速正向运转	
3	主轴电动机高速正向运转	
4	主轴电动机正反向点动操作	
5	主轴电动机反接制动操作	
6	主轴变速与进给变速操作	
7	工作台或主轴的快速移动操作	

二、分析并检修 T68 型卧式镗床电路故障

(一) 故障现象 1

整机不工作.

1. 故障分析

故障可能的范围:电源部分、QS、U11、V11、FU1、U12 局部、V12 局部、U16 局部、V16 局部、TC、203 号线、FU3、1 号线、104 号线、3 号线局部.

2. 故障检修

检修流程图如图 2-5-5 所示.

3. 故障修复

查明损坏原因,更换相同规格元器件或修复连接导线.

(二) 故障现象 2

合上电源开关 QS,按下正转启动按钮 SB2 或反转启动按钮 SB3,主轴电动机 M1 均不工作.

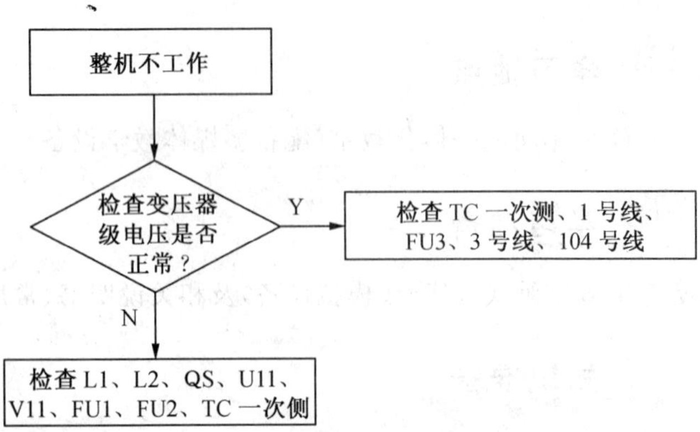

图 2-5-5 故障现象 1 检修流程图

1. 故障分析

按下主轴电动机的启动按钮 SB2、SB3,电动机 M1 不运转,故障原因可能是:电源故障、主轴箱和工作台的自动进给手柄均在工作位置、变速位置开关 SQ3 或 SQ4 动合触头接触不良、KA1 和 KA2 线圈及其动合触头故障、接触器 KM1～KM4 线圈及其相应触头故障、主轴电动机 M1 故障等.

2. 故障检修

检修流程图如图 2-5-6 所示.

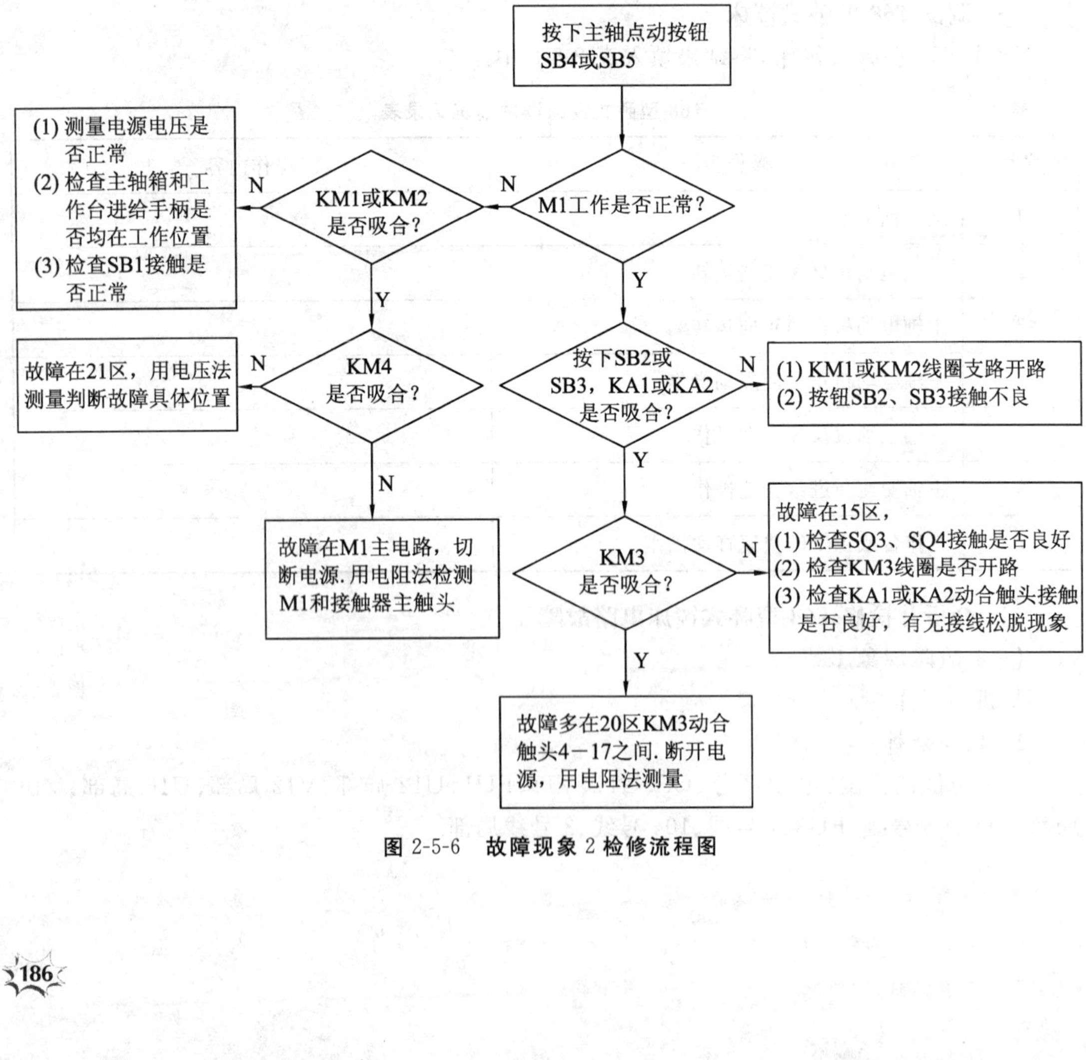

图 2-5-6 故障现象 2 检修流程图

3. 故障修复

根据检修流程图,查明故障原因,更换相同规格元器件或修复连接导线.

提示

主轴电动机不工作的故障可通过扳动快速进给电动机的操纵手柄,看快速进给电动机M2是否工作来判断总电源及控制回路电源的公共通道是否故障,但工作台上有工件或已调好加工位置时应谨慎操作.

(三) 故障现象 3

主轴变速盘处于高速挡位置,按下主轴启动按钮 SB2,主轴启动后低速运行,但不向高速挡转移而自动停止.

1. 故障分析

电动机能低速启动,说明接触器 KM3、KM1、KM4 工作正常;低速启动后,不向高速挡转移而自动停止,说明时间继电器 KT 已工作,其延时断开动断触头(13—20)能自动切断 KM4 线圈的电源,但不能接通接触器 KM5 线圈的电源.因此,故障主要在 22 区以及接触器 KM5 主回路.

2. 故障检修

检修流程图如图 2-5-7 所示.

3. 故障修复

根据检修流程图确定故障点,更换相同规格元器件或修复连接导线.

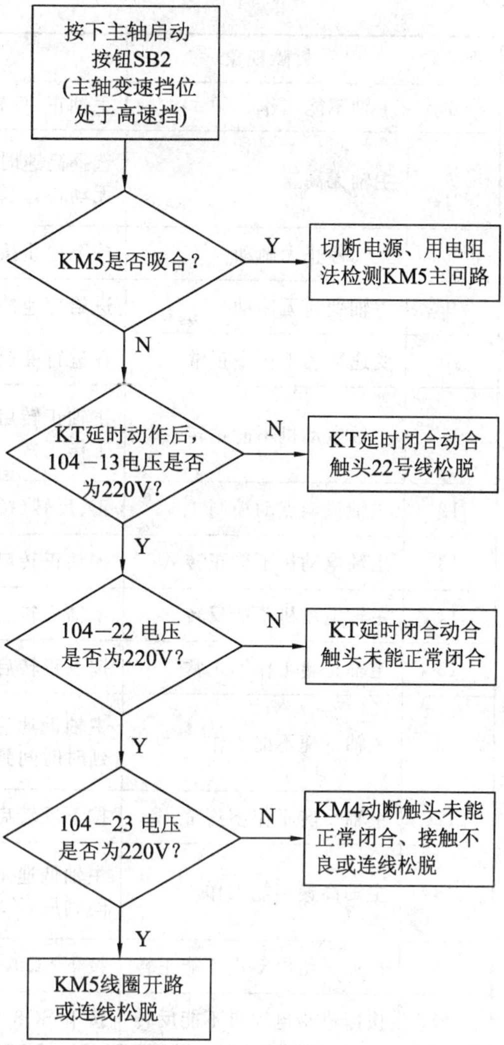

图 2-5-7　故障现象 3 检修流程图

三、分析与检修 T68 型卧式镗床电气故障

根据表 2-5-4 即常见故障设置一览表,设置故障并检修.

表 2-5-4　常见故障设置一览表

故障点	故障现象	备　注
1	机床不能启动	主轴电动机、快速进给电动机都无法启动
2	主轴正转不能启动	按下正转启动按钮 SB2 无任何反应
3	主轴反转不能启动	按下反转启动按钮无任何反应
4	主轴正转不能启动	正转启动,KA1 吸合,其他无动作;反转工作正常
5	主轴反转不能启动	反转启动,KA2 吸合,其他无动作;正转工作正常

续表

故障点	故障现象	备　注
6	主轴不能工作	主轴正、反转都不能启动
7	主轴无高速	选择高速时，按下启动按钮（SB2 或 SB3）主轴低速启动，KT、KM5 无动作，主轴不能切换到高速
8	主轴停止无制动	按下停止按钮 SB1，控制电路无反接制动动作，主轴自然停车
9	主轴变速无冲动	进给变速冲动工作正常，主机变速冲动没有
10	变速冲动工作不正常	在进行变速时，只有一次冲动，不能进行连续的冲动
11	主轴电动机不能正转	主轴正转启动时主轴电动机不能工作（主轴电动机不转），反转启动工作正常
12	主轴只能点动控制	正、反转（按下 SB2 或 SB3）不能启动，只能点动（SB4 或 SB5）控制
13	主轴电动机不能正转	主轴正转启动不能工作，反转启动工作正常，变速冲动正常
14	主轴电动机不能反转	主轴反转启动不能工作，反转点动控制不工作
15	主轴正转工作不正常	按下正转启动按钮 SB2，主轴正转；松开 SB2，主轴停止
16	主轴低速不能工作	主轴低速启动不能工作；高速启动时没有低速过渡，在时间继电器延时时间到后，主轴直接高速运行
17	主轴反转工作不正常	按下反转启动按钮 SB3，主轴反转；松开 SB3，主轴停止
18	主轴高速不能工作	主轴低速工作正常；高速启动时，主轴低速运行，时间继电器延时时间到后，KM4 释放，主轴电动机停止
19	快速进给电动机不能正转	按下 SQ9，快速进给电动机不工作
20	快速进给电动机不能反转	按下 SQ8，快速进给电动机不工作
21	快速进给电动机不转	按下 SQ9 或 SQ8，KM6、KM7 能吸合，但电动机不转

四、填写故障报告

将故障报告填入附表 2 中.

活动评价

一、活动记录

活动记录见附表 1.

二、活动实施评价表

活动实施评价表见表 2-5-5.

表 2-5-5　　　　**活动实施评价表**

活动名称：T68 型卧式镗床电气控制线路的分析与检修						班级： 小组： 姓名：		
评价项目	评价标准	评价依据	评价方式			权重	得分	总分
			学生自评	小组评价	教师评价			
			0.2	0.3	0.5			
职业素质	(1) 遵守安全管理规定和工作劳动纪律 (2) 按时按要求完成学习及工作任务 (3) 工作积极主动、勤学好问 (4) 工作岗位 6S 完成情况良好	(1) 出勤 (2) 工作态度 (3) 劳动纪律 (4) 团队协作精神				0.2		
专业能力	(1) 会调试 T68 型卧式镗床 (2) 会检修主轴电动机故障 (3) 会检修快速进给电动机故障	(1) 操作(或叙述)的准确性和规范性 (2) 工作页或报告完成情况				0.7		
创新能力	(1) 在任务完成过程中能提出自己的有一定见解的方案 (2) 在教学或生产管理上提出的建议具有创新性	(1) 方案的可行性及意义 (2) 建议的可行性				0.1		
指导教师综合评价	指导教师签名：　　　　日期：							

知识拓展

表 2-5-6 介绍了几种常见的镗床.

表 2-5-6　　　　**几种常见的镗床**

序号	名　称	用途和特点	外　形　图
1	卧式镗床	卧式镗床是镗床中应用最广泛的一种.它主要用于孔加工,镗孔精度可达 IT7,表面粗糙度 R_a 值为 1.6～0.8μm.卧式镗床的主参数为主轴直径.镗轴水平布置并做轴向进给,主轴箱沿前立柱导轨垂直移动,工作台做纵向或横向移动,进行镗削加工.这种机床应用广泛且比较经济,它主要用于箱体(或支架)类零件的孔加工及与孔有关的其他加工	

序号	名　称	用途和特点	外　形　图
2	坐标镗床	坐标镗床是一种高精度机床.它的特点是具有精密坐标定位装置.坐标镗床可分为单柱式坐标镗床、双柱式坐标镗床和卧式坐标镗床.它主要用于镗削尺寸、形状、特别是位置精度要求较高的孔系,也可用于精密坐标测量、样板划线、刻度等加工工艺中	
3	金刚镗床	金刚镗床是用金刚石或硬质合金等刀具进行精密镗孔的镗床.其特点是以很小的进给量和很高的切削速度进行加工,因而加工的工件具有较高的尺寸精度(IT6),表面粗糙度可达到 0.2μm	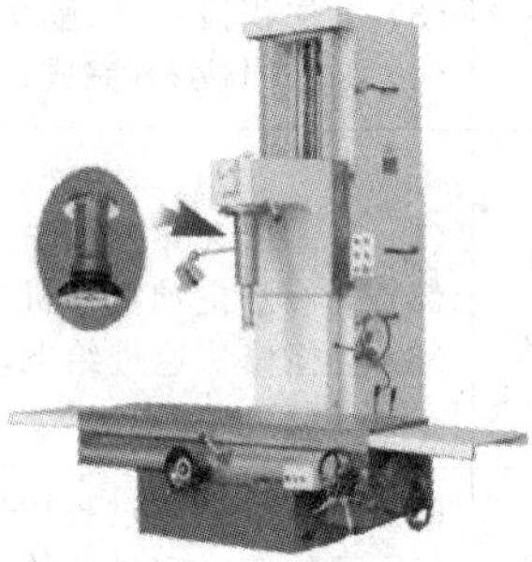
4	深孔钻镗床	深孔钻镗床本身刚性强,精度保持好,主轴转速范围广,进给系统由交流伺服电动机驱动,能适应各种深孔加工工艺的需要	
5	落地镗床	工件安置在落地工作台上,立柱沿床身做纵向或横向运动,用于加工大型工件	

项目三　PLC控制技术的基本应用

项目学习目标

- 熟悉 PLC 的硬件知识，能熟练使用 PLC 编程软件 GX Developer.
- 会查阅相关手册，学习并使用三菱 PLC.
- 掌握 PLC 控制系统设计的基本内容和步骤，熟悉 PLC 的常用编程设计方法，会使用基本指令和功能指令编写程序，实现较复杂的电气控制.
- 熟悉继电—接触器式线路的 PLC 改造方法，并能实施机床的电气控制系统改造.

任务一　电动机单向连续电路的 PLC 控制

任务描述

在项目一中，利用接触器可以实现三相异步电动机的启停控制，如图 3-1-1 所示，按下启动按钮 SB2，电动机启动；按下停止按钮 SB1，电动机停止. 若改变电动机的控制要求，启动按钮 SB2 按下后 3s 电动机启动，这时就要增加一个具有通电延时功能的继电器，主电路可以保持不变，但其控制电路的接线需要根据控制要求改变. 如果采用 PLC 控制，则不需要修改外部接线，直接修改 PLC 程序即可，非常方面、灵活. 本任务要完成一个基于 PLC 的电动机单向连续控制电路的设计、安装与调试.

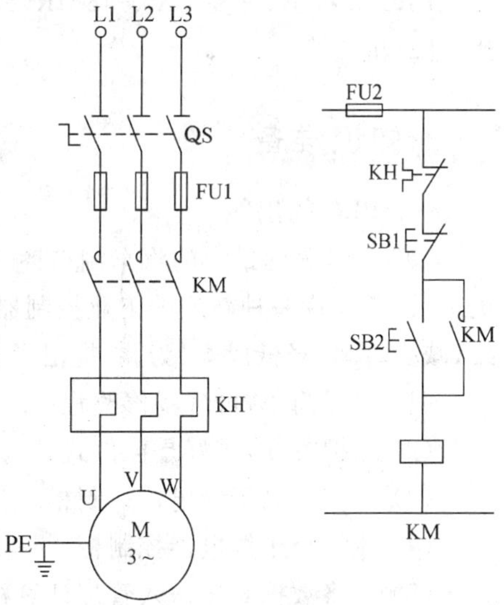

图 3-1-1　三相异步电动机单向连续控制电路

活动一 PLC 的认识

活动描述

PLC 是一种专门为在工业环境下应用而设计的数字运算操作的电子装置，它具有性能完善、可靠性高、易学易用等特点，广泛应用于钢铁、石油、化工、电力、建材、机械制造、汽车、轻纺、交通运输、环保及文化娱乐等各个行业．本活动通过教师讲解、示教，学生观察与操作等形式，了解 PLC 的结构、基本原理，认识 PLC 的输入/输出口的作用，连接 PLC 的输入信号，操作实验板，做好学习记录，完成对 PLC 的初步认识．

学习目标

◇ 了解 PLC 的发展历史及其现实应用．

◇ 初步认识 PLC 的形状、结构与特点，识别主流厂家的 PLC．

◇ 了解 PLC 的输入继电器和输出继电器，能连接 PLC 的信号输入部分．

学习地点

PLC 实训室(配备多媒体教学设备)．

学习准备

PLC 参考书、三菱 FX_{2N}-48MR(或 FX_{3U}-48MR)PLC 控制板、常用电工工量具一套、导线、计算机等．

知识准备

一、PLC 的出现

1968 年，美国最大的汽车制造商——通用汽车制造公司(GM)，为适应汽车型号的不断更新，试图寻找一种新型的工业控制器，以尽可能减少重新设计和更换控制系统的硬件及接线，减少时间，降低成本，为此，提出了著名的“GM10 条”，即

(1) 编程简单，可现场修改程序．

(2) 维护方便，最好是插件式．

(3) 可靠性高于继电器控制柜．

(4) 体积小于继电器控制柜．

(5) 可将数据直接送入管理计算机．

(6) 在成本上可与继电器控制器竞争．

(7) 输入可以是交流 115V．

(8) 输出为交流 115V，2A 以上，能直接驱动电磁阀．

(9) 在扩展时，原有系统只需要很小的变更.

(10) 用户程序存储器容量至少能扩展到 4K 步.

一年之后，美国数字设备公司(DEC)率先研制出第一台可编程控制器，并在通用汽车公司的流水线上试用成功，从而开创了工业控制的新局面.

二、PLC 的发展

早期的可编程控制器是为取代继电器控制线路、存储程序指令、完成顺序控制而设计的，主要用于逻辑运算和计时、计数等顺序控制，均属开关量控制. 所以，通常称为可编程序逻辑控制器. 至 20 世纪 80 年代，随着大规模和超大规模集成电路等微电子技术的发展，以 16 位、32 位和 64 位微处理器构成的微型计算机得到了惊人的发展，在概念、设计、性能、价格以及应用等方面 PLC 都有了新的突破，不仅控制功能增强、功耗和体积减小、成本下降、可靠性提高、编程和故障检测更为灵活方便，而且随着远程 I/O 和通信网络、数据处理以及图像显示的发展，PLC 向着用于连续生产过程控制的方向发展，成为实现工业生产自动化的支柱设备之一. PLC 历经 40 多年，已经发展到了今天的第四代.

提示

PLC 的定义

1982 年，国际电工委员会(IEC)颁布了 PLC 标准草案第 1 稿，1985 年提交了第 2 稿，并在 1987 年的第 3 稿中对 PLC 做了如下的定义："PLC 是一种数字运算的电子系统，专为工业环境下应用而设计. 它采用可编制程序的存储器，用来在其内部存储执行逻辑运算、顺序控制、定时、计数和算术运算等操作的指令，并通过数字式或模拟式的输入和输出，控制各种类型的生产机械或生产过程. 可编程控制器及其有关的外围设备，都应按照易于与工业控制系统形成一个整体、易于扩展其功能的原则而设计."

三、PLC 的分类

(一) 按结构形式分

1. 整体式

整体式的 PLC 将各组成部分安装在一块或少数几块电路板上，并连同电源一起安装在机壳内. 例如，西门子的 S7-200 系列、松下的 FP1 系列、欧姆龙的 CPM1A 系列、三菱的 FX 系列等.

2. 模块式

模块式的 PLC 也称为积木式的 PLC，PLC 的各个组成部分以模块的形式存在，如电源模块、CPU 模块、I/O 模块等. 通常把这些模块插在底板上，安装在机架上. 例如，西门子的 S7-400 系列、欧姆龙的 C2000H 系列、三菱的 QnA/AnA 系列等.

(二) 按 I/O 点数分

1. 小型 PLC

小型 PLC I/O 点数在 256 点以内，用户程序存储器容量在 2K 步左右，具有逻辑运算、定时、计数等功能，实现条件控制、定时计数控制、顺序控制等，如图 3-1-2 所示.

图 3-1-2　小型 PLC

2. 中型 PLC

中型 PLC I/O 点数在 256～2048 点左右，用户程序存储器容量在 2K 步～8K 步之间，具有逻辑运算、算术运算、数据传输、数据通信、模拟量输入/输出等功能，既可以完成开关量，又可以完成模拟量等较复杂的控制，如图 3-1-3 所示.

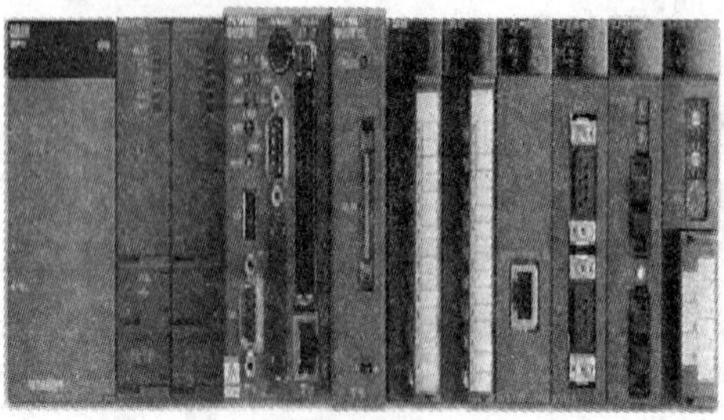

图 3-1-3　中型 PLC

图 3-1-4　大型 PLC

3. 大型 PLC

大型 PLC I/O 点数在 2048 点及以上，用户程序存储器容量在 8K 步以上，具有数据运算、模拟调节、联网通信、监视、记录、打印等功能，可以完成中断控制、智能控制、远程控制等，如图 3-1-4 所示.

四、PLC 的结构

（一）PLC 的结构框图

PLC 采用了典型的计算机结构，一般由主机、扩展单元和外设组成，如图 3-1-5 所示.

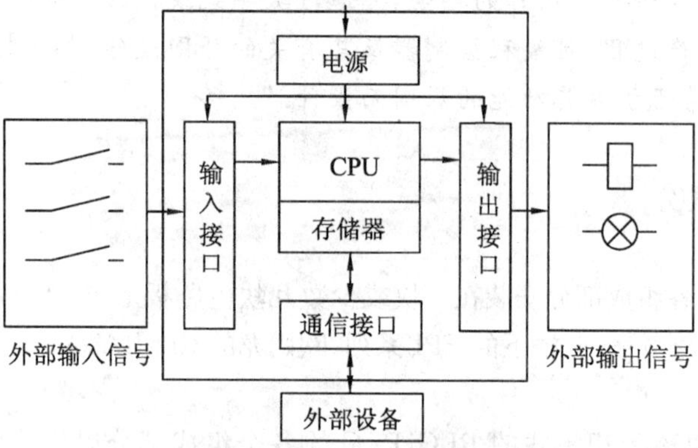

图 3-1-5　PLC 的结构框图

（1）主机一般由 CPU、内存、电源及相应的 I/O 接口电路组成.

（2）扩展单元主要是 I/O 电路、电源模块、与主机连接的电缆、接口模块等.

（3）外设有编程器、可编程序终端、条码读入器、打印机等.

（二）FX_{2N}系列 PLC 的输入/输出元器件

FX_{2N}系列 PLC 的输入/输出元器件如图 3-1-6 所示.

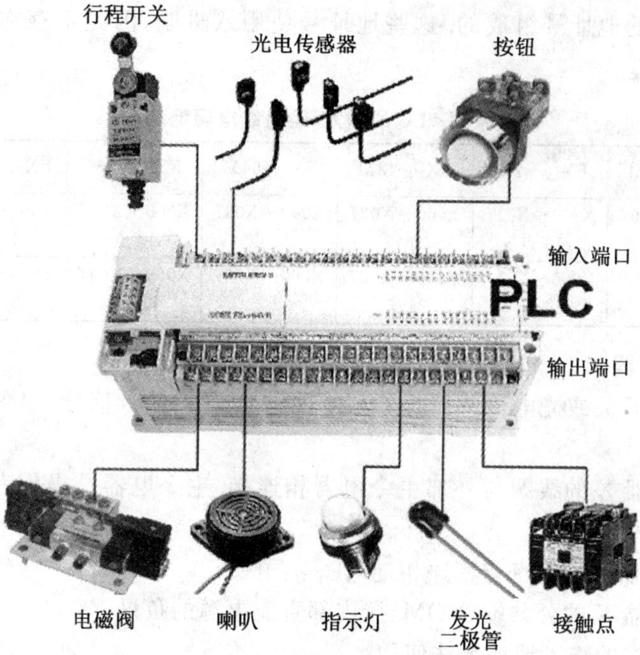

图 3-1-6 PLC 的输入/输出元器件

五、FX_{2N}系列 PLC 的型号含义

FX_{2N}	——	□□	□	□	□
系列序号		I/O 点数	单元	输出形式	其他区分

含义如下：

(1) I/O 点数，基本单元、扩展单元的 I/O 点数都相同.

(2) 单元.

① M：基本单元.

② E：扩展单元.

(3) 输出形式.

① R：继电器输出(有接点，交流、直流负载两用).

② S：三端双向晶闸管开关元件输出(无接点，交流负载用).

③ T：晶体管输出(无接点，直流负载用).

(4) 其他区分.

① AC 100V/220V 电源，DC24V 输入(内部供电).

② D：直流电源，DC 输入.

③ UA1/UL：交流电源，AC 输入.

④ H：大容量输出型.

六、FX_{2N}系列 PLC 的输入继电器和输出继电器

(一) 输入继电器和输出继电器编号

输入/输出继电器的编号是由基本单元固有的地址号和按照与这些地址号相连接的顺

序给扩展设备分配的地址号组成的. 这些地址号使用八进制,因此不存在 8、9 这样的地址号,如表 3-1-1 所示.

表 3-1-1　　FX_{2N} 系列 PLC 的输入/输出继电器地址号

	型号	FX_{2N}-16M	FX_{2N}-32M	FX_{2N}-48M	FX_{2N}-64M	FX_{2N}-80M	FX_{2N}-128M	扩展时
FX_{2N} 系列	输入	X000～X007 8 点	X000～X017 16 点	X000～X027 24 点	X000～X037 32 点	X000～X047 40 点	X000～X077 64 点	X000～X267 184 点
	输出	Y000～Y007 8 点	X000～X017 16 点	X000～X027 24 点	X000～X037 32 点	X000～Y047 40 点	Y000～Y077 64 点	Y000～Y267 184 点

(二) 输入继电器 X

输入继电器由开关或光电传感器等外部器件向 PLC 内输入信号,如图 3-1-7 所示.

说明:

(1) 输入继电器 X 的线圈与外部主令电器相连接. 主令电器是操作者通过该电器对控制系统发出指令的桥梁.

(2) 输入继电器 X 的接点与程序相连(在程序中).

(3) 输入继电器 X 的公共端(COM)接内部直流电源的负极.

(4) 实际不存在的输入地址无法使用.

(5) 输入继电器 X 的 ON 和 OFF 的状态,不能利用 PLC 中的程序进行修改.

(6) 对于一个输入继电器 X,其触点在程序中的使用次数没有限制.

(三) 输出继电器 Y

通过输出继电器 Y 输出 PLC 中程序的执行结果,启动一外部设备或负载,如电磁阀、控制单元等,如图 3-1-7 所示.

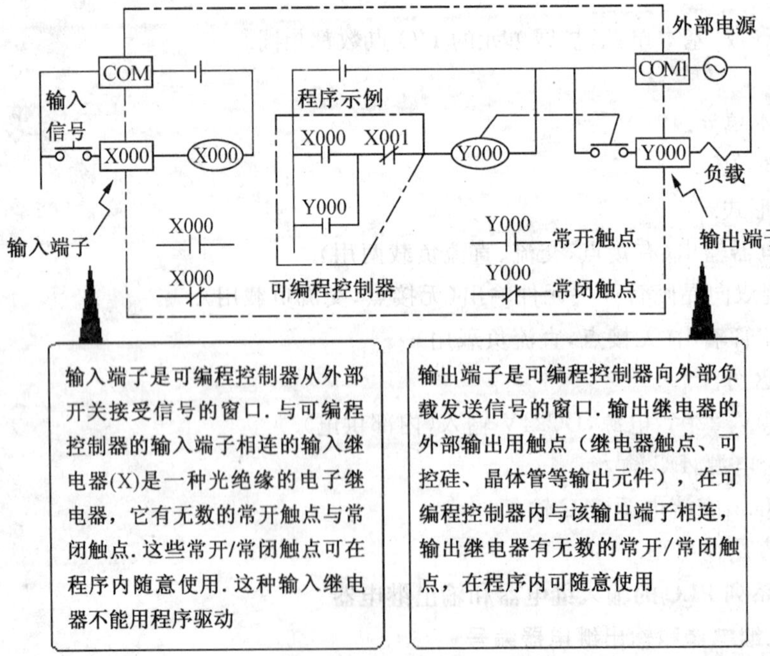

图 3-1-7　输入/输出继电器的作用和功能

输出继电器 Y 的 ON 和 OFF 状态作为控制信号输出.

说明:

(1) 输出继电器 Y 的线圈在程序中,其接点与外部负载相连.

(2) 输出继电器 Y 在 PLC 程序中作为触点使用时,对使用次数无限制.

(3) 作为一项规定,当输出继电器被指定为 OUT 或 KP 指令运算结果的目标输出时,一般在程序中限定使用一次(禁止双重输出).

活动实施

(1) 观察 PLC 控制板,与图 3-1-8 对照,指出控制板上 PLC 各部分的名称.

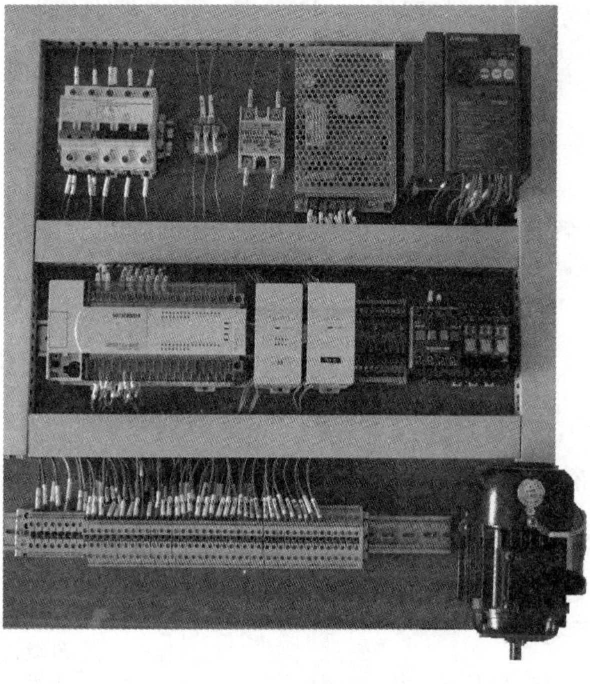

图 3-1-8　PLC 控制板

(2) 观察已经传入 PLC 程序的控制板,操作启动按钮、停止按钮和热继电器,在表 3-1-2 中记录输出信号动作的结果.

表 3-1-2　　输出信号动作记录表

输入信号	输出信号
按下启动按钮 SB2	
按下停止按钮 SB1	
操作热继电器 KH 的触点	

(3) 根据图 3-1-9 所示的接线图,连接 PLC 输入信号.

① 通电观察 PLC 相关指示是否正常.

② 分别接通各个输入信号，观察 PLC 的输入指示灯是否发亮.

③ 将 PLC 的运行模式转换为“RUN”，观察 PLC 输出指示灯是否发亮.

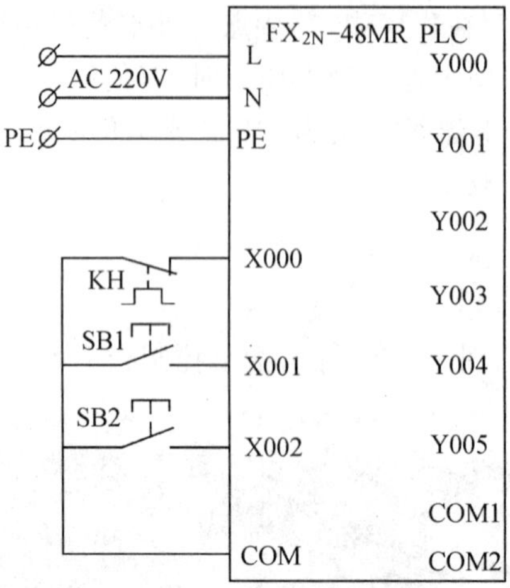

图 3-1-9　PLC 的输入信号图

(4) 观看录像，了解 PLC 控制系统在生活与生产中的应用.

活动评价

一、活动记录

活动记录见附表 1.

二、活动实施评价表

活动实施评价表见表 3-1-3.

表 3-1-3　　活动实施评价表

活动名称：PLC 的认识			班级： 小组： 姓名：					
评价项目	评价标准	评价依据	评价方式			权重	得分	总分
			学生自评	小组评价	教师评价			
			0.2	0.3	0.5			
职业素质	(1) 遵守安全管理规定和工作劳动纪律 (2) 按时按要求完成学习及工作任务 (3) 工作积极主动、勤学好问 (4) 工作岗位 6S 完成情况良好	(1) 出勤 (2) 工作态度 (3) 劳动纪律 (4) 团队协作精神				0.2		

续表

<table>
<tr><th rowspan="3">评价项目</th><th rowspan="3">评价标准</th><th rowspan="3">评价依据</th><th colspan="3">评价方式</th><th rowspan="3">权重</th><th rowspan="3">得分</th><th rowspan="3">总分</th></tr>
<tr><th>学生自评</th><th>小组评价</th><th>教师评价</th></tr>
<tr><th>0.2</th><th>0.3</th><th>0.5</th></tr>
<tr><td>专业能力</td><td>(1) 能说出PLC的结构与组成
(2) 会按图连接PLC的输入端接线
(3) 能正确操作PLC控制板并准确记录</td><td>(1) 操作的准确性和规范性
(2) 专业技能完成情况
(3) 工作页或报告完成情况</td><td></td><td></td><td></td><td>0.7</td><td></td><td></td></tr>
<tr><td>创新能力</td><td>(1) 在任务完成过程中能提出自己的有一定见解的方案
(2) 在教学或生产管理上提出的建议具有创新性</td><td>(1) 方案的可行性及意义
(2) 建议的可行性</td><td></td><td></td><td></td><td>0.1</td><td></td><td></td></tr>
<tr><td>指导教师综合评价</td><td colspan="8">指导教师签名：　　　　日期：</td></tr>
</table>

活动二　PLC编程软件的操作

活动描述

将人的控制意图转化为实际的控制信号，不仅需要PLC硬件的支持，还需要导入相应的控制程序. 在PLC的发展历史中，PLC程序的写入，经历了从纸带、编程器到编程软件的一个发展过程. 当前最主要的导入方式就是使用计算机编程软件实现的. 本活动学习三菱PLC的编程软件GX Developer的安装、使用方法与步骤.

学习目标

熟练掌握GX Developer综合编程软件安装、使用的方法和步骤.

学习地点

PLC实训室(配备多媒体教学设备).

学习准备

PLC参考书、三菱FX_{2N}-48MR(或FX_{3U}-48MR)PLC控制板、计算机等.

知识准备

一、安装 GX Developer PLC 编程软件

(1) 对压缩的编程软件进行解压缩,如图 3-1-10 所示.

图 3-1-10　编程软件解压缩

(2) 进入解压缩后的文件,单击 EnvMEL 文件夹下的“SETUP”,弹出提示信息,单击“下一步”按钮,一直选择默认项即可,如图 3-1-11 所示.

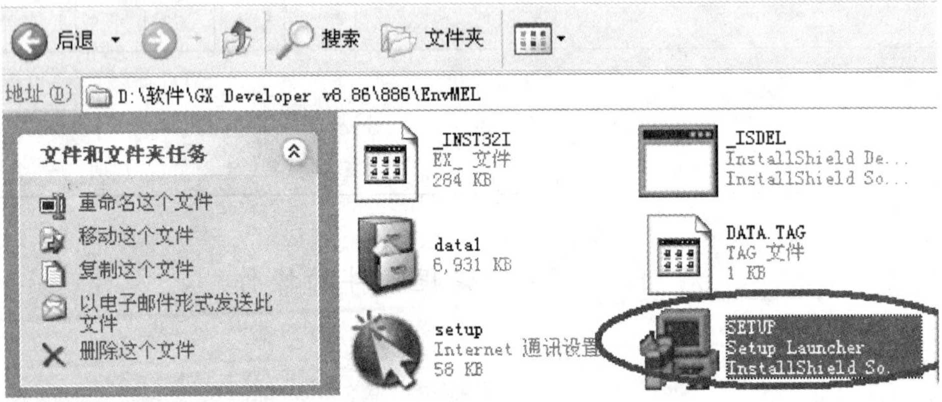

图 3-1-11　单击“SETUP”文件进行软件的安装

(3) 安装结束后,按图中的“返回”按钮,即可返回上一级目录,如图 3-1-12 所示.

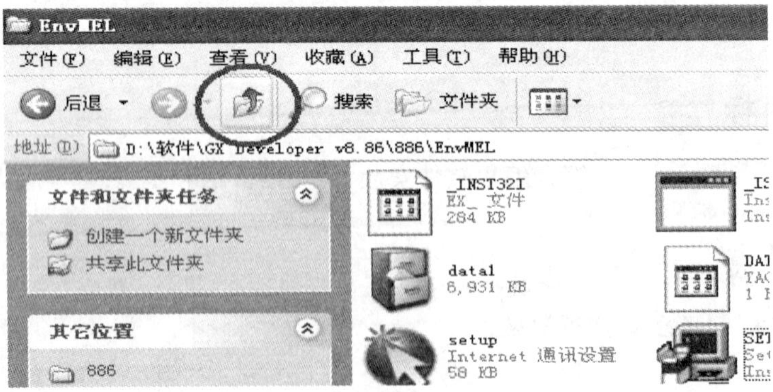

图 3-1-12　返回上一级目录

(4) 进入 Developer 文件夹,双击“SETUP”文件,如图 3-1-13 所示.

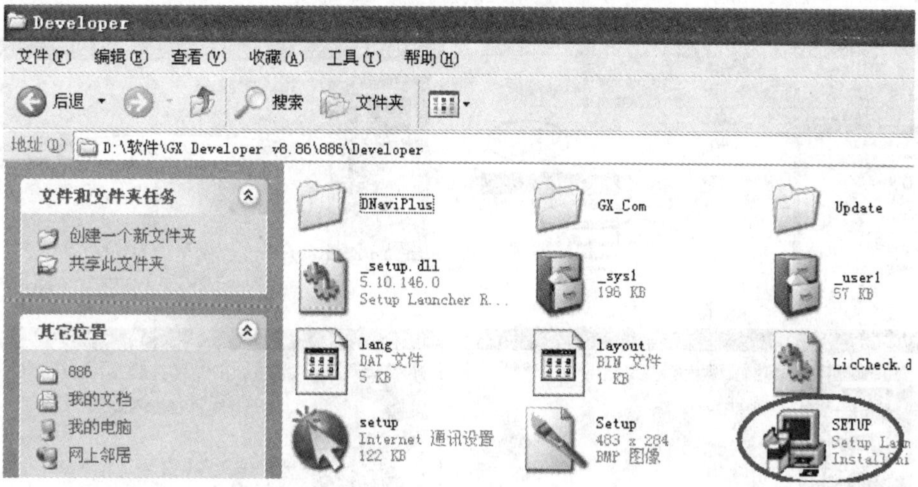

图 3-1-13　单击 Developer 文件夹中的“SETUP”安装文件

(5) 依次单击“确定”按钮→“下一步”按钮,逐步安装,如图 3-1-14(a)至图 3-1-14(d)所示.

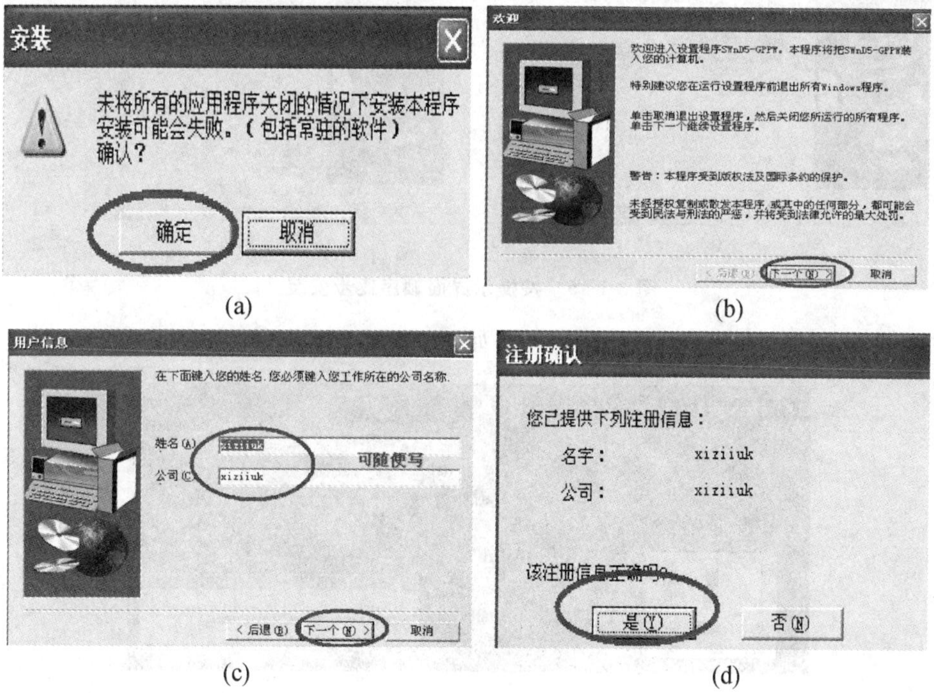

图 3-1-14　按提示界面顺序逐步安装

(6) 打开 SN 文件，将序列号输入方框中，依次单击“下一步”按钮即可，如图 3-1-15 所示.

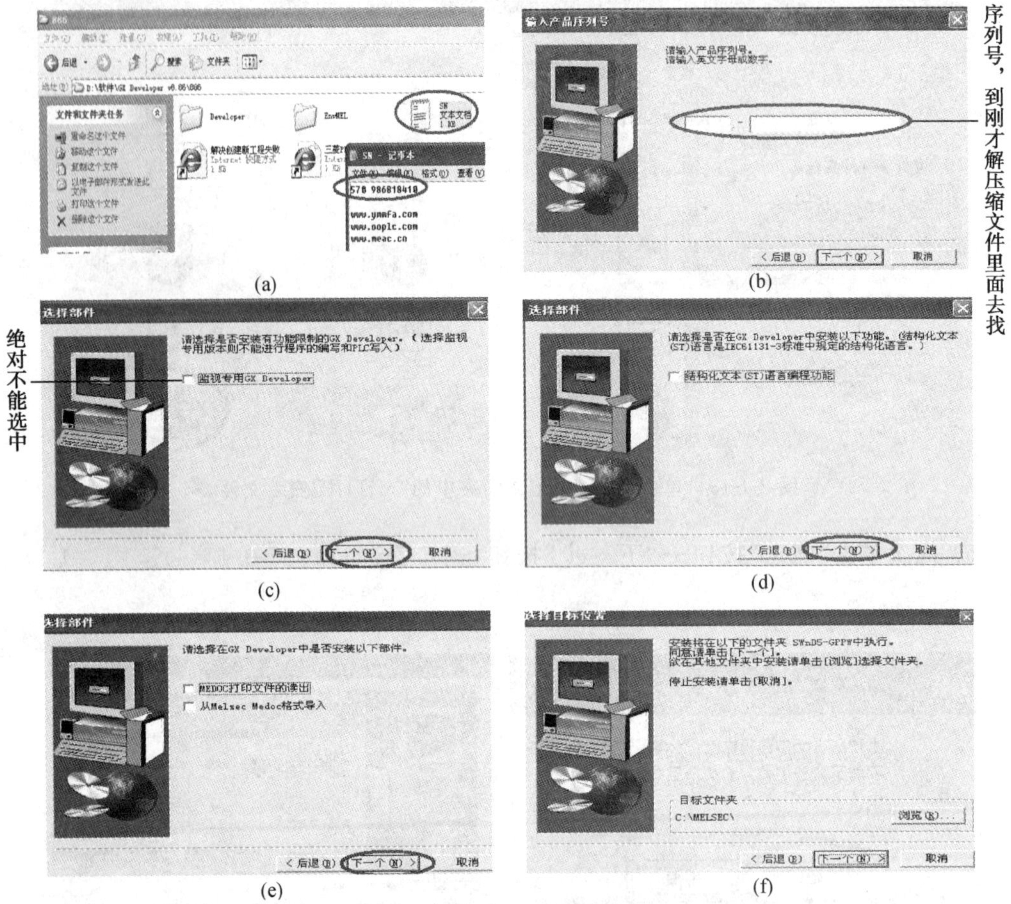

图 3-1-15　按提示界面顺序逐步安装

(7) 默认上述选项，进入自动安装界面，如图 3-1-16 示.

图 3-1-16　进入自动安装界面

(8) 提示软件成功安装，如图 3-1-17 所示.

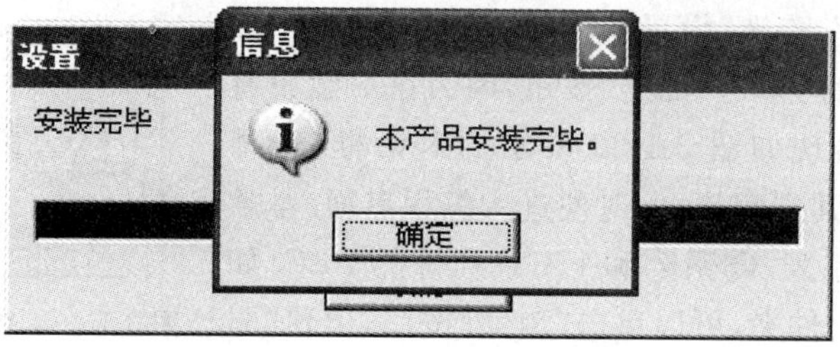

图 3-1-17 安装成功界面

二、使用 GX Developer PLC 编程软件

(一) 启动编程软件

单击"开始"→"程序"→"MELSOFT 应用程序"→"GX Developer",即可打开程序.

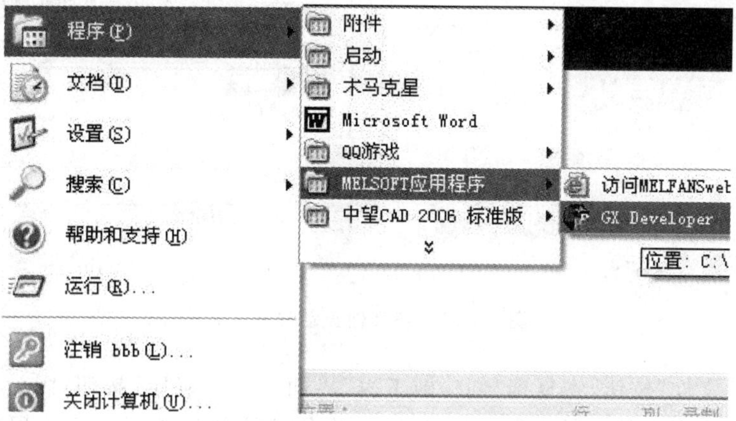

图 3-1-18 启动 GX Developer 编程软件

(二) 创建新工程

单击"工程"→"创建新工程"或单击"工程"下面的第一个图标,即出现如图 3-1-19 所示的对话框.

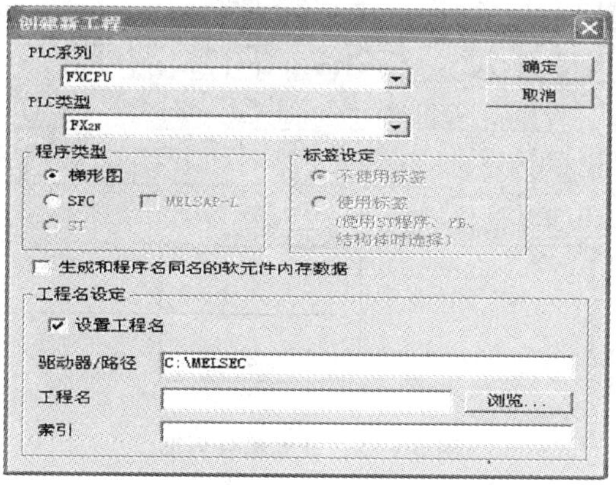

图 3-1-19 "创建新工程"对话框

在"PLC 系列"栏中选择"FXCPU",在"PLC 类型"栏中选择"FX_{2N}",在"程序类型"区中

选择默认值“梯形图”，勾选“设置工程名”复选框，在“工程名”框中输入程序名称，单击“确定”按钮，因为在C盘没有此文件夹，所以会出现如图3-1-20所示的对话框. 选择“是”，在C盘新工程建立完毕，此时便进入编程界面. 本软件可用于三菱的A系列、Q系列和FX系列等的PLC. 如果不在C盘建立此文件夹，可以单击“浏览”按钮，出现“驱动器/途径”界面. 选择“驱动器/途径”，如E盘，填写工程名，如“正反转控制”，于是在E盘新工程建立完毕，如图3-1-21(a)、(b)所示.

图 3-1-20　在C盘创建新工程对话框

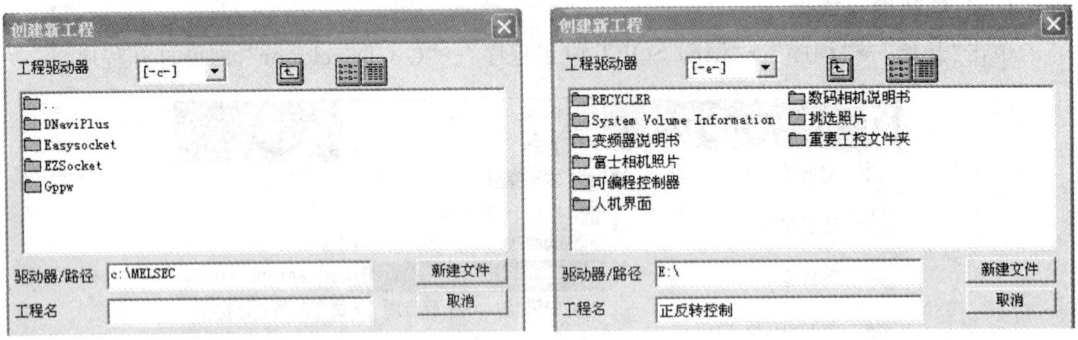

(a)　　(b)

图 3-1-21　在其他盘创建新工程

单击“新建文件”按钮，恢复到“创建新工程”界面. 单击“确定”按钮，因为在E盘没有此文件夹，所以会出现如图3-1-20所示的对话框. 单击“是”按钮，在E盘新工程建立完毕，此时便进入软件编程界面，如图3-1-22所示.

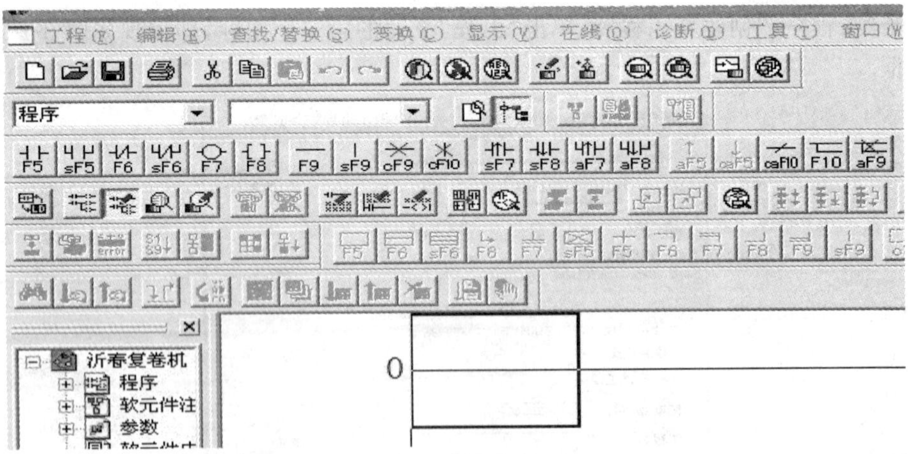

图 3-1-22　软件编程界面

(三) 输入梯形图

输入梯形图有两种方法:一是利用工具条中的快捷键输入;二是直接用键盘上的按键输入,如 F5、F6、F7、F8 等. 下面以一段简单的程序为例说明这两种输入方法.

1. 用工具条中的快捷键输入

工具条如图 3-1-23 所示.

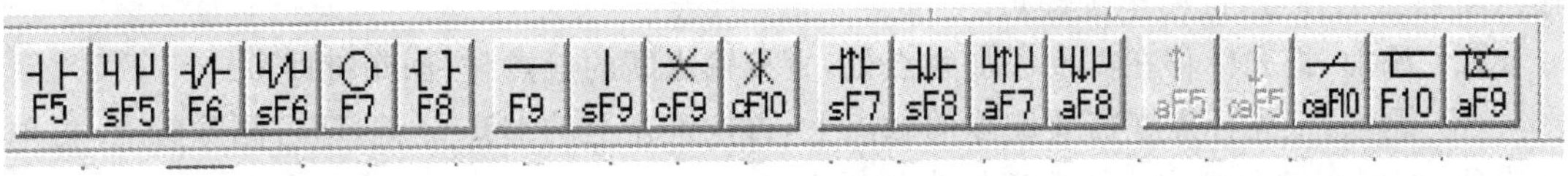

图 3-1-23　输入指令的快捷键

(1) 输入触点:单击 F5,则出现一个“梯形图输入”对话框,如图 3-1-24 所示.

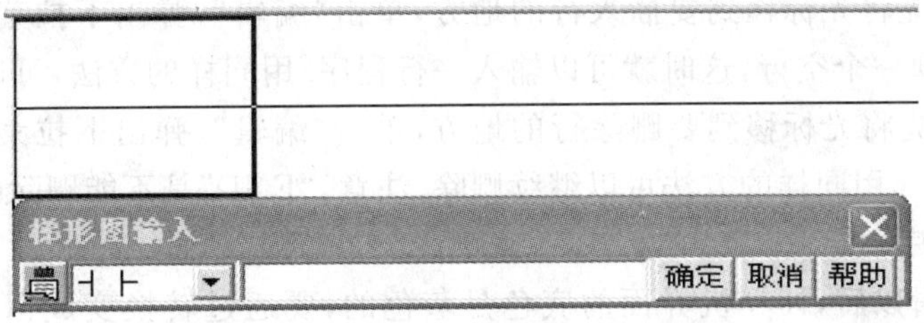

图 3-1-24　输入触点

在对话框中输入 X000,单击“确定”按钮,则输入触点. 用同样的方法,可以输入其他的触点.

(2) 输入线圈:单击 F8,则出现“梯形图输入”对话框,如图 3-1-25 所示.

在对话框中输入 Y000,单击“确定”按钮,则输入线圈. 用同样的方法,可以输入其他指令.

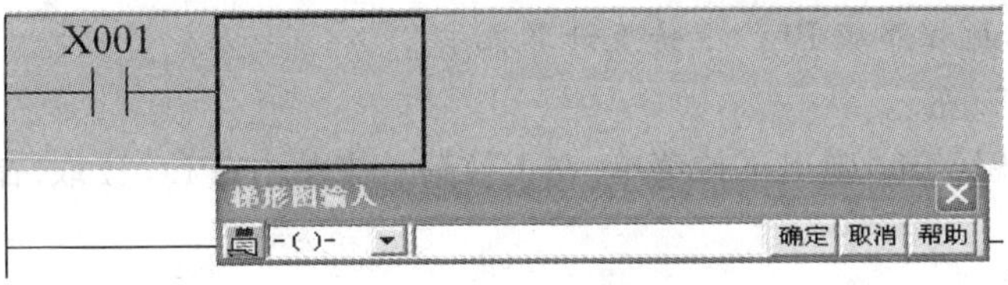

图 3-1-25　输入线圈

2. 用键盘上的按键输入

如果用户对键盘熟练,直接从键盘输入则更方便,效率更高. 首先使光标处于第一行的首端,在键盘上直接敲入 LD X001,同样出现一个对话框,再按回车键,则可输入程序. 接着键入 OUT Y000,再按回车键,输入线圈. 再输入 OR Y000,按回车键即可.

用键盘上的按键输入时,可以不管程序中各触点的连接关系,常开触点用 LD,常闭触点用 LDI,线圈用 OUT,功能指令直接输入助记符和操作数. 但要注意助记符和操作数之间用空格隔开. 对于出现分支、自锁等关系的可以直接用竖线去补上. 通过一定时间的练习和摸索,就能熟练地掌握程序输入的方法.

(四) 编辑梯形图

在输入梯形图时,常需要对梯形图进行编辑,如进行插入、删除等操作.

1. 修改、添加和删除触点

(1) 修改:把光标移在需要修改的触点上,直接输入新的触点,按回车键,则新的触点覆盖原来的触点.也可以把光标移到需要修改的触点上,双击,则出现一个对话框,在对话框中输入新触点的标号,按回车键即可.

(2) 添加:把光标移在需要添加触点处,直接输入新的触点,按回车键即可.

(3) 删除:把光标点在需要删除的触点上,再按键盘上的 Delete 键,即可删除触点.再单击直线,按回车键即可用直线覆盖原来的触点.

2. 插入和删除行

在对程序进行编辑时,通常要插入或删除一行或几行程序,操作方法如下:

(1) 插入行:先将光标移到要插入行的地方,单击"编辑",弹出下拉菜单,再单击"行插入",在光标处出现一个空行,这时就可以输入一行程序.用同样的方法,可以继续插入行.

(2) 删除行:先将光标移到要删除行的地方,单击"编辑",弹出下拉菜单,再单击"行删除",就删除了一行.用同样的方法可以继续删除.注意,"END"是不能删除的.

(五) 转换程序

程序通过编辑以后,计算机界面的底色是灰色的,要通过转换变成白色才能传给 PLC 或进行仿真运行.转换方法如下:

(1) 直接按功能键 F4.

(2) 单击"变换"菜单,弹出下拉菜单,在下拉菜单中单击"变换"命令.

三、将 PLC 与计算机进行联机调试

1. PLC 写入,把程序从计算机下载至 PLC 中

(1) 单击快捷按钮.

(2) 单击"在线"菜单,弹出下拉菜单,在下拉菜单中单击"PLC 写入"命令.

2. PLC 读取,把程序从 PLC 上传至计算机中

(1) 单击快捷按钮.

(2) 单击"在线"菜单,弹出下拉菜单,在下拉菜单中单击"PLC 读取"命令.

活动实施

一、观看 GX Developer PLC 编程软件使用方法视频

观看 GX Works2 PLC 编程软件使用方法的演示步骤.

二、安装 GX Developer PLC 编程软件

根据安装提示安装 GX Works2 PLC 编程软件.

三、使用 GX Developer PLC 编程软件

按照编程的步骤和方法,分别输入图 3-1-26、图 3-1-27 和图 3-1-28 所示的梯形图程序.

(1) 在图 3-1-26 中练习连线的删除与绘制.

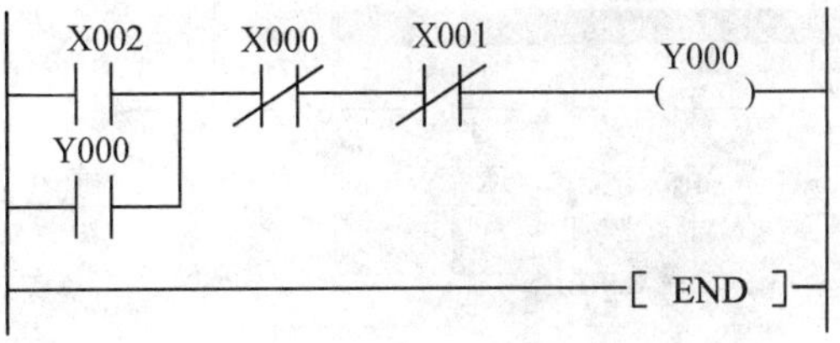

图 3-1-26　梯形图程序 1

（2）在图 3-1-27 中练习程序的删除、插入和修改.

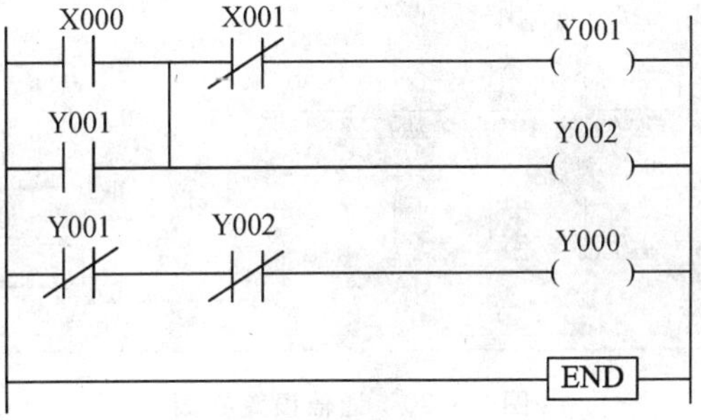

图 3-1-27　梯形图程序 2

（3）在图 3-1-28 中练习程序的复制和粘贴.

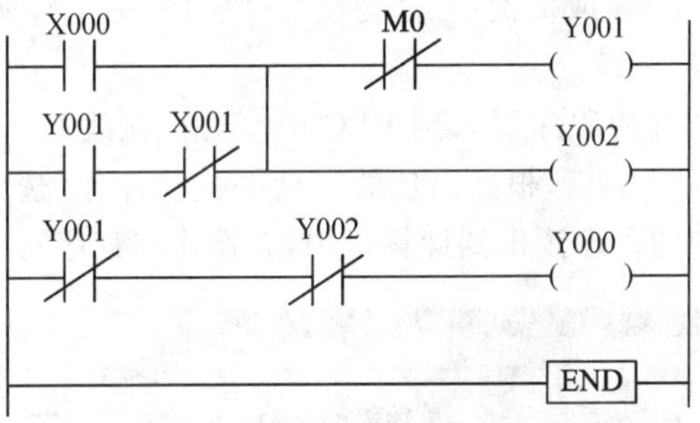

图 3-1-28　梯形图程序 3

（4）在 3 个梯形图中练习注释的添加.

四、PLC与计算机的联机

1. PLC与计算机的连接

PLC与计算机的连接如图 3-1-29 所示. 计算机主板上的串口与 PLC 上的通信接口通过通信电缆相连.

图 3-1-29　PLC与计算机连接图

2. PC/F 和 PLC/F 的设置

程序编制完成后，单击“在线”菜单中的“传输设置”后，出现如图 3-1-30 所示的对话框，设置好 PC/F 和 PLC/F 的各项设置，其他项保持默认值，单击“确定”按钮.

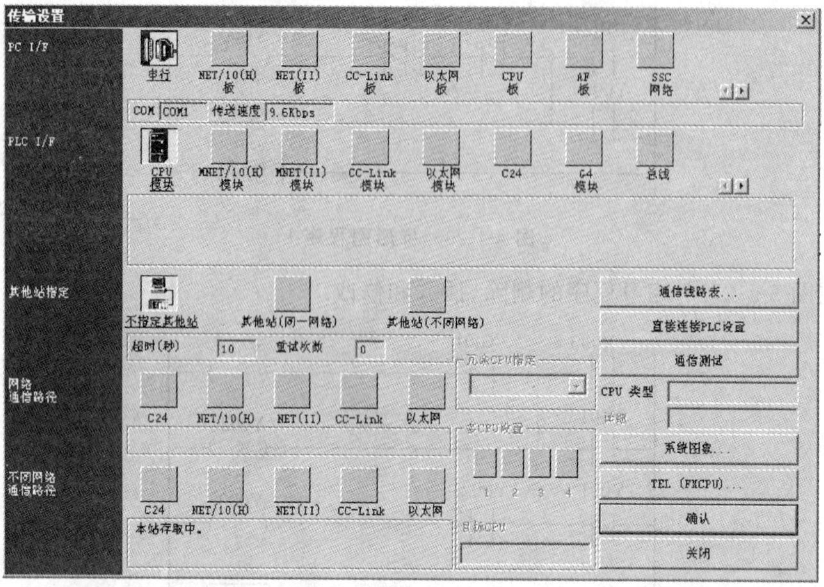

图 3-1-30　通信设置界面

3. 程序的转换

前面已介绍过,程序通过编辑以后,计算机的界面转换为白色后才能传给 PLC 或进行仿真运行. 直接敲击功能键 F4 或依次单击“变换”→“变换”命令转换.

4. 程序的写入、读出

若要将计算机中编制好的程序写入到 PLC 中,单击“在线”菜单中的“PLC 写入”命令,则出现如图 3-1-31 所示的对话框,根据出现的对话框进行操作. 选中主程序,再单击“执行”按钮即可. 若要将 PLC 中的程序读出到计算机中,其操作与程序写入类似.

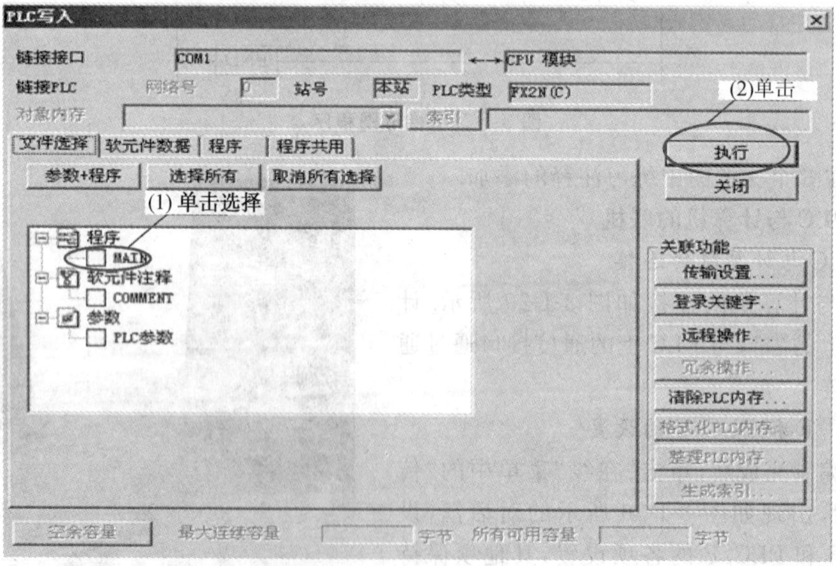

图 3-1-31　程序写入界面

五、调试输入的 PLC 程序

(1) 运行 PLC,将 PLC 编程口左侧的"RUN/STOP"开关拨到 RUN 的位置.

(2) 按下输入信号按钮,观察输出变化,记录在表 3-1-4 中.

表 3-1-4　输入/输出信号动作记录表

梯形图程序	输入信号			输出信号		
	X000	X001	X002	Y000	Y001	Y002
图 1-3-26					—	—
图 1-3-27			—			
图 1-3-28			—			

活动评价

一、活动记录

活动记录见附表 1.

二、活动实施评价表

活动实施评价表见表 3-1-5.

表 3-1-5　活动实施评价表

活动名称：PLC 编程软件的操作			班级：______ 小组：______ 姓名：______					
评价项目	评价标准	评价依据	评价方式			权重	得分	总分
			学生自评	小组评价	教师评价			
			0.2	0.3	0.5			
职业素质	(1) 遵守安全管理规定和工作劳动纪律 (2) 按时按要求完成学习及工作任务 (3) 工作积极主动、勤学好问 (4) 工作岗位 6S 完成情况良好	(1) 出勤 (2) 工作态度 (3) 劳动纪律 (4) 团队协作精神				0.2		
专业能力	(1) 会安装 PLC 编程软件 GX Developer (2) 会连接 PLC 的输入端接线 (3) 会使用编程软件输入梯形图程序 (4) 会将 PLC 与计算机联机,调试 PLC 程序并准确记录	(1) 操作的准确性和规范性 (2) 专业技能完成情况 (3) 工作页或报告完成情况				0.7		

续表

评价项目	评价标准	评价依据	评价方式			权重	得分	总分
			学生自评	小组评价	教师评价			
			0.2	0.3	0.5			
创新能力	(1) 在任务完成过程中能提出自己的有一定见解的方案 (2) 在教学或生产管理上提出的建议具有创新性	(1) 方案的可行性及意义 (2) 建议的可行性				0.1		
指导教师综合评价	指导教师签名：　　　　日期：							

活动三　单向连续控制电路的编程与调试

活动描述

学生通过前面的活动已经对 PLC 的产生与发展、结构与特点以及 PLC 编程软件的使用有了了解，会输入 PLC 程序，会将 PLC 与计算机联机等. 本活动将学习基本的逻辑指令，及用指令画出相应的梯形图，实现电动机单向连续控制.

学习目标

◇ 正确理解 PLC 编程元件的概念.
◇ 熟练掌握 PLC 常用基本指令的使用方法.
◇ 正确理解、掌握 PLC 的编程方法和基本原则.
◇ 能使用基本指令编写电动机单向连续运行控制程序.

学习地点

PLC 实训室(配备多媒体教学设备).

学习准备

PLC 参考书、三菱 FX_{2N}-48MR(或 FX_{3U}-48MR)PLC 控制板、计算机、常用低压电器、常用电工工量具一套、导线等.

知识准备

一、PLC 基本指令

对一个二进制数(bit)进行逻辑操作称为基本指令(也称基本逻辑指令或顺序指令).

(一) LD、LDI 和 OUT 指令

1. 指令概述

LD:常开触点与左母线连接,开始逻辑运算.

LDI:常闭触点与左母线连接,开始逻辑运算.

OUT:线圈驱动指令,将运算结果输出到指定的继电器.

2. 举例

梯形图举例如图 3-1-32 所示.

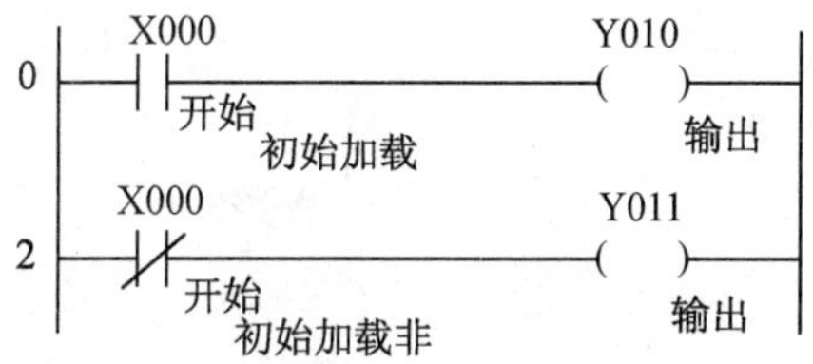

图 3-1-32 梯形图

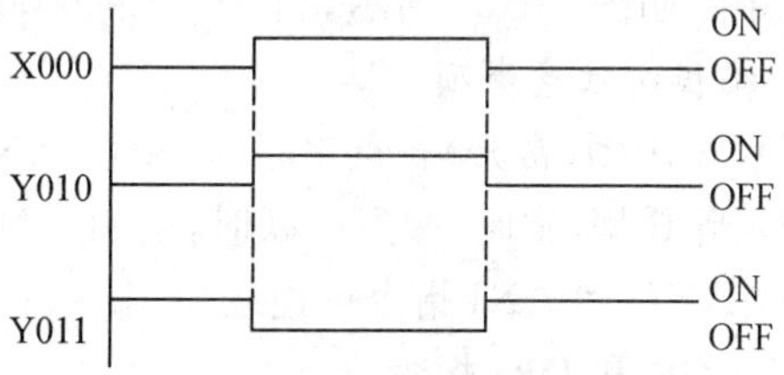

图 3-1-33 时序图

3. 操作数

X、Y、M、S、T、C 触点.

4. 说明

时序图如图 3-1-33 所示.

当 X000=ON 时,Y010 接通,Y011 不接通;当 X000=OFF 时,Y010 不接通,Y011 接通.

5. 编程时注意事项

(1) LD 和 LDI 指令必须由左母线开始.

(2) OUT 指令不能由左母线开始.

(3) 某些输入设备,如紧急停止开关,通常应使用 B 型(常闭)触点,当对 B 型(常闭)触点的紧急停止开关进行编程时,一定要使用 LD 指令.

(二) AND 和 ANI 指令

1. 指令概述

AND:串联 A 型(常开)触点指令,把原来的操作结果与指定的继电器内容相"与",并把这一逻辑操作结果存入寄存器中.

ANI:串联 B 型(常闭)触点指令,把原来被指定的继电器内容取反,然后与结果寄存器的内容相"与",并把这一逻辑操作结果存入寄存器中.

2. 举例

梯形图举例如图 3-1-34 所示.

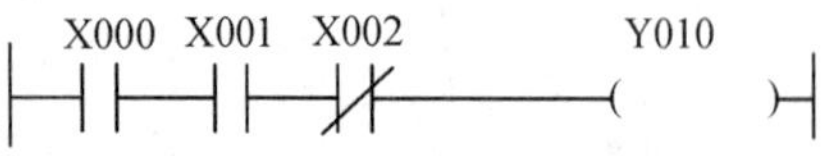

图 3-1-34 梯形图

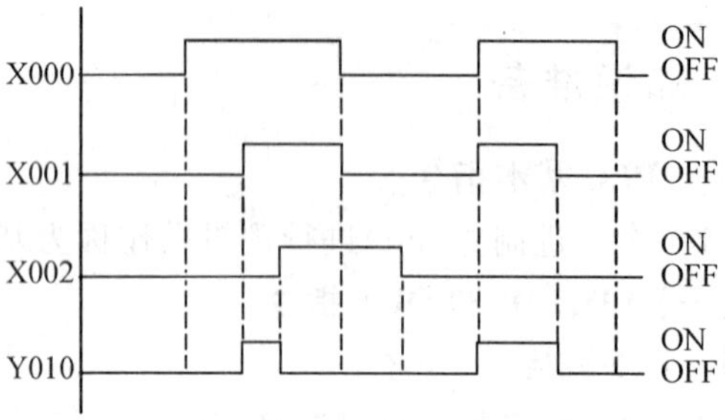

图 3-1-35 时序图

3. 操作数

X、Y、M、S、T、C 触点.

4. 说明

时序图如图 3-1-35 所示,当 X000 和 X001=ON 且 X002=OFF 时,Y010 接通.

5. 编程时注意事项

(1) 当 A 型(常开)触点串联时,使用 AND 指令.

(2) 当 B 型(常闭)触点串联时,使用 ANI 指令.

(3) AND 和 ANI 指令可连续使用.

(三) OR 和 ORI 指令

1. 指令概述

OR:并联 A 型(常开)触点指令,把寄存器的内容与指定继电器的内容进行逻辑"或",操作结果存入寄存器.

ORI:并联 B 型(常闭)触点指令,把原来被指定的继电器内容取反,然后与寄存器的内容相"或",并把这一逻辑操作结果存入寄存器中.

2. 举例

梯形图举例如图 3-1-36 所示.

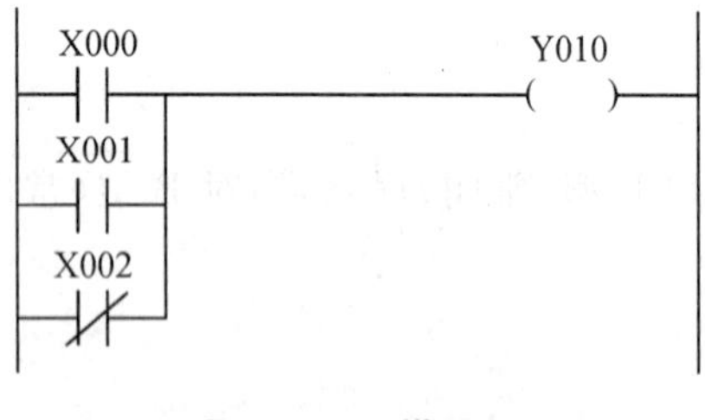

图 3-1-36 梯形图

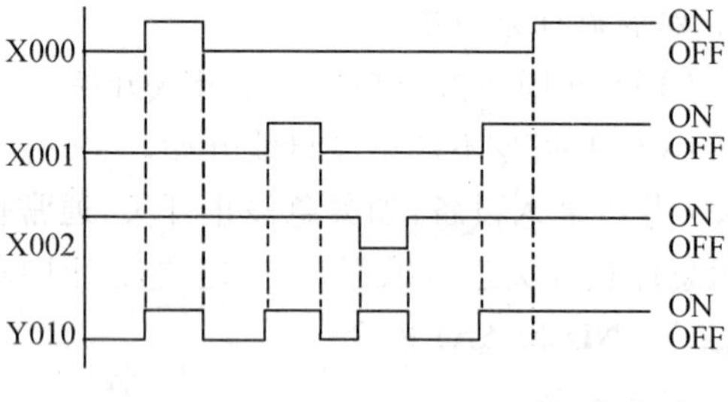

图 3-1-37 时序图

3. 操作数

X、Y、M、S、T、C 触点.

4. 说明

时序图如图 3-1-37 所示,当 X000 或 X001 之一为 ON 或 X002=OFF 时,Y010 接通.

5. 编程时注意事项

(1) 当 A 型(常开)触点并联时,使用 OR 指令.

(2) 当 B 型(常闭)触点并联时,使用 ORI 指令.

(3) OR 指令由母线开始. OR 和 ORI 指令可连续使用.

(四) END 指令

1. 指令概述

END:PLC 反复进行输入处理、程序执行和输出处理. 在程序的最后写入 END 指令,则 END 以后的程序不再执行,而直接进行输出处理.

2. 举例

梯形图举例如图 3-1-38 所示.

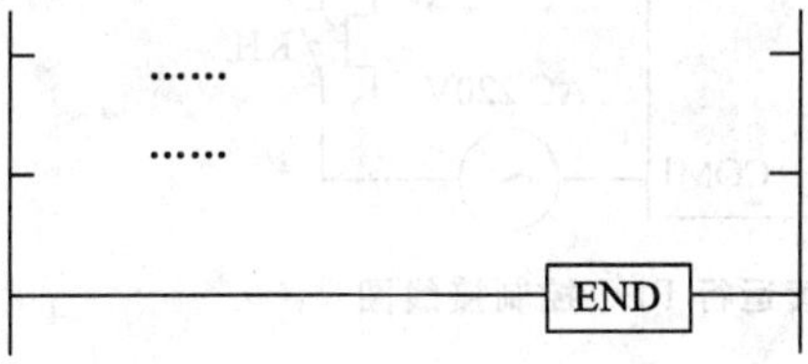

图 3-1-38　例 3-1-4 梯形图

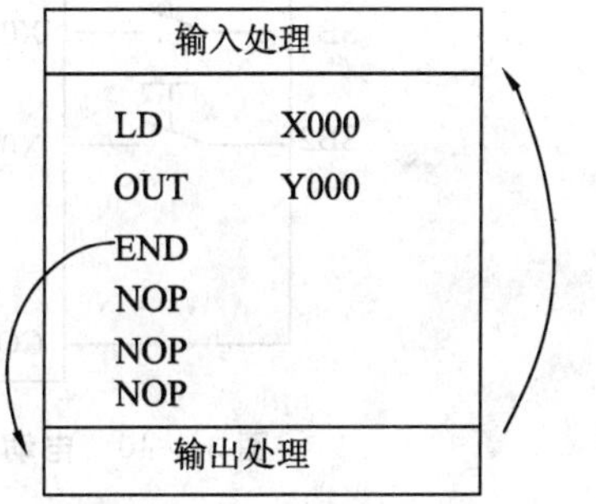

图 3-1-39　例 3-1-4 时序图

3. 说明

时序图如图 3-1-39 所示.

4. 编程时注意事项

(1) 在程序中没有 END 指令时,PLC 一直处理到最终的程序步,然后从 0 步开始重复处理程序.

(2) 在程序调试阶段,在各端程序中插入 END 指令,可依次检查各程序段的动作,在确认程序正确无误后,依次删除 END 指令.

(3) PLC 从 RUN 开始时的首次执行,是从执行 END 指令开始的.

活动实施

(1) 输入"知识准备"部分的梯形图(图 3-1-32、图 3-1-34 和图 3-1-36),接通输入信号,观察 PLC 的输出,理解指令的功能.

(2) 分析图 3-1-1 电动机单向连续运行控制电路原理,根据图 3-1-1 的控制要求,确定 I/O 地址.

表 3-1-6 为 PLC 输入/输出元件地址分配表.

表 3-1-6　PLC 输入/输出元件地址分配表

输入信号		输出信号	
功　能	地　址	功　能	地　址
热继电器	X000	KM 线圈	Y000
停止按钮	X001		
启动按钮	X002		

(3) 绘制主电路图(图 3-1-1)和 PLC 接线图(图 3-1-40).

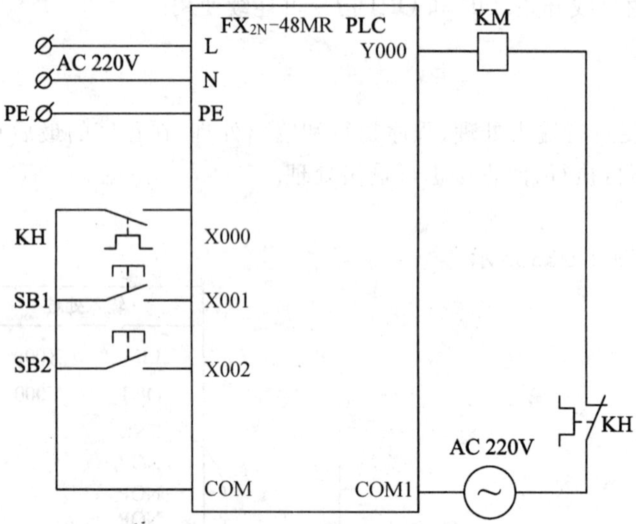

图 3-1-40 电动机单向连续运行 PLC 控制接线图

(4) 编写程序.

电动机单向连续运行 PLC 控制梯形图如图 3-1-41 所示.

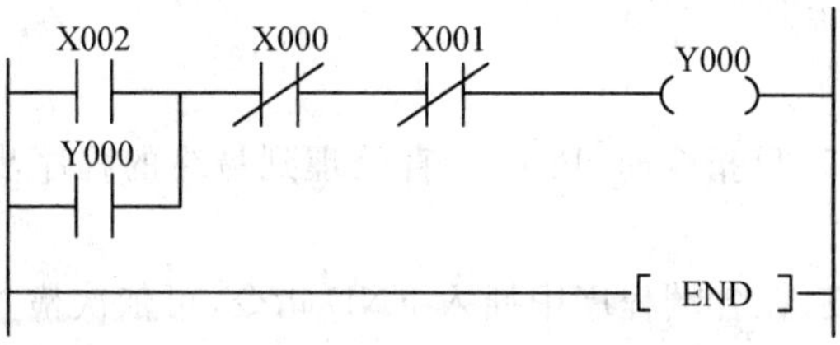

图 3-1-41 电动机单向连续运行 PLC 控制梯形图

程序说明:

① 启动过程. 当按下启动按钮 SB2 后,PLC 内程序中的输入继电器 X002 动作,输出继电器 Y000 动作,控制交流接触器 KM 的线圈得电,使得 KM 主触头闭合,电动机启动. 当松开 SB2 后,由于程序中并联的 Y000 常开触点已经闭合,所以程序已自锁,Y000 继续动作,KM 继续工作,电动机连续运行.

② 停止过程. 当按下停止按钮 SB1 后,PLC 内程序中的输入继电器 X001 动作,输出继电器 Y000 复位,控制交流接触器 KM 的线圈失电,使得 KM 主触头复位,电动机停止运行.

③ 过载保护. 当电动机在运行的过程中,由于过载,热继电器 KH 的常开触点动作,PLC 内程序中的输入继电器 X000 动作,输出继电器 Y000 复位,控制交流接触器 KM 的线圈失电,使得 KM 主触头复位,电动机停止运行,起到过载保护的作用.

指令表程序如图 3-1-42 所示.

```
LD    X002
OR    Y000
ANI   X000
ANI   X001
OUT   Y000
END
```

图 3-1-42 电动机单向连续运行 PLC 控制指令表程序

(5) 输入程序至 PLC 并调试、运行.

活动评价

一、活动记录

活动记录见附表1.

二、活动实施评价表

活动实施评价表见表3-1-7.

表3-1-7 活动实施评价表

<table>
<tr><td colspan="3">活动名称：单向连续控制电路的编程与调试</td><td colspan="6">班级：
小组：
姓名：</td></tr>
<tr><td rowspan="3">评价项目</td><td rowspan="3">评价标准</td><td rowspan="3">评价依据</td><td colspan="3">评价方式</td><td rowspan="3">权重</td><td rowspan="3">得分</td><td rowspan="3">总分</td></tr>
<tr><td>学生自评</td><td>小组评价</td><td>教师评价</td></tr>
<tr><td>0.2</td><td>0.3</td><td>0.5</td></tr>
<tr><td>职业素质</td><td>(1) 遵守安全管理规定和工作劳动纪律
(2) 按时按要求完成学习及工作任务
(3) 工作积极主动、勤学好问
(4) 工作岗位6S完成情况良好</td><td>(1) 出勤
(2) 工作态度
(3) 劳动纪律
(4) 团队协作精神</td><td></td><td></td><td></td><td>0.2</td><td></td><td rowspan="3"></td></tr>
<tr><td>专业能力</td><td>(1) 会使用LD、LDI、OUT、OR等基本指令
(2) 会绘制PLC外部接线图
(3) 能正确调试PLC控制板并准确记录</td><td>(1) 操作的准确性和规范性
(2) 专业技能完成情况
(3) 工作页或报告完成情况</td><td></td><td></td><td></td><td>0.7</td><td></td></tr>
<tr><td>创新能力</td><td>(1) 在任务完成过程中能提出自己的有一定见解的方案
(2) 在教学或生产管理上提出的建议具有创新性</td><td>(1) 方案的可行性及意义
(2) 建议的可行性</td><td></td><td></td><td></td><td>0.1</td><td></td></tr>
<tr><td>指导教师综合评价</td><td colspan="8">

指导教师签名： 日期：</td></tr>
</table>

知识拓展

一、PLC 的主要生产厂家

目前，世界上 PLC 产品可按地域分成三大流派：美国、欧洲和日本产品，表 3-1-8 为国外主要 PLC 生产厂家.

表 3-1-8　国外主要 PLC 生产厂家

公司名称	PLC 产品
日本三菱公司	A 系列、FX 系列、Q 系列
日本东芝公司	EX 小型机及 EX-PLUS 小型机、EX
日本松下公司	FP-e、FPO、FP∑、FP1、FP-M、FP2、FP2SH、FP3、FP10SH、FP-x
日本富士公司	Flex NS/NJ/NB NWO 系列、MICREX-SX SPB 系列
日本日立公司	E 系列 PLC
美国 AB 公司	PLC-5 系列、微型 PLC 等
GE-FANAC 公司	中型机 90-30 系列、小型机 90-20 系列、914、781/782、771/772 等
日本 OMRON 公司	CPMIA 型、P 型、H 型、CVM、CV 型、Ha 型、F 型
德国西门子公司	S7-200、S7-300、S7-400、S7-1200 系列
美国莫迪康公司(施耐德)	M340、M218、M238、M258
韩国 LG 集团	Master-k 系列、X 系列

二、PLC 的技术指标

(一) 硬件指标

输入/输出点数(I/O 点数)：指 PLC 外部输入/输出的端子数.

(二) 软件指标

1. 扫描速度

扫描速度以执行 1000 步指令所需要的时间来衡量，单位为毫秒/千步.

2. 内存容量

内存容量以 PLC 所能存放用户程序多少来衡量. 指令按“步”存放，一步占用一个地址单元，一个地址单元占用两个字节.

3. 指令条数

指令条数是衡量 PLC 软件功能强弱的指标. 指令种类越多，软件功能越强.

4. 内部寄存器

内部寄存器用以存放变量状态、中间结果、数据等. 这些寄存器可以给用户提供许多特殊功能，因此寄存器的配置多少是衡量 PLC 硬件功能的指标.

5. 高功能模块

高功能模块是衡量 PLC 产品水平高低的指标.

三、外部输入信号常闭触点的处理

在设计 PLC 梯形图程序时，输入信号的开关量一般由外部常开触点提供，也可以由外部常闭触点提供. 在 PLC 控制系统中，当 PLC 外部输入端子的停止按钮采用常闭触点时，在程序中的梯形图应采用常开触点；而当 PLC 外部端子的停止按钮采用常开触点时，在程序中的梯形图里则应采用常闭触点. 一般建议在程序中应尽可能地使用常开触点作为 PLC 的输入信号，如图 3-1-43 所示.

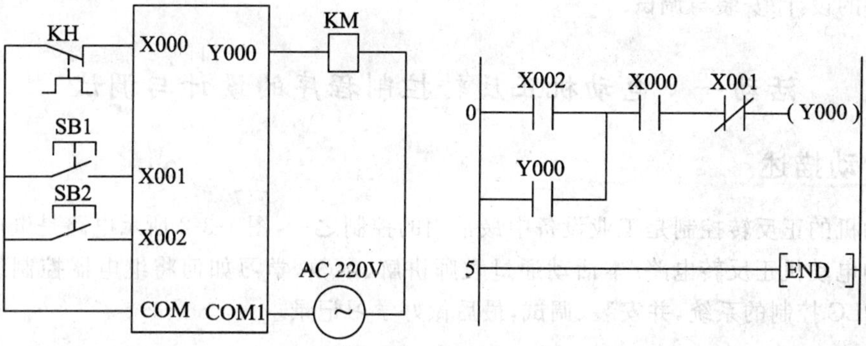

(a) 停止按钮接常开触点

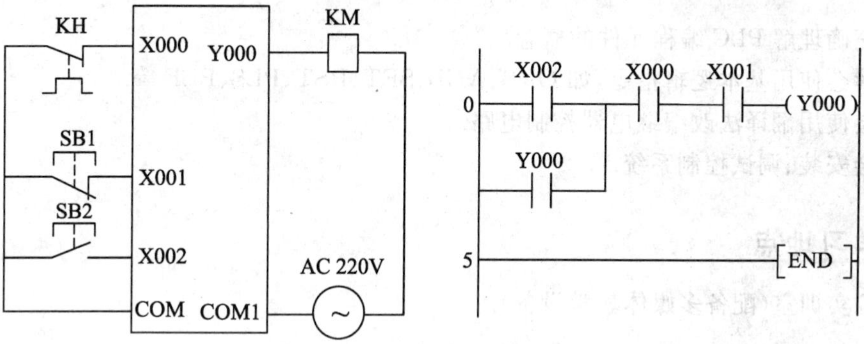

(b) 停止按钮接常闭触点

图 3-1-43　常闭触点输入信号的处理

但在实际应用中，建议还是使用热继电器的常闭触点作为 PLC 的输入信号. 在实验或实习编程中，使用热继电器的常开触点作为 PLC 的输入信号，这是为了在实验或实习中，便于对梯形图程序进行阅读和理解.

四、技术参考网站

(1) 电气自动化技术网(PLC 技术网)：http://www.dqjsw.com.cn/dianqi/PLC/.

(2) 三菱电机自动化(中国)有限公司：http://www.mitsubishielectric.com.

任务二　运料小车的 PLC 控制

任务描述

在生产与生活中，有些设备工作中需要自动往返运动，如运料的小车、自动门的开关等. 为了实现对这些设备的自动控制，就要确定运动过程中的变化参量，一般情况下为行程和时间，通常采用的是行程控制. 本任务通过电动机正反转控制线路的 PLC 控制、小车自动往返电路的 PLC 控制等两个相关联的活动来实施. 完成一个基于 PLC 的运料小车自动往返控制线路电路的设计、安装与调试.

活动一　电动机正反转控制程序的设计与调试

活动描述

电动机的正反转控制是工业设备中最常用的控制之一，图 1-3-2 所示电路是继电－接触器控制的电动机正反转电路. 本活动通过教师讲解、示教，学习如何将继电器控制线路改造成为由 PLC 控制的系统，并安装、调试，最后做好学习记录.

学习目标

◇ 正确理解 PLC 编程元件的概念.
◇ 学会使用基本逻辑指令，如 ORB、ANB、SET、RST、PLS、PLF 等.
◇ 会使用翻译法改编继电器控制电路.
◇ 会安装、调试控制系统.

学习地点

PLC 实训室(配备多媒体教学设备).

学习准备

PLC 参考书、三菱 FX_{2N}-48MR(或 FX_{3U}-48MR) PLC 控制板、常用电工工量具一套、常用低压电器、导线、计算机等.

知识准备

一、PLC 常用基本指令

(一) ORB 组逻辑或指令

1. 指令概述

实现多个指令块的“或”运算.

2. 举例

梯形图举例如图 3-2-1 所示.

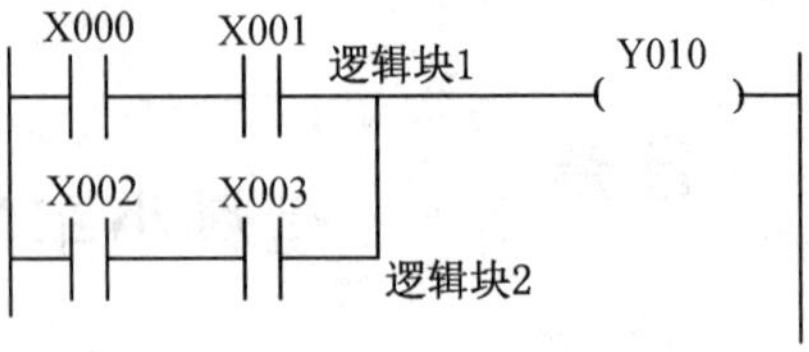

图 3-2-1　梯形图

3. 说明

当 X000 和 X001＝ON 或 X002 和 X003＝ON 时，Y010 接通，时序图如图 3-2-2 所示.

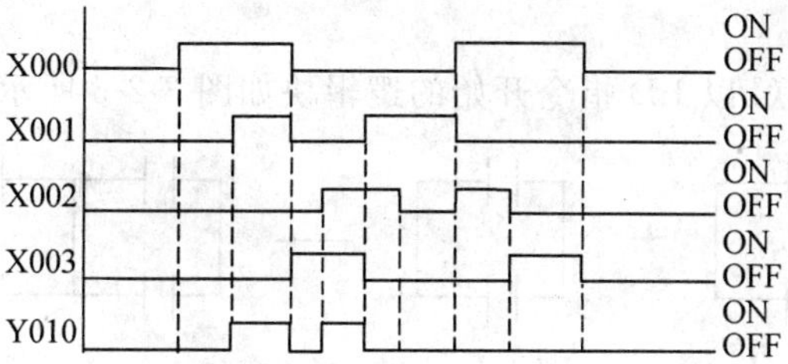

图 3-2-2　时序图

4. 指令使用说明

将串联的逻辑块并联. 以 LD 指令开始的逻辑块如图 3-2-3 所示.

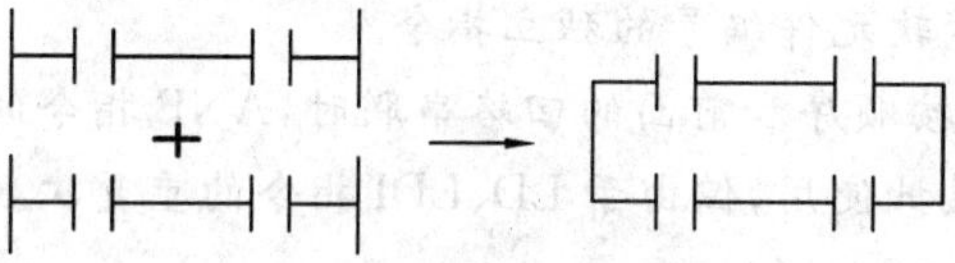

图 3-2-3　ORB 指令说明

提示

编程时注意:

(1) ORB 指令是不带软元件编号的独立指令.

(2) 有多个并联回路时,如对每个回路块使用 ORB 指令,则并联回路没有限制.

(3) ORB 指令也可成批使用,但由于 LD、LDI 指令的重复次数限制在 8 次以内,因此在编程时务必注意.

(二) ANB 组逻辑与指令

1. 指令概述

实现多个指令块的"与"运算.

2. 举例

梯形图举例如图 3-2-4 所示.

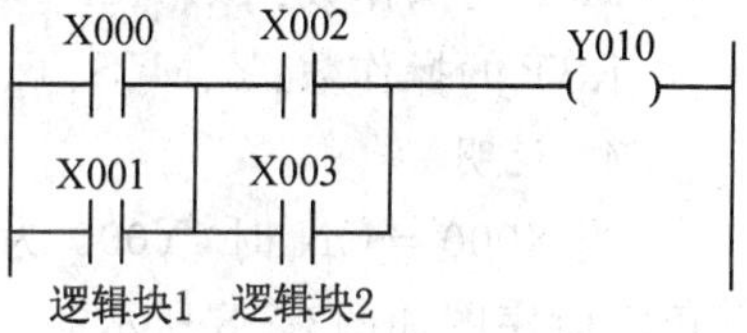

图 3-2-4　梯形图

3. 说明

当 X000 或 X001＝ON 并且 X002 或 X003＝ON 时,Y010 接通,时序图如图 3-2-5 所示.

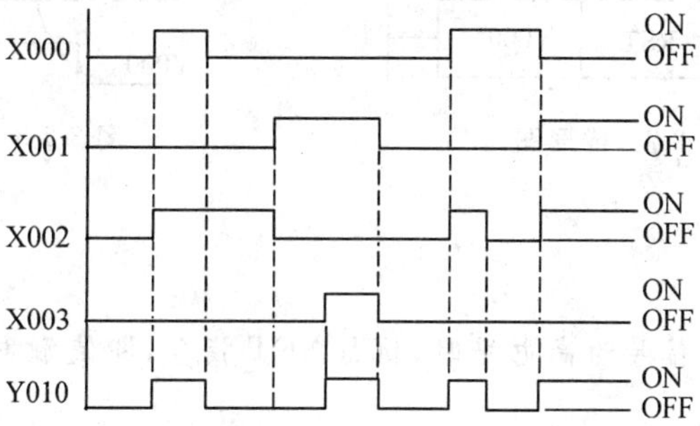

图 3-2-5　时序图

4. 指令使用说明

将并联的逻辑块串联.以 LD 指令开始的逻辑块如图 3-2-6 所示.

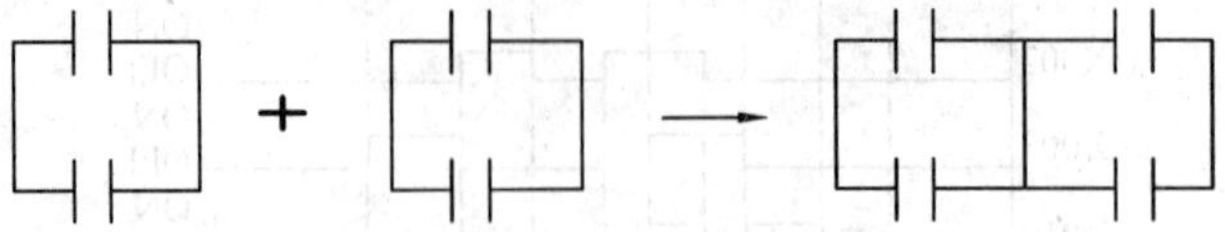

图 3-2-6　ANB 指令说明

提示

编程时注意:

(1) ANB 指令是不带软元件编号的独立指令.

(2) 多个并联回路块按顺序和前面的回路串联时,ANB 指令的使用次数没有限制.

(3) ANB 指令也可成批使用,但由于 LD、LDI 指令的重复次数限制在 8 次以内,因此在编程时务必注意.

(三) 置位与复位指令

置位和复位指令,即 SET 和 RST 指令.

1. 指令概述

SET:当满足执行条件时,输出变为 ON,并且保持 ON 状态.

RST:当满足执行条件时,输出变为 OFF,并且保持 OFF 状态.

2. 举例

梯形图举例如图 3-2-7 所示.

3. 操作数

SET 的操作数:Y、M、S.

RST 的操作数:Y、M、S、T、C、D、V、Z.

4. 说明

当 X000=ON 时,Y000 为 ON 并保持 ON;当 X001=ON 时,Y000 为 OFF 并保持 OFF,时序图如图3-2-8 所示.

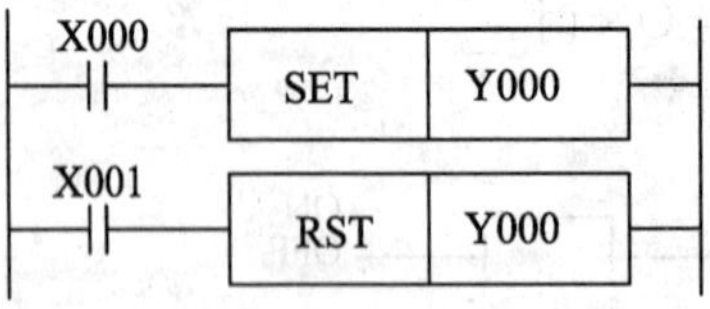

图 3-2-7　梯形图

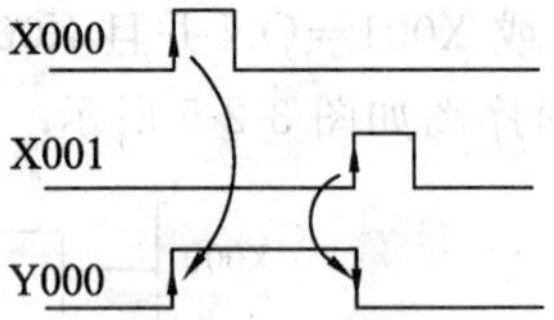

图 3-2-8　时序图

提示

编程时注意:

(1) 当 X000 的触发信号为高电平时,执行 SET 指令,即使触发信号为低电平,Y000 继续保持 ON 状态.

(2) 当 X001 的触发信号为高电平时,执行 RST 指令,即使触发信号为低电平,Y000 继续保持 OFF 状态.

(3) 可以通过 SET 和 RST 指令，多次使用具有同一编号的继电器输出，顺序可随意，但最后执行者有效.

(4) 为了便于程序的调试、优化，务必在 SET 和 RST 指令之前使用微分指令. 当在程序中若干处对同一输出目标进行操作时，此方法非常有效.

(四) PLS、PLF 指令

脉冲上升沿微分指令 PLS 和脉冲下降沿微分指令 PLF，用于在输入信号的上升沿和下降沿时产生脉冲输出.

使用 PLS 时，仅在驱动输入为 ON 后的一个扫描周期内目标元件为 ON，如图 3-2-9 所示，M0 仅在 X000 的常开触点由断到通时的一个扫描周期内为 ON；使用 PLF 指令时只是利用输入信号的下降沿驱动，其他与 PLS 相同.

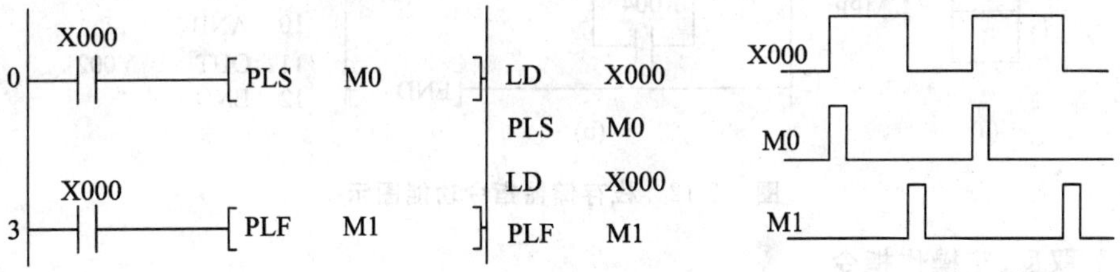

图 3-2-9　PLS、PLF 指令

PLS、PLF 指令的目标元件只有 Y 和 M(特殊辅助继电器除外)，如图 3-2-10 所示.

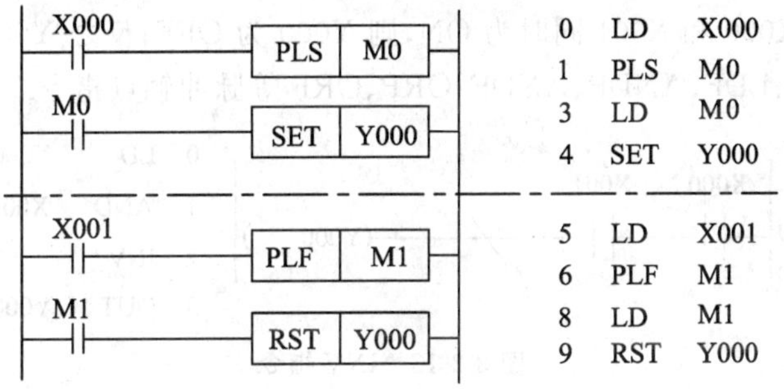

图 3-2-10　PLS、PLF 指令的目标元件

其时序图如图 3-2-11 所示.

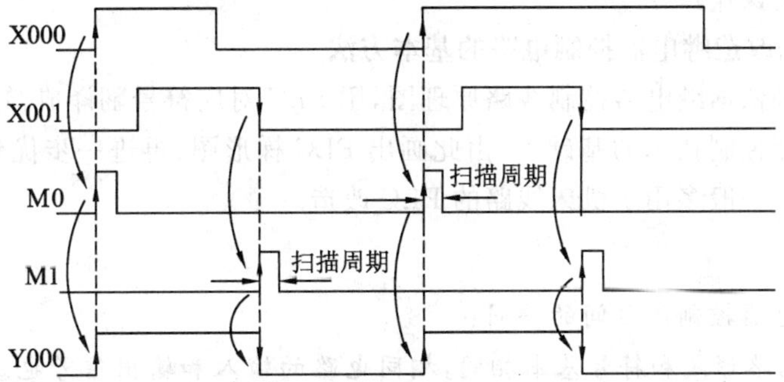

图 3-2-11　PLS、PLF 指令时序图

(五) 栈存储器指令

在 FX 系列 PLC 中有 11 个存储单元，如图 3-2-12 所示，它们采用先进后出的数据存取方式，专门用来存储程序运算的中间结果，称为栈存储器.

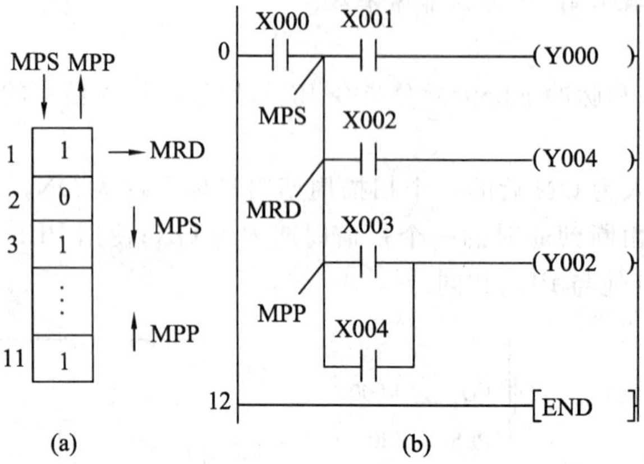

0	LD	X000
1	MPS	
2	AND	X001
3	OUT	Y000
4	MRD	
5	AND	X002
6	OUT	Y004
7	MPP	
8	LD	X003
9	OR	X004
10	ANB	
11	OUT	Y002
12	END	

图 3-2-12　栈存储器指令功能图示

(六) 取反、空操作指令

1. 取反 INV 指令

INV 指令在梯形图中用一条与水平线成 45°的短斜线来表示，它将执行该指令之前的运算结果取反，它前面的运算结果如为 0，则将其变为 1，如运算结果为 1，则将其变为 0. 在图 3-2-13 中，如果 X000 和 X001 同时为 ON，则 Y000 为 OFF；反之 Y000 则为 ON. INV 指令也可以用于 LDP、LDF、ANDP、ANDF、ORP、ORF 等脉冲触点指令.

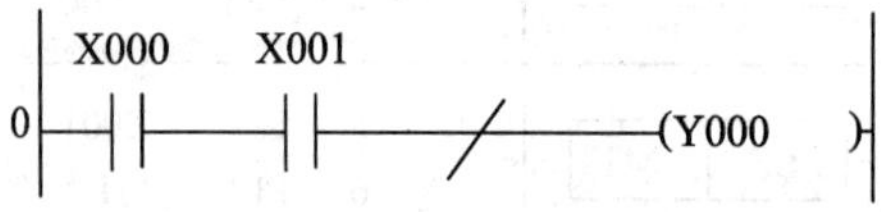

0	LD	X000
1	AND	X001
2	INV	
3	OUT	Y000

图 3-2-13　INV 指令

2. 空操作 NOP 指令

NOP 为空操作指令，使该步序做空操作. 执行完清除用户存储器的操作后，用户存储器的内容全部变为空操作指令.

二、用翻译法改造继电器控制电路的基本方法

翻译法是一种依据继电器控制线路原理图，用 PLC 对应符号翻译成梯形图的方法.

在掌握继电器控制技术的基础上，由此画出 PLC 梯形图，再进一步优化及完善，十分方便快捷，形象直观，一般多用于机床线路的 PLC 改造.

提示

梯形图与继电器控制图之间的异同：

(1) 两者的电路形式和符号基本相同，相同电路的输入和输出信号也基本相同，但它们的控制方式不同.

(2) 继电器控制系统中的接点在 PLC 中是存储器中的“位”. 继电器的接点数量有限,设计时必须合理分配;而 PLC 中存储器中的“位”可以反复使用,其“位”的状态只有“0”和“1”两种.

(3) 继电器控制系统中必须按照电路图接线,施工费力,更改困难;而 PLC 中的梯形图是利用计算机制作的,更改简单,调试方便.

活动实施

(1) 输入并测试“知识准备”中的各基本指令的功能.

(2) 分析图 1-3-2 所示的双重联锁正反转控制电路的工作原理.

(3) 根据图 1 3-2 的控制要求,确定 I/O 地址,其地址分配表如表 3-2-1 所示.

表 3-2-1　　输入/输出地址分配表

输入信号		输出信号	
功　能	地　址	功　能	地　址
热继电器 KH	X000	正转接触器 KM1	Y001
停止按钮 SB1	X001	反转接触器 KM2	Y002
正转启动按钮 SB2	X002		
反转启动按钮 SB3	X003		

(4) 绘制主电路图和 PLC 接线图.

主电路如图 1-3-2 所示,PLC 接线图如图 3-2-14 所示.

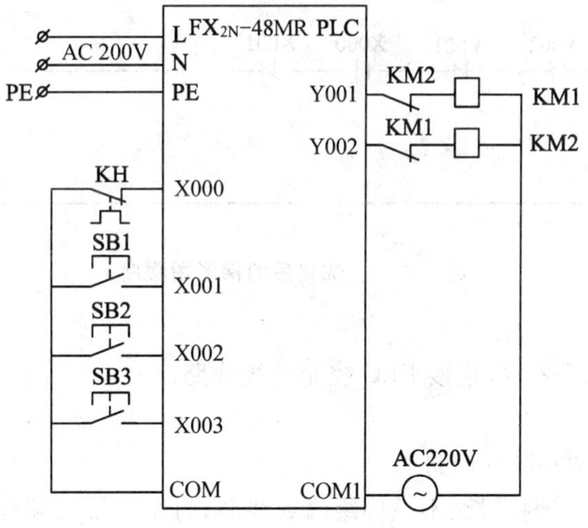

图 3-2-14　PLC 接线图

提示

由于 PLC 程序执行时间很短(一个扫描周期仅几微秒),而接触器动作需要时间,两者存在一定的时间差,很容易导致接触器工作过程中出现短路故障. 因此,在接触器 KM1 与 KM2 的线圈回路中分别串联对方的常闭触点实现电气联锁很有必要.

（5）编辑梯形图程序并优化.

梯形图程序如图 3-2-15 所示.

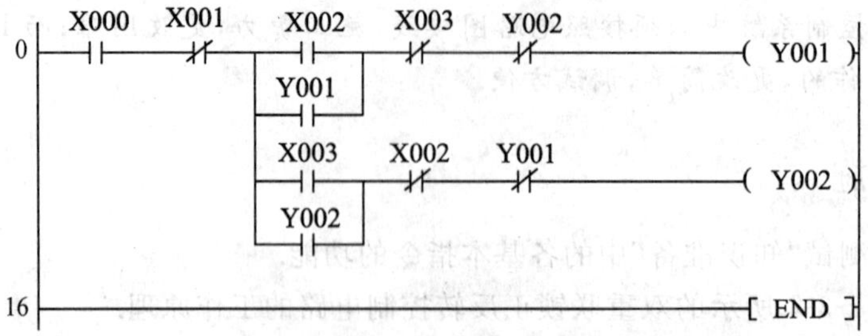

图 3-2-15 按控制要求编辑的梯形图程序

图 3-2-15 所示的梯形图不符合“上重下轻，左重右轻”的编程原则，必须进行调整和优化，以符合编程的原则和要求.

优化后的梯形图程序如图 3-2-16 所示. 当按下正转启动按钮 SB2，X002 动作，Y001 输出，控制 KM1 动作，电动机正转运行. 按下反转按钮 SB3，X003 动作，首先切断 Y001 回路，KM1 复位，电动机停止正转，然后 Y002 输出，控制 KM2 动作，电动机反转运行. 按下停止按钮 SB1，X001 动作，切断 Y002 回路，KM2 复位，电动机停止反转. 在电动机正转或反转的过程中，如果发生过载，则热继电器 KH 的常开触点闭合，X000 动作，切断 Y001 或 Y002 回路，KM1 或 KM2 复位，电动机停止运行.

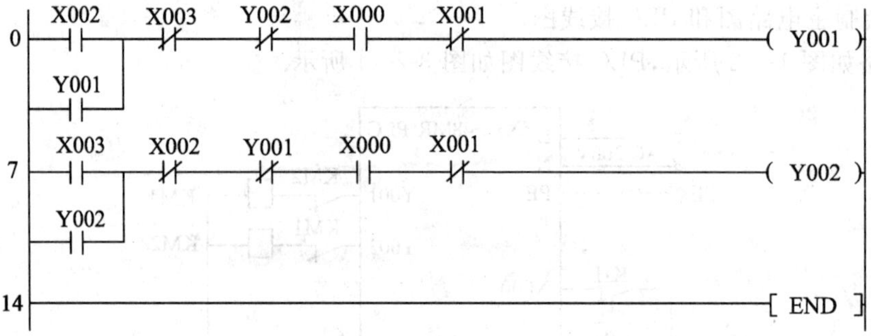

图 3-2-16 优化后的梯形图程序

（6）系统接线.

根据图 1-3-2 和图 3-2-14，连接 PLC 控制系统线路.

连接时须注意：

① 所有接线都必须在断电时进行.

② 布线要紧固、不露铜过长、不损伤绝缘或线芯；每个端子必须配上规定的号码管.

③ PLC 的 ⏚ 端必须采用单独的接地装置接地，且接地线应尽量短而粗.

④ 电路安装完毕后，必须自检，自检正确后，经过指导教师同意，有专人监护才能通电试运行.

（7）输入并调试 PLC 程序，将调试结果写入活动记录.

活动评价

一、活动记录

活动记录见附表1.

二、活动实施评价表

活动实施评价表见表3-2-2.

表3-2-2 **活动实施评价表**

<table>
<tr><td colspan="3">活动名称：电动机正反转控制程序的设计与调试</td><td colspan="6">班级：
小组：
姓名：</td></tr>
<tr><td rowspan="3">评价项目</td><td rowspan="3">评价标准</td><td rowspan="3">评价依据</td><td colspan="3">评价方式</td><td rowspan="3">权重</td><td rowspan="3">得分</td><td rowspan="3">总分</td></tr>
<tr><td>学生自评</td><td>小组评价</td><td>教师评价</td></tr>
<tr><td>0.2</td><td>0.3</td><td>0.5</td></tr>
<tr><td>职业素质</td><td>(1) 遵守安全管理规定和工作劳动纪律
(2) 按时按要求完成学习及工作任务
(3) 工作积极主动、勤学好问
(4) 工作岗位6S完成情况良好</td><td>(1) 出勤
(2) 工作态度
(3) 劳动纪律
(4) 团队协作精神</td><td></td><td></td><td></td><td>0.2</td><td></td><td></td></tr>
<tr><td>专业能力</td><td>(1) 会使用翻译法转换继电器电路
(2) 会使用编程软件，并正确调试程序
(3) 能正确安装并实现控制功能
(4) 完成电动机双重联锁正反转运行电路的控制</td><td>(1) 操作的准确性和规范性
(2) 专业技能完成情况
(3) 工作页或报告完成情况</td><td></td><td></td><td></td><td>0.7</td><td></td><td></td></tr>
<tr><td>创新能力</td><td>(1) 在任务完成过程中能提出自己的有一定见解的方案
(2) 在教学或生产管理上提出的建议具有创新性</td><td>(1) 方案的可行性及意义
(2) 建议的可行性</td><td></td><td></td><td></td><td>0.1</td><td></td><td></td></tr>
<tr><td>指导教师综合评价</td><td colspan="8">指导教师签名： 日期：</td></tr>
</table>

活动二　小车自动往返控制程序的设计与调试

活动描述

如图 3-2-17 所示是一种简单运送、装卸装置，初始状态运料小车停在左限位. 其工作过程为：按下启动按钮后，运货小车右行至右限位→到位后小车停止右行，7s 后货被装上，小车左行至左限位→到位后小车停止左行，5s 后货被卸下，完成一次装卸过程.

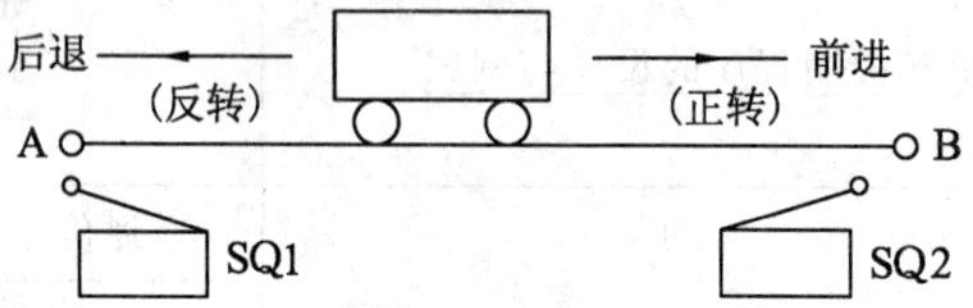

图 3-2-17　运料小车运行示意图

若需要重新开始运料，则应保证小车停在左侧后，按下启动按钮才能开始运料.

通过本次活动，学习 PLC 的定时器等基本指令，分析运料小车的控制要求，结合继电器自动往返电路，采用独立或小组合作的方式，完成如图 3-2-17 所示要求的小车运动的 PLC 控制程序设计，并安装电路，实现模拟调试运行.

学习目标

◇ 正确理解 PLC 编程元件定时器的概念.

◇ 学会使用定时器.

◇ 会安装、调试小车自动往返控制系统.

学习地点

PLC 实训室(配备多媒体教学设备).

学习准备

PLC 参考书、三菱 FX_{2N}-48MR(或 FX_{3U}-48MR)PLC 控制板、常用电工工量具一套、常用低压电器、导线、计算机等.

知识准备

一、定时器指令

定时器在 PLC 中的作用相当于一个时间继电器，它有一个设定值寄存器(字)、一个当前值寄存器(字)、一个线圈以及无数个触点(位). 通常在一个 PLC 中有几十至数百个定时器，可用于定时操作，起延时接通或断开电路的作用.

在 PLC 内部，定时器是通过对内部某一时钟脉冲进行计数来完成定时的. 常用计时脉冲有三类，即 1ms、10 ms 和 100ms 脉冲. 不同的计时脉冲其计时精度不同. 当用户需要定时操作时，可通过设定脉冲的个数来完成，用常数 K 设定(1～32767)，如表 3-2-3 所示.

表 3-2-3　　　FX_{2N} 系列 PLC 的定时器地址号

	100ms 型 0.1～3276.7s	10ms 型 0.01～327.67s	1ms 累计型 0.001～32.767s	100ms 累计型 0.1～3276.7.s	电位器型 0～255 数值
FX_{2N}、FX_{2NC} 系列	T0～T199 200 点 一般用程序 T192～T199	T200～T245 46 点	T246～T249 4 点 保持用	T250～T255 6 点 执行中断的 保持用	功能扩展板 8 点

当定时器 T200 的驱动输入 X000＝ON 时，T200 用当前值累计 10ms 的时钟脉冲，当该值等于设定值 K123 时，定时器的输出触点动作，也就是说，输出触点在驱动定时器线圈 1.23s后动作. 当 X000＝OFF 时，定时器复位，输出触点复位，如图 3-2-18 所示.

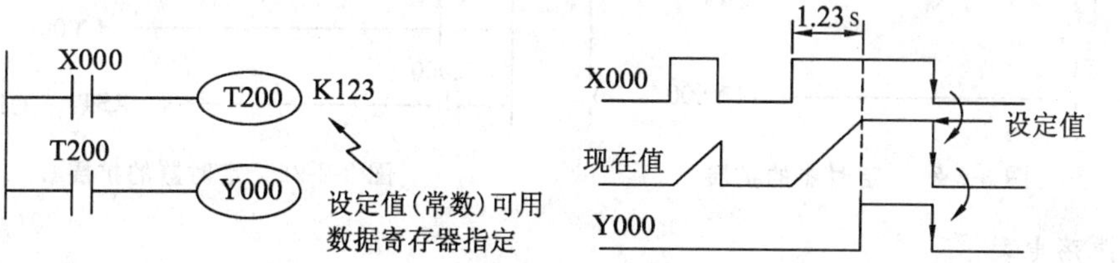

图 3-2-18　定时器指令梯形图和时序图

二、定时器的应用

1. 失电延时电路

失电延时电路如图 3-2-19 所示.

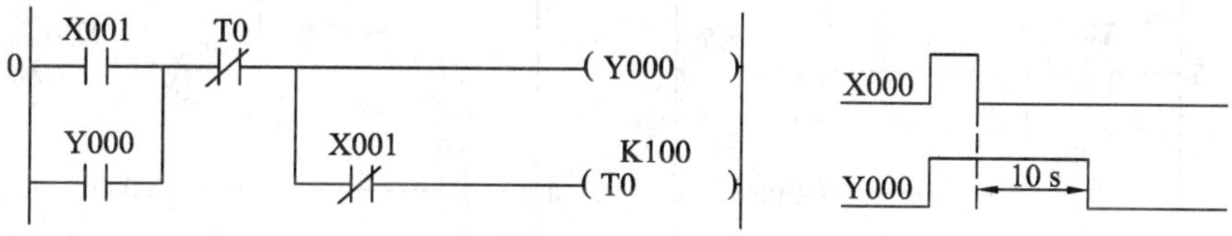

图 3-2-19　失电延时电路

说明：当 X001＝ON 时，其常开触点闭合，Y000 接通并自保；当 X001 断开时，定时器开始得电延时，当 X001 断开的时间到达定时器设置的时间时，Y000 由 ON 变为 OFF，实现失电延时.

2. 定时器自复位电路

定时器自复位电路如图 3-2-20 所示.

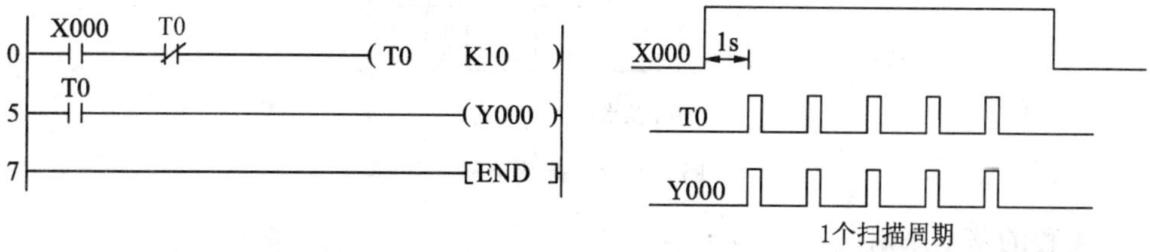

图 3-2-20　定时器自复位电路

说明：X000 接通 1s，T0 状态为 ON，Y000 状态输出为 ON，T0 的状态为 ON 使其常闭触点动作，T0、Y000 状态变为 OFF. 当 X000 一直处于 ON 状态时，经过一个扫描周期，重复前面状态.

3. 定时器的扩展

FX 系列 PLC 的延时都有最大值，如延时大于定时器的最大值，可以采用多个定时器延时接力，如图 3-2-21 和图 3-2-22 所示.

具体方法如下：

(1) 用前一个定时器的常开触点启动下一个定时器.

(2) 计数器和定时器配合.

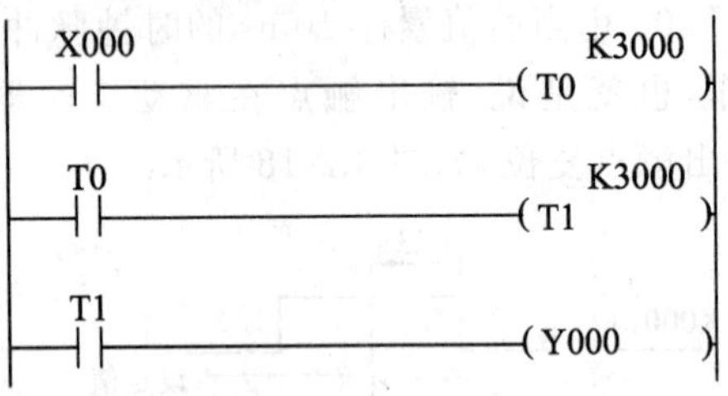

图 3-2-21　定时器的扩展

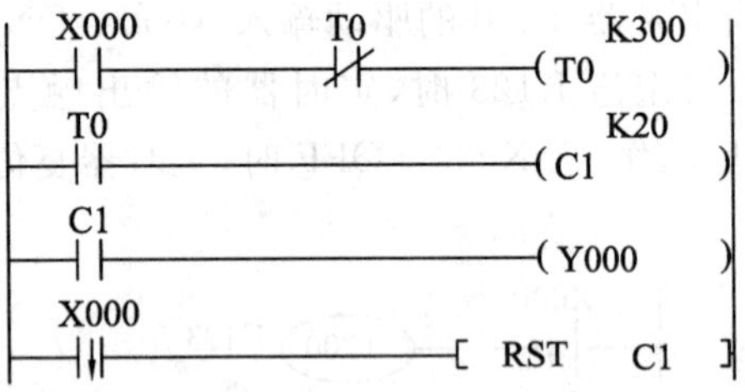

图 3-2-22　定时器的扩展

4. 振荡电路

振荡电路可以产生特定的通断时序脉冲，它应用在脉冲信号源或闪光报警电路中. 例如，一种由定时器组成的振荡电路如图 3-2-23 所示.

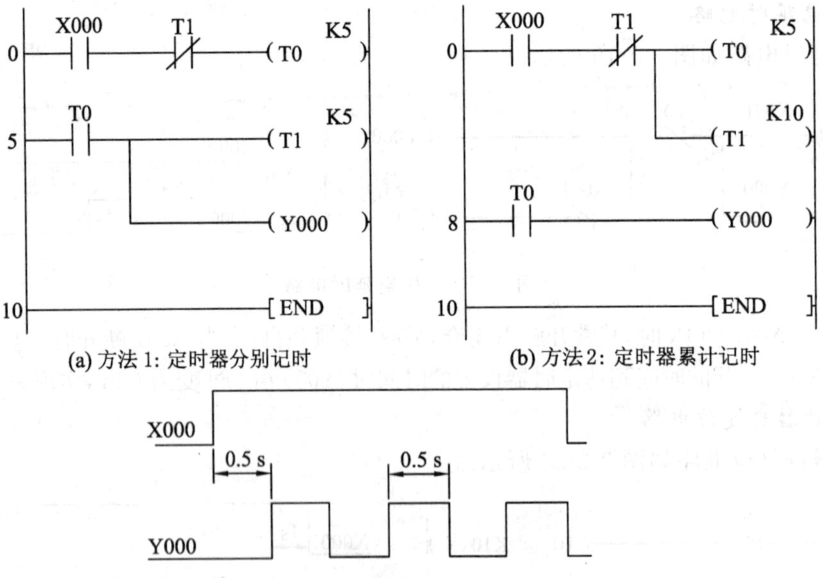

(a) 方法 1：定时器分别记时　(b) 方法 2：定时器累计记时　(c) 波形图

图 3-2-23　振荡电路

三、编程的基本原则

PLC 编程应该遵循以下基本原则：

（1）外部输入继电器、输出继电器、内部继电器、定时器、计数器等器件的接点可多次重复使用，无需用复杂的程序结构．

（2）梯形图每一行都从左母线开始，线圈接在最右边，接点不能放在线圈的右边，如图 3-2-24 所示．

图 3-2-24　规则 2 的说明

（3）线圈不能直接与左母线相连．如果需要，可以通过一个没有使用的内部继电器的常闭触点或者特殊内部继电器 M8000（常 ON）的常开触点来连接，如图 3-2-25 所示．

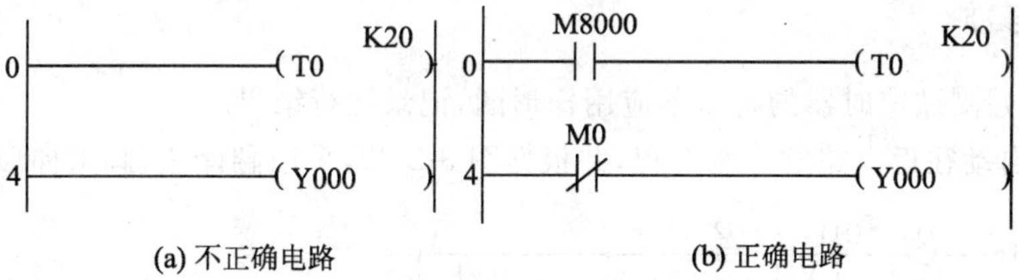

图 3-2-25　规则 3 的说明

（4）同一编号的线圈在一个程序中使用两次称为双线圈输出．双线圈输出容易引起误操作，应尽量避免线圈重复使用．

（5）梯形图程序必须符合顺序执行的原则，即按从左到右、从上到下的顺序执行，如不符合顺序执行的电路，不能直接编程．例如，图 3-2-26 所示的桥式电路就不能直接编程．

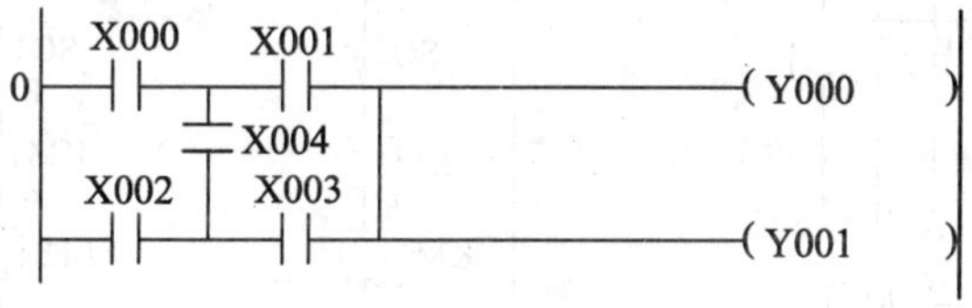

图 3-2-26　桥式电路

（6）在梯形图中串联接点、并联接点的使用次数没有限制，可无限次地使用，如图 3-2-27 所示．

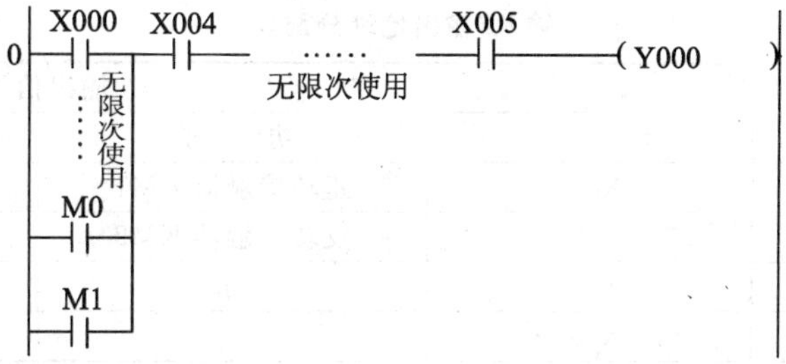

图 3-2-27　规则 6 的说明

(7) 两个或两个以上的线圈可以并联输出,如图 3-2-28 所示.

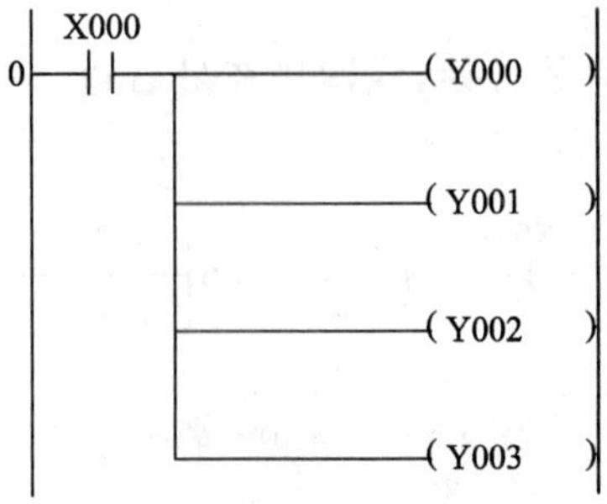

图 3-2-28 规则 7 的说明

活动实施

(1) 输入并测试定时器的各基本应用梯形图,记录运行结果.

(2)分析自动往返电路的控制过程,并根据图 3-2-29,采用翻译法,画出梯形图.

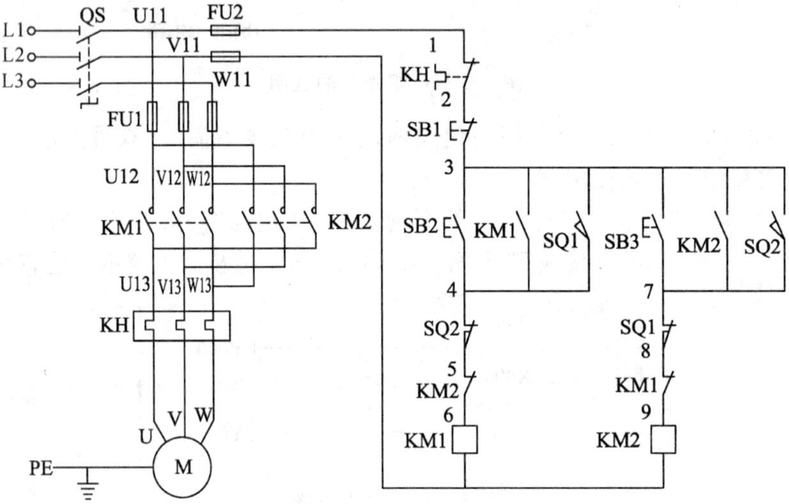

图 3-2-29 自动往返控制电路

(3) 根据图 3-2-29 的控制要求,确定 I/O 地址.

表 3-2-4 输入/输出地址分配表

输入信号		输出信号	
功　　能	地　　址	功　　能	地　　址
热继电器 KH	X000	正转接触器 KM1	Y001
停止按钮 SB1	X001	反转接触器 KM2	Y002
正转启动按钮 SB2	X002		
反转启动按钮 SB3	X003		
正转行程开关 SQ1	X004		
反转行程开关 SQ2	X005		

(4) 绘制主电路图和PLC接线图.

主电路如图3-2-29所示,PLC接线图如图3-2-30所示.

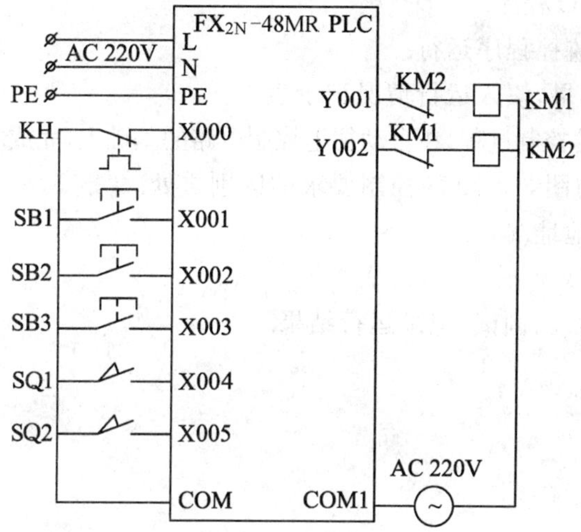

图3-2-30 PLC接线图

(5) 编辑梯形图程序,并优化.

如图3-2-31所示.当按下正转启动按钮SB2,X002动作,Y001输出,控制KM1动作,电动机正转运行,带动工作台向右行走.当碰触到右边的行程开关SQ2时,X005动作,首先切断Y001回路,KM1复位,电动机停止正转,然后Y002输出,控制KM2动作,电动机反转运行,带动工作台向左行走.当碰触到左边的行程开关SQ1时,X004动作,首先切断Y002回路,KM2复位,电动机停止反转,然后Y001输出,控制KM1动作,电动机正转运行,带动工作台向右行走.如此反复运行.当按下停止按钮SB1,X001动作,切断Y001或Y002回路,KM1或KM2复位,电动机停止正转或反转,工作台停止往返.在电动机正转或反转的过程中,如果发生过载,则热继电器KH的常闭触点断开,X000动作,切断Y001或Y002回路,KM1或KM2复位,电动机停止运行.

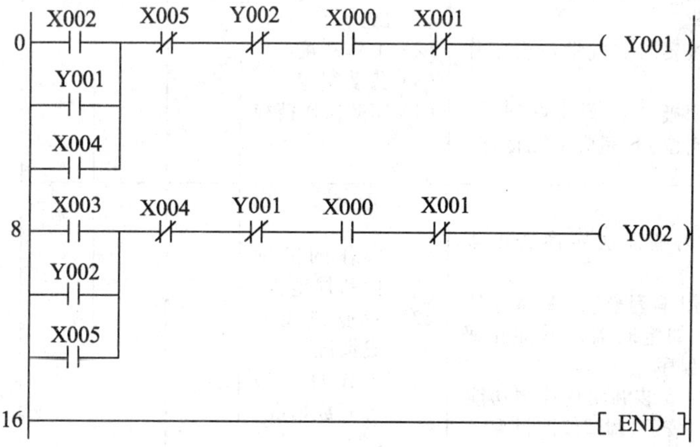

图3-2-31 梯形图程序

(6) 系统接线.

按照图 3-2-29 和图 3-2-30 电路进行线路连接. 连接注意事项同活动一.

(7) 输入并调试 PLC 程序.

① 下载程序,在线监控程序运行.

② 分析程序运行结果,填入运行情况记录表.

(8) 分析图 3-2-17 的控制过程,在自动往返控制电路的基础上,完成小车自动往返的控制.

① 写出图 3-2-17 与图 3-2-29 的控制要求的区别之处.

② 修改输入/输出地址.

③ 修改外部接线图.

④ 修改梯形图并输入、调试,记录运行结果.

活动评价

一、活动记录

活动记录见附表 1.

二、活动实施评价表

活动实施评价表见表 3-2-5.

表 3-2-5　　活动实施评价表

活动名称:小车自动往返控制程序的设计与调试			班级:____ 小组:____ 姓名:____					
评价项目	评价标准	评价依据	评价方式			权重	得分	总分
			学生自评	小组评价	教师评价			
			0.2	0.3	0.5			
职业素质	(1) 遵守安全管理规定和工作劳动纪律 (2) 按时按要求完成学习及工作任务 (3) 工作积极主动、勤学好问 (4) 工作岗位 6S 完成情况良好	(1) 出勤 (2) 工作态度 (3) 劳动纪律 (4) 团队协作精神				0.2		
专业能力	(1) 会使用翻译法转换继电器电路 (2) 会使用编程软件、基本逻辑指令(如定时器),并能正确调试程序 (3) 能正确安装并实现控制功能 (4) 能正确安装、调试该控制系统	(1) 操作的准确性和规范性 (2) 专业技能完成情况 (3) 工作页或报告完成情况				0.7		

续表

评价项目	评价标准	评价依据	评价方式			权重	得分	总分
			学生自评	小组评价	教师评价			
			0.2	0.3	0.5			
创新能力	(1) 在任务完成过程中能提出自己的有一定见解的方案 (2) 在教学或生产管理上提出的建议具有创新性	(1) 方案的可行性及意义 (2) 建议的可行性				0.1		
指导教师综合评价	指导教师签名：　　日期：							

知识拓展

一、PLC 的工作原理

PLC 用户程序的执行采用循环扫描工作方式. 它有两种基本的工作模式：运行(RUN)模式和停止(STOP)模式，如图 3-2-32 所示.

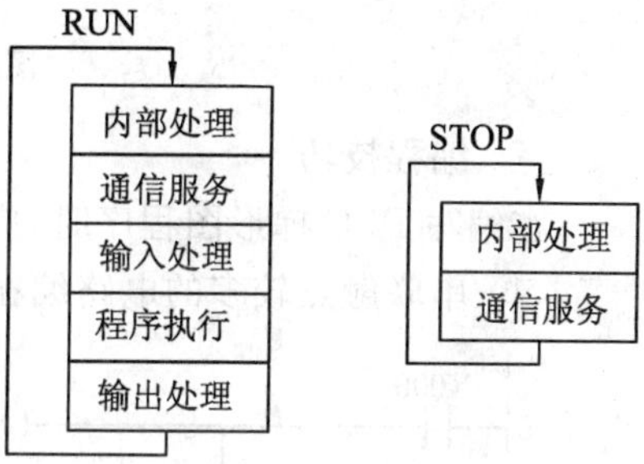

图 3-2-32　PLC 的两种基本工作模式

PLC 是采用"顺序扫描，不断循环"的方式进行工作的. 即在 PLC 运行时，CPU 根据用户按控制要求编制好存于用户存储器中的程序，按指令步序号(或地址号)做周期性循环扫描，如无跳转指令，则从第一条指令开始逐条顺序执行用户程序，直至程序结束. 然后重新返回第一条指令，开始下一轮新的扫描. 在每次扫描过程中，还要完成对输入信号的采样和对输出状态的刷新等工作.

PLC 的一个扫描周期必经输入采样、程序执行和输出刷新三个阶段，如图 3-2-33 所示.

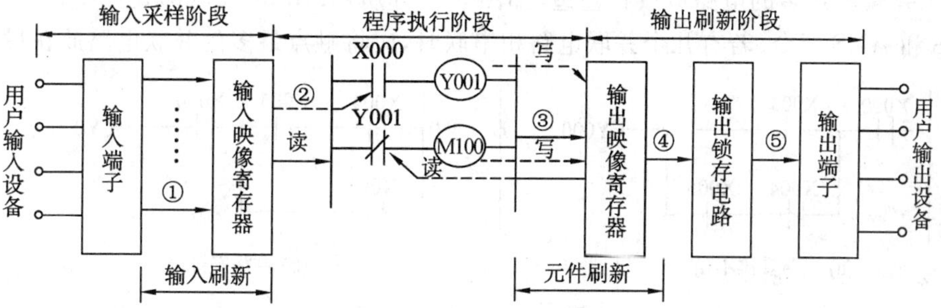

图 3-2-33　PLC 的工作过程

二、用户程序执行的过程

PLC的工作原理可用流程图的形式表示，从而更能形象地说明输入/输出的处理方法，如图3-2-34所示.

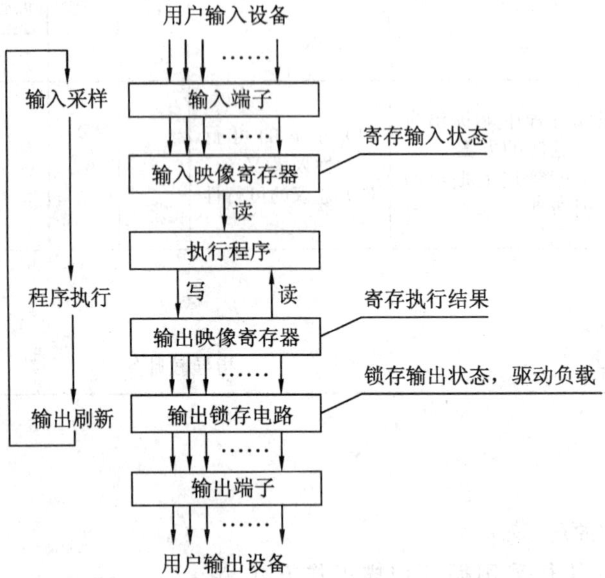

图3-2-34 程序执行过程流程图

三、编程技巧

在编写PLC梯形图程序时，应掌握如下编程技巧：

(1) 串联触点较多的电路编在梯形图上方，如图3-2-35所示.

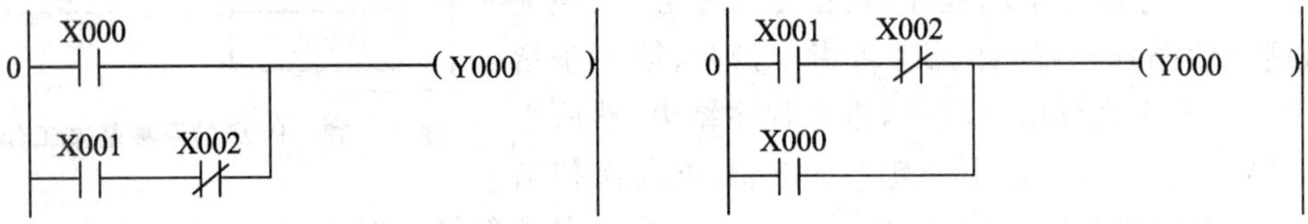

(a) 电路安排不当　　(b) 电路安排得当

图3-2-35 梯形图程序

(2) 并联触点多的电路应放在左边，如图3-2-36所示. 图3-2-37(b)比图3-2-37(a)省去了ORS和ANS指令. 若有几个并联电路相串联时，应将触点最多的并联电路放在最左边.

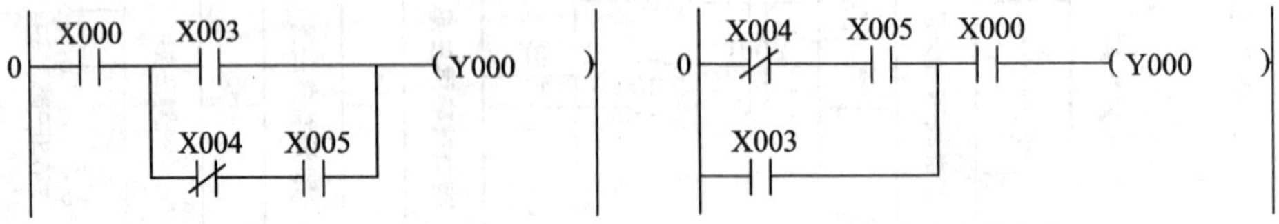

(a) 电路安排不当　　(b) 电路安排得当

图3-2-36 梯形图程序

（3）对复杂电路的处理.

① 桥式电路的编程. 图 3-2-26 所示的梯形图是一个桥式电路，不能直接对它编程，必须重画为图 3-2-37 所示的电路才可进行编程.

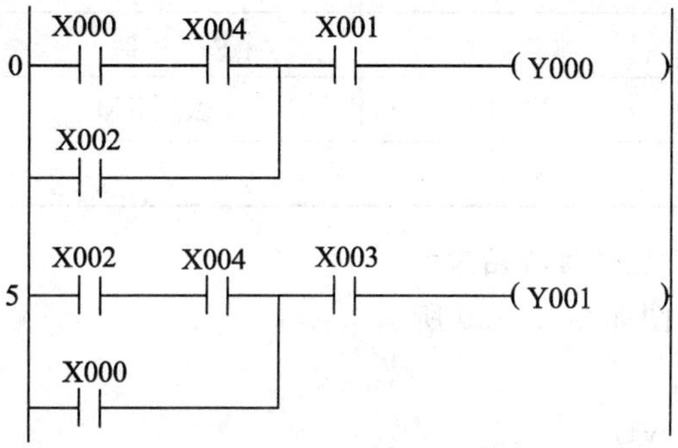

图 3-2-37　梯形图程序

② 如果由梯形图构成的电路结构比较复杂，用 ANS、ORS 等指令难以解决，可重复使用一些触点画出它的等效电路，然后再进行编程就比较容易了，如图 3-2-38 所示. 如果使用编程软件也可直接编程.

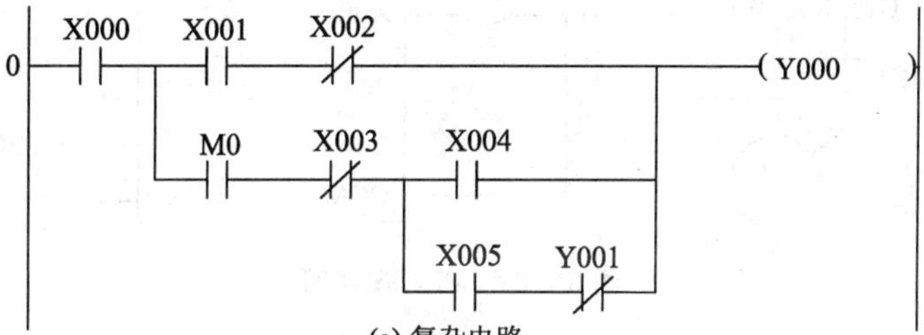

(a) 复杂电路

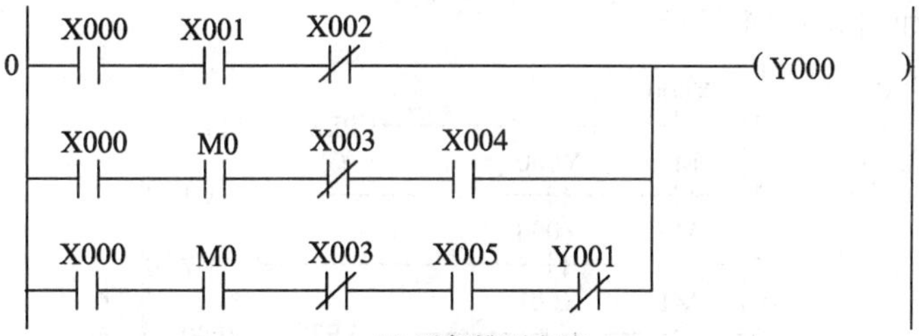

(b) 重复排列电路

图 3-2-38　梯形图程序

四、单按钮控制电动机启停的方法

在传统的电动机控制系统中，电动机的启停控制通常需要使用到一个启动按钮、一个停止按钮，分别控制电动机的启动和停止. 在 PLC 的控制系统中，这就要占用两个输入点. 而在进行 PLC 系统设计时，可以设法减少使用的输入和输出点数，降低控制系统的成本，提高经济效益.

1. 根据控制要求确定I/O地址

表 3-2-6　　输入/输出地址分配表

输入信号		输出信号	
功　能	地　址	功　能	地　址
热继电器 KH	X001	接触器 KM	Y001
按钮 SB	X000		

2. 绘制主电路图和PLC接线图

主电路和PLC接线图如图3-2-39所示.

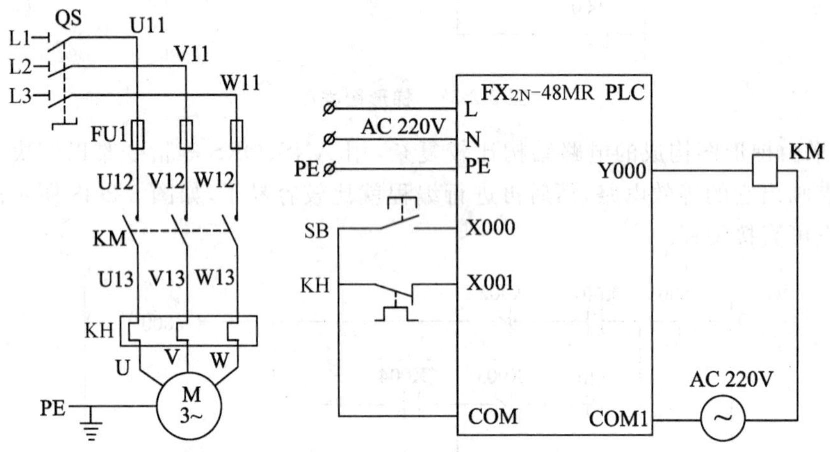

图 3-2-39　PLC 接线图

3. 编辑梯形图程序并优化

梯形图程序如图3-2-40所示.

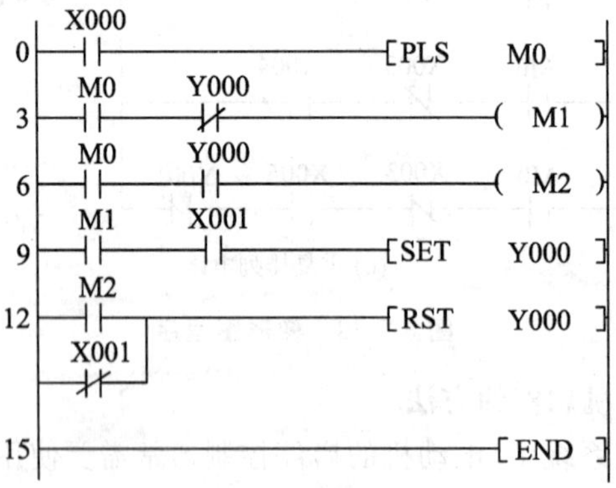

图 3-2-40　梯形图程序

4. 指令表程序

指令表程序如图3-2-41所示.

步号	指令	操作元件	步号	指令	操作元件
0	LD	X000	9	LD	M1
1	PLS	M0	10	AND	X001
3	LD	M0	11	SET	Y000
4	ANI	Y000	12	LD	M2
5	OUT	M1	13	ORI	X001
6	LD	M0	14	RST	Y000
7	AND	Y000	15	END	
8	OUT	M2			

图 3-2-41　**指令表程序**

最后输入并调试 PLC 程序.

任务三　输送线的 PLC 控制

任务描述

在工矿企业中,经常用到各种输送线.皮带输送机、生产输送加工线就是其中的典型代表.图 3-3-1 为一皮带输送机的示意图.在本任务中,我们通过对三级皮带输送机的 PLC 控制、输送线的计数与计件控制两个活动,学习 PLC 控制程序的设计方法与步骤,以实现对输送线的控制.

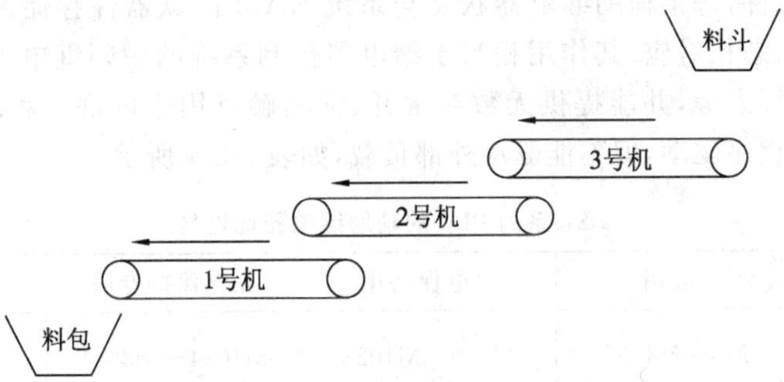

图 3-3-1　**三级皮带输送机示意图**

活动一　输送带的顺序控制程序的设计与调试

活动描述

图 3-3-1 是三级皮带输送机的示意图,其控制要求如下:

(1) 按下启动按钮,启动顺序为 1 号机、2 号机、3 号机依次间隔 5s 启动,防止货物堆积在传送带上;按下停止按钮,停止顺序为 3 号机、2 号机、1 号机依次间隔 6s 停止,以保证输送机上无货物.

(2) 电路有必要的电气保护措施.本活动将设计输送带的顺序控制程序,并进行安装、调试.

学习目标

◇ 掌握 PLC 常用基本指令(MC、MCR)的使用方法.
◇ 正确理解、掌握 PLC 的编程方法和基本原则.
◇ 能使用基本指令编写三级皮带输运机控制程序,并进行调试.

学习地点

PLC 实训室(配备多媒体教学设备).

学习准备

PLC 参考书、三菱 FX_{2N}-48MR(或 FX_{3U}-48MR)PLC 控制板、常用电工工量具一套、常用低压电器、导线、计算机等.

知识准备

一、PLC 编程元件

PLC 内部有许多辅助继电器,这类辅助继电器的线圈与输出继电器的线圈一样,由 PLC 内各种软元件的触点驱动.

辅助继电器 M0~M1023、M8000~M8255(十进制),共 1280 点.

它是一种位元件,每个辅助继电器状态与系统 RAM 的软器件存储区中 80 个 16 位寄存器每一位的位状态相对应.其作用相当于继电器控制系统的中间继电器,用于信号中继、中间量寄存、建立标志等,并能提供无数对常开、常闭触点用于内部编程.和输出继电器一样,其状态只能由程序驱动,但不能驱动外部负载,如表 3-3-1 所示.

表 3-3-1　FX_{2N} 系列 PLC 的辅助继电器地址号

	一般用	停电保持用	停电保持专用	特殊用
FX_{2N}、FX_{2NC} 系列	M0~M499 500 点※1	M500~M1023 524 点※2	M1024~M3071 2048 点※3	M8000~M8255 256 点

※1. 非后备辅助继电器.依据参数设定,可变为后备(停电保持)辅助继电器.

※2. 电池后备辅助继电器(停电保持),依据参数设定,可变为后备辅助继电器.

※3. 电池后备辅助继电器(停电保持),无法用参数设定来变更其性质(利用 RST、ZRST 指令可清除内容).

上述 1280 个辅助继电器可分为三种类型:

(1) 普通型 M0~M499 共 500 点.其特点是一旦 PLC 停止运行或失电,其状态无法保持,一律呈断开状态.

(2) 保持型 M500~M1023 共 524 点.在锂电池支持下能实现失电保持功能,一旦失电或 PLC 停止运行能保持该瞬间特有状态.

(3) 特殊用途型 M8000～M8255 共 256 点. 这 256 个辅助继电器可分为两类:

① PLC 运行中一类特殊型 M 的通断状态由系统程序驱动,在编制用户程序时,只能调用其接点状态,而不得使用其逻辑线圈. 例如,M8000 在 PLC 投入运行时立即自动接通,可用于 PLC 运行显示;M8002 仅在程序运行的第一周期产生一个脉冲输出,用于初始化处理;M8012 用于产生 100ms 时钟脉冲;M8030 在锂电池电压低于一定值时动作,可用于锂电池更换提示等.

② 另一类特殊型 M 的通断状态是由用户程序驱动的,当其线圈被接通时,由其接点动作来实现某一特殊功能. 例如,在满足一定条件下,当 PLC 停止运行时,M8033 可使输出状态保持不变;当发生某些情况,如电源故障、压力或温度过高等,M8034 可使 PLC 输出全部禁止.

二、PLC 常用基本指令

MC 和 MCR 指令,为主控指令,又称嵌套指令.

1. 指令概述

MC:当满足执行条件时,执行 MC 到 MCR 间的程序,母线向 MC 触点后移.

MCR:当程序执行到该指令时,将返回到原母线.

2. 程序举例

如图 3-3-2 所示为无嵌套程序梯形图.

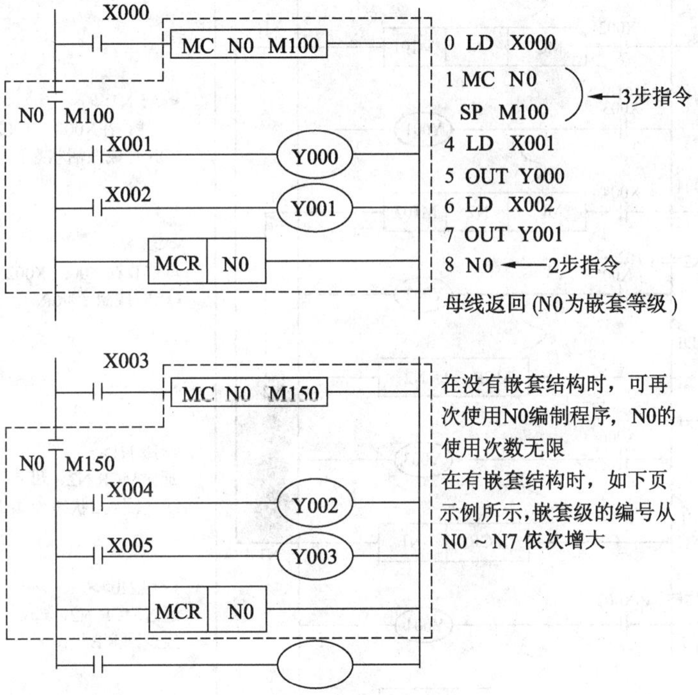

图 3-3-2　无嵌套程序梯形图

3. 操作数

MC 的操作数:Y、M.

MCR 的操作数:无.

提示

编程时注意：

（1）通过更改 Y、M 的地址编号，可多次使用该指令，但如果使用同一地址编号，将如同 OUT 指令一样，出现双线圈输出.

（2）在 MC 指令内使用 MC 指令时，嵌套级 N 的编号按顺序增大（N0→N1→N2→N3→N4→N5→N6→N7）. 使用 MCR 时，则从大的嵌套级开始返回（N7→N6→N5→N4→N3→N2→N1→N0）.

（3）在编程中，如果 MCR N6，MCR N7 指令不使用，直接使用 MCR N5 指令，则嵌套级直接回到 5.

（4）嵌套级最大可编写 8 级.

如图 3-3-3 所示为有嵌套程序梯形图.

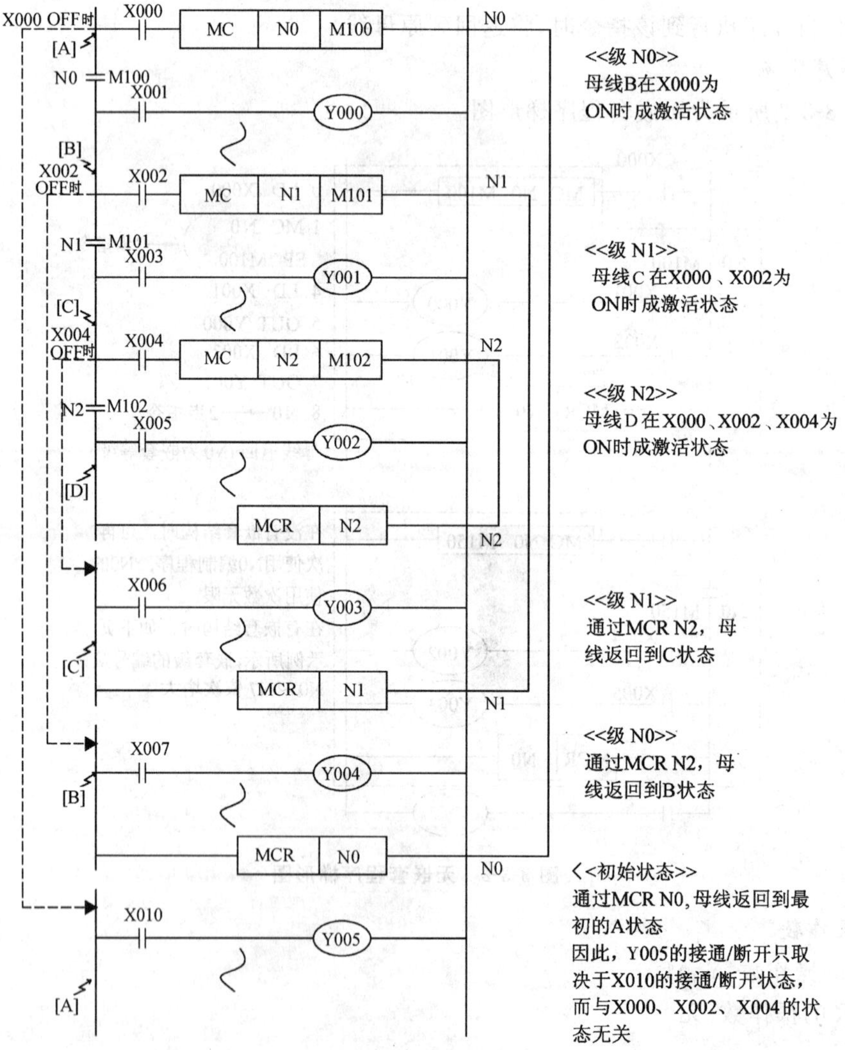

图 3-3-3　有嵌套程序梯形图

活动实施

一、输入并测试基本指令

输入并测试各基本指令的功能.

二、分析三级皮带输送机自动控制要求,完成PLC控制系统设计

(1) 根据皮带输送机自动控制要求,设计主电路,如图3-3-4所示.

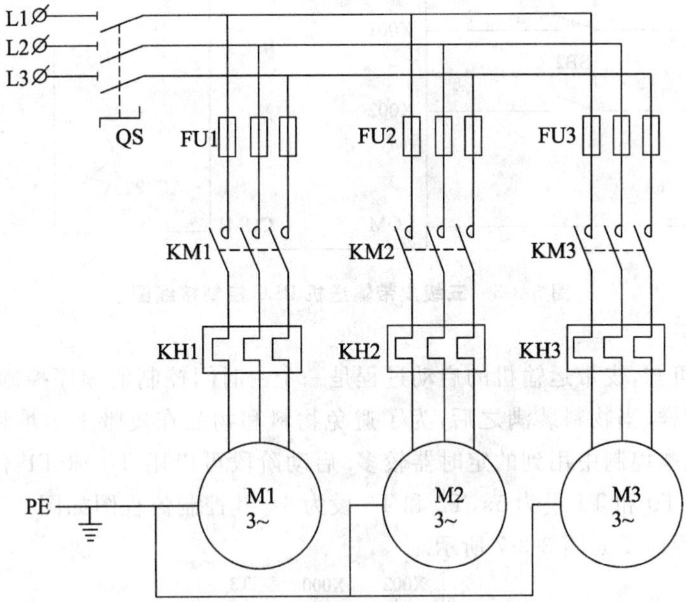

图3-3-4　三级皮带输送机主电路

(2) 分析皮带输送机控制原理,根据控制要求,确定I/O地址,如表3-3-2所示.

表3-3-2　　输入/输出地址分配表

输入信号		输出信号	
功　能	地　址	功　能	地　址
热继电器KH1、KH2、KH3	X000	1号机接触器KM1	Y001
停止按钮SB1	X001	2号机接触器KM2	Y002
启动按钮SB2	X002	3号机接触器KM3	Y003

(3) 绘制PLC接线图,如图3-3-5所示.

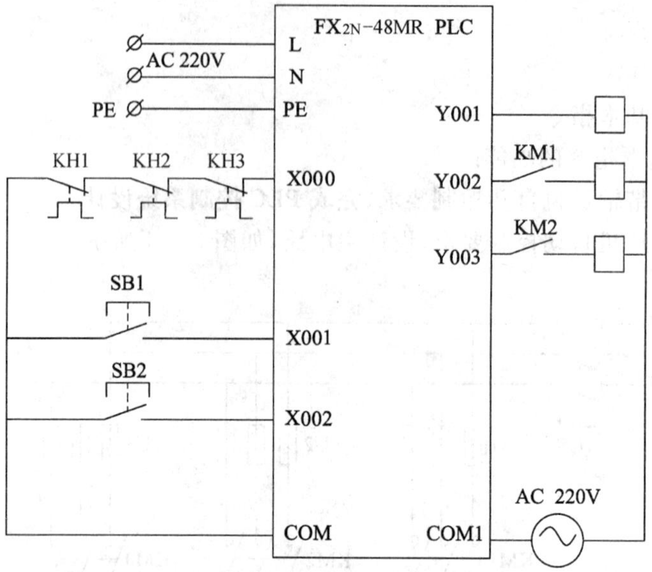

图 3-3-5　三级皮带输送机 PLC 控制接线图

（4）编写程序.

由控制要求可知，皮带运输机的启动过程是一个由时间控制的顺序控制过程，可以通过定时器来实现. 同样，当物料装满之后，为了避免物料和物品在皮带上的堆积也需要按照一定顺序停止，因此本控制中用到的定时器较多. 启动阶段可以用 T0 和 T1，停止阶段可以用 T2 和 T3，定时值 T0 和 T1 设为 5s，T2 和 T3 设为 6s，其控制流程图如图 3-3-6 所示，三级皮带输送机梯形图程序 1 如图 3-3-7 所示.

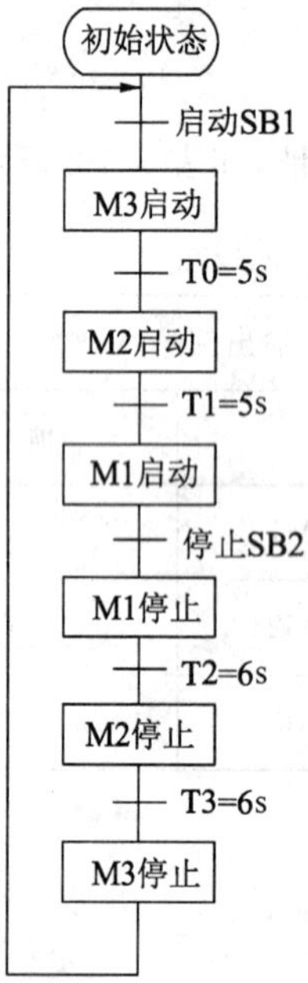

图 3-3-6　流程图

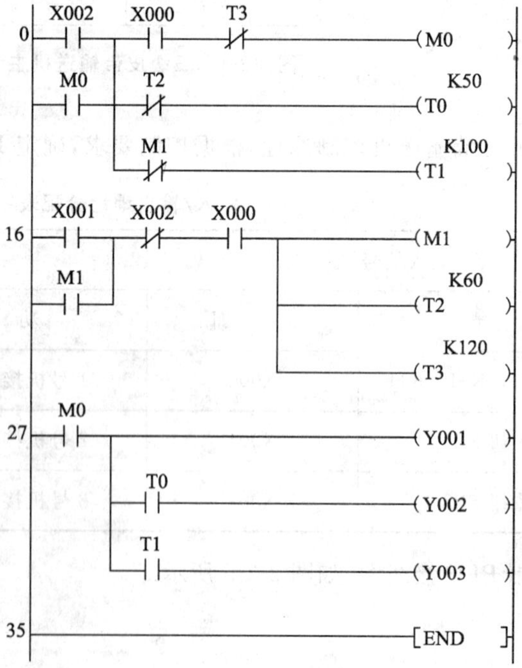

图 3-3-7　三级皮带输送机梯形图程序 1

三、系统接线

按图 3-3-5 接线.接线注意事项同本项目任务二活动一.

四、程序写入与运行调试

(1) 下载程序,在线监控程序运行.

(2) 分析程序运行结果,填入运行情况记录表.

提示

本系统程序还可以使用 MC/MCR 指令或者 SET/RST 指令进行编写. 请使用 MC/MCR 指令编写程序,并补充完整(图 3-3-8).

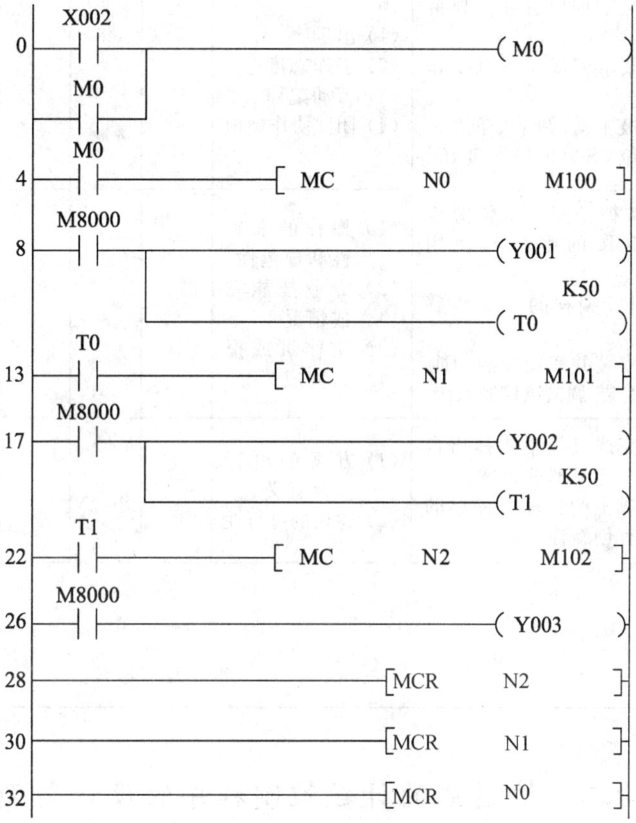

图 3-3-8　三级皮带输送机梯形图程序 2(部分)

活动评价

一、活动记录

活动记录见附表 1.

二、活动实施评价表

活动实施评价表见表 3-3-3.

表 3-3-3　　活动实施评价表

活动名称：输送带的顺序控制程序的设计与调试								班级： 小组： 姓名：
评价项目	评价标准	评价依据	评价方式			权重	得分	总分
			学生自评	小组评价	教师评价			
			0.2	0.3	0.5			
职业素质	(1) 遵守安全管理规定和工作劳动纪律 (2) 按时按要求完成学习及工作任务 (3) 工作积极主动、勤学好问 (4) 工作岗位 6S 完成情况良好	(1) 出勤 (2) 工作态度 (3) 劳动纪律 (4) 团队协作精神				0.2		
专业能力	(1) 熟练掌握 PLC 基本指令 MC、MCR 的编程和使用方法 (2) 了解 PLC 编程的一般步骤和方法 (3) 能正确安装并实现控制功能 (4) 能正确安装、调试该控制系统	(1) 操作的准确性和规范性 (2) 专业技能完成情况 (3) 工作页或报告完成情况				0.7		
创新能力	(1) 在任务完成过程中能提出自己的有一定见解的方案 (2) 在教学或生产管理上提出的建议具有创新性	(1) 方案的可行性及意义 (2) 建议的可行性				0.1		
指导教师综合评价	指导教师签名：　　　　日期：							

活动二　输送线的计数控制程序的设计与调试

活动描述

如图 3-3-9 所示为一输送线上的物流自动检测系统，其工作过程为：按下启动按钮，货运车到位，传送带开始传送工件.

(1) 传感器 BL1 用作次品检测，当检测到次品时，传送带停止工作，电磁阀 YV 自动打开，使次品落到次品箱中，待电磁阀 YV 关闭，传送带继续工作.

(2) 合格的成品工件由 BL2 检测个数，当达到 6 个时，传送带停止传送. 工件检测计数器复位，准备重新计数.

(3) 只有当下一辆货车到位，并按下启动按钮后，传送带才能重新开始工作.

(4) BL3 为检测次品数量的传感器，当次品数量达到 5 个时，报警灯亮提示取走次品箱，工作人员换箱并按下启动按钮，次品检测计数器复位，传送带继续传送.

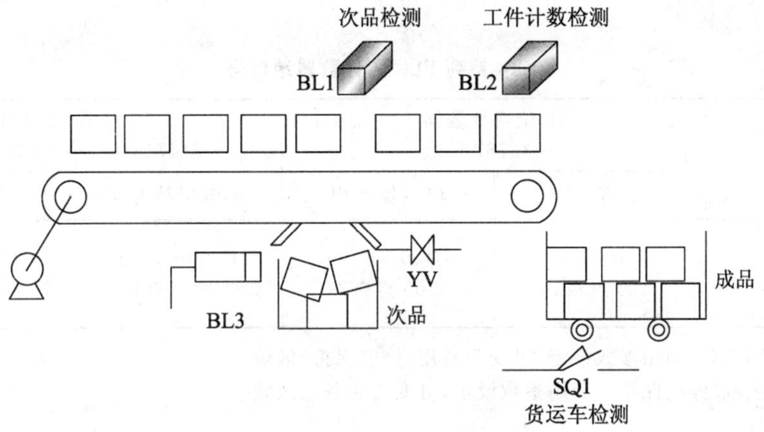

图 3-3-9　物流自动检测系统示意图

本活动将学习计数器的应用以及 PLC 编程的思路和方法，实现输送线的计数与计件控制.

学习目标

◇ 熟练掌握计数器的使用方法.

◇ 正确理解、掌握 PLC 的编程方法.

◇ 能使用基本指令编写输送线计数控制程序，并进行调试.

学习地点

PLC 实训室(配备多媒体教学设备).

学习准备

PLC 参考书、三菱 FX_{2N}-48MR(或 FX_{3U}-48MR)PLC 控制板、常用电工工量具一套、常用低压电器、导线、计算机等.

知识准备

一、计数器

计数器是 PLC 的重要内部元件，它是在 CPU 执行扫描操作时对内部元件 X、Y、M、S、T、C 的信号进行计数. 计数器同定时器一样，也有一个设定值寄存器(字)、一个当前值寄存器(字)、一个线圈以及无数个常开和常闭触点(位). 当计数次数达到其设定值时，计数器触点动作，用于控制系统完成相应功能.

计数器的设定值也与定时器的设定值一样，可用常数 K 设定，也可用数据寄存器 D 设定.如指定为D10,而D10中的内容为123,则与设定K123等效.

FX系列PLC的计数器也采用十进制编号,如FX_{2N}系列的低速计数器编号为C0～C234,如表3-3-4所示.

表3-3-4　　FX_{2N}系列PLC的计数器地址号

	16位增计数器 0～32767计数		32位增/减计数器 −2147483647～+214748364747	
	一般用	停电保持用	停电保持专用	特殊用
FX_{2N}、 FX_{2NC} 系列	C0～C99 100点※1	C100～C199 100点※2	C200～C219 20点※1	C220～C234 15点※2

※1. 非备用区域.利用参数设定,可变为备用(停电保持)区域.
※2. 备用区域(停电保持).利用参数设定,可变为非备用区域.

16位计数器与32位计数器有不同的特点,如表3-3-5所示.

表3-3-5　　FX_{2N}系列PLC的计数器的特点

项　目	16位计数器	32位计数器
计数方向	增计数	可用增/减计数切换使用
设定值	1～32767	−2147483～+2147483647
指定的设定值	常数K或数据寄存器	同左,但是数据寄存器成对
当前值的变化	计数器增计数后不变化	计数器增计数后变化(循环计数器)
输出接点	计数器增计数后保持动作	计数器增计数后保持动作,减计数时复位
复位动作	执行RST命令时,计数器的当前值为零,输出接点复位	
当前值寄存器	16位	32位

当计数输入触发信号X011每ON一次,驱动计数器C0线圈一次,计数器的当前值就加1,在执行第10次的驱动线圈指令时,计数器C0的触点动作,使得Y000高电平输出.以后即使X011触发,计数器的当前值不变.当计数复位信号X010=ON时,执行RST指令,计数器的当前值为0,输出触点复位,如图3-3-10所示.

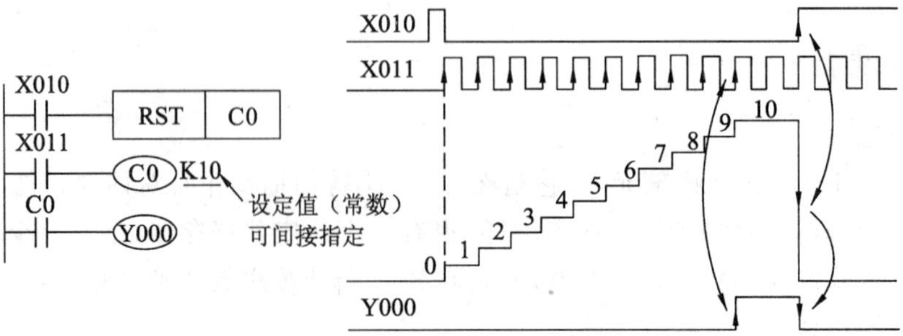

图3-3-10　计数器指令梯形图和时序图

如果切断PLC的电源，则一般型计数器的计数值被清除，而停电保持型的计数器则可存储停电前的计数值，因此当PLC恢复供电时，停电保持型计数器可按上一次数值累计计数.

二、数据寄存器D

数据寄存器D用来存储数值型数据.每一编号的数据寄存器都可以存储16位(1字)的二进制数据，两个相邻编号的数据寄存器组合使用，则可以储存32位(2字)的二进制数据，如表3-3-6和图3-3-11所示.

表3-3-6　FX_{2N}系列PLC的数据寄存器地址号

	普通用途	供停电保持用	供停电保持专用	特殊用途	供变址用
数据寄存器	D0～D199 200点※1	D200～D511 312点※2	D512～D7999 7488点※3	D8000～D8255 256点	V0(V)～V7 Z0(Z)～Z7 16点※4

※1. 非备用区域.利用参数设定，可变为备用(停电保持)区域.

※2. 电池备用区域(停电保持).利用参数设定，可变为非备用区域.

※3. 电池备用区域(停电保持)固定.无法利用参数设定改变为非备用区域(可利用RST、ZRST指令清除内容).

※4. 非电池备用区域固定，无法利用参数设定改变区域特性.

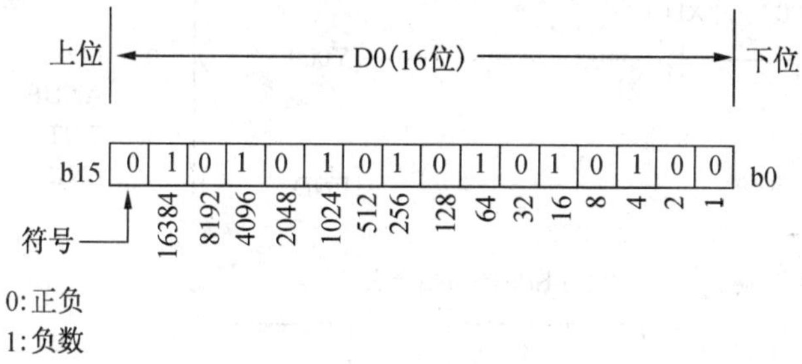

图3-3-11　数据寄存器的结构特点

一个数据寄存器(16位)处理的数值范围为－32768～＋32767.数据寄存器的数值读出与写入一般采用应用指令.在基本指令中，数据寄存器主要作为定时器和计数器的设定值被指定，其内容分别作为设定值执行动作，如图3-3-12所示.

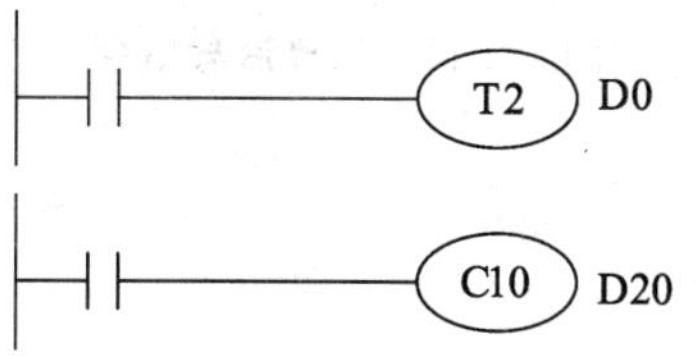

图3-3-12　数据寄存器在基本指令中的用法

三、ANDP上升沿与指令

上升沿检测串联连接指令，触点的中间用一个向上的箭头表示上升沿，受该类触点驱动的线圈只在触点的上升沿接通一个扫描周期，如图2-3-13所示.

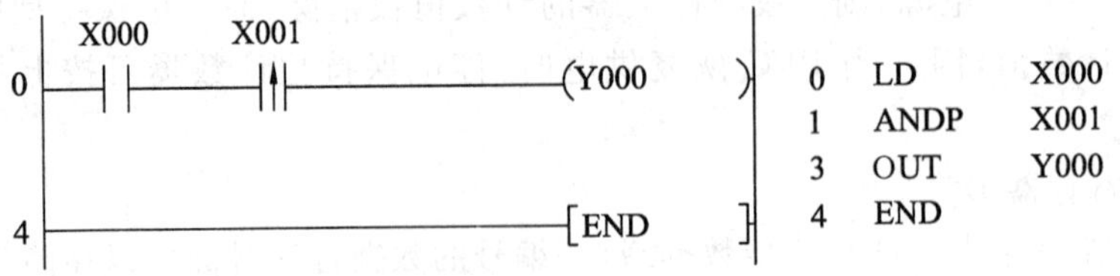

(a) 梯形图与指令表

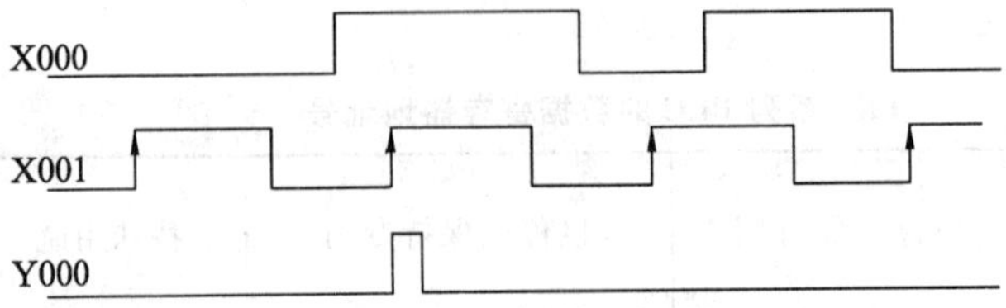

(b) 时序图

图 3-3-13 上升沿与指令

四、ANDF 下降沿与指令

下降沿检测串联连接指令，触点的中间用一个向下的箭头表示下降沿，受该类触点驱动的线圈只在触点的下降沿接通一个扫描周期，如图 3-3-14 所示.

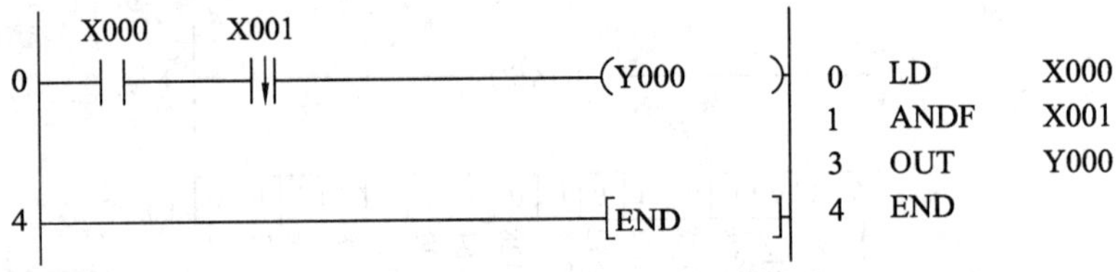

(a) 梯形图与指令表

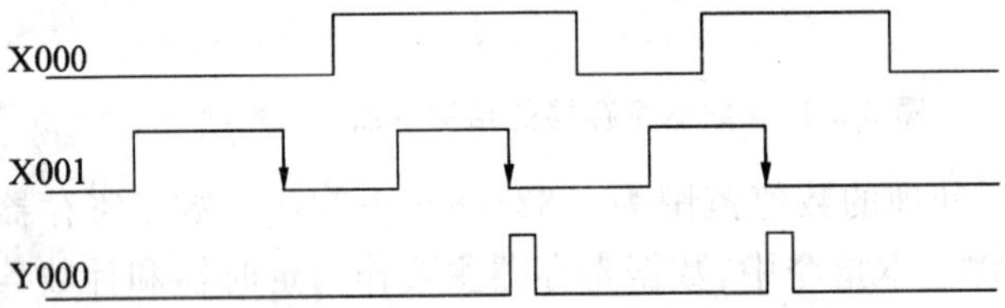

(b) 时序图

图 3-3-14 下降沿与指令

活动实施

一、输入并测试梯形图

输入并测试图 3-3-10 梯形图的功能.

二、确定输入/输出地址

分析物流自动检测系统的控制要求，根据控制要求，确定输入/输出地址. 输入/输出地址分配表如表 3-3-7 所示.

表 3-3-7　　输入/输出地址分配表

输入信号		输出信号	
功　能	地　址	功　能	地　址
BL1	X001	电动机 M	Y001
BL2	X002	电磁阀 YV	Y004
BL3	X003	报警灯 HL	Y005
启动按钮 SB1	X004		
停止按钮 SB2	X005		
货运车检测 SQ1	X006		

三、绘制 PLC 外部接线图

PLC 外部接线图如图 3-3-15 所示.

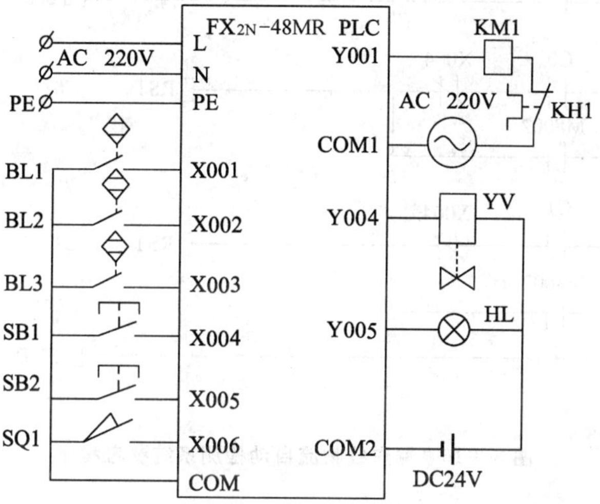

图 3-3-15　输送线物流自动检测系统的 PLC 控制接线图

四、编写程序

梯形图程序如图 3-3-16 所示，程序考虑了启动、次品的入箱、合格品的入车和计数信号的复位. 启动阶段要满足 SQ1 接通和按下启动按钮两个条件，所以 X004 和 X006 串联；次品检测与入箱，BL1 接通一个扫描周期，使电磁阀 YV 置位（Y004＝ON），次品计数检测传感器不仅充当计数脉冲，同时作为电磁阀关闭的信号；合格的成品计数由计数器 C1 和 BL2 的脉冲信号（X002）完成；传送带的停止控制由四个信号确定，停止按钮、合格的成品计数达到 6、次品数达到 5、发现次品并入箱等，任意一个信号满足，都可以使传送带停止；计数信号在两种情况下得到复位，即上电初始化时复位和达到计数值后按启动按钮复位.

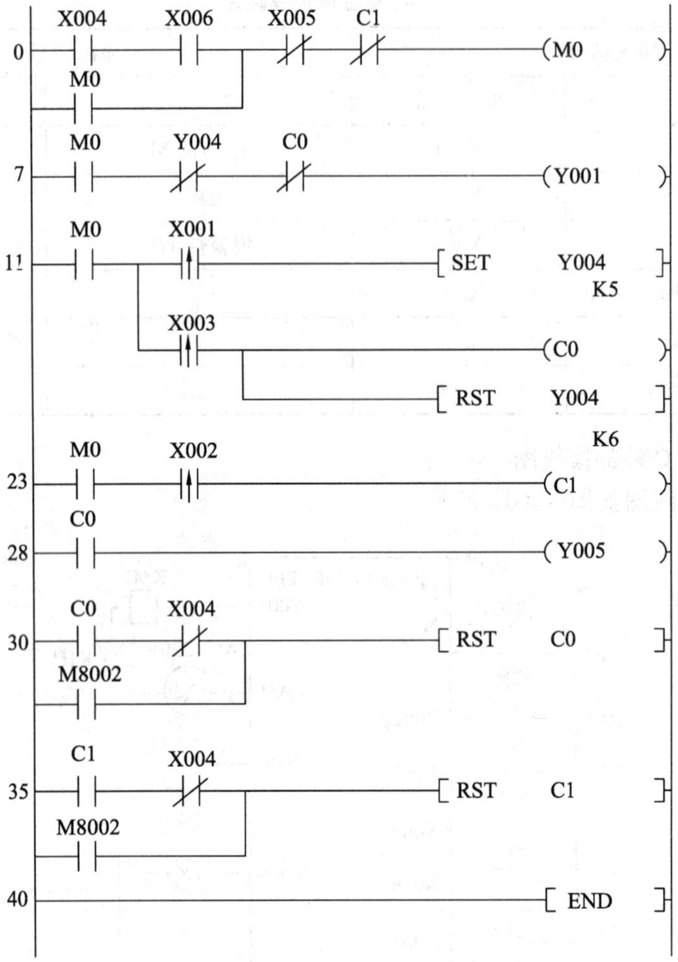

图 3-3-16 输送线物流自动检测系统参考程序

提示

图 3-3-16 所示的梯形图程序还可以进行优化，将输出信号 Y001、Y004、Y005 统一放到程序的最后，试一试，说明其好处.

五、系统接线

按图 3-3-15 接线. 接线注意事项同本项目任务二活动一.

六、程序写入与运行调试

(1) 下载程序，在线监控程序运行.

(2) 分析程序运行结果，填入运行情况记录表.

活动评价

一、活动记录

活动记录见附表 1.

二、活动实施评价表

活动实施评价表见表 3-3-8.

表 3-3-8　　　　活动实施评价表

活动名称：输送线的计数控制程序的设计与调试									班级： 小组： 姓名：
评价项目	评价标准	评价依据	评价方式			权重	得分	总分	
			学生自评	小组评价	教师评价				
			0.2	0.3	0.5				
职业素质	（1）遵守安全管理规定和工作劳动纪律 （2）按时按要求完成学习及工作任务 （3）工作积极主动、勤学好问 （4）工作岗位 6S 完成情况良好	（1）出勤 （2）工作态度 （3）劳动纪律 （4）团队协作精神				0.2			
专业能力	（1）熟练掌握计数器的使用方法 （2）了解 PLC 编程的一般步骤和方法 （3）能正确安装并实现控制功能 （4）能正确安装、调试该控制系统	（1）操作的准确性和规范性 （2）专业技能完成情况 （3）工作页或报告完成情况				0.7			
创新能力	（1）在任务完成过程中能提出自己的有一定见解的方案 （2）在教学或生产管理上提出的建议具有创新性	（1）方案的可行性及意义 （2）建议的可行性				0.1			
指导教师综合评价	指导教师签名：　　　　日期：								

知识拓展

一、经验设计法

经验设计法，是指用设计继电器电路图的方法来设计比较简单的开关量控制系统的梯形图. 这种方法没有普遍的规律可循，具有很大的试探性和随意性，最后的结果不是唯一的，设计所用的时间、设计的质量与设计者的经验有很大的关系，一般用于较简单的梯形图的设计.

（一）基本方法

经验设计法是在一些典型电路的基础上，根据控制系统的具体要求，经过多次反复地调试、修改和完善，最后才能得到一个较为满意的结果. 用经验设计法设计时，可以参考一些基本电路的梯形图或以往的一些编程经验.

(二) 设计步骤

(1) 在了解了控制要求后,合理地为控制系统中的信号分配 I/O 接口,并画出 I/O 分配图.

(2) 对于一些控制要求比较简单的输出信号,可直接写出它们的控制条件,依启保停电路的编程方法完成相应输出信号的编程;对于控制条件比较复杂的输出信号,可借助辅助继电器来编程.

(3) 对于较复杂的控制,要正确分析控制要求,确定各输出信号的关键控制点. 在以空间位置为主的控制中,关键点为引起输出信号状态改变的位置点;在以时间为主的控制中,关键点为引起输出信号状态改变的时间点.

(4) 确定了关键点后,用启保停电路(图 3-3-17)的编程方法或基本电路的梯形图,画出各输出信号的梯形图.

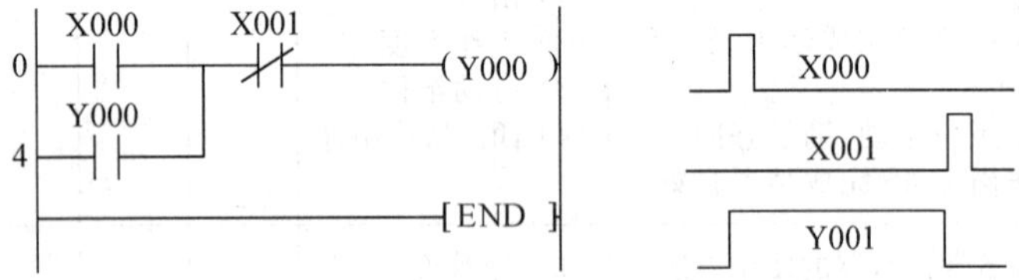

图 3-3-17　启保停电路

(5) 在完成关键点梯形图的基础上,针对系统的控制要求,画出其他输出信号的梯形图.

(6) 在此基础上,审查以上梯形图,更正错误,补充遗漏的功能,进行最后的优化.

二、加减计数器

16 位计数器只能用于"加"计数,其计数范围为 0～32767,32 位双向计数器可用于"加"和"减"计数,其计数范围为－2147483648～＋2147483647.

FX_{2N}系列 32 位加/减计数器共有 35 点(C200～C234),其中 C200～C219(共 20 点)为通用型,C220～C234(共 15 点)为断电保持型. 这类计数器与 16 位加计数器除位数不同外,还在于它能通过控制实现加/减双向计数.

C200～C234 是加计数还是减计数,分别由特殊辅助继电器 M8200～M8234 设定. 对应的特殊辅助继电器被置为 ON 时为减计数,置为 OFF 时为增计数.

如图 3-3-18 所示,X012 用来控制 M8200,当 X012 为 ON 时为减计数方式,为 OFF 时为加计数方式. X013 为复位信号,X014 为计数信号输入,C200 的设定值为 5.

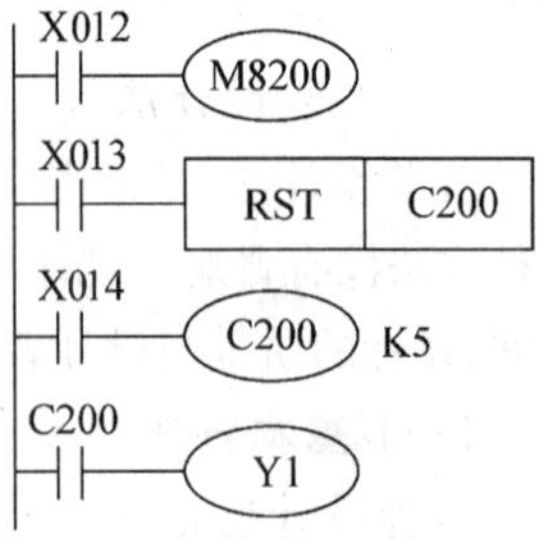

图 3-3-18　32 位加/减计数器

当计数器的当前值大于或等于设定值时,计数器线圈得电,其触点动作(如图 3-3-19 中由－6 到－5 增加时);而当计数器的当前值小于设定值时,其触点动作(如图 3-3-19 中由－5 到－6 减少时). 当 X013 为 ON 时,不论计数器的当前值是多少,都被清为 0,同时计数器的触点也复位(如果之前是闭合状态).

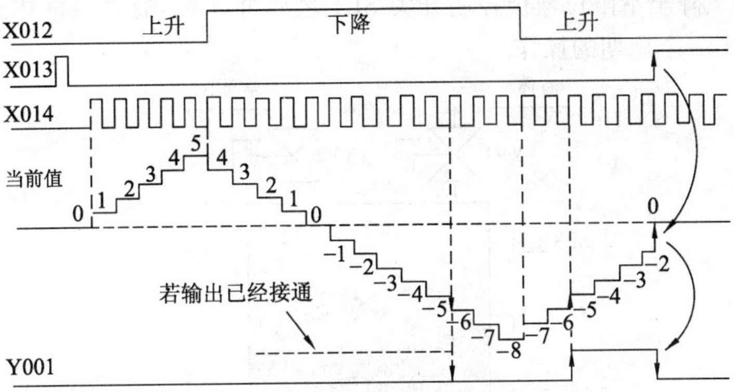

图 3-3-19　加减计数器时序图

任务四　液体混合装置的 PLC 控制程序的设计与调试

任务描述

在许多的工业控制中，除了前面所学习的过程的控制外，大部分的控制属于顺序控制过程. 所谓顺序控制，是指按照生产工艺预先规定的顺序，在各个输入信号的作用下，根据内部状态和时间的顺序，控制生产中的各个执行机构自动按序执行的工作过程. 本任务以液体混合装置的控制为载体，学习三菱 PLC 步进指令的使用方法和步骤，使用顺序功能图编程法实现液体混合装置的 PLC 控制.

活动一　液体混合装置的 PLC 控制程序的设计

活动描述

液体混合装置示意图如图 3-4-1 所示. 该装置可用于饮料的生产、酒厂的配液、农药厂的配比等. 控制过程如下：

(1) 下限位、中限位和上限位的液位控制开关被液体淹没时为 ON. 阀 A、阀 B 和阀 C 为电磁阀，线圈通电时打开，线圈断电时关闭. 开始时容器是空的，各阀门均关闭，各液位控制开关均为 OFF.

(2) 系统接通电源，首先打开阀 C，放出残余液体，5s 后关闭.

(3) 按下启动按钮，打开阀 A，液体 A 注入容器内. 中限位液位控制开关 SL2＝ON 时，关闭阀 A，打开阀 B，液体 B 注入容器.

(4) 液面上升到上限位液位控制开关 SL3＝ON 时，关闭阀 B，搅拌电动机 M 开始运行，搅拌液体.

(5) 15s 后停止搅拌，打开阀 C，放出混合液体.

(6) 当液体下降至下限位液位控制开关 SL1 之后再过 5s,容器内液体排空,关闭阀 C,打开阀 A,开始下一个周期的操作.

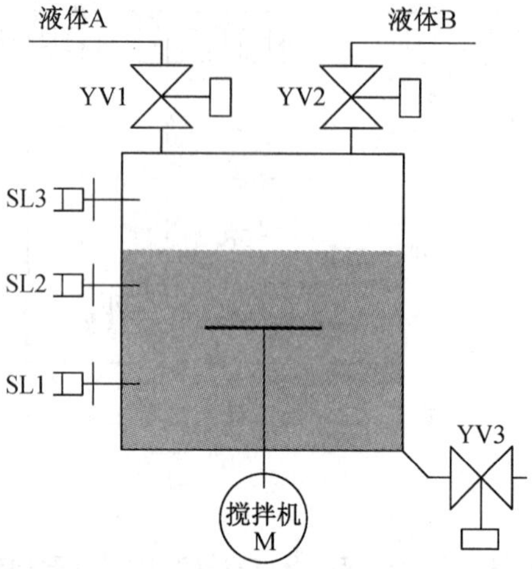

图 3-4-1　液体混合装置示意图

(7) 按下停止按钮,在完成当前工作周期中的操作后,回到初始状态,系统方可停止.

本活动将学习 PLC 顺序功能图编程的方法和步骤,以及 PLC 步进指令的使用方法,完成液体混合装置的 PLC 程序设计.

学习目标

◇ 初步熟悉 SFC 绘制的方法.

◇ 能熟练运用 PLC 的步进指令.

◇ 理解并掌握 PLC 编程法.

◇ 根据液体混合装置的控制要求,能完成 PLC 的程序设计.

学习地点

PLC 实训室(配备多媒体教学设备).

学习准备

PLC 参考书、三菱 FX_{2N}-48MR(或 FX_{3U}-48MR)PLC 控制板、常用电工工量具一套、导线、计算机等.

知识准备

一、编程元件

状态继电器 S 是用于 SFC 编程的元件,是二进制位编程元件,但可以按照十进制格式连续排列,如表 3-4-1 所示.

状态继电器 S 是对工序步进控制编程的重要元件,经常与步进指令 STL 配合使用.

状态继电器 S 的使用与辅助继电器 M 相同，它既可以当触点使用，也可以通过输出指令、置位/复位指令，控制线圈.

表 3-4-1　FX_{2N} 系列 PLC 的状态继电器地址号

	一般用	初始化用	ITS 命令时的原点回归用	停电保持用	初始化用	ITS 命令时的原点回归用	报警器用
FX_{2N}、FX_{2NC}系列	S0～S499 500 点※1	S0～S9 10 点	S10～S19 10 点	S500～S899 400 点※2	—	—	S900～S999 100 点※2

※1：非停电保持领域. 通过参数设定，可变为停电保持领域.

※2：停电保持领域. 通过参数设定，可变为非停电保持领域.

二、顺序功能图的绘制

顺序功能图(Sequential Function Chart，简称 SFC)是一种按照工艺流程图进行编程的图形编程语言.

SFC 的基本设计思想是：设计者按照生产工艺的要求，将机械动作的一个工作周期划分为若干个工作阶段(简称为“步”)，并明确每一步所要执行的输出，步与步之间通过指定的条件进行转换. 因此，只需要通过正确连接步与步之间的转换，便可以完成全部的动作.

因此，在设计 SFC 程序时，编程人员只需要确定每一步所需要的输出及步与步之间的转换条件，运用最简单的基本指令，便可以完成程序的设计，而无须像只使用基本指令编辑梯形图程序那样，须考虑信号之间复杂的逻辑关系，因此这对设计人员的要求相对较低，便于 PLC 的普及和推广.

顺序功能图主要由步、有向连线、转换条件和动作(或命令)等组成，如图 3-4-2 所示.

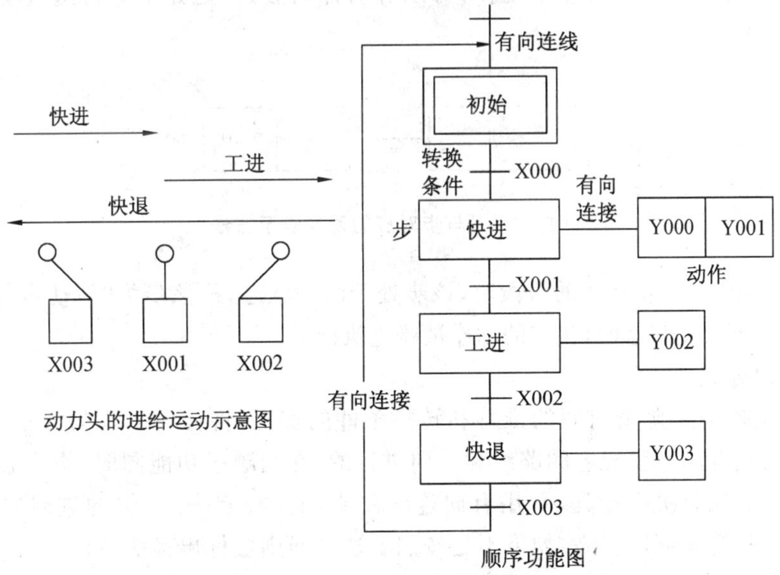

一个工作周期可以分为等待启动停在左边的初始阶段，按下启动按钮后的向右快速进给阶段，碰到限位开关 X001 后的工作进给阶段，碰到 X002 后的快速退回阶段，共 4 个阶段

图 3-4-2　SFC 程序的构成

（一）步

步是根据输出量的“状态”变化来划分的，在任何一步之内，各输出量的 ON/OFF 状态不变，但是相邻两步输出量的状态是不同的.步的这种划分使代表各步的编程元件的状态与各输出量的状态之间有着极为简单的逻辑关系.

用矩形方框表示步（动作），在方框中用数字或者用代表该步的编程元件的地址表示该步的编号；双线方框图代表动作的起始位与动作终了（图 3-4-3）；连线代表流向；短横线代表一个动作到另一个动作的转换条件.有时可以用菱形表示流程的分支，不同条件有不同的流向.

与系统初始状态相对应的步称为初始步，初始状态一般是系统等待启动命令的相对静止状态.

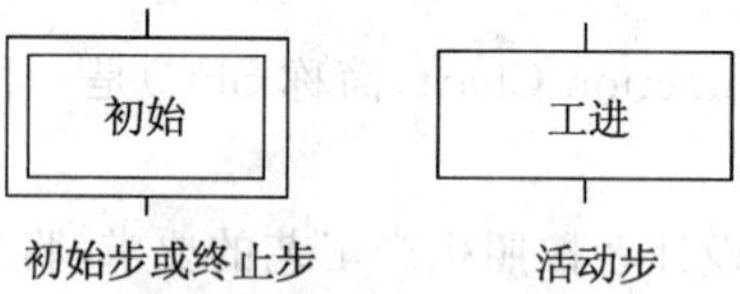

图 3-4-3　步的表示方法

（二）与步对应的动作

可以将一个控制系统划分为被控系统和施控系统.例如，数控车床中数控装置是施控系统，车床是被控系统.

对于被控系统，在某一步中要完成某些“动作”；对于施控系统，在某一步中则要向被控系统发出某些命令.将这些“动作”和“命令”用矩形框中的文字或符号表示，该矩形框应与相应步的符号相连.如果一步有几个动作，可以有两种画法，但是并不隐含这些动作之间的顺序，如图 3-4-4 所示.

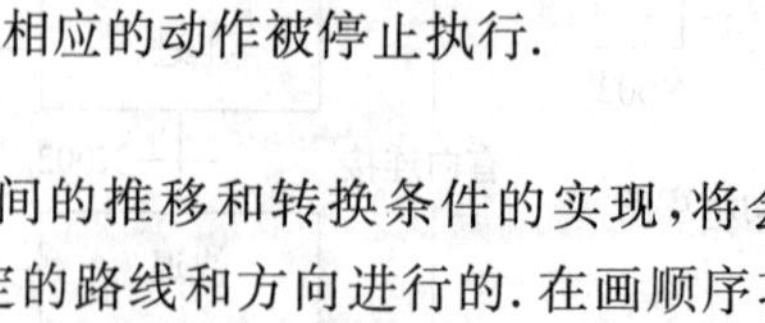

图 3-4-4　与步对应的动作表示方法

当系统正处于某一步所在的阶段时，该步处于活动状态，称该步为“活动步”，则相应的动作被执行，处于不活动状态时，相应的动作被停止执行.

（三）有向连线

在顺序功能图中，随着时间的推移和转换条件的实现，将会发生步的活动状态的进展，这种进展是按照有向连线规定的路线和方向进行的.在画顺序功能图时，将代表各步的方框按它们活动步的先后次序排列，并用有向连线将它们连接起来.习惯的进展方向是从上而下，从左到右，其箭头可以省略.如果不是按照上述方向则应标出箭头方向.

（四）转换条件

使系统由当前步进入到下一步的信号称为转换条件.用转换条件控制代表各步的编程元件，让它们的状态按一定的顺序变化，然后用代表各步的编程元件去控制各输出位.

转换条件可以是外部的输入信号，也可以是 PLC 内部产生的信号.

转换条件可以用文字语言、布尔代数表达式或图形符号表示在转换的短线旁边.

提示

顺序功能图中转换实现的基本规则如下：

(1) 转换实现的条件.

步的活动状态的进展是由转换的实现来完成的，其必须满足两个条件：该转换所有的前级步都是活动步；相应的转换条件得到满足.

(2) 转换实现应完成的操作.

① 使所有由有向连线与相应转换符号相连的后续步都变为活动步.

② 使所有由有向连线与相应转换符号相连的前级步都变为不活动步.

转换实现的基本规则是根据顺序功能图设计梯形图的基础.

三、PLC 步进指令

FX 系列 PLC 在 SFC 程序总体结构和流程图确定后，需要通过步进指令 STL、RET、ZRST 以梯形图的形式编程.

(一) STL 指令

STL 指令是状态母线生成指令，母线用状态元件的触点控制. 状态元件的触点闭合，与母线相连的梯形图工作，否则不工作. 为了区分状态元件触点，步进梯形图的状态元件触点采用空心符号表示，如图 3-4-5 所示.

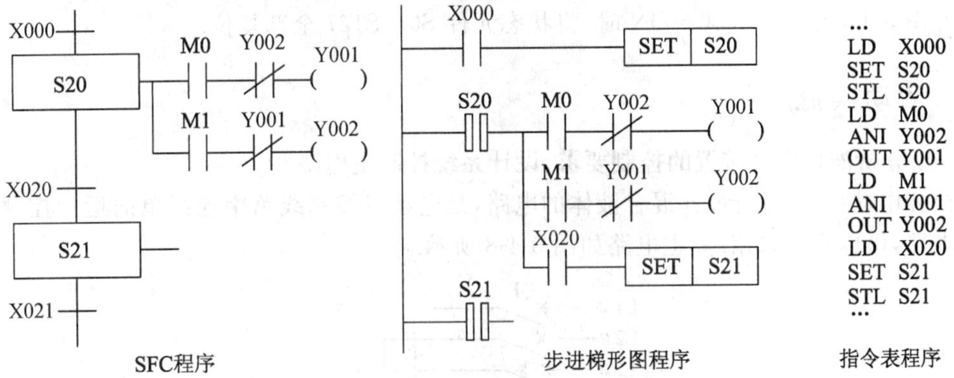

图 3-4-5 STL 指令的使用

在图 3-4-5 中，当 X000＝ON 时，状态 S20 有效，触点 S20 接通，与 S20 触点连接的状态母线接通，Y001 或 Y002 回路工作. 在 S20 有效期间，如果 X020＝ON，则状态 S21 有效，触点 S21 接通，并自动断开状态 S20，Y001 或 Y002 回路停止工作.

(二) RET 指令

RET 指令是状态流程结束指令，表明 SFC 程序的结束. 执行 RET 指令，程序将返回到普通梯形图程序，母线也由状态母线返回到梯形图主母线，如图 3-4-6 所示.

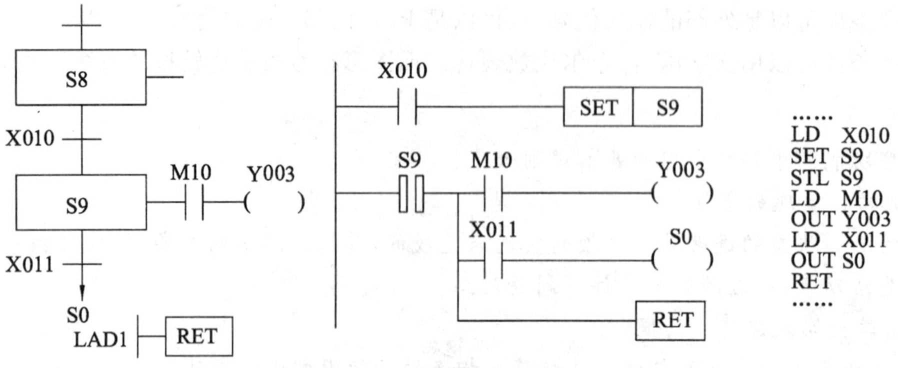

SFC程序　　步进梯形图程序　　指令表程序

图 3-4-6　RET 指令的使用

（三）ZRST 指令

ZRST 指令可用于状态的初始化与复位，通过该指令可将指定范围内的状态元件进行一次性复位，如图 3-4-7 所示.

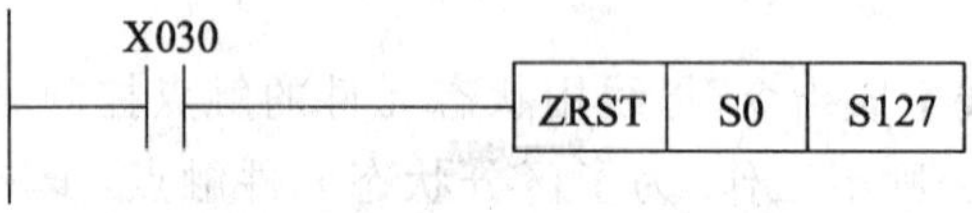

图 3-4-7　ZRST 指令的使用

在图 3-4-7 中，当 X030＝ON 时，将状态元件 S0～S127 全部复位.

活动实施

一、分析液体混合装置的控制要求，设计系统控制主电路

搅拌电动机 M 运行搅拌混合液体的电路，是电动机控制线路中连续单向运行控制电路的主电路，可以直接采用. 其主电路如图 3-4-8 所示.

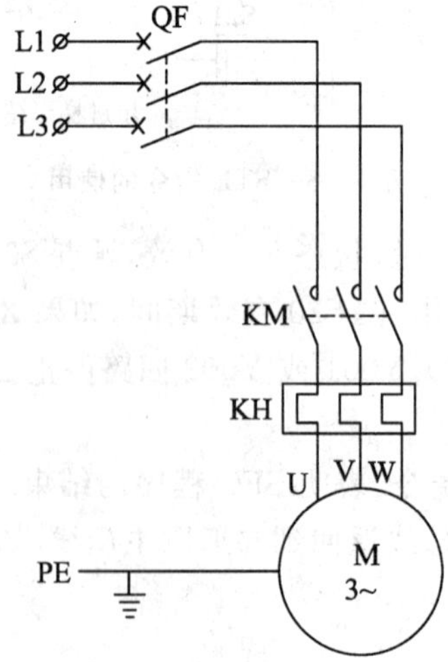

图 3-4-8　液体混合装置系统控制主电路

二、利用PLC顺序功能图编程法编辑程序.

(1) 分析控制要求,确定I/O地址,如表3-4-2所示.

表3-4-2 **输入/输出地址分配表**

输入信号		输出信号	
功　能	地　址	功　能	地　址
启动按钮SB1	X000	YV1电磁阀A	Y001
停止按钮SB2	X001	YV2电磁阀B	Y002
液位控制开关SL3	X002	YV3电磁阀C	Y003
液位控制开关SL2	X003	交流接触器KM	Y004
液位控制开关SL1	X004		
热继电器KH	X005		

(2) 绘制PLC接线图,如图3-4-9所示.

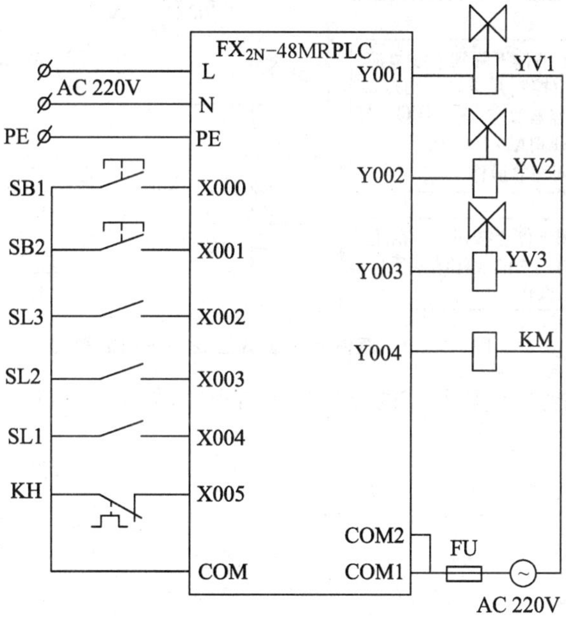

图3-4-9　液体混合装置PLC控制接线图

(3) 根据控制要求,画出顺序功能图.

依据题意,顺序功能可以分解为7步,如图3-4-10所示.

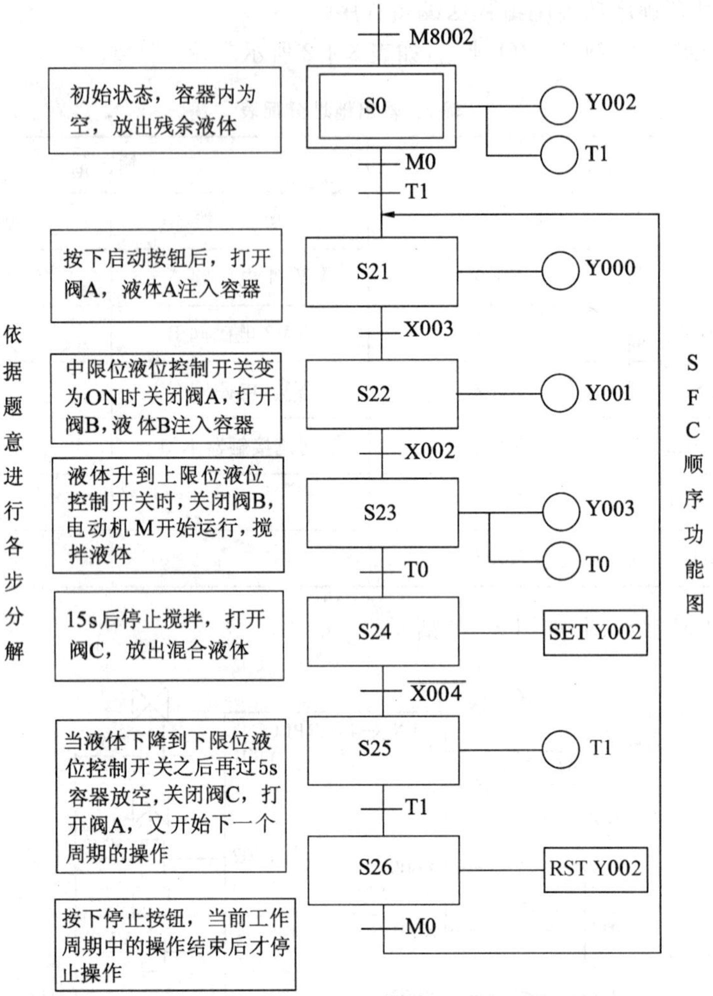

图 3-4-10　液体混合装置控制顺序功能图

(4) 根据顺序功能图，编辑相应的步进梯形图程序，如图 3-4-11 所示.

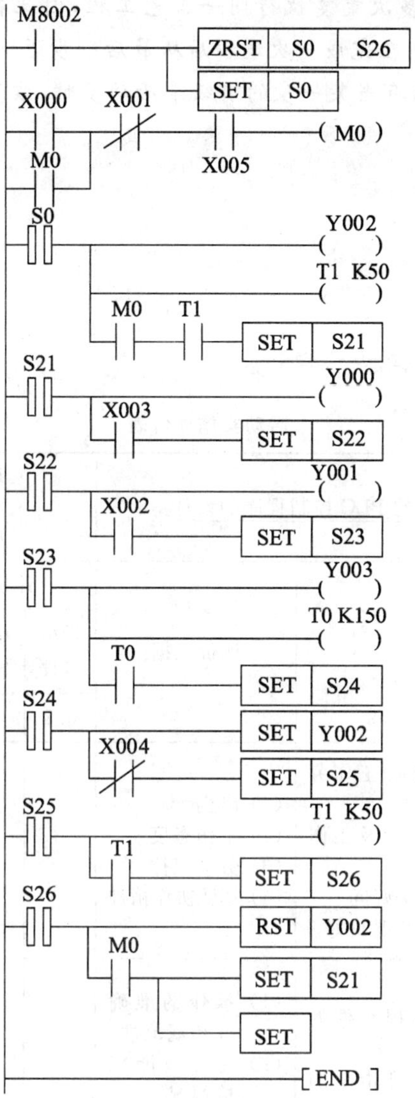

图 3-4-11　**液体混合装置的步进梯形图程序**

三、系统接线

按图 3-4-9 接线.接线注意事项同本项目任务二活动一.

四、程序写入与运行调试

(1) 下载程序,在线监控程序运行.

(2) 分析程序运行结果,填入运行情况记录表.

提示

绘制顺序功能图的注意事项:

(1) 两步不能直接相连,必须用一个转换将它们隔开.

(2) 两个转换也不能直接相连,必须用一个步将它们隔开.

(3) 顺序功能图中的初始步一般对应于系统等待启动的初始状态,是必不可少的.

（4）自动控制系统应能多次重复执行同一工艺工程，因此在顺序功能图中一般应有由步和有向连线组成的闭环，即在完成一次过程后从最后一步返回到初始步.

（5）在顺序功能图中，只有当某一步的前级是活动步时，该步才有可能变成活动步.

活动评价

一、活动记录

活动记录见附表 1.

二、活动实施评价表

活动实施评价表见表 3-4-3.

表 3-4-3　　活动实施评价表

<table>
<tr><td colspan="3">活动名称：液体混合装置的 PLC 控制程序的设计</td><td colspan="6">班级：________
小组：________
姓名：________</td></tr>
<tr><td rowspan="3">评价项目</td><td rowspan="3">评价标准</td><td rowspan="3">评价依据</td><td colspan="3">评价方式</td><td rowspan="3">权重</td><td rowspan="3">得分</td><td rowspan="3">总分</td></tr>
<tr><td>学生自评</td><td>小组评价</td><td>教师评价</td></tr>
<tr><td>0.2</td><td>0.3</td><td>0.5</td></tr>
<tr><td>职业素质</td><td>（1）遵守安全管理规定和工作劳动纪律
（2）按时按要求完成学习及工作任务
（3）工作积极主动、勤学好问
（4）工作岗位 6S 完成情况良好</td><td>（1）出勤
（2）工作态度
（3）劳动纪律
（4）团队协作精神</td><td></td><td></td><td></td><td>0.2</td><td></td><td rowspan="3"></td></tr>
<tr><td>专业能力</td><td>（1）正确理解 PLC 编程元件的含义和作用
（2）熟练掌握 PLC 步进指令的编程和使用方法
（3）掌握 SFC 的绘制方法和原则</td><td>（1）操作的准确性和规范性
（2）专业技能完成情况
（3）工作页或报告完成情况</td><td></td><td></td><td></td><td>0.7</td><td></td></tr>
<tr><td>创新能力</td><td>（1）在任务完成过程中能提出自己的有一定见解的方案
（2）在教学或生产管理上提出的建议具有创新性</td><td>（1）方案的可行性及意义
（2）建议的可行性</td><td></td><td></td><td></td><td>0.1</td><td></td></tr>
<tr><td>指导教师综合评价</td><td colspan="8">

指导教师签名：　　　　日期：</td></tr>
</table>

活动二　液体混合装置控制系统的安装与调试

活动描述

软件、硬件设计完成之后，并不代表系统设计已经成功，由于设计开发系统的环境与工厂实际生产环境的区别，系统未必能够正常工作，因此控制系统的安装与调试就显得尤为重要，其工作量甚至不亚于系统设计. 本活动将学习液体混合装置控制系统的安装与调试方法，并进行一个液体混合装置安装与调试的完整模拟训练.

学习目标

◇ 熟悉控制系统安装的注意事项.

◇ 能根据 PLC 输入/输出接线图和控制电路，正确进行 PLC 接线.

◇ 能完成多工作模式的液体混合装置控制电路的连接并调试.

学习地点

PLC 实训室(配备多媒体教学设备).

学习准备

PLC 参考书、三菱 FX_{2N}-48MR(或 FX_{3U}-48MR)PLC 控制板、常用电工工量具一套、常用低压电器、导线、计算机、控制柜、低压电器等.

知识准备

一、PLC 的工作环境

在现场安装系统之前，需要考虑安装环境是否满足 PLC 使用环境的需要，这一点可以参考各类产品的使用手册. 但是，无论什么 PLC 都要避开下列场所.

(1) 有腐蚀和易燃气体(如氯化氢、硫化氢等)的地方.

(2) 阳光直接照射的地方.

(3) 相对湿度超过 85%或者存在露水凝聚(由温度突变或其他因素引起)的地方.

(4) 环境温度不在 0 ～ 50℃范围内的地方.

(5) 油、水、化学物质容易侵入的地方.

(6) 有大量铁屑及灰尘的地方.

(7) 频繁或连续的振动，振动大且会造成安装件移位的地方.

二、PLC 的安装

在实际使用时，PLC 一般都会安装在有保护外壳的电气控制柜中. 在安装时需要注意以下几点：

(1) 控制箱内空气是否通畅(即各装置间必须保持合适的距离),基本单元和扩展单元之间要有 30mm 以上间隔.

(2) 变压器、电机控制器、变频器等是否与 PLC 保持适当距离.

(3) 动力线与信号控制线分离,为了避免其他外围设备的电干扰,PLC 应尽可能远离高压电源线和高压设备,PLC 与高压设备和电源线之间应至少留出 200mm 的距离.

(4) 组件装设之前要考虑位置是否有利于日后的检修.

(5) 当垂直安装可编程控制器时,要严防导线头、铁屑等从通风窗掉入可编程控制器内部,造成印刷电路板短路,使其不能正常工作甚至永久损坏.

(6) 是否预留日后的扩展空间.

除此而外,还要注意以下几点:

(1) 对静电要进行隔离.

(2) 对于一般的电源干扰,PLC 本身具有足够的抵制能力.如果电源干扰特别严重,可以安装一个变比为 1∶1 的隔离变压器,以减少设备与地之间的干扰.

(3) 良好的接地是保证 PLC 可靠工作的重要条件,可以避免偶然发生的电压冲击危害.接地线与机器的接地端相接,基本单元接地.如果要用扩展单元,其接地点应与基本单元的接地点接在一起.为了抑制加在电源及输入端、输出端的干扰,应给可编程控制器接上专用地线,接地点应与动力设备(如电动机)的接地点分开.若达不到这种要求,也必须做到与其他设备公共接地,禁止与其他设备串联接地.接地点应尽可能靠近 PLC.PLC 的接地如图 3-4-12 所示.

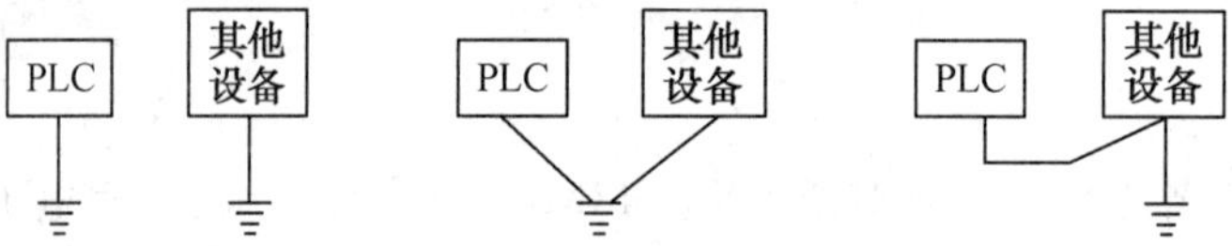

(a) 分别接地　(b) 公共接地　(c) 串联接地(禁用)

图 3-4-12　PLC 的接地

三、液体混合装置 PLC 控制系统的联机调试

PLC 的现场调试,是检查、优化 PLC 控制系统硬件、软件设计,提高控制系统可靠性的重要步骤.为了防止调试过程中可能出现的问题,确保调试工作的顺利进行,现场调试应在完成控制系统的安装、连接及用户程序编制后,按照规定的步骤进行.

尽管在不同场合使用的 PLC 型号、控制对象、控制要求各不相同,但 PLC 控制系统现场调试的基本方法和步骤相似.通常来说,PLC 现场调试主要分为调试前的基本检查、硬件调试、软件调试三个阶段.

(一) 基本检查

调试前的检查包括 PLC 安装检查、连接检查、电源电压检查等步骤.其中,特别需要注意以下几点.

(1) PLC 各输入/输出模块的地址已经正确分配与设定,且 I/O 信号的地址已经做了明确的标记.

(2) PLC 必须已经按照要求进行可靠接地、接地系统必须符合规范.

(3) 确认全部低压 PLC 输入端(如 DC24V)与高压(如 AC220V)控制回路间无短路或

不正确的连接.

(4) 确认全部 PLC 的输出无短路现象.

以上检查完成后可以进入 PLC 控制系统的试运行阶段(包括硬件调试与软件调试两个阶段).

1. 程序的模拟调试

将设计好的程序写入 PLC 后,首先逐条仔细检查,并改正写入时出现的错误.用户程序一般先在实验室模拟调试,实际的输入信号可以用钮子开关和按钮来模拟,各输出量的通/断状态用 PLC 上有关的发光二极管来显示,一般不用接 PLC 的实际负载(如接触器、电磁阀等).可以根据功能表图,在适当的时候用开关或按钮来模拟实际的反馈信号,如限位开关触点的接通和断开.

对于顺序控制程序,调试程序的主要任务是检查程序的运行是否符合功能表图的规定,即在某一转换条件实现时,是否发生步的活动状态的正确变化,即该转换所有的前级步是否变为不活动步,所有的后续步是否变为活动步,以及各步被驱动的负载是否发生相应的变化.

在调试时应充分考虑各种可能的情况,对系统各种不同的工作方式、有选择序列的功能表图中的每一条支路、各种可能的进展路线,都应逐一检查,不能遗漏.发现问题后应及时修改梯形图和 PLC 中的程序,直到在各种可能的情况下输入量与输出量之间的关系完全符合要求为止.

如果程序中某些定时器或计数器的设定值过大,为了缩短调试时间,可以在调试时将它们减小,模拟调试结束后再写入它们的实际设定值.

在设计和模拟调试程序的同时,可以设计、制作控制台或控制柜,PLC 之外的其他硬件的安装、接线工作也可以同时进行.

2. 程序的现场调试

完成上述工作后,将 PLC 安装在控制现场进行联机总调试,在调试过程中将暴露出系统中可能存在的传感器、执行器和线路连接等方面的问题,以及 PLC 的外部接线图和梯形图程序设计中的问题,应对出现的问题及时加以解决.如果调试达不到指标要求,则对相应硬件和软件部分做适当调整,通常只需要修改程序就可达到调整的目的.全部调试通过后,经过一段时间的考验,系统就可以投入实际运行了.

现场调试可以按照图 3-4-13 所示的步骤进行.

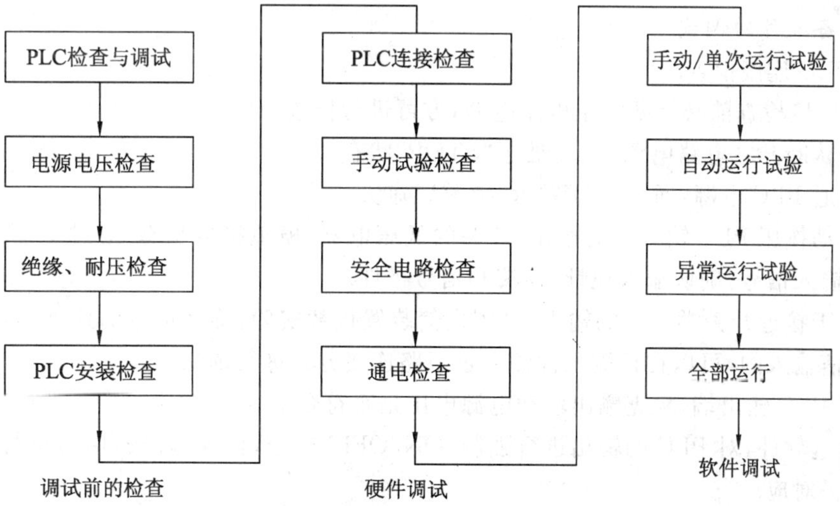

图 3-4-13　PLC 检查与调试步骤

3. 检查调试前的准备工作

(1) 技术资料.

设备的控制要求和操作步骤,PLC 使用手册和编程手册,PLC 程序,电气控制原理图、元件位置图、接线图.

(2) 检查调试工具.

数字万用表、笔记本电脑、电工常用工具.

(二) 控制系统硬件的检查调试

系统通电前,必须认真对照设备的要求和图纸进行各项检查,尽可能排除安装过程中的问题.

1. 设备的机械部件检查

(1) 设备的机械部件是否准备就绪和符合运行的要求.

(2) 设备的可动部分是否灵活可靠,位置是否恰当.

(3) 设备的各种开关、传感器动作是否正常,位置是否合理,安装是否可靠.

(4) 设备周围是否留有足够的维修空间.

2. 设备的电气部件检查

(1) 设备的电源电压、频率、接地线、接地电阻是否满足要求.

(2) 电器柜的安装、固定、密封是否良好.

(3) PLC 模块和控制装置的表面、内部是否有杂物进入.

(4) PLC 模块、部件的数量是否齐全,安装是否牢固可靠.

(5) 接触器、继电器、电磁阀、按钮、传感器等电气部件是否按要求安装.

(6) 电源线与信号线走线是否合理,连接是否正确.

(7) 电源进、出线和接地线是否符合要求.

(8) 低压回路和高压回路是否存在短路等不正确的连接.

(9) PLC 的输出是否有短路现象.

(10) 设备的周围是否存在强烈的振动或电磁干扰现象.

3. 设备硬件的调试

(1) PLC 连接检查.

PLC 连接检查前必须断开主电路电源,方可进行检查.

① 确认断开主电路电源,PLC 处于“STOP”状态.

② 接通 PLC 电源,通过“POWER”指示灯确认.

③ 手动按压 PLC 输入端的按钮、开关的低压电器,模拟接通状态,通过 PLC 的输入指示灯检查输入信号,确认输入地址、连接和信号极性.

④ 对于接近开关类信号的输入,可用发信装置代替实验,确认信号的地址. 对于无法通过手动发信输入的,可以在检测元件侧通过短路连接方式进行确认.

⑤ 在 PLC 输出端,检查输出驱动电源电压是否符合 PLC 的要求.

⑥ 通过软件,对 PLC 的输出进行强制“ON/OFF”操作,检查输出连接与执行元件的动作是否一一对应.

(2) 手动试验检查.

① 分别对阀 A 至阀 C 通电试验检查,确认其能正常工作.

② 对加热器通电检查,确认其工作正常.

③ 对搅拌电动机通电检查,确认其正反向工作正常.

④ 对上、中、下三个液位控制开关进行测试检查,确认其工作可靠性.

⑤ 对温度传感器进行测试检查,确认其工作可靠性.

(3) 安全电路检查.

安全电路指用于设备紧急停止、安全保护的电路.必须由继电器、接触器等电磁低压电器元件组成,不可以由 PLC 程序控制.

PLC 软件调试前,安全电路的动作必须进行多次通断试验,其动作必须可靠正常.

(4) 通电检查.

① 将 PLC 的运行开关置于"STOP",控制系统的所有断路器均置于"OFF"状态.

② 根据电气原理图,依次检查和设定各断路器、热继电器的电流整定值,配置大小合理的熔芯.

③ 检查设备电源输入,确认与原理图的要求相吻合.

(三) 控制系统软件的检查调试

系统硬件检查调试完成后,进入到系统软件的检查调试阶段.

在调试前,应对编制的程序进行语法、结构等的检查,排除程序中的错误和不合理之后,再输入到 PLC.

1. 手动/单次运行试验检查

系统软件调试,首先进行手动/单次运行试验检查,步骤如下:

(1) 确认系统主电路的电源断开.

(2) 检查 PLC 程序,确定程序已正确输入.

(3) 接通 PLC 电源和 PLC 输出驱动电源,将 PLC 置于"RUN"状态,使得 PLC 进入运行状态.

(4) 确认 PLC 的"POWER"和"RUN"指示灯亮,如果出现"PROG－E"、"CPU－E"、"ERROR"等报警指示灯闪烁或亮时,表明 PLC 存在软件、硬件、电池等方面的问题,应首先处理.

(5) 根据 PLC 的程序,在手动运行方式下,逐一对输出的动作进行单次调试,观察 PLC 的输出是否符合控制要求.

(6) 全部输出得到确认后,接通主电路电源,进行实际动作试验检查,并确认.

(7) 调整电气部件的动作和检测开关的位置,使系统的参数符合设计的要求.

2. 自动运行试验检查

自动运行试验检查是在系统的全部动力装置、部件正常工作情况下的试验检查.

3. 异常运行试验检查

异常运行试验检查的目的在于提高系统运行的稳定性和可靠性.

(1) 外部突然断电试验检查.

(2) 紧急分断试验检查.

(3) 保护回路动作试验检查.

活动实施

一、系统安装与接线

1. 选择工具、仪表和器材

将选择的工具、仪表和器材填入表 3-4-4 中.

表 3-4-4　　工具、仪表和器材明细表

序号	代号	名　称	型号和规格	数量	作　用	备注

2. 绘制系统低压电器和 PLC 位置图

根据电器位置图和原理图,完成系统接线图,如图 3-4-14 所示.使用三只行程开关分别代替三个液位控制开关 SL1、SL2 和 SL3,使用二个指示灯分别代替电磁阀 YV1、YV2、YV3.

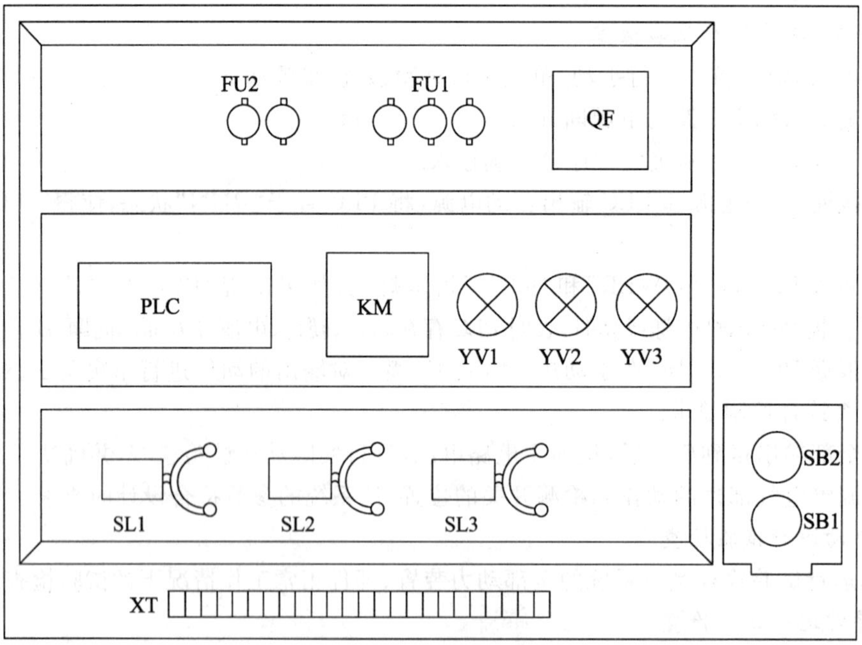

图 3-4-14　系统元件位置图

在图 3-4-15 位置绘制系统接线图.

图 3-4-15　系统接线图

3. 安装与接线步骤

(1) 识读电路图,明确线路所用电器元件及其作用,熟悉线路的工作原理.

(2) 根据电路图或元件明细表配齐电器元件,并进行检验.

(3) 根据电器元件选配安装工具和控制板.

(4) 根据电器元件位置图,按要求在控制板上固装电器元件(电动机除外),并贴上醒目的文字符号.

(5) 根据电动机容量选配主电路导线的截面.控制电路导线一般采用截面为 $1.5mm^2$ 的铜芯线(BVR);按钮线一般采用截面为 $0.75mm^2$ 的铜芯线(BVR);接地线一般采用截面不小于 $1.5mm^2$ 的铜芯线(BVR).

(6) 根据接线图布线,在剥去绝缘层的两端线头套上标有与电路图编号一致的编码套管.

(7) 按控制要求编辑程序,并下载至 PLC 中.

(8) 安装电动机.

(9) 连接电动机和所有电器元件金属外壳的保护接地线.

(10) 连接电源、电动机等控制板外部的导线.

二、系统调试

系统安装完成后,按照图 3-4-13 所示的步骤进行试验检查与调试.

1. 检查调试前的准备工作

(1) 技术资料.

(2) 检查调试工具.

2. 控制系统硬件的检查调试

(1) 设备的机械部件检查.

(2) 设备的电气部件检查.

(3) 设备硬件的调试.

3. 控制系统软件的检查调试

(1) 手动/单次运行试验检查.

(2) 自动运行试验检查.

(3) 异常运行试验检查.

4. 交付

系统经试验检查与调试通过后即交付使用.

活动评价

一、活动记录

活动记录见附表 1.

二、活动实施评价表

活动实施评价表见表 3-4-5.

表 3-4-5　　　　活动实施评价表

<table>
<tr><td colspan="3">活动名称：液体混合装置控制系统的安装与调试</td><td colspan="6">班级：
小组：
姓名：</td></tr>
<tr><td rowspan="3">评价项目</td><td rowspan="3">评价标准</td><td rowspan="3">评价依据</td><td colspan="3">评价方式</td><td rowspan="3">权重</td><td rowspan="3">得分</td><td rowspan="3">总分</td></tr>
<tr><td>学生自评</td><td>小组评价</td><td>教师评价</td></tr>
<tr><td>0.2</td><td>0.3</td><td>0.5</td></tr>
<tr><td>职业素质</td><td>(1) 遵守安全管理规定和工作劳动纪律
(2) 按时按要求完成学习及工作任务
(3) 工作积极主动、勤学好问
(4) 工作岗位 6S 完成情况良好</td><td>(1) 出勤
(2) 工作态度
(3) 劳动纪律
(4) 团队协作精神</td><td></td><td></td><td></td><td>0.2</td><td></td><td></td></tr>
<tr><td>专业能力</td><td>(1) 根据 PLC 的接线图和控制电路图，掌握 PLC 的接线方法和控制电路的连接
(2) 根据主电路图，完成液体混合装置控制的主电路
(3) 掌握液体混合装置控制系统的调试方法和步骤</td><td>(1) 操作的准确性和规范性
(2) 专业技能完成情况
(3) 工作页或报告完成情况</td><td></td><td></td><td></td><td>0.7</td><td></td><td></td></tr>
<tr><td>创新能力</td><td>(1) 在任务完成过程中能提出自己的有一定见解的方案
(2) 在教学或生产管理上提出的建议具有创新性</td><td>(1) 方案的可行性及意义
(2) 建议的可行性</td><td></td><td></td><td></td><td>0.1</td><td></td><td></td></tr>
<tr><td>指导教师综合评价</td><td colspan="8">指导教师签名：　　　　日期：</td></tr>
</table>

知识拓展

条件跳转指令 CJ

一、条件跳转指令 CJ 的功能

当跳转条件成立时，跳过一段程序，跳转到指令中所标明的标号处执行，被跳过的程序段不执行的指令，即使输入信号发生变化，输出信号也维持不变.若跳转条件不成立，则按照顺序执行程序.如图 3-4-16 所示程序，当 X000 为 0 时，继续执行下面的指令；当 X000 为 1 时，程序将直接跳转到标记为 P1 处执行.

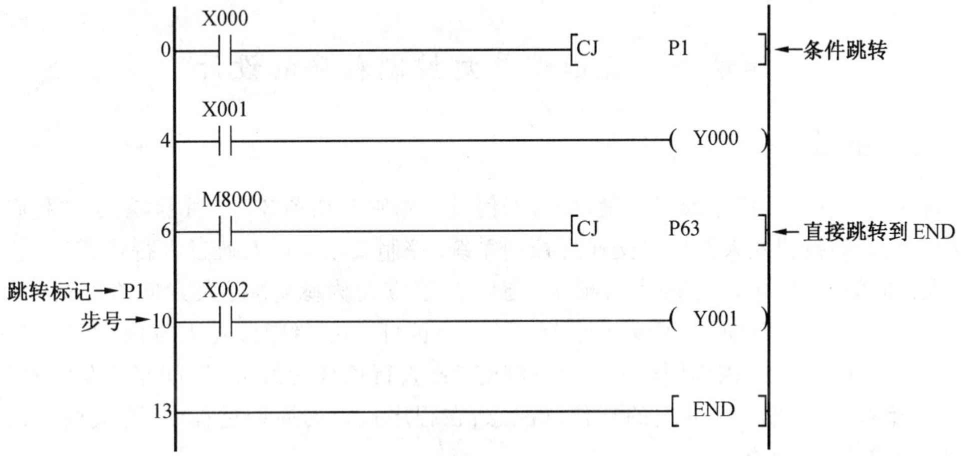

图 3-4-16　条件跳转指令梯形图程序

二、使用跳转指令时的注意点

(1) 如跳转控制条件始终为 1，将进行程序的无条件转移，故可以实现类似子程序返回的功能.

(2) 跳转目标 P□□在程序中是唯一的，但同一个 P□□可以是多条跳转指令的目标.

(3) 当跳转目标指定 P63 时，可以直接跳转到 END 指令上，P63 不需要在 END 指令处编程.

(4) 跳转指令可利用边沿执行指令 CJP 或边沿信号作为控制条件，此时跳转只在控制信号的上升沿出现时执行一次.

(5) 跳转目标可以在跳转指令 CJ 之前，对于这种情况，原则上应采用边沿信号作为控制条件，否则有可能导致程序陷入死循环.

(6) 如跳转区域内使用了保持型定时器或计数器，为了能够及时清除定时器和计数器状态，原则上定时器和计数器的复位指令编在跳转程序之外.

任务五 灯光及显示设备的PLC控制

任务描述

在日常生活中，经常看到霓虹灯、彩灯音乐喷泉等. 在马路上，我们按照交通信号灯的显示信号过十字路口. 这些信号的产生，我们都可以使用 PLC 进行控制. 本任务将学习使用 PLC 实现灯光和显示设备的控制.

活动一 交通信号灯控制程序的设计

活动描述

当我们过马路时，路上的车流量很大，如何过马路呢？如图 3-5-1 所示，就是在我们的生活中经常遇到的按钮式人行横道交通灯控制系统. 控制要求：行人通过人行横道时，按下按钮，行人方向绿灯亮，可以通过人行横道. 通常车道方向为绿灯，行人方向为红灯. 当按下 X000 或 X001，控制过程如下：车道方向，绿灯 30s→黄灯 10s→红灯. 行人方向，红灯 45s→绿灯 15s→绿灯闪烁 5 次(闪烁间隔 0.5s)→红灯 5s. 人行道变为红灯，期间车道仍为红灯，5s 后返回初始状态，完成一个周期的动作.（注意：在程序执行的周期过程中，再次按动人行横道按钮 X000、X001 无效.）

本活动学习如何利用 PLC 指令实现该控制要求.

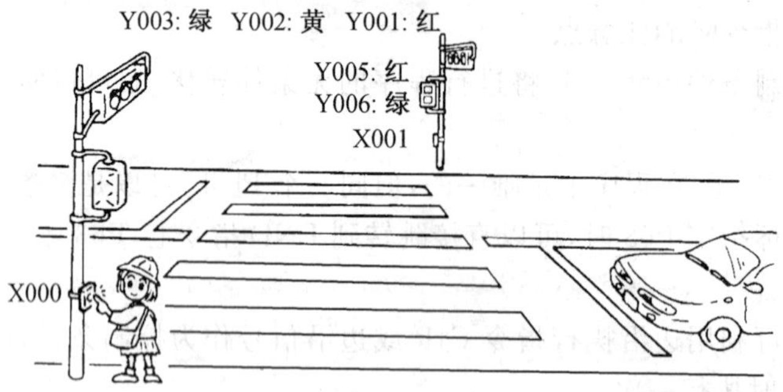

图 3-5-1 按钮式人行横道交通灯示意图

学习目标

◇ 熟悉步进顺控指令的编程和用法.

◇ 掌握并行性流程程序的编制方法.

◇ 能正确设计按钮式人行横道指示灯的程序并连接调试.

学习地点

PLC实训室(配备多媒体教学设备).

学习准备

PLC参考书、三菱FX_{2N}-48MR(或FX_{3U}-48MR)PLC控制板、常用电工工量具一套、常用低压电器、导线、计算机等.

知识准备

一、SFC(顺序功能图)编程法

SFC编程法是一种基于控制流程的PLC编程方法,目前没有统一的格式与标准.为了保持传统梯形图的特点,又能体现SFC程序设计的思路,FX系列PLC采用步进指令(STL)表示的编程方法.这一编程方法具有SFC程序设计的特点,即程序的执行过程都是根据条件、按要求的工作步进行的,而在每一步的具体动作上,又采用了梯形图的形式编程,故称为"步进梯形图".

二、SFC的结构

SFC程序的基本形式按照结构来分,可以分为三种:单流程结构、选择流程结构和并行结构.

1. 单流程结构

由一系列相继激活的步组成,每一步后仅有一个转换,每一个转换后只有一个步,如图3-4-5所示.

2. 选择流程结构

选择流程结构的开始称为分支,转换符号只能标在连线之下.如果满足Y,则向下执行;如果满足N,则选择分支执行.选择流程结构的结束称为合并.如图3-5-2所示,分支选择条件X000、X010不能同时接通.在S20动作时,根据X000和X010的状态决定执行哪一条分支.如果X000接通,动作状态就向S21转移,S20复位置0,此时即使X010动作,S31也不会被驱动.汇合状态S40可由S22和S32中的任意一个驱动.

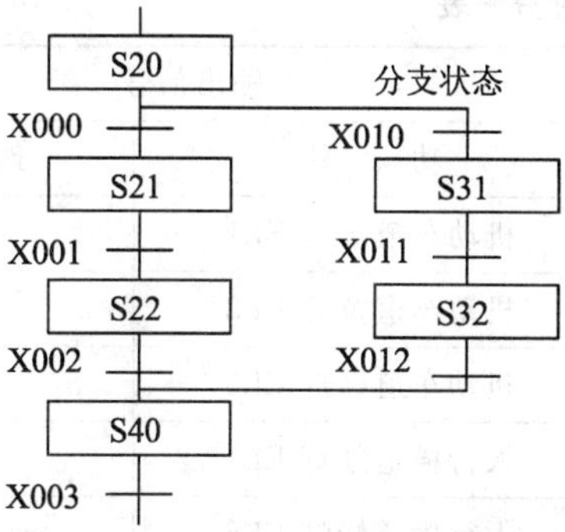

图3-5-2　选择流程结构

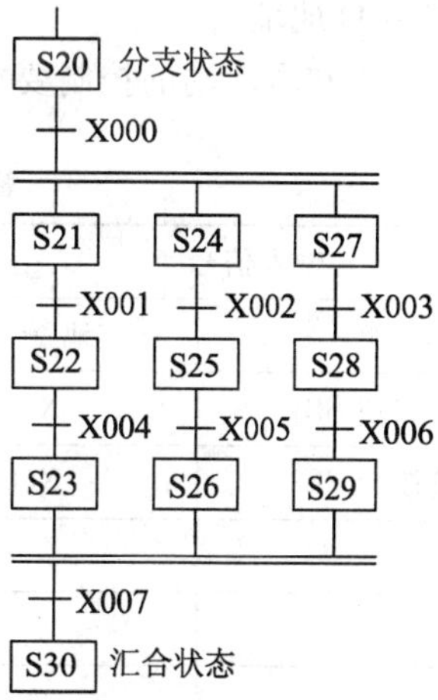

图3-5-3　并行结构

3. 并行结构

并行结构的开始称为分支，当转换的实现导致几个结构同时激活时，这些结构称为并行结构. 为了强调转换的同步实现，水平连线用双线表示. 最后当转换条件满足时，才会发生合并，如图 3-5-3 所示.

在 S20 动作时，若 X000 接通，则 S21、S24、S27 同时动作，各分支流程开始执行. 当各流程全部结束时，若 X007 接通，则汇合状态 S30 动作，转移前的各状态 S23、S26、S29 全部变为不动作.

活动实施

一、分析控制要求

根据控制要求画出按钮式人行横道交通灯控制时序图，如图 3-5-4 所示.

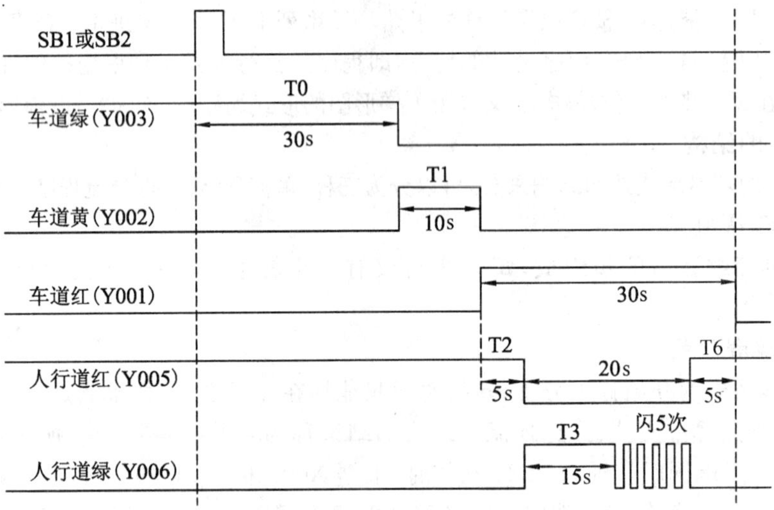

图 3-5-4　按钮式人行横道交通灯时序图

二、确定 I/O 地址

根据图 3-5-4 和本活动的控制要求，确定 I/O 地址.

表 3-5-1　输入/输出地址分配表

输入信号		输出信号	
功　能	地　址	功　能	地　址
人行横道按钮 SB1	X000	机动车道红灯 EL1	Y001
人行横道按钮 SB2	X001	机动车道黄灯 EL2	Y002
		机动车道绿灯 EL3	Y003
		人行横道红灯 EL5	Y005
		人行横道绿灯 EL6	Y006

三、绘制按钮式人行横道交通灯 PLC 接线图

按钮式人行横道交通灯 PLC 接线图如图 3-5-5 所示.

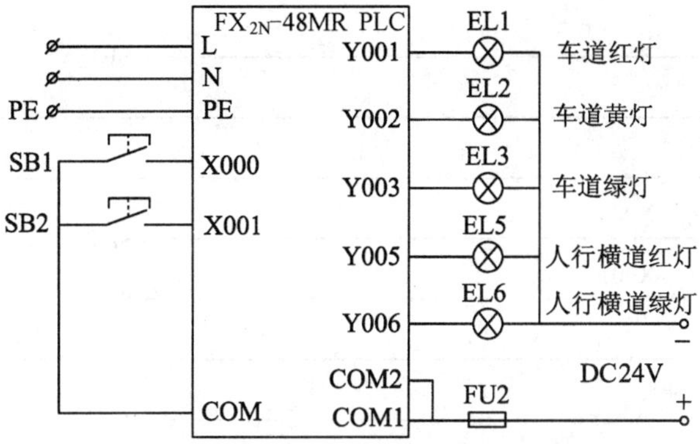

图 3-5-5　PLC **外部接线图**

四、绘制按钮式人行横道交通灯状态转移图

按钮式人行横道交通灯状态转移图如图 3-5-6 所示.

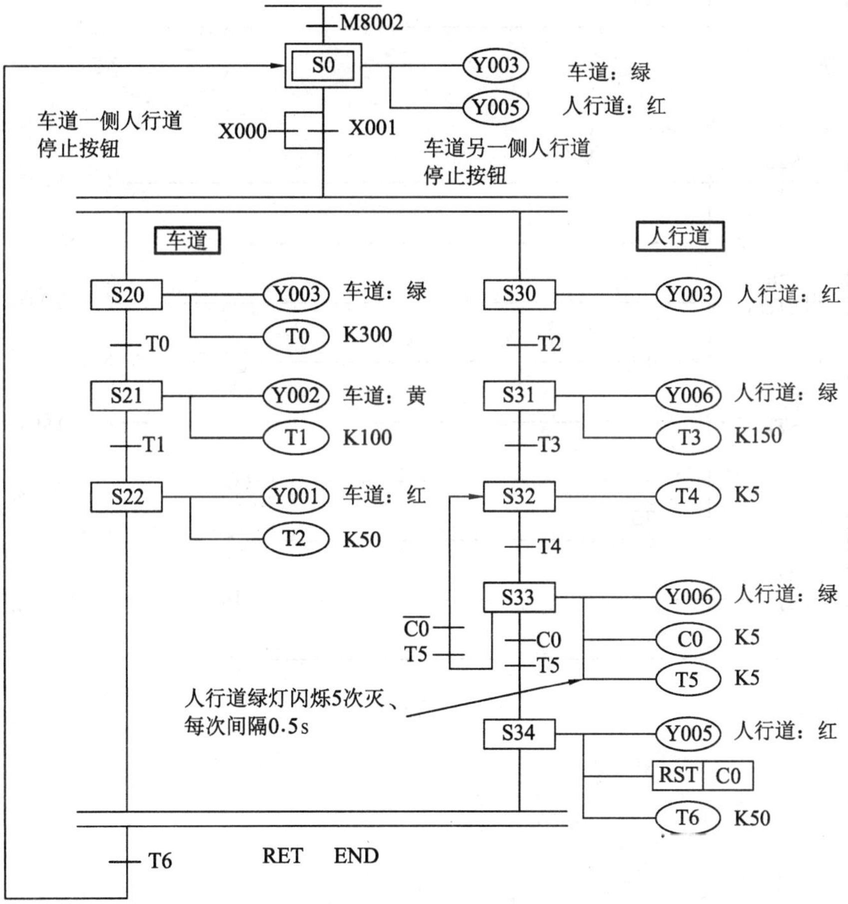

图 3-5-6　**按钮式人行横道交通灯状态转移图**

五、编写按钮式人行横道交通灯梯形图程序

按钮式人行横道交通灯梯形图程序如图 3-5-7(a)、(b)、(c)所示.

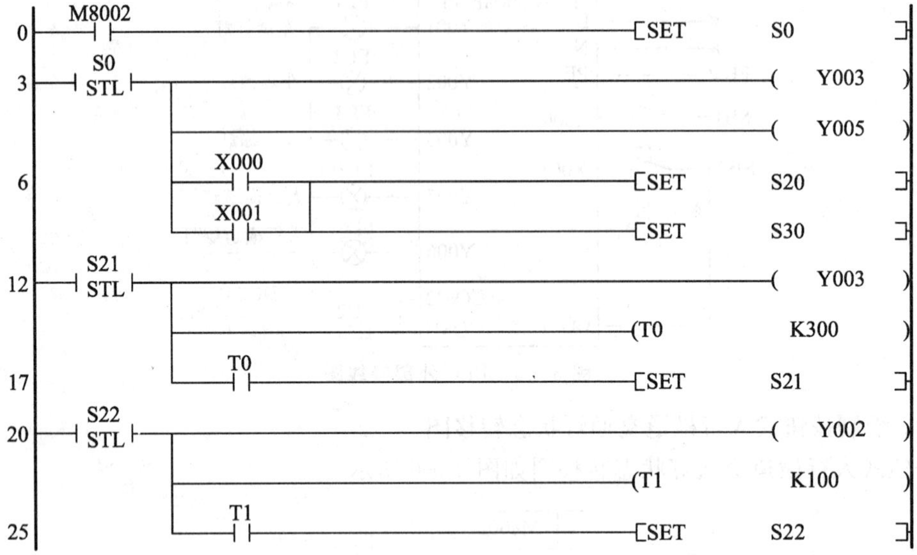

(a)

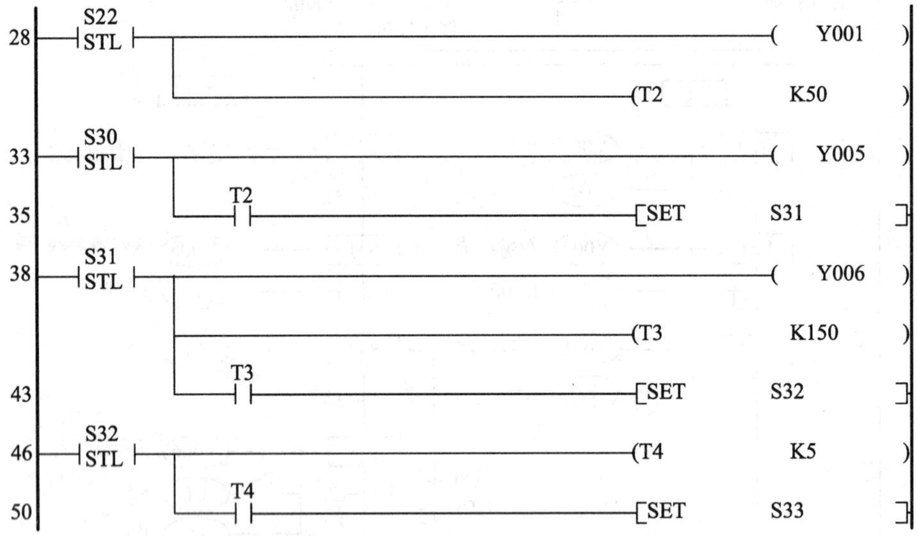

(b)

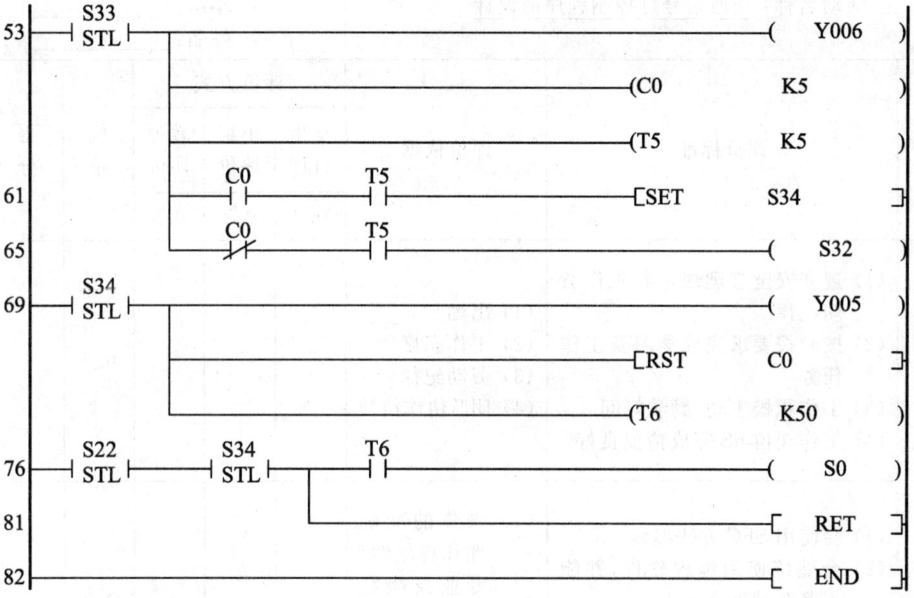

(c)

图 3-5-7　按钮式人行横道交通灯梯形图程序

六、系统接线

按图 3-5-5 接线,接线注意事项同本项目任务二活动一.

七、程序写入与运行调试

(1) 下载程序,在线监控程序运行.

(2) 分析程序运行结果,填入运行情况记录表.

活动评价

一、活动记录

活动记录见附表 1.

二、活动实施评价表

活动实施评价表见表 3-5-2.

表 3-5-2　　　　　　　　　　　　**活动实施评价表**

活动名称：交通信号灯控制程序的设计			班级：______ 小组：______ 姓名：______					
评价项目	评价标准	评价依据	评价方式			权重	得分	总分
			学生自评	小组评价	教师评价			
			0.2	0.3	0.5			
职业素质	(1) 遵守安全管理规定和工作劳动纪律 (2) 按时按要求完成学习及工作任务 (3) 工作积极主动、勤学好问 (4) 工作岗位 6S 完成情况良好	(1) 出勤 (2) 工作态度 (3) 劳动纪律 (4) 团队协作精神				0.2		
专业能力	(1) 会使用 SFC 方法编程 (2) 会熟练使用编程软件，并能正确调试程序 (3) 能正确安装并实现控制功能要求	(1) 操作的准确性和规范性 (2) 专业技能完成情况 (3) 工作页或报告完成情况				0.7		
创新能力	(1) 在任务完成过程中能提出自己的有一定见解的方案 (2) 在教学或生产管理上提出的建议具有创新性	(1) 方案的可行性及意义 (2) 建议的可行性				0.1		
指导教师综合评价	指导教师签名：　　　　日期：							

活动二　艺术彩灯控制程序的设计

活动描述

某流水造型演示板如图 3-5-8 所示，图中 A、B、C、D、E、F、G、H 为八只彩灯，呈环形分布. 控制要求如下：

按下启动开关 S1，① 八只灯泡同时亮，即 A、B、C、D、E、F、G、H 同时亮 1s；② 接着八只灯泡按逆时针方向轮流各亮 1s，即 A 亮 1s→B 亮 1s→C 亮 1s→D 亮 1s→E 亮 1s→F 亮 1s→G 亮 1s→H 亮 1s；③ 接下来八只灯泡又同时亮 1s，即 A、B、C、D、E、F、G、H 同时亮 1s；④ 然后八只灯泡按顺时针方向轮流亮 1s，即 H 亮 1s→G 亮 1s→F 亮 1s→E 亮 1s→D 亮 1s→C 亮 1s→B 亮 1s→A 亮 1s；⑤ 然后按此顺序重复执行；⑥ 按下停止开关 S2，所有灯灭.

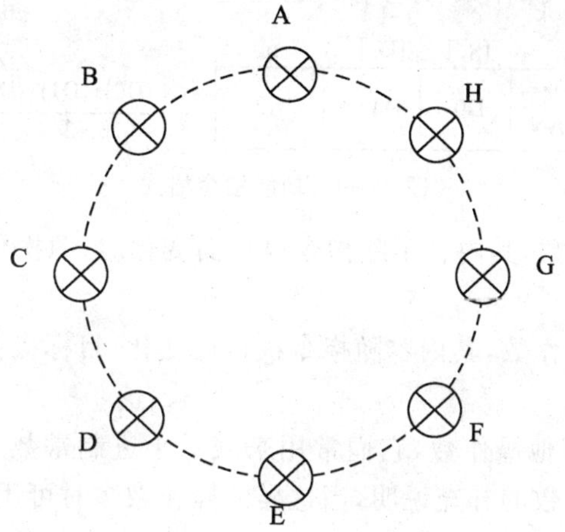

图 3-5-8　艺术彩灯造型平面布置图

本活动将学习如何使用 PLC 控制流水灯的变化.

学习目标

◇ 正确理解 PLC 编程元件的概念.

◇ 学会应用指令的使用方法(移位指令等).

◇ 会安装、调试艺术彩灯控制系统.

学习地点

PLC 实训室(配备多媒体教学设备).

学习准备

PLC 参考书、三菱 FX_{2N}-48MR(或 FX_{3U}-48MR)PLC 控制板、常用电工工量具一套、常用低压电器、导线、彩灯、计算机等.

知识准备

一、功能指令的一般格式

1. 功能指令的编号

功能指令表示格式与基本指令不同.功能指令用编号 FNC00～FNC294 表示.

2. 助记符

功能指令的助记符是该指令的英文名称或缩写.例如，FNC45 的助记符是 MEAN(平均)，若使用简易编程器时键入 FNC45，若采用智能编程器或在计算机上编程时也可键入助记符 MEAN.

3. 操作数

有些功能指令没有操作数，而大多数功能指令有 1～4 个操作数. 如图 3-5-9 所示为一个计算平均值指令，它有三个操作数，即[S]、[D]、[n]和[m].

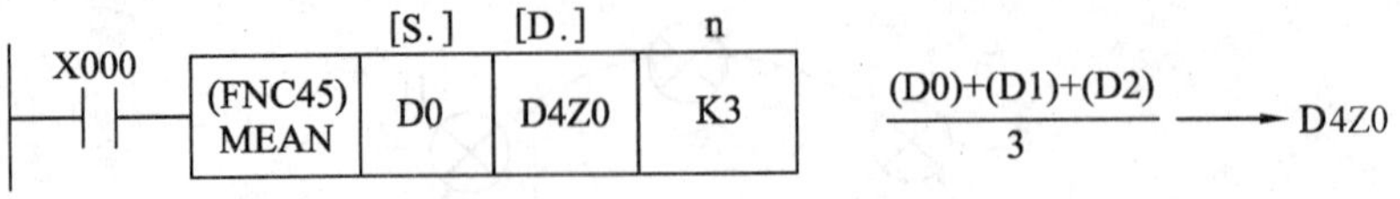

图 3-5-9　功能指令格式

(1) [S.]表示源操作数，其内容不随指令执行而变化. 当源操作数不止一个时，用[S1]、[S2]等表示.

(2) [D.]表示目标操作数，其内容随指令执行而变化. 目标操作数不止一个时，用[D1]、[D2]等表示.

(3) [n]和[m]表示其他操作数，它们常用来表示十进制常数 K 和十六进制常数 H，或作为源操作数和目标操作数的补充说明，当这样的操作数多时可用[n1]、[n2]和[m1]、[m2]等来表示.

(4) 如果使用变址功能，则可表示为[S.]和[D.].

图 3-5-9 中源操作数为 D0、D1、D2，目标操作数为 D4Z0(Z0 为变址寄存器)，K3 表示有 3 个数，当 X000 接通时，执行的操作为[(D0)＋(D1)＋(D2)]÷3→(D4Z0)，如果 Z0 的内容为 20，则运算结果送入 D24 中.

功能指令的指令段通常占 1 个程序步，16 位操作数占 2 步，32 位操作数占 4 步.

这些操作数的形式如下：

(1) 位元件 X、Y、M 和 S.

(2) 常数 K、H 或指针 P.

(3) 字元件 T、C、D、V、Z(T、C 分别表示定时器和计数器的当前值寄存器).

(4) 由位元件 X、Y、M 和 S 的位指定组成字元件.

其中，只处理 ON/OFF 状态的元件称为位元件，如 X、Y、M 和 S. 处理数据的元件称为字元件，如 T、C 和 D 等. 由位元件也可以组成字元件进行数据处理，位元件组合由 Kn 加首元件号来表示.

FX 系列 PLC 用 KnP 的形式表示连续的位元件组，每组由 4 个连续的位元件组成，P 为位元件的首地址，n 为组数(n＝1～8). 例如，K2M0 表示由 M0～M7 组成的两个位元件组，M0 为数据的最低位(首位). 16 位操作数时 n＝1～4，n＜4 时高位为 0. K4M10 表示由 M10 到 M25 组成的 16 位数据，M10 是最低位. 32 位操作数时 n＝1～8，n＜8 时高位为 0.

建议在使用成组的位元件时，X 和 Y 的首地址的最低位为 0，如 X000、X010、Y020 等. 对于 M 和 S，首地址可以采用能被 8 整除的数，也可以采用最低位为 0 的地址作首地址，如 M32、S50 等.

功能指令中的操作数可以取 K(十进制常数)、H(十六进制常数)、KnX、KnY、KnM、KnS、T、C、D、V 和 Z.

二、功能指令的执行方式与数据长度

1. 连续执行与脉冲执行

功能指令有连续执行和脉冲执行两种类型. 如图 3-5-10 所示，指令助记符 MOV 后面有

"P"表示脉冲执行,即该指令仅在 X001 接通(由 OFF 到 ON)时执行(将 D10 中的数据送到 D12 中)一次;如果没有"P"则表示连续执行,即在 X001 接通(ON)的每一个扫描周期指令都要被执行.

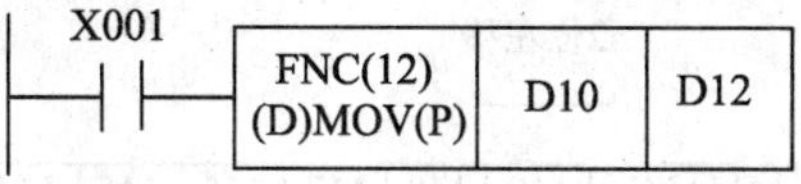

图 3-5-10　功能指令的执行方式与数据长度的表示

2. 数据长度

功能指令可处理 16 位数据或 32 位数据.处理 32 位数据的指令是在助记符前加"D"标志,无此标志即为处理 16 位数据的指令.注意:32 位计数器(C200～C255)的一个软元件为 32 位,不可作为处理 16 位数据指令的操作数使用.如图 3-5-10 所示,若 MOV 指令前面带"D",则当 X001 接通时,执行 D11D10→D13D12(32 位).在使用 32 位数据时建议使用首编号为偶数的操作数,这样不容易出错.

三、位元件右移位指令 SFTR 和位元件左移位指令 SFTL

位元件移位指令只对位元件进行操作,即源操作数和目的操作数只能是位元件.其中,源操作数可以取 X、Y、M 和 S,目标操作数可以取 Y、M 和 S.

1. 位元件右移位指令

将 n1 个目标位元件中的数据向右移动 n2 位,n2 个源位元件中的数据被补充到空出的目标位元件中,如图 3-5-11 所示.

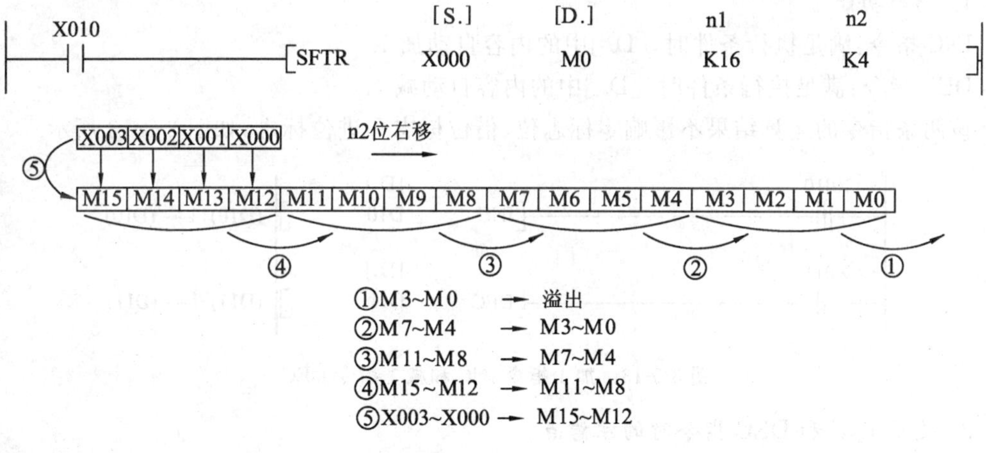

图 3-5-11　右移位指令 SFTR

2. 位元件左移位指令

将 n1 个目标位元件中的数据向左移动 n2 位,n2 个源位元件中的数据被补充到空出的目标位元件中,如图 3-5-12 所示.

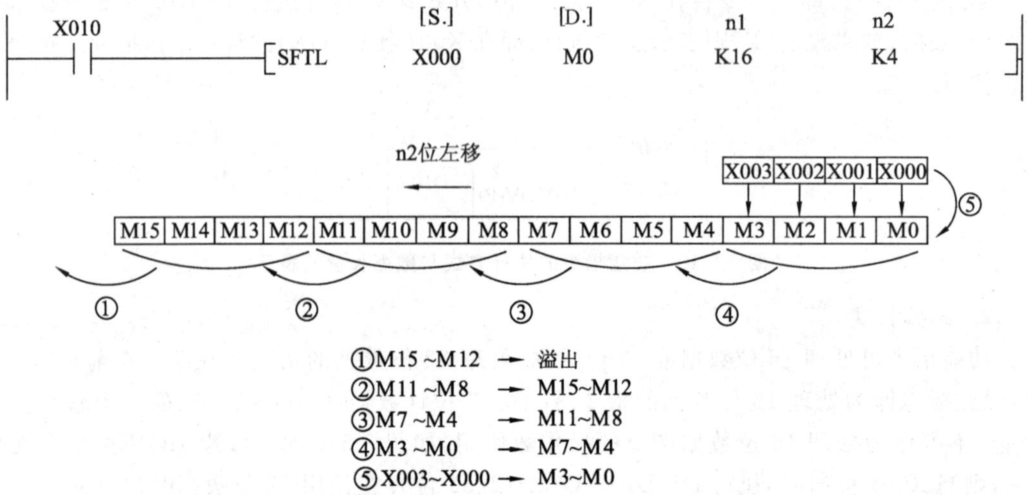

图 3-5-12　左移位指令 SFTL

3. 使用 SFTR 和 SFTL 指令时的注意点

(1) [S.]为移位的源位元件的首地址,[D.]为移位的目标位元件首地址.

(2) n1 为[D.]的补充说明,即说明目标位元件组的长度(个数).

(3) n2 为[S.]的补充说明,为源元件个数(也就是目标位元件移动的位数).

(4) n1 和 n2 只能是常数 K 和 H,且要求 n2≤n1≤1024.

四、加 1 指令 INC 和减 1 指令 DEC

1. 指令功能

INC 指令:满足执行条件时,[D.]中的内容自动加 1.

DEC 指令:满足执行条件时,[D.]中的内容自动减 1.

该两条指令的运算结果不影响零标志位、借位标志和进位标志,如图 3-5-13 所示.

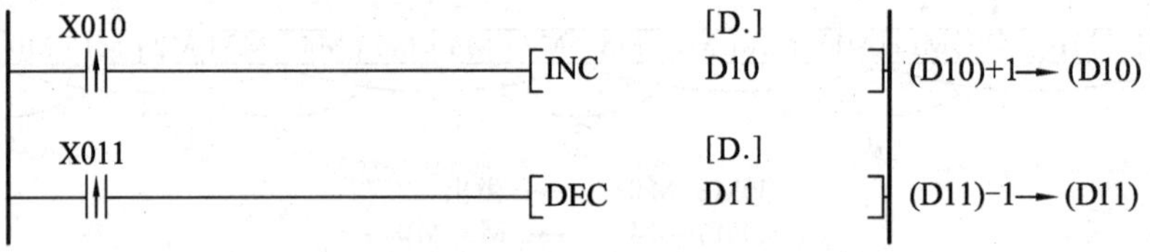

图 3-5-13　加 1 指令 INC 和减 1 指令 DEC

2. 使用 INC 和 DEC 指令时的注意点

(1) INC 和 DEC 指令分为连续执行型和脉冲执行型,在连续执行型指令中,每个扫描周期[D.]中指定软元件的内容都加 1 或减 1;脉冲执行型指令中,触发指令每 ON 一次,INC 和 DEC 将执行加 1 或减 1 运算.因此,一般在使用中,应采用脉冲执行方式.

(2) 16 位运算时,如果+32767 加 1 则变为-32768,标志位不动作.

(3) 16 位运算时,-32768 减 1 则变为+32767,标志位不动作.

活动实施

一、输入并调试梯形图

输入并调试图 3-5-11、图 3-5-12、图 3-5-13 所示的梯形图,观察调试结果并记录.

二、分析控制要求,确定 I/O 地址

输入/输出地址分配表如表 3-5-3 所示.

表 3-5-3　　输入/输出地址表

输入信号		输出信号	
功　能	地　址	功　能	地　址
启动开关 SB1	X000	彩灯 A	Y000
停止开关 SB2	X001	彩灯 B	Y001
		彩灯 C	Y002
		彩灯 D	Y003
		彩灯 E	Y004
		彩灯 F	Y005
		彩灯 G	Y006
		彩灯 H	Y007

三、绘制艺术彩灯 PLC 控制接线图

艺术彩灯 PLC 控制接线图如图 3-5-14 所示.

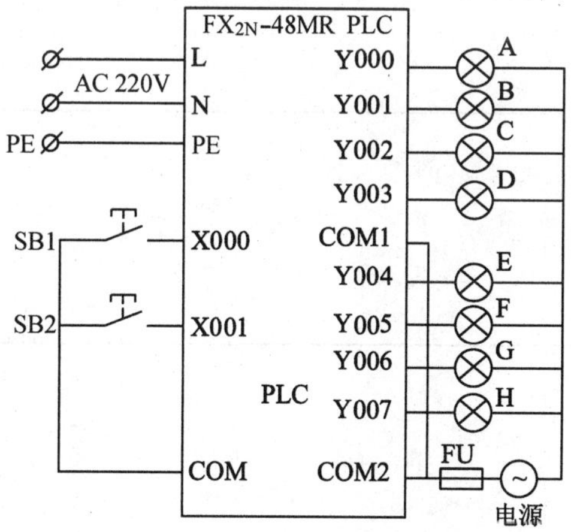

图 3-5-14　艺术彩灯 PLC 控制接线图

四、艺术彩灯控制梯形图程序

艺术彩灯控制梯形图程序如图 3-5-15(a)、(b)所示.

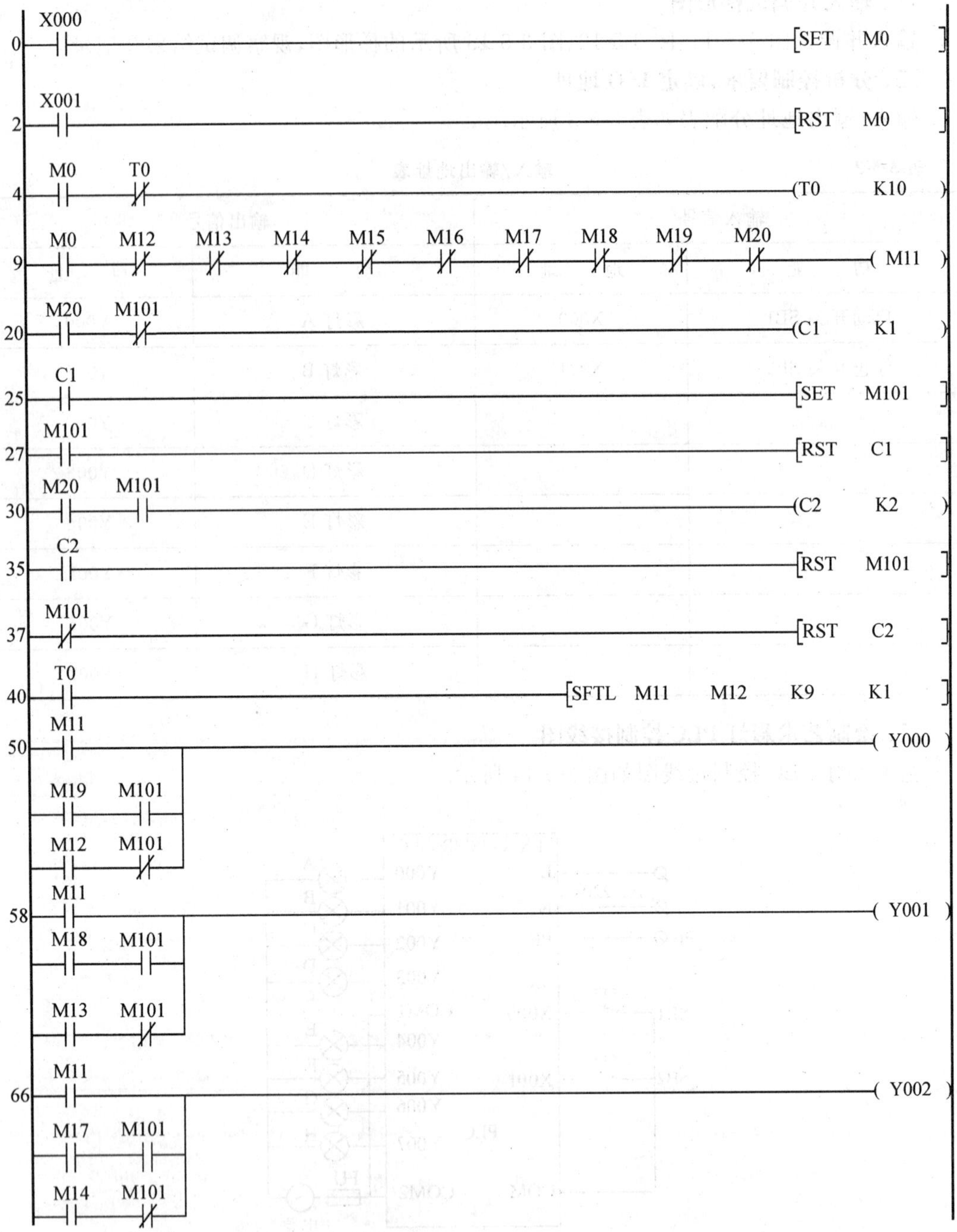

(a)

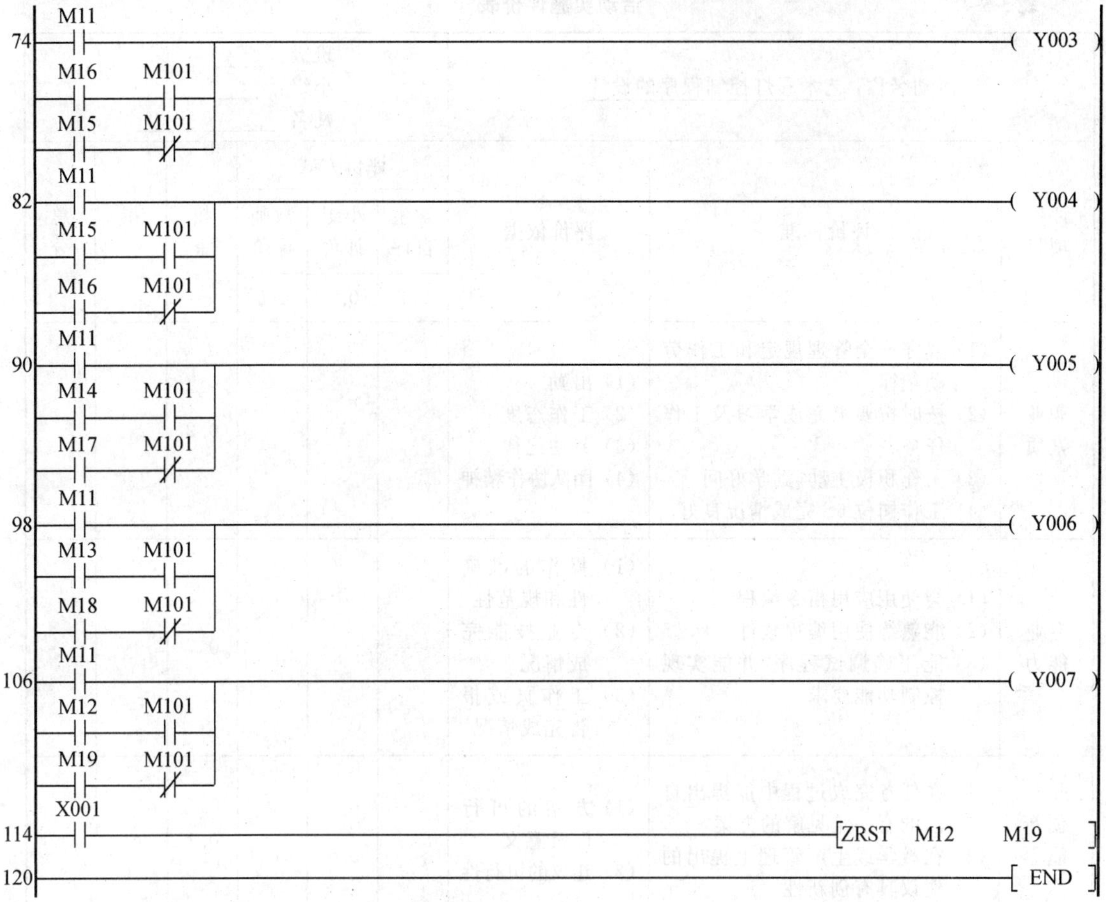

(b)

图 3-5-15 艺术彩灯控制梯形图程序

五、系统接线

按照图 3-5-14 进行线路连接.

六、程序写入与运行调试

(1) 下载程序,在线监控程序运行.

(2) 分析程序运行结果,填入运行情况登记表.

活动评价

一、活动记录

活动记录见附表 1.

二、活动实施评价表

活运实施评价表见表 3-5-4.

表 3-5-4　　　　　　　　　　　　**活动实施评价表**

活动名称：艺术彩灯控制程序的设计			班级：______ 小组：______ 姓名：______					
评价项目	评价标准	评价依据	评价方式			权重	得分	总分
			学生自评	小组评价	教师评价			
			0.2	0.3	0.5			
职业素质	(1) 遵守安全管理规定和工作劳动纪律 (2) 按时按要求完成学习及工作任务 (3) 工作积极主动、勤学好问 (4) 工作岗位 6S 完成情况良好	(1) 出勤 (2) 工作态度 (3) 劳动纪律 (4) 团队协作精神				0.2		
专业能力	(1) 会使用应用指令编程 (2) 能熟练使用编程软件 (3) 能正确调试程序，并能实现控制功能要求	(1) 操作的准确性和规范性 (2) 专业技能完成情况 (3) 工作页或报告完成情况				0.7		
创新能力	(1) 在任务完成过程中能提出自己的有一定见解的方案 (2) 在教学或生产管理上提出的建议具有创新性	(1) 方案的可行性及意义 (2) 建议的可行性				0.1		
指导教师综合评价	指导教师签名：　　　　日期：							

活动三　小车呼叫及工位显示程序的设计

活动描述

某自动生产线上的运料小车运行情况如图 3-5-16 所示. 运料小车由一台三相电动机拖动，电动机正转时小车右行，电动机反转时小车左行. 在生产线上有三个编码位 SQ1～SQ3 的站点供小车停靠，在每个停靠站安装一个行程开关以检测小车是否到达该站点. 对小车的控制除了启动按钮和停止按钮之外，还设有三个呼叫按钮开关分别与三个停靠站点相对应，并且处于哪个站点，则显示其站号.

本活动通过分析该控制系统的控制要求，完成小车输送工作，学习 PLC 的高级指令的应用以及控制系统的设计方法.

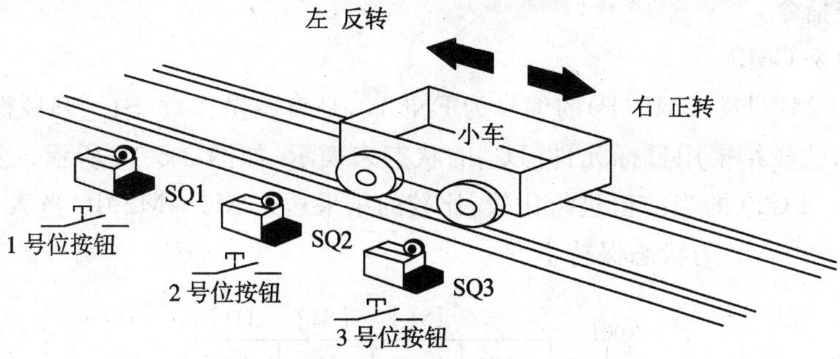

图 3-5-16　运料小车呼叫控制系统示意图

学习目标

◇ 正确理解 PLC 功能指令格式、数据类型与指令类型.

◇ 熟练使用 PLC 常用基本指令及功能指令实现程序的编制.

◇ 正确理解、掌握 PLC 的编程方法.

◇ 能正确实施控制系统的连接与调试.

学习地点

PLC 实训室(配备多媒体教学设备).

学习准备

PLC 参考书、三菱 FX_{2N}-48MR(或 FX_{3U}-48MR)PLC 控制板、常用电工工量具一套、导线、计算机等.

知识准备

一、PLC 指令

(一) 传送指令 MOV(D)、MOV(P)

传送指令 MOV(D)、MOV(P)的编号为 FNC12,该指令的功能是将源数据传送到指定的目标. 如图 3-5-17 所示,当 X000 为 ON 时,则将[S.]中的数据 K100 传送到目标操作元件[D.]即 D10 中. 在执行指令时,常数 K100 会自动转换成二进制数. 当 X000 为 OFF 时,则指令不执行,数据保持不变.

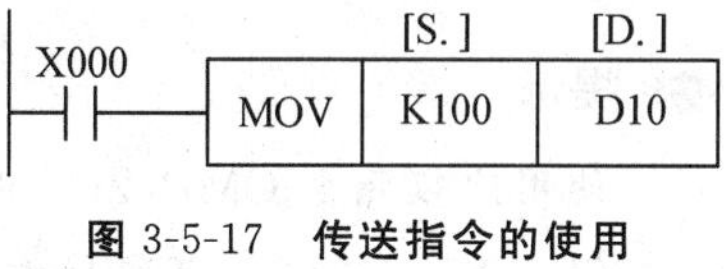

图 3-5-17　传送指令的使用

提示

应用 MOV 指令时:

(1) 源操作数可取所有数据类型,目标操作数可以是 KnY、KnM、KnS、T、C、D、V、Z.

(2) 16 位运算时占 5 个程序步,32 位运算时则占 9 个程序步.

(二) 比较指令

1. 比较指令 CMP

比较指令 CMP(D)、CMP(P)的编号为 FNC10，是将源操作数[S1.]和源操作数[S2.]的数据进行比较，比较结果用目标元件[D.]的状态来表示. 如图 3-5-18 所示，当 X001 为接通时，把常数 100 与 C20 的当前值进行比较，比较的结果送入 M0～M2 中. 当 X001 为 OFF 时 CMP 不执行，M0～M2 的状态保持不变.

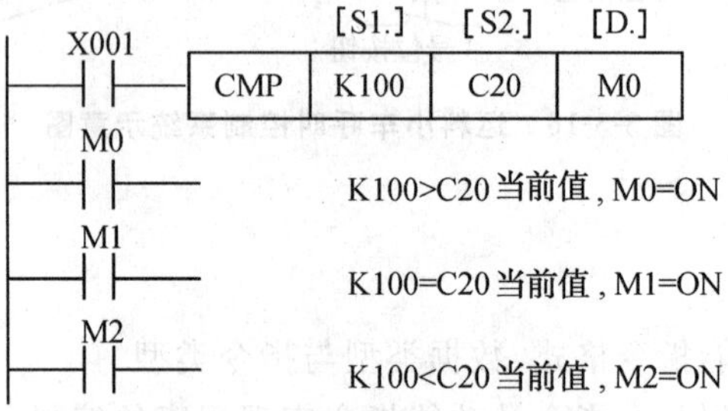

图 3-5-18　CMP 指令使用说明

2. 区间比较指令 ZCP

区间比较指令 ZCP(D)、ZCP(P)的编号为 FNC11，指令执行时将源操作数[S.]与[S1.]和[S2.]的内容进行比较，并将比较结果送到目标操作数[D.]中. 如图 3-5-19 所示，当 X000 为 ON 时，把 C30 当前值与 K100 和 K120 相比较，将结果送 M3、M4、M5 中. 当 X000 为 OFF 时，则 ZCP 不执行，M3、M4、M5 的状态不变.

图 3-5-19　ZCP 指令使用说明

提示

使用比较指令 CMP/ZCP 时应注意：

(1) [S1.]、[S2.]可取任意数据格式，目标操作数[D.]可取 Y、M 和 S.

(2) 使用 ZCP 时，[S2.]的数值不能小于[S1.].

(3) 所有的源数据都被看成二进制值处理.

3. 触点比较指令

LD 触点比较指令有 LD＝、LD＞、LD＜、LD＜＞、LD≦、LD≧6 条，指令的编号为 FNC224～FNC230，是对源数据内容进行 BIN 比较，对应其结果执行后段的运算，如图 3-5-20 所示.

功能号	16位指令	32位指令	导通条件	非导通条件
224	LD=	LDD=	[S1.] = [S2.]	[S1.] ≠ [S2.]
225	LD>	LDD>	[S1.] > [S2.]	[S1.] ≦ [S2.]
226	LD<	LDD<	[S1.] < [S2.]	[S1.] ≧ [S2.]
228	LD<>	LDD<>	[S1.] ≠ [S2.]	[S1.] = [S2.]
229	LD≦	LDD≦	[S1.] ≦ [S2.]	[S1.] > [S2.]
230	LD≧	LDD≧	[S1.] ≧ [S2.]	[S1.] < [S2.]

图 3-5-20　LD 触点比较指令的功能

触点比较指令具体应用如图 3-5-21 所示. 当计数器 C10 的当前值为 200 时，Y010 高电平输出；当 D200 的数据为－29 以上且 X001 为 ON 时，Y011 高电平输出；当计数器 C200 的当前值小于 678493，或者 M3 处于 ON 时，M50 高电平输出.

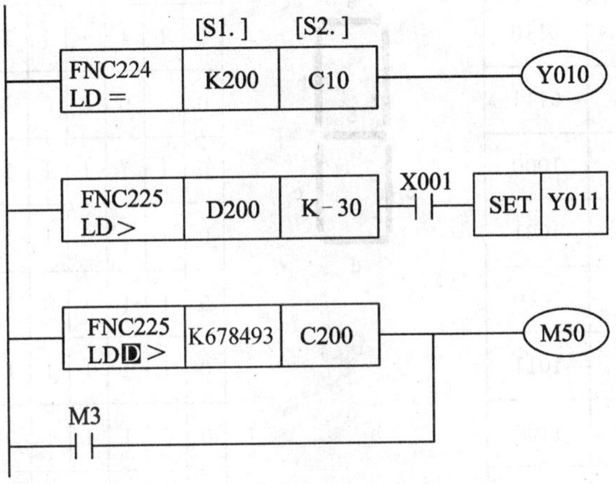

图 3-5-21　LD 触点比较指令使用说明

二、数码管显示的应用

(一) 七段译码指令 SEGD

用于控制 1 位七段数码管. 如图 3-5-22 所示程序，将源操作数的低 4 位二进制数(1 位十六进制数)译码后送至目标操作数. 当 X000 为 1 时，将 D0 中的低 4 位二进制数译为七段码送到 Y007～Y000.

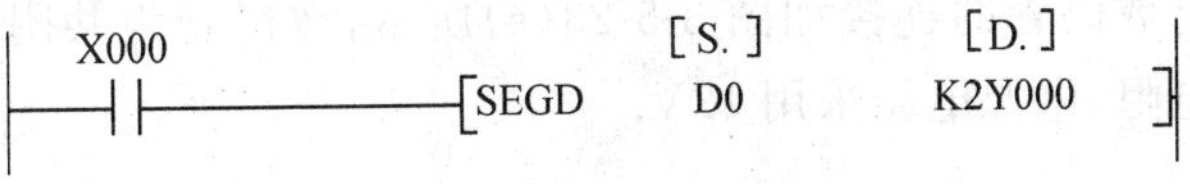

图 3-5-22　七段译码指令梯形图程序

在[S.]中，可以是常数、输入继电器、输出继电器、内部继电器，也可以是定时器、计数器的经过值.

（二）七段数码管的显示

七段数码管常用于数字 0～F 的显示，显示与段驱动间的关系如表 3-5-5 所示.

表 3-5-5　　数制及七段码转换表

十进制	BCD	十六进制	二进制	七段码显示的组成	用于七段码显示的 8 位数据								七段码显示
					/	g	f	e	d	c	b	a	
K0	H0	H0	0000	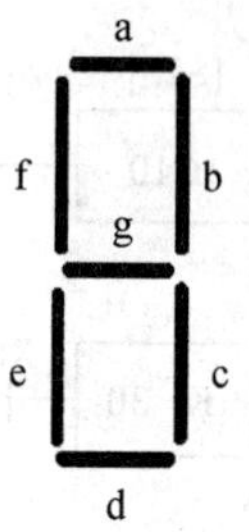	0	0	1	1	1	1	1	1	0
K1	H1	H1	0001		0	0	0	0	0	1	1	0	1
K2	H2	H2	0010		0	1	0	1	1	0	1	1	2
K3	H3	H3	0011		0	1	0	0	1	1	1	1	3
K4	H4	H4	0100		0	1	1	0	0	1	1	0	4
K5	H5	H5	0101		0	1	1	0	1	1	0	1	5
K6	H6	H6	0110		0	1	1	1	1	1	0	1	6
K7	H7	H7	0111		0	0	0	0	0	1	1	1	7
K8	H8	H8	1000		0	1	1	1	1	1	1	1	8
K9	H9	H9	1001		0	1	1	0	1	1	1	1	9
K10	/	HA	1010		0	1	1	1	0	1	1	1	A
K11	/	HB	1011		0	1	1	1	1	1	0	0	B
K12	/	HC	1100		0	0	1	1	1	0	0	1	C
K13	/	HD	1101		0	1	0	1	1	1	1	0	D
K14	/	HE	1110		0	1	1	1	1	0	0	1	E
K15	/	HF	1111		0	1	1	1	0	0	0	1	F

（三）数码管与 PLC 的连接

数码管分为共阴极数码管和共阳极数码管，两者外形一样，但电源接线不同，如图 3-5-23(a)、(b)所示. PLC 与数码管的连接如图 3-5-23(c)所示，数码管为共阴极数码管，数码管与 PLC 之间串联限流电阻，电源电压采用 12V.

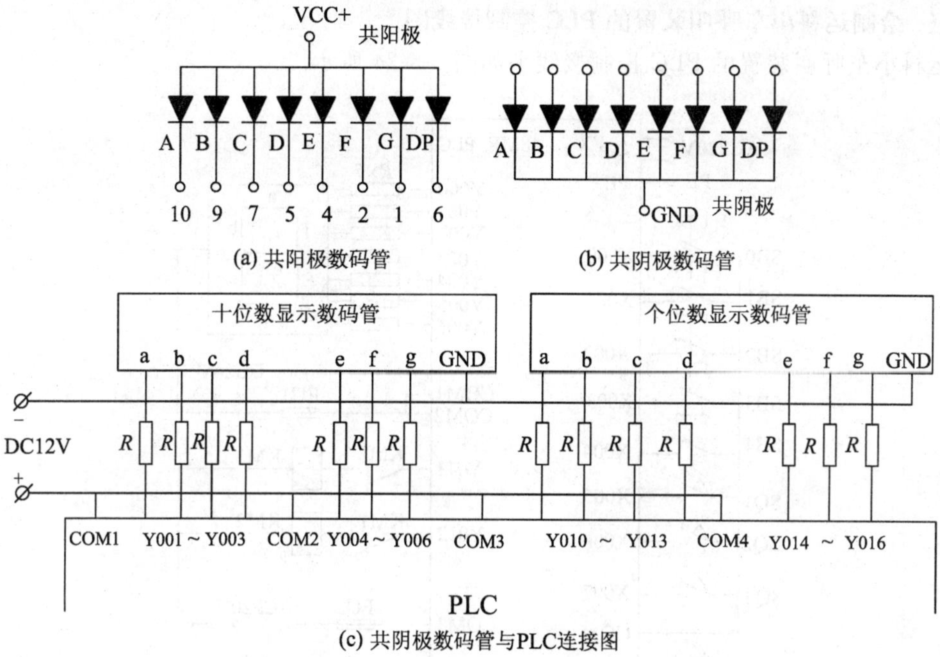

图 3-5-23 数码管与 PLC 的连接

活动实施

一、输入并调试程序

输入并调试知识准备中指令的应用程序.

二、分析控制要求,确定 I/O 地址

根据任务分析,呼叫按钮 SB2、SB3、SB4,行程开关 SQ1、SQ2、SQ3 属于控制信号,作为 PLC 的输入量分配接线端子;前进、后退接触器 KM1、KM2 的线圈属于被控对象,作为 PLC 的输出量分配接线端子.对输入量/输出量(I/O)进行地址分配,如表 3-5-6 所示.

表 3-5-6 输入/输出地址分配表

输入信号		输出信号	
功 能	地 址	功 能	地 址
启动按钮 SB0	X000	控制小车前进接触器 KM1	Y011
停止按钮 SB1	X001	控制小车后退接触器 KM2	Y012
1 号位呼叫按钮 SB2	X002	7 段码显示	Y000～Y007
2 号位呼叫按钮 SB3	X003		
3 号位呼叫按钮 SB4	X004		
行程开关 SQ1	X005		
行程开关 SQ2	X006		
行程开关 SQ3	X007		

三、绘制运料小车呼叫装置的 PLC 控制接线图

运料小车呼叫装置的 PLC 控制接线图如图 3-5-24 所示.

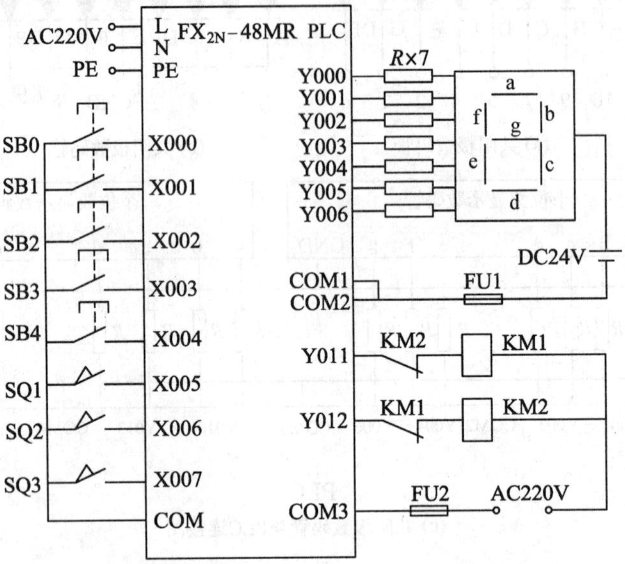

图 3-5-24 运料小车呼叫装置的 PLC 控制接线图

四、运料小车呼叫装置顺序功能图和梯形图程序

绘制顺序功能图,如图 3-5-25 所示.

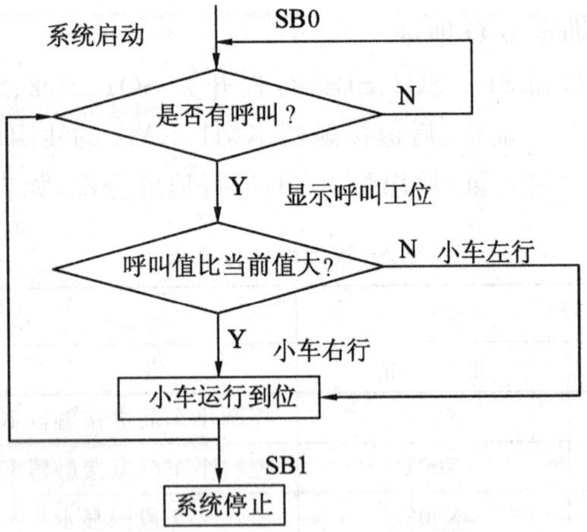

图 3-5-25 运料小车呼叫控制流程图

根据顺序功能图,编制小车呼叫装置梯形图程序,如图 3-5-26 所示.

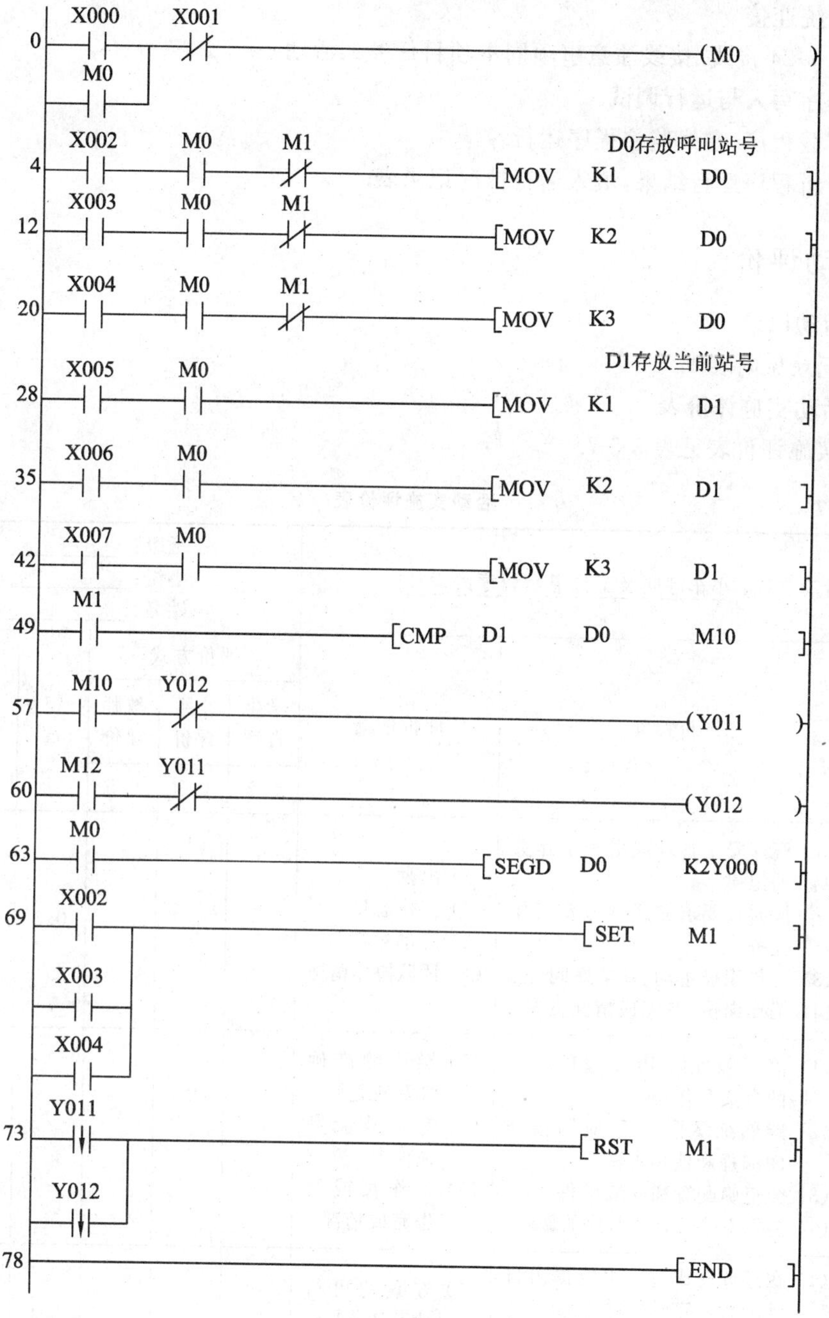

图 3-5-26　运料小车呼叫装置梯形图

根据控制要求SB0为启动按钮，按下后系统启动，当有任意工位呼叫，则相应工位号被传送至寄存器D0中，当小车处于某一停靠点时，相应站点号被传送至寄存器D1中，两者进行比较，根据比较结果确定小车运行方向.

若小车没有压住任何一站的位置开关，系统不工作，此时需要设置点动调整按钮；同时比较指令(CMP)的功能也可以使用触点比较指令来实现.

五、系统连接

按图 3-5-24 接线. 接线注意事项同本项目任务二活动一.

六、程序写入与运行调试

(1) 下载程序,在线监控程序运行.

(2) 分析程序运行结果,填入运行情况记录表.

活动评价

一、活动记录

活动记录见附表 1.

二、活动实施评价表

活动实施评价表见表 3-5-7.

表 3-5-7　　　　**活动实施评价表**

活动名称:小车呼叫及工位显示程序的设计			班级:______ 小组:______ 姓名:______					
评价项目	评价标准	评价依据	评价方式			权重	得分	总分
			学生自评	小组评价	教师评价			
			0.2	0.3	0.5			
职业素质	(1) 遵守安全管理规定和工作劳动纪律 (2) 按时按要求完成学习及工作任务 (3) 工作积极主动、勤学好问 (4) 工作岗位 6S 完成情况良好	(1) 出勤 (2) 工作态度 (3) 劳动纪律 (4) 团队协作精神				0.2		
专业能力	(1) 能正确理解 PLC 编程元件的含义和作用 (2) 能熟练掌握 PLC 应用指令的编程和使用方法 (3) 会正确配置和安装硬件 (4) 能熟练进行 PLC 程序的调试	(1) 操作的准确性和规范性 (2) 专业技能完成情况 (3) 工作页或报告完成情况				0.7		
创新能力	(1) 在任务完成过程中能提出自己的有一定见解的方案 (2) 在教学或生产管理上提出的建议具有创新性	(1) 方案的可行性及意义 (2) 建议的可行性				0.1		
指导教师综合评价	指导教师签名:　　　　日期:							

知识拓展

一、子程序

PLC 中的子程序是为一些特定控制目的而编制的相对独立的模块，供主程序调用. 子程序可用来实现程序中的重复动作，以简化程序编制.

调用子程序指令有子程序调用指令 CALL 和返回指令 SRET.

编制时子程序应写在主程序之后，即子程序的标号应写在主程序结束指令 FEND 的后面，且子程序必须以 SRET 指令结束，如图 3-5-27 所示.

在图 3-5-27 中，如果 X000 为 1，则执行调用指令，跳转到标记为 P10 的步. 执行子程序后，通过 SRET 指令返回到原来的步. 如果 X000 为 0，则程序按照原顺序执行.

条件跳转指令 CJ 和子程序调用指令 CALL 不能重复编号.

在子程序中可以再次使用 CALL 子程序，形成子程序嵌套. 子程序的嵌套层数不能超过 5 层. 在图 3-5-28 所示的程序中，共有 2 层嵌套.

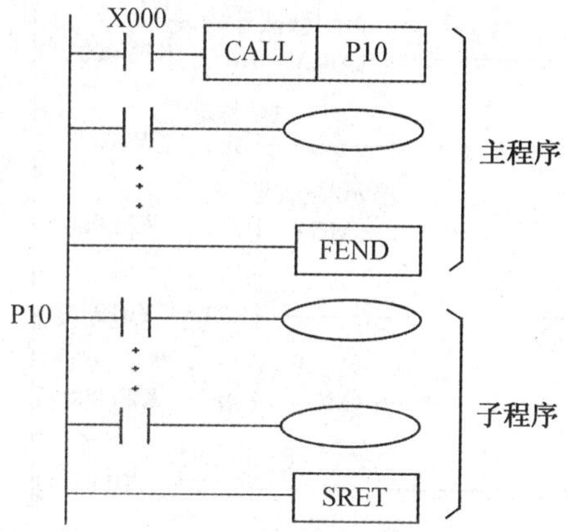

图 3-5-27　子程序指令梯形图

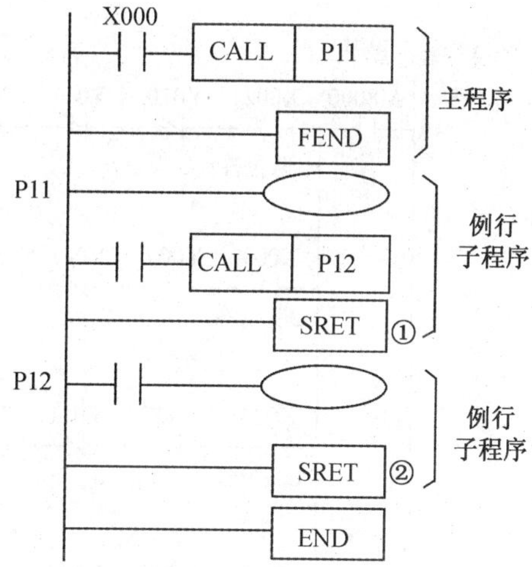

图 3-5-28　子程序的嵌套

子程序是按照所完成的独立功能来编写的，但它完成后必须把相关控制数据通过软元件传送给主程序，而子程序本身也在使用软元件，由于三菱 FX PLC 的软元件是所有程序共享的，这就存在着一个软元件冲突问题（主要体现在数据寄存器 D 的地址冲突），当主程序和子程序都用某一地址的 D 寄存器时，如果它的含义在主程序和子程序中不同时，就会出现混乱. 因此当程序复杂、子程序较多时，必须对所用软元件作统一分配以避免混乱发生. 同时，同样功能的子程序在不同控制系统中移植时，必须要检查子程序与新的主程序有无地址冲突，如果有，则必须对子程序软元件进行修改或对主程序软元件进行修改.

在调用子程序时，其中各软元件的状态受程序执行的控制. 但当调用结束，其软元件则保持最后一次调用时的状态不变. 如果这些软元件状态没有受到其他程序的控制，就会长期保持不变，哪怕是驱动条件发生了改变，软元件的状态也不会改变.

二、子程序的应用

图 3-5-29 为一 4 路抢答器的梯形图程序，请输入程序，观察结果，体会子程序的应用方法.

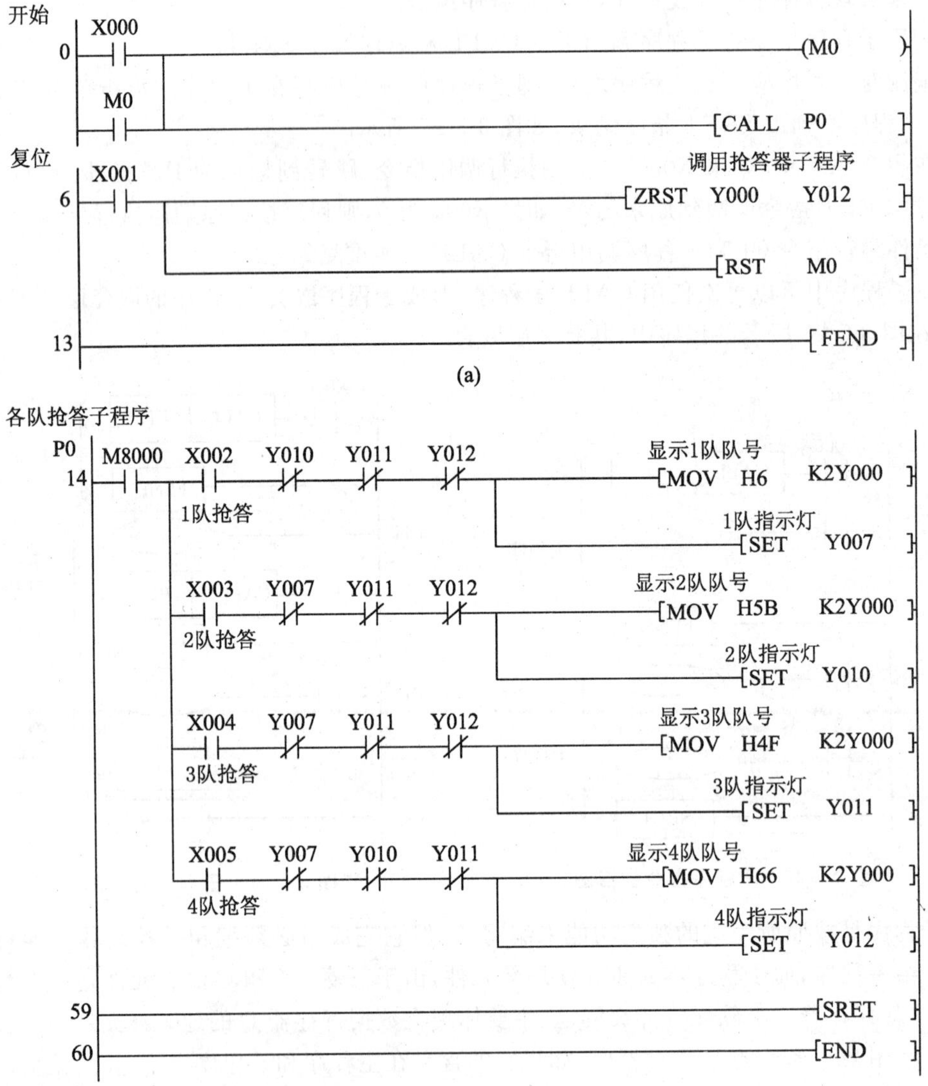

图 3-5-29 4 路抢答器梯形图程序

任务六　X62W 型万能铣床电气控制线路的 PLC 改造

任务描述

X62W 型万能铣床是一种通用的多用途机床，可以进行平面、斜面、螺旋面及成型表面的加工，是一种较为精密的加工设备，它采用继电接触器电路实现电气控制，其线路触点多、线路复杂、故障率高、检修周期长、故障的查找与排除困难，给生产与维护带来诸多不便. PLC 专为工业环境应用而设计，其显著的特点就是可靠性高，抗干扰能力强，用"软接线"来代替硬连接. 本任务将学习对 X62W 型万能铣床的电气控制系统进行 PLC 改造，克服继电器电路的缺点，降低设备故障率，减少维护、维修的工作量，从而提高整个电气控制系统的工作性能.

活动一　工艺方案的编制

活动描述

利用 PLC 对设备电气控制系统进行改造，首先要收集该机床的技术资料，然后分析技术资料，掌握设备的电气控制要求，调查分析设备的现状. 本活动将学习 X62W 型铣床的电气控制原理，并收集相关资料，编制出电气控制部分 PLC 改造的工艺文件.

学习目标

◇ 会收集并整理技术资料和相关图样为编制工艺文件做好资料准备.

◇ 能编制用 X62W 型万能铣床 PLC 改造控制电路的工艺文件.

学习地点

PLC 实训室(配备多媒体教学设备).

学习准备

X62W 型万能铣床(或模拟设备)及相关说明书、PLC 参考书、三菱 FX_{2N}-48MR(或 FX_{3U}-48MR)PLC 控制板、常用电工工量具一套、低压电器、导线、计算机等.

知识准备

一、设备改造(大修)工艺文件

设备的电气系统随使用时间的增长，会出现一些不正常现象，如系统的各性能指标下降或失去，平时维修工作量大，停台故障率高，生产效率降低. 为此，到一定时限需进行设备的电气大修或改造，以恢复其性能或通过改造提高其性能，从而延长设备的使用寿命，充分利用设备的价值.

X62W 型万能铣床电气控制系统采用继电器控制系统,使用中暴露出诸多问题,如中间继电器触点接触不良造成的故障,因电路配线复杂,故障的查找和排除比较困难,有时需要花费大量时间,严重影响生产. 本改造任务采用 PLC 作为控制器,用存储逻辑代替接线逻辑,用软件代替大量的中间继电器、时间继电器等,仅剩下与输入/输出有关的少量硬件,接线变得简单,因触点接触不良造成的故障也大为减少.

设备大修(改造)需要做好技术准备,机床大修(改造)工艺文件的内容包括:设备改造申请表、设备改造项目分析表、电气元器件缺损表、改造工艺卡、工艺守则、质量验收单和设备改造小结等.

(1) 设备改造申请表. 又称为设备情况记录表,它记录了设备运行情况、设备完好情况以及设备需要修理和改造的项目等.

(2) 设备改造项目分析表. 为便于改造方案的制定,首先要填写项目分析表,表中列出各个项目改造(大修)前情况和改造(大修)项目.

(3) 电器元器件缺损表. 包括整个设备调查统计后的元器件的情况,并提出缺损元器件的处理情况.

(4) 改造工艺卡. 即大修工艺卡,一般机械设备电气改造工艺卡应包括的内容如下:整机及部件的拆卸程序及拆卸过程中应检测的数据和注意事项;主要电气设备和电气元件的检查、修理工艺,以及达到的质量标准;电气装置的安装程序及应达到的技术要求;系统的调试工艺和应达到的性能指标;试车程序及需要特别说明的事项;施工中的安全措施. 需要的仪器、仪表和专用工具应另行注明.

(5) 工艺守则. 对设备电气改造质量影响较大的工艺方法,不宜用卡片形式表达时,可编制工艺守则. 工艺守则具有通用化的优点. 工艺守则中技术要求应确切,内容既先进又切实可行. 工艺守则更多地体现为实际操作的先进经验的总结.

(6) 质量验收单. 质量验收单包括完工验收后的要求,测试的记录等.

(7) 设备改造小结. 记录改造的过程、时间、内容和经验等.

二、编制设备电气改造的工艺步骤

(1) 阅读设备使用说明书,熟悉电气系统的原理及结构.

(2) 查阅设备档案,包括设备安装验收记录、故障修理记录,全面了解电气系统的技术状况.

(3) 现场了解设备状况,存在的问题及生产、工艺对电气的要求,其中包括操作系统的可靠性,各仪器、仪表、安全连锁装置、限位保护是否齐全可靠,各器件的老化和破损程度以及线路的缺损情况.

(4) 针对现场了解摸底及预检情况,提出改造方案,主要电器的修理工艺以及主要更换件的名称、型号、规格和数量. 填写电气改造技术工艺卡,与机械修理技术工艺卡汇总在一起,报送主管部门审查、批准,以便做好生产技术准备工作.

(5) 确定电气设备的复杂系数. 电气设备的复杂系数是制定电气设备修理计划的重要依据. 通过它可以估算出设备改造和修理的劳动定额、时间定额、维修定额、动力设备值班维护定额等. 所修设备的复杂系数可由《机械和动力设备修理复杂系数手册》查得.

活动实施

一、收集技术资料和相关图样

在制定改造方案之前，要做好以下准备工作：收集 X62W 型万能铣床有关的技术文件（如 X62W 型万能铣床说明书、电路图）、设备的维修记录资料；了解电器产品零配件市场供应的价格动态情况等.

X62W 型万能铣床原理图如图 2-4-3 所示.

二、编制改造工艺文件

1. 编制改造工艺前的技术准备

（1）查阅资料. 查阅 X62W 型万能铣床电气维修的档案，了解其电气控制结构，为制定改造方案做准备工作.

（2）现场了解. 查阅资料后，深入现场了解设备现状.

表 3-6-1　　X62W 型万能铣床 PLC 改造项目的分析表

设备名称		X62W 型万能铣床	生产日期	
序号	项目	改造前情况	改造方案	备注
1	配电箱	电器陈旧、电线老化	更新	
2	管线	电线老化	更新	
3	主线路	电线老化	重新布线	
4	控制线路	电线老化、混乱	采用 PLC 控制、重新布线	
5	电器元件	部分电器元件老化	更新	
6	机械调试		全过程	
7	电气调试		全过程	

（3）制定方案. 通过调查分析，针对设备现状，制定出合理的改造方案，既要考虑改造效果，又要考虑改造成本.

2. 编制改造工艺分析

由表 3-6-1 知，本次 PLC 改造任务是：X62W 型万能铣床原有功能不做变化，电气控制的方式用 PLC 来替代原有的继电接触器式控制电路，并进行重新安装调速，以达到原有的动作要求. 包括：元器件整修使用或更换；控制电路的重新设计，PLC 控制程序的编制；主电路、控制电路以及照明和指示电路的重新布线；机械部分的保养，机床调试，验收.

3. 编写具体的设备改造工艺

设备改造工艺包括改造工艺步骤、技术要求. 要填写标准的电气改造工艺卡，对于线路比较简单的电气设备改造工艺内容可适当简化. 编制工艺卡内容的具体步骤如下：

（1）根据现场的调查情况，将设备名称、型号、出厂年月、设备复杂系数及总工时等具体信息填写到工艺卡片中.

（2）制定改造项目先后顺序及技术要求. 根据 X62W 型万能铣床电气部分的现有状况，PLC 改造的具体项目包括：

① 收集设计资料和相关图样，编制工艺文件.

② 检查和调试机械部分和润滑部分. 通电试车，经检查发现机械传动部分、机械调速部分以及进给部分等情况正常，不需要进行调整，而润滑部分需要采取润滑措施.

③ 切断 X62W 型万能铣床总电源，做好预防性安全措施及准备工作，如导线头的绝缘处理、安全检查措施及安全监护人员的落实等.

④ 利用原有电路图，保留主电路部分，对控制部分进行 PLC 改造，画出新的电路图.

⑤ 对部分元器件进行更换. 根据调查情况填写元器件缺损明细表，选择新的元器件.

⑥ 按布线工艺要求对主电路进行重新布线，更换导线.

⑦ 按布线工艺要求对控制电路进行重新布线，根据 PLC 控制电路的电路图、接线图选择导线.

⑧ 按布线工艺要求对管线线路进行重新布线，更换导线.

⑨ 正确安装可编程控制器，正确接线，并输入程序调试系统.

⑩ 设备合格后，办理设备移交和资料移交，移交的资料包括技改图样、安装技术记录、调整试验记录小结等.

(3) 合理安排人员、设备、工时，根据需要配备工量具，并采取必要的安全保障措施.

为保证工期，施工计划应根据实际情况随时调整，合理安排施工顺序，杜绝等工具、等材料的现象.

(4) 资金预算. 由于是本单位的维修人员，不需要考虑工资费用，只需要考虑购买元器件及材料的费用(费用表略).

(5) 将编写出的 PLC 改造工艺填写到 PLC 改造工艺卡片中，工艺卡片如表 3-6-2 所示.

表 3-6-2　　PLC 改造工艺卡片

设备名称	型号	制造厂名	出厂年月	使用单位	改造编号	复杂系数	总工时	主修人员	备注
万能铣床	X62W	××机床厂	1999 年	机加工车间					
序号	工艺步骤、技术要求					使用仪器仪表		本工序定额	
1	收集设计资料和相关图样，编制工艺文件 要求：资料齐全，图样齐全；编制工艺文件步骤和要求正确，计划得当，措施齐全							6	
2	机械部分和润滑部分的检查与调试 要求：检查机械部分运转是否正常，对需要润滑的部分进行润滑							4	
3	切断机床总电源，做好预防性安全措施及准备工作 要求：明确安全措施和责任					万用表\兆欧表		4	
4	部分元器件的选择与更换 要求：填写元器件缺损表，按选择要求选择元器件							4	
5	利用编程软件进行程序设计 要求：程序设计正确，合理优化；电路图、接线图正确					带编程软件的计算机		12	

续表

序号	工艺步骤、技术要求	使用仪器仪表	本工序定额	
6	对主电路进行重新布线 要求：按布线工艺要求进行，整齐美观	万用表\兆欧表	2	
7	对控制电路进行重新布线 要求：正确选择导线，按布线工艺要求进行，整齐美观	万用表\兆欧表	4	
8	对管线进行重新布线 要求：按管线布线工艺要求进行，整齐美观	万用表\兆欧表	2	
9	可编程控制器的安装与调试 要求：正确安装可编程控制器，使PLC与计算机通信顺利，调试系统程序，实现系统正确运行	带编程软件的计算机	4	
10	设备合格后，办理设备移交手续，移交资料包括技改图样、安装技术记录、调整试验记录	万用表\兆欧表	4	

活动评价

一、活动记录

活动记录见附表1.

二、活动实施评价表

活动实施评价表见表3-6-3.

表3-6-3　　活动实施评价表

活动名称：工艺方案的编制与改造			班级：______ 小组：______ 姓名：______					
评价项目	评价标准	评价依据	评价方式			权重	得分	总分
			学生自评	小组评价	教师评价			
			0.2	0.3	0.5			
职业素质	(1) 遵守安全管理规定和工作劳动纪律 (2) 按时按要求完成学习及工作任务 (3) 工作积极主动、勤学好问 (4) 工作岗位6S完成情况良好	(1) 出勤 (2) 工作态度 (3) 劳动纪律 (4) 团队协作精神			0.2			

续表

评价项目	评价标准	评价依据	评价方式			权重	得分	总分
			学生自评	小组评价	教师评价			
			0.2	0.3	0.5			
专业能力	(1) 会收集相关资料 (2) 能编制铣床改造的工艺文件	工作页或报告完成情况				0.7		
创新能力	(1) 在任务完成过程中能提出自己的具有一定见解的方案 (2) 在教学或生产管理上提出的建议具有创新性	(1) 方案的可行性及意义 (2) 建议的可行性				0.1		
指导教师综合评价	指导教师签名： 日期：							

活动二　X62W 型万能铣床 PLC 控制电路及程序的设计

活动描述

本活动将学习利用 PLC 对 X62W 型万能铣床进行控制改造，在分析机床技术资料的基础上，首先明确设备控制要求，提出 PLC 的控制方案，设计 PLC 控制电路并编制出程序，用 PLC 的“软接线”来对铣床电路进行控制.

学习目标

◇ 能确定 X62W 型万能铣床的 PLC 控制方案，设计并绘制电路原理图.

◇ 能编制 X62W 型万能铣床的 PLC 控制程序.

学习地点

PLC 实训室(配备多媒体教学设备).

学习准备

X62W 型万能铣床(或模拟设备)及相关说明书、PLC 参考书、三菱 FX_{2N}-48MR(或 FX_{3U}-48MR)PLC 控制板、常用电工工量具一套、低压电器、导线、计算机等.

知识准备

继电器控制系统改用PLC控制的设计方法如下：

1. 明确继电器控制系统的控制原理及动作

对电路进行改造前，首先必须全面、清楚地了解继电器控制系统的控制要求和范围，明确电路所要完成的动作（动作时顺、动作条件、相关的保护和联锁等）及应具备的操作方式（手动、自动、连续、单周期，单步等）；弄清电路中的指令器件（如按钮、行程开关等）与执行器件（如继电器、接触器等）的作用及数量．对于大型复杂的继电器控制系统，需要考虑将系统分解为几个独立的部分，各部分分别用单独的可编程控制器来控制，并考虑它们之间的通信方式．

2. 选择硬件

（1）根据系统控制要求，确定所需的用户输入设备（按钮、操作开关、限位开关、传感器等）、输出设备（继电器、接触器、信号灯等执行元件）以及由输出设备驱动的控制对象（电动机、电磁阀等）．根据改造的具体情况确定是继续使用原系统还是重新添置新设备．

（2）选择PLC．

PLC的选择包括机型的选择、容量的选择、I/O模块的选择、电源模块的选择等．

选择的依据是输入/输出形式与点数、控制方式与速度、控制精度与分辨率、用户程序容量．通过分析控制对象与PLC之间的信号关系、信号性质，根据控制要求的复杂程度，估算PLC的I/O点数及用户存储器容量．

3. 绘制接线图

根据输入/输出信号，编制对应的PLC输入/输出（I/O）地址分配表，并根据I/O地址分配表画出PLC的外部硬件接线图．

4. 设计PLC控制程序

控制程序是控制整个系统工作的软件，是保证系统工作正常、安全、可靠的关键，因此，控制程序的设计必须经过反复测试、修改，直到满足要求为止．

5. 现场施工

在进行控制程序设计的同时，可进行硬件配备工作，主要包括强电设备的安装、控制柜（台）的设计与制作、可编程控制器的安装、输入/输出的连接等．

6. 试运行、验收、交付

（1）试运行．

安装完毕，输入PLC控制程序，进行不带负载的试运行，运行正常之后，进行带负载调试．

（2）验收与支付．

试运行结束由相关人员根据改造要求，对设备控制系统进行验收，主要从系统的安全性、可靠性以及是否完成设定的功能等方面进行验收，并填写相应表单．验收后交付操作人员使用．

7. 编制控制系统的技术文件

编制控制系统的技术文件包括系统改造设计说明书和设备使用说明书、电气图及电器元件明细表．

活动实施

一、分析 X62W 型万能铣床继电控制系统的工作原理

具体分析内容参见项目二任务四.

二、确定 X62W 型万能铣床 PLC 控制方案

1. PLC 控制方案

通过对生产工艺过程的分析和改造工艺要求，电气控制的方案选择 PLC 控制方式. 具体方案如下：

(1) 机床的控制信号，如启动、停止，工作台上下、前后、左右方向的限位，主轴制动，快速进给，冲动控制等信号都需要输入 PLC.

(2) 用 PLC 控制主轴电动机 M1 的单方向旋转，主轴的正反转仍由机械手柄操作，并设置过载和短路保护.

(3) 用 PLC 控制进给电动机 M3 的正反转.

(4) 用 PLC 控制冷却泵电动机 M2 的单向运转，用热继电器 KH2 作为过载及断相保护.

以上的输入和输出信号都属于开关量，故根据各输入和输出信号的数量和性质，选择合适的 PLC 型号和硬件. 本机床的电气改造采用 PLC 控制整个控制电路，具体选择三菱 FX_{2N}-48MR 型 PLC 作为本次改造的控制机型.

2. PLC 改造方案任务表

PLC 改造方案如表 3-6-4 所示.

表 3-6-4　PLC 改造方案任务表

序号	内容	改造方案	备注
1	主电路	保留	
2	工作台控制电路	PLC 控制	
3	主轴冲动电路	PLC 控制	
4	主轴制动电路	PLC 控制	
5	快速进给电路	PLC 控制	
6	冷却泵电路	PLC 控制	
7	指示照明电路	保留	
8	时间控制	PLC 控制	
9	导线	重新选择	
10	电气元器件	部分更换	

三、分配PLC控制系统输入/输出地址

PLC控制系统输入/输出地址如表3-6-5所示.

表3-6-5　　PLC控制系统输入/输出地址

输入		输出	
功能	地址	功能	地址
主轴电动机停止及制动按钮SB1、SB2	X000	控制M1(主轴电动机)KM1	Y000
主轴电动机启动按钮SB5	X001	控制M2(冷却泵电动机),KM2	Y001
主轴冲动位置开关SQ6	X002	M3正转(进给电动机),KM3	Y002
快速进给按钮SB3、SB4	X003	M3反转(进给电动机),KM4	Y003
冷却泵开关SA3	X004	快速进给控制,KA1	Y004
进给冲动SQ5	X005	正常进给,YC1	Y010
工作台后上和前下控制SQ3-2、SQ4-2串接	X006	快速进给,YC2	Y011
工作台左右控制SQ1-2、SQ2-2串接	X007	主轴制动,YC3	Y012
工作台向右、后、上控制SQ1-1、SQ3-1	X010		
工作台向左、前、下控制SQ2-1、SQ4-1	X011		
圆工作台开关SA4	X012		
换刀开关SA2	X013		
M1过载保护KH1	X015		
M2过载保护KH2	X016		
M3过载保护KH3	X017		

四、设计和绘制电路原理图

1. 主电路

根据控制要求和PLC改造任务,保留原有的主电路,具体如图2-4-3主电路部分.

2. 控制电路

根据PLC的改造任务和输入/输出点数的分配,画出控制电路,如图3-6-1所示.按钮及行程开关接在PLC的输入端,控制程序动作;热继电器的常开触点作为输入信号接到输入端,一旦负载过载,通过PLC程序控制输出回路断开,起到过载保护作用.

输出回路采用原有电路中AC110V和DC24V电源供电,熔断器作为输出端的短路保护.

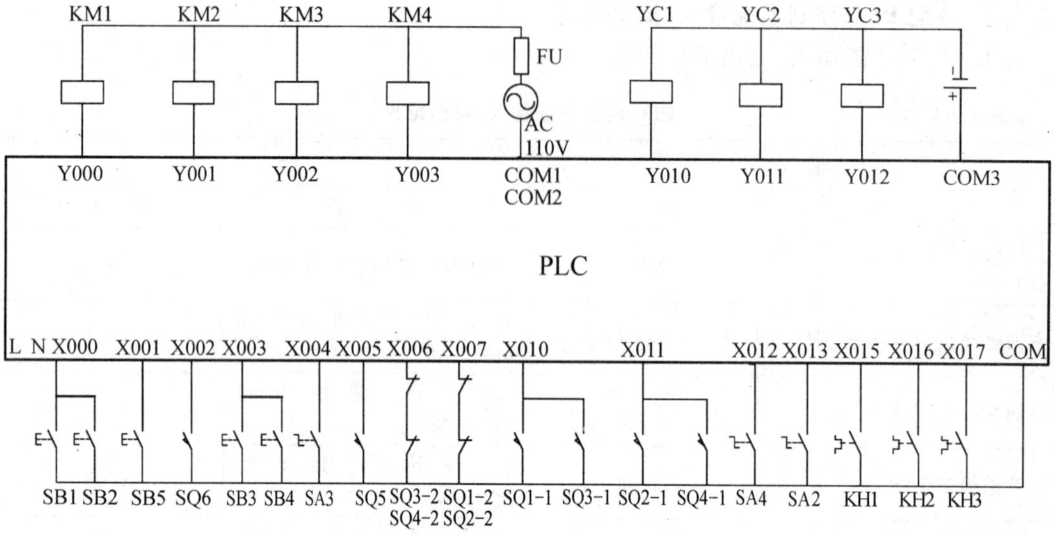

图 3-6-1 接线图

3. PLC 参考程序

PLC 参考程序如图 3-6-2 所示.

4. 程序分析

(1) 主轴电动机的启动:接通电源,按下启动按钮 SB5,X001 有信号,Y000 有输出,主轴电动机工作.

(2) 主轴电动机的停止:按下 SB1 或 SB2,X001 有信号,Y000 无输出,Y012 有输出,电动机制动停止.

(3) 主轴变速冲动控制:压下 SQ6,X002 有信号,Y000 有输出,主轴电动机开始变速冲动.

(4) 圆形工作台的控制:SA4 放置在圆工作台位置,X012 有信号,M11 输出为 1,接通 Y002 使进给电动机正转.在圆工作台转动时,其余进给一律不准运动,若拨动了进给手柄中的任意一个,则电动机停止工作.

(5) 工作台左右进给运动:SA4 放置在进给位置,X012 无信号;当 X006 有信号时,压下 SQ1,X010 有信号,Y002 有输出,实现工作台右进给.压下 SQ2,X011 有信号,M10 接通,Y003 有输出,实现工作台左进给.

(6) 工作台上下和前后进给运动:当 X007 有信号时,压下 SQ3,X010 有信号,M10 接通,Y002 有输出,M3 正转,实现工作台向后或向上运动;压下 SQ4,X011 有信号,Y003 有输出,M3 反转,实现工作台向前或向下运动.

(7) 工作台进给变速冲动:当压下 SQ5,X005 有信号,Y002 接通,实现工作台进给变速冲动.

(8) 工作台快速进给:按下 SB3 或 SB4 时,X003 有信号,接通 Y011,带动工作台快速进给.

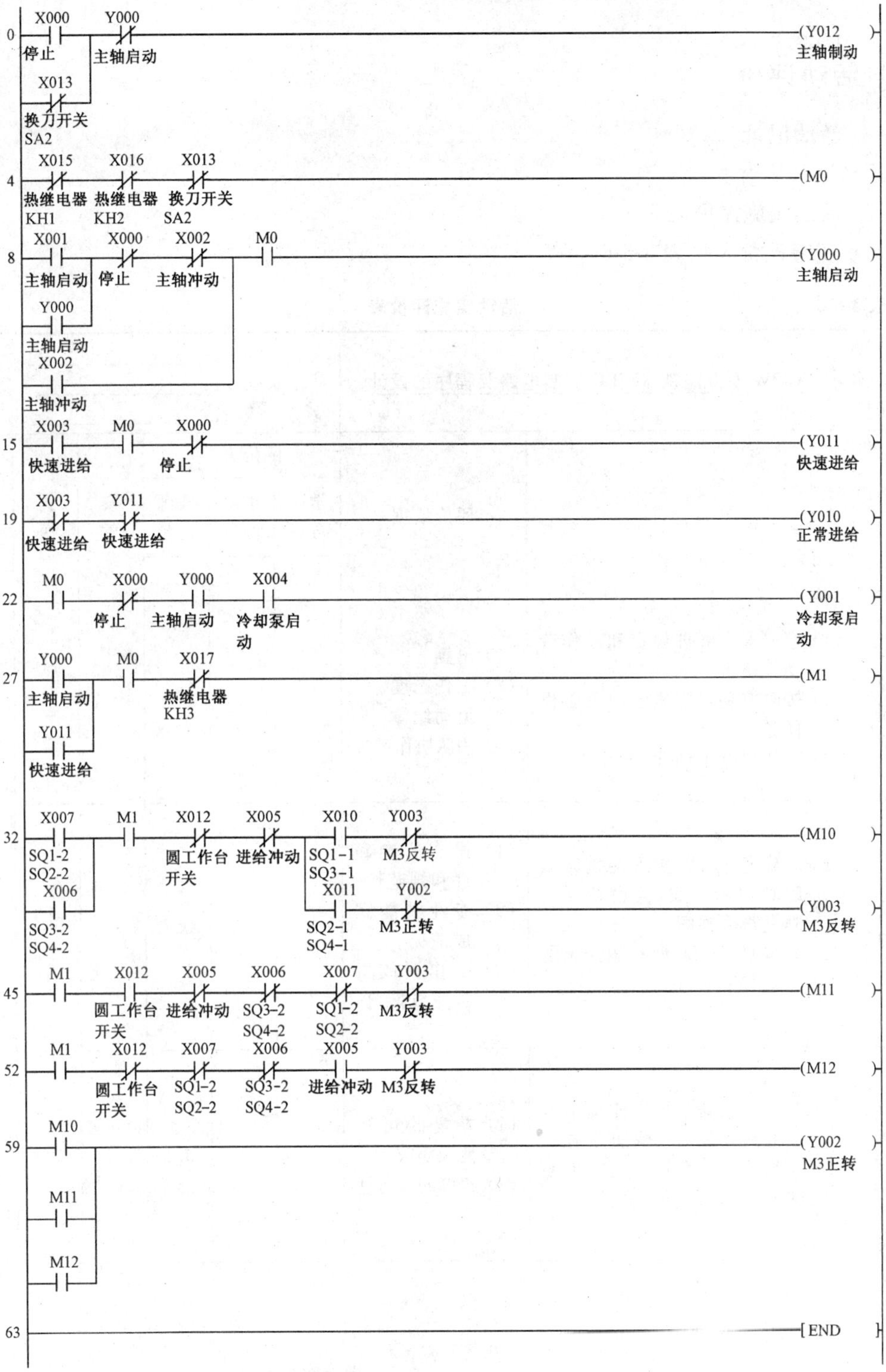

X000
Y000
0
停止
主轴启动
(Y012
主轴制动
X013
换刀开关
SA2
X015
X016
X013
4
热继电器
KH1
热继电器
KH2
换刀开关
SA2
(M0
X001
X000
X002
M0
8
主轴启动
停止
主轴冲动
(Y000
主轴启动
Y000
主轴启动
X002
主轴冲动
X003
M0
X000
15
快速进给
停止
(Y011
快速进给
X003
Y011
19
快速进给
快速进给
(Y010
正常进给
M0
X000
Y000
X004
22
停止
主轴启动
冷却泵启动
(Y001
冷却泵启动
Y000
M0
X017
27
主轴启动
热继电器
KH3
(M1
Y011
快速进给
X007
M1
X012
X005
X010
Y003
32
SQ1-2
SQ2-2
圆工作台开关
进给冲动
SQ1-1
SQ3-1
M3反转
(M10
X006
SQ3-2
SQ4-2
X011
Y002
SQ2-1
SQ4-1
M3正转
(Y003
M3反转
M1
X012
X005
X006
X007
Y003
45
圆工作台开关
进给冲动
SQ3-2
SQ4-2
SQ1-2
SQ2-2
M3反转
(M11
M1
X012
X007
X006
X005
Y003
52
圆工作台开关
SQ1-2
SQ2-2
SQ3-2
SQ4-2
进给冲动
M3反转
(M12
M10
59
(Y002
M3正转
M11
M12
63
[END

图 3-6-2　控制程序

活动评价

一、活动记录

活动记录见附表 1.

二、活动实施评价表

活动实施评价表见表 3-6-6.

表 3-6-6　　活动实施评价表

<table>
<tr><td colspan="3">活动名称：X62W 型万能铣床 PLC 控制电路及程序的设计</td><td colspan="6">班级：
小组：
姓名：</td></tr>
<tr><td rowspan="3">评价项目</td><td rowspan="3">评价标准</td><td rowspan="3">评价依据</td><td colspan="3">评价方式</td><td rowspan="3">权重</td><td rowspan="3">得分</td><td rowspan="3">总分</td></tr>
<tr><td>学生自评</td><td>小组评价</td><td>教师评价</td></tr>
<tr><td>0.2</td><td>0.3</td><td>0.5</td></tr>
<tr><td>职业素质</td><td>(1) 遵守安全管理规定和工作劳动纪律
(2) 按时按要求完成学习及工作任务
(3) 工作积极主动、勤学好问</td><td>(1) 出勤
(2) 工作态度
(3) 劳动纪律
(4) 团队协作精神</td><td></td><td></td><td></td><td>0.2</td><td></td><td></td></tr>
<tr><td>专业能力</td><td>(1) 能确定 X62W 型万能铣床的 PLC 控制方案，会设计并绘制电路原理图
(2) 能编制 X62W 型万能铣床的 PLC 控制程序</td><td>(1) 操作的准确性和规范性
(2) 专业技能完成情况
(3) 工作页或报告完成情况</td><td></td><td></td><td></td><td>0.7</td><td></td><td></td></tr>
<tr><td>创新能力</td><td>(1) 在任务完成过程中能提出自己的具有一定见解的方案
(2) 在教学或生产管理上提出的建议具有创新性</td><td>(1) 方案的可行性及意义
(2) 建议的可行性</td><td></td><td></td><td></td><td>0.1</td><td></td><td></td></tr>
<tr><td>指导教师综合评价</td><td colspan="8">

指导教师签名：　　　　日期：</td></tr>
</table>

活动三 X62W型万能铣床PLC改造电路的安装与调试

活动描述

本活动根据改造电路的要求，完成电路的安装与接线，并进行程序的调试，使PLC改造电路达到机床的动作要求.

学习目标

◇ 根据PLC输入/输出接线图和控制电路，会绘制电气系统线路接线图，完成X62W型万能铣床的控制电路的连接.

◇ 能完成PLC电气控制系统的调试.

◇ 能采用分组合作的方式，完成系统电路的安装与调试.

学习地点

PLC实训室（配备多媒体教学设备）.

学习准备

X62W型万能铣床（或模拟设备）及相关说明书、PLC参考书、三菱FX_{2N}-48MR（或FX_{3U}-48MR）PLC控制板、常用电工工量具一套、低压电器、导线、计算机等.

知识准备

一、电路安装与连接

（一）PLC控制系统的布线与接线基本知识

1. 控制柜与现场设备间的接线

（1）电源线、动力线和信号线（包括直流信号线、交流信号线和模拟量信号线）都分开布线，分别用电缆敷设.

（2）各种电缆在与控制柜和现场设备连接处最好使用接插件.

（3）电缆的屏蔽要良好，如在电缆两端的接线处，屏蔽层应尽量多地覆盖电缆芯线，电缆屏蔽层应单端接地，控制柜的外壳也应妥善接地等.

（4）电缆应分类编号，要求排放整齐、美观.

2. 控制柜内部的接线

主要指PLC的电源、接地、输入、输出、通信等接线端子到各输出端子板或柜内其他电器元件之间的连接.要求各种类型的电源线、控制线、信号线、输入线、输出线都应分开布线，最好采用线槽走线；信号线与电源线应尽量不要平行敷设；所有导线要分类编号，排列整齐；PLC的所有接线端子最好采用标准接插件统一连接到端子板上，以便于检修；不同的接线端子,其接线应遵循各自的接线特点.

(1) 电源接线.

一般 PLC 可编程控制器的输入端和输出端不采用同一种电源.在可能的情况下,对可编程控制器系统的输入装置、输出负载、CPU 和扩展 I/O 单元可采用单独的电源供电.但在电源干扰特别严重或对可靠性要求很高的场合,可以安装带屏蔽层的独立隔离变压器,PLC 的基本单元和扩展单元必须共用一个电源开关,以便两者同时上电和同时断电,PLC 最好采用稳压电源供电,且电源种类及 I/O 电压等级要与产品说明书中相符.

在 PLC 的面板上有三个对应的电源接线端子和一个零线接线端子.实际接线时只能选择其中的一种电源接入对应的电源端子.为了安全起见,交流电源一般需经刀开关、熔断器后再送入 PLC.

(2) 地线接线.

PLC 的接地最好采用专用接地,也可与其他设备公共接地,但禁止与其他设备串联接地,接地线应尽可能短,长度不要超过 20m,截面积应大于 $2mm^2$.

(3) 输入端接线.

输入端尽可能采用常开触点进行信号输入,这样使 PLC 程序中的接点状况(常开或常闭)与继电接触器控制电路图中的一致.若有些信号只能用常闭触点输入,应注意将程序中相应元件的接点做相应修改.

若使用接近开关、光电开关作输入信号源,由于这类传感器的漏电流较大,可能出现错误的输入信号,可在输入端并联旁路电阻,以减少输入电阻.

(4) 输出端接线.

输出端接线是由输出负载与电源串联接在 PLC 的输出端和与其对应的 COM 上,PLC 的输出设备通常为继电器、接触器、电动机、电磁阀及信号灯等.依靠输出设备执行 PLC 输出的控制信号源.当 PLC 的输出继电器闭合时,面板上的输出指示灯亮,相应的输出回路接通;反之,面板上的输出指示灯灭,相应的输出回路断开.电源的类型和电压等级由 PLC 的输出方式和负载共同决定.PLC 常用的输出方式有继电器输出、晶体管输出、可控硅输出.继电器输出方式要求负载电源一般为交流 220V 或直流 24V;晶体管输出方式要求负载电源一般为直流 5～24V;可控硅输出方式要求负载电源一般为交流 100～120V 或直流 200～240V.

3. 安装布线要求

(1) PLC 的安装合理,电源电压的选用与 PLC 的机型相匹配.

(2) 电源线及输入线、输出线、接地线的连接应正确;接线端子的螺钉应紧固;压接端子接触良好;导线与端子接触可靠;端子板连接器的装配不应有松动;系统中各单元的装配应正确和牢固等.

(3) 各装置间的 I/O 连接电缆应连接正确并锁紧,各单元间的连接电缆应连接正确并锁紧.

(二) 电路保护措施和安全注意事项

(1) 为了防止负载短路损坏输出单元,可在 PLC 输出线路上安装熔断器,有条件的情况下在每个回路中都装上熔断器.熔断器的规格应根据输出电流值加以选择.

(2) 对电动机正反转控制等需要互锁控制的场合,除了在PLC程序设计接点互锁外,外部器件的接线也必须采取电气互锁措施,以确保电气系统的安全运行.

(3) 针对供电不稳定和紧急停止的需要,PLC外部负载还应具有失电压保护、过电流保护、过电压保护和紧急制动等措施,以确保系统可靠运行.

(4) 在安装、装配和拆卸PLC各单元(如电源单元、I/O单元、CPU单元等)前,在连接系统电缆或导线前,在连接或断开连接器前,都必须关断加在PLC上的电源.

(5) 在PLC通电状态下,不能拆卸任何单元、不能触及任一端子或端子板,防止电击.

(6) 不要在PLC通电时或断电后立即触及电源,防止电击.

(7) 固定PLC的螺钉不宜拧得太紧或太松.太紧会造成PLC的安装孔涨裂或滑丝,太松则PLC工作时会产生振动或噪音.

(三) 低压电器部分接线

1. 低压电器的安装要求

(1) 设备铭牌、型号、规格应与被控制线路或设计相符.

(2) 外壳、漆层、手柄应无损伤或变形.

(3) 内部仪表、灭弧罩、瓷件、胶木电器应无裂纹或伤痕.

(4) 附件应齐全、完好.

2. 低压电器的固定要求

(1) 低压电器根据其不同的结构,可采用支架、金属板、绝缘板固定,金属板、绝缘板应平整;当采用卡轨支撑安装时,卡轨应与低压电器匹配,并用固定夹或固定螺栓与壁板紧密固定.

(2) 紧固件螺栓规格应选配适当,电器的固定应牢固、平稳.

(3) 有防震要求的电器应增加减震装置,其紧固螺栓应采取防松措施.

(4) 固定低压电器时,不得使电器内部受额外应力.

3. 电器的外部接线要求

(1) 接线应按接线端头标志进行.

(2) 接线应排列整齐、清晰、美观,导线绝缘应良好、无损伤.

(3) 电源侧进线应接在进线端,即固定触头接线端;负荷侧出线应接在出线端,即可动触头接线端.

(4) 电器的接线应采用铜质或有电镀金属防锈层的螺栓和螺钉,连接时应拧紧,且应有防松装置.

(5) 外部接线不得使电器内部受到额外应力.

(四) 电动机部分接线

(1) 电动机接线前应对交流电动机定子线圈测量绝缘电阻值,低压电动机用500V摇表,其绝缘值不应低于0.5MΩ,如不符合要求,则根据实际情况对其进行干燥处理.

(2) 与低压电动机相连接的电缆芯线应采用规格相符的接线耳,与电动机引出线用螺栓连接.

(3) 电缆进入电动机接线盒处应留有防水弯.

(4) 所有电动机均应可靠接地,且共用一个接地系统,接地电阻不大于4Ω.

二、PLC控制系统的调试方法与步骤

1. 程序调试

程序调试有两种方法：

(1) 模拟方法. 按设计做一块调试板，以钮子开关模拟输入节点，以小型继电器模拟生产工艺设备的继电器与接触器，其辅助触点模拟设备运行时的返回信号节点. 其优点是具有模拟的真实性，可以反映出开关速度差异很大的现场机械触点和PLC内的电子触点相互连接时是否会发生逻辑误动作；其缺点是需要增加调试费用和部分调试工作量.

(2) 强置方法. 利用PLC强置功能，对程序中涉及现场的机械触点(开关)，以强置的方法使其"通"、"断"，迫使程序运行. 其优点是调试工作量小、简便，不需另外增加费用；缺点是逻辑验证不全面，人工强置模拟现场节点"通"、"断"，会造成程序运行不能连续，只能分段进行.

根据现场调试的经验，对部分重要的现场节点采取模拟方式，其余的采用强置方式，取二者之长互补.

2. 硬件部分的模拟调试

主要是对控制柜或操作台的接线进行测试. 可在操作台的接线端子上模拟PLC外部的开关量输入信号，或操作按钮的指令开关，观察对应PLC输入点的状态. 用编程软件将输出点强制为ON/OFF，观察对应的控制柜内PLC负载(指示灯、接触器等)的动作是否正常，或对应的接线端子上的输出信号的状态变化是否正确.

3. 联机调试

联机调试时，把编制好的程序下载到现场的PLC中. 调试时，主电路一定要断电，只对控制电路进行联机调试. 通过现场的联机调试，还会发现新的问题，或对某些控制功能进行改进.

4. 现场调试

现场调试，是指在工业现场，所有设备都安装好、所有连接线都接好后的实际调试，也是PLC程序的最后调试.

现场调试的目的是，调试通过后，可交给用户使用或试运行.

具体过程大体如下：

(1) 仔细检查接线、核对地址. 要逐点进行，要确保正确无误. 加上信号后，看电气控制系统的动作情况是否符合设计的目的.

(2) 检查与测试指示灯. 控制面板上如有指示灯，应先对指示灯的显示进行检查. 一方面，查看灯坏了没有；另一方面检查逻辑关系是否正确. 指示灯是反映系统工作的一面镜子，先调好它，将对进一步调试提供方便.

(3) 检查手动动作及手动控制逻辑关系. 完成了以上调试，继而可进行手动动作及手动控制逻辑关系调试. 要查看各个手动控制的输出点，是否有相应的输出以及与输出对应的动作，然后再看各个手动控制是否能够实现，如有问题立即解决.

(4) 自动工作. 手动调试无误后，可进一步调试自动工作. 要多观察几个工作循环，以确保系统能正确无误地连续工作.

(5) 异常条件检查. 完成上述所有调试后，再进行一些异常条件检查，看看出现异常情况时，是否会停机保护或报警提示，如出现过载，系统是否做出反应.

活动实施

一、绘制主电路和 PLC 的输入/输出接线图

在图 3-6-3 和图 3-6-4 框中分别绘制主电路和 PLC 的输入/输出接线图.

图 3-6-3　主电路

图 3-6-4　PLC 的输入/输出接线图

二、绘制电气控制元器件布局图

在图 3-6-5 框中绘制电气控制元器件布局图.

图 3-6-5　电气控制元器件布局图

三、按图检查和安装电器元件

1. 对原有电路的所有元件进行检查

确认转换开关、按钮、接触器、限位开关等完好.具体要求如下：

(1) 外壳有无裂纹,各接线桩螺栓有无生锈,零部件是否齐全.

(2) 电器元件的电磁机构动作是否灵活,有无衔铁卡阻等不正常现象.用万用表检查电磁线圈的通断情况.

(3) 检查电器元件触头有无熔焊、变形、严重氧化锈蚀现象,触点开距、超程是否符合要求.核对各电器元件的电压等级、电流容量、触头数目及开闭状况等.

2. 按图安装电器元件

首先将电气元件排列整齐，然后标注电器元件位置，最后进行固定. 固定时，应对角安装螺丝，防止电器元件的外壳压裂损坏.

四、连接 PLC 电气控制线路

按电路图进行板前线槽配线，并在导线端部套编码套管和冷压接线头.

五、程序的仿真调试

采用软件仿真调试，利用软件给出通断信号，检查程序是否符合要求，将测试结果填入表 3-6-7 中.

表 3-6-7　　程序仿真调试测试记录

程序控制部分	输出信号	连接元件	功能（调试结果）
主轴启动			
主轴制动			
工作台进给			
工作台快移			
冷却泵			

六、系统调试

1. 调试前的电路检查（记录检查内容及检查情况）

安装完毕的控制线路板，必须经过认真检查后，才能通电试车，以防止错接、漏接，造成不能实现控制功能或短路事故. 检查的内容有：

(1) 从电源端开始，按电气原理图或电气接线图逐段核对接线及接线端子处线号. 重点检查主回路有无漏接、错接及控制回路中容易接错之处. 检查导线压接是否牢固，接触是否良好，以免带负载运转时产生打弧现象.

(2) 用万用表检查线路的通断情况. 可先断开控制回路，用欧姆挡检查主回路有无短路现象. 然后断开主回路再检查控制回路有无开路或短路现象，检查自锁、联锁装置的动作及可靠性.

2. 输入信号回路的调试

将输入信号回路调试结果填入表 3-6-8 中.

表 3-6-8　　输入信号回路调试结果

序号	输入信号	连接元件	调试结果

3. **输出回路的调试**

将输出信号回路调试结果填入表 3-6-9 中.

表 3-6-9　　输出信号调试结果

序号	输出信号	连接元件	调试结果

4. **联机调试**

为保证人身安全，在通电试运转时，应认真执行安全操作规程的有关规定. 通电试运转的顺序如下：

(1) 空载试运转时，接通三相电源，合上电源开关，用验电笔检查熔断器出线端，氖管亮表示电源接通. 按动操作按钮，观察接触器动作情况是否正常、是否符合线路功能要求；观察电器元件动作是否灵活、有无卡阻及噪声过大等现象、有无异味. 检查负载接线端子三相电源是否正常. 经反复几次操作，均正常后方可进行带负载试运转.

(2) 带负载试运转时，把全部控制电路各个电器元件的线圈负载接上，将编程软件放置在运行状态，应先接上检查完好的电动机连线后，再接三相电源线. 检查接线无误后，再合闸送电. 按照设计的要求，进行调试，使各种电器元件的动作符合设计要求的功能.

按控制原理启动电动机，当电动机运行平稳时，用钳形电流表测量三相电流是否平衡. 通电试运行完毕，断开电源，使电动机停转. 然后，先拆除三相电源线，再拆除电动机线，完成通电试运转.

5. **记录改造后的铣床功能测试的结果**

将改造后的铣床功能测试结果填入表 3-6-10 中.

表 3-6-10　　改造后的铣床功能测试结果

序号	功　能	检查情况记录
1	启停功能	
2	保护功能	
3	工作台功能	
4	互锁功能	
5	主轴冲动	
6	工作台冲动	

续表

序号	功　能	检查情况记录
7	快移电磁铁	
8	制动电磁铁	
9	照明	
10	其他	

小提示

注意事项：

(1) 接线完成后，要在不接电动机的前提下试车，确认无误后方可连接电动机.

(2) 通电调试的整个过程中，要有专人在现场监护.

(3) 如果出现故障，应独立检查并排除故障，直至系统能够正常工作.

6. 调试中出现的问题及处理方法

(1) 判别是软件问题还是硬件问题.

① 根据 PLC 输入信号的有无判别：PLC 外部回路输入元件是否有故障或损坏、接线是否正确、PLC 输入点是否有损坏.

② 根据 PLC 输出信号的有无判别：程序是否正确、输出点是否有损坏、外部回路是否有故障、输出执行元件是否正常.

(2) 填写问题处理表格.

将所发现的问题及解决方法填入表 3-6-11 中.

表 3-6-11　　问题处理

序号	现　象	解决方法	备注

7. 完善 PLC 程序

根据调试结果，完善编制的程序.

评价与巩固

一、活动记录

活动记录见附表 1.

二、活动实施评价表

活动实施评价表见表 3-6-12.

表 3-6-12　　　　活动实施评价表

<table>
<tr><td colspan="3">活动名称：X62W 型万能铣床 PLC 改造电路的安装与调试</td><td colspan="6">班级：
小组：
姓名：</td></tr>
<tr><td rowspan="3">评价项目</td><td rowspan="3">评价标准</td><td rowspan="3">评价依据</td><td colspan="3">评价方式</td><td rowspan="3">权重</td><td rowspan="3">得分</td><td rowspan="3">总分</td></tr>
<tr><td>学生自评</td><td>小组评价</td><td>教师评价</td></tr>
<tr><td>0.2</td><td>0.3</td><td>0.5</td></tr>
<tr><td>职业素质</td><td>(1) 遵守安全管理规定和工作劳动纪律
(2) 按时按要求完成学习及工作任务
(3) 工作积极主动、勤学好问
(4) 能团结协作完成工作任务</td><td>(1) 出勤
(2) 工作态度
(3) 劳动纪律
(4) 团队协作精神</td><td></td><td></td><td>0.2</td><td></td><td></td><td></td></tr>
<tr><td>专业能力</td><td>(1) 能根据要求，设计主电路图，列出 PLC 控制 I/O 口元件地址分配表
(2) 根据梯形图，能正确地将所编写程序输入 PLC
(3) 能正确安装电气控制系统，并按照改造要求及设备的动作进行模拟调试、带负载调试</td><td>(1) 操作的准确性和规范性
(2) 专业技能完成情况
(3) 工作页或报告完成情况</td><td></td><td></td><td>0.7</td><td></td><td></td><td></td></tr>
<tr><td>创新能力</td><td>(1) 在任务完成过程中能提出自己的具有一定见解的方案
(2) 在教学或生产管理上提出的建议具有创新性</td><td>(1) 方案的可行性及意义
(2) 建议的可行性</td><td></td><td></td><td>0.1</td><td></td><td></td><td></td></tr>
<tr><td>指导教师综合评价</td><td colspan="8">

指导教师签名：　　　　　　日期：</td></tr>
</table>

知识拓展

利用 PLC 对 X62W 型万能铣床进行电气化改造的主要过程完成后，需要对改造过程进行技术总结，将技能训练的成果上升到理论，整理出相关的技术资料，用于今后的实践.

一、电气技术资料的整理要求

电气技术资料的整理必须做到及时、真实、准确、完整.

(1) 及时. 及时性是做好工程技术保证资料的前提. 电气工程技术保证资料是对电气项

目技术质量情况的真实反映，也是企业质量管理的重要保证措施之一．因此要求资料必须按照机床电气改造的进度及时整理．

（2）真实．真实性是优质电气工程技术保证资料的灵魂．资料的整理应该实事求是，客观准确．

（3）准确．准确性是做好电气工程技术保证资料的核心．

（4）完整．完整性是做好电气工程技术保证资料的基础．不完整的资料将会导致片面性，不能系统、全面地了解电气工程的质量状况．

总之，工程技术保证资料必须基本齐全，除做到及时（前提）、真实（灵魂）、准确（核心）、完整（基础）以外，还要符合竣工图样、资料的整理和编制要求：

（1）资料要签字齐全，字迹清晰，纸质优良，保持整洁．

（2）分类分项明确，封面、目录、清单资料齐全，排列有序，逐页编码．

（3）图面必须达到八成新以上，无油污、无磨损，图字清晰．

（4）整理资料时，必须按电气改造前、后和图号整理归类，折叠成要求的幅面，露出标题栏，以方便查阅．

（5）文字材料以 A4 纸为准，左边留出 2.5cm 宽的装订线．

二、技术总结的撰写要求

（1）内容正确，具有一定的科学性、先进性和推广应用价值．

（2）结构严谨合理、层次清楚，文字（含图样等）表述准确通顺．

（3）文章内容应做到主题明确，逻辑清晰，理论联系实际．

（4）内容充实不空洞，论点正确，论据充分有效．

三、技术总结和技术资料的主要内容

1．对改造过程中的问题进行技术总结

根据改造 X62W 型万能铣床的过程和运行效果，写出技术总结．具体包括：

（1）撰写项目工作的意义、项目分解成任务及各任务完成情况的评估．例如：

① 内容提要．

② 项目概况．

③ 用 PLC 改造机床电气部分所在领域的现状．

④ 用 PLC 改造 X62W 型万能铣床电气控制的意义与可行性分析．

⑤ 用 PLC 改造 X62W 型万能铣床电气控制解决的主要问题．

⑥ 用 PLC 改造 X62W 型万能铣床电气控制的效果．

（2）在实施各任务时的心得体会以及对项目工作改进的建议等，如对机床改造的设想和前景展望．

（3）结束语．

（4）参考文献．

2．相关资料的整理

将电路图、接线图、元件布置图、PLC 程序、机床元器件表以及设备使用注意事项、技术总结等装订成册．

项目四　物料分拣生产线的PLC控制系统的设计、安装与调试

项目学习目标

● 能说出 PLC 控制系统设计的基本内容和步骤.

● 熟悉电气、机械、气动装置的基本知识;掌握电气、机械、气动装置安装工艺,会正确安装与调试物料分拣生产线的 PLC 控制系统.

● 熟悉触摸屏的基本知识;掌握触摸屏与 PLC 的连接,PLC 控制系统的安装、调试方法和步骤;会使用触摸屏实现物料传送分拣的监控.

● 会设置变频器的参数,实现传送带的调速控制.

任务一　机械手的控制

任务描述

机械手是近几十年发展起来的一种高科技自动生产设备,其最大优势可以重复、准确地做同一动作,因此在加工制造业中得到越来越广泛的应用. 如图 4-1-1 所示是焊接机械手工作场景.

图 4-1-1　焊接机械手工作场景

本任务将学习气动机械手的结构与工作原理，完成气动机械手气动控制回路的安装及电气控制系统的设计与调试.

活动一　机械手的认识

活动描述

物料分拣生产线中气动机械手搬运动作主要由悬臂气缸、手臂气缸、气爪气缸和旋转气缸四个气缸完成，其中气爪采用单控电磁阀控制，其余气缸采用双控电磁阀控制. 本活动要求在认识机械手的基础上，完成气动机械手气动控制回路的设计、连接与调试.

学习目标

◇ 能说出机械手的分类与结构、用途.

◇ 能识读气动回路图，并正确连接机械手的气动控制回路.

◇ 会调节机械手的运动速度.

学习地点

PLC 实训室(配备多媒体教学设备).

学习准备

PLC、气动、传感器参考书，三菱 FX_{2N}-48MR(或 FX_{3U}-48MR)PLC 控制板，常用电工工量具一套，导线，计算机等.

知识准备

一、机械手的分类与结构、用途

机械手的种类，按驱动方式可分为液压式机械手、气动式机械手、电动式机械手和机械式机械手；按适用范围可分为专用机械手和通用机械手；按运动轨迹控制方式可分为点位控制机械手和连续轨迹控制机械手等. 图 4-1-2 为气动式机械手结构示意图.

机械手通常用作机床或其他设备的附加装置，如在自动机床或自动生产线上用于装卸和传递工件，在加工中心中用于更换刀具，在自动焊接设备中用于焊接等，一般没有独立的控制装置. 有些操作装置需要由人直接操纵，如用于军事中由人工操作排除危险物品的主从式操作手，也常称为机械手. 机械手在锻造工业中的应用能进一步发展锻造设备的生产能力，改善热、累等劳动条件.

机械手一般由执行机构、驱动机构和控制系统三大部分组成.

机械手在工业制造领域主要应用于代替人完成大批量、高质量要求的工作，如汽车制造、舰船制造及某些家电产品(电视机、电冰箱、洗衣机)的制造等. 化工等行业自动化生产线中的点焊、弧焊、喷漆、切割，电子装配及物流系统的搬运、包装等工作，也有部分是由机器手完成的.

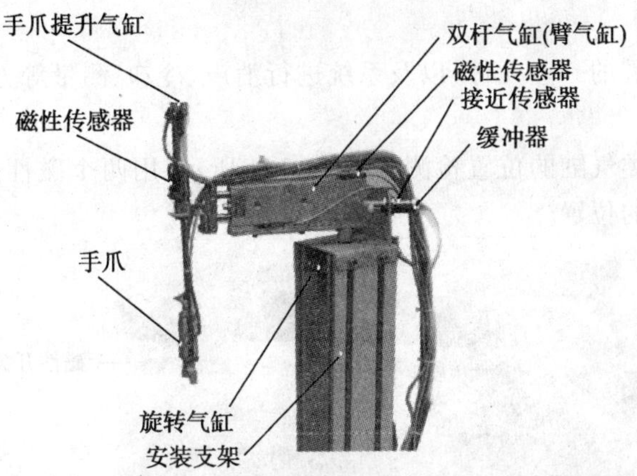

图 4-1-2　气动式机械手结构示意图

二、气动技术基本知识

气动(PNEUMATIC)是"气动技术"或"气压传动与控制"的简称.气动技术是以空气压缩机为动力源,以压缩空气为工作介质,进行能量传递或控制的工程技术.

一个完整的气动系统由能源部件、控制元件、执行元件和辅助装置四部分组成,如图 4-1-3 所示.

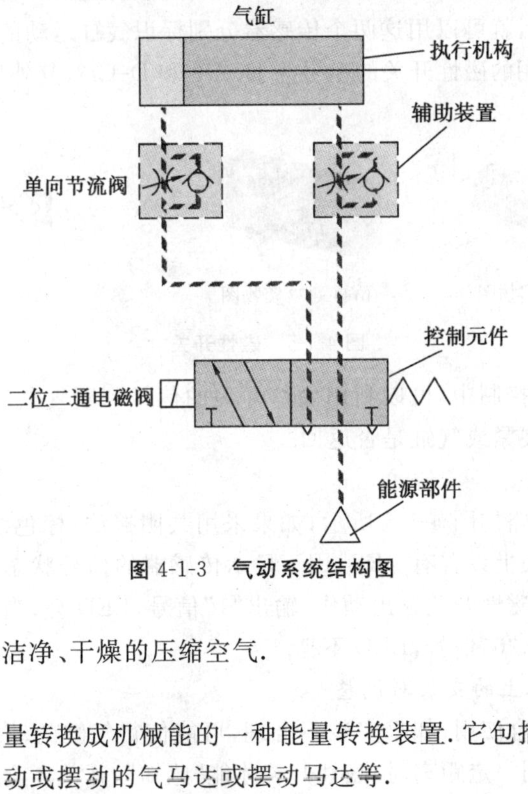

图 4-1-3　气动系统结构图

1. 气源装置

气源装置主要提供洁净、干燥的压缩空气.

2. 执行元件

是将气压产生的能量转换成机械能的一种能量转换装置.它包括实现直线往复运动的气缸和实现连续回转运动或摆动的气马达或摆动马达等.

3. 控制元件

用来调节和控制压缩空气的压力、流量和流动方向,使执行机构按要求的程序和性能工作.以控制方式而言,有纯气动控制和气动—电气控制之分.

4. 辅助元件

连接元件之间所需的一些元件，以及系统进行消声、冷却、测量等方面的一些元件.

三、磁性开关

磁性开关用于各类气缸的位置检测，如图 4-1-4 所示，用两个磁性开关来检测机械手上气缸伸出和缩回到位的位置.

图 4-1-4　磁性开关的应用实例

磁性开关是一种非接触式位置检测开关，这种非接触位置检测不会磨损和损伤检测对象物，响应速度高. 当有磁性物质接近磁性开关传感器时，传感器输出开关信号. 在实际应用中，可在被测物体（如在气缸的活塞或活塞杆）上安装磁性物质，在气缸缸筒外面的两端各安装一个磁感式接近开关，就可以用这两个传感器分别标识气缸运动的两个极限位置.

气动式机械手中所用的磁性开关的型号为 D-Z73 和 D-C73，其外形和图形符号如图 4-1-5 所示.

(a) D-Z73 实物图　(b) D-C73 实物图　(c) 电气图形符号

图 4-1-5　磁性开关

在气动式机械手的控制中，可以利用磁性开关的信号判断气缸的运动状态或所处的位置，以确定工件是否被夹紧或气缸是否返回.

1. 电气接线与检查

磁性开关的内部电路如图 4-1-6 所示，如果采用共阴接法，棕色线接 PLC 输入端，蓝色线接公共端. 在磁性开关上设置有 LED，用于显示传感器的信号状态，供调试与运行监视时观察. 当气缸活塞靠近，磁性开关输出动作，输出“1”信号，LED 亮；当没有气缸活塞靠近，磁性开关输出不动作，输出“0”信号，LED 不亮.

2. 磁性开关在气缸上的安装与调整

磁性开关与气缸配合使用，如果安装不合理，可能使得气缸的动作不正确. 当气缸活塞移向磁性开关，并接近到一定距离时，磁性开关才能“感知”，开关才会动作，通常把这个距离称为检出距离.

在气缸上安装磁性开关时，先把磁性开关装在气缸上，磁性开关的安装位置根据控制对象的要求调整，只要将磁性开关安装到合适位置后，用螺丝刀旋紧固定螺钉即可，如图 4-1-7 所示.

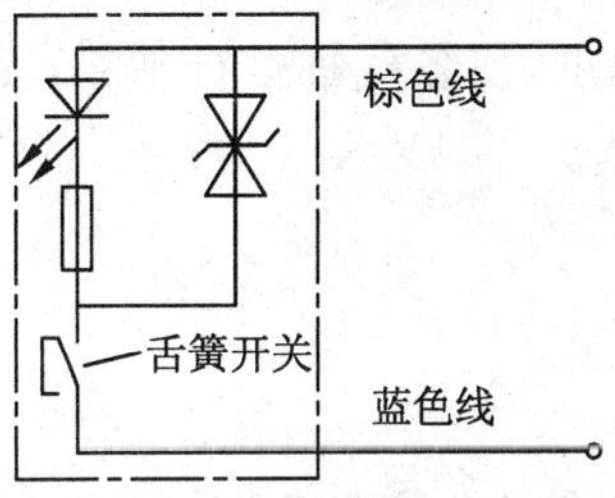

图 4-1-6　磁性开关内部电路

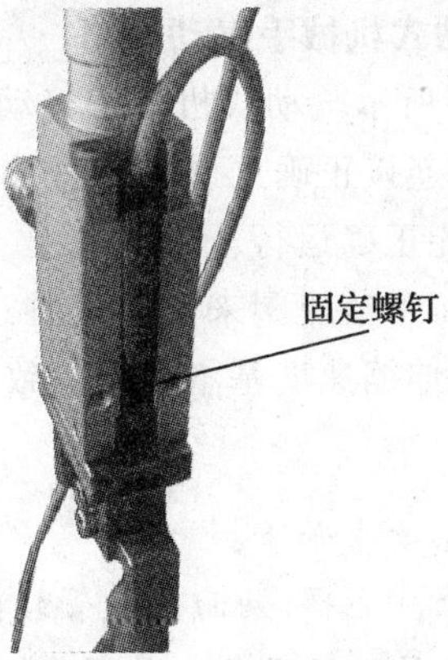

图 4-1-7　磁性开关的调整

活动实施

一、熟悉气动式机械手

(1) 参照气动式机械手实物，认识气动式机械手的各组成部分.

(2) 认识气动式机械手中气动执行机构的各部件（气缸、控制阀、气源组件、传感器），了解其作用.

二、掌握气动式机械手的气动控制回路工作原理

气动式机械手的旋转气缸、悬臂气缸、手臂气缸均用二位五通带手控开关的双控电磁阀控制，气爪用二位五通带手控开关的单控电磁阀控制. 气动控制回路的工作原理图如图 4-1-8 所示.

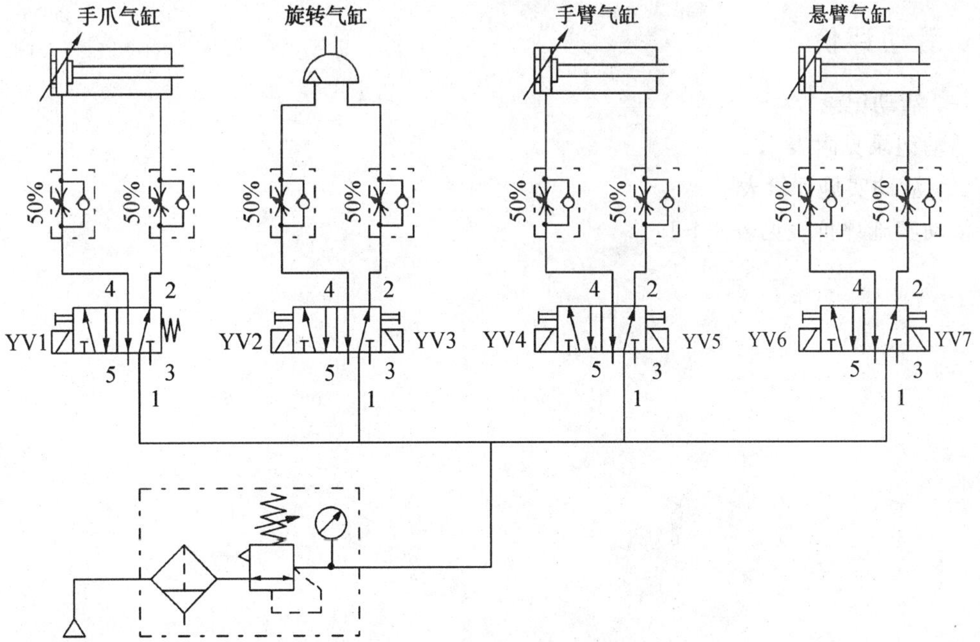

图 4-1-8　机械手气动控制回路

三、连接气动式机械手气动回路

根据图 4-1-8 所示气动式机械手气动回路图进行气路连接. 气路连接结束后,进行通气前检查,保证气路连接正确无误,通气检测时,通过电磁换向阀中的手动换向开关进行换向,确保所有气缸都能正确运行.

通过调节气压和节流阀来调节气缸运动的速度,使各气缸运行平稳,无振动和冲击,动作可靠,且活塞杆伸缩速度基本保持一致.

提示

连接气动回路要求如下:

(1) 气管切口应平整,切面与气管轴线垂直.

(2) 走线应尽量避开设备工作区域,防止对设备动作产生干扰.

(3) 各气缸与电磁换向阀连接气管的走线方向、方式应一致.

(4) 气管应利用塑料扎带进行捆扎,捆扎不宜过紧,防止造成气管受压变形.

四、对机械手进行运行调整

1. 气动控制回路运行与调整

(1) 检查无误后,接通气源,将气源工作压力调节至 600kPa,接通气动控制回路气源.

(2) 手动按下电磁阀上手动按钮,控制电磁阀手动工作,控制气缸运行.

(3) 调节气缸进气、出气口的节流阀,使各气缸的运动速度平稳.

2. 机械位置调整

(1) 检查各机械部件是否存在松动,若有,则应及时紧固各机械部件.

(2) 调整机械手缓冲器的位置,使其在机械手摆动至极限位置时能起缓冲作用,同时保证缓冲器应超出电感式传感器 1mm 左右距离.

活动评价

一、活动记录

活动记录见附表 1.

二、活动实施评价表

活动实施评价表见表 4-1-1.

表 4-1-1　　　　　　　　　　　**活动实施评价表**

活动名称:机械手的认识			班级:______ 小组:______ 姓名:______					
评价项目	评价标准	评价依据	评价方式			权重	得分	总分
			学生自评	小组评价	教师评价			
			0.2	0.3	0.5			
职业素质	(1) 遵守安全管理规定和工作劳动纪律 (2) 按时按要求完成学习及工作任务 (3) 工作积极主动、勤学好问 (4) 工作岗位 6S 完成情况良好	(1) 出勤 (2) 工作态度 (3) 劳动纪律 (4) 团队协作精神			0.2			
专业能力	(1) 会设计气动式机械手气动回路 (2) 能安装气动式机械手气动部件 (3) 能连接并调试气动式机械手气动回路	(1) 操作的准确性和规范性 (2) 专业技能完成情况 (3) 工作页或报告完成情况			0.7			
创新能力	(1) 在任务完成过程中能提出自己的有一定见解的方案 (2) 在教学或生产管理上提出的建议具有创新性	(1) 方案的可行性及意义 (2) 建议的可行性			0.1			
指导教师综合评价	指导教师签名:　　　　日期:							

活动二　机械手控制系统的设计与调试

活动描述

本活动要求能根据气动式机械手的工作任务，完成机械手电气控制线路的设计与安装，编写 PLC 控制程序，实现按下“复位”按钮后，机械手各执行机构进行复位操作，回到初始位置；按下“开始”按钮，设备按工作流程开始运行；按下“停止”按钮，机械手在完成当前搬运任务回到原位后停止.

学习目标

◇ 熟悉机械手的控制系统设计的基本内容和步骤.

◇ 熟悉电气、机械、气动装置的安装工艺.

◇ 能编制与调试机械手控制程序.

学习地点

PLC 实训室(配备多媒体教学设备).

学习准备

PLC、气动、传感器参考书,三菱 FX_{2N}-48MR(或 FX_{3U}-48MR)PLC 控制板,常用电工工量具一套,导线,计算机等.

知识准备

一、PLC 控制系统设计的步骤

PLC 控制系统设计可以按以下步骤进行:

1. 制定控制方案

熟悉被控对象,分析被控对象的工艺过程及工作特点,了解被控对象机、电、液之间的配合,确定被控对象对 PLC 控制系统的控制要求,制定控制方案.

2. 确定 PLC 的 I/O 点数

根据系统的控制要求,确定用户所需的输入(如按钮、行程开关、选择开关等)和输出设备(如接触器、电磁阀、信号指示灯等),由此确定 PLC 的 I/O 点数.

3. 选择 PLC

选择时主要包括 PLC 机型、容量、I/O 模块、电源的选择.

4. 确定控制按钮

根据生产设备现场需要,确定控制按钮,选择开关、接触器、电磁阀、信号指示灯等各种输入/输出设备的型号、规格、数量;根据所选的 PLC 的型号列出输入/输出设备与 PLC 输入/输出端子的对照表,以便绘制 PLC 外部 I/O 接线图和编制程序.

5. 进行 PLC 程序设计

程序与硬件设计可同时进行,根据设备工艺要求编写 PLC 控制程序.

6. 联机调试

联机调试是指将模拟调试通过的程序进行在线统调. 开始时,先不带上输出设备(接触器线圈、信号指示灯等负载)进行调试. 利用编程器的监控功能,采用分段调试的方法进行. 各部分都调试正常后,再带上实际负载运行. 如不符合要求,则对硬件和程序做调整. 通常只需修改部分程序即可,全部调试完毕后,交付试运行. 经过一段时间运行,如果工作正常、程序不需要修改,则应将程序固化到 EPROM 中,以防程序丢失.

7. 整理技术文件

包括设计说明书、电气安装图、电气元件明细表及使用说明书等.

二、电感式接近开关

电感式接近开关属于一种开关量输出的位置传感器,它由 LC 高频振荡器和放大处理电路组成,其工作原理框图如图 4-1-9 所示. 利用金属物体在接近这个能产生电磁场的振荡感应头时,使物体内部产生涡流,这个涡流反作用于接近开关,使接近开关振荡能力衰减,内部电路的参数发生变化,由此识别出有无金属物体接近,进而控制开关的通或断. 由此可见电感式接近开关所检测的物体必须是金属物体,此性能亦可用于判别金属与非金属工件.

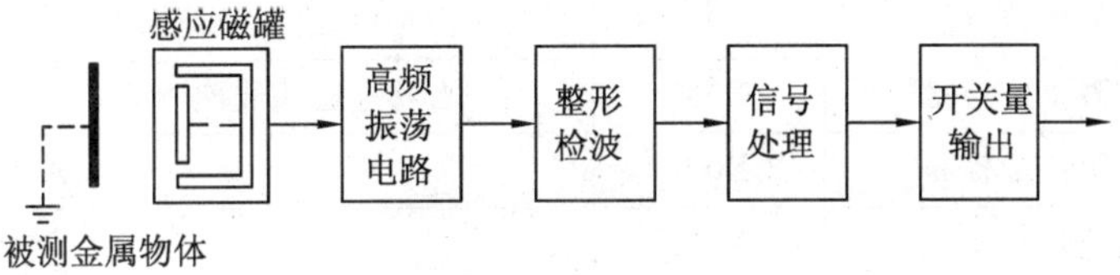

图 4-1-9　电感式接近开关工作原理示意图

本单元所使用的电感式接近开关外形如图 4-1-10 所示. 它对机械手的左右位置进行检测,当机械手的手臂(伸缩气缸体)靠近电感式接近开关时,将到位信号传送给 PLC.

(a) 电感式接近开关使用实例　　(b) 图形符号

图 4-1-10　电感式接近开关

活动实施

一、编制 PLC 的 I/O 地址分配表

根据机械手工作任务的描述,使用三个二位五通双控电磁阀和一个二位五通单控电磁阀分别驱动机械手的四个气缸,其 I/O 地址分配见表 4-1-2.

表 4-1-2　　PLC 输入/输出元件地址分配表

输入信号		输出信号	
功　　能	地　　址	功　　能	地　　址
启动按钮	X000	夹紧电磁阀线圈 YV1	Y001
复位按钮	X001	上升电磁阀线圈 YV5	Y002
手臂气缸上升限位传感器	X002	下降电磁阀线圈 YV4	Y003
手臂气缸下降限位传感器	X003	伸出电磁阀线圈 YV7	Y004
悬臂气缸伸出限位传感器	X004	缩回电磁阀线圈 YV6	Y005
悬臂气缸缩回限位传感器	X005	左移电磁阀线圈 YV2	Y006
旋转气缸左转限位传感器	X006	右移电磁阀线圈 YV3	Y007
旋转气缸右转限位传感器	X007		
气爪夹紧限位传感器	X010		
停止按钮	X011		

二、绘制 PLC 硬件接线图

根据表 4-1-2 所示的 I/O 地址分配表，绘制 PLC 硬件接线图，如图 4-1-11 所示，以保证硬件接线正确.

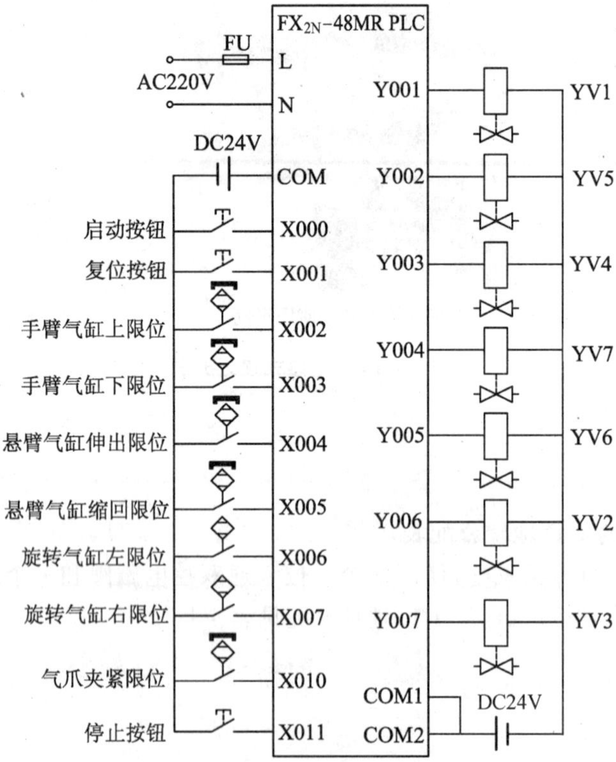

图 4-1-11　PLC 外部接线图

三、安装与调试传感器检测系统

1. 安装传感器

按图 4-1-12 步骤和方法安装传感器.

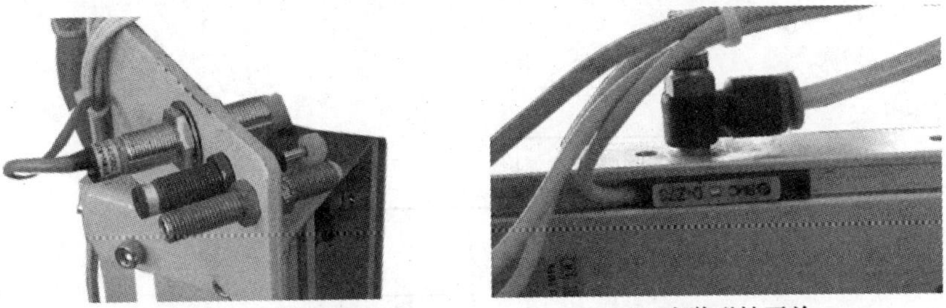

(a) 安装电感式接近开关　　(b) 安装磁性开关

图 4-1-12　传感器的安装方法和步骤

2. 连接并调试传感器

传感器的输出方式不同,电路连接也有些差异,但输出方式相同的传感器的电路连接方式相同.气动式机械手搬运装置使用的传感器有直流两线制和直流三线制两种,其中电感式接近开关为直流三线制传感器,磁性开关为直流两线制传感器.具体的电路连接方式如图 4-1-13 所示.

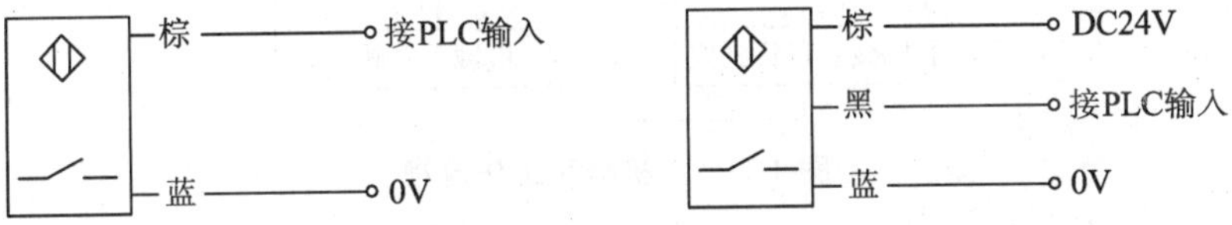

(a) 两线制传感器接线图　　(b) 三线制传感器接线图

图 4-1-13　传感器电路连接示意图

提示

(1) 电感式接近开关和磁性开关的安装位置以能准确反映出动作为宜.

(2) 传感器不宜安装在阳光直射、高温、有腐蚀性气体等的场所.

(3) 连接电源后要等待一定时间才能进行检测.

磁性开关与气缸配合使用时,如果安装不合理,可能使得气缸的动作不正确,当气缸活塞移向磁性开关,并接近到一定距离时,磁性开关才用"感知",开关才会动作.

按照图 4-2-11 所示接线图将磁性开关与 PLC 的某输入端口连接,当气缸活塞靠近磁性开关时,磁性开关输出动作,输出"1"信号,LED 亮,对应的 PLC 输入端有输入信号;当没有气缸活塞靠近,磁性开关输出不动作,输出"0"信号,LED 不亮,对应的 PLC 输入端无输入信号.

四、编制 PLC 控制程序

1. 工作流程图

根据气动式机械手的工作要求,其工作流程图如图 4-1-14 所示. 其搬运工艺流程为:手臂伸出→下降→夹紧→上升→缩回→右摆→伸出→下降→松开→上升→缩回→左摆回原位.

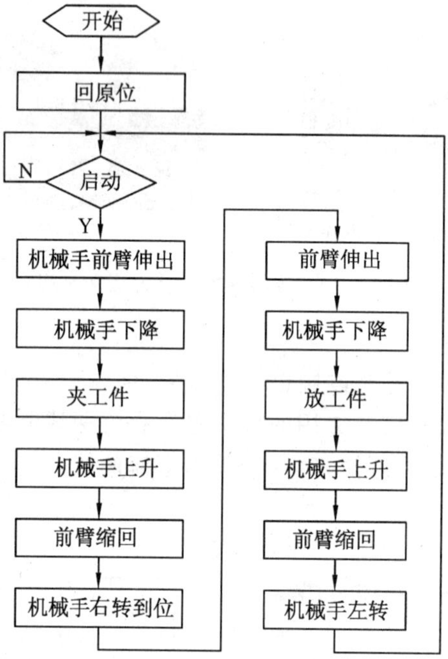

图 4-1-14 机械手工作流程

2. 复位控制

机械手复位控制程序如图 4-1-15 所示. 设备通电后,按下“复位”按钮,复位继电器 M0 得电,由继电器 M20、M21、M22、M23 分别控制各执行机构回原位. 机械手回到原位后,原位检测传感器控制继电器 M10 得电.

3. 机械手运行控制

本任务中采用移位指令编程,而在用移位指令编程时可在流程图中将每一步的结束信号和启动信号写出来,一般当前步启动信号和上一步结束信号是相同的. 在编程时可以直接将当前步驱动继电器与当前步结束信号串联作为下一步移位脉冲.

提示

用移位指令编程时,为避免出现重复输出的问题,一般采用内部继电器作为工作状态继电器使用,在程序结束后再由内部继电器驱动输出继电器.

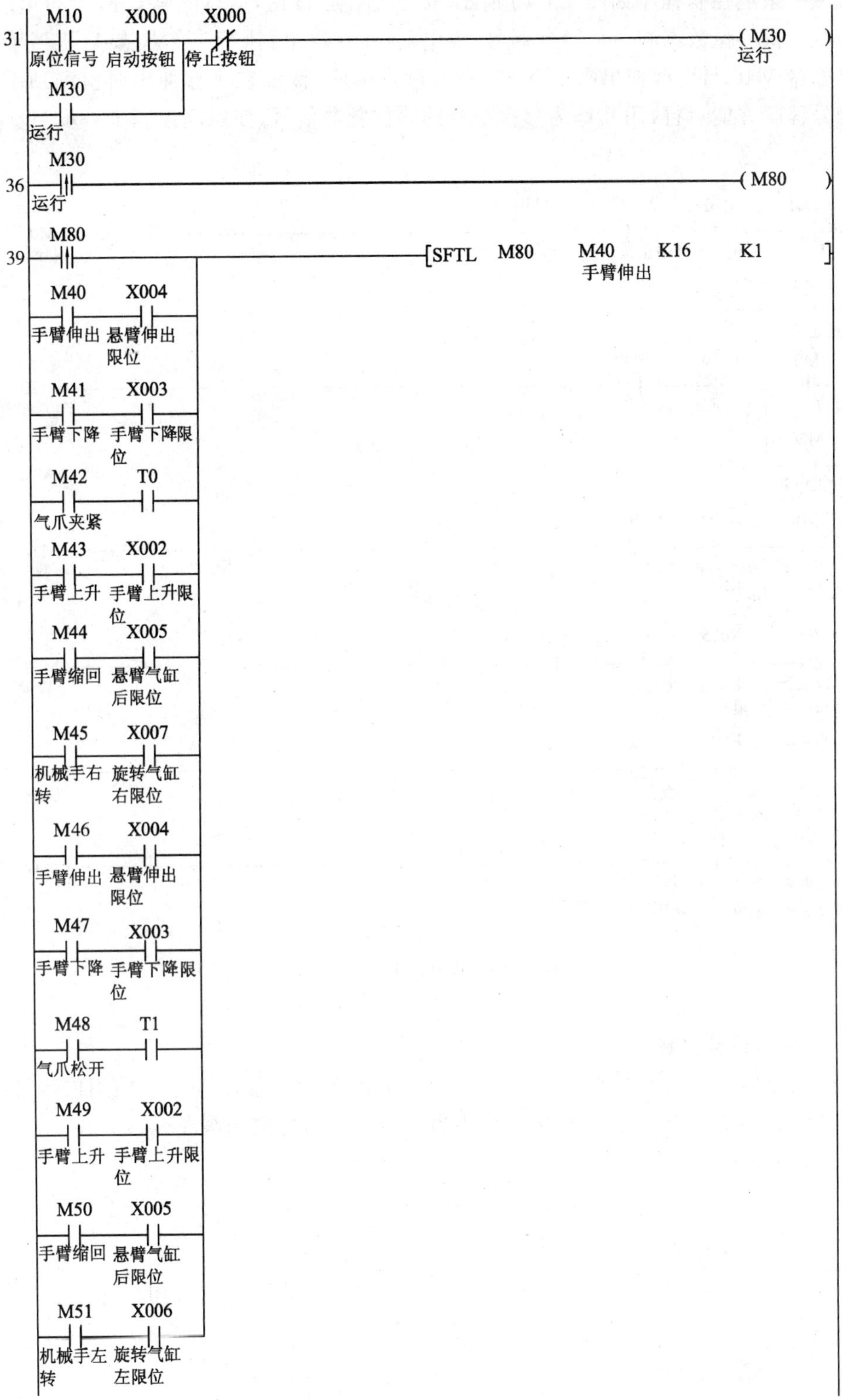

图 4-1-15　复位控制程序

机械手搬运控制程序如图 4-1-16 所示. 按下“启动”按钮,运行继电器 M30 得电. M80 为移位指令提供移位数据和一位脉冲信号,继电器 M40 得电,执行工作状态 1(机械手手臂伸出),继电器 M40 与手臂伸出限位 X004 常开触点串联,保证在手臂伸出时检测到手臂伸出限位信号程序方能运行,用其作为移位指令的移位脉冲信号,使顺序控制步一步一步执行.

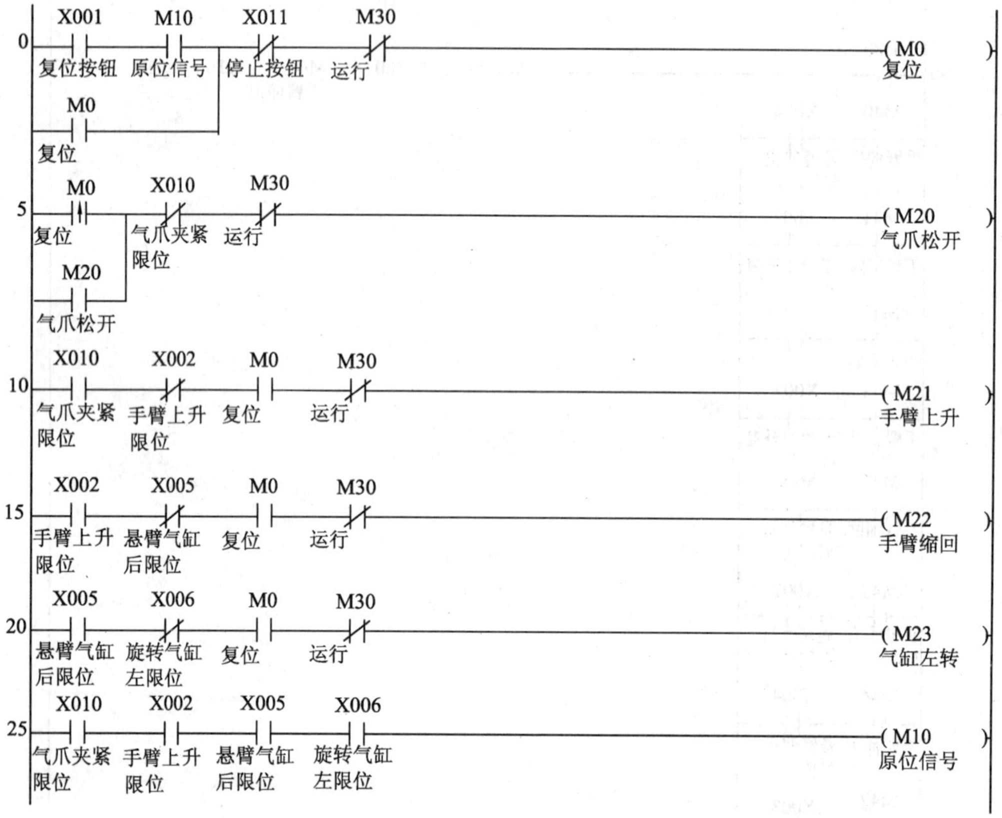

图 4-1-16 机械手运行控制程序

4. 电磁阀驱动控制

电磁阀驱动控制程序如图 4-1-17 所示. 在复位和搬运控制程序中均使用内部继电器作为每个动作的控制继电器,需通过输出继电器方可驱动执行电磁阀.

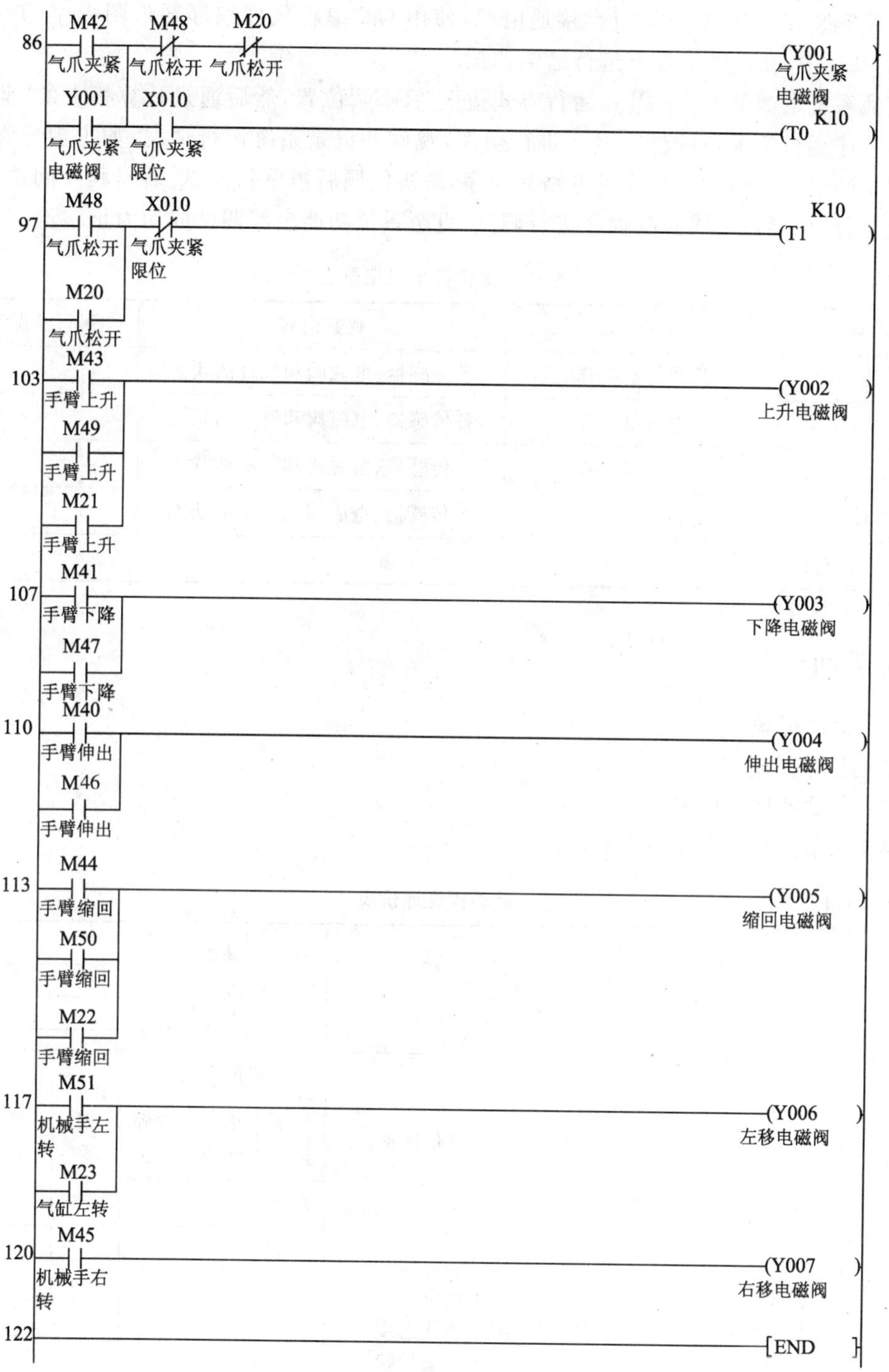

图 4-1-17　电磁阀驱动控制程序

五、系统调试

线路安装完成并检查无误后，接通电源，使用 GX 编程软件编译梯形图程序，并将程序下载到 PLC 中，在教师指导下进行通电调试.

接通系统电源开关，将 PLC 运行方式拨至“RUN”位置，然后通过计算机上的“监控”软件监视程序运行情况，再按表 4-1-3 进行操作，观察并记录系统运行情况. 如出现异常情况，应立即切断电源，分析原因，检查电路和程序，解决问题后再重新调试；若是程序问题且不影响安全运行，可通过在线修改程序进行调试，直至系统功能全部调试成功为止.

表 4-1-3　　系统调试运行情况记录表

序号	调试内容	观察内容	运行情况记录
1	悬臂气缸工作	各传感器、电磁阀和气缸的状态	
2	手臂气缸工作	各传感器、电磁阀和气缸的状态	
3	气爪气缸工作	各传感器、电磁阀和气缸的状态	
4	旋转气缸工作	各传感器、电磁阀和气缸的状态	
问题处理方法			

活动评价

一、活动记录

活动记录见附表 1.

二、活动实施评价表

活动实施评价表见表 4-1-4.

表 4-1-4　　活动实施评价表

活动名称：机械手控制系统的设计与调试			班级：____ 小组：____ 姓名：____					
评价项目	评价标准	评价依据	评价方式			权重	得分	总分
			学生自评	小组评价	教师评价			
			0.2	0.3	0.5			
职业素质	(1) 遵守安全管理规定和工作劳动纪律 (2) 按时按要求完成学习及工作任务 (3) 工作积极主动、勤学好问 (4) 工作岗位 6S 完成情况良好	(1) 出勤 (2) 工作态度 (3) 劳动纪律 (4) 团队协作精神				0.2		

续表

评价项目	评价标准	评价依据	评价方式			权重	得分	总分
			学生自评	小组评价	教师评价			
			0.2	0.3	0.5			
专业能力	(1) 能正确分析气动式机械手动作过程 (2) 会安装与调试传感器检测系统 (3) 会编写 PLC 控制程序 (4) 能调试气动控制系统	(1) 操作的准确性和规范性 (2) 专业技能完成情况 (3) 工作页或报告完成情况			0.7			
创新能力	(1) 在任务完成过程中能提出自己的有一定见解的方案 (2) 在教学或生产管理上提出的建议具有创新性	(1) 方案的可行性及意义 (2) 建议的可行性			0.1			
指导教师综合评价	指导教师签名：　　　　日期：							

知识拓展

机械手的应用

机械手是目前在机器人技术领域中得到最广泛实际应用的机械装置，在工业制造、医学治疗、娱乐服务、军事、半导体制造以及太空探索等领域都能见到它的身影. 尽管它们的形态各有不同，但它们都有一个共同的特点，就是能够接受指令，精确地定位到三维（或二维）空间上的某一点进行作业.

一、军事领域

主要让机器人执行一些自动的侦察与控制任务，尤其是一些相对较为危险的任务，这样的机器人有无人侦察机、拆除炸弹的机器人及扫雷机器人等. 机器人还可以代替士兵去完成那些不太复杂的工程及后勤任务，从而使战士从繁重的工作中解脱出来，去从事更加重要的工作. 图 4-1-18 所示为扫雷机器人.

二、娱乐领域

机器人在娱乐领域的应用十分广泛，比如，机器人足球大赛、机器人弹钢琴和机器人宠物等. 图 4-1-19 所示为足球机器人.

图 4-1-18 扫雷机器人

图 4-1-19 足球机器人

三、医疗领域

主要用来辅助护士进行一些日常的工作，比如，帮助医生运送药品及自动监测病房内的空气质量等. 医用机器人还可以协助医生完成一些难度较高的手术，如眼部手术、脑部手术等. 美国还发明了一种可以进入人体血管的微型机器人，帮助医生在病人的血管内灭杀病毒. 图 4-1-20 所示为医用机器人.

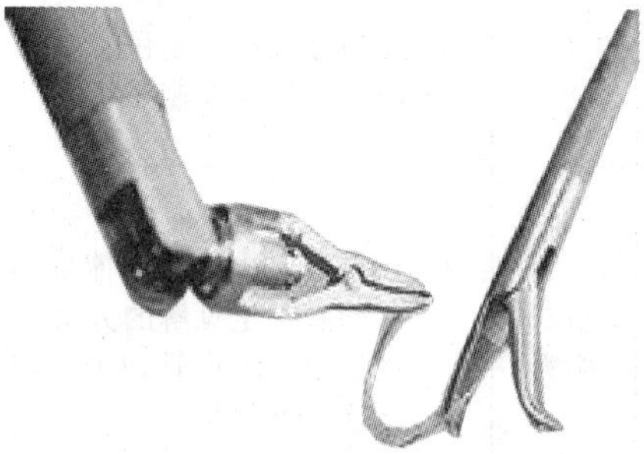
图 4-1-20 医用机器人

任务二 传送带的调速控制

任务描述

如图 4-2-1 所示为物料传送带，该物料传送带主要由电动机拖动. 本任务将学习变频调速的相关知识及基本应用，完成传送带变频调速运行，实现物料的位置控制.

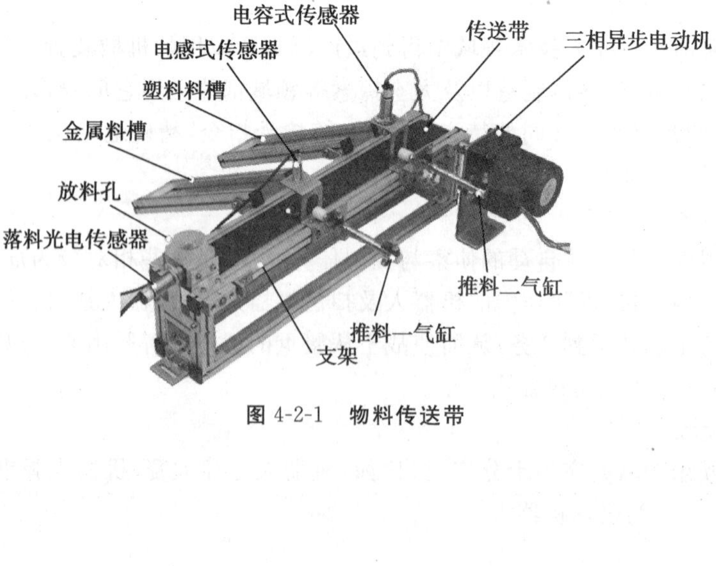

图 4-2-1 物料传送带

活动一 变频器的认识

活动描述

变频器是把工频电源(50Hz 或 60Hz)变换成各种频率的交流电源,以实现电机的变速运行的设备.变频器作为节能应用与速度控制中越来越重要的自动化设备,得到了快速发展和广泛的应用.本活动将学习通用变频器的基本知识及变频器的基本操作.

学习目标

◇ 熟悉变频器的型号及类型.
◇ 掌握通用变频器的工作原理.
◇ 学会变频器的 PU 运行操作方法.

学习地点

PLC 综合控制实训室(配备多媒体教学设备).

学习准备

PLC、变频器、传感器参考书,三菱 FX_{2N}-48MR(或 FX_{3U}-48MR)PLC 控制板,变频器,常用电工工量具一套,导线,计算机等.

知识准备

一、变频器的基本调速原理

异步电动机的同步转速,即旋转磁场的转速为

$$n_1=\frac{60f_1}{p} \tag{4-2-1}$$

式中,n_1 为同步转速,单位为 r/min;f_1 为定子频率,单位为 Hz;p 为磁极对数.

而异步电动机的轴转速为

$$n= n_1(1-s)=\frac{60f_1}{p}(1-s) \tag{4-2-2}$$

式中,s 为异步电动机的转差率,$s=(n_1-n)/n_1$.

可见,改变异步电动机的供电频率,可以改变其同步转速,实现调速运行.

对异步电动机进行调速控制时,通常希望电动机的主磁通保持额定值不变.因为磁通太弱,铁芯利用不充分,同样的转子电流下电磁转矩小,电动机的负载能力下降;磁通太强,则处于过励磁状态,使励磁电流过大,这就限制了定子电流的负载分量.为使电动机不过热,负载必须要减小.异步电动机的气隙磁通(主磁通)是定、转子合成磁动势产生的,下面说明怎样才能使气隙磁通保持恒定.

由电动机理论可知，三相异步电动机定子每相电动势的有效值为

$$E_1=4.44f_1N_1\Phi_m \tag{4-2-3}$$

式中，E_1为旋转磁场切割定子绕组产生的感应电动势，单位为V；f_1为定子电流频率，单位为Hz；N_1为定子每相绕组的有效匝数；Φ_m为每极磁通量，单位为Wb.

由式(4-2-3)可见，Φ_m的值由E_1和f_1共同决定，对E_1和f_1进行适当的控制，就可以使气隙磁通Φ_m保持额定值不变.所以只要保持$\frac{E_1}{f_1}$等于常数，即保持电动势与频率之比为常数进行控制即可.

由上面的讨论可知，异步电动机的变频调速必须按照一定的规律同时改变其定子电压和频率，即必须通过变频装置获得电压、频率均可调节的供电电源，实现所谓的VVVF(Variable Voltage Variable Frequency)调速控制.

二、变频器的分类

按变换环节可分为交-交变频器和交-直-交变频器两种类型.

1. 交-交变频器

交-交变频器的原理图及方波电压波形如图4-2-2(a)、(b)所示.其主要优点是没有中间环节，变换效率高，但其连续可调的频率范围较窄，输出频率一般只有额定频率的一半以下，电网功率因素较低，主要应用于低速大功率的拖动系统.

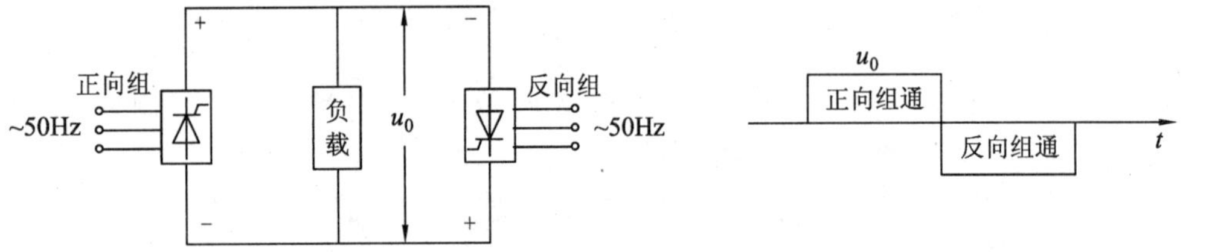

(a) 电路原理图　　(b) 方波电压波形

图4-2-2　交-交变频器单相电路及方波电压波形

2. 交-直-交变频器

主要由整流电路、中间直流环节和逆变电路三部分组成.交-直-交变频器按中间环节的滤波方式又可分为电压型变频器和电流型变频器.其基本构成如图4-2-3所示.

3. 其他分类

(1) 按逆变器开关方式分为PAM(脉冲振幅调制)和PWM(脉宽调制).

(2) 按用途分为通用变频器和专用变频器两类.

(3) 按逆变器控制方式分为U/f控制变频器、矢量控制变频器、直接转矩控制变频器等.

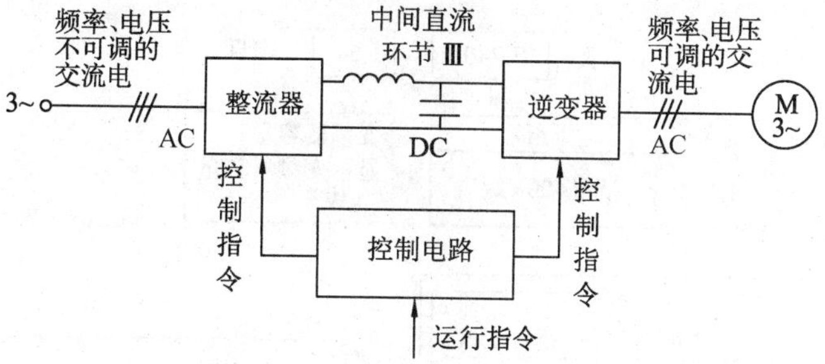

图 4-2-3　**交-直-交变频器基本构成**

三、三菱 FR-E740 变频器的外观与结构

三菱 FR-E740 变频器的结构示意图如图 4-2-4 所示，右侧上部为操作面板，面板上有信号指示灯、旋钮及功能按键；面板下方有 PU 接口；操作面板左侧有散热孔；变频器顶部有散热风扇；电源进线和连接电动机的出线孔在变频器的下部.

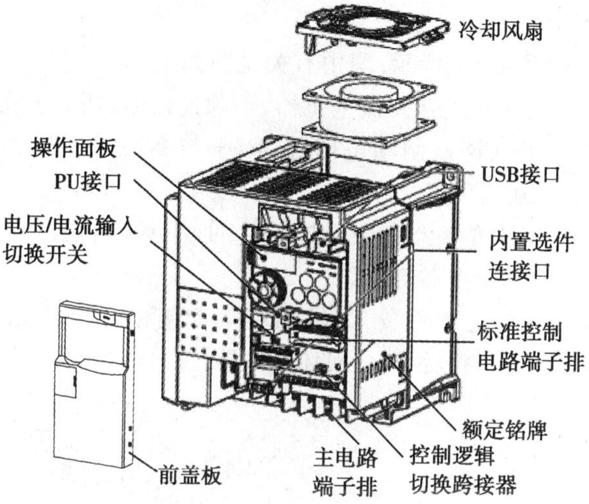

图 4-2-4　**变频器外观和结构示意图**

变频器前盖板的结构示意图如图 4-2-5 所示.

四、变频器的铭牌

变频器铭牌分为容量铭牌与额定铭牌.容量铭牌与额定铭牌在不同容量的变频器上的位置也不同，一般需要根据外形尺寸图进行确认. FR－E740 型变频器铭牌的相关内容如图 4-2-6 所示.

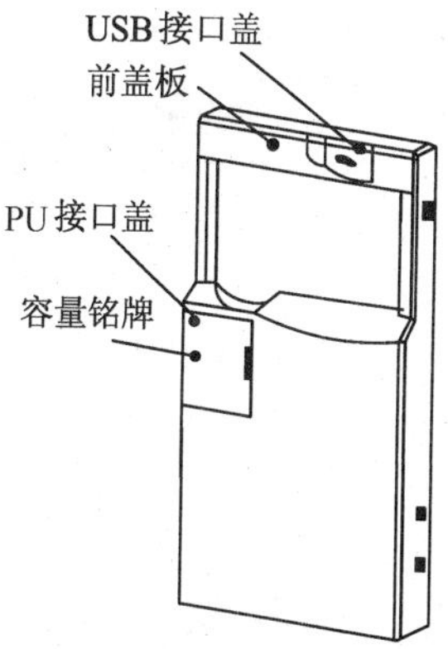

图 4-2-5　**前盖板示意图**

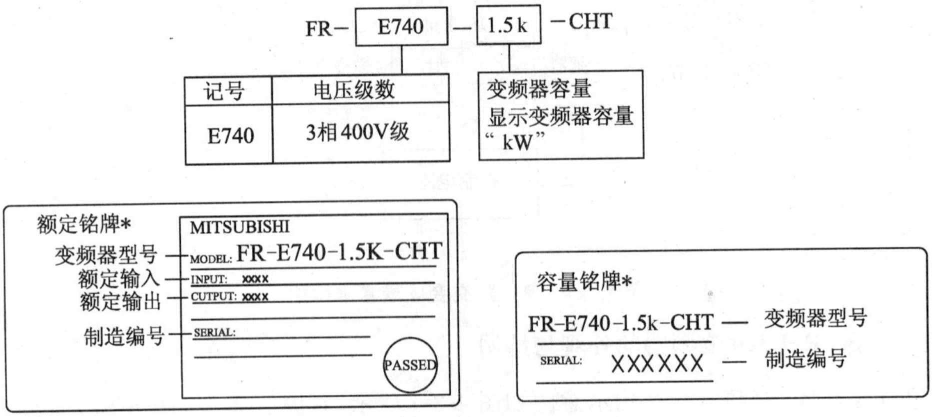

图 4-2-6 变频器铭牌

五、FR-E740 系列变频器的接线

1. 主电路的通用接线

主电路的通用接线如图 4-2-7 所示. 图中有关说明如下：

(1) 端子 P1、P/＋之间用以连接直流电抗器，不须连接时，两端子间短路.

(2) P/＋与 PR 之间用以连接制动电阻器，P/＋与 N/－之间用以连接制动单元（选件）. 因为设备中未使用，故用虚线画出.

(3) 交流接触器 MC 用作变频器安全保护的目的，注意不要通过此交流接触器来启动或停止变频器，否则可能降低变频器寿命.

(4) 进行主电路接线时，应确保输入、输出端不能接错，即电源线必须连接至 R/L1、S/L2、T/L3，绝对不能接 U、V、W，否则会损坏变频器.

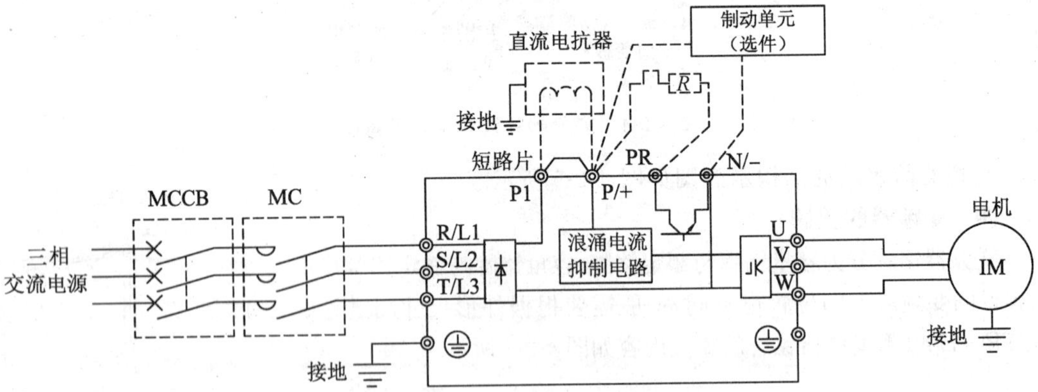

图 4-2-7 FR-E740 系列变频器主电路的通用接线

2. FR-E740 系列变频器控制电路的接线

FR－E740 系列变频器控制电路的接线如图 4-2-8 所示. 图中，控制电路端子分为控制输入、频率设定(模拟量输入)、继电器输出(异常输出)、集电极开路输出(状态检测)和模拟电压输出五部分区域，各端子的功能可通过调整相关参数的值进行变更，在出厂初始值的情况下，各控制电路端子的功能说明如表 4-2-1、表 4-2-2 和表 4-2-3 所示.

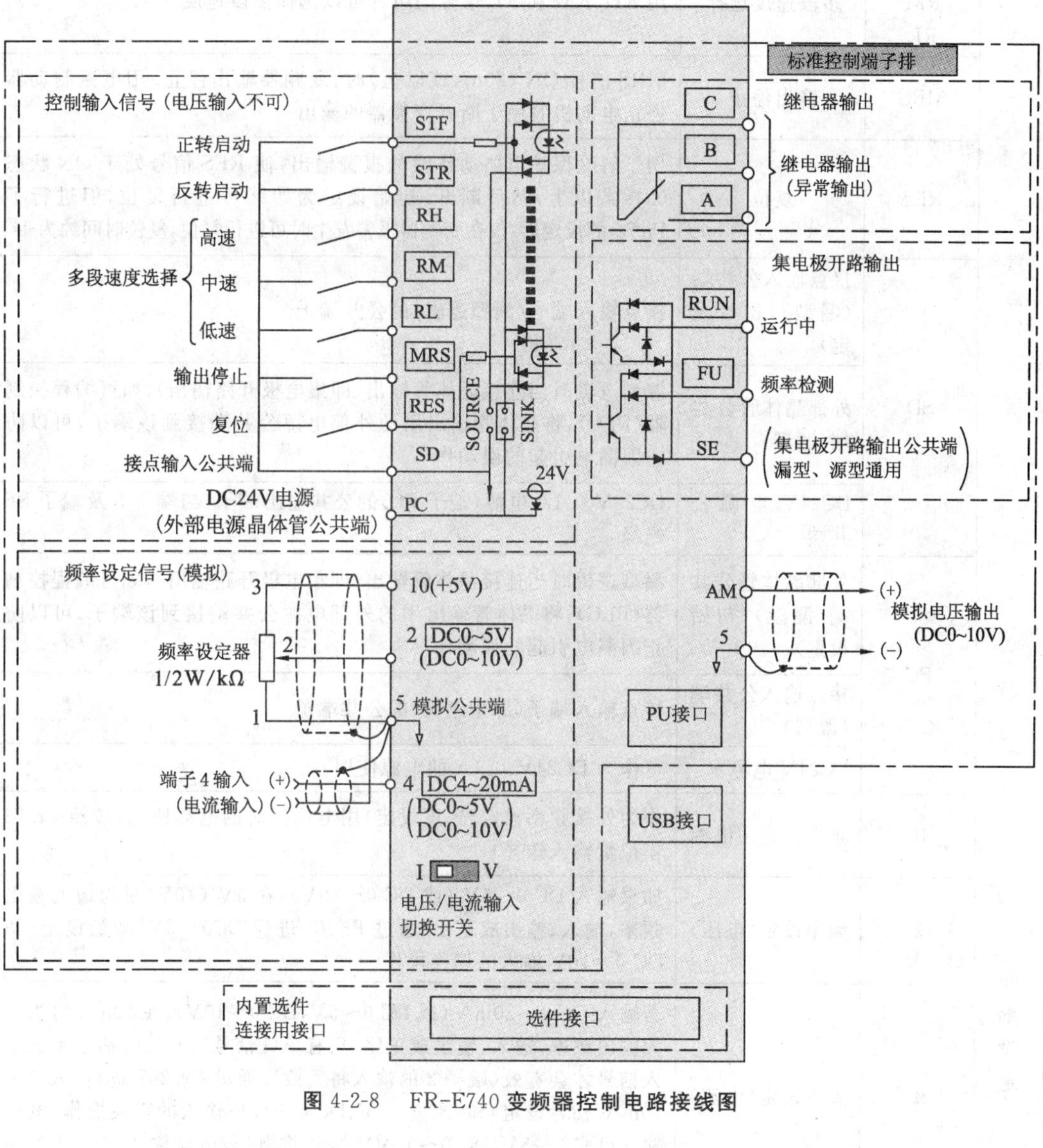

图 4-2-8　FR-E740 变频器控制电路接线图

表 4-2-1　　　　　　　　　　**控制电路输入端子的功能说明**

种类	端子编号	端子名称	端子功能说明	
接点输入	STF	正转启动	STF 信号 ON 时为正转、OFF 时为停止指令	STF、STR 信号同时 ON 时变成停止指令
	STR	反转启动	STR 信号 ON 时为反转、OFF 时为停止指令	
	RH RM RL	多段速度选择	用 RH、RM 和 RL 信号的组合可以选择多段速度	
	MRS	输出停止	MRS 信号 ON (20ms 或以上)时，变频器输出停止. 用电磁制动器停止电动机时用于断开变频器的输出	
	RES	复位	用于解除保护电路动作时的报警输出，使 RES 信号处于 ON 状态 0.1s 或以上，然后断开. 初始设定为始终可进行复位，但进行了 Pr.75 的设定后，仅在变频器报警发生时可进行复位，复位时间约为 1s	
	SD	接点输入公共端(漏型)(初始设定)	接点输入端子(漏型逻辑)的公共端子	
		外部晶体管公共端(源型)	源型逻辑时当连接晶体管输出(即集电极开路输出)，如可编程控制器(PLC)，将晶体管输出用的外部电源公共端接到该端子，可以防止因漏电引起的误动作	
		DC24V 电源公共端	DC24V 0.1A 电源(端子 PC)的公共输出端子，与端子 5 及端子 SE 绝缘	
	PC	外部晶体管公共端(漏型)(初始设定)	漏型逻辑时当连接晶体管输出(即集电极开路输出)，如可编程控制器(PLC)，将晶体管输出用的外部电源公共端接到该端子，可以防止因漏电引起的误动作	
		接点输入公共端(源型)	接点输入端子(源型逻辑)的公共端子	
		DC24V 电源	可作为 DC24V、0.1A 的电源使用	
频率设定	10	频率设定用电源	作为外接频率设定(速度设定)用电位器时的电源使用(按照 Pr.73 模拟量输入选择)	
	2	频率设定(电压)	如果输入 DC 0～5V (或 DC 0～10V)，在 5V (10V)时为最大输出频率，输入、输出成正比. 通过 Pr.73 进行 DC0～5V(初始设定)和 DC 0～10V 输入的切换操作	
	4	频率设定(电流)	若输入 DC 4～20mA (或 DC 0～5V，DC 0～10V)，在 20mA 时为最大输出频率，输入、输出成正比. 只有 AU 信号为 ON 时端子 4 的输入信号才会有效(端子 2 的输入将无效). 通过 Pr.267 进行 DC 4～20mA(初始设定)和 DC 0～5V、DC 0～10V 输入的切换操作. 电压输入(DC 0～5V/DC 0～10V)时，请将电压/电流输入切换开关切换至“V”	
	5	频率设定公共端	频率设定信号(端子 2 或 4)及端子 AM 的公共端子. 请勿接大地	

表 4-2-2　　控制电路输出端子的功能说明

种类	端子记号	端子名称	端子功能说明
继电器	A、B、C	继电器输出(异常输出)	指示变频器因保护功能动作时输出停止的1c接点输出.异常时:B—C间不导通(A—C间导通),正常时:B—C间导通(A—C间不导通)
集电极开路	RUN	变频器正在运行	变频器输出频率大于或等于启动频率(初始值0.5Hz)时为低电平,已停止或正在直流制动时为高电平
	FU	频率检测	输出频率大于或等于任意设定的检测频率时为低电平,未达到时为高电平
	SE	集电极开路输出公共端	端子RUN、FU的公共端子
模拟	AM	模拟电压输出	可以从多种监视项目中选一种作为输出.变频器复位中不被输出.输出信号与监视项目的大小成比例.输出项目:输出频率(初始设定)

表 4-2-3　　控制电路网络接口的功能说明

种类	端子记号	端子名称	端子功能说明
RS-485	—	PU接口	通过PU接口,可进行RS-485通信 ● 标准规格:EIA-485 (RS-485) ● 传输方式:多站点通信 ● 通信速率:4800～38400bps ● 总长距离:500m
USB	—	USB接口	与个人计算机通过USB连接后,可以实现FR Configurator软件的操作. ● 接口:USB1.1标准 ● 传输速度:12Mbps ● 连接器:USB迷你-B连接器(插座:迷你-B型)

六、变频器的面板操作

1. FR-E740系列的操作面板

使用变频器之前,首先要熟悉它的面板显示和键盘操作单元(或称控制单元),并且按使用现场的要求合理设置参数.FR-E740系列变频器的参数设置,通常利用固定在其上的操作面板(不能拆下)实现,也可以使用连接到变频器PU接口的参数单元(FR-PU07)实现.使用操作面板可以进行运行方式、频率的设定,运行指令监视,参数设定、错误表示等.操作面板如图4-2-9所示,其上半部为面板显示器,下半部为M旋钮和各种按键.它们的具体功能分别如表4-2-4所示.运行状态显示如表4-2-5所示.

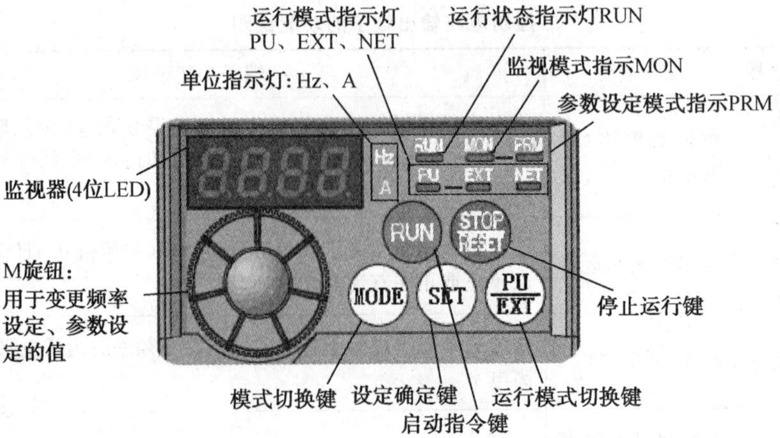

图 4-2-9　FR-E740 的操作面板

表 4-2-4　　旋钮、按键功能

旋钮和按键	功　　能
M 旋钮 （三菱变频器旋钮）	旋动该旋钮用于变更频率设定、参数设定的值. 按下该旋钮可显示以下内容： ● 监视模式时的设定频率 ● 校正时的当前设定值 ● 报警历史模式时的顺序
模式切换键 MODE	用于切换各设定模式. 和运行模式切换键同时按下也可以用来切换运行模式. 长按此键(2s)可以锁定操作
设定确定键 SET	各设定的确定 此外，当运行中按此键则监视器出现以下显示： 运行频率 → 输出电流 → 输出电压 →（返回运行频率）
运行模式切换键 PU/EXT	用于切换 PU/外部运行模式 使用外部运行模式（通过外接电位器设定频率和启动信号控制运行）时请按此键，表示运行模式的 EXT 处于亮灯状态 切换至组合模式时，可同时按 MODE 键 0.5s，或者变更参数 Pr.79
启动指令键 RUN	在 PU 模式下，按此键启动运行 通过 Pr.40 的设定，可以选择旋转方向
停止运行键 STOP/RESET	在 PU 模式下，按此键停止运转 保护功能（严重故障）生效时，也可以进行报警复位

表 4-2-5　　运行状态显示

显　示	功　　能
运行模式显示	PU:PU 运行模式时亮灯. EXT:外部运行模式时亮灯. NET:网络运行模式时亮灯
监视器(4 位 LED)	显示频率、参数编号等
监视数据单位显示	Hz:显示频率时亮灯. A:显示电流时亮灯(显示电压时熄灯,显示设定频率监视时闪烁)
运行状态显示 RUN	当变频器动作中亮灯或者闪烁,其中: 亮灯—正转运行中;缓慢闪烁(1.4s 循环)—反转运行中; 下列情况下出现快速闪烁(0.2s 循环): (1) 按键或输入启动指令都无法运行时 (2) 有启动指令,无频率信号 (3) 输入了 MRS 信号时
参数设定模式显示 PRM	参数设定模式时亮灯
监视器显示 MON	监视模式时亮灯

2. 变频器的运行模式

由表 4-2-4 和表 4-2-5 可见,在变频器不同的运行模式下,各种按键、M 旋钮的功能各异. 所谓运行模式,是指对输入到变频器的启动指令和设定频率的命令来源的指定.

一般来说,使用控制电路端子、在外部设置电位器和开关来进行操作的是"外部运行模式",使用操作面板或参数单元输入启动指令、设定频率的是"PU 运行模式",通过 PU 接口进行 RS-485 通信或使用通信选件的是"网络运行模式(NET 运行模式)". 在进行变频器操作以前,必须了解其各种运行模式,才能进行各项操作.

FR-E740 系列变频器通过参数 Pr. 79 的值来指定变频器的运行模式,设定值为0、1、2、3、4、6、7. 这 7 种运行模式的内容以及相关 LED 指示灯的状态如表 4-2-6 所示.

表 4-2-6　　运行模式选择(Pr. 79)

<table>
<tr><th>设定值</th><th colspan="2">内　容</th><th>LED 显示状态(:灭灯 :亮灯)</th></tr>
<tr><td>0</td><td colspan="2">PU/外部切换模式. 通过 PU/EXT 键可切换 PU 与外部运行模式
注意:接通电源时为外部运行模式</td><td>外部运行模式:　PU 运行模式:
</td></tr>
<tr><td>1</td><td colspan="2">固定为 PU 运行模式</td><td></td></tr>
<tr><td>2</td><td colspan="2">固定为外部运行模式
可以在外部、网络运行模式间切换运行</td><td>外部运行模式:　网络运行模式:
</td></tr>
<tr><td rowspan="3">3</td><td colspan="2">外部/PU 组合运行模式 1</td><td rowspan="6">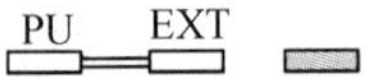</td></tr>
<tr><td>频率指令</td><td>启动指令</td></tr>
<tr><td>用操作面板设定,或用参数单元设定,或用外部多段速度端子设定</td><td>外部信号输入(端子 STF、STR)</td></tr>
<tr><td rowspan="3">4</td><td colspan="2">外部/PU 组合运行模式 2</td></tr>
<tr><td>频率指令</td><td>启动指令</td></tr>
<tr><td>外部信号输入(端子 2、4、JOG、多段速度选择等)</td><td>通过操作面板的 RUN 键,或通过参数单元的 FWD、REV 键来输入</td></tr>
<tr><td>6</td><td colspan="2">切换模式
可以在保持运行状态的同时,进行 PU 运行、外部运行、网络运行的切换</td><td>PU 运行模式:
外部运行模式:
网络运行模式:
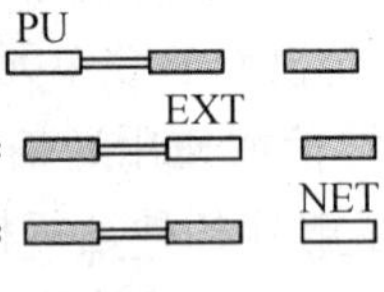</td></tr>
<tr><td>7</td><td colspan="2">外部运行模式(PU 运行互锁)
X012 信号 ON 时,可切换到 PU 运行模式(外部运行中输出停止)
X012 信号 OFF 时,禁止切换到 PU 运行模式</td><td>PU 运行模式:
外部运行模式:
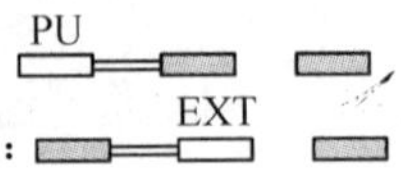</td></tr>
</table>

变频器出厂时，参数 Pr. 79 设定值为 0. 当停止运行时用户可以根据实际需要修改其设定值.

修改 Pr. 79 设定值的一种方法是：按 MODE 键使变频器进入参数设定模式；旋动 M 旋钮，选择参数 Pr. 79，用 SET 键确定之；然后再旋动 M 旋钮，选择合适的设定值，用 SET 键确定之；两次按 MODE 键后，变频器的运行模式将变更为设定的模式.

图 4-2-10 是设定参数 Pr. 79 的一个例子. 该例子把变频器从固定外部运行模式变更为组合运行模式 1.

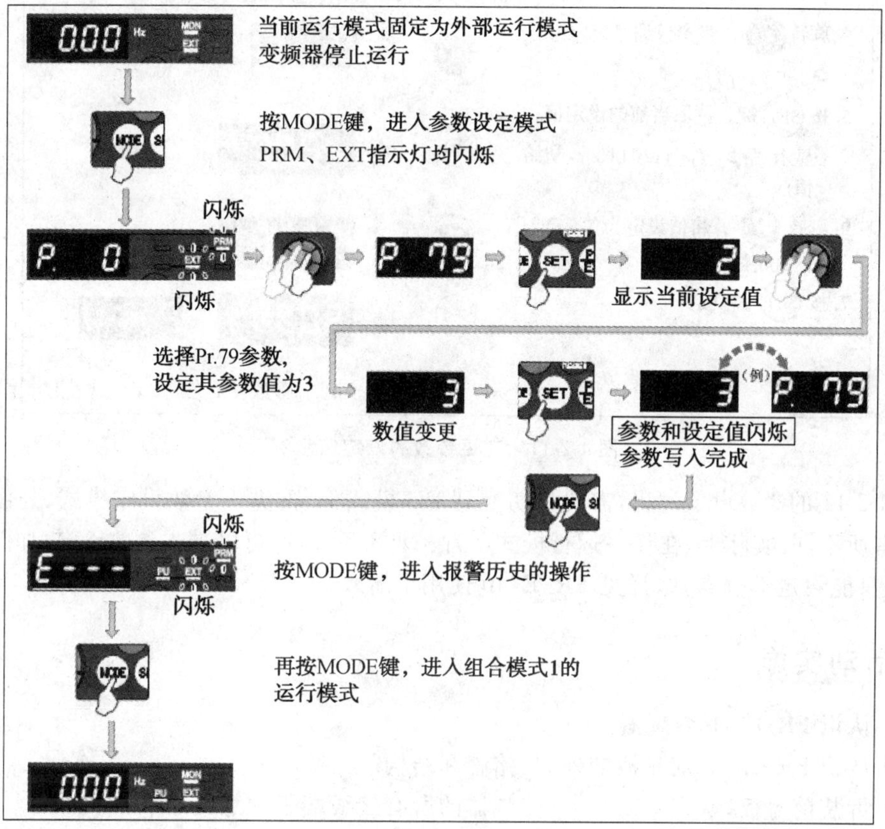

图 4-2-10　变频器的运行模式变更例子

3. 参数的设定

变频器出厂时，其参数被设置为仅能完成简单的变速运行. 如需按照负载和操作要求设定参数，则应进入参数设定模式，先选定参数号，然后设置其参数值. 设定参数分两种情况，一种是在停机 STOP 方式下重新设定参数，这时可设定所有参数；另一种是在运行时设定，这时只允许设定部分参数，但是可以核对所有参数号及参数. 图 4-2-11 是参数设定过程的一个例子，所完成的操作是把参数 Pr. 1（上限频率）从出厂设定值 120. 0Hz 变更为 50. 0Hz，假定当前运行模式为 PU/外部切换模式（Pr. 79＝0）.

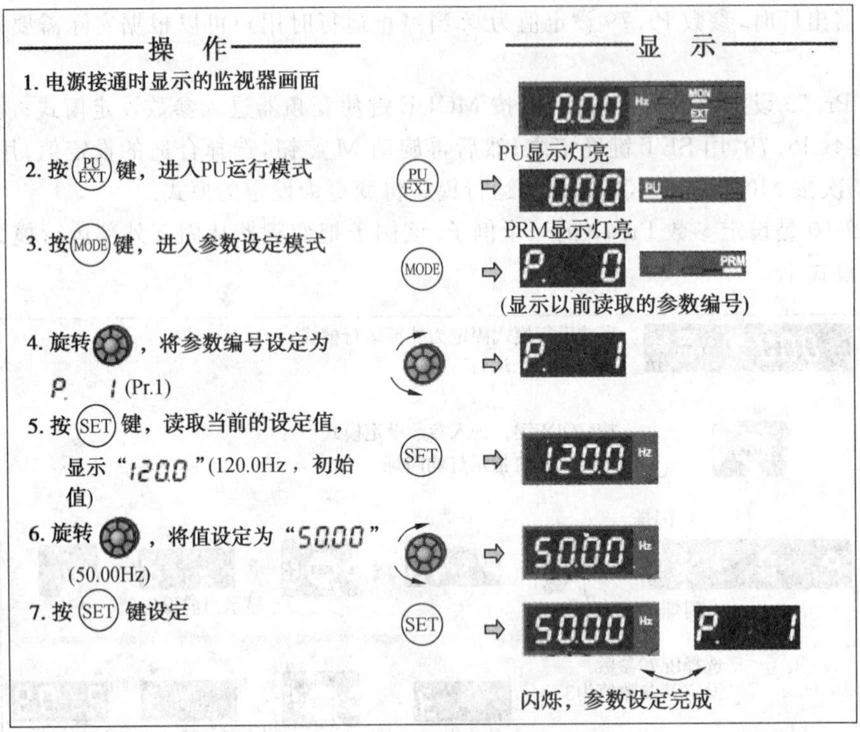

图 4-2-11　变更参数的设定值示例

图 4-2-11 的参数设定过程,需要先切换到 PU 模式下,再进入参数设定模式,与图 4-2-10 的方法有所不同. 实际上,在任一运行模式下,按 MODE 键,都可以进入参数设定,如图 4-2-10 那样,但只能设定部分参数(详见 FR-E740 使用手册).

活动实施

一、认识 FR-E740 变频器

(1) 认识 FR-E740 变频器的外观、铭牌和结构.

(2) 拆装前盖板,认识 FR-E740 变频器的所有接线端子的意义.

(3) 认识 PU 操作面板上各按键的功能和指示灯所代表的状态.

二、连接变频器主电路

1. 电源接线

电源接线端子为 R、S、T. 决不能接 U、V、W,否则会损坏变频器. 本变频器的整流器由二极管构成,因此,接线时可不考虑相序.

2. 电动机接线

电动机接线端子为 U、V、W,当接线正常时,按下正转启动按钮,从负载侧看,电动机应按逆时针方向旋转,如果转向相反,则可调节端子的任意两相.

三、清除参数及全部清除操作

(1) 供给电源后,按"PU/EXT"键切换到 PU 运行模式.

(2) 按"MODE"键进行参数设定,使显示 P. N(例如,P. 0,N 为任意数).

(3) 旋转“M 旋钮”，找到 Pr. CL 参数清除(ALLC 参数全部清除).

(4) 按 SET 键读取当前设定值，显示为 0，用旋钮改变为 1，按 SET 键进行设定.

四、设置参数

按照表 4-2-7 设置参数.

表 4-2-7　变频器参数表

序号	名称	参数号	设定值	单位	出厂设定值
0	转矩提升	Pr. 0	7%	0.1%	6%、4%、3%
1	上限频率	Pr. 1	50Hz	0.01Hz	120Hz
2	下限频率	Pr. 2	0Hz	0.01Hz	0Hz
3	基准频率	Pr. 3	50Hz	0.01Hz	50Hz
4	3 速设定(高速)	Pr. 4	40Hz	0.01Hz	50Hz
5	3 速设定(中速)	Pr. 5	30Hz	0.01Hz	30Hz
6	3 速设定(低速)	Pr. 6	10Hz	0.01Hz	10Hz
7	加速时间	Pr. 7	10s	0.1s	5s
8	减速时间	Pr. 8	8s	0.1s	5s
9	电子过电流保护	Pr. 9	7.5	0.01A	额定输出电流
79	操作模式选择	Pr. 79	2	1	0

活动评价

一、活动记录

活动记录见附表 1.

二、活动实施评价表

活动实施评价表见表 4-2-8.

表 4-2-8　活动实施评价表

<table>
<tr><td colspan="3">活动名称：变频器的认识</td><td colspan="6">班级：
小组：
姓名：</td></tr>
<tr><td rowspan="3">评价项目</td><td rowspan="3">评价标准</td><td rowspan="3">评价依据</td><td colspan="3">评价方式</td><td rowspan="3">权重</td><td rowspan="3">得分</td><td rowspan="3">总分</td></tr>
<tr><td>学生自评</td><td>小组评价</td><td>教师评价</td></tr>
<tr><td>0.2</td><td>0.3</td><td>0.5</td></tr>
<tr><td>职业素质</td><td>(1) 遵守安全管理规定和工作劳动纪律
(2) 按时按要求完成学习及工作任务
(3) 工作积极主动、勤学好问
(4) 工作岗位 6S 完成情况良好</td><td>(1) 出勤
(2) 工作态度
(3) 劳动纪律
(4) 团队协作精神</td><td></td><td></td><td></td><td>0.2</td><td></td><td></td></tr>
</table>

续表

评价项目	评价标准	评价依据	评价方式			权重	得分	总分
			学生自评	小组评价	教师评价			
			0.2	0.3	0.5			
专业能力	(1) 能操作变频器 PU 面板 (2) 能设置变频器运行参数 (3) 能调试变频控制系统	(1) 操作的准确性和规范性 (2) 专业技能完成情况 (3) 工作页或报告完成情况			0.7			
创新能力	(1) 在任务完成过程中能提出自己的有一定见解的方案 (2) 在教学或生产管理上提出的建议具有创新性	(1) 方案的可行性及意义 (2) 建议的可行性			0.1			
指导教师综合评价	指导教师签名：　　　　日期：							

活动二　变频器控制电动机的正反转

活动描述

本活动学习变频器的外部操作，通过变频器的外部信号控制电动机的启停，并实现电动机的正反转控制. 电动机运行曲线如图 4-2-12 所示.

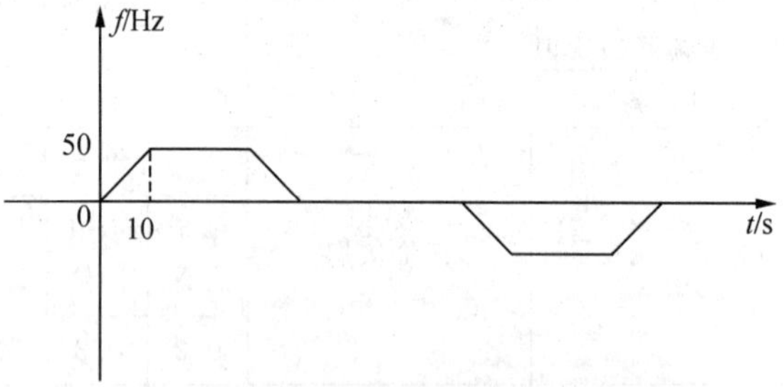

图 4-2-12　电动机运行曲线图

学习目标

◇ 掌握变频器外部运行操作方法.

◇ 会设置变频器外部运行操作涉及的功能参数.

◇ 能用变频器实现电动机的正反转.

学习地点

PLC 综合控制实训室(配备多媒体教学设备).

学习准备

PLC、气动、传感器参考书,三菱 FX_{2N}-48MR(或 FX_{3U}-48MR)PLC 控制板,变频器,常用电工工量具一套,导线,计算机等.

知识准备

在实际生产实践应用中,常需要实现电动机的正反转控制.传统的控制方式是通过继电器、接触器控制改变电源相序的方法实现的.而利用变频器进行调速控制时,只需改变变频器内部逆变电路换流器件的开关顺序(通过控制变频器 STF、STR 两个端子与 SD 的接通与断开来实现),即可以达到对输出进行换相的目的,从而实现电动机的正反转切换,而不需要专门设置正反转切换装置.

一般来说,变频器对电动机的控制可以采用面板操作模式、外部接线的模式和网络运行模式三种.FR-E740 变频器可以通过操作面板或通信的命令代码来进行运行模式的切换.实际操作中,上述三种运行模式表现为:通过外部指令信号执行的运行(外部运行)、通过操作面板以及 PU(FR-PU07/FR-PU04-CH)执行的运行(PU 运行)、PU 运行与外部运行组合的运行(外部/PU 组合运行)、网络运行(使用 RS-485 通信或通信选件时).运行模式如图 4-2-13 所示,运行模式可通过参数 Pr.79 设置,参数功能见表 4-2-6.如图 4-2-14 所示是采用外部信号控制的变频器接线图.

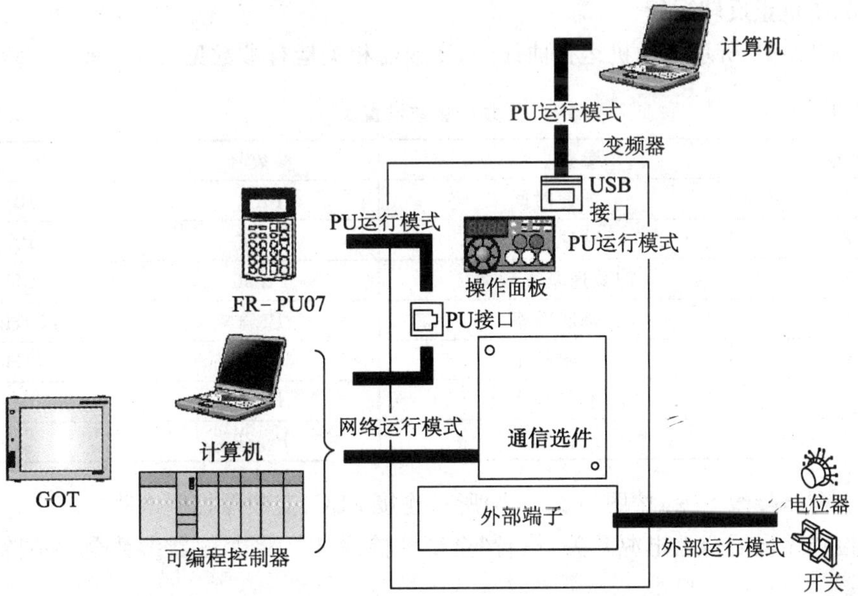

图 4-2-13　运行模式示意图

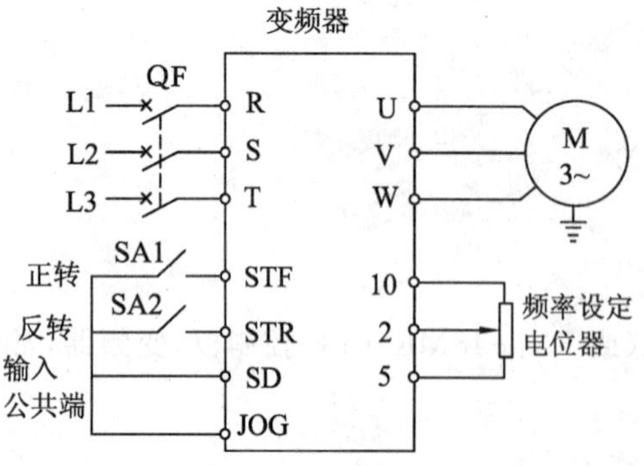

(a) 外部开关控制

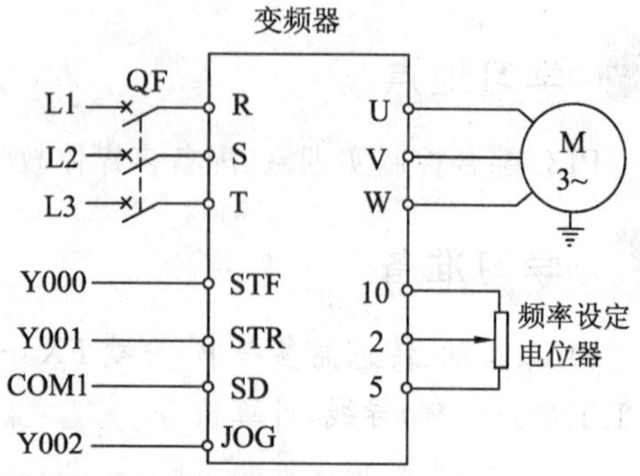

(b) PLC控制

图 4-2-14　变频器外部控制接线图

活动实施

一、外部操作模式启停练习

(1) 将变频器与电源和电动机接好.

(2) 按图 4-2-14 所示将控制电路接好.

(3) 检查无误后合上电源开关,执行"全部清除操作",将变频器参数全部清除,并回到"监视模式".

(4) 按操作面板上"MODE"键,显示"参数设定"画面,在此画面中将参数 Pr. 79 设为 2,"EXT"指示灯亮.

(5) 闭合 SA1 开关,转动电位器,电动机正向加速运行. 断开 SA1 开关,电动机停止运行.

(6) 闭合 SA2 开关,转动电位器,电动机反向加速运行. 断开 SA2 开关,电动机停止运行.

二、电动机正反转运行

根据图 4-2-12 所示电动机运行曲线图,变频器相关运行参数见表 4-2-9.

表 4-2-9　变频器参数设置表

序号	参数名称	参数号	设定值
1	加速时间	Pr. 7	10s
2	减速时间	Pr. 8	10s
3	加减速基准频率	Pr. 20	50Hz
4	基底频率	Pr. 3	50Hz
5	上限频率	Pr. 1	50Hz
6	下限频率	Pr. 2	0Hz
7	运行模式	Pr. 79	1

(1) 主电路接线不变,按图 4-2-14(b)所示连接 PLC、变频器控制电路.

(2) 检查无误后合上电源开关,执行"全部清除操作",将变频器参数全部清除,并回到"监视模式".

(3) 按 PU 操作面板上的"PU/EXT"键,将变频器切换到 PU 操作模式.

(4) 按操作面板上的“MODE”键，显示“参数设定”画面，设置表 4-2-9 中相关运行参数.

(5) 通过 PLC 程序或软件强制使 Y000 为 ON，转动电位器，电动机正向加速到 50Hz. 使 Y000 为 OFF，电动机停止运行.

(6) 通过 PLC 程序或软件强制使 Y001 为 ON，转动电位器，电动机反向加速到 50Hz. 使 Y001 为 OFF，电动机停止运行.

活动评价

一、活动记录

活动记录见附表 1.

二、活动实施评价表

活动实施评价表见表 4-2-10.

表 4-2-10　　活动实施评价表

活动名称：变频器控制电动机的正反转			班级： 小组： 姓名：					
评价项目	评价标准	评价依据	评价方式			权重	得分	总分
			学生自评	小组评价	教师评价			
			0.2	0.3	0.5			
职业素质	(1) 遵守安全管理规定和工作劳动纪律 (2) 按时按要求完成学习及工作任务 (3) 工作积极主动、勤学好问 (4) 工作岗位 6S 完成情况良好	(1) 出勤 (2) 工作态度 (3) 劳动纪律 (4) 团队协作精神				0.2		
专业能力	(1) 能设计变频器控制线路 (2) 能设置变频器运行参数 (3) 能调试变频控制系统	(1) 操作的准确性和规范性 (2) 专业技能完成情况 (3) 工作页或报告完成情况				0.7		
创新能力	(1) 在任务完成过程中能提出自己的有一定见解的方案 (2) 在教学或生产管理上提出的建议具有创新性	(1) 方案的可行性及意义 (2) 建议的可行性				0.1		
指导教师综合评价	指导教师签名：　　　日期：							

活动三　变频器的多段速调速

活动描述

为适应现场的需要，可以用参数将多种运行速度预先设定，通过输入端子进行变频器多段速度的转换．本活动要实现电动机的7段速运行，要求每按一次启动按钮依次加速运行，每按一次停止按钮依次减速运行，多段速度运行曲线如图4-2-15所示．本活动将学习如何正确设置变频器相关运行参数，编写PLC控制程序，实现多段速度控制线路的安装与调试．

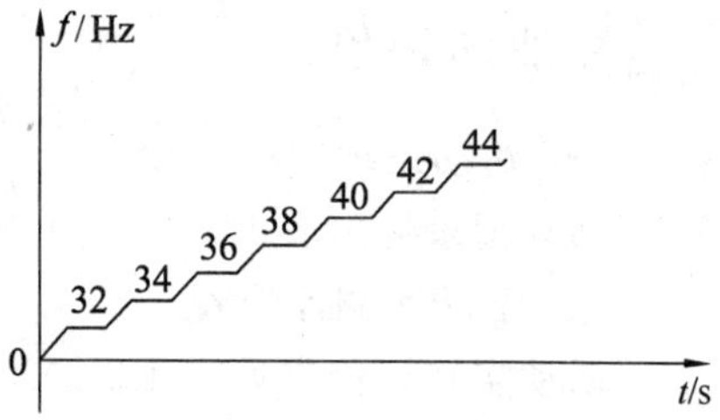

图4-2-15　7段速度运行曲线

学习目标

◇ 掌握变频器多段速度运行参数的设定方法．

◇ 理解多段速度各参数的意义．

◇ 会连接变频器外部接线，实现多段速度运行．

学习地点

PLC综合控制实训室（配备多媒体教学设备）．

学习准备

PLC、变频器、传感器参考书，三菱 FX_{2N}-48MR（或 FX_{3U}-48MR）PLC控制板，FR-E740变频器实训板，常用电工工量具一套，导线，计算机等．

知识准备

一、频率跳变

用变频器为交流电动机供电时，系统可能发生振荡现象，使变频器过电流保护或者使系统跳闸．发生振荡的原因有两个：一是电气频率与机械频率发生共振；二是由纯电气电路引起的，比如功率开关管的死区控制时间、中间直流回路电容电压的波动以及电动机滞后电流的影响等．在下列情况下容易发生振荡现象：

(1) 负载轻或没有负载．

(2) 机械系统惯性．

(3) 变频器PWM波形的载波频率高．

(4) 电动机和负载连接松动．

振荡现象只在某些频率范围内发生，为了避免其发生，变频器设有频率跳变功能，以避开那些共振发生的频率点，防止机械系统固有频率产生的共振. FR－E740 变频器通过 Pr. 31～Pr. 32、Pr. 33～Pr. 34、Pr. 35～Pr. 36 设定三个跳变区域，跳变频率可以设定为各区域的上点或下点，如图 4-2-16 所示. Pr. 31 为“频率跳变 1A”，Pr. 33 为“频率跳变 2A”，Pr. 35 为“频率跳变 3A”，1A、2A 或 3A 的设定值为跳变点，变频器以这个频率运行. 当不使用频率跳变功能时，Pr. 31～Pr. 36 应设定为 9999. 在加减速时，设定范围内的运行频率仍然有效.

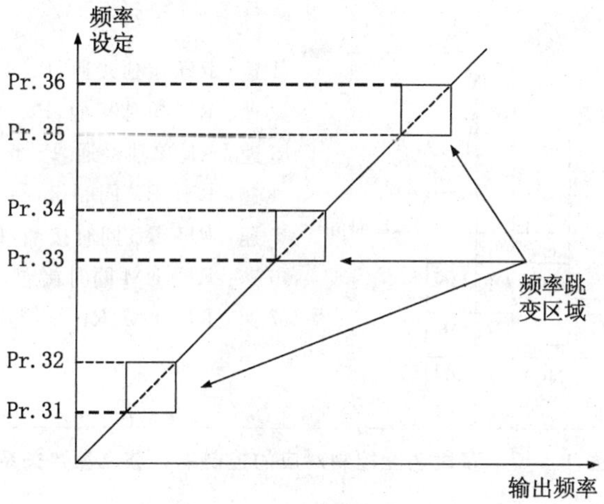

图 4-2-16　跳变区域示意图

二、多段速度运行模式的操作

变频器在外部操作模式或组合操作模式 2 下，可以通过控制外接的开关器件的组合通断来改变输入端子的状态. 这种控制频率的方式称为多段速度控制功能.

FR－E740 变频器的速度控制端子是 RH、RM 和 RL. 通过这些开关的组合可以实现 3 段、7 段的控制.

转速的切换：由于转速的挡次是按二进制的顺序排列的，故三个输入端可以组合成 3 挡至 7 挡（0 状态不计）转速. 其中，3 段速度由 RH、RM、RL 单个通断来实现. 7 段速度由 RH、RM、RL 通断的组合来实现.

7 段速度的各自运行频率则由参数 Pr. 4～Pr. 6（设置前 3 段速度的频率）、Pr. 24～Pr. 27（设置第 4 段速度至第 7 段速度的频率）设定. 对应的控制端状态及参数关系如图 4-2-17 所示.

多段速度在 PU 运行和外部运行中都可以设定. 运行期间参数值也能被改变.

在 3 速设定的场合，2 速以上同时被选择时，低速信号的设定频率优先.

参数号	出厂设定	设定范围	备注
Pr. 4	50Hz	0～400Hz	
Pr. 5	30Hz	0～400Hz	
Pr. 6	10Hz	0～400Hz	
Pr. 24～Pr. 27	9999	0～400Hz,9999	9999:未选择

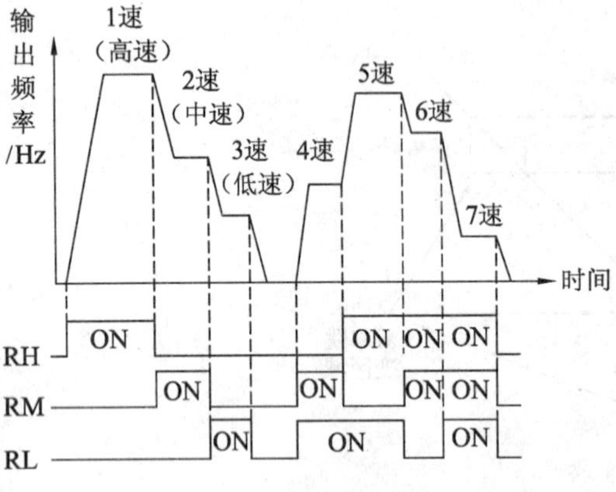

1 速：RH 单独接通，Pr. 4 设定频率
2 速：RM 单独接通，Pr. 5 设定频率
3 速：RL 单独接通，Pr. 6 设定频率
4 速：RM、RL 同时接通，Pr. 24 设定频率
5 速：RH、RL 同时接通，Pr. 25 设定频率
6 速：RH、RM 同时接通，Pr. 26 设定频率
7 速：RH、RM、RL 全接通，Pr. 27 设定频率

图 4-2-17　多段速度控制对应的控制端状态及参数关系

三、外部端子的功能选择

能够通过参数 Pr. 178～Pr. 184 对应选择设定 STF、STR、RL、RM、RH、MRS、RES 输入端子的功能. 端子功能选择参数 Pr. 178～Pr. 184 具体设定值见表 4-2-11.

表 4-2-11　端子功能选择参数 Pr. 178～Pr. 184 具体设定表

设定值	信号端子名称	功　能	相关参数
0	RL	低速运行指令	Pr. 4～Pr. 6、Pr. 24～Pr. 27 Pr. 232～Pr. 239
1	RM	中速运行指令	Pr. 4～Pr. 6、Pr. 24～Pr. 27 Pr. 232～Pr. 239
2	RH	高速运行指令	Pr. 4～Pr. 6、Pr. 24～Pr. 27 Pr. 232～Pr. 239
5	JOG	点动运行选择	Pr. 15、Pr. 16
8	REX	15 速选择(同 RL、RM、RH 的多段速度组合)	Pr. 4～Pr. 6、Pr. 24～Pr. 27 Pr. 232～Pr. 239

如果通过 Pr. 178～Pr. 184(输入端子功能选择)变更端子分配，有可能会对其他的功能产生影响. 请在确认各端子的功能后，再进行设定.

1 个功能能够分配给 2 个以上的多个端子. 此时，各端子的输入取逻辑和. 速度指令的优先顺序为点动、多段速度设定(RH、RM、RL、REX)、PID(X014). 当没有设定 X010 信号(连接 FR-HC、FR-CV 的变频器运行许可信号)，或者在运行模式选择 Pr. 79＝7 的情况下未分配 PU 运行外部互锁(X012)信号时，MRS 信号共享此功能.

四、PLC 与变频器的连接方式

当利用变频器构成自动控制系统进行控制时，许多情况下采用与 PLC 等上位机配合使用. PLC 可提供控制信号(如速度)和指令通断信号(启动、停止、反向).

1. 开关型信号的输入

变频器的开关信号通常有对运行/停止、正转/反转、微动等运行状态进行操作的信号. 变频器通常利用继电器触点或具有继电器触点开关特性的元器件(如晶体管)与上位机连接，获取运行状态指令，如图 4-2-18 所示.

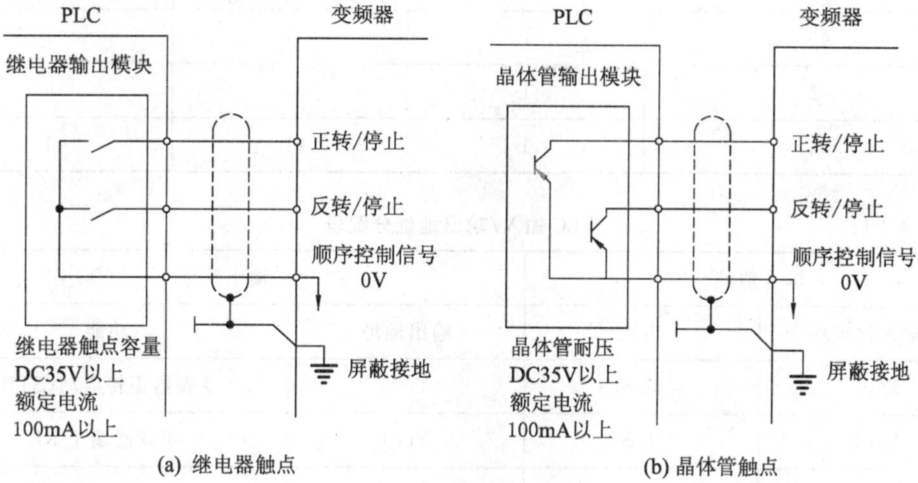

图 4-2-18　运行信号的连接方式

2. 数值型信号的输入

变频器中也存在一些数值型(如频率、电压等)指令信号的输入，可分为数字输入和模拟输入两种. 数字输入多采用变频器面板上的键盘操作和串行接口来设定. 模拟输入则通过接线端子由外部给定，通常是通过 0～10V/0～5V 的电压信号或 4～20mA 的电流信号输入，如图 4-2-19 所示. 由于接口电路因输入信号而异，必须根据变频器的输入阻抗选择 PLC 的输出模块.

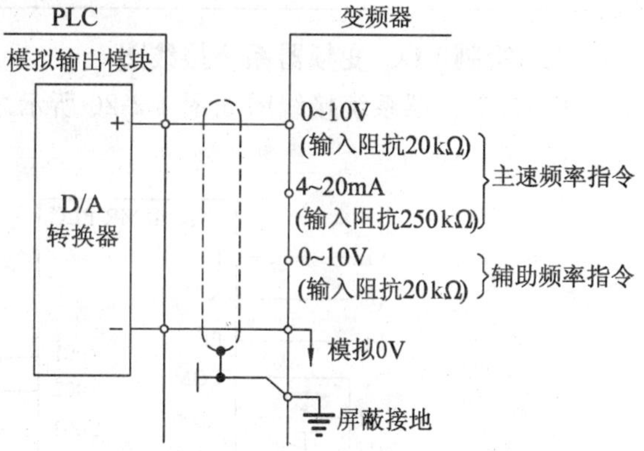

图 4-2-19　频率指令信号与变频器的连接

活动实施

一、分配 PLC 输入/输出地址

本活动中变频器输出频率分为 7 段，每段相差 2Hz，其速度运行曲线如图 4-2-15 所示，7 段频率是通过 RH、RM、RL 控制端子的组合状态实现控制的，各端子的状态与对应频率见表 4-2-12. 电动机只需单向运行，由变频器 STF 端子控制，此外还需系统启动、停止控制信号. 综上所述，PLC 输入/输出地址分配见表 4-2-13.

表 4-2-12　　变频器 RH、RM、RL 端子状态与对应频率关系表

对应频率/Hz	RH	RM	RL
32	0	0	1
34	0	1	0
36	1	0	0
38	0	1	1
40	1	0	1
42	1	1	0
44	1	1	1

表 4-2-13　　PLC 输入/输出地址分配表

输入地址		输出地址	
输入地址	功能	输出地址	功能
X000	启动 SB1	Y000	变频器正转启动(STF)
X001	停止 SB2	Y001	变频器端子 RL
		Y002	变频器端子 RM
		Y003	变频器端子 RH

二、绘制 PLC、变频器系统接线图

PLC、变频器系统接线图如图 4-2-20 所示.

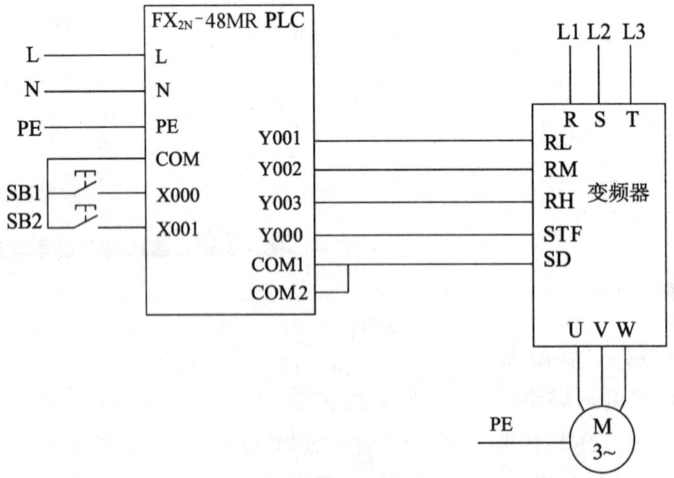

图 4-2-20　PLC、变频器多段速度控制系统接线图

三、确定变频器参数

1. 确定基本运行参数

变频器在正常运行时，需对提升转矩、上下限频率、加减速时间等基本运行参数进行设置，本任务中变频器基本运行参数见表 4-2-14.

表 4-2-14　　变频器基本运行参数

参数名称	参数号	参考值	备　注
提升转矩	Pr. 0	5%	一般由管阻设定
上限频率	Pr. 1	50Hz	电动机额定运行频率
下限频率	Pr. 2	0Hz	—
基底频率	Pr. 3	50Hz	电动机额定运行频率
加速时间	Pr. 7	3s	—
减速时间	Pr. 8	2s	—
电子过流保护	Pr. 9	3A	电动机额定电流
加减速基准时间	Pr. 20	50Hz	—
参数写入选择	Pr. 77	2	可在所有模式中不受运行状态限制写入参数
操作模式	Pr. 79	2	外部运行模式
频率跳变 1A	Pr. 31	40.5	—
频率跳变 2B	Pr. 32	41.5	—

2. 确定 7 段速度运行参数

变频器 7 段速度运行时，具体每段运行频率由 Pr. 4～Pr. 6、Pr. 24～Pr. 27 等 7 个参数确定. 变频器运行参数见表 4-2-15.

表 4-2-15　　7 段速度运行参数

参数名称	参数号	设定值	备　注
第一段频率	Pr. 4	32Hz	RL 端子为 ON 时变频器输出频率
第二段频率	Pr. 5	34Hz	RM 端子为 ON 时变频器输出频率
第三段频率	Pr. 6	36Hz	RH 端子为 ON 时变频器输出频率
第四段频率	Pr. 24	38Hz	RM、RL 端子为 ON 时变频器输出频率
第五段频率	Pr. 25	40Hz	RH、RL 端子为 ON 时变频器输出频率
第六段频率	Pr. 26	42Hz	RH、RM 端子为 ON 时变频器输出频率
第七段频率	Pr. 27	44Hz	RH、RM、RL 端子为 ON 时变频器输出频率

四、编写 PLC 控制程序

PLC 控制程序如图 4-2-21 所示. 启动按钮 X000、停止按钮 X001 通过加减指令对寄存器

D0 实现加减操作，通过比较指令、传送指令得出电动机多段速度运行频率并控制变频器运行.

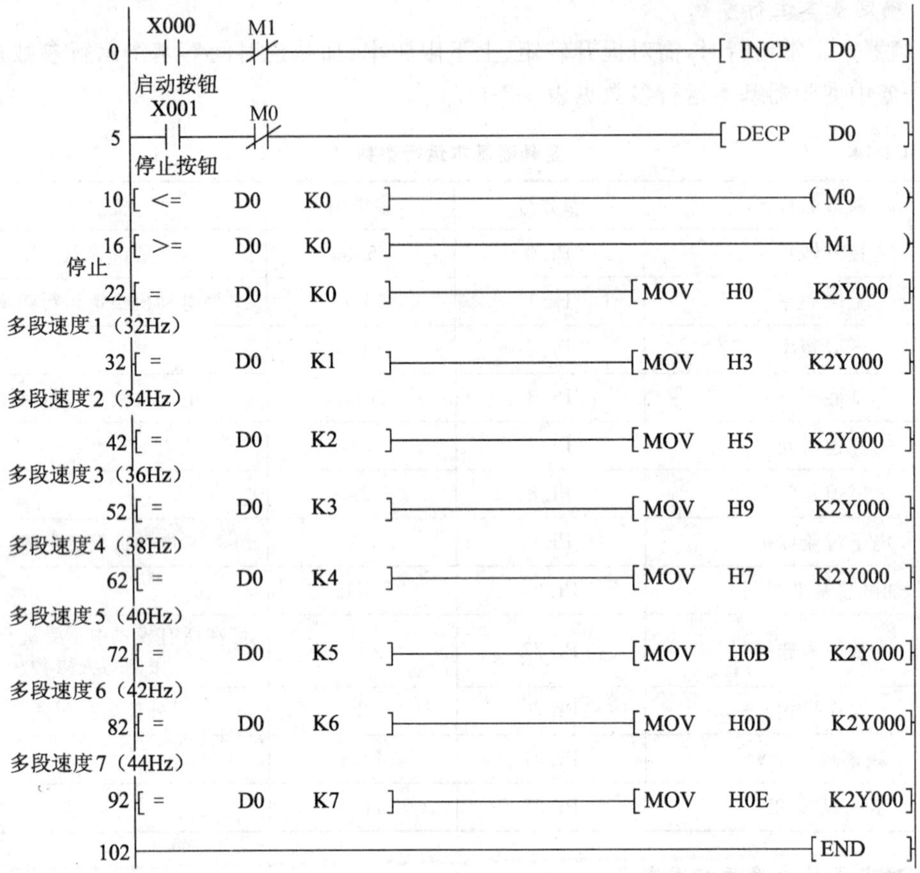

图 4-2-21　PLC 控制程序

五、系统调试

（1）按照变频器外部接线图完成变频器的接线，认真检查，确保正确无误.

（2）打开电源开关，按照参数功能表正确设置变频器运行参数.

（3）通过 GX 编程软件编写下载 PLC 控制程序.

（4）观察每次按下启动按钮或停止按钮，电动机工作频率是否依次递增或递减，并观察每段工作频率运行时变频器 RH、RM、RL、REX 端子的状态，记录在表 4-2-16 中.

表 4-2-16　　变频器 RH、RM、RL、REX 端子的状态

运行频率/Hz	32Hz	34Hz	36Hz	38Hz	40Hz	42Hz	44Hz
RH 状态							
RM 状态							
RL 状态							
REX 状态							

活动评价

一、活动记录

活动记录见附表 1.

二、活动实施评价表

活动实施评价表见表 4-2-17.

表 4-2-17　　　　活动实施评价表

活动名称：变频器的多段速调速			班级：＿＿＿ 小组：＿＿＿ 姓名：＿＿＿					
评价项目	评价标准	评价依据	评价方式			权重	得分	总分
			学生自评	小组评价	教师评价			
			0.2	0.3	0.5			
职业素质	(1) 遵守安全管理规定和工作劳动纪律 (2) 按时按要求完成学习及工作任务 (3) 工作积极主动、勤学好问 (4) 工作岗位 6S 完成情况良好	(1) 出勤 (2) 工作态度 (3) 劳动纪律 (4) 团队协作精神			0.2			
专业能力	(1) 会设计变频器多段速度调速的 PLC 控制接线图 (2) 能设置变频器多段速度调速的相关参数 (3) 能设计、调试 PLC 控制程序	(1) 操作的准确性和规范性 (2) 专业技能完成情况 (3) 工作页或报告完成情况			0.7			
创新能力	(1) 在任务完成过程中能提出自己的有一定见解的方案 (2) 在教学或生产管理上提出的建议具有创新性	(1) 方案的可行性及意义 (2) 建议的可行性			0.1			
指导教师综合评价	指导教师签名：　　　　日期：							

活动四　变频器与 PLC 的通信

活动描述

通常变频器控制可通过 PU 操作面板和外部输入信号控制，但是现在越来越多的场合对变频器进行网络通信和监控. 本活动将学习变频器与 PLC 的通信，实现对变频器的运行和频率设定的控制.

学习目标

◇ 了解变频器 PU 接口的端子排列.

◇ 掌握 PLC 与变频器的通信规格、参数设定、数据格式和编程方法.

◇ 熟悉变频器与 PLC 通信的连接方法.

◇ 能实现 PLC 对变频器的通信控制.

学习地点

PLC 综合控制实训室(配备多媒体教学设备).

学习准备

PLC、变频器、传感器参考书,三菱 FX_{2N}-48MR(或 FX_{3U}-48MR)PLC 控制板,FR-E740 变频器,常用电工工量具一套,导线,计算机等.

知识准备

一、FX_{2N}-485BD 与 PLC 的连接

FX_{2N}-485BD 与三菱 FR-E740 变频器的通信接线如图 4-2-22 所示,RJ45 水晶头插入变频器的 PU 接口,另一端的对应信号线接在 FX_{2N}-485 BD.

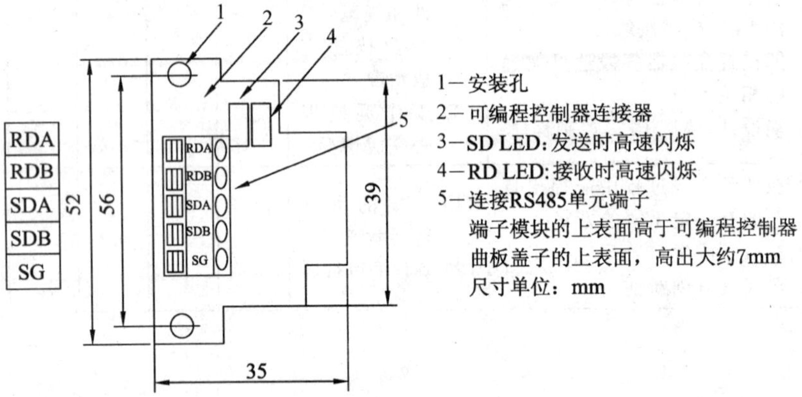

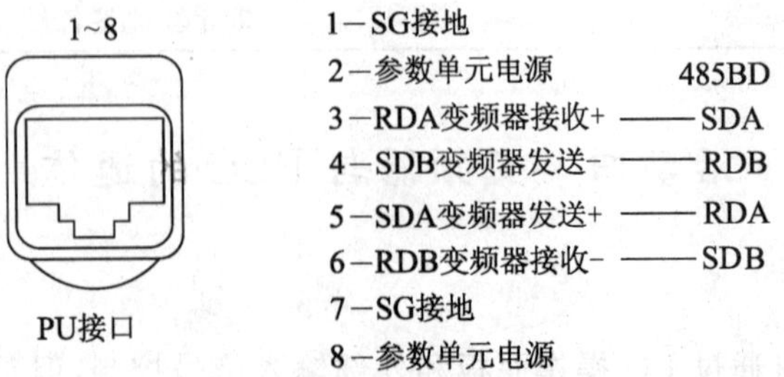

图 4-2-22 FX_{2N}-485BD 与三菱 FR-E740 变频器的通信接线

FX_{2N}-485BD 与三菱 PLC 的通信接线如图 4-2-23 所示.

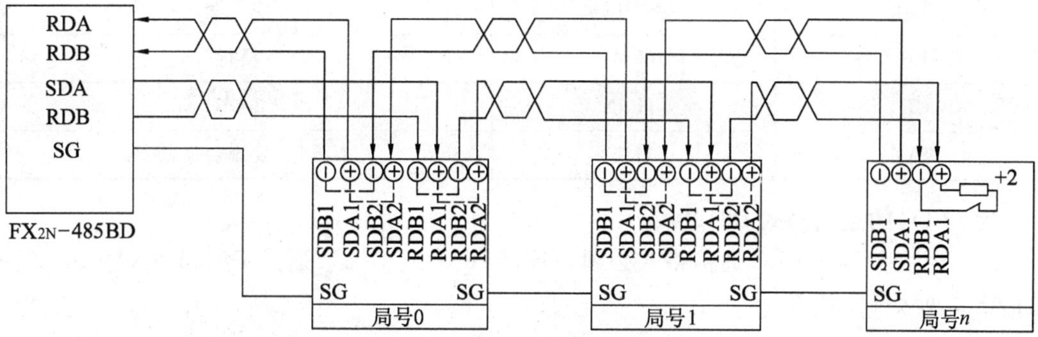

图 4-2-23　PLC 与变频器 FX_{2N}-485BD 的通信接线

二、PLC 与变频器之间的数据通信执行过程

PLC 与变频器之间的数据通信执行过程如图 4-2-24 所示. 其中,①是指如果发现数据错误则进行再试,即从用户程序执行再试操作. 如果连续再试次数超过参数设定值,变频器进入报警停止状态. ②是指接收一个错误数据时,变频器给 PLC 返回再试数据,如果连续数据错误次数达到或超过参数设定值,变频器也进入报警停止状态.

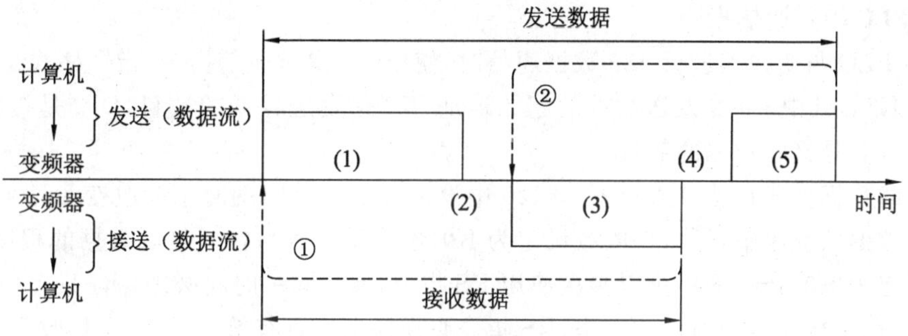

图 4-2-24　通信过程图

三、数据定义

(1) 控制代码:控制代码的定义见表 4-2-18.

(2) 变频器站号:规定与 PLC 通信的站号,在 H00～H1F 之间设定.

(3) 指令代码:由 PLC 发给变频器,指明程序要求.

(4) 数据:表示与变频器传输的数据,如频率和参数.

表 4-2-18　控制代码的定义

信号	ASCII 码	说　明
STX	H02	数据开始
ETX	H03	数据结束
ENQ	H05	通信请求
ACK	H06	承认(没有发现数据错误)

续表

信号	ASCII 码	说　明
LF	H0A	换行
CR	H0D	回车
NAK	H15	不承认(发现数据错误)

四、PLC 的通信格式 D8120

通信时变频器和 PLC 通信格式必须一致,PLC 的通信参数通过 D8120 来设定. PLC 的通信格式见表 4-2-19.

表 4-2-19　　PLC 的通信格式

B15	B14	B13	B12	B11	B10	B9	B8	B7	B6	B5	B4	B3	B2	B1	B0
0	0	0	0	0	0	0	0	1	0	0	1	1	1	1	1
使用 RS 指令			保留	发送和接收	保留	无起始符无停止符		波特率为 19.2bit/s				2 位停止位	偶数		8 位数据

五、PLC 串行通信指令

FX_{2N} PLC 与变频器进行 485 数据通信时,使用 RS 串行通信指令,指令格式是[RS　D0 K8 D10　K8],其中 D0 是发送数据的起始地址,K8 是发送数据的数目,D10 是接收数据的起始地址,K8 是接收数据的数目.

传送的数据格式在特殊寄存器 D8120 中设定. RS 指令驱动时不能改变 D8120 的设定. 在只发送数据的程序中,可将接收数设定为 K0(K 表示常数);在只接收数据的程序中,可将发送数设定为 K0. 在程序中可以多次使用 RS 指令,但在同一时间必须保证只有一个 RS 指令被驱动. 在一次完整的通信过程中,RS 指令必须保持一直有效,直至数据接收完成.

1. D8120 说明

通信数据格式则通过特殊寄存器 D8120 来设置,D8120 设置具体参见表 4-2-20. 例如,通信要求数据长 8 位,偶校验(EVEN),停止位 2 位,传输速度 19200bps,则应传送 H9F 到特殊寄存器 D8120 中,程序如图 4-2-25 所示.

表 4-2-20　　特殊寄存器 D8120 格式

位号	名称	内　容	
		0(为 OFF)	1(为 ON)
b0	数据长	7 位	8 位
b1 b2	奇偶性	b1,b2 (0,0):无 (0,1):奇数(ODD) (1,1):偶数(EVEN)	
b3	停止位	1 位	2 位

续表

位号	名称	内　容	
		0(为OFF)	1(为ON)
b4 b5 b6 b7	传送速率 (bps)	b4,b5,b6,b7 (0,0,1,1)=300 (0,1,1,1)=4800 (0,1,0,0)=600 (1,0,0,0)=9600 (0,1,0,1)=1200 (1,0,0,1)=19200 (0,1,1,0)=2400	

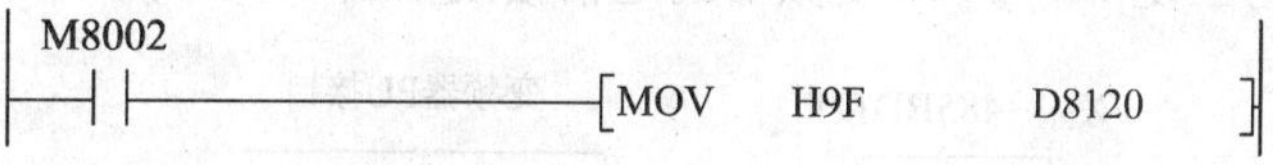

图4-2-25　通信格式设置D8120=H9F程序

2. 相关标志位

(1) M8122:数据发送请求标志.

当PLC处于接收完成状态或接收等待状态时,用脉冲触发M8122,使得从D0开始的连续8个数据被发送.当发送完成后,M8122自动被复位.当RS指令的驱动输入X000变为ON状态时,PLC就进入接收等待状态.

(2) M8123:数据接收完成标志.

当M8123置位时,表明接收已经完成,此时需要将接收到的数据从接受缓冲区转移到用户指定的数据区,然后手工复位M8123.复位M8123后,则PLC再次进入接收等待状态.

如果指定的接收长度为0,则M8123不动作,也不进入接收等待状态.从这个状态想进入接收等待状态,必须使接受长度大于0,然后使M8123由ON变为OFF.

(3) M8129:通信超时标志.

接收数据中途中断时,如果在D8129规定的时间内不再重新开始接收,超时输出标志M8129变为ON状态,则接收结束.M8129需手工复位.

(4) M8161:8位/16位选择.

当M8161为OFF时,数据帧处理的是16位有效数据,也就是一个字包含两个有效的信息字符,发送和接收都是按先低字节后高字节的顺序.

当M8161为ON时,数据帧处理的是8位有效数据,也就是一个字包含一个有效的信息字符,放在低字节中,高字节信息被忽略.

活动实施

一、分配PLC软元件地址

根据控制要求分配PLC的软元件地址,如表4-2-21所示.

表 4-2-21　　　　I/O 地址分配表

输入地址	功　能
X000	正转按钮
X001	停止按钮
X002	反转按钮
X003	读取变频器运行频率
X004	写入变频器运行频率

二、PLC 与变频器通信连接

FX_{2N}-485BD 与三菱 FR-E740 变频器的通信接线如图 4-2-26 所示.

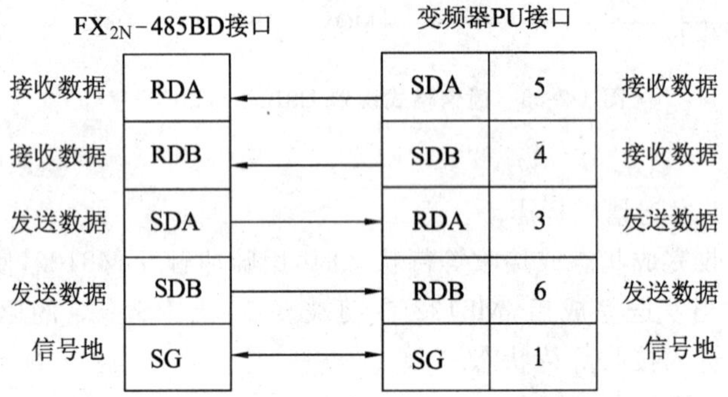

图 4-2-26　FX_{2N}-485BD 与变频器接线图

三、设置变频器参数

变频器通信参数如表 4-2-22 所示.

表 4-2-22　　　　通信参数表

参数号	参数名称	设定值	说　明
Pr. 117	站号	0	设定变频器站号为 0
Pr. 118	通信速率	96	设定波特率为 9600bps
Pr. 119	停止位长/数据位长	11	设定停止位 2 位,数据位 7 位
Pr. 120	奇偶校验有/无	2	设定为偶校验
Pr. 121	通信再试次数	9999	即使发生通信错误,变频器也不停止
Pr. 122	通信校验时间间隔	9999	通信校验终止
Pr. 123	等待时间设定	9999	用通信数据设定
Pr. 124	CR、CL 有/无旋转	0	选择无 CR、LF
Pr. 340	通信启动模式的选择	10	网络运行模式

续表

参数号	参数名称	设定值	说　明
Pr. 549	协议的选择	0	三菱变频器(计算机链接)协议
Pr. 338	通信运行指令权	1	启动指令权外部
Pr. 339	通信运行指令权	1	频率指令权外部
Pr. 79	操作模式	0	—

四、PLC 设置与编程

1. 设置 PLC 通信参数

M8161=1,表示为 8 位处理模式.

通过【MOV H0C8E D8120】来确定 PLC 的通信格式,如 8120 设为 H0C8E 时,PLC 的通信格式见表 4-2-23.

表 4-2-23　　PLC 的通信格式

<table>
<tr><td>B15</td><td>B14</td><td>B13</td><td>B12</td><td>B11</td><td>B10</td><td>B9</td><td>B8</td><td>B7</td><td>B6</td><td>B5</td><td>B4</td><td>B3</td><td>B2</td><td>B1</td><td>B0</td></tr>
<tr><td>0</td><td>0</td><td>0</td><td>0</td><td>0</td><td>1</td><td>0</td><td>0</td><td>1</td><td>0</td><td>0</td><td>0</td><td>1</td><td>1</td><td>1</td><td>0</td></tr>
<tr><td colspan="3">使用 RS 指令</td><td>保留</td><td>发送和接收</td><td>保留</td><td colspan="2">无起始位
无停止位</td><td colspan="4">波特率为 9600bit/s</td><td>2 位停止位</td><td colspan="2">偶数</td><td>7 位数据</td></tr>
</table>

PLC 控制变频器正转、反转、停止运行的命令 ASCII 码见表 4-2-24.

表 4-2-24　　数据代码表

名 称	正转 H02 数据 ASCII 码	反转 H04 数据 ASCII 码	停止 H00 数据 ASCII 码
变频器操作命令代码	H30	H30	H30
	H32	H34	H30
变频器校验数据代码	H34	H34	H34
	H39	H42	H37

2. 编写 PLC 控制程序

PLC 控制程序如图 4-2-27 所示. 按下正转 X000 后变频器进入正转运行状态;按下停止 X001 后变频器进入停止状态;按下反转 X002 后变频器进入反转运行状态;按下 X003 后读取变频器的运行频率并存到 D700 中;按下 X004 后将 D400 中设置值写入到变频器的运行频率中.

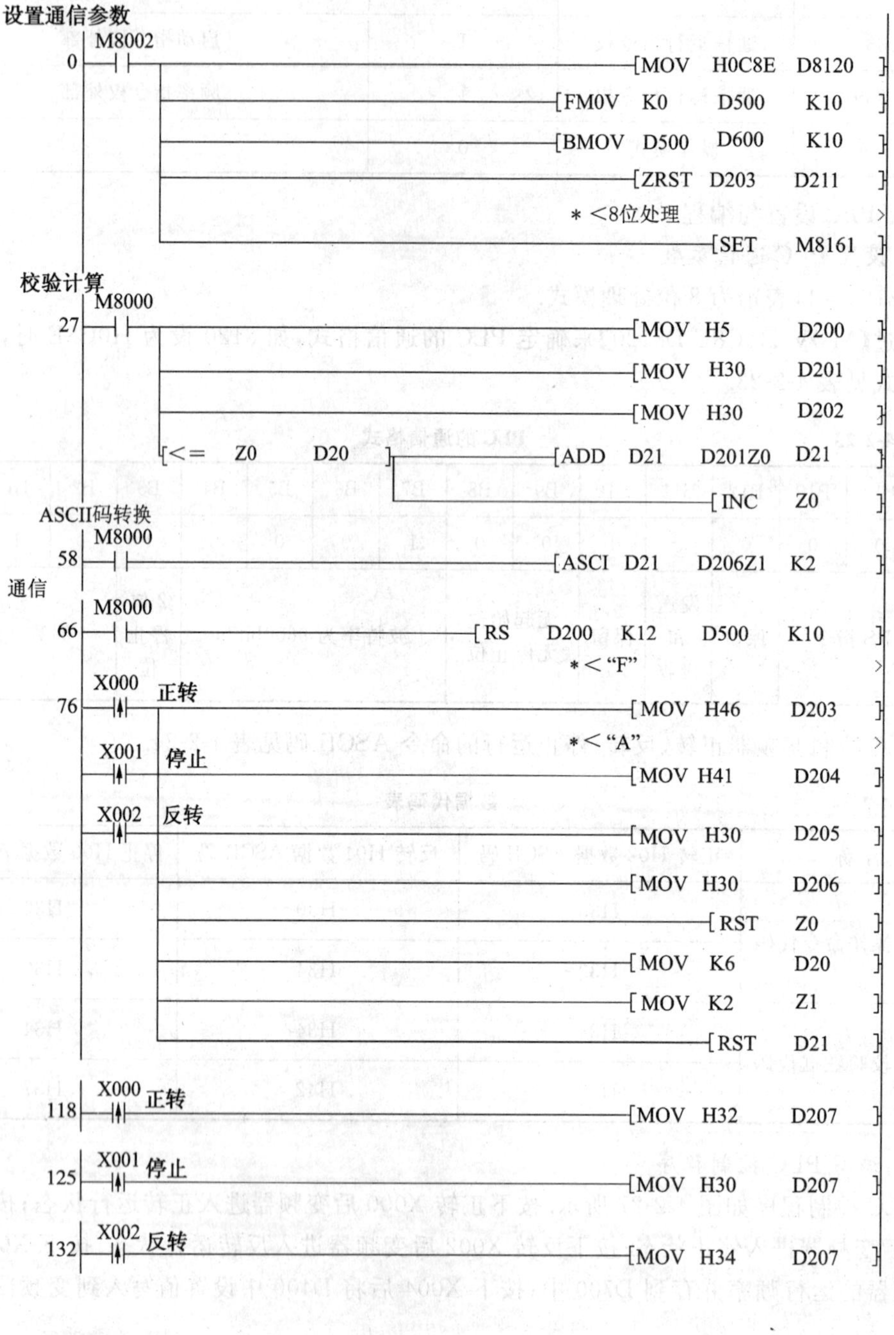
设置通信参数
M8002
0
[MOV H0C8E D8120]
[FM0V K0 D500 K10]
[BMOV D500 D600 K10]
[ZRST D203 D211]
*<8位处理>
[SET M8161]
校验计算
M8000
27
[MOV H5 D200]
[MOV H30 D201]
[MOV H30 D202]
[<= Z0 D20]
[ADD D21 D201Z0 D21]
[INC Z0]
ASCII码转换
M8000
58
[ASCI D21 D206Z1 K2]
通信
M8000
66
[RS D200 K12 D500 K10]
*<"F">
X000
76
正转
[MOV H46 D203]
*<"A">
X001
停止
[MOV H41 D204]
X002
反转
[MOV H30 D205]
[MOV H30 D206]
[RST Z0]
[MOV K6 D20]
[MOV K2 Z1]
[RST D21]
X000
118
正转
[MOV H32 D207]
X001
125
停止
[MOV H30 D207]
X002
132
反转
[MOV H34 D207]

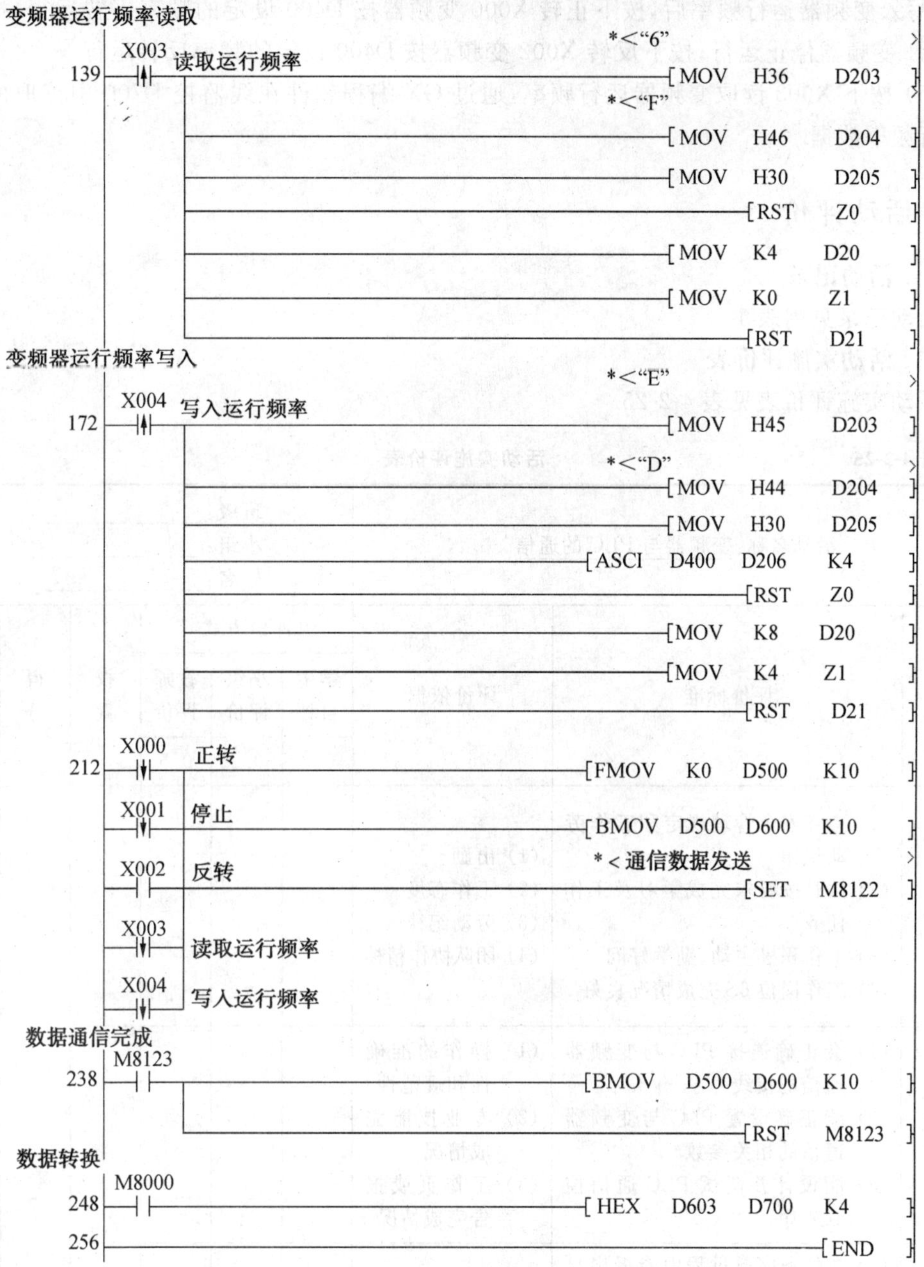

图 4-2-27　PLC 控制程序

五、运行与调试

(1) 连接变频器主电路、PLC 输入电路，制作 PLC、变频器通信数据电缆.

(2) 按表 4-2-22 所示参数表设置变频器通信运行参数，参数设置完成后要断电再上电复位进行变频器的复位，如不进行复位，通信不能进行.

(3) 用 GX 编程软件输入 PLC 程序，并下载到 PLC 中.

(4) 使用 GX 编程软件进行在线运行调试，首先将变频器运行频率写入 D400 中，按下

X004 写入变频器运行频率后，按下正转 X000 变频器按 D400 设定的频率正转运行，按下停止 X001 变频器停止运行，按下反转 X002 变频器按 D400 设定的频率反转运行.

（5）按下 X003 读取变频器运行频率，通过 GX 编程软件在线监控 D700 中读取的变频器运行频率数据.

活动评价

一、活动记录

活动记录见附表 1.

二、活动实施评价表

活动实施评价表见表 4-2-25.

表 4-2-25　　活动实施评价表

<table>
<tr><td colspan="3">活动名称：变频器与 PLC 的通信</td><td colspan="6">班级：
小组：
姓名：</td></tr>
<tr><td rowspan="3">评价项目</td><td rowspan="3">评价标准</td><td rowspan="3">评价依据</td><td colspan="3">评价方式</td><td rowspan="3">权重</td><td rowspan="3">得分</td><td rowspan="3">总分</td></tr>
<tr><td>学生自评</td><td>小组评价</td><td>教师评价</td></tr>
<tr><td>0.2</td><td>0.3</td><td>0.5</td></tr>
<tr><td>职业素质</td><td>（1）遵守安全管理规定和工作劳动纪律
（2）按时按要求完成学习及工作任务
（3）工作积极主动、勤学好问
（4）工作岗位 6S 完成情况良好</td><td>（1）出勤
（2）工作态度
（3）劳动纪律
（4）团队协作精神</td><td></td><td></td><td></td><td>0.2</td><td></td><td rowspan="3"></td></tr>
<tr><td>专业能力</td><td>（1）会正确连接 PLC 与变频器通信的接线
（2）能正确设置 PLC 与变频器通信的相关参数
（3）能设计并调试 PLC 通信控制程序</td><td>（1）操作的准确性和规范性
（2）专业技能完成情况
（3）工作页或报告完成情况</td><td></td><td></td><td></td><td>0.7</td><td></td></tr>
<tr><td>创新能力</td><td>（1）在任务完成过程中能提出自己的有一定见解的方案
（2）在教学或生产管理上提出的建议具有创新性</td><td>（1）方案的可行性及意义
（2）建议的可行性</td><td></td><td></td><td></td><td>0.1</td><td></td></tr>
<tr><td>指导教师综合评价</td><td colspan="8">指导教师签名：　　　　日期：</td></tr>
</table>

活动五　使用编码器实现传送带的定位控制

活动描述

在机械位置测量、机械传动控制中经常用旋转编码器来检测位置. 旋转编码器发出的是脉冲信号，若能得到它们发出的脉冲数，就可以计算出对应的位置值. 所以位置的测量，关键是对旋转编码器发出的脉冲进行计数. 在此，可利用高速计数器来实现对旋转编码器发出的脉冲进行计数.

本活动要求皮带机运行时，按下启动按钮，传送带以 20Hz 频率运行，当传送带进料口的光电传感器检测到物料时，传送带以 30Hz 频率运行. 若物料为塑料，则将其送至 B 槽位置，停止 5s 后继续以 20Hz 频率运行；若物料为金属，则将其送至 A 槽位置，停止 5s 后继续以 20Hz 频率运行. 按下停止按钮，传送带立即停止运行(物料自行取走).

学习目标

◇ 理解编码器的工作原理.

◇ 熟悉编码器的结构与功能.

◇ 会连接 PLC 与编码器并编程控制.

学习地点

PLC 综合控制实训室(配备多媒体教学设备).

学习准备

PLC、变频器、传感器参考书，三菱 FX_{2N}-48MR(或 FX_{3U}-48MR)PLC 控制板，FR-E740 变频器，常用电工工量具一套，导线，计算机等.

知识准备

一、旋转编码器的结构与工作原理

旋转编码器是用来测量转速的装置，光电式旋转编码器通过光电转换，可将输出轴的角位移、角速度等机械量转换成相应的电脉冲以数字量输出(REP). 它分为单路输出和双路输出两种. 技术参数主要有每转脉冲数(几十个到几千个都有)、供电电压等. 单路输出是指旋转编码器的输出是一组脉冲，而双路输出的旋转编码器输出两组 A、B 相位差为 90°的脉冲，通过这两组脉冲不仅可以测量转速，还可以判断旋转的方向.

旋转编码器如以信号原理来分可分为增量脉冲编码器(SPC)和绝对脉冲编码器(APC).

增量式编码器是将位移转换成周期性的电信号，再把这个电信号转变成计数脉冲，用脉冲的个数表示位移的大小. 绝对式编码器的每一个位置对应一个确定的数字码，因此它的示值只与测量的起始和终止位置有关，而与测量的中间过程无关.

增量光电式旋转编码器的特点是每产生一个输出脉冲信号就对应一个增量位移角，即能产生与轴角位移增量等值的电脉冲. 图 4-2-28 所示为增量光电式旋转编码器的原理. 旋转编码器由以下 4 个基本部分组成：光源、转盘（动光栅）、遮光板（定光栅）以及光栅元件. 转动圆盘上刻有均匀的透光缝隙，相邻两个透光缝隙之间代表一个增量周期. 遮光板上刻有与转盘相应的透光缝隙，用来通过或阻挡光源与位于遮光板后面的光敏元件之间的光线，通常遮光板上所刻制的两条缝隙使输出信号的电角度相差 90°，即所谓两路输出信号正交. 同时，在增量光电式旋转编码器中还有用作参考零位的标志脉冲. 因此，在转动圆盘和遮光板相同半径的对应位置上刻有一道透光缝隙. 标志脉冲通常与数据通道有着特定的关系，用来表示机械位置或对累积量清零.

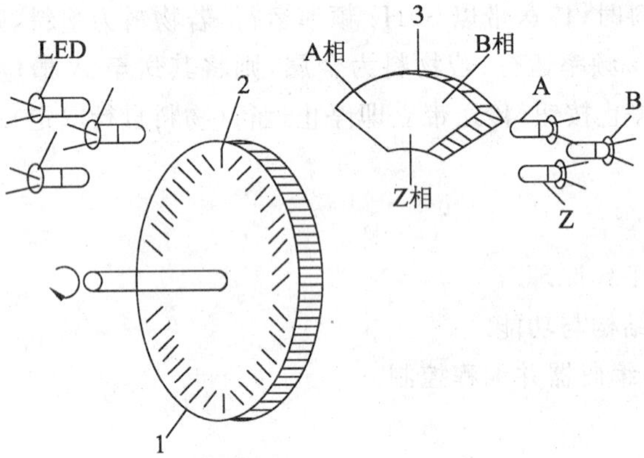

图 4-2-28　增量光电式旋转编码器的构造

1. 旋转编码的安装步骤

(1) 把耦合器穿到轴上. 不要用螺钉固定耦合器和轴.

(2) 固定旋转编码器. 编码器的轴与耦合器连接时，插入量不能超过下列值：E69-C04B 型耦合器，插入量为 5.2mm；E69-C06B 型耦合器，插入量为 5.5mm；E69-C10B 型耦合器，插入量为 7.1mm.

(3) 固定耦合器. 紧固力矩不能超过下列值：E69－C04B 型耦合器，紧固力矩为 2.0N·m；E69-C06B 型耦合器，紧固力矩为 2.5N·m；E69B-C10B 型耦合器，紧固力矩为 4.5N·m.

(4) 连接电源输出线. 配线时必须关断电源.

(5) 检查电源，投入使用.

2. 配线及连接

(1) 配线应在电源 OFF 状态下进行. 电源接通时，若输出线接触电源线，则有时会损坏输出回路.

(2) 若配线错误，则有时会损坏内部回路，所以配线时应特别注意电源的极性等.

(3) 若和高压线、动力线并行配线，则有时会受到感应造成误动作或损坏.

(4) 编码器的连接电线需要延长时，最大长度应不超过 10m. 由于受到电线的分布容量影响，波形的上升、下降时间会延长，所以有问题时，应采用施密特回路等对波形进行整形.

另外，为了避免感应噪声等，也要尽量用最短距离配线. 集成电路输入时，要特别注意.

(5) 电线延长时，因导体电阻及线间电容的影响，波形的上升、下降时间变长，容易产生信号间的干扰(串音)，因此应使用电阻小、线间电容低的电线(双绞线、屏蔽线).

本活动中选用的旋转编码器的型号为 SC3806，实物图如图 4-2-29 所示，技术参数如表4-2-26 所示.

图 4-2-29　旋转编码器

表 4-2-26　旋转编码器的技术参数表

性能指标	技术参数
电源电流	DC 12～24V(＋10%)
输出相	A、B、Z 相
输出状态	开路集电极输出
输出容量	外加电压 DC 30V 以下，同步电流 30mA 以下，残留电压 0.4V 以下
输出相位差	A、B 相差 90°
最高响应频率	30kHz
启动转矩	10^{-3}N·m 以下
轴允许力	径向 10N，轴向 5N
允许最高转速	500r/min

二、高速计数器指令

1. 高速计数器指令

FX_{2N}系列 PLC 内置高速计数器 C235～C255，共 21 点，但只能共享 PLC 上 6 个高速输入端 X000～X005，所以高速计数器一次最多能使用 6 个. 表 4-2-27 是各类高速计数器对应输入端的接线分配表.

表 4-2-27　高速计数器输入端接线分配表

高速计数器类型	高速计数器地址编号	高速计数器输入端接线							
		X000	X001	X002	X003	X004	X005	X006	X007
单相单计数输入	C235	U/D							
	C236		U/D						
	C237			U/D					
	C238				U/D				
	C239					U/D			
	C240						U/D		
	C241	U/D	R						
	C242			U/D	R				
	C243				U/D	R			
	C244	U/D	R					S	

续表

高速计数器类型	高速计数器地址编号	高速计数器输入端接线							
		X000	X001	X002	X003	X004	X005	X006	X007
单相双计数输入	C245				R				S
	C246	L	D						
	C247	U	D	R					
	C248				U	D	R		
	C249	U	D	R				S	
	C250				U	D	R		S
双相双计数输入	C251	A	B						
	C252	A	B	R					
	C253				A	B	R		
	C254	A	B	R				S	
	C255				A	B	R		S

注：U—加计数输入；D—减计数输入；R—复位输入；S—启动输入；A—A 相输入；B—B 相输入

高速计数器是停电保持型，其经过值和设定值都是 32 位，经过值及触点状态都会记忆停电前的状态. 作为高速计数器的输入信号，建议使用电子开关信号；若是机械触点，由于振荡会产生技术误差，请务必注意.

2. **高速计数器指令应用示例**

(1) 单相单计数输入高速计数器.

单相单计数输入高速计数器地址编号为 C235～C244，共 10 点. 触点动作与 32 位双向计数器相同，通过控制 M8235～M8245 的状态可设定计数方式.

图 4-2-30 为无启动复位端单相单计数输入高速计数器计数过程梯形图. 当 X010 断开，M8235 为 OFF，此时 C235 为加计数方式，反之则为减计数方式. 由表4-2-27 可知，高速计数器 C235 的输入信号来自于 X000，C235 对 X000 信号增计数，当前值达到 1234 时，C235 常开触头接通，线圈 Y000 通电. X011 为复位信号，当 X011 接通时，C235 复位.

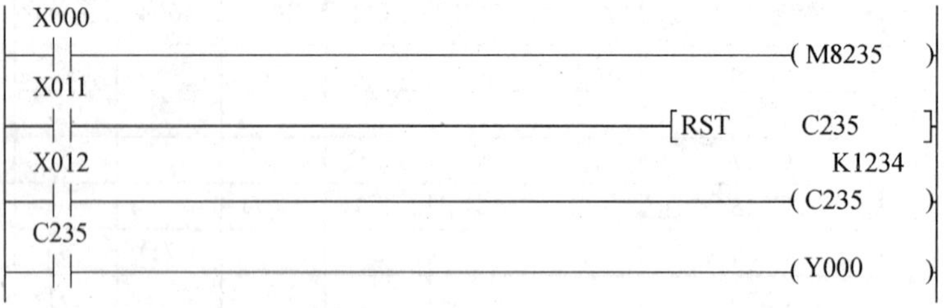

图 4-2-30　单相单计数输入高速计数器计数过程梯形图

图 4-2-31 为带启动复位端单相单计数输入高速计数器计数过程梯形图. 由表 4-2-27 可知，X001 和 X006 分别为该高速计数器的复位输入端和启动输入端.

利用 X010 通过 M8244 可设定其计数方式，当 X012 与 X006 同时接通时开始计数，计数的输入信号来自于 X000,C244 的设定值由 D0 和 D1 指定.除了可用 X001 立即复位外,也可用梯形图中的 X011 复位.

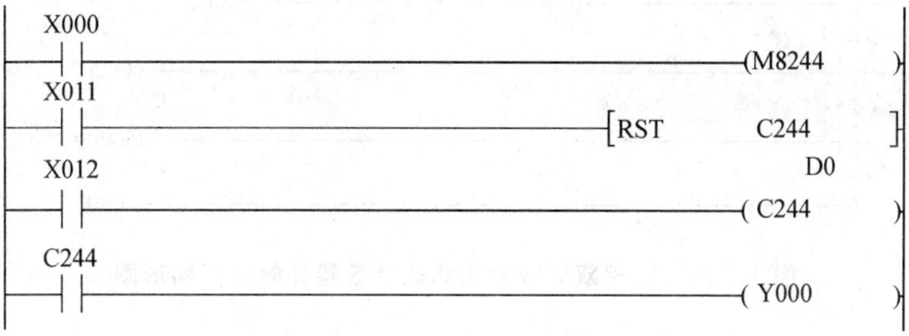

图 4-2-31 带启动复位端单相单计数输入高速计数器计数过程梯形图

(2) 单相双计数输入高速计数器.

单相双计数输入高速计数器地址编号为 C245～C250,共 6 点.该高速计数器一个为加计数输入端、一个为减计数输入端,可利用 M8246～M8250 的状态控制其计数方式.

图 4-2-32 为单相双计数输入高速计数器计数过程梯形图.X010 为复位信号,其有效(ON)则 C248 复位.由表 4-2-27 可知,也可利用 X005 对其复位.当 X011 接通时,选中 C248,输入来自 X003 和 X004.

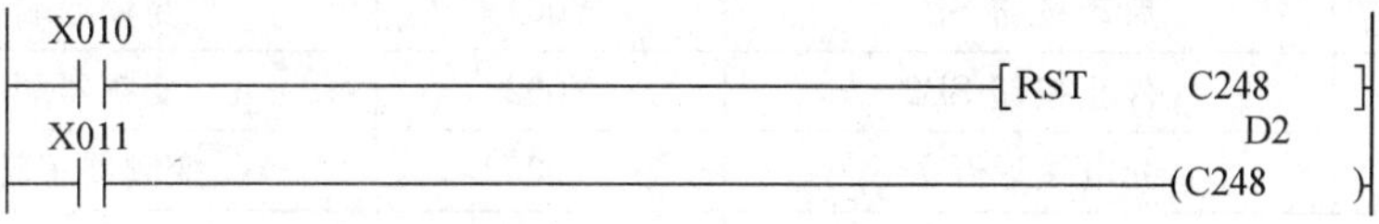

图 4-2-32 单相双计数输入高速计数器计数梯形图

(3) 双相双计数输入高速计数器.

双相双计数输入高速计数器地址编号为 C251～C255,共 5 点.A 相和 B 相的信号时序决定了双相双计数输入高速计数器的计数方式,如图 4-2-33 所示为 A 相和 B 相间的时序图.A 相处于 ON 状态时,B 相由 OFF 到 ON 时为加计数方式;当 A 相为 ON 时,若 B 相由 ON 到 OFF,则为减计数方式.

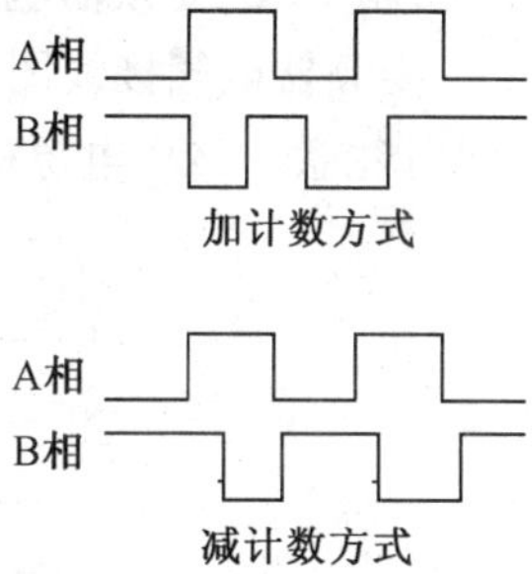

图 4-2-33 A 相与 B 相间的时序图

时序图是一种描述信号导通时间与断开时间的矩形波形图,绘制时序图时通常把两种或两种以上信号按自左至右的时间顺序绘制在水平线上,时序图左端通常表示信号产生的始点.时序图主要表示在某一时间点上各信号的导通与断开状态、各信号的导通与断开时间的长短以及各个信号导通与断开的周期等内容.

图 4-2-34 是双相双计数输入高速计数器计数过程梯形图.当 X012 接通时,C251 计数开始.由表4-2-27 可知,其输入来自 X000(A 相)和 X001(B 相).当计数超过设定值时线圈 Y002 接通.

若 X011 接通,则计数器复位.M8251 接通时线圈 Y003 接通,此时为加计数方式;反之当 M8251 断开时线圈 Y003 断开,设为减计数方式,即用 M8251～M8255 可控制 C251～

C255 的计数方式.

图 4-2-34 双相双计数输入高速计数器计数过程梯形图

活动实施

一、分配 PLC 输入/输出地址

根据系统控制要求,确定 PLC 输入/输出地址,如表 4-2-28 所示.

表 4-2-28 绘制 PLC 输入/输出地址分配表

输入地址	输入设备名称	输出地址	输出设备名称
X000	旋转编码器	Y000	变频器端子 RL
X001	启动按钮 SB1	Y001	变频器端子 RM
X002	停止按钮 SB2	Y002	变频器端子 RH
X003	光电接近开关	Y003	变频器正转(STF)
X004	电感式接近开关		

二、绘制 PLC、变频器电气接线图

PLC、变频器电气接线图如图 4-2-35 所示,旋转编码器接线图如图 4-2-36 所示.旋转编码器接线时注意+24V 电源极性不可接反,否则会烧坏旋转编码器.

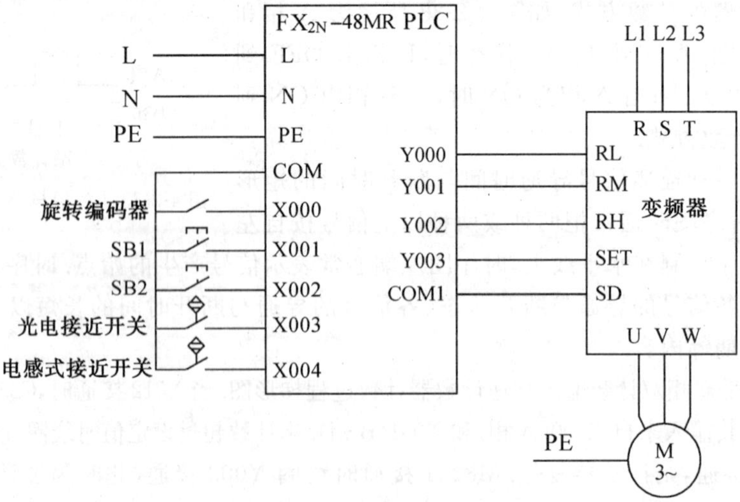

图 4-2-35 PLC、变频器电气接线图

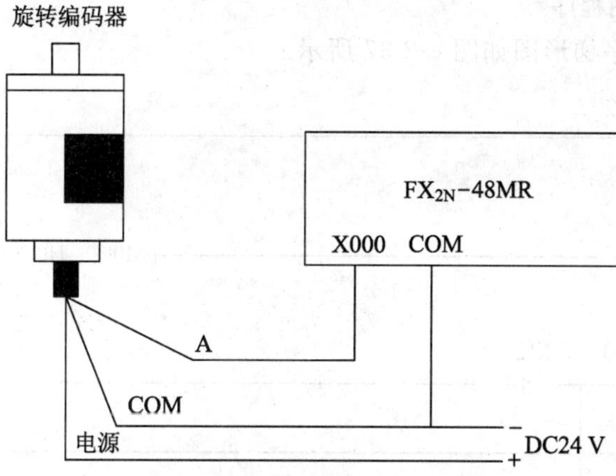

图 4-2-36　**旋转编码器接线图**

三、设置变频器参数

变频器在正常运行时，需对提升转矩、上下限频率、加减速时间等基本运行参数进行设置. 多段速度运行时，具体每段运行频率由 Pr. 4～Pr. 6、Pr. 24～Pr. 27、Pr. 232、Pr. 233 9 个参数确定. 本任务变频器运行参数如表 4-2-29 所示.

表 4-2-29　　　　**基本运行参数**

参数名称	参数号	设定值
提升转矩	Pr. 0	5%
上限频率	Pr. 1	50Hz
下限频率	Pr. 2	0Hz
基底频率	Pr. 3	50Hz
加速时间	Pr. 7	3s
减速时间	Pr. 8	2s
电子过流保护	Pr. 9	0. 15A(具体由电动机功率确定)
操作模式	Pr. 79	0(PU/EXT 切换模式)
第一段频率	Pr. 4	20Hz
第二段频率	Pr. 5	30Hz
第三段频率	Pr. 6	35Hz

四、编写 PLC 控制程序

参考 PLC 控制程序梯形图如图 4-2-37 所示.

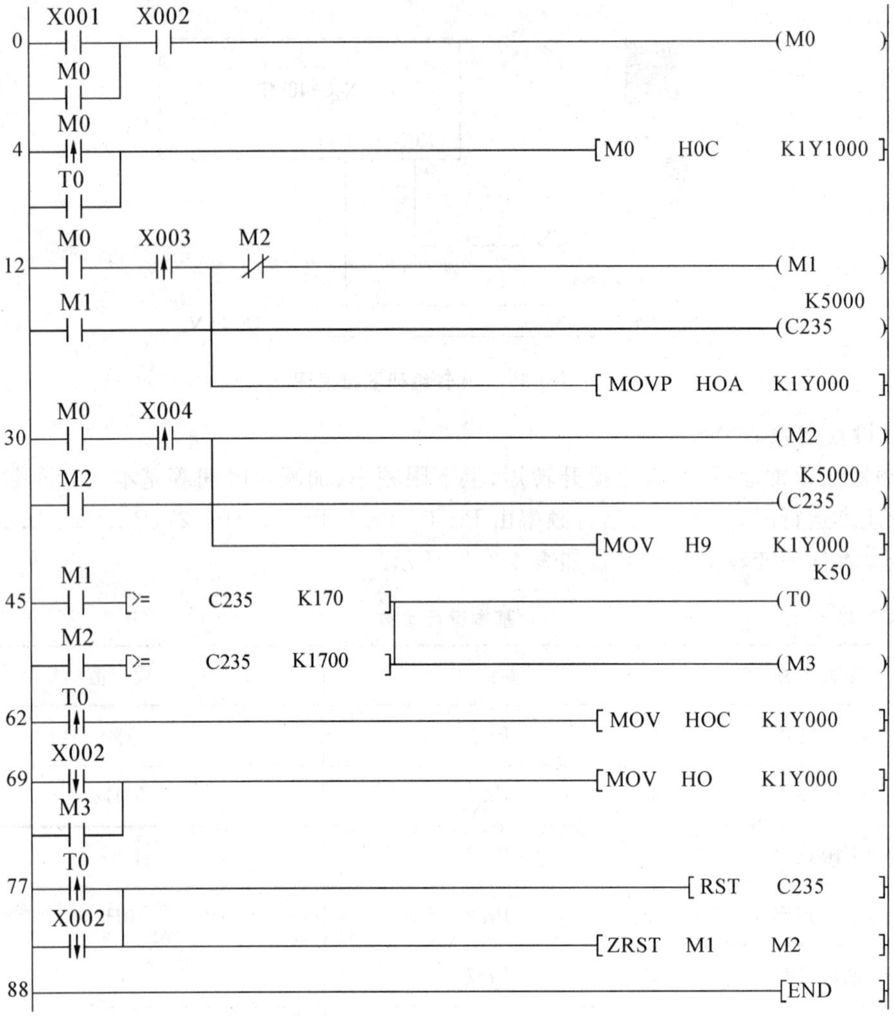

图 4-2-37 PLC 控制程序梯形图

活动评价

一、活动记录

活动记录见附表 1.

二、活动实施评价表

活动实施评价表见表 4-2-30.

表 4-2-30　　　　　　　　　　**活动实施评价表**

<table>
<tr><td colspan="3">活动名称：使用编码器实现传送带的定位控制</td><td colspan="6">班级：
小组：
姓名：</td></tr>
<tr><td rowspan="3">评价项目</td><td rowspan="3">评价标准</td><td rowspan="3">评价依据</td><td colspan="3">评价方式</td><td rowspan="3">权重</td><td rowspan="3">得分</td><td rowspan="3">总分</td></tr>
<tr><td>学生自评</td><td>小组评价</td><td>教师评价</td></tr>
<tr><td>0.2</td><td>0.3</td><td>0.5</td></tr>
<tr><td>职业素质</td><td>(1) 遵守安全管理规定和工作劳动纪律
(2) 按时按要求完成学习及工作任务
(3) 工作积极主动、勤学好问</td><td>(1) 出勤
(2) 工作态度
(3) 劳动纪律
(4) 团队协作精神</td><td></td><td></td><td></td><td>0.2</td><td></td><td></td></tr>
<tr><td>专业能力</td><td>(1) 会设计 PLC、变频器控制接线图
(2) 能设置变频器参数
(3) 能设计、调试 PLC 控制程序</td><td>(1) 操作的准确性和规范性
(2) 专业技能完成情况
(3) 工作页或报告完成情况</td><td></td><td></td><td></td><td>0.7</td><td></td><td></td></tr>
<tr><td>创新能力</td><td>(1) 在任务完成过程中能提出自己的有一定见解的方案
(2) 在教学或生产管理上提出的建议具有创新性</td><td>(1) 方案的可行性及意义
(2) 建议的可行性</td><td></td><td></td><td></td><td>0.1</td><td></td><td></td></tr>
<tr><td>指导教师综合评价</td><td colspan="8">

指导教师签名：　　　　　日期：</td></tr>
</table>

知识拓展

使用外部端子实现 9 段速度控制

已知 7 段速度运行可以通过 RH、RM、RL 端子的组合设置实现，那么，图 4-2-38 所示的 9 段速度运行如何实现呢？

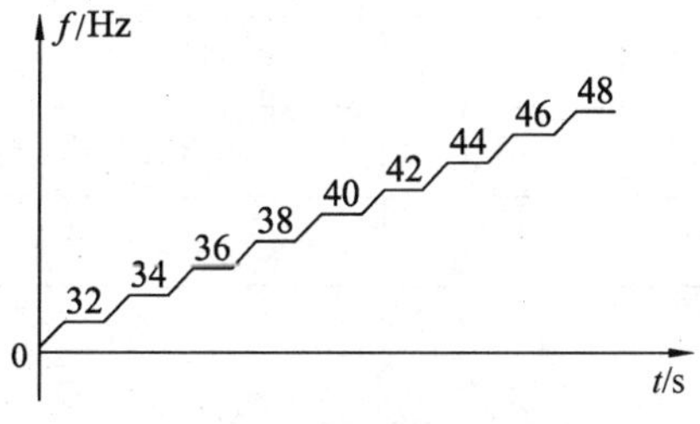

图 4-2-38　9 段速度运行曲线

FR-E740 系列变频器提供了参数 Pr. 183 和 REX 端子. 可以通过设置参数 Pr. 183＝8，将 RMS 端子的功能转换成多段速度控制端 REX，就可以用 RH、RM、RL 和 REX 通断的组合来实现最多可达 15 段的调速.

PLC、变频器 9 段速度运行的接线图如图 4-2-39 所示.

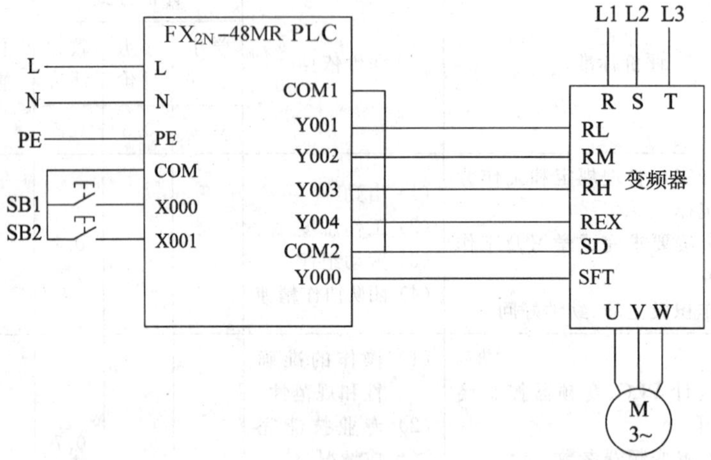

图 4-2-39　PLC、变频器 9 段速度控制系统接线图

变频器 9 段速度运行时，具体每段运行频率由 Pr. 4～Pr. 6、Pr. 24～Pr. 27、Pr. 232、Pr. 233 9 个参数确定，此外还需通过 Pr. 184 参数对 AU 端子功能进行选择. 变频器运行参数见表 4-2-31.

表 4-2-31　　9 段速度运行参数

参数名称	参数号	设定值	备　注
第一段频率	Pr. 4	32Hz	RL 端子为 ON 时变频器输出频率
第二段频率	Pr. 5	34Hz	RM 端子为 ON 时变频器输出频率
第三段频率	Pr. 6	36Hz	RH 端子为 ON 时变频器输出频率
第四段频率	Pr. 24	38Hz	RM、RL 端子为 ON 时变频器输出频率
第五段频率	Pr. 25	40Hz	RH、RL 端子为 ON 时变频器输出频率
第六段频率	Pr. 26	42Hz	RH、RM 端子为 ON 时变频器输出频率
第七段频率	Pr. 27	44Hz	RH、RM、RL 端子为 ON 时变频器输出频率
AU 端功能选择端	Pr. 184	8	REX 端子为 ON 时变频器输出频率
第八段频率	Pr. 232	46Hz	REX、RL 端子为 ON 时变频器输出频率
第九段频率	Pr. 233	48Hz	RL 端子为 ON 时变频器输出频率

任务三 物料分拣机构的控制

任务描述

物料分拣机构如图 4-3-1 所示.

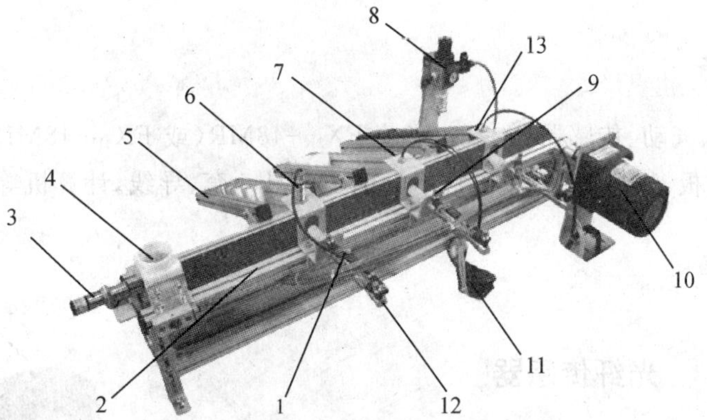

1—磁性开关 2—传送分拣机构 3—落料口光电传感器 4—落料口 5—料槽 6—电感传感器 7、13—光纤传感器 8—过滤调压阀 9—节流阀 10—三相异步减速电动机 11—光线放大器 12—推料气缸

图 4-3-1 物料分拣机构示意图

本任务要求设计与连接该物料分拣机构电气电路与启动回路,编写 PLC 控制程序,设置变频器参数,检测电气控制线路的正确性以及设置传感器.实现将从落料口放入的白色塑料物料、金属物料、黑色塑料物料按要求分拣并推入指定料槽中.

活动 分拣机构的控制

活动描述

设备处于停止状态时,按下启动按钮设备开始待机运行,电动机以 20Hz 频率正转运行,在落料口随机放入金属、白色和黑色塑料三种物料,光电传感器检测到物料电动机以 40Hz 频率启动正转运行,将物料送至光纤传感器 2 位置停留 2s,完成物料的检测工作.若为金属物料,则推料气缸 3 伸出将金属物料推入对应气缸;若为塑料物料,则电机以 30Hz 频率反转,将白色塑料物料送到推料气缸 2 位置并推入料槽,将黑色塑料物料送到推料气缸 1 位置并推入料槽.按下停止按钮后,待当前物料分拣完成后停止运行.本活动将学习设计与连接物体分拣机构电气电路与启动回路,以完成以上控制要求.

学习目标

◇ 掌握物料分拣机构气动控制回路的设计与连接.
◇ 能设计与连接物料分拣机构的电气控制线路.
◇ 能调整器件实现物料分拣机构的手动控制.

学习地点

PLC(配备多媒体教学设备).

学习准备

PLC、变频器、气动、传感器参考书,三菱 FX_{2N}-48MR(或 FX_{3U}-48MR)PLC 控制板,FR-E740 变频器实训板,物料分拣机构,常用电工工量具一套,导线,计算机等.

知识准备

光纤传感器

光纤传感器的基本工作原理是将来自光源的光经过光纤送入调制器,使待测参数与进入调制区的光相互作用后,导致光的光学性质(如光的强度、波长、频率、相位、偏正态等)发生变化,成为被调制的信号光,再经过光纤送入光探测器,经解调后,获得被测参数.

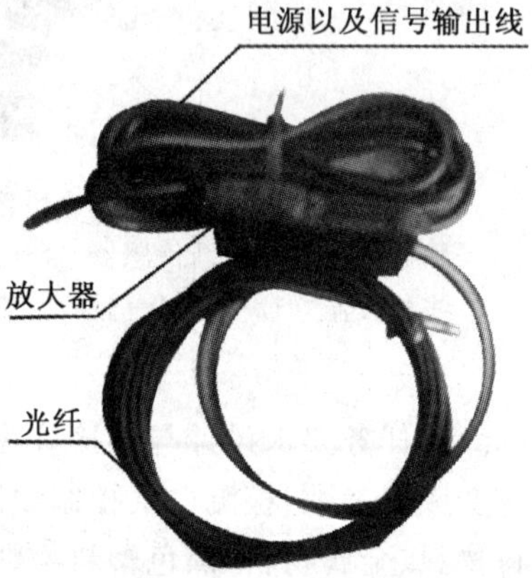

图 4-3-2　光纤传感器

本任务中使用的光纤传感器如图 4-3-2 所示,内部电路原理如图 4-3-3 所示.该光纤传感器主要由光纤头、放大器、电源及信号输出线组成.光纤传感器放大器单元的安装示意图如图 4-3-4 所示.

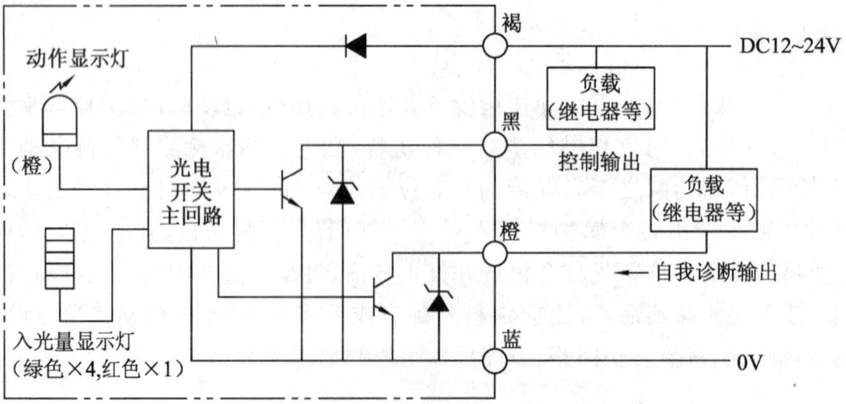

图 4-3-3　光纤传感器内部电路原理图

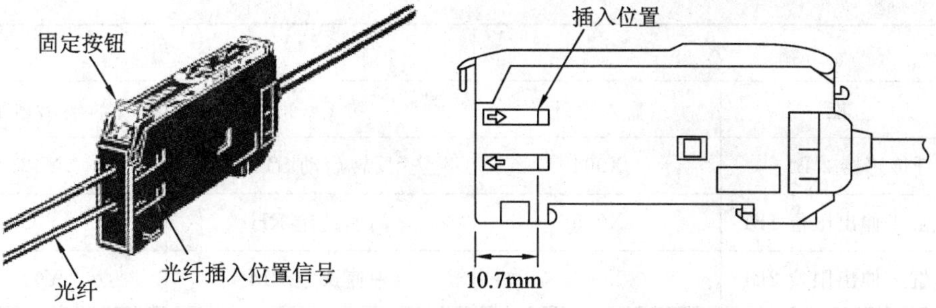

图 4-3-4 光纤传感器放大器单元的安装示意图

该光纤式光电接近开关的放大器的灵敏度调节范围较大，调节方法说明如图 4-3-5 所示. 当光纤传感器灵敏度调得较小时，对反射性较差的黑色物体，光电探测器无法接收到反射信号；而对反射性较好的白色物体，光电探测器就可以接收到反射信号. 反之，若调高光纤传感器灵敏度，则即使对反射性较差的黑色物体，光电探测器也可以接收到反射信号. 从而可以通过调节灵敏度判别黑白两种颜色物体，将两种物料区分开，完成自动分拣工序.

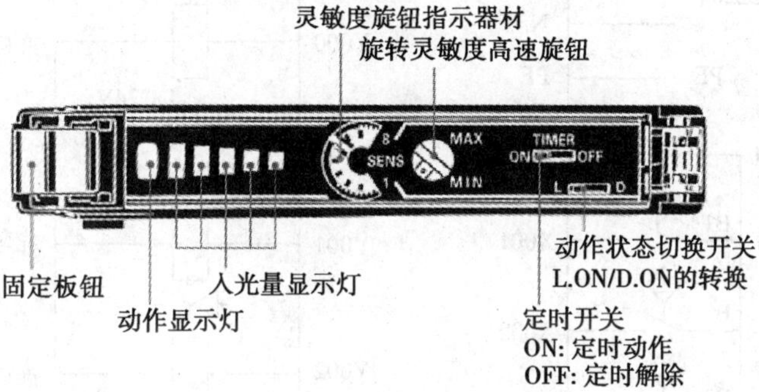

图 4-3-5 光纤传感器的调节说明

活动实施

一、分配 I/O 地址

根据物料分拣机构工作任务的描述，其 I/O 地址分配见表 4-3-1.

表 4-3-1 I/O 地址分配表

输入		输出	
功能	输入地址	功能	输出地址
启动按钮 SB1	X000	推料气缸 1 电磁阀 YV1	Y000
光电传感器 B1	X001	推料气缸 2 电磁阀 YV2	Y001
电感传感器 B2	X002	推料气缸 3 电磁阀 YV3	Y002
光纤传感器 1 B3	X003	正转启动 STF	Y020

续表

输　　入		输　　出	
功　　能	输入地址	功　　能	输出地址
光纤传感器 2 B4	X004	反转启动 STR	Y021
推料气缸 1 伸出限位 1B1	X005	高速选定 RH	Y022
推料气缸 2 伸出限位 2B1	X006	中速选定 RM	Y023
推料气缸 3 伸出限位 3B1	X007	低速选定 RL	Y024
停止按钮 SB2	X010		

二、连接电气控制线路

按图 4-3-6 所示电路连接物料分拣机构的 PLC、变频器控制线路.

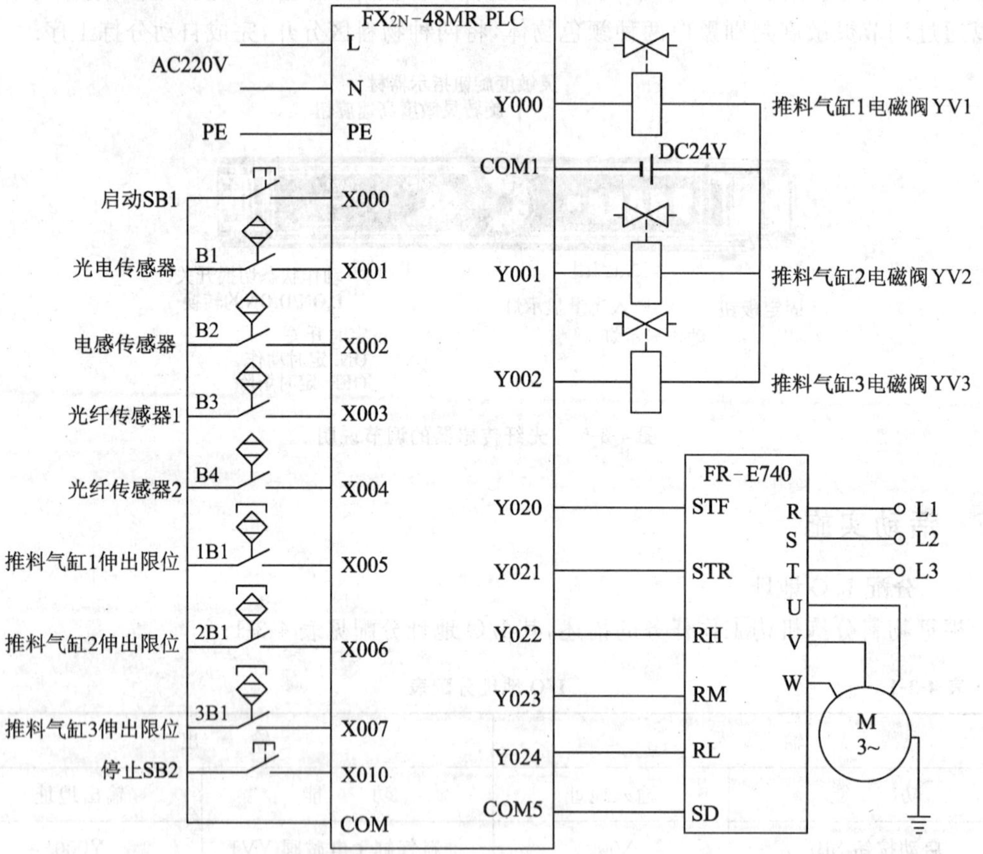

图 4-3-6　电气控制线路图

三、连接气动控制线路

按图 4-3-7 所示电路连接物料分拣机构的气动回路.

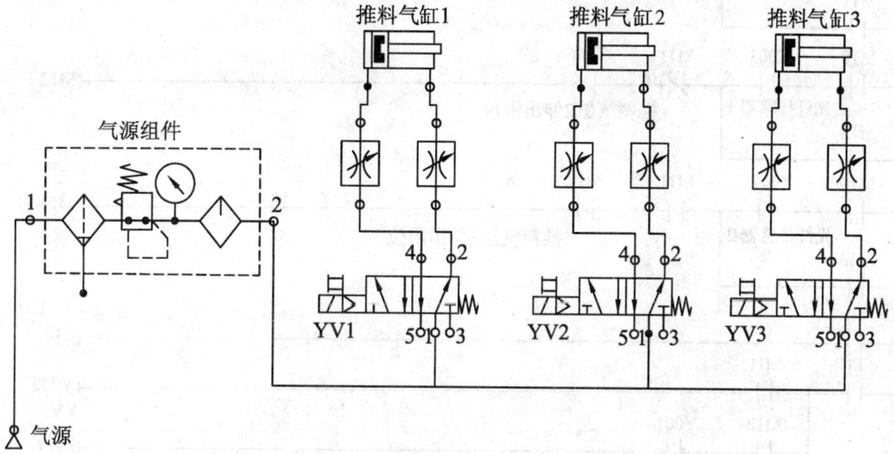

图 4-3-7　气动控制线回路

四、编制 PLC 控制程序

PLC 控制程序如图 4-3-8 所示.

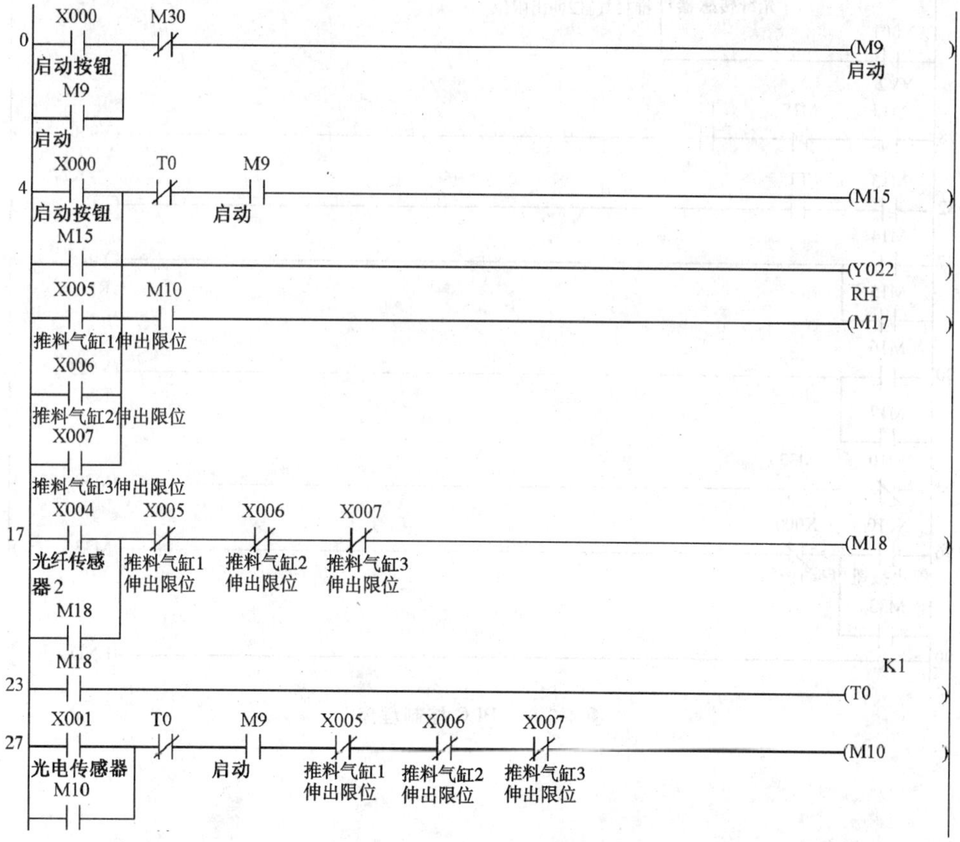

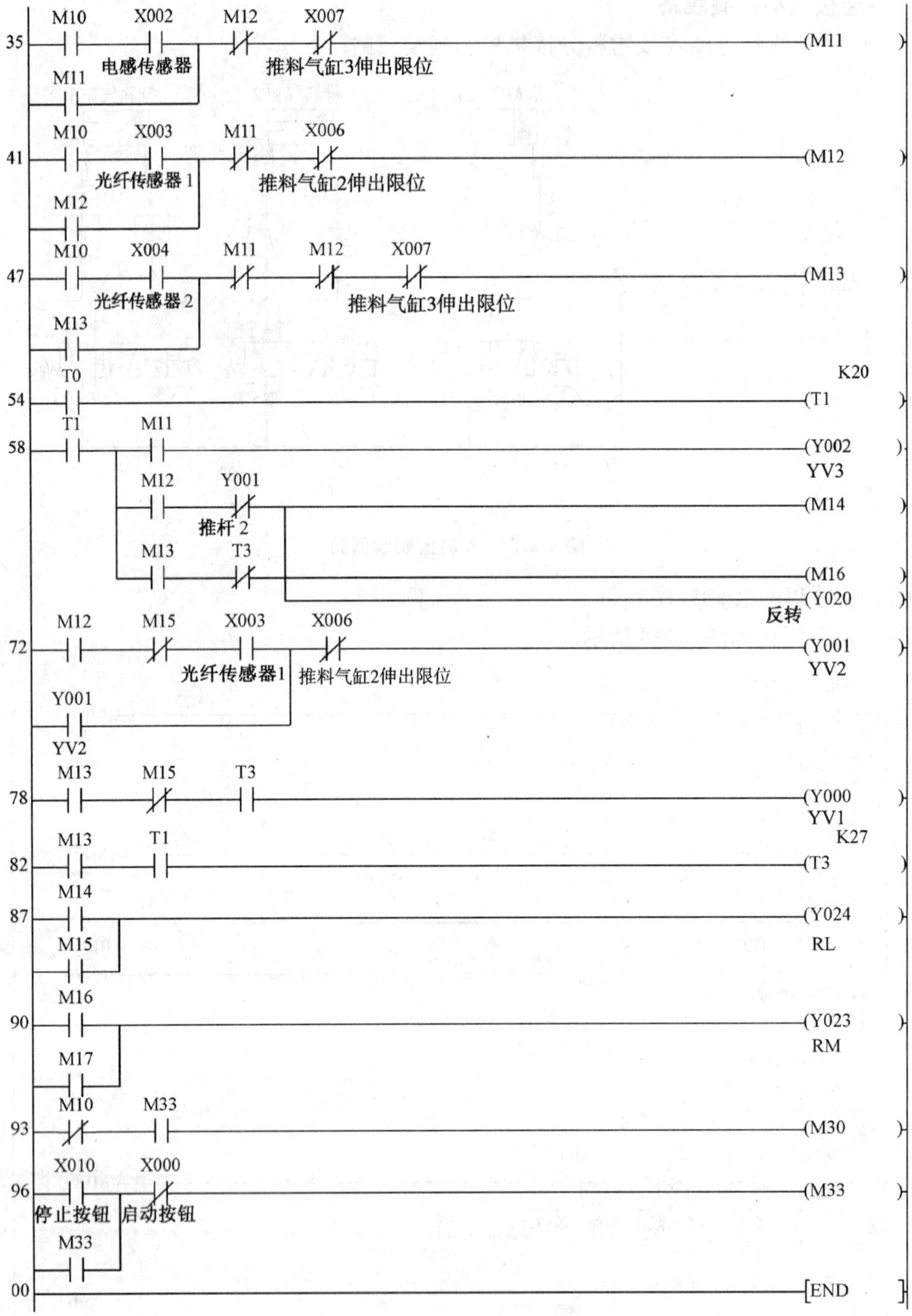

图 4-3-8　PLC 控制程序

五、设置变频器参数

本任务变频器的基本运行参数见表4-3-2.

表4-3-2　基本运行参数

参数名称	参数号	参考值	备　注
提升转矩	Pr.0	5%	—
上限频率	Pr.1	50Hz	电动机额定运行频率
下限频率	Pr.2	0Hz	—
基底频率	Pr.3	50Hz	电动机额定运行频率
加速时间	Pr.7	2s	—
减速时间	Pr.8	1s	—
电子过流保护	Pr.9	0.7A	根据电动机额定电流设定
加减速基准时间	Pr.20	50Hz	—
参数写入选择	Pr.77	2	可在所有模式中不受运行状态限制写入参数
操作模式	Pr.79	3	外部运行模式
高速选定频率	Pr.4	40Hz	—
中速选定频率	Pr.5	30Hz	—
低速选定频率	Pr.6	20Hz	—

六、运行与调试

1. 调整传感器

(1) 调节光电传感器调节灵敏度旋钮,使其正常检查进料口的物料.

(2) 调节光纤传感器1灵敏度旋钮,使其正确检测黑色塑料.

(3) 调节光纤传感器2灵敏度旋钮,使其正确检测白色塑料.

2. 调整气动元件

调节推杆气缸节流阀,使其伸出、退回运行速度均匀.

3. 观察输入/输出指示灯、电机运行及各气缸的得电状态

将观察结果记录于表4-3-3中.

表4-3-3　运行情况记录表

步骤	输入元件动作情况	各气缸状态			电动机运行状态	传感器状态			
		气缸1	气缸2	气缸3		光电	电感	光纤1	光纤2
1	停止状态								
2	检测有料								

续表

步骤	输入元件动作情况	各气缸状态			电动机运行状态	传感器状态			
		气缸 1	气缸 2	气缸 3		光电	电感	光纤 1	光纤 2
3	检测为白色								
4	检测为黑色								
5	检测为金属								
问题处理方法									

活动评价

一、活动记录

活动记录见附表 1.

二、活动实施评价表

活动实施评价表见表 4-3-4.

表 4-3-4　　活动实施评价表

<table>
<tr><td colspan="3">活动名称：物料分拣机构的控制</td><td colspan="6">班级：________
小组：________
姓名：________</td></tr>
<tr><td rowspan="3">评价项目</td><td rowspan="3">评价标准</td><td rowspan="3">评价依据</td><td colspan="3">评价方式</td><td rowspan="3">权重</td><td rowspan="3">得分</td><td rowspan="3">总分</td></tr>
<tr><td>学生自评</td><td>小组评价</td><td>教师评价</td></tr>
<tr><td>0.2</td><td>0.3</td><td>0.5</td></tr>
<tr><td>职业素质</td><td>(1) 遵守安全管理规定和工作劳动纪律
(2) 按时按要求完成学习及工作任务
(3) 工作积极主动、勤学好问
(4) 工作岗位 6S 完成情况良好</td><td>(1) 出勤
(2) 工作态度
(3) 劳动纪律
(4) 团队协作精神</td><td></td><td></td><td></td><td>0.2</td><td></td><td rowspan="2"></td></tr>
<tr><td>专业能力</td><td>(1) 会设计与连接物料分拣机构气动回路
(2) 能设计与连接物料分拣机构电气控制线路
(3) 按要求完成硬件系统和软件系统的联合调试</td><td>(1) 操作的准确性和规范性
(2) 专业技能完成情况
(3) 工作页或报告完成情况</td><td></td><td></td><td></td><td>0.7</td><td></td></tr>
</table>

续表

评价项目	评价标准	评价依据	评价方式			权重	得分	总分
			学生自评	小组评价	教师评价			
			0.2	0.3	0.5			
创新能力	(1) 在任务完成过程中能提出自己的有一定见解的方案 (2) 在教学或生产管理上提出的建议具有创新性	(1) 方案的可行性及意义 (2) 建议的可行性				0.1		
指导教师综合评价	指导教师签名： 日期：							

知识拓展

一、光纤传感器的测量原理

光纤传感器的测量原理有两种：物性型光纤传感器原理和结构型光纤传感器原理.

1. 物性型光纤传感器原理

物性型光纤传感器是利用光纤对环境变化的敏感性，将输入物理量变换为调制的光信号.其工作原理基于光纤的光调制效应，即光纤在外界环境因素，如温度、压力、电场、磁场等改变时，其传光特性，如相位与光强，会发生变化的现象.

因此，如果能测出通过光纤的光相位、光强变化，就可以知道被测物理量的变化.这类传感器又被称为敏感元件型或功能型光纤传感器.激光器的点光源光束扩散为平行波，经分光器分为两路，一路为基准光路，另一路为测量光路.外界参数(温度、压力、振动等)引起光纤长度的变化和光相位变化，从而产生不同数量的干涉条纹，对它的模向移动进行计数，就可测量温度等.

2. 结构型光纤传感器原理

结构型光纤传感器是由光检测元件(敏感元件)与光纤传输回路及测量电路所组成的测量系统.其中光纤仅作为光的传播媒质，所以又称为传光型或非功能型光纤传感器.

二、光纤传感器分类

根据光受被测对象的调制形式可以分为强度调制型、偏振态制型、相位制型、频率制型.根据光是否发生干涉可分为干涉型和非干涉型.根据光是否能够随距离的增加连续地被监测测量可分为分布式和点分式.根据光纤在传感器中的作用可以分为功能型(Functional Fiber，缩写为FF)传感器(又称为传感型传感器)和非功能型(Non Functional Fiber，缩写为

NFF)传感器(又称为传光型传感器).

1. 功能型传感器

功能型传感器是利用光纤本身的特性把光纤作为敏感元件,被测量对光纤内传输的光进行调制,使传输的光的强度、相位、频率或偏振态等特性发生变化,再通过对被调制过的信号进行解调,从而得出被测信号.

光纤在其中不仅是导光媒质,而且也是敏感元件,光在光纤内受被测量调制,多采用多模光纤.

2. 非功能型传感器

非功能型传感器是利用其他敏感元件感受被测量的变化,光纤仅作为信息的传输介质,常采用单模光纤.

光纤在其中仅起导光作用,光照在光纤型敏感元件上受被测量调制.

实用化的大都是非功能型的光纤传感器.例如,变频电压传感器、变频电流传感器、变频功率传感器(一种电压、电流组合式传感器)就属于非功能型的光纤传感器,在复杂电磁环境下的电量测量中,有其独到的优势.

三、光纤传感器运用的主要方向

(1) 石油和天然气——油藏监测井下的P/T传感、地震阵列、能源工业、发电厂、锅炉及蒸汽涡轮机、电力电缆、涡轮机运输、炼油厂.

(2) 航空航天——喷气发动机、火箭推进系统、机身.

(3) 民用基础建设——桥梁、大坝、道路、隧道、滑坡.

(4) 交通运输——铁路监控、动态称重、运输安全监控.

(5) 生物医学——医学温度及压力测量、颅内压测量、微创手术、一次性探头.

任务四 人机界面的设计与系统调试

任务描述

某物料生产线部件位置如图4-1-1所示,该生产线根据生产要求,将从进料口放入的物料由传送带分别送到位置A、B、C、D,进料口装有光电传感器,位置A装有电感传感器,位置B装有光纤传感器1,位置C装有光纤传感器2.符合送入位置A、B、C对应料槽的物料也由推料气缸推入,符合位置D的物料由机械手装置将其搬运到处理位.本任务要求完成该物料生产线的硬件安装与调试,编写PLC控制程序,制作触摸屏控制界面,实现手动与自动运行控制.

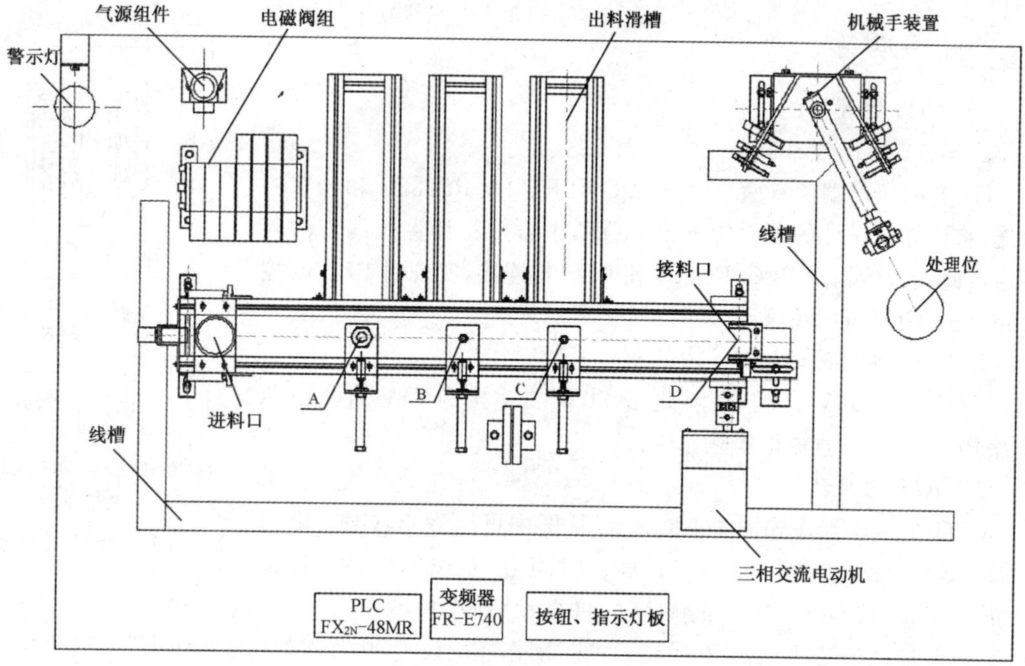

图 4-4-1　某物料生产线部件位置

活动一　触摸屏基本界面的制作

活动描述

本活动首先学习触摸屏的相关知识以及操作使用方法，学习 GTD3 触摸屏编程软件的使用方法，掌握工程创建、按钮与指示灯元件的使用、数据输入与显示的方法，并学会制作物料分拣系统手动控制界面.

学习目标

◇ 学习用触摸屏控制 PLC 的运行，作为 PLC 的控制终端.
◇ 学会使用触摸屏的编程软件，设计控制画面.
◇ 能制作物料分拣系统的监控界面.

学习地点

PLC 综合控制实训室（配备多媒体教学设备）.

学习准备

PLC、变频器、触摸屏、气动技术、传感器参考书，三菱 FX_{2N}-48MR（或 FX_{3U}-48MR）PLC 控制板，FR-E740 变频器实训板，触摸屏，物料分拣生产线，常用电工工量具一套，导线，计算机等.

知识准备

一、GOT 触摸屏的操作

1. GOT 的通信端子

GOT 的通信端子有两个：RS232C 和 RS422. RS232C 和计算机相连，将计算机设计的画面传输到 GOT，也可以将计算机编写的程序通过此端口传输到 PLC. RS422 和 PLC 相连接，实现对 PLC 的控制和监视. GOT 的通信端子如图 4-4-2 所示.

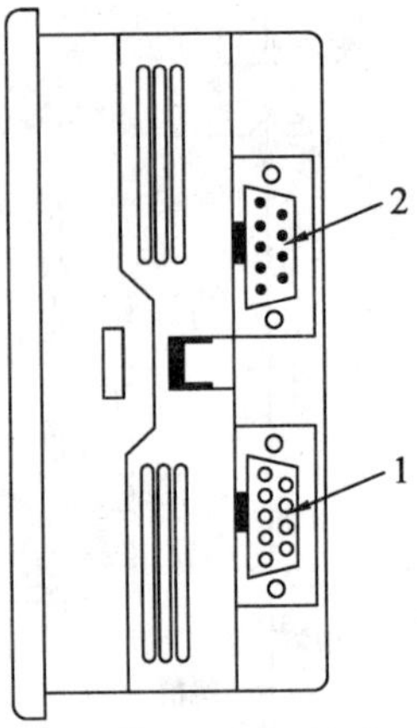

1—COM2 RS422/RS232C
2—COM1 RS232C

图 4-4-2　GOT 通信端子

2. GOT 与电源的连接

GOT 需要 24V 直流电，因此 GOT 需要连接到 24V 直流电源或者 PLC 的 24V 直流电源输出上.

3. GOT 的启动

GOT 的启动顺序如图 4-4-3 所示. 从图中可以看出：GOT 上电后都要显示“标题画面”一段时间，确切时间由“动作环境”中“标题画面”设定；若按 GOT 左上角触摸键，将显示“动作环境设定”菜单，进行相关设定；若不按 GOT 左上角触摸键，则显示 0 号画面；在“动作环境设定”中按“菜单画面呼出”设定的“菜单呼出键”，呼出“状态选择”画面；若没有 0 号画面，则显示“状态选择”画面，进行各功能的设置.

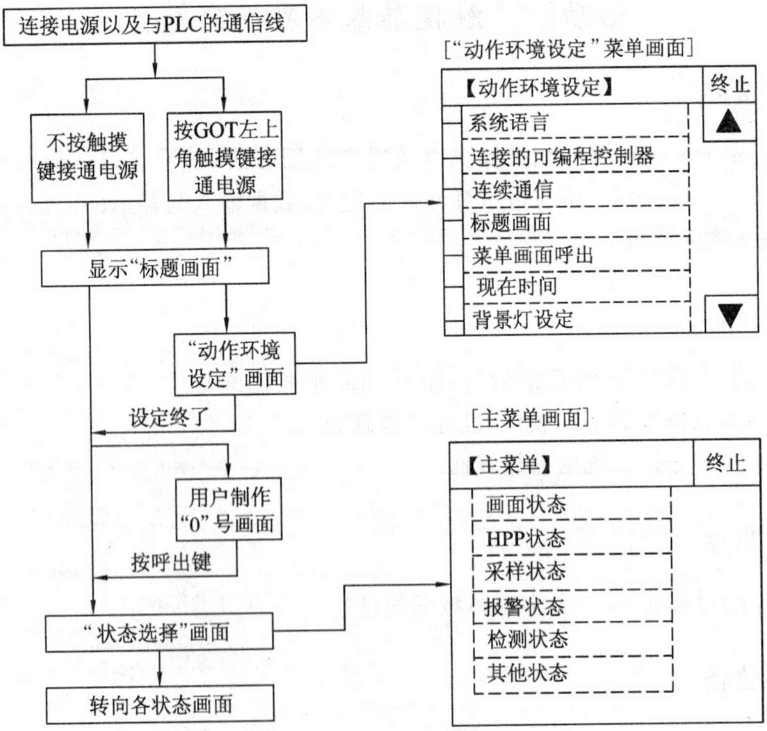

图 4-4-3　GOT 的启动顺序

“动作环境”和“主菜单”设定完毕后请按菜单框右上角的“终止”键退出设定，回到主菜单或“0”号画面.

二、GT Designer 3 软件操作

（一）GT Designer 3 的画面构成

GT Designer 3 的画面以及各种工具栏、窗口的画面构成如图 4-4-4 所示. 窗口中各项目的内容见表 4-4-1.

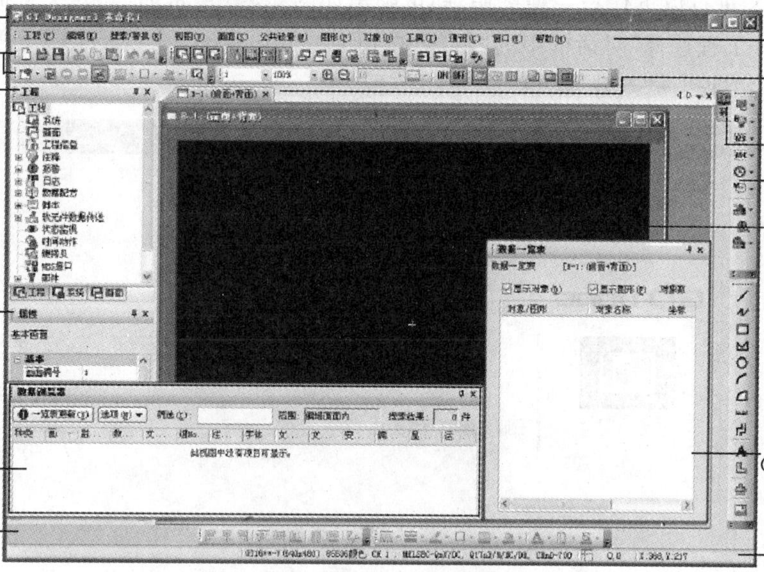

图 4-4-4　GT Designer 3 窗口的画面构成

表 4-4-1　　GT Designer 3 窗口功能列表

项　目	内　容
标题栏	显示软件名、工程名/工程文件名
菜单栏	可以通过下拉菜单操作 GT Designer 3
工具栏	可以通过选择图标操作 GT Designer 3
编辑器页面	显示打开着的画面编辑器或“机种设置”对话框、“环境设置”对话框的页
画面编辑器	通过配置图形、对象，创建在 GOT 中显示的画面
一览表窗口	一览表窗口有以下几种类型： (1) 树状图：树状图分为工程树、树状画面一览表、树状系统 (2) 属性表：可显示画面或图形、对象的设置一览表，并可进行编辑 (3) 库一览表：可显示作为库登录的图形、对象的一览表 (4) 连接机器类型一览表：可显示连接机器的设置一览表 (5) 数据一览表：可显示在画面上设置的图形、对象一览表 (6) 画面图像一览表：可显示基本画面、窗口画面的缩略图，或创建、编辑画面 (7) 分类一览表：可分类显示图形、对象 (8) 部件图像一览表：可显示作为部件登录的图形一览表，或者登录、编辑部件 (9) 数据浏览器：可显示工程中正在使用的图形/对象的一览表
状态栏	显示光标所指的菜单、图标的说明或 GT Designer 3 的状态

（二）工程的创建

创建工程时，需要进行以下设置（工程创建后也可以更改）：所使用 GOT 的机种设置、连接机器的设置、基本画面的画面切换软元件的设置．如果使用新建工程向导，可以根据必要的设置流程进行设置．

使用新建工程向导时，请在“选项”对话框的“操作”页上，勾选“显示新建工程向导”选择框（初始状态下已勾选）．

（1）只要进行以下任意一种操作，即可弹出如图 4-4-5 所示的“新建工程向导”对话框．

- 点击“工程选择”对话框中的“新建”按钮．
- 选择“工程”→“新建”菜单．

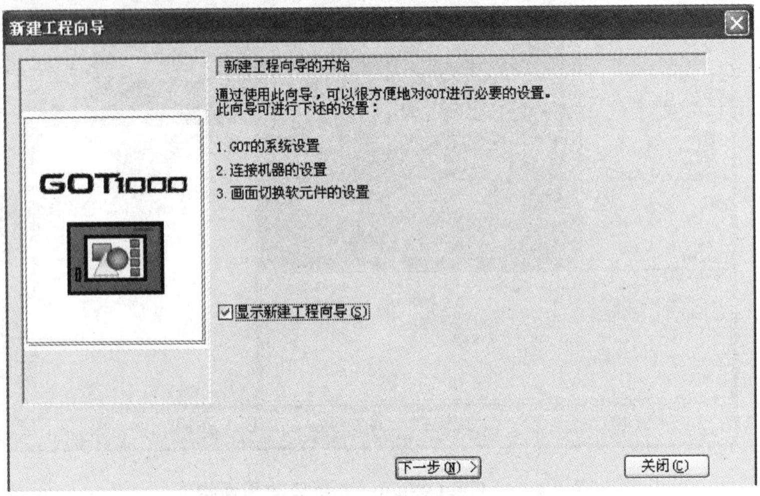

图 4-4-5　“新建工程向导”对话框

若取消选中“显示新建工程向导”复选框，下次新建时将不弹出该向导对话框．

（2）单击“下一步”按钮，弹出如图 4-4-6 所示的对话框，选择所使用 GOT 的机种与颜色．

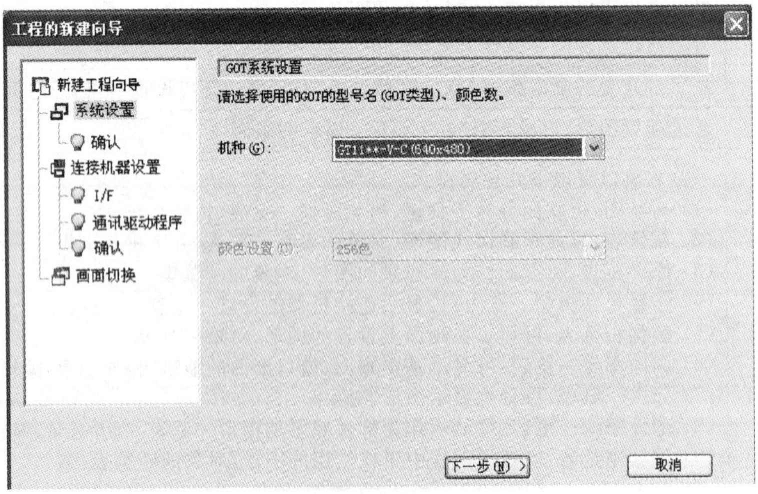

图 4-4-6　机种与颜色设置

单击“下一步”按钮，弹出如图 4-4-7 所示的确认对话框，确认步骤(2)选择的内容.

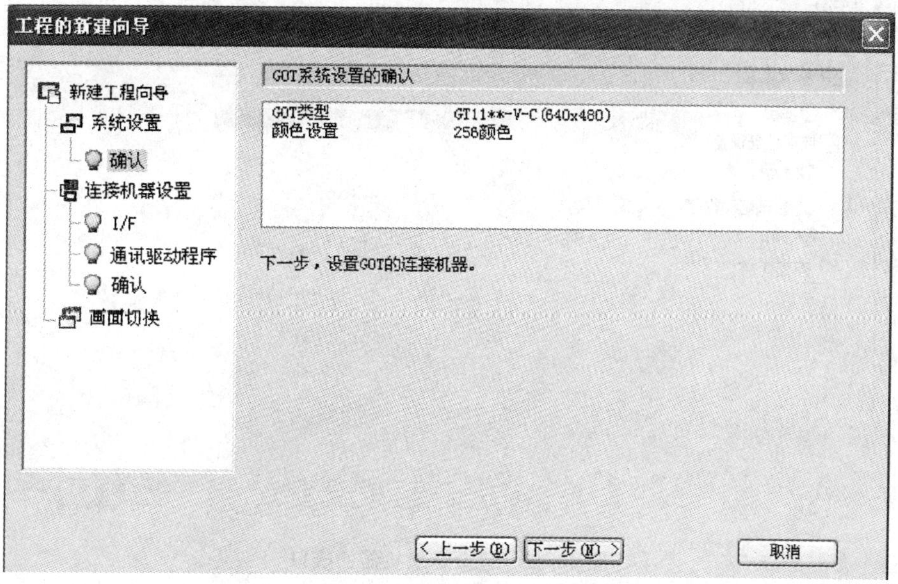

图 4-4-7　**确认对话框**

(3) 单击“下一步”按钮，弹出如图 4-4-8 所示的对话框，选择连接到 GOT 的机器.

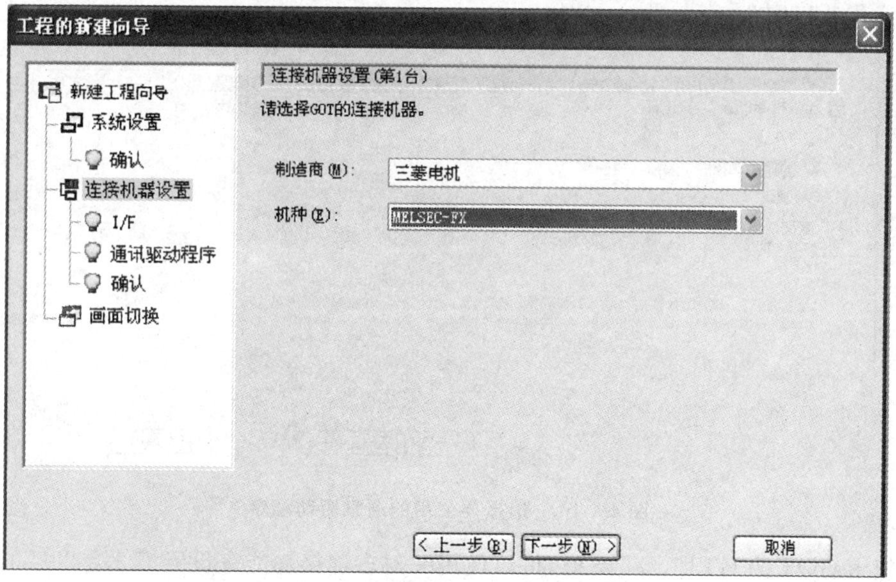

图 4-4-8　**选择连接到 GOT 的机器**

单击“下一步”按钮，弹出如图 4-4-9 所示的对话框，选择连接机器的接口.

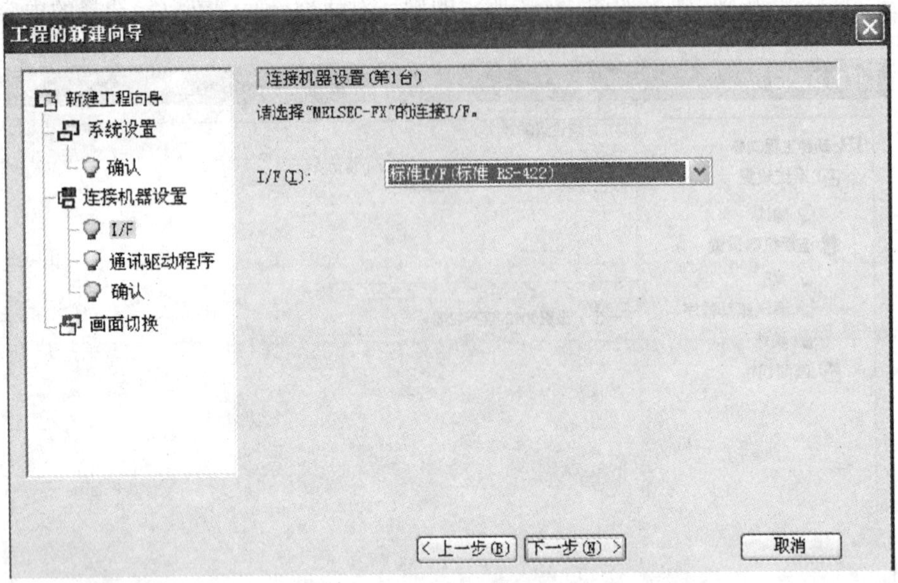

图 4-4-9　选择连接机器的接口

单击"下一步"按钮,出现如图 4-4-10 所示的对话框,选择要使用的通讯驱动程序.

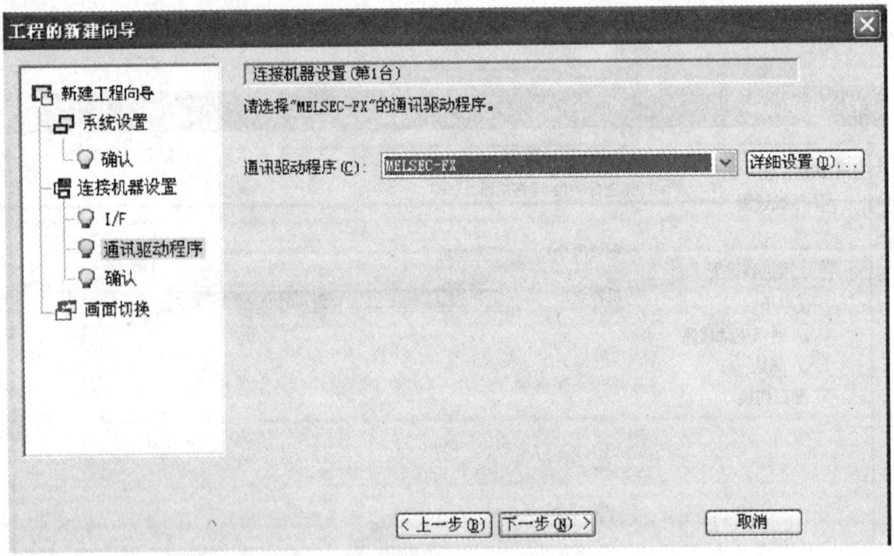

图 4-4-10　选择要使用的通讯驱动程序

所使用 GOT 为 GT16、GT15 时,可以使用一对多连接功能来设置第 2 台以后的连接机器.连接两台以上时,单击"追加"按钮.

连接机器的设置完成后,单击"下一步"按钮.

(4) 设置基本画面和必要画面的切换软元件,并单击"下一步"按钮.

软元件的设置对话框如图 4-4-11 所示.画面切换软元件可以通过"环境设置"对话框(画面切换/窗口)进行更改.

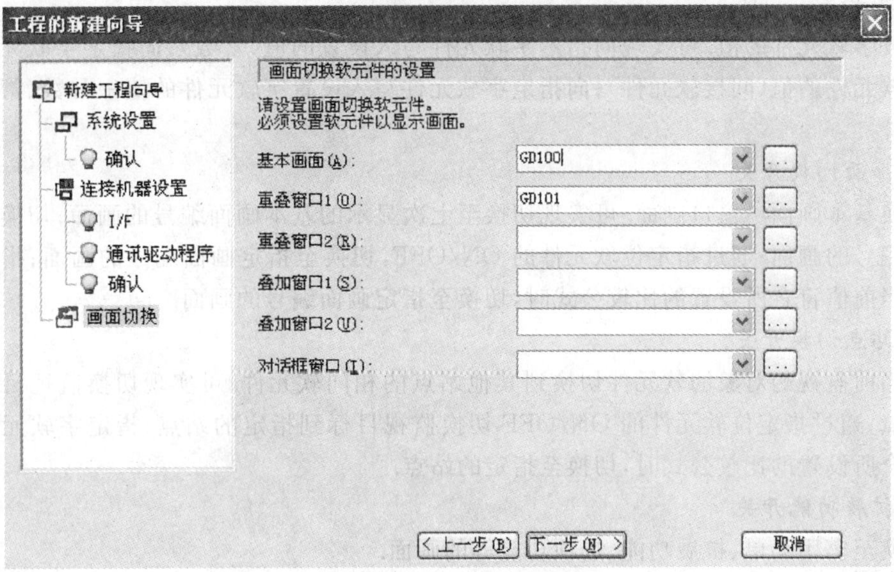

图 4-4-11 **画面切换软元件设置对话框**

(5) 确认新建工程向导设置的内容,如图 4-4-12 所示,单击“结束”按钮即完成设置.

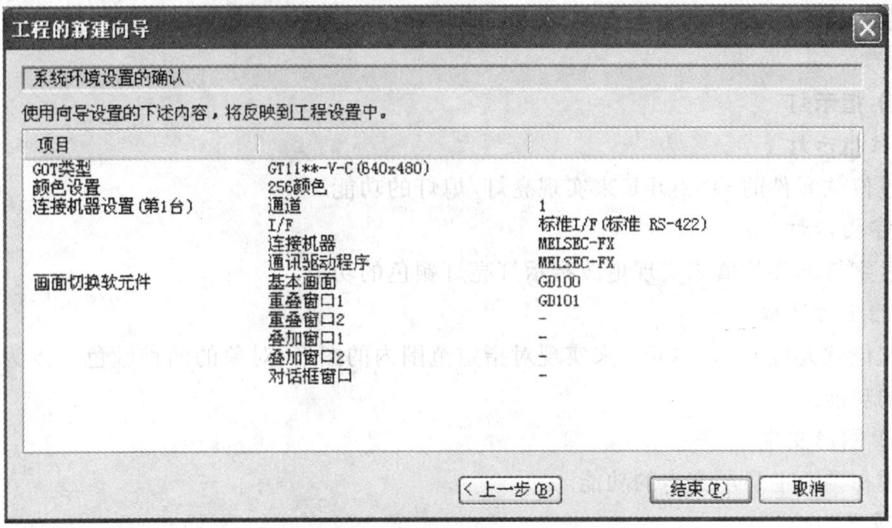

图 4-4-12 **新建工程向导确认对话框**

(三) 图形绘制

在 GT Designer 3 中,可以在画面上绘制直线、折线、矩形、多边形、圆形(包括圆弧、椭圆)、扇形、刻度、配管等图形.具体操作可通过菜单栏中“图形”或图形工具栏进行操作.

(四) 触摸开关

1. 位开关

位开关可执行位软元件的 ON/OFF、反转、点动等操作.

2. 字开关

更改字软元件的值.可实现向指定字软元件写入设置的值(常数);向指定字软元件写入设置字软元件的值(间接软元件);向指定字软元件写入设置字软元件的值+常数(常数+间接软元件).

3. 画面切换开关

切换基本画面/窗口画面.可实现切换至上次显示的基本画面编号的画面;切换至指定的画面编号的画面;通过指定位软元件的ON/OFF,切换至指定画面编号的画面;指定字软元件的当前值符合所设置的比较公式时,切换至指定画面编号的画面.

4. 站点切换开关

将当前监视的对象的软元件切换到其他站点的相同软元件.可实现切换监视目标到指定的站点;通过指定位软元件的ON/OFF切换监视目标到指定的站点;指定字软元件的当前值符合所设置的比较公式时,切换至指定的站点.

5. 扩展功能开关

切换至实用菜单、扩展功能、选项功能等的画面.

6. 按键窗口显示开关

使指定的按键窗口显示在指定的位置,或者使光标显示在指定的对象上.

7. 键代码开关

对数值输入、ASCII输入的按键输入或报警显示、数据列表显示、报警记录、扩展报警进行控制.

(五) 指示灯

1. 位指示灯

通过位软元件的ON/OFF来实现亮灯/熄灯的功能.

2. 字指示灯

通过字软元件的值来实现更改指示灯亮灯颜色的功能.

3. 指示灯区域

根据位软元件的ON/OFF来实现对指定范围内的图形、对象的两种颜色以点为单位进行交换的功能.

(六) 图形文本

实现在画面上显示文本的功能.

1. 设置

选择“图形”→“文本”菜单,在画面上显示文本.

2. 显示方法

在画面上单击,即弹出“文本”对话框,如图4-4-13所示.在输入要显示的文本、完成属性设置后,单击“确定”按钮,输入的文本即被显示.

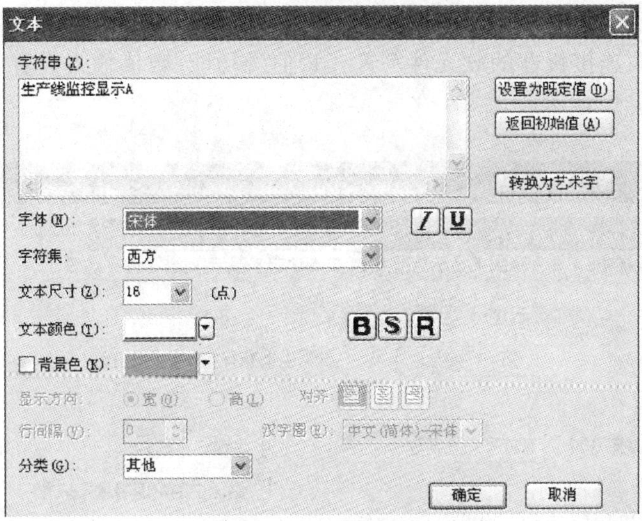

图 4-4-13　**图形文本显示对话框**

(七) 数值显示、数值输入

1. 数值显示

实现将连接机器的软元件中存储的数据以数值的形式在 GOT 中显示的功能. 数值显示设置对话框如图 4-4-14 所示.

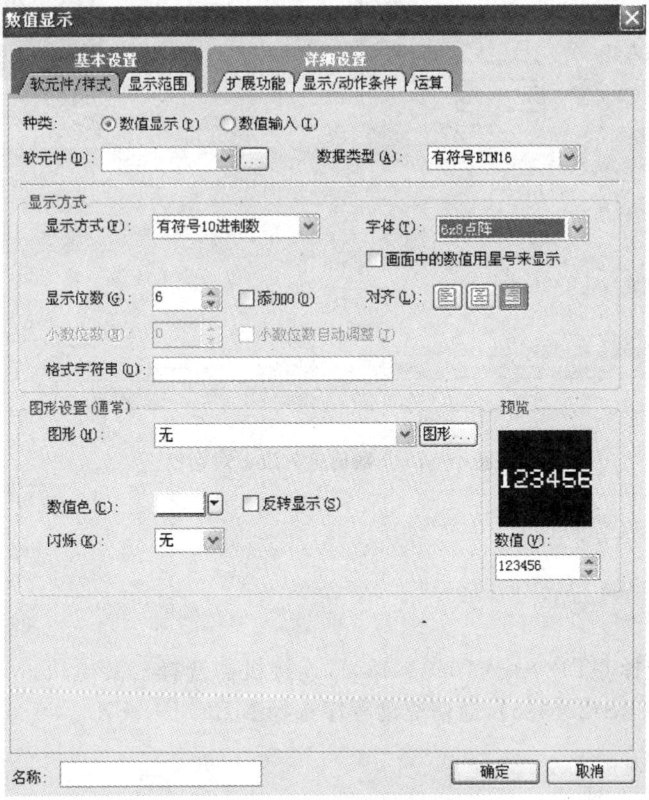

图 4-4-14　**数值显示设置对话框**

2. 数值输入

实现从 GOT 向连接机器的软元件写入任意值的功能. 数值输入设置对话框如图 4-4-15 所示.

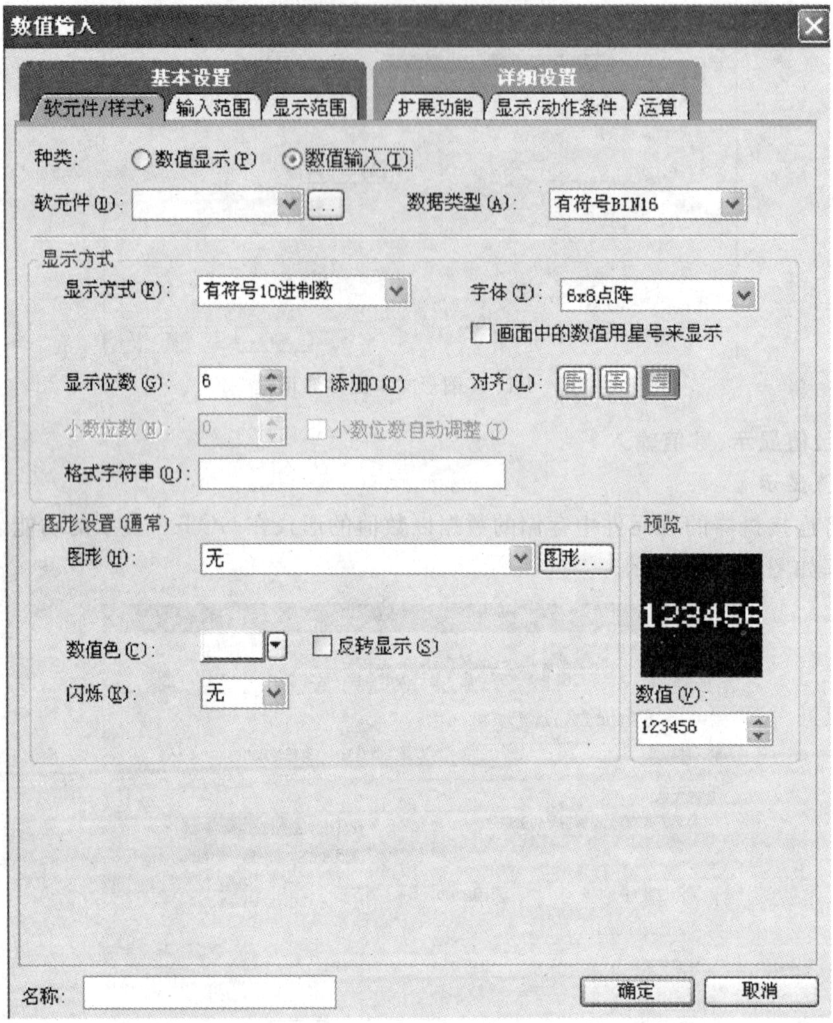

图 4-4-15　数值输入设置对话框

活动实施

一、新建工程

触摸屏型号选择 GT12 **-V(640 * 480),连接机器选择三菱电机、MELSEL-FX,通信接口选择标准 I/F(RS422/485),通信驱动程序选择 MELSEL-FX.

二、设计手动操作画面

手动操作画面如图 4-4-16 所示.

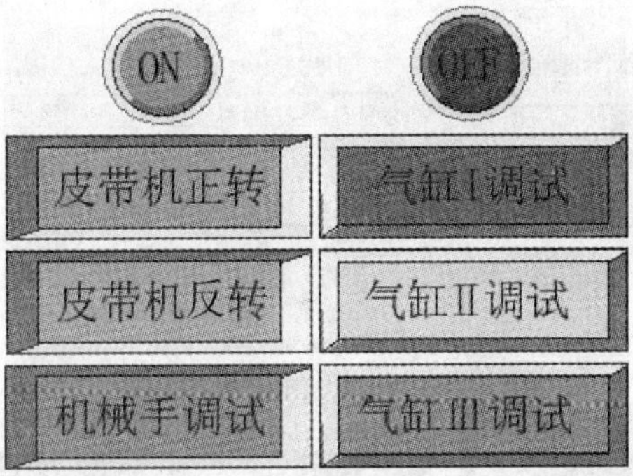

图 4-4-16　手动操作画面

(1) 通过选择“对象”菜单中“开关”→“位开关”,放置所有手动操作按键.

(2) 双击手动操作按钮,打开开关动作设置对话框,如图 4-4-17 所示,单击“动作追加”中的“位”选项,打开“位动作设置”对话框,设置按键动作软元件,在“动作设置”中选择“点动”.

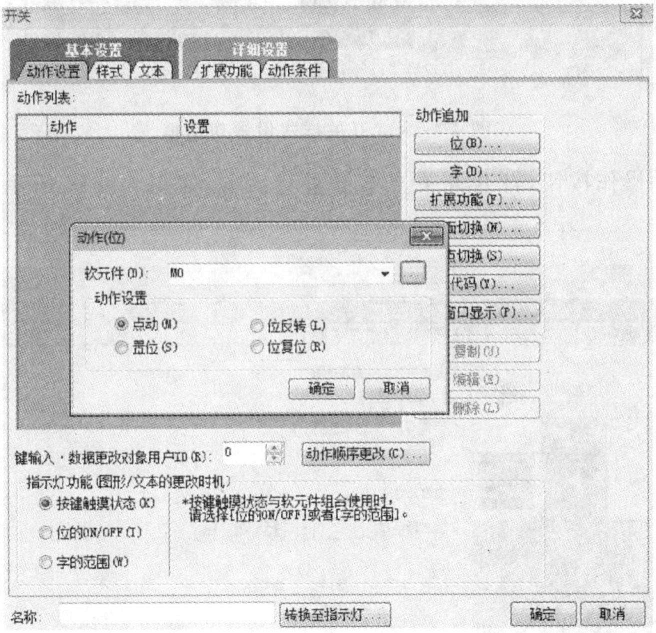

图 4-4-17　开关动作设置对话框

要求:“ON”位元件设为 M57;“OFF”位元件设为 M58;“气缸Ⅰ调试”位元件设为 M12;“气缸Ⅱ调试”位元件设为 M13;“气缸Ⅲ调试”位元件设为 M14;“机械手调试”位元件设为 M15;“皮带机正转”位元件设为 M36;“皮带机反转”位元件设为 M37.

(3) 双击手动操作按钮,打开开关样式设置对话框,如图 4-4-18 所示,单击图形样式选项,打开“图像一览表”对话框,设置按键图形样式、颜色.

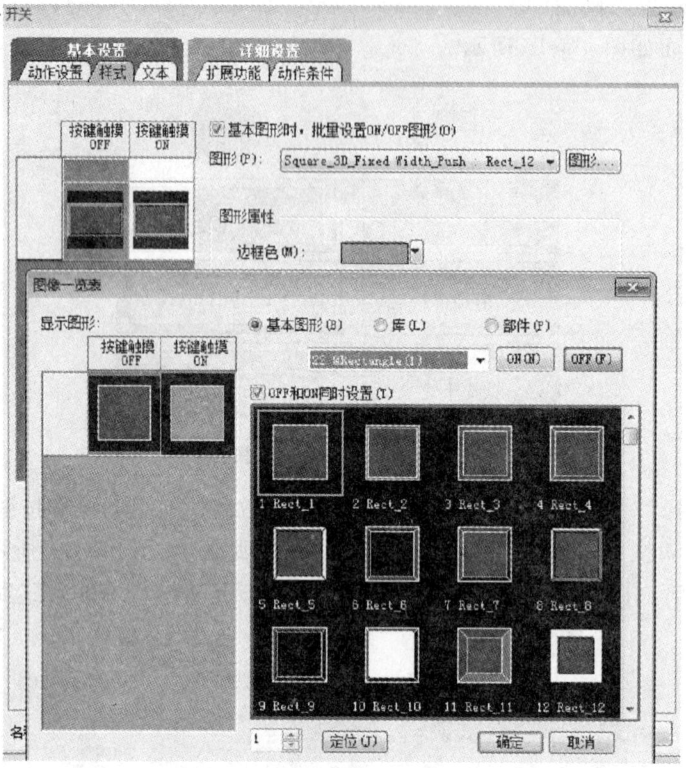

图 4-4-18　**开关样式设置对话框**

(4) 双击手动操作按钮，打开开关文本设置对话框，如图 4-4-19 所示，设置按键对应文本内容、样式.

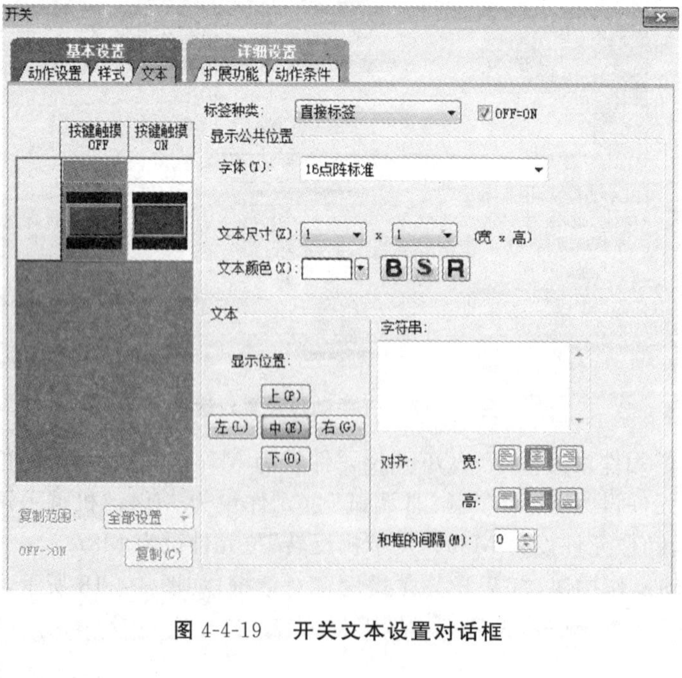

图 4-4-19　**开关文本设置对话框**

活动评价

一、活动记录

活动记录见附表 1.

二、活动实施评价表

活动实施评价表见表 4-4-2.

表 4-4-2　活动实施评价表

<table>
<tr><td colspan="3">活动名称：触摸屏基本界面的制作</td><td colspan="6">班级：
小组：
姓名：</td></tr>
<tr><td rowspan="3">评价项目</td><td rowspan="3">评价标准</td><td rowspan="3">评价依据</td><td colspan="3">评价方式</td><td rowspan="3">权重</td><td rowspan="3">得分</td><td rowspan="3">总分</td></tr>
<tr><td>学生自评</td><td>小组评价</td><td>教师评价</td></tr>
<tr><td>0.2</td><td>0.3</td><td>0.5</td></tr>
<tr><td>职业素质</td><td>(1) 遵守安全管理规定和工作劳动纪律
(2) 按时按要求完成学习及工作任务
(3) 工作积极主动、勤学好问
(4) 工作岗位 6S 完成情况良好</td><td>(1) 出勤
(2) 工作态度
(3) 劳动纪律
(4) 团队协作精神</td><td></td><td></td><td></td><td>0.2</td><td></td><td rowspan="3"></td></tr>
<tr><td>专业能力</td><td>(1) 会使用触摸屏的编程软件，设计控制画面
(2) 能制作物料分拣系统的监控界面
(3) 按要求完成硬件系统和软件系统的联合调试</td><td>(1) 操作的准确性和规范性
(2) 专业技能完成情况
(3) 工作页或报告完成情况</td><td></td><td></td><td></td><td>0.7</td><td></td></tr>
<tr><td>创新能力</td><td>(1) 在任务完成过程中能提出自己的有一定见解的方案
(2) 在教学或生产管理上提出的建议具有创新性</td><td>(1) 方案的可行性及意义
(2) 建议的可行性</td><td></td><td></td><td></td><td>0.1</td><td></td></tr>
<tr><td>指导教师综合评价</td><td colspan="8">

指导教师签名：　　　　日期：</td></tr>
</table>

活动二　物料分拣生产线的PLC控制系统的设计

活动描述

本活动要求按图4-1-1所示部件图，安装物料分拣生产线各部件，设计物料分拣生产线的电气、气动控制线路，编写PLC控制程序，实现物料分拣生产线的自动运行.

1. 设备运行要求

在设备处于初始位置时，按下启动按钮SB1，运行指示灯HL1变为亮1s灭1s方式闪烁，指示设备处在工作状态.

2. 放料要求

开始运行后，落料允许指示灯(绿色警示灯)闪烁，表明可以从落料口将工件放到皮带输送机上. 此时如将工件放到传送带上，皮带输送机以35Hz频率运行向右传送工件，落料允许指示灯熄灭；当工件处理完，落料允许指示灯再次闪烁表明可以放料.

3. 零件分拣要求

(1) 在位置C出料斜槽中工件必须满足按金属零件、白色塑料零件、黑色塑料零件、金属零件……的顺序进行排列的要求；在一组零件中，应优先进行位置C出料斜槽零件排列的分送，最后才进行其他位置零件的分送.

(2) 在位置B出料斜槽中工件必须满足由一个白色塑料零件和一个黑色塑料零件组合成的套件. 其优先仅次于位置C出料斜槽.

(3) 在位置A出料斜槽中工件必须满足按金属零件、白色塑料零件的顺序组合的要求.

(4) 在一组零件中不满足位置A、B、C出料斜槽要求的零件将被送往位置D，继而再由机械手将其送往处理盘.

(5) 当零件到达位置D时，机械手的悬臂伸出→手臂下降→气手指合拢抓取零件→延时1s→手臂上升→悬臂缩回→机械手向右转动→悬臂伸出→气手指松开，零件掉在处理盘内→悬臂缩回→机械手转左→回原位后停止.

(6) 工件掉入处理盘后，处理盘电动机转动2s，对掉入盘内的零件进行处理，处理时间到后处理盘电动机停止转动.

(7) 零件到达位置D时，应将皮带输送机电动机停止，待位置D的零件被机械手取走后，皮带输送机电动机再恢复运行.

(8) 任意滑槽中的工件达到两套时，设备暂停3s，同时绿色警示灯闪烁，指示正在进行包装，包装结束后设备继续工作.

学习目标

◇ 熟悉物料分拣机构硬件电路的构成.

◇ 能编写物料分拣机构控制程序.

学习地点

PLC 综合控制实训室(配备多媒体教学设备).

学习准备

PLC、气动、变频器、传感器参考书,三菱 FX_{2N}-48MR(或 FX-3U)PLC 控制板,FR-E740 变频器实训板,物料分拣机构,常用电工工量具一套,导线,计算机等.

知识准备

一、画面切换设置

(一) 画面切换按键操作

可通过以下方式之一打开"画面切换开关"对话框,如图 4-4-20 所示.

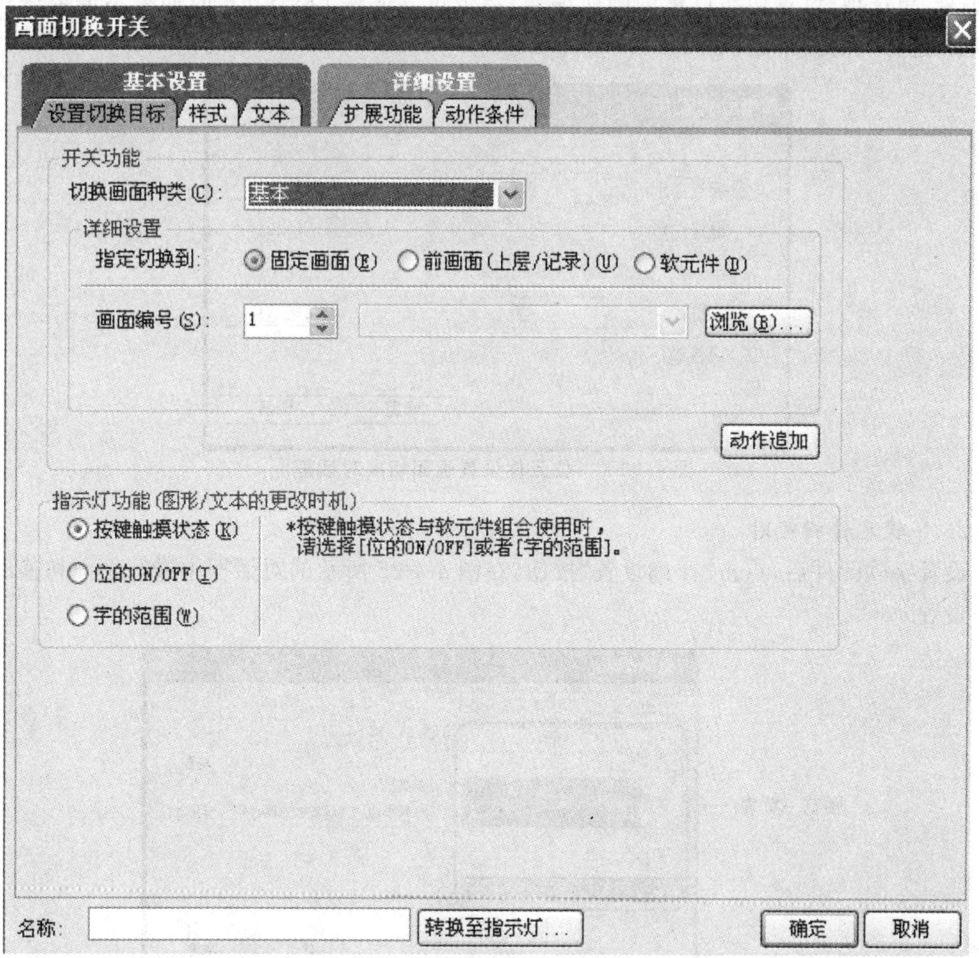

图 4-4-20　"画面切换开关"对话框

(1) 在 GT Designer 3 软件中选择“对象”→“开关”→“画面切换开关”菜单.

(2) 在准备配置画面切换开关的位置单击鼠标,即完成画面切换开关的配置.

(3) 双击已配置的画面切换开关,即弹出“画面切换开关”对话框.

在“切换画面种类”中可选择基本窗口、5 个重叠窗口、2 个叠加窗口、对话框窗口等. 在“详细设置”区中的“固定画面”单选按钮指定按键只能进行画面切换,“软元件”单选按钮表示可设置该按键切换画面同时作为指示灯使用.

(二) 通过 GOT 内部软元件切换画面

通过指定位软元件的 ON/OFF,切换至指定画面编号的基本 / 窗口画面. 或通过指定字软元件的当前值,使之符合设置的比较式时,切换至指定画面编号的基本 / 窗口画面(比较式最多可设置 64 个).

1. 位软元件指定时

位软元件设置后,单击“详细设置”按钮,在图 4-4-21 所示的对话框中进行画面切换时的动作设置. 在指定位软元件 ON/OFF 时如果要切换至指定画面编号的基本 / 窗口画面,选择“编号”单选项,设置切换目标的画面编号. 指定位软元件 ON/OFF 时如果不需要进行画面切换,选择“保持”单选项.

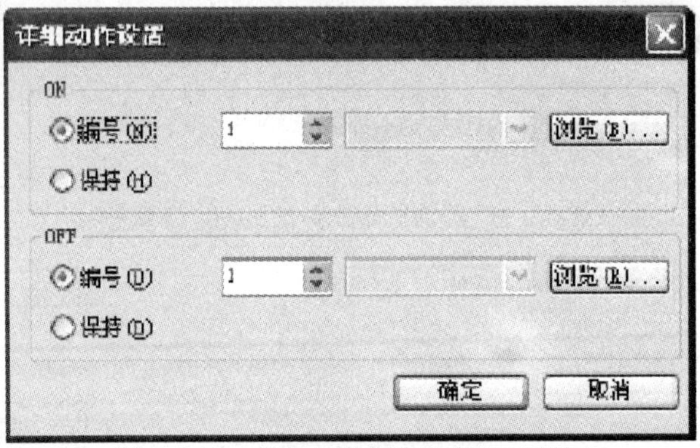

图 4-4-21　**位元件设置画面切换对话框**

2. 字软元件指定时

设置字软元件后,点击“详细设置”按钮,在图 4-4-22 所示的对话框中进行画面切换时的动作设置.

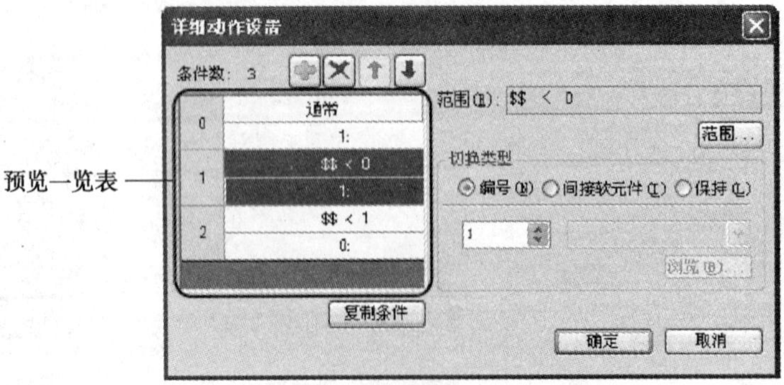

图 4-4-22　**字元件设置画面切换对话框**

二、触摸屏参数设置

(一) GOT 类型(机种)设置

选择"公共设置"→"GOT 机种设置"菜单，即弹出"机种设置"对话框，如图 4-4-23 所示，在其中设置机种类型.

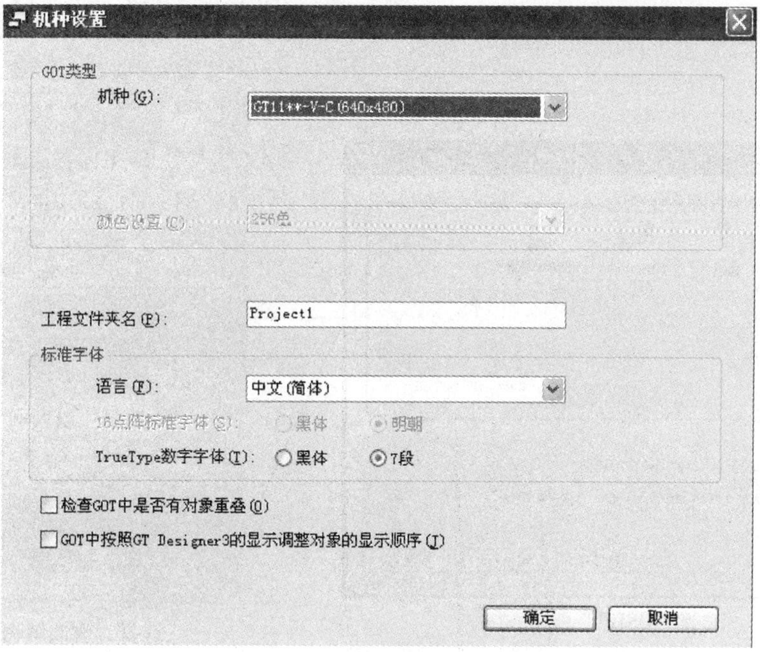

图 4-4-23　"机种设置"对话框

(二) GOT 的开机画面设置

GOT 启动时，可以将任意 BMP 画面作为开机画面显示. 选择"公共设置"→"GOT 环境设置"→"开机画面"菜单，即弹出"环境设置"对话框，如图 4-4-24 所示，在其中设置开机画面.

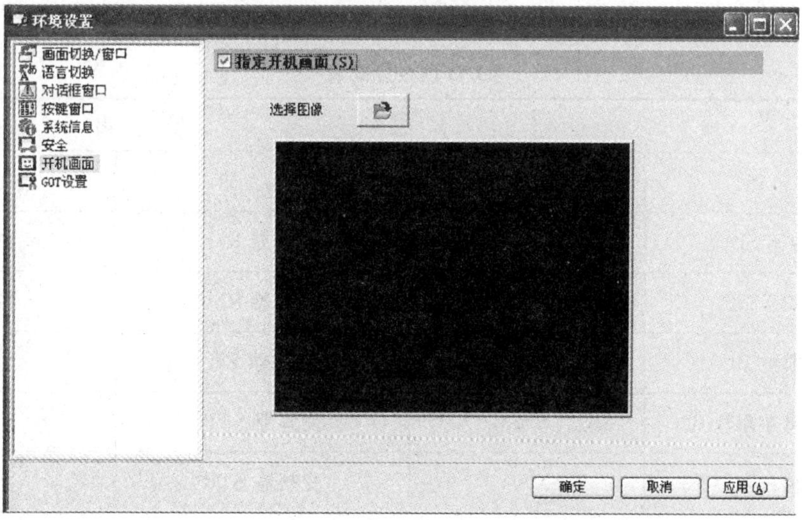

图 4-4-24　GOT 开机画面设置对话框

（三）通讯设置

执行从计算机向 GOT 传送数据的通讯设置.

执行通讯设置的方法有两种:选择“通讯”→“通讯设置”菜单,调出“通讯设置”对话框,在其中进行设置,或选择“通讯”→“向 GOT 写入”/“从 GOT 读取”/“与 GOT 对照”菜单,调出“通讯设置”对话框在其中进行设置,如图 4-4-25 所示.

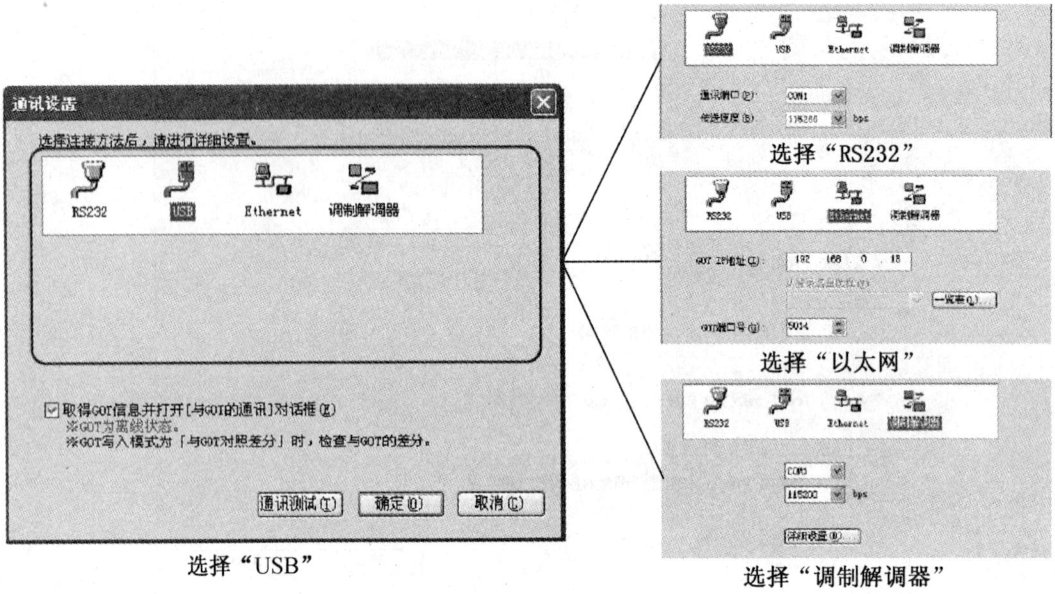

图 4-4-25　“通讯设置”对话框

活动实施

一、分配 I/O 地址

根据物料分拣机构工作任务的描述,分配其 I/O 地址,如表 4-4-3 所示.

表 4-4-3　　I/O 地址分配表

输入		输出	
功　能	输入地址	功　能	输出地址
启动按钮 SB1	X000	变频器 RH	Y000
停止按钮 SB2	X001	变频器 RM	Y001
气爪限位 B1	X002	变频器 RL	Y002
机械手旋转左限位 B2	X003	变频器 STF	Y003
机械手旋转右限位 B3	X004	变频器 STR	Y004

续表

输　　入		输　　出	
功　　能	输入地址	功　　能	输出地址
手臂伸出限位 1B1	X005	指示灯 HL1	Y010
手臂缩回限位 1B2	X006	运行指示灯(绿) HL2	Y011
气爪上升限位 2B1	X007	驱动转盘电动机	Y014
气爪下降限位 2B2	X010	推杆气缸 1 电磁阀 YV1	Y015
料台物料检测 B4	X011	推杆气缸 2 电磁阀 YV2	Y016
推杆 1 伸出限位 3B1	X012	推杆气缸 3 电磁阀 YV3	Y017
推杆 1 缩回限位 3B2	X013	手臂左转电磁阀 YV4	Y020
推杆 2 伸出限位 4B1	X014	手臂右转电磁阀 YV5	Y021
推杆 2 缩回限位 4B2	X015	手爪夹紧电磁阀 YV6	Y022
推杆 3 伸出限位 5B1	X016	手爪松开电磁阀 YV7	Y023
推杆 3 缩回限位 5B2	X017	气爪上升电磁阀 YV8	Y024
电感传感器 B5	X020	气爪下降电磁阀 YV9	Y025
光纤传感器 1 B6	X021	手臂伸出电磁阀 YV10	Y026
光纤传感器 2 B7	X022	手臂缩回电磁阀 YV11	Y027
光电传感器 B8	X023		
复位按钮 SB3	X024		

二、设计电气控制线路

物料分拣生产线的 PLC、变频器控制线路如图 4-4-26 所示.

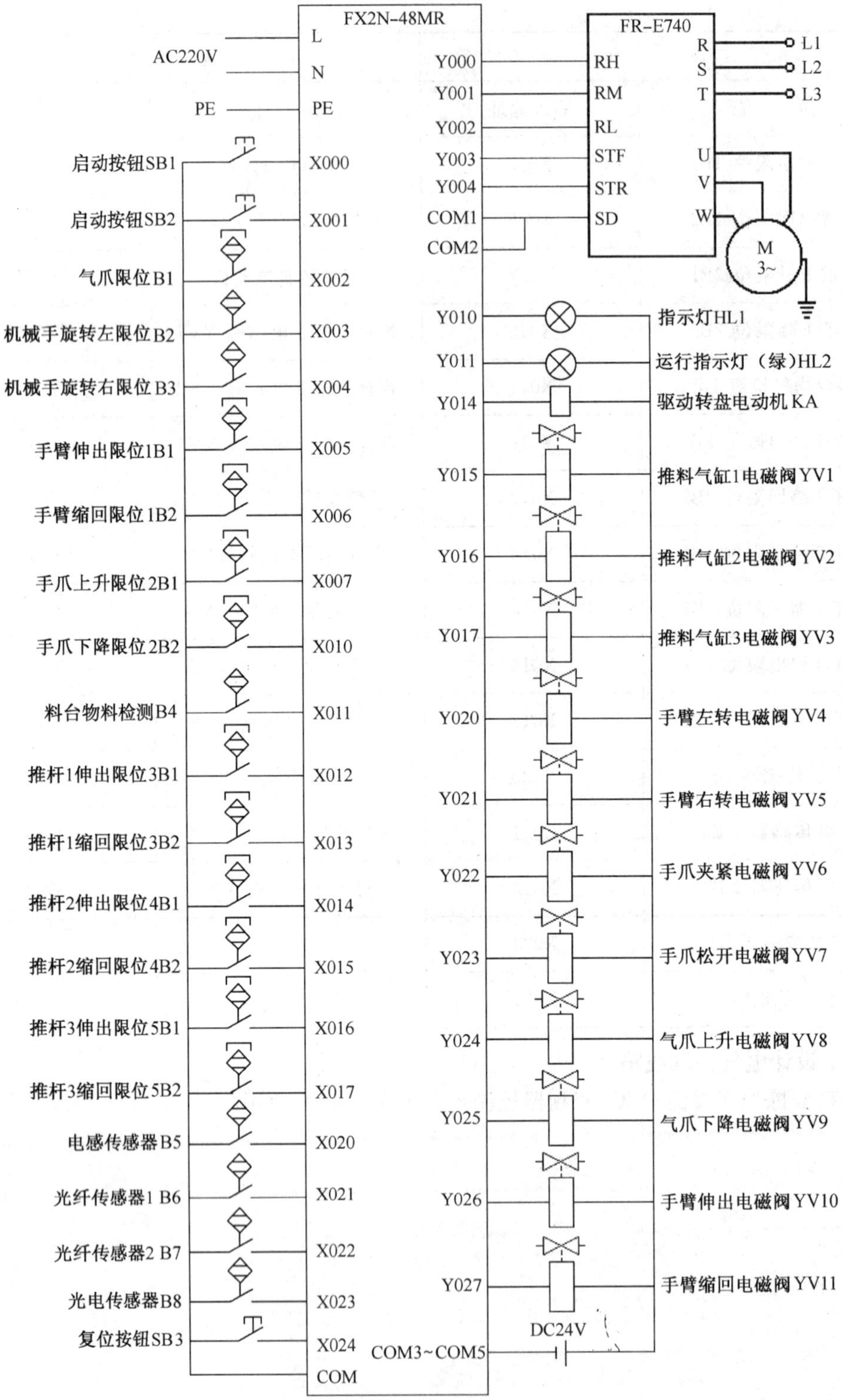

图 4-4-26　PLC、变频器控制线路

三、设计气动控制回路

物料分拣生产线的气动控制回路如图 4-4-27 所示.

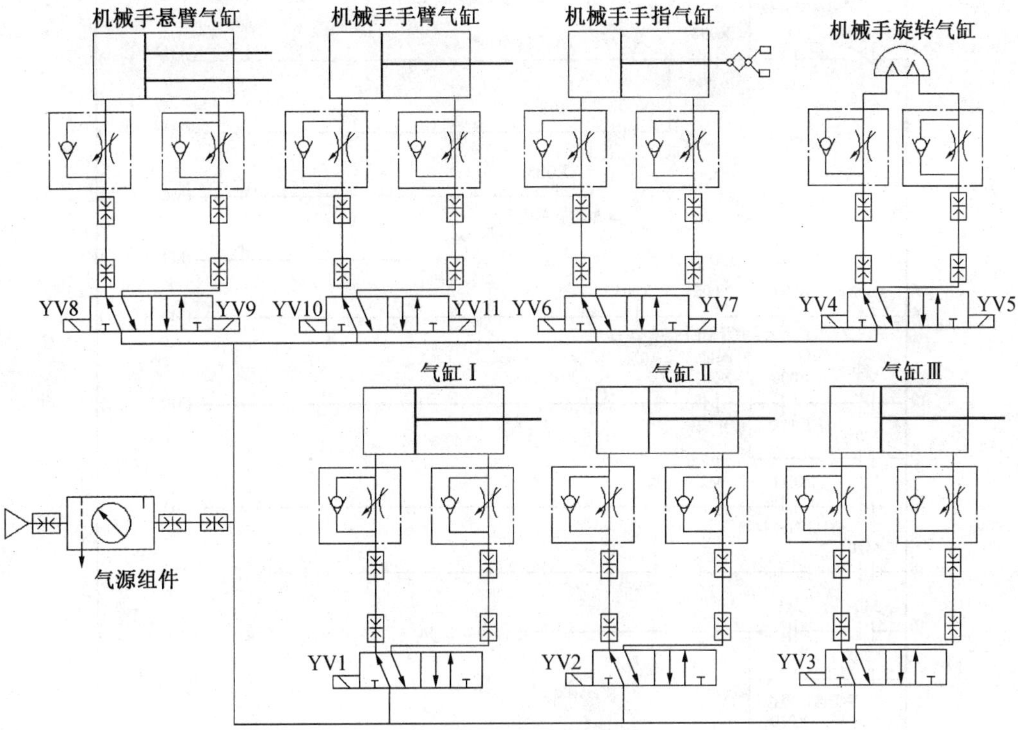

图 4-4-27　**气动控制回路**

四、编写 PLC 控制程序

流程图如图 4-4-28 所示.

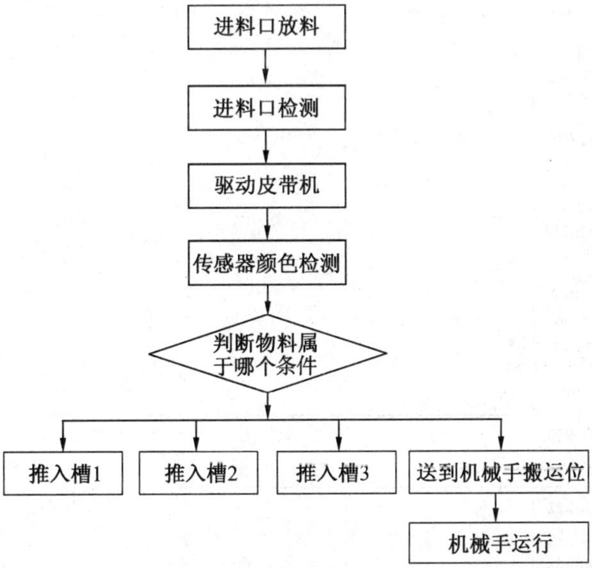

图 4-4-28　**流程图**

PLC 控制程序如图 4-4-29 所示.

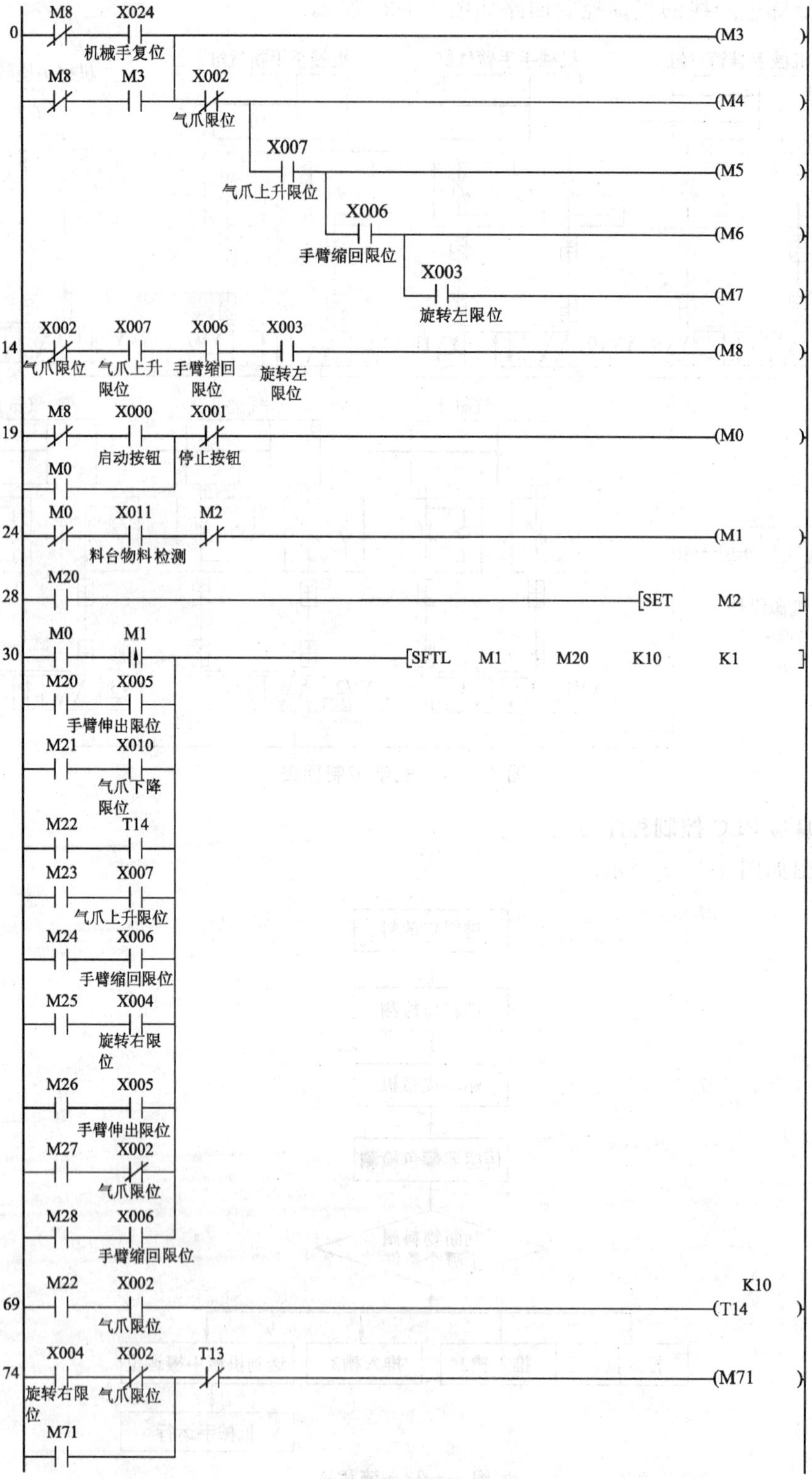

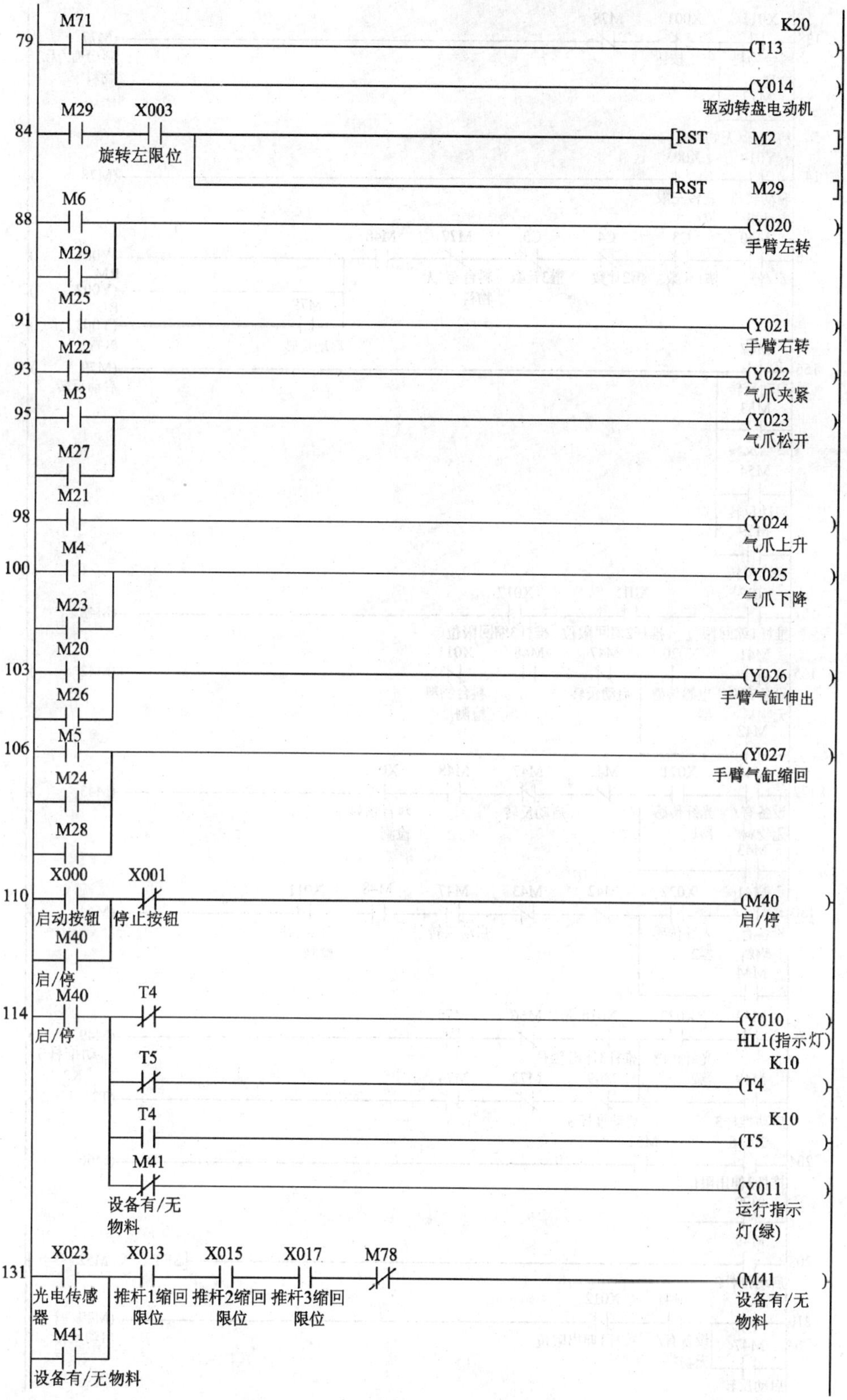

79
M71
K20
(T13)
(Y014)
驱动转盘电动机
84
M29
X003
旋转左限位
[RST M2]
[RST M29]
88
M6
M29
(Y020)
手臂左转
91
M25
(Y021)
手臂右转
93
M22
(Y022)
气爪夹紧
95
M3
M27
(Y023)
气爪松开
98
M21
(Y024)
气爪上升
100
M4
M23
(Y025)
气爪下降
103
M20
M26
(Y026)
手臂气缸伸出
106
M5
M24
M28
(Y027)
手臂气缸缩回
110
X000
启动按钮
X001
停止按钮
M40
启/停
(M40)
启/停
114
M40
启/停
T4
(Y010)
HL1(指示灯)
T5
K10
(T4)
T4
K10
(T5)
M41
设备有/无物料
(Y011)
运行指示灯(绿)
131
X023
光电传感器
X013
推杆1缩回限位
X015
推杆2缩回限位
X017
推杆3缩回限位
M78
(M41)
设备有/无物料
M41
设备有/无物料

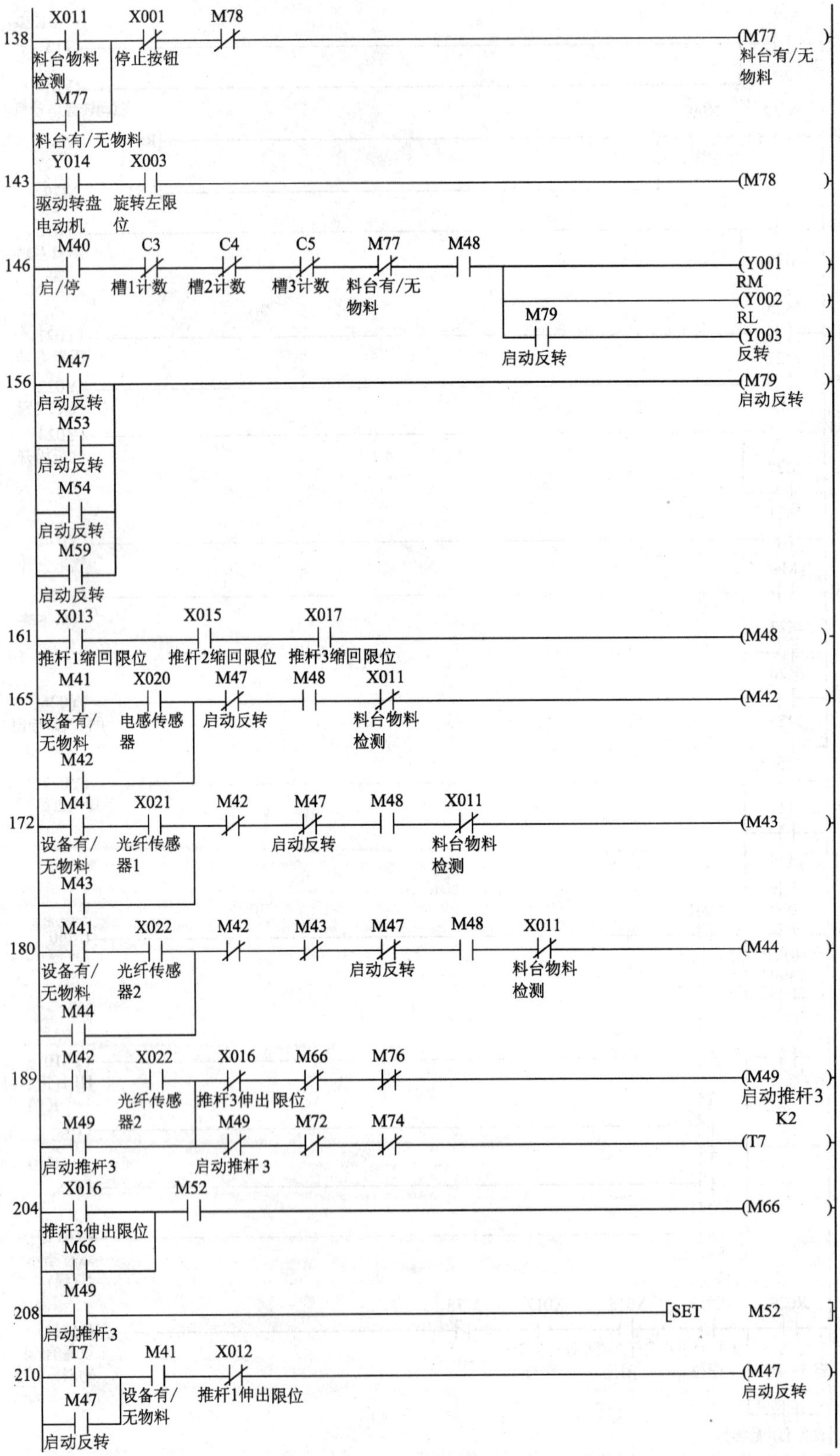
138
X011 X001 M78
料台物料检测 停止按钮
M77 料台有/无物料
M77 料台有/无物料
143
Y014 X003
驱动转盘电动机 旋转左限位
M78
146
M40 C3 C4 C5 M77 M48
启/停 槽1计数 槽2计数 槽3计数 料台有/无物料
Y001 RM
Y002 RL
M79 启动反转
Y003 反转
156
M47 启动反转
M53 启动反转
M54 启动反转
M59 启动反转
M79 启动反转
161
X013 X015 X017
推杆1缩回限位 推杆2缩回限位 推杆3缩回限位
M48
165
M41 X020 M47 M48 X011
设备有/无物料 电感传感器 启动反转 料台物料检测
M42
M42
172
M41 X021 M42 M47 M48 X011
设备有/无物料 光纤传感器1 启动反转 料台物料检测
M43
M43
180
M41 X022 M42 M43 M47 M48 X011
设备有/无物料 光纤传感器2 启动反转 料台物料检测
M44
M44
189
M42 X022 X016 M66 M76
光纤传感器2 推杆3伸出限位
M49 启动推杆3 K2
M49 M49 M72 M74
启动推杆3 启动推杆 3
T7
204
X016 M52
推杆3伸出限位
M66
M66
208
M49 启动推杆3
SET M52
210
T7 M41 X012
M47 设备有/无物料 推杆1伸出限位
启动反转
M47 启动反转

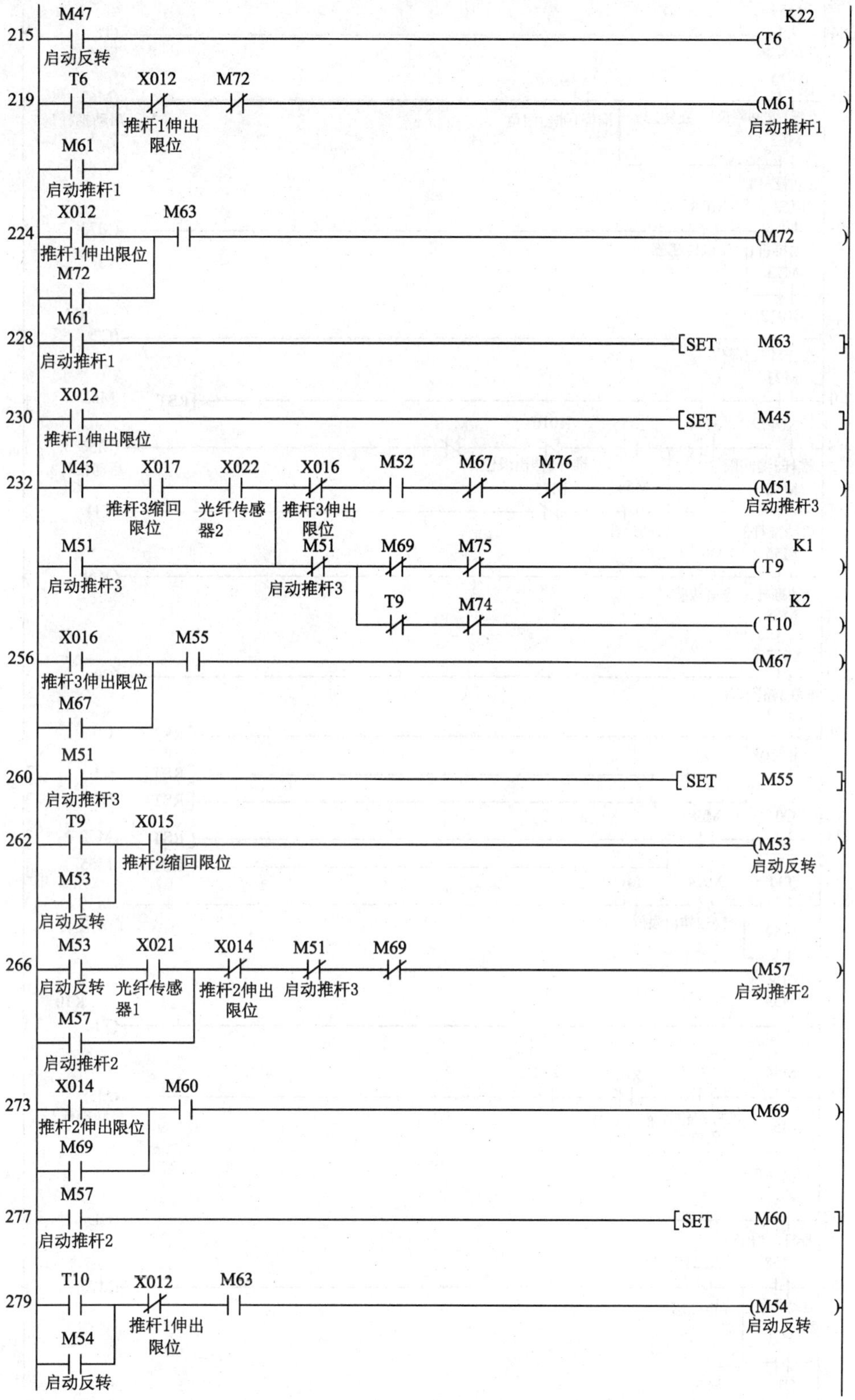
215 M47 启动反转 K22 T6
219 T6 X012 推杆1伸出限位 M72 M61 启动推杆1 M61 启动推杆1
224 X012 推杆1伸出限位 M63 M72 M72
228 M61 启动推杆1 SET M63
230 X012 推杆1伸出限位 SET M45
232 M43 X017 推杆3缩回限位 X022 光纤传感器2 X016 推杆3伸出限位 M52 M67 M76 M51 启动推杆3
M51 启动推杆3 M51 启动推杆3 M69 M75 K1 T9
T9 M74 K2 T10
256 X016 推杆3伸出限位 M55 M67 M67
260 M51 启动推杆3 SET M55
262 T9 X015 推杆2缩回限位 M53 启动反转 M53 启动反转
266 M53 启动反转 X021 光纤传感器1 X014 推杆2伸出限位 M51 启动推杆3 M69 M57 启动推杆2 M57 启动推杆2
273 X014 推杆2伸出限位 M60 M69 M69
277 M57 启动推杆2 SET M60
279 T10 X012 推杆1伸出限位 M63 M54 启动反转 M54 启动反转

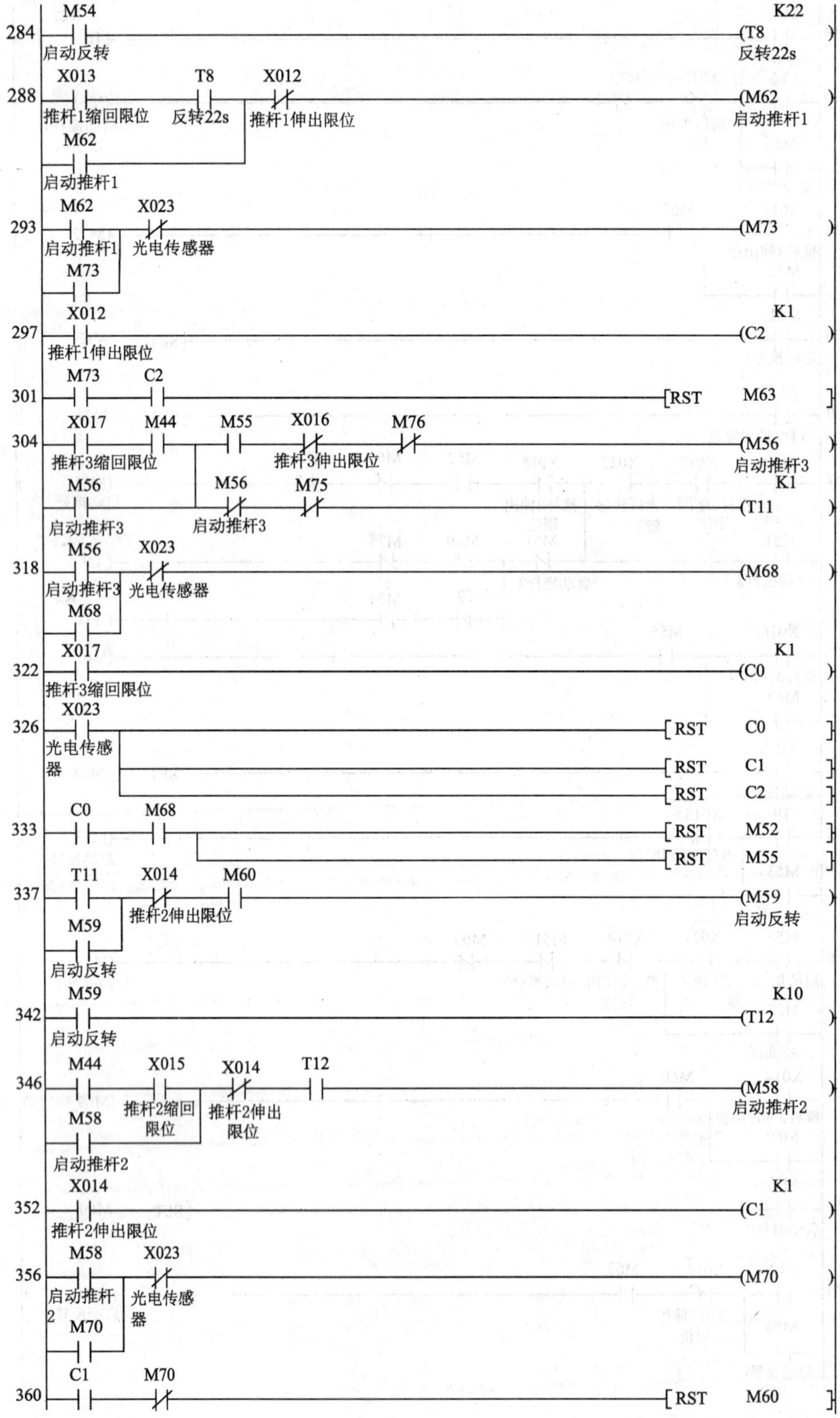

284
M54
启动反转
K22
T8
反转22s
288
X013
推杆1缩回限位
T8
反转22s
X012
推杆1伸出限位
M62
启动推杆1
M62
启动推杆1
293
M62
启动推杆1
X023
光电传感器
M73
M73
297
X012
推杆1伸出限位
K1
C2
301
M73
C2
RST
M63
304
X017
推杆3缩回限位
M44
M55
X016
推杆3伸出限位
M76
M56
启动推杆3
M56
启动推杆3
M56
启动推杆3
M75
K1
T11
318
M56
启动推杆3
X023
光电传感器
M68
M68
322
X017
推杆3缩回限位
K1
C0
326
X023
光电传感器
RST
C0
RST
C1
RST
C2
333
C0
M68
RST
M52
RST
M55
337
T11
X014
推杆2伸出限位
M60
M59
启动反转
M59
启动反转
342
M59
启动反转
K10
T12
346
M44
X015
推杆2缩回限位
X014
推杆2伸出限位
T12
M58
启动推杆2
M58
启动推杆2
352
X014
推杆2伸出限位
K1
C1
356
M58
启动推杆2
X023
光电传感器
M70
M70
360
C1
M70
RST
M60

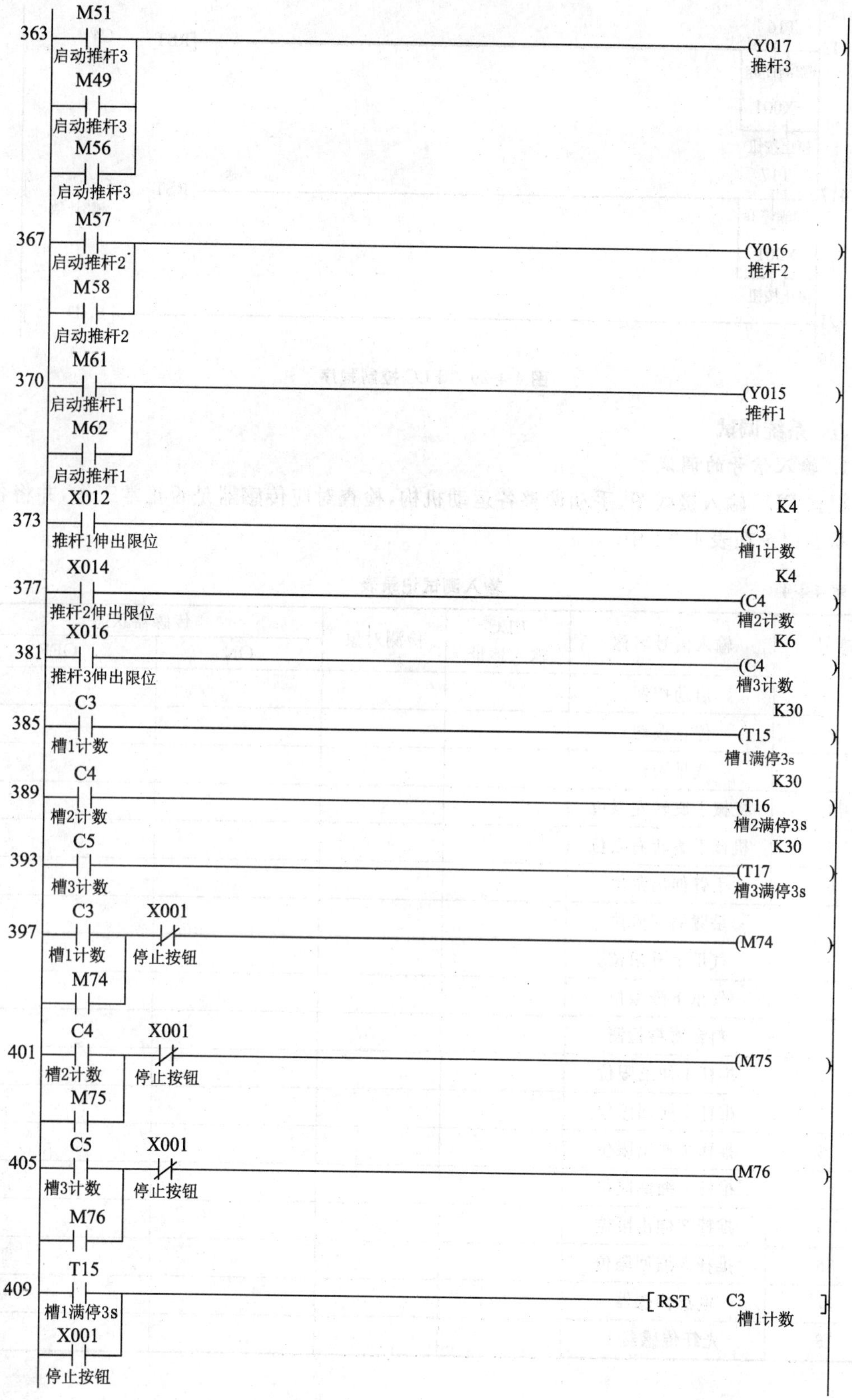
363
M51
启动推杆3
M49
启动推杆3
M56
启动推杆3
(Y017
推杆3
367
M57
启动推杆2
M58
启动推杆2
(Y016
推杆2
370
M61
启动推杆1
M62
启动推杆1
(Y015
推杆1
373
X012
推杆1伸出限位
K4
(C3
槽1计数
377
X014
推杆2伸出限位
K4
(C4
槽2计数
381
X016
推杆3伸出限位
K6
(C4
槽3计数
385
C3
槽1计数
K30
(T15
槽1满停3s
389
C4
槽2计数
K30
(T16
槽2满停3s
393
C5
槽3计数
K30
(T17
槽3满停3s
397
C3
槽1计数
X001
停止按钮
M74
(M74
401
C4
槽2计数
X001
停止按钮
M75
(M75
405
C5
槽3计数
X001
停止按钮
M76
(M76
409
T15
槽1满停3s
X001
停止按钮
[RST
C3
槽1计数

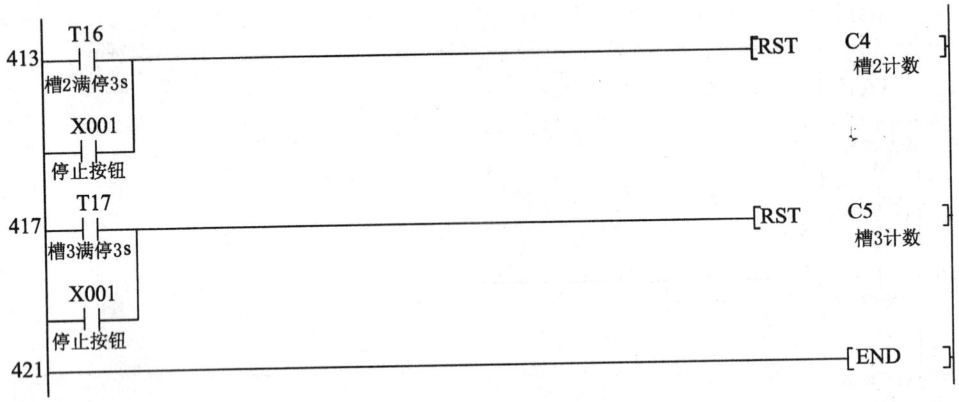

图 4-4-29　PLC 控制程序

五、系统调试

1. 输入信号的调试

根据 PLC 输入接线图，手动调整各运动机构，检查对应传感器是否正常工作，并将各传感器状态记录在表 4-4-4 中.

表 4-4-4　输入测试记录表

序号	输入信号名称	PLC 输入地址	检测对象	传感器状态	
				ON	OFF
1	启动按钮				
2	停止按钮				
3	气爪限位				
4	机械手旋转左限位				
5	机械手旋转右限位				
6	手臂伸出限位				
7	手臂缩回限位				
8	气爪上升限位				
9	气爪下降限位				
10	料台物料检测				
11	推杆 1 伸出限位				
12	推杆 1 缩回限位				
13	推杆 2 伸出限位				
14	推杆 2 缩回限位				
15	推杆 3 伸出限位				
16	推杆 3 缩回限位				
17	电感传感器				
18	光纤传感器 1				

续表

序号	输入信号名称	PLC 输入地址	检测对象	传感器状态	
				ON	OFF
19	光纤传感器 2				
20	光电传感器				
21	复位按钮				

2. 输出信号的调试

根据 PLC 输入接线图，通过 PLC 编程软件中强制置位与复位操作，检查输出设备工作是否正常，并将输出调试结果记录在表 4-4-5 中.

表 4-4-5　　输出调试记录表

序号	输入信号名称	PLC 输出地址	部件运行情况	
			输出 ON 时	输出 OFF 时
1	变频器 RL			
2	变频器 RM			
3	变频器 RH			
4	变频器 STF			
5	变频器 STR			
6	指示灯 HL1			
7	运行指示灯(绿)			
8	推杆 1 伸出			
9	推杆 2 伸出			
10	推杆 3 伸出			
11	手臂左转			
12	手臂右转			
13	手爪夹紧			
14	手爪松开			
15	气爪上升			
16	气爪下降			
17	手臂伸出			
18	手臂缩回			

3. 系统的统调

检查无误后，接通电源，使用 GX 编程软件编译梯形图程序，并将程序下载到 PLC 中，在指导教师指导下进行通电调试.

如出现异常情况，应立即切断电源，分析原因，检查硬件电路和程序，解决问题后再重新调试；若是程序问题且不影响安全运行，可通过在线修改程序进行调试，直至系统功能全部调试成功为止.

活动评价

一、活动记录

活动记录见附表 1.

二、活动实施评价表

活动实施评价表见表 4-4-6.

表 4-4-6 **活动实施评价表**

<table>
<tr><td colspan="3">活动名称：物料分拣生产线的PLC控制系统的设计</td><td colspan="6">班级：
小组：
姓名：</td></tr>
<tr><td rowspan="2">评价项目</td><td rowspan="2">评价标准</td><td rowspan="2">评价依据</td><td colspan="3">评价方式</td><td rowspan="2">权重</td><td rowspan="2">得分</td><td rowspan="2">总分</td></tr>
<tr><td>学生自评
0.2</td><td>小组评价
0.3</td><td>教师评价
0.5</td></tr>
<tr><td>职业素质</td><td>(1) 遵守安全管理规定和工作劳动纪律
(2) 按时按要求完成学习及工作任务
(3) 工作积极主动、勤学好问
(4) 工作岗位 6S 完成情况良好</td><td>(1) 出勤
(2) 工作态度
(3) 劳动纪律
(4) 团队协作精神</td><td></td><td></td><td></td><td>0.2</td><td></td><td rowspan="3"></td></tr>
<tr><td>专业能力</td><td>(1) 能正确分析物料分拣设备的各运动部件的动作过程
(2) 会安装与调试传感器检测系统
(3) 会编写 PLC 控制程序
(4) 能调试气动控制系统</td><td>(1) 操作的准确性和规范性
(2) 专业技能完成情况
(3) 工作页或报告完成情况</td><td></td><td></td><td></td><td>0.7</td><td></td></tr>
<tr><td>创新能力</td><td>(1) 在任务完成过程中能提出自己的有一定见解的方案
(2) 在教学或生产管理上提出的建议具有创新性</td><td>(1) 方案的可行性及意义
(2) 建议的可行性</td><td></td><td></td><td></td><td>0.1</td><td></td></tr>
<tr><td>指导教师综合评价</td><td colspan="8">

指导教师签名： 日期：</td></tr>
</table>

知识拓展

一、触摸屏简介

按照触摸屏的工作原理和传输信息的介质，可将其分为四种：电阻式、红外线式、电容感应式以及表面声波式. 本任务介绍的三菱触摸屏为电阻屏.

（一）电阻屏的工作原理

触摸屏利用压力感应进行控制. 触摸屏的主要部分是一块与显示器表面非常配合的电阻薄膜屏，这是一种多层的复合薄膜，它以一层玻璃或硬塑料平板作为基层，表面涂有一层透明氧化金属（透明的导电电阻）导电层，上面再盖有一层外表面经硬化处理、光滑防擦的塑料层，它的内表面也涂有一层涂层，在它们之间有许多细小（小于 1/1000 英寸）的透明隔离点把两层导电层隔开绝缘. 当手指触摸屏幕时，两层导电层在触摸点位置就有了接触，电阻发生变化，在 X 和 Y 两个方向上产生信号，然后送触摸屏控制器. 控制器侦测到这一接触并计算出（X，Y）的位置，再模拟鼠标的方式运作.

（二）电阻触摸屏的局限

电阻触摸屏是一种对外界完全隔离的工作环境，不怕灰尘和水汽，它可以用任何物体来触摸，可以用来写字画画，比较适合工业控制领域及办公室内有限人的使用. 电阻触摸屏共同的缺点是因为复合薄膜的外层采用塑胶材料，不知道的人太用力或使用锐器触摸可能划伤整个触摸屏而导致报废. 不过，在限度之内，划伤只会伤及外导电层，外导电层的划伤对于五线电阻触摸屏来说没有关系，而对四线电阻触摸屏来说是致命的.

二、三菱触摸屏常见故障及处理

（一）三菱触摸屏触摸偏差

1. 现象

（1）部分区域触摸准确，部分区域触摸有偏差.

（2）手指所触摸的位置与鼠标箭头没有重合.

2. 分析

（1）表面声波触摸屏四周边上的声波反射条纹上面积累了大量的尘土或水垢，影响了声波信号的传递造成偏差.

（2）安装完驱动程序后，在进行校正位置时，没有垂直触摸靶心正中位置.

3. 处理方法

（1）清洁触摸屏，特别注意要将触摸屏四边的声波反射条纹清洁干净，清洁时应将触摸屏控制卡的电源断开.

（2）重新校正位置.

（二）三菱触摸屏触摸无反应

1. 现象

触摸屏幕时鼠标箭头无任何动作，没有发生位置改变.

2. 分析

造成此现象产生的原因很多，下面逐个说明：

（1）表面声波触摸屏四周边上的声波反射条纹上面所积累的尘土或水垢非常严重，导致触摸屏无法工作.

(2) 三菱触摸屏发生故障.

(3) 三菱触摸屏控制卡发生故障.

(4) 三菱触摸屏信号线发生故障.

(5) 计算机主机的串口发生故障.

(6) 计算机的操作系统发生故障.

(7) 三菱触摸屏驱动程序安装错误.

3. 处理方法

(1) 清洁屏幕.

(2)～(5)送修理厂维修.

(6)、(7)需要重新安装系统、更新驱动程序.

(三) 触摸屏与 PLC 无法通信

1. 现象

显示通信异常,不能连接.

2. 分析

触摸屏与 PLC 无法通信可能有以下几种可能原因:

(1) PLC 的通信口损坏.

(2) 通信电缆可能不匹配.

(3) 触摸屏的通信口可能损坏.

(4) 触摸屏的主板通信电路故障.

3. 处理方法

(1) 更换 PLC 通信口.

(2) 更换通信电缆后重试.

(3)、(4) 确定触摸屏的通信口和主板通信电路损坏后送修理厂维修.

附　　表

附表 1　学习过程记录表

班级：　　　　　　　姓名：　　　　　　　小组：

序号	项　目	内　　容
1	活动名称	
2	学习目标	
3	学习过程	学习任务(活动)分析与描述：
		任务(活动)相关信息收集与整理：
		工作计划制定与明确：
		工作实施步骤与完成情况：
4	成果展示	
5	自我评估与总结	
6	小组评估与总结	
7	教师评估与总结	
8	各小组对工作岗位的“6S”处理	

注：根据实际情况此表若填写不下可以附页.

附表 2　故障检修报告

活动名称：	班级：	姓名：
故障现象描述		
故障原因分析		
检测步骤		
维修方法		

附表 3 故障检修评分标准

项目内容	配分	评分标准			扣分
故障分析	30	(1) 不能根据试车的状况说出故障现象,扣 5～10 分 (2) 不能标出最小故障范围,每个故障扣 5 分 (3) 标不出故障线段或错标在故障回路外,每个故障扣 5 分			
排除故障	70	(1) 停电不验电,扣 5 分 (2) 测量仪表使用方法不正确,每次扣 5 分 (3) 排除故障方法、步骤不正确,扣 10 分 (4) 损坏元器件,扣 40 分 (5) 不能排除故障,每个故障扣 35 分 (6) 扩大故障范围或产生新的故障,每个故障扣 40 分			
安全文明生产		违反安全文明生产规程,未清理场地扣 10～70 分			
开始时间			结束时间		实际时间
定额工时 30min		不允许超时检查故障,但在修复故障时每超时 1min 扣 1 分			
备 注		除定额工时外,各项内容的最高扣分不得超过配分数		成绩	

附表 4 各种接近开关接线图

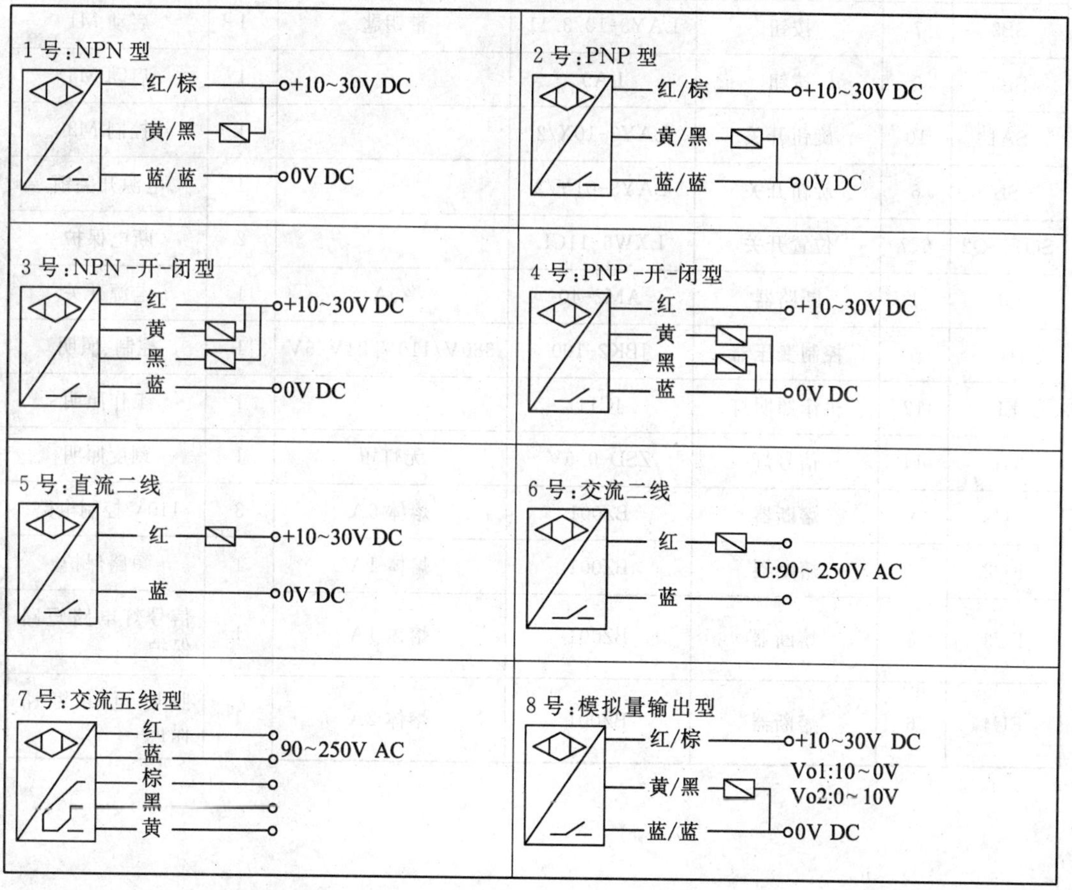

附表 5　CA6140 型车床电气元件明细表

代号	图上区号	名　称	型　号	规　格	数量	用　途
M1	2	主轴电动机	Y132M-4-B3	7.5kW、1450r/min	1	主传动用
M2	3	冷却泵电动机	AOB-25	90W、2880r/min	1	输送冷却液用
M3	4	快速移动电动机	AOS5634	250W、1360r/min	1	溜板快速移动用
KH1	2	热继电器	JR16-20/3D	15.4A	1	主轴电动机 M1 的过载保护
KH2	3	热继电器	JR16-20/3D	0.32A	1	冷却泵电动机 M2 的过载保护
KM	2	交流接触器	CJ20-20	线圈电压 110V	1	控制 M1
KA1	10	中间继电器	JZ7-44	线圈电压 110V	1	控制 M2
KA2	9	中间继电器	JZ7-44	线圈电压 110V	1	控制 M3
SB1	7	急停按钮	LAY3-01ZS/1	红色蘑菇头	1	停止 M1
SB2	7	按钮	LAY3-10/3.11	带钥匙	1	启动 M1
SB3	9	按钮	LA9		1	启动 M3
SA1	10	旋钮开关	LAY3-10X/2		1	控制 M2
SB	6	旋钮开关	LAY3-01Y/2		1	电源开关锁
SQ1、SQ2	6、7	位置开关	LXW6-11CL		2	断电保护
QF	1	断路器	AM2-40	20A	1	电源开关
TC	5	控制变压器	JBK2-100	380V/110V/24V/6V	1	控制、照明
EL	12	机床照明灯	JC11		1	工作照明
HL	11	信号灯	ZSD-0.6V	无灯罩	1	刻度照明
FU1	1	熔断器	BZ001	熔体 6A	3	110V 控制电路
FU2	6	熔断器	BZ001	熔体 1A	1	短路保护
FU3	6	熔断器	BZ001	熔体 1A	1	信号灯电路短路保护
FU4	6	熔断器	BZ001	熔体 2A	1	照明电路短路保护

附表6 Z3050摇臂钻床电器元件明细表

代号	图上区号	名 称	型 号	规 格	数量	用 途
M1	4	主轴电动机	Y112M-4	4kW、1440r/min	1	驱动主轴进给
M2	5	摇臂升降电动机	Y90L-4	1.5kW、1440r/min	1	驱动摇臂升降
M3	6	液压油泵电动机	Y802-4	0.75kW、1390r/min	1	驱动液压系统
M4	3	冷却泵电动机	AOB-25	90W、2800r/min	1	驱动冷却泵
QF1	2	低压断路器	DZ25-20/330FSH	10A	1	电源总开关
QF2	3	低压断路器	DZ25-20/330H	0.3～0.45A	1	M4控制开关
QF3	5	低压断路器	DZ25-20/330H	6.5A	1	M2、M3电源开关
FU1～FU3	8	熔断器	RL1-15/2	15A、熔体2A	3	控制、照明、指示电路的短路保护
KM1	12	交流接触器	CJ0-20B	线圈电压110V	1	控制M1
KM2～KM5	14-17	交流接触器	CJ0-10B	线圈电压110V	4	控制M2、M3正反转
KH1	4	热继电器	JR0-20/30D	6.8～11A	1	M1过载保护
KH2	6	热继电器	JR0-20/30D	1.5～2.4A	1	M3过载保护
KT1、KT2	16、19	时间继电器	JJSK2-4	线圈电压110V	2	通电延时
KT3	20	时间继电器	JJSK2-2	线圈电压110V	1	断电延时
TC	7	整流变压器	BK-150	380V/110V/24V/6V	1	控制、照明、指示电路供电
YA1、YA2	21、22	交流电磁铁	MFJ1-3	线圈电压110V	1	液压分配
SB1	12	按钮	LAY3-11ZS/1	红色	1	总停止开关
SB2	12	按钮	LAY3-11	红色	1	M1停止
SB3	12	按钮	LAY3-11D	绿色	1	M1启动
SB4	14、15	按钮	LAY3-11	绿色	1	摇臂上升
SB5	14、15	按钮	LAY3-11	绿色	1	摇臂下降
SB6	17、19	按钮	LAY3-11	绿色	1	压松开控制
SB7	17、20	按钮	LAY3-11	绿色	1	液压夹紧控制
SQ1	14、15	组合开关	HZ4-22		1	摇臂升降限位
SQ2、SQ3	15、17、18	位置开关	LX5-11		2	摇臂松紧限位
SQ5	11	门控开关	JWM6-11		1	防触电的门控开关
HL1	11	信号灯	XD1	6V、白色	1	电源指示
HL2	10	指示灯	XD1	6V	1	主轴M1运行指示
EL	9	照明灯	JC-25	24V、40W	1	工作照明
SA1	22	万能转换开关	LW6-2/8071		1	液压分配开关
SA2	9	转换开关	LA18-22X2		1	控制照明灯

附表 7 M7120 平面磨床电器元件明细表

代号	图上区号	名称	型号	规格	数量	用途
M1	2	砂轮电动机	W451-4	4.5kW、220V/380V 1440r/min	1	驱动砂轮
M2	3	冷却泵电动机	JCB-22	125W、220V/380V 2790r/min	1	驱动冷却泵
M3	4	液压泵电动机	JO42-4	2.8kW、220V/380V 1450r/min	1	驱动液压泵
QS1	1	电源开关	HZ10-60/3	60A	1	引入电源
QS2	2	转换开关	HZ10-10/3	10A	1	控制电磁吸盘
SA	17	照明灯开关	LAY3-11X/2	单极 2 位、110V、6A	1	控制照明灯
FU1	1	熔断器	RL1-60/30	60A、熔体 30A	3	电源保护
FU2	5	熔断器	RL1-15/3	15A、熔体 3A	2	控制电路短路保护
FU3	16	熔断器	BLX-1	1A	1	照明电路短路保护
FU4	11	熔断器	RL1-15/2	15A、熔体 2A	1	保护电磁吸盘
KM1	6	接触器	CJ10-10	线圈电压 380V	1	控制 M1
KM2	8	接触器	CJ10-10	线圈电压 380V	1	控制 M2
KH1	2	热继电器	JR10-10	整定电流 9.5A	1	M1 过载保护
KH2	4	热继电器	JR10-10	整定电流 6.1A	1	M3 过载保护
T1	10	整流变压器	BK-400	400 • A、220/145V	1	降压
T2	16	照明变压器	BK-50	50 • A、380/36V	1	降压
VC	12	硅整流器	GZH	1A、200V		输出直流电压
YH	15	电磁吸盘		1.2A、110V		工件夹具
KA	14	欠电流继电器	JT3-11L	1.5A		保护用
SB1	6	按钮	LA2	绿色		启动 M1
SB2	6	按钮	LA2	红色		停止 M1
SB3	8	按钮	LA2	绿色		启动 M3
SB4	8	按钮	LA2	红色		停止 M3
R1	11	电阻器	GF	6W、125Ω		放电保护电阻
R2	13	电阻器	GF	50W、1000Ω		去磁电阻
R3	15	电阻器	GF	50W、500Ω		放电保护电阻
C	11	电容器		600V、5μF		保护用电容
EL	17	照明灯	JD3	24V、40W		工作照明
X1	3	接插器	CY0-36	500V		控制 M2 用
X2	15	接插器	CY0-36	250V		电磁吸盘用
XS	14	插座		250V、5A		退磁器用
附件		退磁器	TC1TH/H			工件退磁用

附表 8　X62W 万能铣床电气元件明细表

元件代号	图上区号	名　称	型　号	规　格	数量	用　途
M1	2	电动机	JO2-51-4	7.5kW、1450r/min	1	驱动主轴
M2	3	电动机	JCB-22	0.125kW、2790r/min	1	驱动冷却泵
M3	4	电动机	JO2-22-4	1.5kW、1410r/min	1	驱动工作台进给
QS	1	转换开关	HZ1-60/3J	60A、500V	1	电源总开关
SA1	2	组合开关	HZ3-133	60A、500V	1	M1 换相开关
SA2	10、12	组合开关	HZ1-10/3J	60A、500V	1	换刀开关
SA3	13	组合开关	HZ1-10/3J	60A、500V	1	冷却泵开关
SA4	16、17、18	组合开关	HZ1-10/3J	10A 、500V	1	圆工作台开关
SA	6	照明开关	HZ10-10/3J	10A、380V	1	控制工作灯
FU1	1	熔断器	RL1-60	60A、熔体 50A	3	电源总保护
FU2	3	熔断器	RL1-15	15A、熔体 4A	3	整流电路保护
FU3	11	熔断器	RL1-15	15A、熔体 10A	1	直流电路保护
FU4	7	熔断器	RL1-15	15A、熔体 2A	1	控制电路保护
FU5	6	熔断器	RL1-15	15A 、熔体 1A	1	照明电路保护
KH1	2	热继电器	JR0-60/3	16A	1	M1 过载保护
KH2	3	热继电器	JR0-20/3	0.5A	1	M2 过载保护
KH3	4	热继电器	JR0-20/3	1.5A	1	M3 过载保护
TC1	11	变压器	BK-150	380V/110V	1	控制电路电源
TC2	7	变压器	BK-100	380V/24V	1	整流电源
TC3	6	变压器	BK-50	380V/36V	1	照明电源
VC	7	整流器	4×2ZC		1	整流器
KM1	12	接触器	CJ0-20	20A、110V	1	主轴启动
KM2	13	接触器	CJ0-10	10A、110V	1	控制 M2
KM3	15	接触器	CJ0-10	10A、110V	1	M3 正转
KM4	20	接触器	CJ0-10	10A、110V	1	M3 反转
SB1、SB2	10、12	按钮	LA2		2	M1 停止
SB3、SB4	13、14	按钮	LA2		2	快速进给启动
SB5	12	按钮	LA2		1	M1 启动
YC1	8	电磁离合器	B1DL-Ⅱ		1	正常进给
YC2	9	电磁离合器	B1DL-Ⅱ		1	快速进给
YC3	10	电磁离合器	B1DL-Ⅲ		1	主轴制动
SQ1	16、20	位置开关	LX1-11K		1	向右控制
SQ2	19、20	位置开关	LX3-11K		1	向左控制
SQ3	16、17	位置开关	LX2-131		1	向后、上控制
SQ4	16、20	位置开关	LX2-131		1	向前、下控制
SQ5	15	位置开关	LX2-131		1	进给冲动
SQ6	12、13	位置开关	LX2-131		1	主轴冲动
KA1	14	中间继电器	J27-44	110V	1	快速进给控制
EL	6	铣床工作灯	JC-25	40W、36V	1	铣床照明控制

附表 9 T68 卧式镗床电气元件明细表

元件代号	图上区号	名 称	型 号	规 格	数量	用 途
M1	3	主轴电动机	JDO2-51-214	7.5kW	1	驱动主轴
M2	6	快速进给电动机	JO2-32-4	3kW	1	驱动快速移动
R	2、3	电阻器	ZB2-0.9	0.9Ω	1	限流
QS	1	组合开关	HZ2-60/3	60A、三极	1	电源总开关
SA	10	组合开关	HZ2-10/3	10A、三极	1	照明灯开关
SQ1	12	行程开关	LX1-11H		1	联锁开关
SQ3～SQ6	15、18	行程开关	LX1-11H		4	主轴变速启停、变速齿轮啮合冲动开关
SQ7	16	行程开关	LX5-11H		1	主轴高低速切换延时开关
SQ8～SQ9	24、25	行程开关	LX3-11K		2	镗头架、工作台快速移动
SQ2	25	行程开关	LX1-11K		1	联锁开关
SB1	11	按钮	LA2	500V、5A	1	停止
SB2	11	按钮	LA2	500V、5A	1	主轴正转启动
SB3	14	按钮	LA2	500V、5A	1	主轴反转启动
SB4	19	按钮	LA2	500V、5A	1	主轴正转点动
SB5	21	按钮	LA2	500V、5A	1	主轴反转点动
KS	17、21	速度继电器	JY-1	500V、2A	1	反接制动
KA1、KA2	12、14	中间继电器	JZ7-44	110V	2	主轴正、反转启动
FU1	2	熔断器	RL1-60	60A、熔体 40A	1	总短路保护
FU2	5	熔断器	RL1-15	15A、熔体 15A		M2 短路保护
FU3	10	熔断器	RL1-15	15A、熔体 4A		控制回路短路保护
FU4	10	熔断器	RL1-15	15A、熔体 2A		照明灯短路保护
FU5	9	熔断器	RL1-15	15A、熔体 2A	6	指示灯短路保护
KM1、KM2	18、21	接触器	CJ0-40	110V	2	主轴正、反转控制接触器
KM4、KM5	22、23	接触器	CJ0-40	110V	2	主轴高、低速控制接触器
KM6、KM7	24、25	接触器	CJ0-20	110V	2	快速移动电动机正反转控制
KM3	15	接触器	CJ0-20	110V	1	切除电阻 R
KT	16	时间继电器	JS7-2	110V	1	高低速切换延时
TC	8	控制变压器	BK-400	380V/110V/24V/6.3V	1	控制、照明电源
KH	3	热继电器	JR16-40/3D	16A	1	主轴电机 M1 过载保护
XS	7	插座	T 型		1	
EL	10	工作灯	K-1		1	照明
HL	9	指示灯	DX1-0		1	电源指示

附表 10　三菱 FX 系列 PLC 基本指令一览表

分类	助记符	名　　称	功　　能
基本指令	LD	取	运算开始 a 接点
	LDI	取反	运算开始 b 接点
	LDP	取脉冲	上升沿检出运算开始
	LDF	取脉冲	下降沿检出运算开始
	AND	与	串联连接 a 接点
	ANI	与非	串联连接 b 接点
	ANDP	与脉冲	上升沿检出串联连接
	ANDF	与脉冲	下降沿检出串联连接
	OR	或	并联连接 a 接点
	ORI	或非	并联连接 b 接点
	ORP	或脉冲	上升沿检出并联连接
	ORF	或脉冲	下降沿检出并联连接
	ANB	回路块与	回路之间串联连接
	ORB	回路块或	回路块之间并联连接
	OUT	输出	线圈驱动指令
	SET	置位	线圈动作保持指令
	RST	复位	解除线圈动作保持指令
	PLS	脉冲	线圈上升沿输出指令
	PLF	下降沿脉冲	线圈下降沿输出指令
	MC	主控	公共串联接点用线圈指令
	MCR	主控复位	公共串联接点解除指令
	MPS	进栈	运算存储
	MRD	读栈	存储读出
	MPP	出栈	存储读出和复位
	INV	反转	运算结果取反
	NOP	空操作	无动作
	END	结束	程序结束

附表 11　三菱 FX 系列 PLC 步进指令一览表

分类	助记符	名　称	功　能
步进梯形图指令	STL	步进梯形图	步进梯形图开始
	RET	返回	步进梯形图结束

附表 12　三菱 FX 系列 PLC 应用指令一览表

分类	FNC NO.	指令助记符	功能说明
程序流程	00	CJ	条件跳转
	01	CALL	子程序调用
	02	SRET	子程序返回
	03	IRET	中断返回
	04	EI	开中断
	05	DI	关中断
	06	FEND	主程序结束
	07	WDT	监视定时器刷新
	08	FOR	循环的起点与次数
	09	NEXT	循环的终点
传送与比较	10	CMP	比较
	11	ZCP	区间比较
	12	MOV	传送
	13	SMOV	位传送
	14	CML	取反传送
	15	BMOV	成批传送
	16	FMOV	多点传送
	17	XCH	交换
	18	BCD	二进制转换成 BCD 码
	19	BIN	BCD 码转换成二进制

续表

分类	FNC NO.	指令助记符	功能说明
算术与逻辑运算	20	ADD	二进制加法运算
	21	SUB	二进制减法运算
	22	MUL	二进制乘法运算
	23	DIV	二进制除法运算
	24	INC	二进制加 1 运算
	25	DEC	二进制减 1 运算
	26	WAND	字逻辑与
	27	WOR	字逻辑或
	28	WXOR	字逻辑异或
	29	NEG	求二进制补码
循环与移位	30	ROR	循环右移
	31	ROL	循环左移
	32	RCR	带进位右移
	33	RCL	带进位左移
	34	SFTR	位右移
	35	SFTL	位左移
	36	WSFR	字右移
	37	WSFL	字左移
	38	SFWR	FIFO(先入先出)写入
	39	SFRD	FIFO(先入先出)读出
数据处理	40	ZRST	区间复位
	41	DECO	解码
	42	ENCO	编码
	43	SUM	统计 ON 位数
	44	BON	查询位某状态
	45	MEAN	求平均值
	46	ANS	报警器置位
	47	ANR	报警器复位
	48	SQR	求平方根
	49	FLT	整数与浮点数转换

续表

分类	FNC NO.	指令助记符	功能说明
高速处理	50	REF	输入/输出刷新
	51	REFF	输入滤波时间调整
	52	MTR	矩阵输入
	53	HSCS	比较置位(高速计数用)
	54	HSCR	比较复位(高速计数用)
	55	HSZ	区间比较(高速计数用)
	56	SPD	脉冲密度
	57	PLSY	指定频率脉冲输出
	58	PWM	脉宽调制输出
	59	PLSR	带加减速脉冲输出
方便指令	60	IST	状态初始化
	61	SER	数据查找
	62	ABSD	凸轮控制(绝对式)
	63	INCD	凸轮控制(增量式)
	64	TTMR	示教定时器
	65	STMR	特殊定时器
	66	ALT	交替输出
	67	RAMP	斜波信号
	68	ROTC	旋转工作台控制
	69	SORT	列表数据排序
外部I/O设备	70	TKY	10 键输入
	71	HKY	16 键输入
	72	DSW	BCD 数字开关输入
	73	SEGD	七段码译码
	74	SEGL	七段码分时显示
	75	ARWS	方向开关
	76	ASC	ASCII 码转换
	77	PR	ASCII 码打印输出
	78	FROM	BFM 读出
	79	TO	BFM 写入

续表

分类	FNC NO.	指令助记符	功能说明
外围设备	80	RS	串行数据传送
	81	PRUN	八进制位传送(#)
	82	ASCI	十六进制数转换成 ASCII 码
	83	HEX	ASCII 码转换成十六进制数
	84	CCD	校验
	85	VRRD	电位器变量输入
	86	VRSC	电位器变量区间
	87	—	—
	88	PID	PID 运算
	89	—	—
浮点数运算	110	ECMP	二进制浮点数比较
	111	EZCP	二进制浮点数区间比较
	118	EBCD	二进制浮点数转换为十进制浮点数
	119	EBIN	十进制浮点数转换为二进制浮点数
	120	EADD	二进制浮点数加法
	121	EUSB	二进制浮点数减法
	122	EMUL	二进制浮点数乘法
	123	EDIV	二进制浮点数除法
	127	ESQR	二进制浮点数开平方
	129	INT	二进制浮点数转换为二进制整数
	130	SIN	二进制浮点数 sin 运算
	131	COS	二进制浮点数 cos 运算
	132	TAN	二进制浮点数 tan 运算
定位	147	SWAP	高低字节交换
	155	ABS	ABS 当前值读取
	156	ZRN	原点回归
	157	PLSY	可变速的脉冲输出
	158	DRVI	相对位置控制
	159	DRVA	绝对位置控制

续表

分类	FNC NO.	指令助记符	功能说明
时钟运算	160	TCMP	时钟数据比较
	161	TZCP	时钟数据区间比较
	162	TADD	时钟数据加法
	163	TSUB	时钟数据减法
	166	TRD	时钟数据读出
	167	TWR	时钟数据写入
	169	HOUR	计时仪(长时间检测)
外围设备	170	GRY	二进制数转换为格雷码
	171	GBIN	格雷码转换为二进制数
	176	RD3A	模拟量模块(FX0N－3A)A/D数据读出
	177	WR3A	模拟量模块(FX0N－3A)D/A数据写入
触点比较	224	LD＝	(S1)＝(S2)时起始触点接通
	225	LD＞	(S1)＞(S2)时起始触点接通
	226	LD＜	(S1)＜(S2)时起始触点接通
	228	LD＜＞	(S1)＜＞(S2)时起始触点接通
	229	LD≦	(S1)≦(S2)时起始触点接通
	230	LD≧	(S1)≧(S2)时起始触点接通
	232	AND＝	(S1)＝(S2)时串联触点接通
	233	AND＞	(S1)＞(S2)时串联触点接通
	234	AND＜	(S1)＜(S2)时串联触点接通
	236	AND＜＞	(S1)＜＞(S2)时串联触点接通
	237	AND≦	(S1)≦(S2)时串联触点接通
	238	AND≧	(S1)≧(S2)时串联触点接通
	240	OR＝	(S1)＝(S2)时并联触点接通
	241	OR＞	(S1)＞(S2)时并联触点接通
	242	OR＜	(S1)＜(S2)时并联触点接通
	244	OR＜＞	(S1)＜＞(S2)时并联触点接通
	245	OR≦	(S1)≦(S2)时并联触点接通
	246	OR≧	(S1)≧(S2)时并联触点接通

江苏省技工院校一体化系列教材

工厂电气控制技术

习题集

江苏省技工院校教材编写委员会组织编写

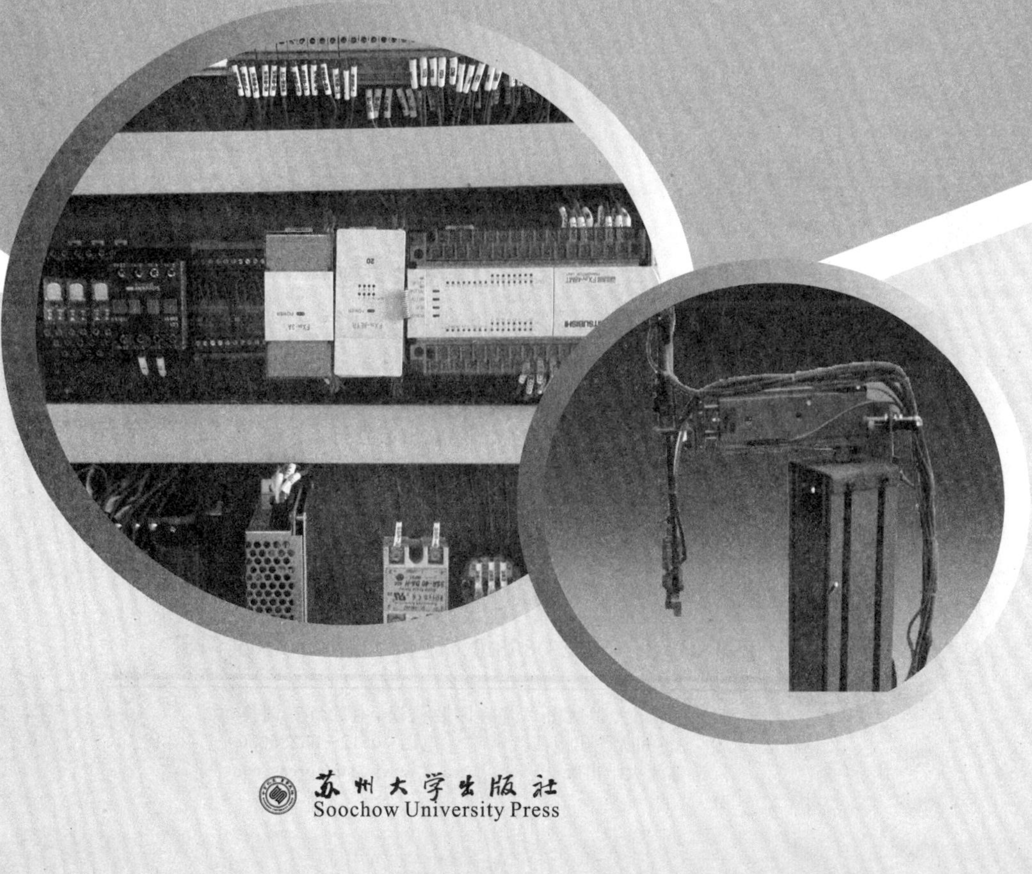

苏州大学出版社
Soochow University Press

图书在版编目(CIP)数据

工厂电气控制技术习题集/孙怀荣主编;江苏省技工院校教材编写委员会组织编写. —苏州:苏州大学出版社,2014.6

江苏省技工院校一体化系列教材

ISBN 978-7-5672-0863-6

Ⅰ. ①工… Ⅱ. ①孙…②江… Ⅲ. ①工厂-电气控制-技工学校-习题集 Ⅳ. ①TM571.2-44

中国版本图书馆 CIP 数据核字(2014)第 114888 号

工厂电气控制技术习题集

江苏省技工院校教材编写委员会组织编写

责任编辑 周建兰

苏州大学出版社出版发行

(地址:苏州市十梓街 1 号 邮编:215006)

宜兴市盛世文化印刷有限公司印装

(地址:宜兴市万石镇南漕河滨路 58 号 邮编:214217)

开本 787 mm×1 092 mm 1/16 印张 34.5(共两册) 字数 818 千

2014 年 6 月第 1 版 2014 年 6 月第 1 次印刷

ISBN 978-7-5672-0863-6 定价:68.00 元(共两册)

江苏省技工院校教材编写委员会

主　任：王立平

副主任：杨志霞　张建初

委　员：吕成鹰　王国海　徐祥华　孙秀华　雍自成

缪正宏　王生宁　巫伟钢　甘志雄　冷耀明

谷少平　张兵营　王　伟　王建军　厉章彪

何宝林　杨庆国　郑大庆　孙志忠　虞伟良

郑海松　朱坤泉

秘书处：袁石英　张云泉

本书编审人员

主　编：孙怀荣

副主编：刘井彬　李建军　肖　俊

参　编：张　周　张锦荣　王德斌

主　审：朱建明

总序

General Preface

近年来，我省加快经济发展方式转变和产业结构优化升级，为技工教育创造了广阔的发展空间，也对技能人才的培养提出了更高要求。为提高技能人才培养契合产业需求的有效性、针对性，从2009年起，人力资源和社会保障部启动了以课程为中心的一体化课程教学改革，给技能人才培养带来了全新的教学理念，是技能人才培养模式的一场教学革命，推动了我国技工教育与国际先进教学方式的接轨。

教材是体现技工院校教学课程目标和内容的重要载体，高质量的教学培训需要高质量的教材，加快研究开发理论与实践一体化的教材，是提高技工教育、技能人才培养质量的重要基础。为此，江苏省人力资源和社会保障厅于2013年初，组建了江苏省技工院校教材编写委员会，启动了全省技工院校新设专业课程标准和省版教材的开发。

省版教材的开发坚持两条原则：一是坚持贯彻急需紧缺并与部编教材相辅相成的原则，即开发目前尚无部编计划的教材，以及结合沿海地区经济发达、科技先进、教育领先的实际情况，经专家论证，重点开发高新技术专业教材和落后陈旧不适用的教材。二是坚持理论知识和实践操作融通合一的原则，教材编写借鉴先进的一体化课程教学改革的理念，采用项目引领、任务驱动、活动载体的格式体例，以学生为中心、以职业活动为导向、以综合职业能力培养为核心，充分调动学生的主观能动性和参与意识，实现理论教学与实践教学融通合一、能力培养与工作岗位对接合一，努力开发一批具有地方特色、理论与实践一体化的精品教材。

本教材可作为技工院校相关专业的教学用书及产业现场的职工技能培训用书。由于教材结构采用了理论知识和实践操作紧密结合、融通合一的方式，教学内容反映了国际先进的职业教育理念，因此本教材也可作为专家、学者的参考资料。

教材编写工作得到了全省各技工院校的大力支持，在此，我们表示诚挚的感谢。由于一体化课程教学改革目前仍处于探索、试点阶段，可供借鉴的资料和经验还不多，另外，由于受时间和编者水平的限制，不当甚至错误之处在所难免，恳切希望广大师生和专家学者提出宝贵意见与建议。

江苏省技工院校教材编写委员会

2014年5月

前言
Preface

《工厂电气控制技术》是技工院校工业自动化、机电一体化、自动化设备安装与维修等专业的通用教材。

本书依据一体化课程改革的理念和要求，贯彻以学生为中心，以职业活动为导向，以综合职业能力培养为核心的原则，打破传统学科知识体系，注重项目引领、任务驱动，以实践活动为载体，调动学生的主观能动性和参与意识，实现理论教学与实践教学融通合一、能力培养与岗位技能对接合一的要求.

《工厂电气控制技术》在江苏省人力资源和社会保障厅组织指导下，由省内多位知名专家反复研讨，多所技工院校的资深教师共同撰稿，并经多次函审、会审、修改，合作完成.本书根据省颁《工厂电气控制技术课程标准》的要求，主要包括四个项目：基本电气控制线路的安装与检修、机床电气控制线路的检修、PLC 控制技术的基本应用、物料分拣生产线的 PLC 控制系统的设计、安装与调试。每一个项目分解为若干个任务，每一个任务包括若干个活动，全书共计 22 个任务、49 个活动，内容安排上项目之间既相互联系，又相互独立，以利于不同年级、不同专业选用其中的不同项目实施教学。

本书在编写过程中突出了以下特点：

1. 紧扣维修电工(高级工)的职业标准，选取适当的任务作为载体，构建教学活动，内容上既有基本的继电器控制系统的装、调、修，又有以 PLC 为控制核心的物料生产线系统的电气安装、编程、调试。重点培养学生的电气安装、设备调试维修能力以及分析编程能力等工程应用能力。全书既照顾到应用面，又体现一定的先进性。

2. 在编写体例上，按照“项目—任务—活动”的结构，符合一体化教学的要求，便于实施一体化教学。同时以活动记录表作为活动实施的过程文件，为学生的学习留下痕迹，以自评、互评和教师评价的多方评价模式作为检验工具，引导学生学习、教师施教，实现以学生为主体、教师为主导的教学模式。

3. 全书尽量采用生产及生活中的应用案例，力求既能满足企业生产需要，又能反映本职业工种对新技术的应用，并且具有很强的可操作性，有利于一体化的职业教学模式的推广。

4. 教材配套习题集，按照教材项目、任务、活动顺序编排，题型丰富多样，难易配置适当。

江苏省盐城技师学院孙怀荣任主编，进行全书(包括习题集)的选例、设计和统稿工作。江苏省无锡技师学院教授级高级讲师朱建明主审，并提出有益的建议和意见。肖俊(镇江技师学院)、刘井彬(淮安技师学院)、李建军(盐城技师学院)、张周(盐城技师学院)、张锦荣(盐城技师学院)、王德斌(苏州技师学院)参与编写。其中孙怀荣编写了项目三的任务二、任务五的活动三以及附表；刘井彬编写了项目一的任务二至任务七；肖俊编写了项目一的任务一，项目三的任务一、任务三、任务四以及任务五的活动一、活动二，张周和张锦荣共同编写了项目二，李建军编写了项目四，王德斌编写了项目三的任务六。与教材配套的习题集由孙怀荣、刘井彬、张锦荣、肖俊、李建军编写。

本书在编写过程中参阅了大量的同类教材，在此对这些教材的作者表示衷心的感谢！

限于编者的水平，加上编写时间有限，书中难免有不妥之处，恳请读者批评指正。

编　者

2014 年 5 月

Contents

目　录

项目一　基本电气控制线路的安装与检修

任务一　常用低压电器的识别与检测

知识回顾

一、低压电器

低压电器通常是指工作在交流电压低于1200V,直流电压低于1500V,在电路中起通断、保持、控制、保护和调节作用的电器.由于我国交流供电制度在低压范围内仅有380V和660V两个等级,而工业低压用电设备多采用380V电压等级,所以常用的低压电器往往是工作在交流500V以下的电器.

二、低压电器的分类

低压电器的种类繁多,按其结构、用途及所控制的对象的不同,有不同的分类方式.

1. 按用途和控制对象的不同,可分为配电电器和控制电器.典型的低压配电电器有刀开关、转换开关、空气断路器、熔断器等;典型的低压控制电器有接触器、各种继电器、主令电器等.

2. 按操作方式的不同,可将低压电器分为自动电器和手动电器.

3. 按工作原理的不同,可将低压电器分为电磁式电器和非电量控制电器.电磁式电器是依据电磁感应原理来工作的电器,如接触器、各类电磁式继电器等.非电量控制电器是靠外力或某种非电物理量的变化而动作的电器,如行程开关、按钮等.

三、常见的低压电器

1. 低压开关又称低压隔离器,是低压电器中结构比较简单、应用比较广泛的一类手动电器.主要有刀开关、组合开关以及由刀与熔断器组合成的胶盖瓷底刀开关和熔断器式刀开关等.

2. 低压断路器又称自动空气开关或自动空气断路器,是低压配电网络和电力拖动系统中常用的手动开关电器,有单极、双极和多极之分.从结构上看,低压断路器主要由触头系统、灭弧系统、操作机构和保护装置组成.

3. 低压熔断器是低压配电网络和电力拖动系统中的保护电器，由熔体、触点插座和绝缘底板等部分组成.

4. 交流接触器是一种自动的电磁式开关，一种用于远距离频繁地接通或断开交流主电路及大容量控制电路的自动切换电器. 控制对象通常为电动机，也可以是其他负载.

5. 继电器是一种根据某种输入信号接通或断开小电流电路，以实现远距离自动控制和保护的自动控制电器. 常用的继电器有热继电器、时间继电器、中间继电器、速度继电器等.

6. 主令电器是用作接通或者断开控制电路，以发出指令的开关电器. 常用的主令电器有按钮、位置开关、万能转换开关和接近开关等.

活动一　低压配电电器的认识与拆装

一、填空题

1. 根据工作电压的高低，电器可分为________和________.

2. 工作在额定电压交流________V 及以下或直流________V 及以下的电器称为低压电器.

3. 按用途和所控制的对象的不同，低压电器可分为________和________.

4. 低压配电电器包括________、________、________和________等，主要用于________及________中.

5. 低压开关又称________，是低压电器中结构比较简单、应用广泛的一类手动电器.

6. 组合开关又叫________，常用于交流 50Hz、380V 以下及直流 220V 以下的电气线路中，供手动不频繁地接通和断开电路，换接________和________以及控制________kW 以下小容量异步电动机的启动、停止和正反转.

7. 组合开关的通断能力较低，不能用来分断________. 用于控制异步电动机的正反转时，必须在电动机________后才能反向启动.

8. 低压断路器又叫________或________，可简称断路器，在正常情况下用于不频繁地接通和断开电路以控制电动机的运行. 当电路中发生________、________和________等故障时，能自动切断故障电路，保护线路和电气设备.

9. 低压断路器闭合后经一定时间自动断开，则故障原因是________，处理的方法是________.

10. 低压熔断器是低压配电网络和电力拖动系统中用作________的电器，使用时________在被保护的电路中.

11. 熔断器主要由________、________和________三部分组成.

12. 熔断器作隔离目的使用时，应安装在控制开关的________端；而仅作短路保护使用时，应接在控制开关的________端.

二、选择题

1. HK 系列开启式负荷开关可用于功率小于(　　)kW 的电动机控制线路中.

A. 5.5　　　　B. 7.5　　　　C. 10

2. HK 系列开启式负荷开关用于控制电动机的直接启动和停止时,应选用额定电流不小于电动机额定电流(　　)倍的三级开关.

A. 1.5　　B. 2　　C. 3

3. HH 系列封闭式负荷开关属于(　　).

A. 非自动切换电器　　B. 自动切换电器　　C. 无法判断

4. HZ 系列组合开关锄头合闸速度与手柄操作速度(　　).

A. 成正比　　B. 成反比　　C. 无关

5. HZ3-132 型组合开关的手柄只能从停位置左右各旋转(　　).

A. 45°　　B. 90°　　C. 180°

6. HZ3 系列组合开关用于直接控制电动机的启动和正反转时,开关的额定电流一般为电动机额定电流的(　　)倍.

A. 1～1.5　　B. 1.5～2.5　　C. 2.5～3

7. DZ5-20 型低压断路器中电磁脱扣器的作用是(　　).

A. 过载保护　　B. 短路保护　　C. 欠压保护

8. DZ5-20 型低压断路器的过载保护是由断路器的(　　)完成的.

A. 欠压脱扣器　　B. 电磁脱扣器　　C. 热脱扣器

9. 熔断器串接在电路中主要起(　　).

A. 短路保护　　B. 过载保护　　C. 欠压保护

10. 熔断器的额定电流应(　　)所装熔体的额定电流.

A. 大于　　B. 大于或等于　　C. 小于

11. RL1 系列螺旋式熔断器广泛用于控制柜、配电箱、机床设备及振动较大的场合. 在交流额定电压为 500V、额定电流为(　　)A 及以下的电路中,把它作为短路保护元件.

A. 100　　B. 200　　C. 400

12. 对照明电路或容量较小的电动机电路的简易短路保护,可选用(　　)系列熔断器.

A. RC1A　　B. RL1　　C. RTO

三、问答题

1. 熔断器在电路中的作用是什么? 它由哪些主要部件组成? 如何选取熔体和熔断器的规格?

2. 熔断器用于保护交流三相鼠笼式异步电动机时,若电动机过载电流为电动机额定电流的两倍,问熔断器能不能起到保护作用?

3. 低压断路器有哪些脱扣器，各起什么作用？

4. 画出下列电气元件的图形符号，并标出其文字符号：

(1) 熔断器；(2) 低压断路器；(3) 转换开关.

活动二　低压控制电器的认识与拆装

一、填空题

1. 常用的主令电器有________、________、________和________等.

2. 因为按钮的触头容量一般不超过________A，因此一般情况下不用它直接控制________的通断，而是在________中发出指令信号去控制________、________等电器，再由它们去控制________的通断、功能转换或电气连锁.

3. 按钮一般由________、________、________、________支柱连杆及外壳等部分组成.

4. 按照不受外力作用时触头的分合状态划分，按钮分为________、________和________.

5. 为了便于操作人员识别，避免发生误操作，生产中用不同的________和________区分按钮的功能.

6. 当难以选定适当的按钮颜色时，应使用________色；急停按钮的红色不应依赖于其________.

7. 启动按钮可选用________色、________色或________色，优先选用________色，也允许选用________色；停止按钮可选用________色、________色或________色，优先选用________色，也允许选用________色.

8. 行程开关与按钮的区别在于，行程开关不是靠________而是利用________而使触头动作，从而将________信号转变为________信号，用以控制机械动作或用作程序控制.

9. 行程开关主要由________、________和________组成.

10. 以某种________为基础，装置不同的________，可得到各种不同形式的行程开关，常见的有________和________.

11. 行程开关的触头动作方式有________和________两种. 动作后的触头复位方式有________和________两种.

12. 行程开关主要根据________、________和________选用.

13. 按工作原理，接近开关有________、________、________、________、________、________和________等多种类型，其中以________最为常用.

14. 万能转换开关主要根据________、________、________和________选用.

15. LW5 系列万能转换开关只能控制________ kW 以下的小容量电动机，若用于控制电动机的正反转，只有在________后才能反向启动.

16. 接触器按主触头通过的电流种类，分为________和________两种.

17. 交流接触器主要由________、________、________及________等组成.

18. 交流接触器的电磁系统主要由________、________和________三部分组成.

19. 为了减小工作过程中交变磁场在铁芯中产生的________及________损耗，避免铁芯过热，交流接触器的铁芯和衔铁一般用________叠压而成.

20. 在交流接触器中，常用的灭弧方法有________、________和________.

21. CJ10-10 型交流接触器采用的灭弧方法是________、________和________.

22. 交流接触器的辅助部件包括________、________、________和________及底座、接线柱等.

23. 交流接触器触头的常见故障有________、________和________.

24. 造成交流接触器触头电流过大的原因主要有________、________、________和________四种.

25. 继电器主要由________、________和________三部分组成.

26. 按输入信号的性质，继电器可分为________、________、________、________等.

27. 按工作原理，继电器可分为________、________、________、________和________等.

28. 所谓反时限动作，是指电器的动作时间随通过电路电流的增加而________.

29. 热继电器主要由________、________、________、________复位机构和温度补偿元件等部分组成.

30. 对定子绕组接成 Y 形的电动机的过载保护，可选用________的热继电器；而对定子绕组接成△形的电动机的过载保护，必须选用________的热继电器.

31. 热继电器的复位方式有________和________两种.

32. 热继电器自动复位的时间一般要求不大于________ min，手动复位时间不大于________ min.

33. JR20 系列热继电器除具有短路保护、温度补偿及手动和自动复位功能外，还具有________、________及________等功能装置.

34. 将 JS7-A 系列通电延时型时间继电器的________翻转 180°安装，即可得到断电延时型的时间继电器.

35. 无论是通电延时型还是断电延时型的时间继电器，在安装时都必须使线圈断电后，衔铁释放时的运动方向________.

36. 中间继电器是用来增加控制电路中的________或将信号________的继电器，其输入信号是________，输出信号是________.

37. 与交流接触器相比，中间继电器的触头对数________，且没有________之分，各对触头允许通过的电流大小相同，多数为________ A.

38. 速度继电器是反映________和________的继电器，主要作用是以旋转速度的快慢为指令信号，与接触器配合实现对电动机的________控制，故又称________继电器.

39. JY1 型速度继电器主要由________、________、________和端盖等部分组成.

40. 速度继电器的动作转速一般不低于________ r/min,复位转速约在________ r/min 以下.

41. 固态继电器又叫________,是应用________组成的继电器.

42. 固态继电器至少由________、________和________三部分组成.

43. 电磁铁是将________能转换成________能的一种低压电器,它主要由________、________、________和________四部分组成.

二、选择题

1. 按下复合按钮时(　　).

A. 动合触头先闭合　　B. 动断触头先断开　　C. 动合、动断触头同时动作

2. 按钮帽的颜色和符号标志用来(　　).

A. 提醒注意安全　　B. 引起警惕　　C. 区分功能

3. 停止按钮应优先选用(　　).

A. 红色　　B. 白色　　C. 黑色

4. 双轮旋转式行程开关为(　　).

A. 自动复位式　　B. 非自动复位式　　C. 自动或非自动复位式

5. 最常用的接近开关为(　　).

A. 光电型　　B. 电磁感应型　　C. 高频振荡型

6. 主令控制器投入运行前,应使用 500～1000V 的兆欧表测量绝缘电阻,其值应大于(　　)MΩ.

A. 0.5　　B. 5　　C. 10

7. 交流接触器的铁芯端面装有短路环的目的是(　　)

A. 减小铁芯振动　　B. 增大铁芯磁通　　C. 减缓铁芯冲击

8. CJ0-40 型交流接触器采用(　　)灭弧装置灭弧.

A. 纵缝　　B. 栅片　　C. 磁吹式

9. 当线路较复杂,使用电器超过(　　)个时,从人身和设备安全角度考虑,接触器吸引线圈的电压要选低一些.

A. 2　　B. 5　　C. 10

10. (　　)是交流接触器发热的主要部件.

A. 线圈　　B. 铁芯　　C. 触头

11. 如果交流接触器衔铁吸合不紧,工作气隙较大,将导致(　　).

A. 铁芯涡流增大　　B. 线圈电感增大　　C. 线圈电流增大

12. 交流接触器衔铁吸合后的线圈电流与衔铁未吸合时的电流的比(　　).

A. 大于 1　　B. 小于 1　　C. 等于 1

13. 热继电器中双金属片的弯曲主要是利用两种金属材料的(　　)不同.

A. 机械强度　　B. 导电能力　　C. 热膨胀系数

14. 热继电器的自动复位时间一般不大于(　　)min.

A. 2　　B. 5　　C. 10

15. 一般情况下，热继电器中热元件的整定电流为电动机额定电流的(　　)倍.

A. 4～7　　B. 0.95～1.05　　C. 1.5～2

16. 如果热继电器出线端的连接导线过细，会导致热继电器(　　).

A. 提前动作　　B. 滞后动作　　C. 过热烧毁

17. 热继电器出厂时，均调整为(　　)复位方式.

A. 自动　　B. 手动　　C. 不确定

18. 由于设计时充分考虑了(　　)系列各电流等级的交流接触器相间距离、接线高度及外形尺寸，因此 JR20 系列热继电器可以很方便地与该系列交流接触器配套安装使用.

A. CJ0　　B. CJ10　　C. CJ20

19. 空气阻尼式时间继电器调节延时的方法是(　　).

A. 调节释放弹簧的松紧　　B. 调节铁芯与衔铁间的气隙长度

C. 调节进气孔的大小

20. JS7-A 系列时间继电器从结构上讲，只要改变(　　)的安装方向，即可获得两种不同的延时方式.

A. 电磁系统　　B. 触头系统　　C. 气室

21. 速度继电器的主要作用是实现对电动机的(　　).

A. 运行速度限制　　B. 速度计量　　C. 反接制动控制

22. 在外施电压不变的情况下，流过直流电磁铁线圈的电流与铁芯工作气隙(　　).

A. 成正比　　B. 成反比　　C. 无关

23. 凸轮控制器的触头容量比主令控制器(　　).

A. 大　　B. 小　　C. 不确定

三、问答题

1. 主令电器的作用是什么?

2. 什么是按钮? 它有哪些作用? 如何选择按钮?

3. 什么是行程开关？它的主要用途有哪些？

4. 什么是接近开关？它有哪些用途？

5. 交流接触器的线圈电压过高或过低会出现什么问题？为什么？

6. 什么是触头熔焊？造成交流接触器触头熔焊的原因主要有哪些？

7. 对定子绕组接成△形的电动机实行断相保护，必须采用三相结构带断相保护装置的热继电器，为什么？

8. 热继电器为什么不能作短路保护？如何选用热继电器？

9. 如何选用时间继电器？

10. 安装和使用速度继电器时应注意哪些问题？

11. 固态继电器有哪些优点？

12. 画出下列电气元件的图形符号，并标出其文字符号：
(1) 热继电器；(2) 时间继电器；(3) 交流接触器；(4) 按钮.

四、器件选择题

某机床的电动机为 JO2-42-4 型，额定功率为 5.5kW，额定电压为 380V，额定电流为 12.5A，启动电流为额定电流的 7 倍，现用按钮进行启停控制，需有短路保护和过载保护，试选用接触器、按钮、熔断器、热继电器和电源开关的型号.

任务二　三相异步电动机点动、单向连续控制线路的安装与检修

知识回顾

电路图是根据生产机械运动形式对电气控制系统的要求，采用国家统一标准规定的电气图形符号和文字符号，按照电气设备和电器的工作原理把它们排列起来，详细表示电器、设备或成套装置的全部组成和连接关系，能充分反映电气设备和电器的用途及线路的工作原理的一种简图.

电路图一般由电源电路、主电路和辅助电路三部分组成.

常用的电路图有电路原理图、接线图和位置图等.

安装并调试电气控制线路一般可分为：选用器材设备、检测电器设备、绘制电气控制图、安装电器设备、连接控制线路、自检和交验通电试车七个步骤.

活动一　三相异步电动机点动控制线路的安装

一、填空题

1. 电路图是根据生产机械运动形式对________的要求，采用国家统一标准规定的________，按照电气设备和电器的________把它们排列起来，详细表示电器、设备或成套装置的________和________，能充分反映电气设备和电器的________及线路________的一种简图.

2. 电路图一般由________、________和________三部分组成.

3. 在控制电路图中，同一电器的各元件不按它们的________画在一起，而是按其在线路中所起的作用分画在电路中________的位置，但它们的动作却是相互________，必须用同一________标注.

4. 电路图中各电器的触头状态都按电路未________或电器未受________作用时的________画出.

5. 安装并调试电气控制线路一般可分为：选用________、检测________、绘制________、安装________、连接________、________和________七个步骤.

6. 点动控制线路主要由________、________、________、________、________等电器设备组成.

二、选择题

1. 熔断器在点动控制线路中主要起(　　)作用.

A. 过载保护　　B. 短路保护　　C. 过流保护

2. 常开按钮在点动控制线路中起(　　)作用.

A. 接通电路　　B. 断开电路　　C. 保护电路

3. 接触器触头是依靠(　　)的作用而发生动作的.

A. 电磁力　　B. 电场力　　C. 机械力

4. 在图 1-2-1 所示电路中，按下启动按钮时能实现点动控制的是图(　　).

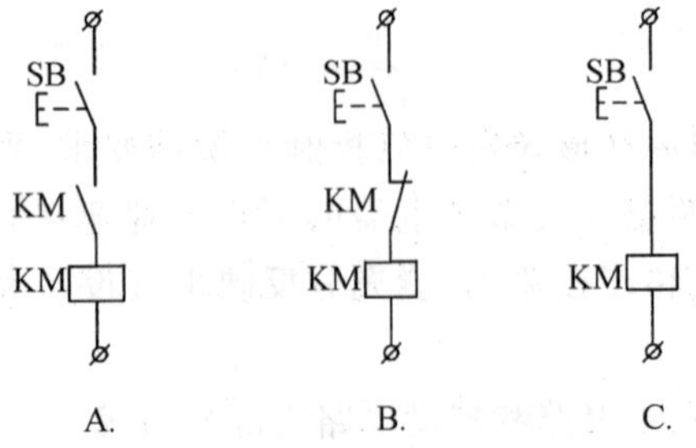

图 1-2-1　**点动控制线路**

三、问答题

1. 什么是电气控制电路图、位置图和接线图？

2. 什么是点动控制？画出三相异步电动机点动控制电路图，并叙述电路工作原理.

活动二　三相异步电动机单向连续运行控制线路的安装与检修

一、填空题

1. 自锁控制是指当手松开________后，接触器通过自身的________使其________保持得电，从而使________保持运转的控制方式.

2. 接触器的________触头与启动按钮________联起________作用的接触器________触头叫作自锁触头.

3. 用测量法确定故障点时，一般常用的测量方法有________法、________法、________法、________法和________法等.

4. 点动与连续混合正转控制线路是指既能实现电动机________控制，又能实现________控制.

二、选择题

1. 在接触器自锁控制线路中，能实现过载保护的电器是（　　）.

A. 熔断器　　B. 热继电器　　C. 接触器

2. 在接触器自锁控制线路中，能实现欠压和失压保护的电器是（　　）.

A. 熔断器　　B. 热继电器　　C. 接触器

3. 在接触器自锁控制线路中，自锁触头是接触器的一对（　　）.

A. 辅助动合触头　　B. 主触头　　C. 辅助动断触头

4. 在图 1-2-3 中，能实现电动机连续运转的启动按钮是（　　）.

A. SB1　　B. SB2　　C. SB3

三、问答题

1. 画出接触器自锁控制电路图,并叙述其工作原理.

2. 请叙述电气控制线路故障检修的一般方法和步骤.

3. 在电动机控制电路中,熔断器和热继电器分别起何作用?两者能否相互代替使用?若不能,请解释原因.

四、故障分析题

在图 1-2-2 所示接触器自锁控制电路中,试分析有关错误及出现的故障现象,并加以改正.

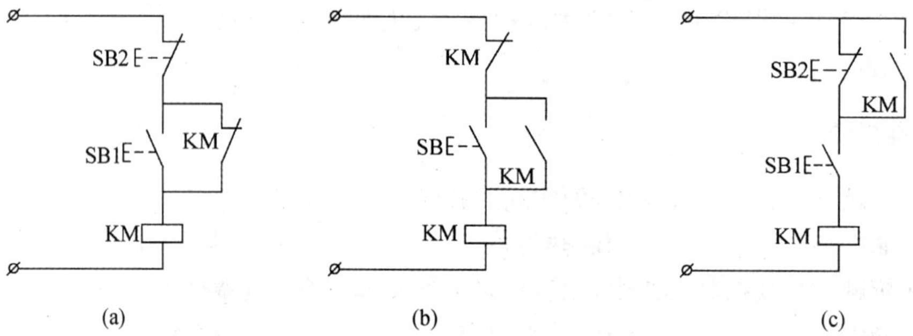

图 1-2-2　接触器自锁控制电路

五、操作题

安装并调试如图 1-2-3 所示的控制电路(评分标准见表 1-2-2).

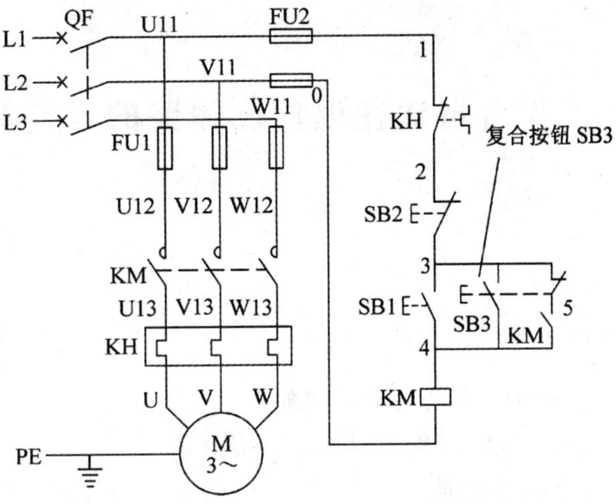

图 1-2-3　**点动与连续混合正转控制线路图**

表 1-2-2　评分标准

序号	项目内容	配分	评分标准	扣分	得分
1	绘制电气图	15	(1) 电路图绘制不正确扣 5 分 (2) 位置图绘制不正确扣 5 分 (3) 接线图绘制不规范扣 3 分,不正确扣 5 分		
2	检测电器设备	10	(1) 电器型号、规格及参数检查不正确每只扣 3 分 (2) 没有检测出电器好坏每只扣 5 分		
3	安装电器元件	20	(1) 不按位置图安装扣 10 分 (2) 元件安装不牢固每只扣 4 分 (3) 元件安装不整齐、不合理扣 5 分 (4) 损坏元件,每只扣 10 分		
4	布线	20	(1) 不按电路图或接线图接线扣 5 分 (2) 布线不合理、不美观每处扣 3 分 (3) 接点不牢固、露铜过长、反圈等每处扣 2 分 (4) 损伤导线绝缘层或线芯每处扣 5 分 (5) 编码套管未装扣 5 分,套装不正确每处扣 1 分 (6) 接线不正确每处扣 10 分 (7) 漏接接地线扣 5 分		
5	通电试车	25	(1) 通电方法和步骤不正确扣 10 分 (2) 第一次试车不成功扣 10 分 (3) 第二次试车不成功扣 20 分 (4) 第三次试车不成功扣 25 分		
6	检修故障	10	不能正确排除电路中出现的或人为设置的故障扣 10 分		
安全文明生产			(1) 不遵守安全操作规程,从总分中扣 10 分 (2) 出现安全事故以不及格论处		
备注			(1) 时间定额为 3 小时,每超 10 分钟扣 5 分 (2) 每项扣分不能超过配分		
开始时间		结束时间		总得分	

任务三 工作台自动往返控制线路的安装与检修

知识回顾

一、电气控制线路故障检修

电气控制线路故障检修的一般方法和步骤如下：

1. 采取恰当的方法观察故障现象，判断故障范围.
2. 用逻辑分析法缩小故障范围.
3. 用测量法确定故障点.
4. 根据故障点的具体情况，采用恰当的方法排除故障.
5. 检修完毕，再进行通电空载校验或局部空载校验.
6. 校验合格，交付使用.

二、电动机正反转控制线路

1. 在接触器互锁正反转控制电路中，采用了两只接触器，分别控制电动机的正转与反转. 从主电路中可以看出，这两只接触器的主触头所接通的电源相序不同，通过改变三相异步电动机三相交流电源的相序，即可实现电动机的正反转.

2. 互锁：在正反转控制电路中分别串接了对方接触器的一对辅助动断触头，这样，当一个接触器得电动作时，通过其辅助动断触头使另一个接触器不能得电动作，接触器之间这种相互制约的作用叫作接触器互锁（动断联锁）.

3. 在接触器、按钮双重联锁正反转控制线路中，控制正反转的启动按钮，采用了两只复合按钮，它是在接触器联锁正反转控制线路的基础上，在接触器线圈回路中分别串接了对方复合按钮的动断触头，这样就得到了双重互锁，增加了线路工作安全性和操作方便性.

三、行程开关控制电路

1. 行程开关又叫位置开关，它是通过运动部件上的挡铁与其发生碰撞而使其触头发生动作的一种主令电器. 在电路中，使用它可以实现位置控制和自动往返循环控制.

2. 在自动往返控制电路中，必须采取限位保护，以防止行程开关松动或失灵，而造成挡铁碰撞不到行程开关或碰撞后触头不能分断，导致电动机带动运动部件继续前行而发生事故.

3. 接近开关是一种无需与运动部件进行机械直接接触而可以操作的位置开关，当物体接近开关的感应面，并达到动作距离时，不需要机械接触及施加任何压力即可使开关动作.

活动一　三相异步电动机正反转控制线路的安装与检修

一、填空题

1. 在正反转控制线路中，必须增加________保护控制，以防两只接触器同时________，而造成两相电源的________事故.

2. 只要改变通入三相异步电动机的三相电源________，就能改变三相异步电动机定子绕组产生的________方向，从而实现电动机的反转.

3. 在操作接触器互锁正反转控制电路时，要使电动机从正转变为反转，必须先按下________按钮，然后再按下________按钮.

4. 接触器、按钮双重联锁正反转控制线路的优点是________、________.

二、选择题

1. 在接触器互锁正反转控制电路中，为防止两相电源短路事故，必须在正反转控制电路中分别串接(　　).

A. 联锁触头　　B. 自锁触头　　C. 主触头

2. 在接触器互锁正反转控制电路中，联锁触头应是对方接触器的(　　).

A. 辅助动合触头　　B. 辅助动断触头　　C. 主触头

3. 在操作接触器、按钮双重互锁正反转控制电路时，当按下正转或反转启动按钮时，电动机旋转方向都不变，造成这一现象的可能原因是(　　).

A. 反转接触器线圈未得电　　B. 反转接触器主触头未闭合

C. 两只接触器主触头未换相

三、问答题

1. 如何实现三相异步电动机的正反转？在接触器互锁电动机正反转控制主电路中，两只接触器主触头的接线有何特点？

2. 什么叫互锁控制？在接触器互锁电动机正反转控制电路中，为什么要加入互锁控制？

3. 画出接触器、按钮双重互锁正反转控制电路图，并分析电路工作原理.

四、故障分析题

下列几种接触器互锁正反转控制电路如图 1-3-1 所示. 请分析各电路能否正常工作. 若不能正常工作，请说明原因，并加以改正.

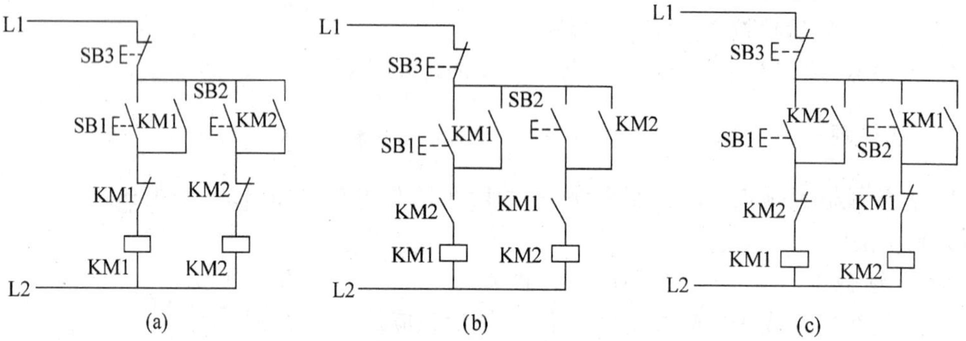

图 1-3-1　接触器互锁正反转控制电路

活动二　工作台自动往返控制线路的安装与检修

一、填空题

1. 行程开关又叫________开关，它是通过运动部件上的________与其发生________而使其________发生动作的一种主令电器.

2. 接近开关是一种无需与运动部件进行机械________而可以操作的位置开关，当物体接近开关的________，并达到动作距离时，不需要________及________即可使开关动作.

3. 在工作台自动往返控制电路中，是利用________来自动切换电动机________控制电路，从而实现电动机拖动工作台做自动往返运动.

二、选择题

1. 进入走线槽内的导线要完全置于走线槽内，并尽可能避免交叉，装线不要超过容量的(　　)，以便于能盖上线槽盖和以后的装配及维修.

A. 50%　　　　B. 60%　　　　C. 70%

2. 电感式接近开关由电感线圈和电容及晶体管组成振荡器，并产生一个交变磁场，当有金属物体接近这一磁场时就会在金属物体内产生涡流，从而导致振荡(　　).

A. 增强　　　　B. 减弱　　　　C. 停止

三、问答题

试画出工作台自动往返控制电路图，然后分析电路工作原理，并简要说明控制电路中四只行程开关的作用.

四、故障分析题

在操作工作台自动往返控制电路运行中，当发生表 1-3-2 所述故障现象时，试分析故障原因，并说明检查及处理方法.

表 1-3-2　工作台自动往返控制电路故障分析表

故障现象	故障原因分析	检查及处理方法
当按下 SB1 后工作台左移，工作台左移到限定位置后又向右移动了很短距离，随即停止		

任务四　三相异步电动机顺序控制线路的安装与检修

知识回顾

一、顺序控制

顺序控制是指要求两台及两台以上电动机必须按一定的先后顺序来启动或停止的控制方式.

顺序控制按照实现方式可分为主电路顺序控制和控制电路顺序控制；按照操作方式又可以分为手动顺序控制和自动顺序控制.

二、顺序启动与逆序停止

在输送线控制中，常用到顺序启动、逆序停止电路，图 1-4-1 所示控制线路实现了电动机 M1、M2 顺序启动同时停止控制功能. 它的结构特点是：电动机 M2 的控制线路先与接触器 KM1 的线圈并接后再与 KM1 的自锁触头串接，这样就保证了 M1 启动后、M2 才能启动的顺序控制要求.

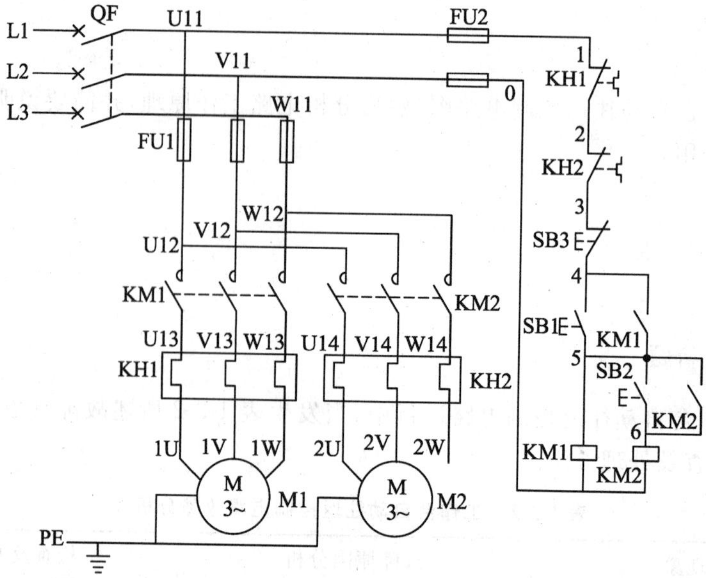

图 1-4-1　顺序控制线路 1

图 1-4-2 所示控制线路实现了电动机 M1、M2 顺序启动逆序停止的控制功能. 它的电路结构特点是:SB12 的两端并接了接触器 KM2 的辅助动合触头,从而实现了 M1 启动后 M2 才能启动、M2 停止后 M1 才能停止的控制要求,即 M1、M2 是顺序启动,逆序停止.

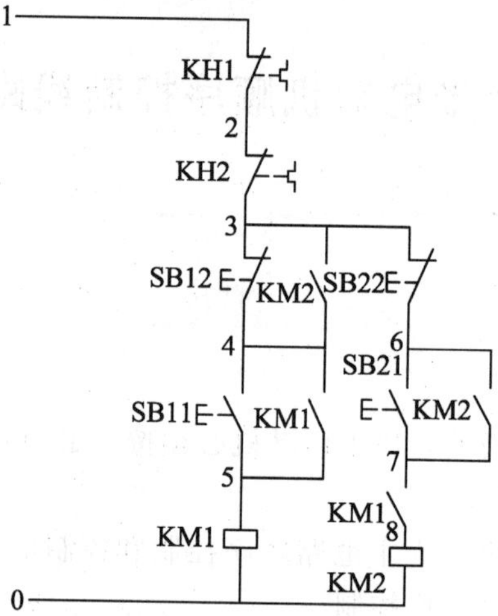

图 1-4-2　顺序控制线路 2

三、多地控制

1. 基本概念.

能在两地或多地控制同一台电动机的控制方式叫作电动机的多地控制.

2. 控制线路的结构特点.

多地控制的启动按钮要并联在一起;停止按钮要串联在一起.

活动　两台电动机手动顺序控制线路的安装与检修

一、填空题

1. 要求两台及两台以上电动机启动或停止，必须按一定的________来完成的控制方式，称为电动机的顺序控制.

2. 顺序控制按照实现方式可分为________顺序控制和________顺序控制；按照操作方式又可以分为________顺序控制和________顺序控制.

3. 通过主电路实现电动机顺序控制线路的结构特点是：后启动电动机主电路必须接在控制先启动电动机接触器________的下方.

二、选择题

1. 顺序启动、逆序停止控制线路的结构特点是：在后得电接触器线圈回路中(　　)先得电接触器的(　　)触头就实现了顺序启动，在先得电接触器停止按钮两端(　　)后得电接触器的(　　)触头就实现了逆序停止.

A. 串联，动合，并联，动断　　B. 并联，动合，串联，动断

C. 串联，动断，并联，动合

2. 多地控制线路的启动按钮是(　　)联关系，停止按钮是(　　)联关系.

A. 串，并　　B. 并，串　　C. 串，串

三、问答题

1. 什么叫顺序控制？

2. 图 1-4-3 是两种实现电动机顺序控制的线路，试分析两线路各有什么结构特点？能满足哪些控制要求？

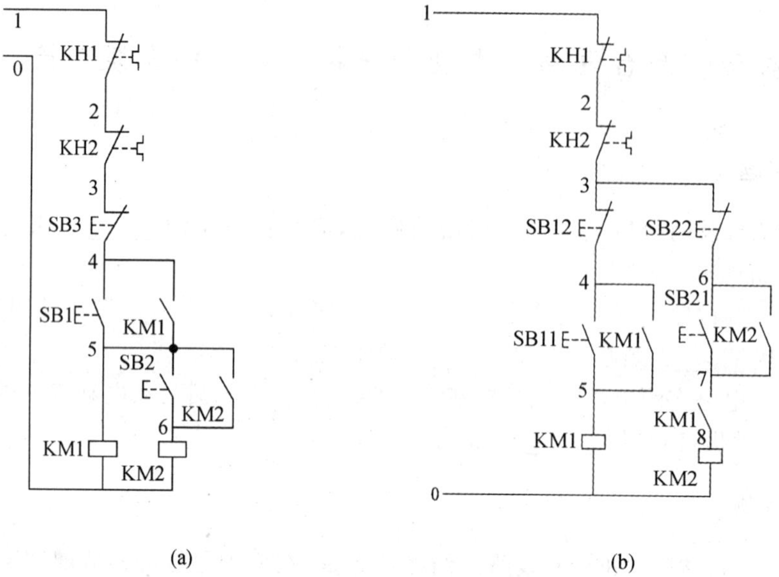

图 1-4-3　两台电动机顺序控制线路图

四、故障分析题

在图 1-4-3(b)所示两台电动机手动切换顺序控制电路操作中，如发生表 1-4-1 所述故障现象时，试分析故障原因，并说明检查及处理的方法和步骤.

表 1-4-1　两台电动机手动切换顺序控制电路故障分析表

故障现象	故障原因分析	检查及处理方法
当按下 SB11 时，电动机 M1 正常启动运转，再按下 SB21 时，电动机 M2 不能启动		

五、电路设计题

如图 1-4-4 所示是三级传送带运输机的示意图. 对于这三级传送带运输机的电气控制要求如下：

(1) 启动顺序为 1 号、2 号、3 号，即顺序启动，以防止货物在传送带上堆积.

(2) 停止顺序为 3 号、2 号、1 号，即逆序停止，以保证停车后传送带上不残存货物.

(3) 当电动机出现过载故障时，也要满足逆序停车要求，即 2 号过载时 3 号能随即停车，1 号过载时 3 号、2 号能随即停车.

试画出三级传送带运输机的电路图，并叙述其工作原理.

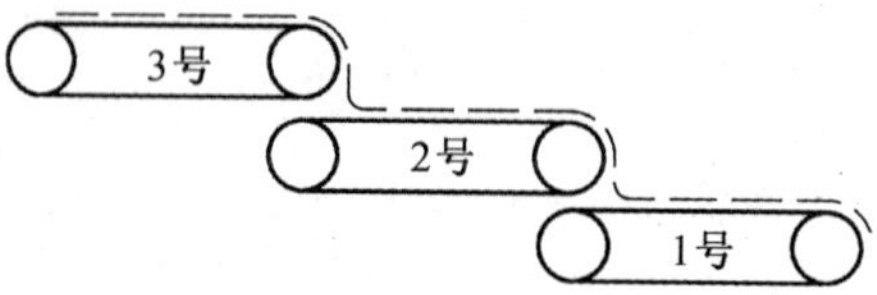

图 1-4-4　三级传送带运输机示意图

任务五　三相异步电动机降压启动控制线路的安装与检修

知识回顾

一、全压启动

电动机加上额定电压启动称为全压启动(又称直接启动).全压启动时电流较大,一般为电动机额定电流的5～7倍.

判断一台电动机能否全压启动,还可以用下面的经验公式来确定:

$$\frac{I_{st}}{I_N} \leqslant \frac{3}{4} + \frac{S}{4P}$$

式中,I_{st}为电动机全压启动电流(A);I_N为电动机额定电流(A);S为电源变压器容量(kV·A);P为电动机功率(kW).

凡不满足全压启动条件的,均须采用降压启动.

二、降压启动

1. 基本概念.

降压启动是指利用启动设备将电源电压适当降低后,加到电动机的定子绕组上进行启动,待电动机启动运转后,再使其电源电压恢复到额定电压正常运转.由于电流随电压的降低而减小,所以降压启动达到了减小启动电流的目的.

2. 常见的降压启动方法.

常见的降压启动方法有定子绕组串电阻降压启动、自耦变压器降压启动、Y/△降压启动、延边三角形降压启动等几种.

3. 定子绕组串电阻降压启动过程.

在电动机启动时,把电阻串接在电动机定子绕组与电源之间,通过电阻的分压作用来降低定子绕组上的启动电压,从而达到减小电动机启动电流的目的.待电动机启动后,再将电阻短接,使电动机在额定电压下正常运行.

4. Y/△降压启动.

适用于正常运行时定子绕组为△形连接的电动机.Y形接法降压启动时,加在每相定子绕组上的启动电压只有△形接法的$\frac{1}{\sqrt{3}}$,启动电流为△形接法的$\frac{1}{3}$,启动转矩也只有△形接法的$\frac{1}{3}$.

三、软启动器

软启动就是在电动机启动时,通过启动设备将加在电动机上的电源电压由零逐渐升高到额定电压，以达到减小启动电流的目的.

软启动器是一种集软启动、软停车、轻载节能和多功能保护于一体的电机控制装备. 能实现在整个启动过程中无冲击而平滑地启动电动机，而且可根据电动机负载的特性来调节启动过程中的各种参数，如限流值、启动时间等.

活动一　三相异步电动机定子绕组串电阻降压启动控制线路的安装与检修

一、填空题

1. 三相异步电动机的启动一般分为________启动和________启动两种方式.

2. 降压启动是指利用启动设备将电源电压适当________后，加到电动机的定子绕组上进行启动，待电动机启动运转后，再使其电源电压恢复到________电压正常运转. 由于电流随电压的降低而减小，所以降压启动达到了减小________的目的.

二、选择题

1. 定子绕组串电阻降压启动是在电动机启动时，通过(　　)的分压作用来降低定子绕组上的启动电压，从而达到减小电动机(　　)的目的.

A. 电阻，启动电压　　B. 电阻，相电压　　C. 电阻，启动电流

2. 在电动机启动时在定子回路中串入电阻器，启动结束后，再将电阻短接，这种启动电路，由于启动时(　　)较小，一般只适用于(　　)启动的电动机.

A. 电流，轻载　　B. 转矩，轻载或空载　　C. 电压，轻载或空载

三、问答题

1. 什么叫降压启动？常用的降压启动方法有哪些？在三相异步电动机启动时，为什么要采用降压启动？

2. 试叙述图 1-5-1 所示三相异步电动机定子绕组串电阻降压启动控制线路的工作原理.

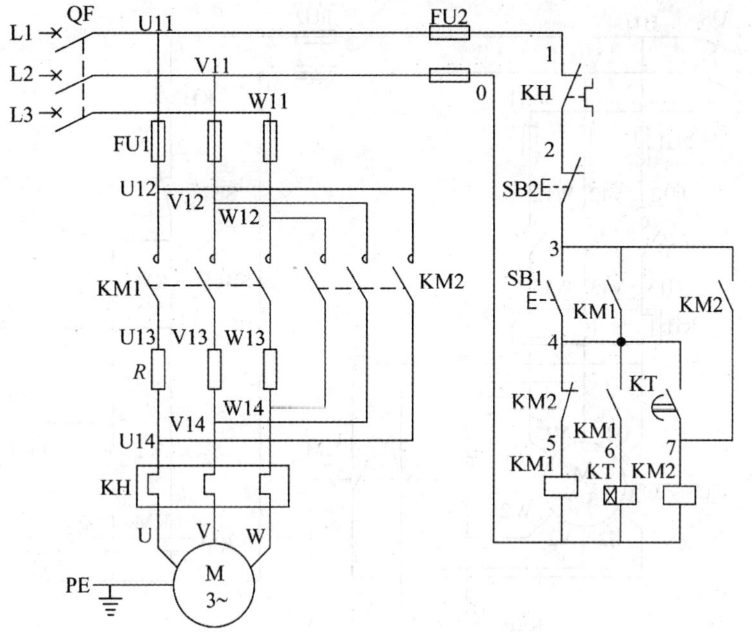

图 1-5-1　定子绕组串电阻降压启动控制线路

活动二　自动切换 Y/△降压启动控制线路的安装与检修

一、填空题

1. Y/△降压启动是指电动机在启动时，将其三相定子绕组接成________形降压启动，启动结束后，再将电动机定子绕组接成________形全压运行，因此，Y/△降压启动只适用于________接法的三相异步电动机.

2. 三相异步电动机做 Y/△降压启动时，加在每相定子绕组上的启动电压为________V，只有△形运行时的________倍，启动电流为△形运行时的________倍，启动转矩也只有△形运行时的________倍，所以这种降压启动方法，只适用于轻载或________下启动.

二、选择题

1. 在图 1-5-2 所示控制线路中，电动机做 Y 形降压启动时，处于得电状态的电器是(　　).

A. KM　　B. KM、KM_Y　　C. KM、KM_Y、KT

2. 在图 1-5-2 所示控制线路中，电动机做△形正常运转时，处于得电状态的电器是(　　).

A. KM　　B. KM、$KM_△$　　C. KM、$KM_△$、KT

3. 在图 1-5-2 所示控制线路中，按下 SB1 后，电动机一直处于 Y 形启动状态，不能切换成△形运转，其故障原因是(　　).

A. KT 线圈不能得电　　B. KM_Y线圈不能得电　　C. $KM_△$线圈不能得电

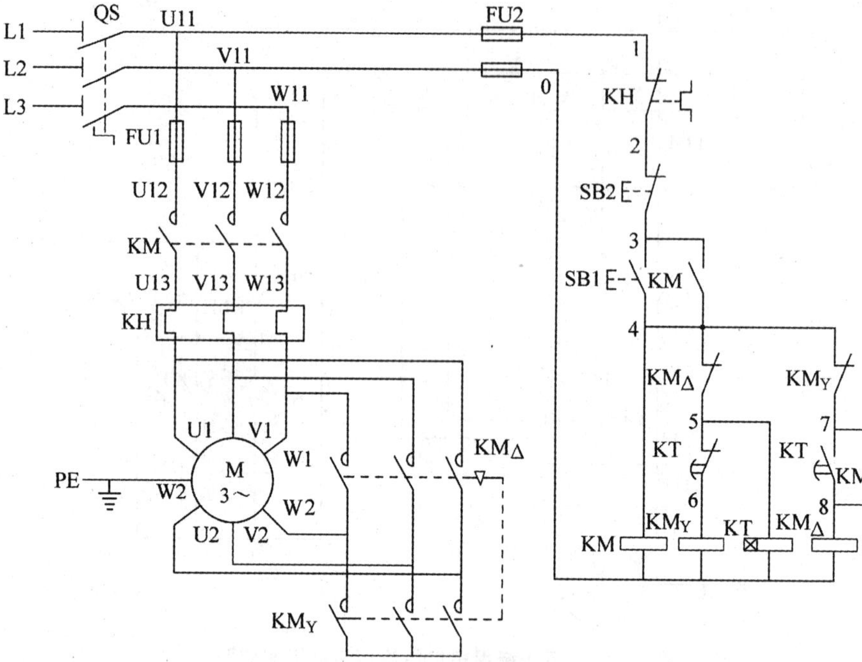

图 1-5-2　Y/△降压启动控制线路

4. 在图 1-5-2 所示控制线路中，若接触器 $KM_{\triangle}$ 线圈断路，按下 SB1 后，电动机工作状态是(　　).

A. 一直处于 Y 形启动　　　　B. Y 形启动结束，电动机随即停止

C. 不转

三、问答题

定子绕组为 Y 形接法的三相鼠笼式异步电动机能否采用 Y/△降压启动方式？为什么？

四、操作题

安装图 1-5-2 所示电路并调试. 评分标准如表 1-2-2 所示.

任务六　双速电动机控制线路的安装与检修

知识回顾

双速异步电动机也有三相定子绕组，三相定子绕组接成△形，由三个连接点分别引出三个出线端U1、V1、W1，从每相绕组的中点各引出一个出线端U2、V2、W2，这样双速异步电动机的定子绕组共有6个出线端.通过改变这6个出线端与电源的连接方式，就可以得到两种不同的转速.

电动机低速工作时，三相定子绕组接成△形，磁极为4极，同步转速(即旋转磁场速度)为1500r/min；电动机高速工作时，此时电动机定子绕组接成YY形，磁极为2极，同步转速为3000r/min.

注意：双速异步电动机定子绕组从一种接法改变为另一种接法时，必须把三相电源相序反接，以保证电动机的旋转方向不变.

活动　手动切换双速电动机控制线路的安装与检修

一、填空题

1. 双速异步电动机的定子绕组共有________个出线端，它有________和________两种连接方式.

2. 电动机低速工作时，三相定子绕组接成________形，磁极为________极，同步转速(即旋转磁场速度)为________ r/min；电动机高速工作时，此时电动机定子绕组接成________形，磁极为________极，同步转速为________ r/min.

3. 双速异步电动机定子绕组从一种接法改变为另一种接法时，必须把三相电源________反接，以保证电动机的________不变.

二、选择题

1. 双速异步电动机高速运转时的转速是低速运转时转速的(　　)倍.

A. 1　　B. 2　　C. 3

2. 双速异步电动机做高速运转时，定子绕组的连接方式为(　　).

A. Y形　　B. YY形　　C. △形

3. 在操作低高速手动切换双速电动机控制线路时，若直接按下高速按钮，电动机(　　)低速启动的过渡过程.

A. 没有　　B. 有　　C. 不能确定

4. 在操作低高速自动切换双速电动机控制线路时，只有在按下(　　)按钮时，时间继电器才得电.

A. 低速启动　　B. 高速启动　　C. 停止

三、问答题

双速异步电动机的定子绕组共有多少个出线端？请分别画出电动机在低、高速时定子绕组的接线图.

任务七　三相异步电动机制动控制线路的安装与检修

知识回顾

一、制动的概念与分类

1. 基本概念.

所谓制动，就是给电动机一个与其原来转动方向相反的转矩，使它迅速停转（或限制其转速）的一种方法. 电动机制动的方法一般有两类：机械制动和电气制动.

2. 电气制动.

就是在电动机切断电源停转的过程中，产生一个和电动机实际旋转方向相反的电磁力矩（制动力矩），从而迫使电动机迅速制动停转的方法.

3. 电气制动常用的方法.

电气制动常用的方法有反接制动、能耗制动、电容制动和再生发电制动等.

二、反接制动

反接制动是依靠改变三相异步电动机定子绕组中三相电源的相序产生制动力矩，迫使电动机迅速停车的方法. 当改变电动机定子绕组中三相电源的相序时，就会使电动机产生一个与转子惯性转动方向相反的电磁转矩，使电动机转速迅速下降，电动机被制动.

三、能耗制动

能耗制动是在切断电动机三相交流电源后，在任意两相定子绕组中通入直流电，让电动机产生一个与惯性转动方向相反的电磁力矩而使电动机迅速停转，并在制动结束后将直流电源切除.

活动一　三相异步电动机反接制动控制线路的安装与检修

一、填空题

1. 制动就是给电动机一个与其原来转动方向________的转矩使它迅速停转(或限制其转速)的一种方法. 电动机制动的方法一般有两类:________制动和________制动.

2. 利用________装置使电动机断开电源后迅速停转的方法叫作机械制动. 机械制动常用的方法有________制动和________制动.

3. 电气制动就是在电动机切断电源停转的过程中,产生一个和电动机实际旋转方向相反的________力矩,从而迫使电动机迅速制动停转的方法.

4. 反接制动是依靠改变三相异步电动机定子绕组中三相电源的________来产生制动力矩,迫使电动机迅速停车的方法. 在反接制动过程中,当电动机转速接近________时,利用________继电器立即将反接电源________,否则电动机将________.

二、选择题

1. 电动机反接制动的性能特点是(　　).

A. 制动力强、制动准确　　　　B. 制动力强、制动不够准确

C. 制动力弱、制动准确

2. 在图 1-7-1 所示控制线路操作中,按下停止按钮 SB2 后,电动机出现了反转现象,其故障原因是(　　).

A. KM1 自锁触头不能复位　　　　B. KM2 自锁触头不能复位

C. KS 触头不能复位

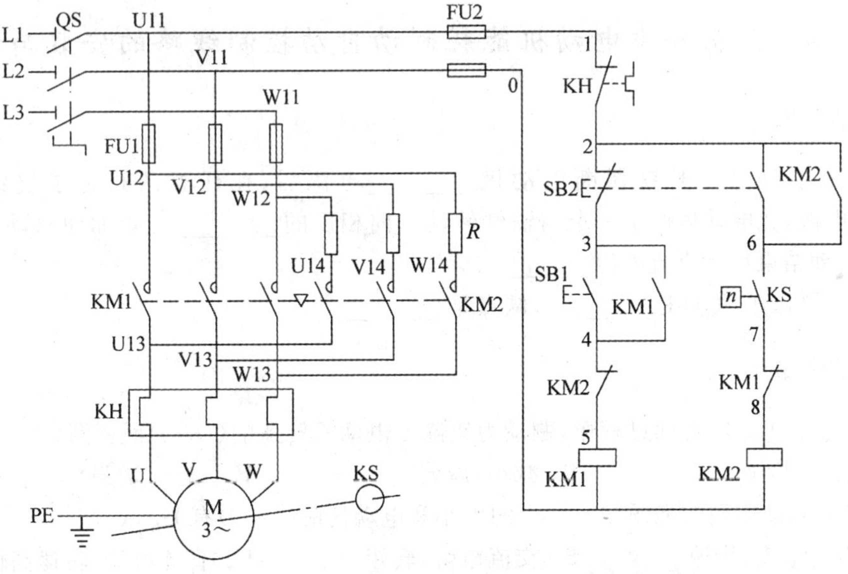

图 1-7-1　电动机单向启动反接制动控制线路图

3. 在图 1-7-1 所示控制线路操作中，若接触器 KM1 线圈不能得电，则故障现象是(　　).

A. 电动机不能启动运转　B. 电动机不能停止　C. 电动机能停止但无制动

4. 在图 1-7-1 所示控制线路操作中，若接触器 KM2 线圈不能得电，则故障现象是(　　).

A. 电动机不能启动运转　B. 电动机不能停止　C. 电动机能停止但无制动

三、问答题

1. 三相异步电动机采取制动的目的是什么？

2. 解释制动、机械制动和电气制动的含义以及分类.

3. 叙述三相异步电动机实现反接制动的方法及制动原理.

活动二　三相异步电动机能耗制动自动控制线路的安装与检修

一、填空题

1. 能耗制动方法是在切断电动机________电源后，在任意两相定子绕组中通入________电源，让电动机产生一个与惯性转动方向相反的________力矩而使电动机迅速停转，并在制动结束后将直流电源________.

2. 能耗制动的优点是________，缺点是________.

二、选择题

1. 在电动机能耗制动过程中，制动力矩随着电动机转速的(　　)而逐渐(　　).

A. 减小，增强　B. 减小，减弱　C. 增加，增强

2. 能耗制动作用的强弱与(　　)的大小和电动机的(　　)有关.

A. 直流电流，转速　B. 交流电流，转矩　C. 直流电流，转速高低

3. 能耗制动时，一般取直流电流为电动机空载电流的（　　）倍，过大会使电动机定子过热.

A. 5～6　　　　B. 3～4　　　　C. 3～5

三、问答题

1. 什么是能耗制动？简述能耗制动的制动原理.

2. 在图 1-7-2 所示三相异步电动机能耗制动控制电路图 1 中，KT 瞬时闭合动合触头的作用是什么？并叙述该电路的工作原理.

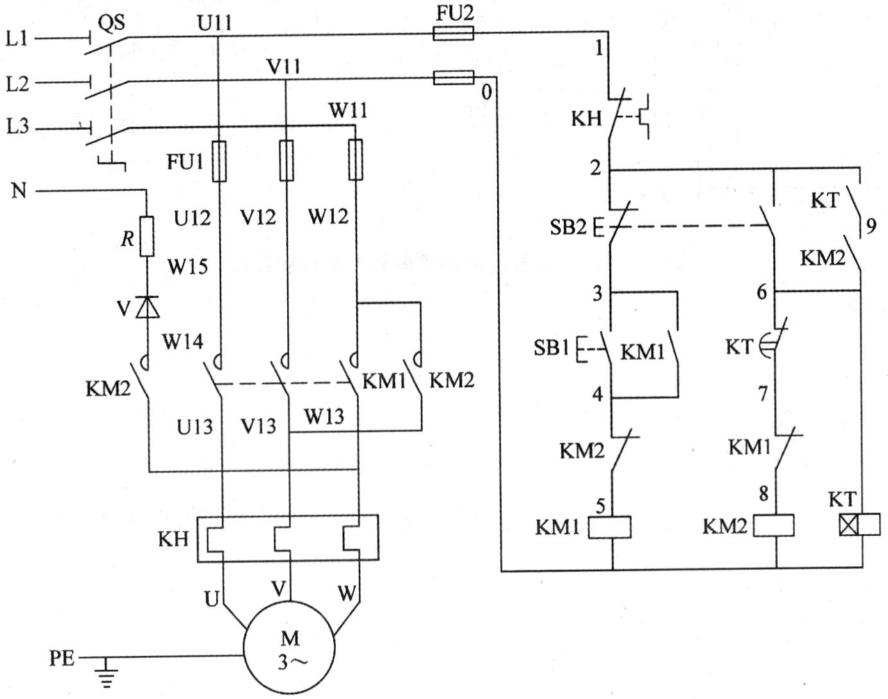

图 1-7-2　三相异步电动机能耗制动控制线路 1

四、操作题

安装如图 1-7-3 所示电路. 评分标准如表 1-2-2 所示.

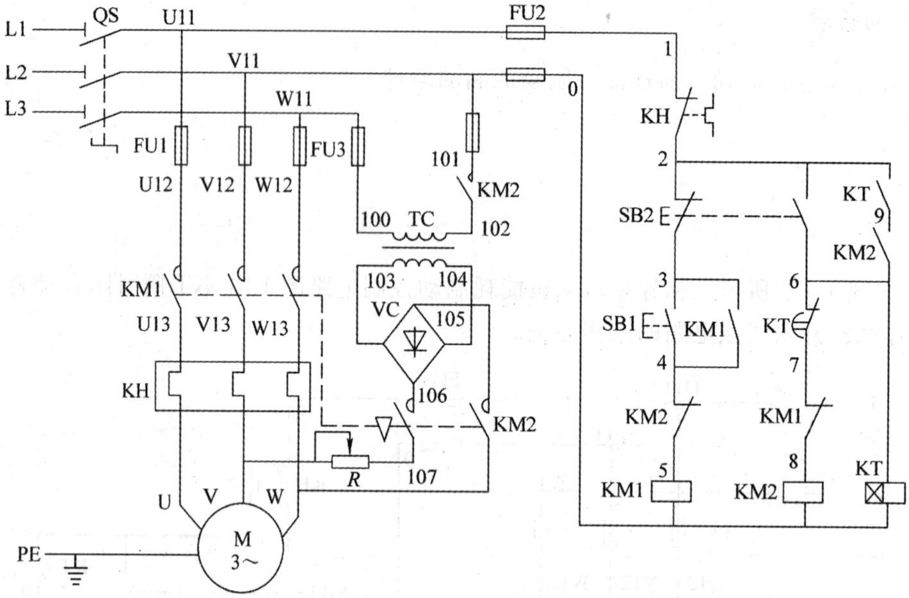

图 1-7-3 三相异步电动机能耗制动控制线路 2

项目二　机床电气控制线路的检修

任务一　CA6140 型卧式车床电气控制线路的检修

知识回顾

一、CA6140 型车床的主要运动形式

1. 主运动：主轴通过卡盘或顶尖带动工件的旋转运动.

2. 进给运动：刀架带动刀具的纵向或横向直线运动.

3. 辅助运动：刀架的快速移动、尾架的纵向移动、工件的夹紧与放松、加工过程中的冷却.

二、CA6140 型卧式车床的电气控制

主电路中共有三台电动机：M1 为主轴电动机，带动主轴旋转和刀架做进给运动；M2 为冷却泵电动机，用以输送切削液；M3 为刀架快速移动电动机，通过操作手柄配合机械装置使刀架沿前、后、左、右方向做快速移动.

三、机床电气原理图阅读方法

机床电气原理图一般由主电路、控制电路、照明电路、指示电路等几部分组成. 阅读方法如下：

1. 主电路分析. 阅读主电路时，关键是先了解主电路中有哪些用电设备，它们所起的主要作用是什么，由哪些电器来控制，采取哪些保护措施.

2. 控制电路分析. 阅读控制电路时，根据主电路中接触器的主触点编号，很快找到相应的线圈以及控制电路，依次分析出电路的控制功能. 从简单到复杂，从局部到整体，最后综合起来分析，就可以全面读懂控制电路.

3. 照明电路的分析. 阅读照明电路时，查看变压器的电压比及照明灯的额定电压.

4. 指示电路的分析. 阅读指示电路时，了解这部分内容，很重要的一点是：当电路正常工作时，为机床正常状态的指示；当机床出现故障时，是机床故障信息反馈的依据.

四、电气测绘

电气测绘是根据现有的电气电路、机械控制电路和电气装置进行现场测绘，然后经过整理后绘制出安装接线图和控制原理图.

1. 测绘步骤.

(1) 了解机床的基本结构和运动形式.

(2) 准备测量工具和测量仪器.

(3) 通电试车进一步熟悉机械运动情况.

(4) 绘制草图. 绘制草图的原则：先测绘主电路，再测绘控制电路；先测绘输入端，后测绘输出端；先测绘主干线，再依次按节点测绘各支路；先简单后复杂，最后要一个回路一个回路地进行校验.

(5) 整理测绘草图，画出规范的安装接线图和控制原理图.

2. 测绘方法.

电气图的测绘方法有：布置图-接线图-原理图法、查对法、综合法等.

(1) 布置图-接线图-原理图法. 先根据实物绘制布置图，再绘制接线图，最后绘制原理图. 这是最常用的电气原理图绘制法.

(2) 查对法. 在调查了解的基础上，分析和判断产生设备控制电路中采用的基本控制环节，并画出控制草图，然后与实际电路进行查对，不对的地方加以修改，最后绘制出完整的电气原理图.

(3) 综合法. 根据生产设备中所用电动机的控制要求及各环节的作用，将上述两种方法相结合，进行电气图的绘制方法. 如先查对画出草图，再按实物绘制、检查、核对、修改，最后画出完整的电气原理图.

3. 测绘注意事项.

(1) 电气测绘前要切断被测绘设备或装置电源，尽可能做到无电测绘. 如果确实需要带电测绘，要做好防范措施.

(2) 要避免大拆大卸，对拆下的线头要做好标记.

(3) 两个人测绘时，要有一人指挥，动作协调一致以防事故发生.

(4) 测绘过程中，如确需开动机床或设备时，要断开执行元件或请熟练的操作工操作，同时要有人监护. 对于可能发生的人身或设备事故要有防范.

(5) 测绘过程中，如果发现有掉线或接错线时，首先做好记录，然后继续测绘，待电路图测绘完成后再做处理. 切记不要把掉线随意接在某个元件上，以免发生更大的电气事故.

五、机床电气控制电路故障的检修

1. 一般步骤(图 2-1-1).

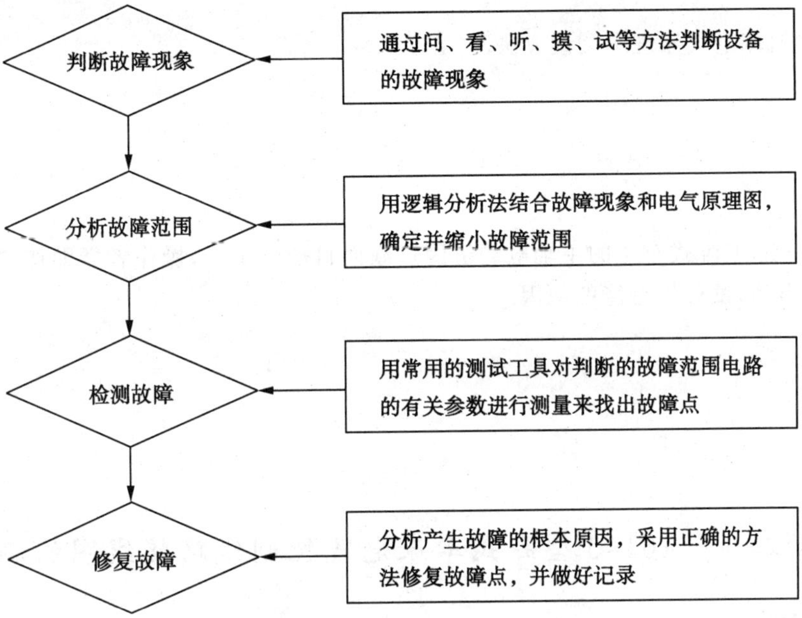

图 2-1-1　检查步骤和方法流程图

2. 检查故障的方法.

电压法、电阻法、短接法、等效替代法等.

活动一　CA6140 型卧式车床的认识

一、填空题

1. CA6140 型卧式车床的主要运动有________、________、________.

2. 主电路中共有三台电动机：M1 为________电动机，带动主轴旋转和刀架做进给运动；M2 为________电动机，用以输送切削液；M3 为________电动机.

3. 机床电气原理图一般由________、________、________、________等几部分组成.

4. 阅读控制电路时，根据主电路中接触器的________编号，很快找到相应的________以及________，依次分析出电路的________功能.

二、选择题

1. 车削加工是(　　)，因而一般采用三相鼠笼式异步电动机作为驱动电动机.

A. 恒功率负载　　B. 恒转矩负载　　C. 恒转速负载

2. CA6140 型卧式车床的过载保护采用(　　)，短路保护采用(　　)，失压保护采用(　　).

A. 接触器自锁　　B. 熔断器　　C. 热继电器

3. 主电动机缺相运行，会发出“嗡嗡”声，输出转矩下降，可能(　　).

A. 烧毁电动机　　B. 烧毁控制电路　　C. 使电动机加速运转

三、问答题

1. 简述机床电气原理图阅读方法.

2. CA6140 型卧式车床的主轴电动机因过载而自动停车后，操作者立即按启动按钮，但电动机不能启动，试分析可能的原因.

活动二　CA6140 型卧式车床电气控制线路接线图的测绘

一、填空题

1. 电气测绘是根据现有的________电路、________电路和电气________进行现场测绘，然后经过整理后绘制出________接线图和________原理图.

2. 草图绘制的原则：先测绘________电路，再测绘________电路；先测绘________端，后测绘________端；先测绘________线，再依次按节点测绘各支路.

二、选择题

1. 电气图的测绘方法有(　　).

A. 布置图-接线图-原理图法、查对法、综合法等

B. 布置图-接线图-原理图法、综合法等

C. 查线法、查对法、综合法等

2. 先根据(　　)绘制布置图，再绘制(　　)图，最后绘制(　　)图，这是最常用的电气原理图绘制法.

A. 原理　　B. 实物　　C. 接线　　D. 电气原理图

三、问答题

简述 CA6140 型卧式车床电气控制电路测绘步骤.

四、操作题

1. 根据实物绘制 CA6140 型卧式车床电气控制柜元件及床身电器元件的布置图.

2. 绘制 CA6140 型卧式车床完整的电气接线图(含床身部分和电气控制柜部分).

活动三　CA6140 型卧式车床电气控制线路的分析与检修

一、填空题

1. 判断故障现象,通过________、________、________、________、________等方法判断设备故障现象.

2. 分析故障范围时,用________,结合故障现象和________,确定并缩小故障范围.

3. 检查故障的方法有________、________、________、________等.

二、选择题

1. 常用的检查机床电气故障的方法有(　　).

A. 直观法、测量电压法、测量电阻法、强迫闭合法、短接法

B. 测量电压法、测量电阻法、强迫闭合法

C. 测量电压法、测量电阻法、强迫闭合法、分段测量法等

2. 短接法只适用于(　　).

A. 接触器线圈的断路故障

B. 电压降极小的导线或电流不大的触头类的断路故障

C. 绕组的断路故障

3. 下面(　　)情况下,不能运用强迫闭合法进行故障判断、检修.

A. 正反转电路中,相互联锁的接触器有一个未释放

B. Y-△电路中,电动机 Y 形连接的接触器或△形连接的接触器未释放

C. 所用的工具绝缘有损坏

D. 上述都是

三、问答题

1. 简述调试前设备检查要点.

2. 机床电气控制电路故障的检修步骤有哪些?

3. 分析故障现象:主轴电动机 M1 工作时,突然停止运行,试分析其原因.

任务二 Z3050 型摇臂钻床电气控制线路的检修

知识回顾

一、Z3050 型摇臂钻床

1. 基本功能.

Z3050 型摇臂钻床主要用来钻孔、扩孔、铰孔、镗孔、攻丝及修刮平面等多种形式的加工.

2. Z3050 型摇臂钻床的运动形式.

主运动:摇臂钻床主轴带动钻头的旋转运动.

进给运动:摇臂钻床主轴(钻头)的上下运动.

辅助运动:主轴箱沿摇臂水平移动、摇臂沿外立柱上下移动以及摇臂连同外立柱一起相对于内立柱的回转运动.

3. Z3050 型摇臂钻床的电气控制.

(1) 主轴电动机控制线路.

主轴电动机 M1 由交流接触器 KM1 控制单向运转,热继电器 KH1 做过载保护,主轴的正反转则由液压系统的操纵机构配合正反转摩擦离合器实现.

(2) 摇臂升降电动机控制线路.

M2 是摇臂升降电动机,KM2 和 KM3 控制其正反转,因为 M2 是短时工作,故没有加设过载保护. M3 是液压泵电动机,其正反转由接触器 KM4 和 KM5 控制,热继电器 KH2 对 M3 做过载保护.

摇臂升降电动机 M2 和液压泵电动机 M3 共用低压断路器 QF3 的电磁脱扣器作为短路保护电器.

(3) 立柱和主轴箱松开及夹紧控制线路.

立柱与主轴箱的松开和夹紧是同时进行的,且均采用液压夹紧和松开,控制液压泵电动机 M3 的正反转,驱动液压泵供给机床正反向液压油而达到松开及夹紧立柱和主轴箱的目的.

(4) 冷却泵电动机、照明及指示灯电路.

冷却泵电动机 M4 由低压断路器 QF2 直接控制其启动和停止,并实现短路、过载及缺相保护;照明电路由控制变压器 TC 的二次侧提供 24V 交流电压,作为摇臂钻床低压照明灯的电源,熔断器 FU3 对照明灯 EL 起短路保护作用;工作信号指示电路中 HL1 为电源指示灯,HL2 为主轴电动机 M1 的运行指示灯.

二、故障检修注意事项

摇臂钻床的工作过程是由电气与机械、液压系统紧密结合实现的. 因此,在维修中不仅要注意电气部分能否正常工作,也要注意它与机械和液压部分的协调关系. 常见的电气故障见教材表 2-2-4.

活动一　Z3050 型摇臂钻床的认识

一、填空题

1. Z3050 型摇臂钻床主要用于________、________、________、________、________及________等多种形式的加工.

2. Z3050 型摇臂钻床的运动形式有________运动、________运动、________运动.

3. 立柱与主轴箱的松开和夹紧是________进行的,且均采用________夹紧和松开.

4. 冷却泵电动机 M4 由____________直接控制其启动和停止,并实现短路、过载及缺相保护.

5. 位置开关 SQ1 的作用是________,SQ2 的作用是________,SQ3 的作用是________.

二、选择题

1. 主轴的正反转由液压系统的操纵机构配合(　　)实现.

A. 正反转摩擦离合器　　B. 正反转接触器

2. 摇臂升降电动机 M2 和液压泵电动机 M3 共用低压断路器 QF3 的电磁脱扣器作为(　　)保护电器.

A. 过载　　B. 开路　　C. 短路

三、问答题

1. 按下摇臂上升按钮,写出摇臂上升的控制过程.

2. 摇臂钻床大修后,若摇臂升降电动机 M2 的三相电源相序接反后,会发生什么事故?试车时应该如何检测?

3. 若在大修后,SQ3 安装位置不当,会出现什么故障?

活动二　Z3050 型摇臂钻床电气控制线路的分析与检修

一、填空题

1. 从教材图 2-2-2 中可以看出,Z3050 型摇臂钻床的保护措施有________、________、________、________.
2. Z3050 型摇臂钻床摇臂的夹紧与放松由电动机配合________自动进行.
3. 摇臂钻床的摇臂电动机 M2 方向变反,可能是三相电源________.

二、选择题

1. 时间继电器 KT 线圈开路,按下摇臂上升按钮,摇臂(　　).
A. 能正常上升　　B. 不能上升
C. 能上升但摇臂与立柱未松开
2. 立柱与主轴箱松开后,主轴箱在摇臂上的移动靠(　　).
A. 转动手轮　　B. 电动机驱动　　C. 液压驱动

三、问答题

1. 简述 Z3050 型摇臂钻床主要部件的拆卸顺序.

2. 简述 Z3050 型摇臂钻床调试前设备检查内容.

3. 画出主轴电动机不能启动的故障检修流程图.

任务三　M7120 型平面磨床电气控制线路的测绘与检修

知识回顾

一、M7120 型平面磨床

1. 基本情况.

M7120 型平面磨床是平面磨床中使用较为普遍的一种，它利用砂轮来磨削加工各种零件的表面，磨削精度和光洁度都比较高，操作方便，适于磨削精密零件和各种工具，并可做镜面磨削.

2. 主要运动类型.

M7120 型平面磨床的主要运动类型有主运动、进给运动、辅助运动.

3. 电磁吸盘是利用电磁吸力来固定加工工件的一种夹具，具有夹紧迅速、不损伤工件、一次可吸持多个工件、效率高、加工中工件发热可自由伸缩、不会变形等特点，但它的夹紧程度不可调整，不能用于加工非磁性材料的工件.

二、M7120 型平面磨床的电气控制

主电路中共有三台电动机：M1 为砂轮电动机，带动砂轮旋转，对工件进行磨削加工；M2 为冷却泵电动机，拖动切削泵旋转，供给砂轮和工件切削液，同时切削液带走磨下的铁屑；M3 为液压泵电动机，拖动液压泵，使工作台在液压作用下做纵向往复运动.

控制电路采用交流 380V 电压供电，由熔断器 FU2 作短路保护.

电磁吸盘电路包括整流电路、控制电路和保护电路三部分. 整流变压器 T1 将 220V 的交流电压降为 145V，然后经桥式整流器 VC 输出 110V 直流电压. 通过转换控制开关 QS2 实现电磁吸盘处于“吸合”、“放松”和“退磁”三种工作状态.

活动一　M7120 型平面磨床的认识

一、填空题

1. M7120 型平面磨床是平面磨床中使用较为普遍的一种，它利用____________来磨削加工各种零件的表面.

2. M7120 型平面磨床工作台的往复运动，是由____________传动完成的.

3. M7120 型平面磨床的主要运动类型有____________、____________、____________.

二、选择题

1. 平面磨床的砂轮在加工过程中(　　).

A. 不需调速　　B. 需要调速　　C. 对调速没有要求

2. 电磁吸盘电路中(见教材图 2-3-7)$R2$ 开路，会造成(　　)；$R3$ 开路，会造成(　　).

A. 吸盘不能充磁　　B. 吸盘不能快速退磁　　C. 吸盘不能充磁也不能退磁

3. 插座 XS 的作用是(　　).

A. 充磁　　B. 退磁　　C. 保护吸盘

三、问答题

1. 叙述电磁吸盘控制电路的工作原理.

2. 如果熔断器 FU1 中任意一相熔断，会有什么现象？简要说明原因.

活动二　M7120 型平面磨床电气控制线路的分析与检修

一、填空题

1. 电磁吸盘是利用____________来固定加工工件的一种夹具.

2. 电磁吸盘电路包括____________电路、____________电路和____________电路三部分.

3. 平面磨床加工完成后，取下的工件必须去磁，先将________扳到________位置，切断电磁吸盘的直流电源，然后将________扳到________位置退磁.

二、选择题

1. 关于电磁吸盘,下列选项不正确的是(　　)

A. 它是一种夹具　　B. 它实际上是一个大电感

C. 断电时需用电阻构成放电回路,消耗电磁能量

2. (　　)在电磁吸盘线圈上并联续流二极管直接释放磁场能量.

A. 可以　　B. 不可以

三、问答题

1. 简述 M7120 型平面磨床的安全操作规程.

2. 分析电磁吸盘的吸力不足的原因.

3. 电磁吸盘的线圈易受到切削液的浸入,维护时需要注意什么?若需要重绕线圈,又需要注意哪些问题?

任务四　X62W 型万能铣床电气控制线路的检修

知识回顾

一、X62W 型万能铣床

1. 基本功能.

X62W 型万能铣床是一种通用的多用途机床,它可用来加工各种表面,如平面、阶台面、各种沟槽,装上分度头可以加工齿轮和螺旋面,装上圆工作台可以加工凸轮和弧形槽.

2. X62W 型万能铣床的结构及运动形式.

(1) 主运动:铣床主轴带动铣刀的旋转运动.

(2) 进给运动:铣床工作台的前后(横向)、左右(纵向)和上下(垂直)六个方向上的直线运动和圆工作台的旋转运动.

(3) 辅助运动:铣床工作台在前后、左右及上下六个方向上的快速移动.

二、X62W 型万能铣床的电气控制

1. X62W 型万能铣床共用 3 台异步电动机拖动,它们分别是主轴电动机 M1、进给电动机 M3 和冷却泵电动机 M2.

2. 主轴电动机的控制:主轴电动机 M1 停车制动;主轴换铣刀控制;主轴变速时的瞬时点动(冲动控制).

3. 进给电动机 M3 的控制:工作台的左右进给控制;工作台上下和前后进给运动控制;左右进给与上下前后进给的联锁关系;圆形工作台的控制;进给变速时的瞬时冲动;工作台的快速移动.

4. 冷却泵电动机和照明电路的控制.

三、机床电气故障检修技巧

1. 熟悉电路原理,确定检修方案.
2. 机电结合,分析排除.
3. 先简单,后复杂.
4. 先检修通病,后攻疑难杂症.
5. 先外部调试,后内部处理.
6. 先不通电测量,后通电测试.
7. 先公用电路,后专用电路.
8. 总结经验,提高效率.

活动一　X62W 型万能铣床的认识

一、填空题

1. X62W 型万能铣床是一种通用的多用途机床,它可用来加工各种表面,如________面、________面、各种________,装上分度头可以加工________和________面,装上圆工作台可以加工________和________.

2. X62W 型万能铣床运动形式有:________运动、________运动、________运动.

3. X62W 万能铣床共用 3 台异步电动机拖动,它们分别是________电动机 M1、________电动机 M3 和________电动机 M2.

4. 铣头上安装与卸下铣刀时,主轴必须在________状态下.

5. 主轴的变速是由齿轮系统完成的,当变速时应将变速手柄拉出,调好速度挡位后,为使齿轮易于重新啮合,在啮合前主轴必须要________.

二、选择题

1. 工作台没有采取制动措施，其原因是( ).

A. 工作台惯性小　　B. 有机械制动　　C. 速度不高，且采用丝杠传动

2. 主轴电动机的正反转控制，没有采用接触器，而是采用组合开关控制，其原因是( ).

A. 正反转不频繁　　B. 节省电器材料　　C. 方便操作

三、问答题

1. SA4 的作用是什么？其中的 SA4-1 与 SA4-2、SA4-3 接触不良的后果是一样吗？

2. KM4 主触头熔焊，会产生什么样的后果？

3. 试详细叙述工作台向左进给时电路的工作过程.

活动二　X62W 型万能铣床电气控制线路的分析与检修

一、填空题

为了提高工作效率，工作台必须有快进装置，当按下按钮________或________，接触器 KM2 通电吸合，其中一个动合触点接通控制电路，另一个动合触点接通电磁离合器________，动断触点断开电磁离合器________，使它释放，断开齿轮变速系统，则电动机直接驱动丝杠，可得到快速移动，快速移动的方向仍由________决定.

二、选择题

1. 主轴电动机要求正反转，不用接触器而用组合开关控制是因为( ).

A. 节省电器　　B. 正反转不频繁　　C. 操作方便

2. 工作台进给必须在主轴启动后才允许，是为了( )

A. 安全的需要　　B. 加工工艺的需要　　C. 电路安装的需要

三、问答题

1. X62W 型万能铣床电气控制电路主要采取了哪些联锁,如何实现的?

2. 控制主轴电动机接触器 KM1 的通电路径是什么?

四、故障分析题

1. 阅读教材图 2-4-3,请分析故障现象:接触器 KM1 不吸合时,故障可能的范围有哪些,并写出故障检修过程.

2. 阅读教材图 2-4-3,分析圆工作台不能工作的原因,并写出故障诊断流程.

任务五 T68 型卧式镗床电气控制线路的检修

知识回顾

一、T68 型卧式镗床

1. 基本功能.

T68 型卧式镗床是一种精密加工机床,主要用来加工各种复杂的大型工件,如箱体零件、机体等,除镗孔外,还可以进行钻孔、扩孔和铰孔、车削内外螺纹等.

2. T68 型卧式镗床的运动形式.

T68 型卧式镗床的运动形式主要有主运动、进给运动、辅助运动.

3. 电气控制.

T68 型卧式镗床的电气控制主要由按钮开关、操作手柄、行程开关、电气控制电路及电动机等部分组成.

机床的主体运动及各种常速进给运动都是由主轴电动机来驱动的,机床各部分的快速进给运动由快速进给电动机来驱动.

二、机床电路在缺乏电气原理图时故障的分析方法

首先,查清不动作的电动机工作电路.在不通电的情况下,以该电动机的接线盒为起点开始查找,顺着电源线找到相应的控制接触器,然后,以此接触器为核心,一方面从主触点开始,继续查到三相电源,查清主电路;另一方面从接触器线圈的两个接线端子开始向外延伸,经过什么电器,弄清控制电路的来龙去脉.必要的时候,边查找边画出草图.若需拆卸时,要记录拆卸的顺序、电器结构等,再采取排除故障的措施.

活动一 T68 型卧式镗床的认识

一、填空题

1. T68 型卧式镗床的电气控制主要由__________、__________、__________、__________及__________等部分组成.

2. T68 型卧式镗床有__________、__________、__________三种运动形式.

3. 机床的主体运动及各种常速进给运动都是由__________来驱动的,机床各部分的快速进给运动由__________来驱动.

二、选择题

1. 主轴电动机采用双速电动机是为了(　　).

A. 加大切削功率

B. 增大调速范围,精简机械传动

C. 驱动镗杆和平旋盘,每一个转速驱动一个切削内容

2. 主轴电动机高速运转前必须先低速启动的原因是(　　).

A. 减少机械冲击力

B. 电动机功率较大,减少启动电流

C. 提高电动机的输出功率

三、问答题

1. T68 型卧式镗床可以在运动过程中变速吗? 如果可以,请叙述其过程.

2. 叙述主轴电动机高速启动运行的过程.

活动二　T68型卧式镗床电气控制线路的分析与检修

一、填空题

1. T68型卧式镗床的快速驱动电动机有________、________、________、________和________.

2. 一台快速电动机驱动多种部件的快速移动，均由________操作，每个手柄均可压着位置开关________或________，使电动机M2正转或反转，至于功率传向何处，完全由操作手柄控制.

3. 主轴电动机在低速运行时接成________形，由接触器________控制；高速运行时接成________形，由接触器________和________控制.

二、选择题

1. 主轴电动机正反转停车时，采用(　　)制动，为减小制动电流和机器冲击，M1在制动、(　　)控制时串入限流电阻.

A. 反接，点动　　B. 能耗，点动及变速冲动　　C. 反接，点动及变速冲动

2. 机床电路在缺乏电气原理图时判断故障，首先，查清不动作的电动机(　　)电路.

A. 工作　　B. 照明　　C. 电气

三、问答题

1. 叙述机床电路在缺乏电气原理图时故障的分析方法.

2. 有检修人员说，检修试车时，停止按钮最好是分步按下：先轻轻按下，继电器失电，电动机断电；然后将停止按钮按到底，电动机制动运行. 这样操作的目的是什么？

四、故障分析题

1. 若整机不工作，试分析产生故障的原因.

2. 简述故障检修流程.

项目三 PLC控制技术的基本应用

任务一 电动机单向连续电路的PLC控制

知识回顾

一、PLC 的发展历史

1968 年,美国最大的汽车制造商——通用汽车制造公司(GM),为适应汽车型号的不断更新,试图寻找一种新型的工业控制器,以尽可能减少重新设计和更换控制系统的硬件及接线,减少时间,降低成本,为此,提出了著名的“GM10 条”.

国际上知名的品牌有西门子、ABB、施耐德、三菱、欧姆龙等,国内的知名品牌有汇川、信捷以及台湾的台达等.

二、PLC 的分类

按结构形式可分为整体式 PLC 和模块式 PLC.

按 I/O 点数可分为小型 PLC、中型 PLC 和大型 PLC.

三、PLC 的结构

1. PLC 采用了典型的计算机结构,一般由主机、扩展单元和外设组成.

2. 输入继电器和输出继电器编号.

输入、输出继电器的编号是由基本单元固有的地址号和按照与这些地址号相连接的顺序给扩展设备分配的地址号组成的,如表 3-1-1 所示.

表 3-1-1　FX_{2N}系列 PLC 输入/输出继电器地址号

	型号	FX_{2N}-16M	FX_{2N}-32M	FX_{2N}-48M	FX_{2N}-64M	FX_{2N}-80M	FX_{2N}-128M	扩展时
FX_{2N}系列	输入	X000～X007 8 点	X000～X017 16 点	X000～X0027 24 点	X000～X037 32 点	X000～X047 40 点	X000～X077 64 点	X000～X267 184 点
	输出	Y000～Y007 8 点	Y000～Y017 16 点	Y000～Y027 24 点	Y000～Y037 32 点	Y000～Y047 40 点	Y000～Y077 64 点	Y000～Y267 184 点

四、GX Developer 综合编程软件的安装和使用

Gx Developer 综合编程软件的安装和使用方法具体见教材.

活动一　PLC 的认识

一、填空题

1. 可编程控制器的硬件组成与微型计算机相似,其主机由________、________、________、________等几大部分组成.

2. 输入/输出信号有________、________、________三种类型.

3. 可编程控制器的输出有三种形式:________、________、________.

4. 一般将输入/输出总点数在________点以内的 PLC 称为小型 PLC;输入/输出总点数大于________点、小于________点的 PLC 称为中型 PLC;输入/输出总点数超过________点的 PLC 称为大型 PLC.

5. FX_{2N}系列 PLC 基本单元和扩展单元均采用________电源.开关电源输出________、________、________三种电压等级的直流电.

6. END 指令称为________.

7. OUT 称为________和________.

8. LD 为________的助记符,LDI 为________的助记符.

9. ANB 指令是电路块________指令,ORB 是电路块________指令,与 AND、OR 指令不同.

二、选择题

1. 一般公认的 PLC 发明时间为(　　)年.

A. 1945　　B. 1968　　C. 1969　　D. 1970

2. 将十六进制的 F 转变为十进制是(　　).

A. 31　　B. 32　　C. 15　　D. 29

3. 三菱 PLC 中,16 位的内部计数器,计数数值最大可设定为(　　).

A. 32768　　B. 32767　　C. 10000　　D. 100000

4. FX 系列 PLC 是(　　)公司的产品.

A. 德国西门子　　B. 日本三菱

C. 美国 HONEWELL　　D. 日本富士

5. PLC 中不包括(　　).

A. CPU　　B. 输入/输出部件　　C. 物理继电器　　D. 存储器

6. FX 系列 PLC 中输入信号采用(　　)标注,输出信号采用(　　)标注.

A. X,Y　　B. Y,X　　C. I,Q　　D. Q,I

7. 关于 PLC,下列描述错误的是(　　).

A. PLC 是一种小型的工业计算机

B. PLC 抗干扰能力强

C. PLC只能控制开关量

8. 划分大、中和小型PLC分类的主要依据是(　　).

A. 模拟量的输入/输出点数

B. 开关量的输入数

C. 输入/输出点数

三、问答题

1. 简述可编程控制器的结构.

2. 简述PLC控制和继电器控制的主要差异.

活动二　PLC编程软件的操作

一、填空题

1. 要修改触点,只要把光标移在________的触点上,直接输入________,按回车键即可.

2. 把光标点在需要删除的触点上,按键盘上的________键,再点击直线,按回车键即可.

3. 运行PLC,将PLC编程设备接线插座左侧的"RUN/STOP"开关拨到________的位置.

4. 程序编制完成后,在写入PLC之前,必须进行________,之后可以存盘或传送.

二、选择题

1. 使用GX Developer软件编程,新建一个文件时,必须选择(　　)的类型.

A. PLC　　　　B. CPU　　　　C. 软件

2. 程序编好之后,只有经过(　　)的梯形图才能被保存、传送.

A. 编辑　　　　B. 变换　　　　C. 注释

3. 输入梯形图程序时,可以使用快捷键,其中输入常开触点的快捷键是(　　).

A. F1　　　　B. F4　　　　C. F5

三、操作题

1. 输入如图 3-1-1 所示的 PLC 程序，并联机调试.

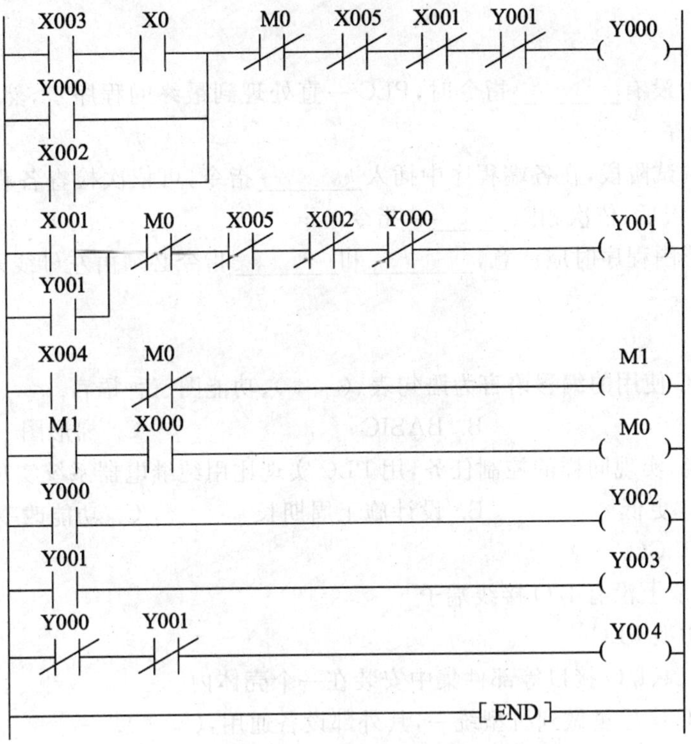

图 3-1-1　PLC **程序** 1

2. 输入如图 3-1-2 所示的 PLC 程序，并使用软件进行仿真调试.

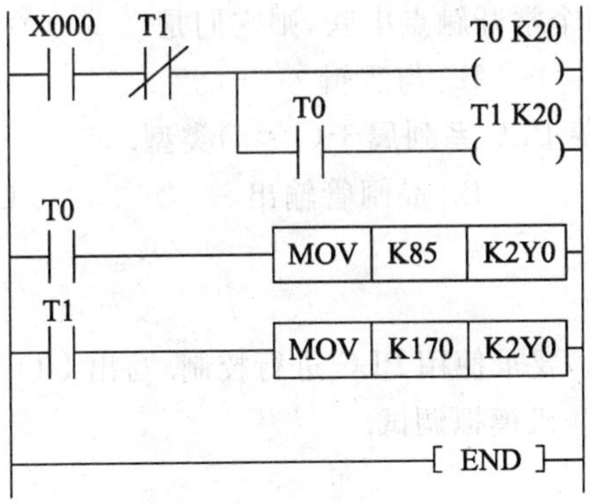

图 3-1-2　PLC **程序** 2

活动三　单向连续控制电路的编程与调试

一、填空题

1. 在程序中没有________指令时，PLC一直处理到最终的程序步，然后从________步开始重复处理程序.

2. 在程序调试阶段，在各端程序中插入________指令，可依次检查各程序段的动作，在确认程序正确无误后，依次删除________指令.

3. 编写梯形图程序时应注意，________和________指令必须由左母线开始.

二、选择题

1. 通常PLC使用的编程语言为语句表、(　　)、功能图三种语言.

A. 逻辑图　　B. BASIC　　C. 梯形图

2. 一般来说，实现同样的控制任务，用PLC实现比用纯继电器系统实现(　　).

A. 硬件成本更低　　B. 设计施工周期长　　C. 功能改变更灵活方便

3. 整体式PLC(　　).

A. CPU模块上没有I/O接线端子

B. 属于大中型PLC

C. CPU、电源、I/O接口等部件集中安装在一个壳体内

4. 选择PLC应尽量做到机型统一，其外部设备通用，(　　).

A. 资源可共享，易于联网通信

B. 资源不可共享，易于联网通信

C. 资源不可共享，不易于联网通信

5. 控制电路中，如果两个常开触点串联，则它们是(　　)关系.

A. 或逻辑　　B. 与逻辑　　C. 非逻辑

6. FX_{2N}-32MR-D三菱PLC系列属于(　　)类型.

A. 继电器输出　　B. 晶闸管输出　　C. 晶体管输出

三、操作题

1. 电路如图3-1-3所示，要求使用PLC进行控制. 写出I/O分配表，画出PLC外部接线图，编写梯形图程序并进行联机模拟调试.

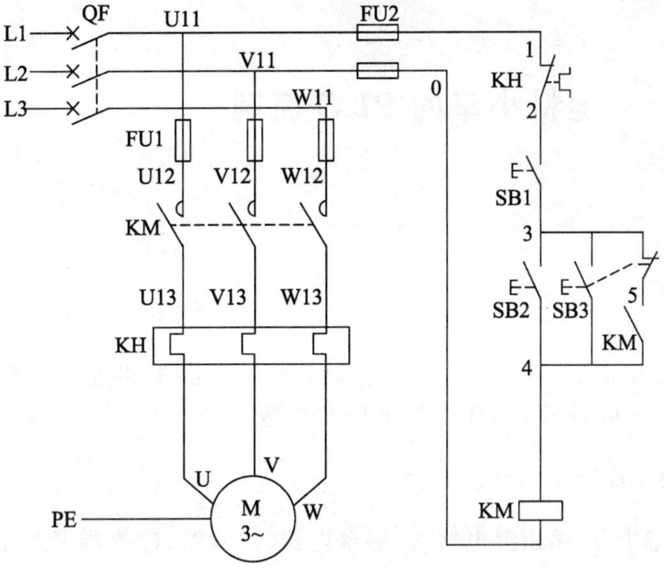

图 3-1-3　**点动连续控制电路**

2. 改变"自锁"控制电路的PLC接线图,将热继电器常闭触点串接于接触器线圈,电路如图3-1-4(a)所示,梯形图如图3-1-4(b)所示.试写出该梯形图对应的指令表,编辑并试运行.

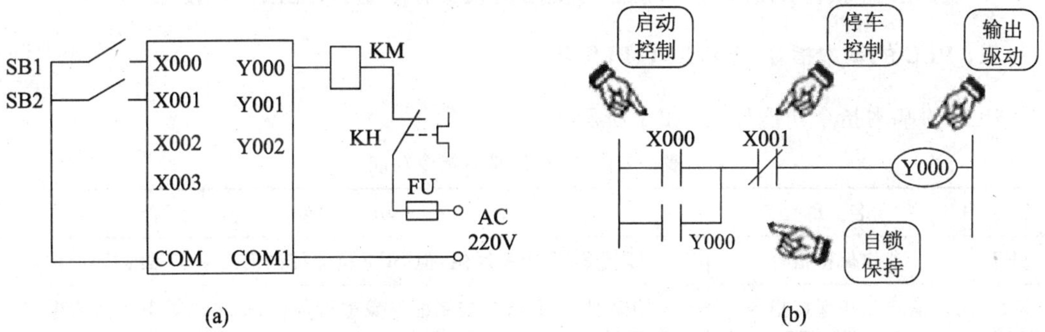

图 3-1-4　**自锁电路和梯形图**

任务二 运料小车的PLC控制

知识回顾

一、翻译法

在掌握继电器控制技术的基础上，由此画出PLC梯形图，再进一步优化及完善，十分方便快捷，形象直观，一般多用于机床线路的PLC改造.

二、编程的基本原则

1. 外部输入继电器、输出继电器、内部继电器、定时器、计数器等器件的接点可多次重复使用，无需用复杂的程序结构来减少接点的使用次数.

2. 梯形图每一行都是从左母线开始的，线圈接在最右边，接点不能放在线圈的右边.

3. 线圈不能直接与左母线相连. 如果需要，可以通过一个没有使用的内部继电器的常闭触点或者特殊内部继电器M8000的常开触点来连接.

4. 同一编号的线圈在一个程序中使用两次称为双线圈输出. 双线圈输出容易引起误操作，应尽量避免线圈重复使用.

5. 梯形图程序必须符合顺序执行的原则，即按从左到右、从上到下的顺序执行，如不符合顺序执行的电路，不能直接编程.

6. 在梯形图中串联接点、并联接点的使用次数没有限制，可无限次地使用.

三、PLC的基本指令SET、RST、PLS、PLF

PLC的基本指令功能如表3-2-1所示.

表3-2-1 PLC的基本指令功能

指令	名 称	功 能
SET	动作保持指令	即使SET指令复位，但SET指令控制的对象仍然继续动作
RST	消除动作保持指令	用来对SET指令控制的对象进行复位，也可以对寄存器清零
PLS	上升沿微分输出指令	仅在驱动输入为ON后的一个扫描周期内Y、M动作
PLF	下降沿微分输出指令	仅在驱动输入为OFF后的一个扫描周期内Y、M动作

活动一 电动机正反转控制程序的设计与调试

一、填空题

1. 外部输入继电器、输出继电器、内部继电器、定时器、计数器等器件的接点可

________使用,无需用复杂的程序结构来减少接点的使用次数.

2. 梯形图程序要符合顺序执行的原则,即从________到________,从________到________地执行,不符合________执行的电路,不能________编程.

二、选择题

1. PLC 基本位指令中 SET 表示(　　).

A. 出栈　　B. 主控　　C. 主控复位　　D. 置位

2. PLC 的工作过程可分为输入采样、(　　)、输出刷新三个阶段.

A. 变量处理　　B. 程序执行

C. 程序保存　　D. 数据运算

3. PLC 的输出方式为晶体管型时,它适用于(　　)负载.

A. 感性　　B. 交流　　C. 直流　　D. 交直流

4. PLC 开关量输出信号采用(　　)方式,称为隔离输出.

A. 多个开关量输出信号分成若干组,每组共用一个公共端

B. 所有开关量输出信号共用一个公共端

C. 每个开关量输出信号彼此独立,没有公共端

D. 每个开关量输出信号相互串联

5. 某继电器输出型 PLC,输出公共端为 COM,如果程序中线圈得电,在 PLC 内部,输出端子与 COM 之间的(　　).

A. 继电器线圈得电　　B. 继电器触点接通

C. 继电器触点得电　　D. 继电器线圈接通

6. 用二进制形式反映十进制关系的代码叫作(　　)码.

A. 二进制　　B. 十进制

C. 十六进制　　D. BCD

三、操作题

1. 试使用 SET、RST 指令编写电动机正反转控制程序.

2. 按图 3-1-3 所示要求编制电动机点动与连续控制程序并进行联机模拟调试(要求使用 SET、RST、PLS、PLF 指令).

3. 若两只交流接触器中有一只损坏,手头现仅备有一只 36V 交流接触器及控制用变压

器(输入 220/380V,输出有 6.3V、12V、24V、36V 及 110V),请设计解决方案(提示:应注意原输出 Y000、Y001 所在输出端的分组).

活动二　小车自动往返控制程序的设计与调试

一、填空题

1. 定时器在 PLC 中的作用相当于一个________,可用于定时操作,起________接通或断开电路的作用.

2. 在 PLC 内部,定时器是通过对内部某一________进行计数来完成定时的. 常用计时脉冲有三类,即________ ms、________ ms 和________ ms 脉冲. 不同的计时脉冲其计时精度不同.

3. FX 系列 PLC 的延时都有最大值,如延时大于定时器的最大值,可以采用________方法.

4. 振荡电路程序可以产生特定的通断时序脉冲,它应用在________或________中.

二、选择题

1. FX 系列 PLC 中 SET 表示(　　)指令.

A. 下降沿　　B. 上升沿　　C. 输入有效　　D. 置位

2. 二进制数 1011101 等于十进制数的(　　).

A. 92　　B. 93　　C. 94　　D. 95

三、操作题

1. 如图 3-2-1 所示是一种简易运送、装卸装置,初始状态运货小车停在左限位. 其工作过程为:按下启动按钮后,运货小车右行至右限位→到位后小车停止右行,打开漏斗翻门装货→7s 后漏斗翻门关闭,小车左行至左限位→到位后小车停止左行,打开底门卸货→5s 后底门关闭,完成一次装卸过程. 小车底门和漏斗翻门的打开用电磁阀控制. 若需要重新开始运料,则应保证小车停在左侧后,按下启动按钮才能开始运料. 请绘制 PLC 控制电路,编写该装置的 PLC 控制程序,并调试.

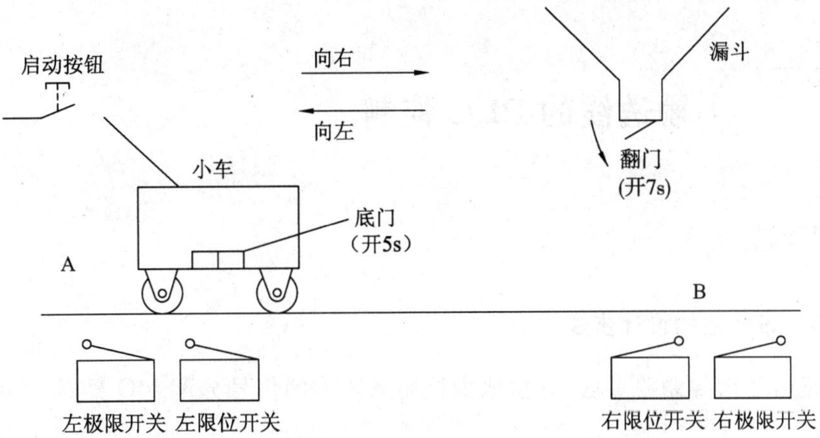

图 3-2-1　小车运送、装卸装置

2. 如图 3-2-2 所示为上料爬斗示意图，爬斗由 M1(11kW)三相异步电动机拖动，将料提升到上限后，自动翻斗卸料，翻斗时撞行程开关 SQ1，随即反向下降，达到下限，撞行程开关 SQ2 后，停留 20s，同时启动皮带运输机由 M2(2kW)三相异步电动机拖动向料斗加料，20s 后，皮带运输机自行停止，料斗则自动上升……如此不断循环.

自动循环时应按上述顺序动作，料斗可以停在任意位置，启动时可以使料斗随意从上升或下降开始运行.

要求：① 爬斗拖动应有制动抱闸；② 有必要的电气保护和联锁；③ 料斗上升和下降均应有点动调整；④ 具有超载保护、短路保护、失压保护和欠压保护.

试绘制 PLC 控制电路，编写该装置的 PLC 控制程序，并调试.

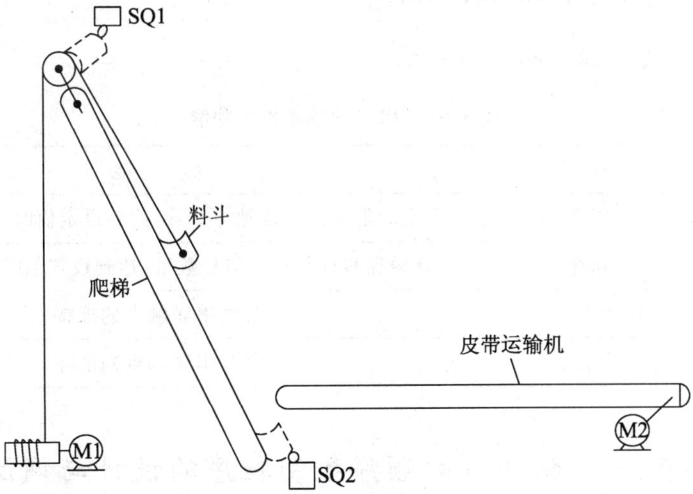

图 3-2-2　上料爬斗示意图

任务三 输送线的PLC控制

知识回顾

一、经验设计法的设计步骤

1. 在准确了解控制要求后，合理地为控制系统中的信号分配I/O界面，并画出I/O分配图.

2. 对于一些控制要求比较简单的输出信号，可直接写出它们的控制条件，依启保停电路的编程方法完成相应输出信号的编程；对于控制条件比较复杂的输出信号，可借助辅助继电器来编程.

3. 对于较复杂的控制，要正确分析控制要求，确定各输出信号的关键控制点.在以空间位置为主的控制中，关键点为引起输出信号状态改变的位置点；在以时间为主的控制中，关键点为引起输出信号状态改变的时间点.

4. 确定了关键点后，用启保停电路的编程方法或基本电路的梯形图，画出各输出信号的梯形图.

5. 在完成关键点梯形图的基础上，针对系统的控制要求，画出其他输出信号的梯形图.

6. 在此基础上，审查以上梯形图，更正错误，补充遗漏的功能，进行最后的优化.

二、PLC的基本指令T、C、MC、MCR

PLC的基本指令功能如表3-3-1所示.

表3-3-1 PLC的基本指令功能

指令	名 称	功 能
T	定时器指令	定时器累计时钟脉冲信号，达到设定值时其触点动作
C	计数器指令	计数器累计其输入信号数量，达到设定值时其触点动作
MC	主控指令	公共串联触点的连接
MCR	主控复位指令	公共串联触点的清除

活动一 输送带的顺序控制程序的设计与调试

一、填空题

1. PLC内部有许多辅助继电器，其线圈由PLC内的各种________________驱动.

2. 辅助继电器和输出继电器一样，其状态只能由________驱动，但________驱动外部负载.

3. PLC 的 ⏚ 端必须采用____________接地.

4. 经验设计法,是采用________________方法来设计比较简单的________控制系统的梯形图.

二、选择题

1. 下列不能用于 PLC 编程的语言有(　　).

A. 梯形图　　B. 状态转换图　　C. C 语言　　D. 英语

2. 制造商将系统程序固化在(　　)中.

A. RAM　　B. EEPROM　　C. ROM　　D. RAM/ROM

3. PLC 输出公共端用(　　)表示.

A. ⏚　　B. COM　　C. －　　D. ＋

4. MC 指令操作元件中主控指令使用次数为(　　).

A. N0～N7　　B. N1～N7　　C. N0～N8　　D. N1～N8

三、操作题

1. 有一皮带输送机如图 3-3-1 所示,由三台电动机拖动,其控制要求如下:

(1) 三台电动机按照 M1、M2、M3 的顺序间隔 3s 启动,当三台电动机启动完毕后,若按下停止按钮,则电动机 M3 停止,其后间隔 6s M2 停止,M2 停止后间隔 6s M1 停止.其他依次类推.

(2) 三台电动机应有超载保护,当其中一台或多台电动机出现超载保护时,所有电动机应立即停止运行.

(3) 电路应有急停按钮,当出现故障时,按下急停按钮,全部电动机立即停止运行.

(4) 具有故障报警功能,有故障时(如电动机超载,按下急停按钮时)故障报警指示灯 HL1 以 1Hz 频率闪烁,故障报警信号要在 PLC 重新上电或改变运行方式时才会解除.

请绘制 PLC 控制电路,编写该装置的 PLC 控制程序,并调试.

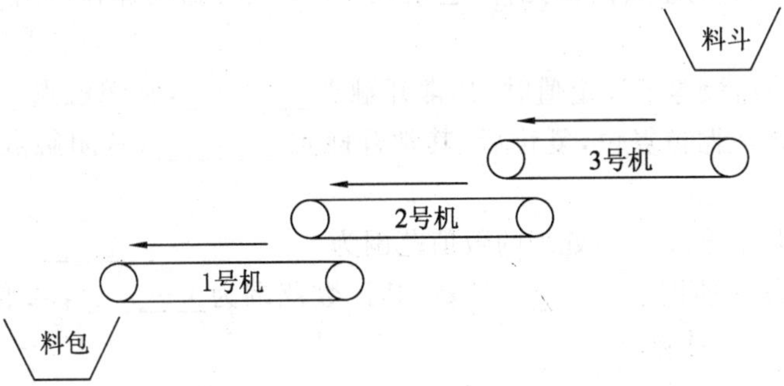

图 3-3-1　皮带输送线示意图

2. 使用经验设计法编制电动机串电阻降压启动控制程序并进行模拟调试，电路如图3-3-2所示.

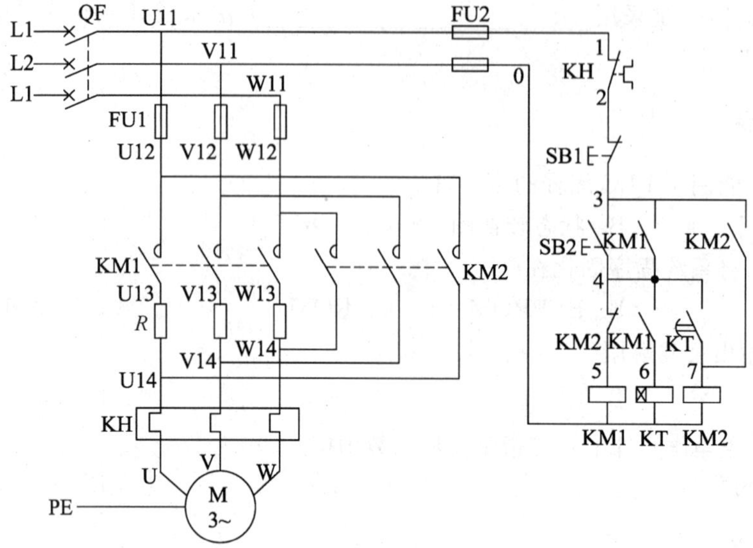

图 3-3-2　电动机串电阻降压启动控制电路

活动二　输送线的计数控制程序的设计与调试

一、填空题

1. 计数器是 PLC 的重要内部元件，它是在 CPU 执行扫描操作时对________________的信号进行计数.

2. 计数器的当前值等于设定值时，其常开触点________，常闭触点________. 复位输入电路________时，计数器被复位，复位后，其常开触点________，常闭触点________，当前值为________.

3. 一个数据寄存器(16 位)处理的数值范围为________～________.

4. 16 位计数器只能用于________计数，其计数范围为________，32 位双向计数器可用于________和________计数.

二、选择题

1. C0～C199 归类于(　　).

A. 8 位计数器　　B. 16 位计数器　　C. 32 位计数器　　D. 高速计数器

2. C200～C234归类于(　　).

A. 8位计数器　B. 16位计数器　C. 32位计数器　D. 高速计数器

3. C235～C255归类于(　　).

A. 8位计数器　B. 16位计数器　C. 32位计数器　D. 高速计数器

三、操作题

1. 使用计数器实行电动机的单按钮启停. 请绘制PLC控制电路,编写该PLC的控制程序,并调试.

2. 有一个用PLC控制的仓库门,控制要求如下:若要进入仓库,开门人必须正确操作,即按下SB1按钮4次,再按下SB2按钮1s,安全锁打开,若按错,则不能开门且报警灯闪烁. 开门的时限为1min,超过时间,即使按钮操作正确,也不能开门. 请绘制PLC控制电路,编写该装置的PLC控制程序,并调试.

任务四 液体混合装置的PLC控制程序的设计与调试

知识回顾

一、顺序功能图

1. 基本概念.

顺序功能图(Sequential Function Chart,简称SFC)是一种按照工艺流程图进行编程的图形编程语言.

2. SFC的基本设计思想.

SFC的基本设计思想是设计者按照生产工艺的要求,将机械动作的一个工作周期划分为若干个工作阶段(简称为"步"),并明确每一步所要执行的输出,步与步之间通过指定的条件进行转换. 因此,只需要通过正确连接步与步之间的转换,便可以完成全部的动作.

3. 顺序功能图的组成.

顺序功能图由步、有向连线、转换条件和动作(或命令)等组成.

4. 顺序功能图中转换实现的基本规则.

(1) 转换实现的条件:步的活动状态的进展是由转换的实现来完成的.必须满足两个条件:该转换所有的前级步都是活动步;相应的转换条件得到满足.

(2) 转换实现应完成的操作:① 使所有由有向连线与相应转换符号相连的后续步都变为活动步;② 使所有由有向连线与相应转换符号相连的前级步都变为不活动步.

转换实现的基本规则是根据顺序功能图设计梯形图的基础.

5. SFC 编程.

FX 系列 PLC 在 SFC 程序总体结构和流程确定后,需要通过步进指令 STL、RET、ZRST,以梯形图的形式编程.

二、PLC 控制系统的调试

1. PLC 系统调试的方法.

尽管在不同场合使用的 PLC 型号、控制对象、控制要求各不相同,但 PLC 控制系统现场调试的基本方法与步骤相似.通常来说,PLC 现场调试主要分为调试前的基本检查、硬件的检查和调试、软件的检查和调试三个阶段.

2. 综合调试的内容.

综合调试的内容主要有:① 手动/单次运行试验检查;② 自动运行试验检查;③ 异常运行试验检查.

活动一　液体混合装置的 PLC 控制程序的设计

一、填空题

1. 现在 PLC 广泛应用于工业控制的各个领域,________、________和________共同构成了工业自动化的三大支柱.

2. 状态元件中____________用于初始状态.

3. 状态继电器 S 是对工序________编程的重要元件,经常与________指令配合使用.

4. 状态继电器 S 的使用与辅助继电器 M 相同,它既可以当________使用,也可以通过________、________控制线圈.

5. ________是初始化脉冲,在 PLC 由________工作模式进入________工作模式时,它接通一个____________.单 PLC 处于 RUN 状态时,M8000 一直为________.

二、选择题

1. 梯形图程序执行的顺序是(　　).

A. 从左到右,从上到下　　B. 从右到左,从上到下

C. 从右到左,从下到上　　D. 不分顺序同时执行

2. 状态的顺序可以自由选择,但在一系列的 STL 指令后,必须写入(　　)指令.

A. MC　　B. MRC　　C. RET　　D. END

3. 对于 STL 指令后的状态 S，OUT 指令与（　　）指令具有相同的功能.

A. OFF　　B. SET　　C. END　　D. NOP

4. STL 与 RET 指令，只有与（　　）指令配合，才具有步进功能.

A. 定时器 T　　B. 计数器 C　　C. 状态器 S　　D. 数据寄存器 D

5. M8013 脉冲的输出周期是（　　）s.

A. 5　　B. 13

C. 10　　D. 1

三、操作题

1. 将如图 3-4-1 所示的 SFC 转换成 STL 梯形图，并写出指令语句.

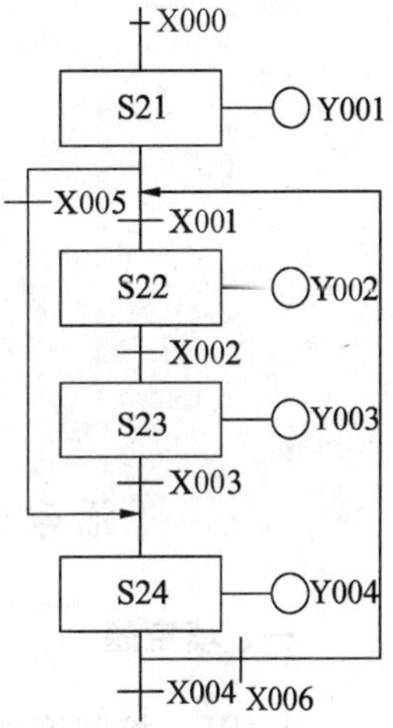

图 3-4-1　流程图

2. 图 3-4-2 所示是液体混合装置控制的示意图.

控制要求如下：

（1）上限位液体控制开关 L1、中限位液体控制开关 L2 和下限位液体控制开关 L3 被液体淹没后为 1 状态，阀 YV1、阀 YV2、阀 YV3、阀 YV4 为电磁阀，线圈通电时打开，断电时关闭. 注入液体前容器是空的，各阀门均关闭，各液位控制开关均为 0 状态.

（2）系统接通电源后，按下启动按钮，首先打开阀 YV4，放出残余液体，10s 后关闭.

（3）阀 YV4 关闭后，阀 YV1 打开，液体 A 注入容器内. 液体上升到下限位液体控制开关 L3 时，关闭阀 YV1，打开阀 YV2，液体 B 注入容器.

（4）液体继续上升到中限位液体控制开关 L2 时，关闭阀 YV2，打开阀 YV3，液体 C 注入容器.

（5）液体上升到上限位液体控制开关 L1 时，关闭阀 YV3，搅拌电动机 M 运行，搅拌液体 15s 后停止搅拌，M 运行的同时液体开始加温，15s 后（或达到 40℃）停止，之后放出混合液体.

（6）当液体下降至下限位液体控制开关 L3 后再过 10s，容器内液体排空，关闭阀 YV4，打开阀 YV1，开始下一轮周期的操作.

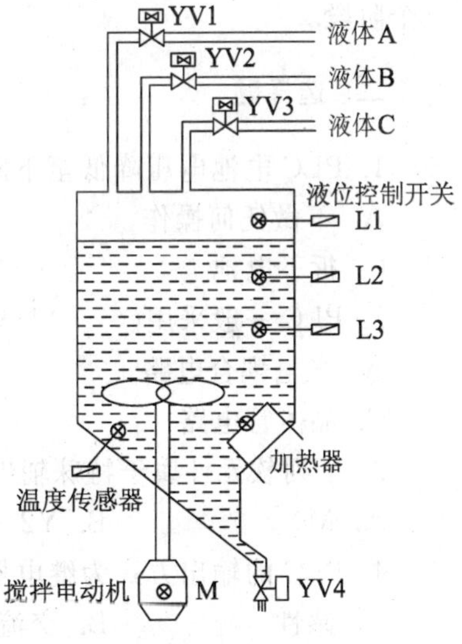

图 3-4-2　液体混合装置控制的示意图

（7）按下停止按钮，在完成当前工作周期中的所有操作结束后，回到初始状态，系统方可停止.

(8) 本系统操作设置手动和自动工作模式.

请绘制 PLC 控制电路，编写该装置的 PLC 控制程序，并调试.

活动二　液体混合装置控制系统的安装与调试

一、填空题

1. PLC 控制箱内，基本单元和扩展单元之间要有____________以上间隔.

2. 为了避免其他外围设备对 PLC 的电干扰，PLC 应尽可能远离________和________.

3. 当可编程控制器垂直安装时，要严防导线头、铁屑等从通风窗掉入可编程控制器内部，造成________________，使其不能____.

4. 如果电源干扰特别严重，可以安装一个变比为________的隔离变压器，以减少设备与地之间的干扰.

5. PLC 现场调试主要分为________________、________________和________________三个阶段.

二、选择题

1. PLC 电池电压降低至下限，应(　　).

A. 不做任何操作　　B. 及时更换电池

C. 拆下电池　　D. 将电池拆下后重新安装

2. PLC 一般采用(　　)与现场输入信号相连.

A. 光电耦合电路　　B. 可控硅电路

C. 晶体管电路　　D. 继电器

3. 下列软元件属于特殊辅助继电器的元件是(　　).

A. M0　　B. Y2　　C. S30　　D. M8012

4. PLC 的输出方式为继电器型时，它适用于(　　)负载.

A. 感性　　B. 交流　　C. 直流　　D. 交直流

5. PLC 的输出方式为晶闸管型时，它适用于(　　)负载.

A. 感性　　B. 交流　　C. 直流　　D. 交直流

6. 在扫描输入阶段，PLC将所有输入端的状态送到(　　)保存.

A. 输出映像寄存器　　B. 变量寄存器

C. 内部寄存器　　D. 输入映像寄存器

7. PLC的工作方式是(　　).

A. 等待工作方式　　B. 中断工作方式

C. 扫描工作方式　　D. 循环扫描工作方式

三、操作题

1. 以玻璃自动平移门为例，运用PLC的顺序控制设计法中的选择序列结构的状态转移图编程法，完成对玻璃自动平移门的电气控制.

控制要求：当人靠近自动门时，感应器SB1为ON，驱动电动机高速开门(KM1、KM3线圈接通)，碰到开门减速开关SQ1时，变为低速开门(KM1、KM4线圈得电). 碰到开门极限开关SQ2时电动机停转(线圈均断电)，开始延时. 若在0.5s内感应器检测到无人，启动电动机高速关门(KM2、KM3线圈接通). 碰到关门减速开关SQ3时，改为低速关门(KM2、KM4线圈接通)，碰到关门极限开关SQ4时电动机停转(线圈均断电). 在关门期间若感应器检测到有人，停止关门，延时0.5s后自动转移为高速开门，如图3-4-3所示.

请绘制PLC控制电路，编写该装置的PLC控制程序，并调试.

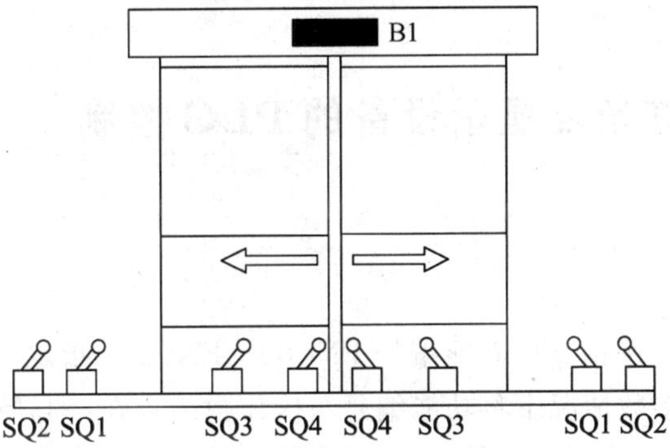

图3-4-3　玻璃平移门

2. 电镀生产过程示意图如图3-4-4所示. 电镀生产线采用专业行车，行车架装有可升降的吊钩；行车和吊钩分别由电动机M1、M2拖动；行车进退和吊钩升降由限位开关控制，SQ6为下限位开关、SQ5为上限位开关、SQ4为左限位开关、SQ3为清水槽限位开关、SQ2为回收液槽限位开关、SQ1为渡槽限位开关；生产线定为三槽位，即清水槽、回收液槽和渡槽.

工序分为：工件放入渡槽→电镀5min后提起停放30s→放入回收液槽32min提起后停放16s→放入清水槽清洗32s提起后停放16s→行车返回原点，方向如图3-4-4所示.

程序控制要求能实现电镀的循环.请绘制 PLC 控制电路,编制该装置的 PLC 控制程序,并调试.

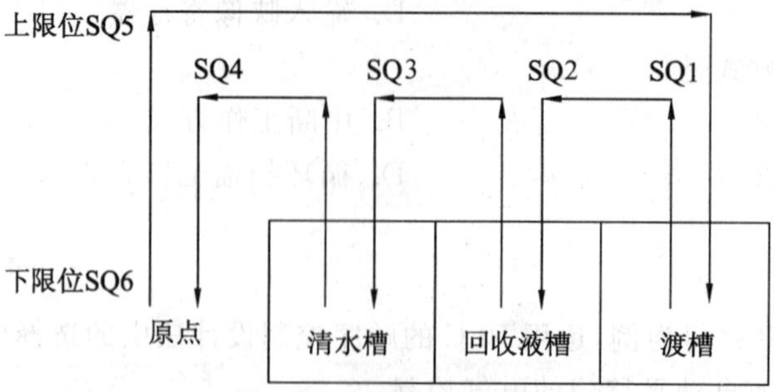

图 3-4-4　电镀生产过程示意图

任务五　灯光及显示设备的 PLC 控制

知识回顾

FX_{2N}系列 PLC 的应用指令由功能编号 FNC00～FNC246 指定,各指令有表示其内容的助记符符号.应用指令多数情况下将功能编号与操作数组合在一起使用.

应用指令的操作数包括源操作数、目的操作数以及辅助操作数.

操作数可用软元件有:位软元件 X、Y、M、S 等及字软元件 T、C、D 等.

一、应用指令说明

使用应用指令需注意指令的要素.表 3-5-1 以加法指令的形式及要素为例.

表 3-5-1　加法指令的使用要素

指令名称	指令编号	助记符	操作数			指令步数
			S1(可变址)	S2(可变址)	D	
加法	FNC20 (16/32)	ADD(P)	K、H KnX、KnY、KnM、KnS T、C、D、V、Z		KnY、KnM、KnS T、C、D、V、Z	ADD、ADDP:7 步 DADD、DADDP:13 步

应用指令的使用要素说明如下：

（1）指令编号. 每条应用指令都有一个唯一的编号，表 3-5-1 中 FNC20 就是加法指令的编号.

（2）指令名称. 说明应用指令的功能.

（3）助记符. 应用指令的助记符一般都是该指令的英文缩写词. 如加法指令 ADDITION 简写为 ADD. 采用这种形式容易了解指令的应用.

（4）数据长度. 应用指令依处理数据的长度分为 16 位指令和 32 位指令，在表中用(16/32)说明. 32 位指令采用助记符前加 D 表示，助记符前无 D 的指令为 16 位指令.

（5）执行形式. 应用指令有脉冲执行型和连续执行型. 脉冲执行型应用指令采用助记符后加 P 表示，助记符后无 P 的指令为连续执行型.

（6）操作数. 应用指令的操作数分为源操作数 S、目的操作数 D 和辅助操作数 m、n. 源操作数、目的操作数和辅助操作数多于 1 个时分别用 S1、S2 等，D1、D2 等以及 m1、m2，n1、n2 等表示.

（7）指令步数. 指令步数为执行该指令所需的程序步数. 应用指令的指令编号和指令助记符占 1 个程序步，每个操作数占 2 个或 4 个程序步(16 位操作数和 32 位操作数分别占 2 个和 4 个程序步). 因此，一般 16 位指令为 7 个程序步，32 位指令为 13 个程序步.

二、PLC 的功能指令 MOV、SEGD、SFTR、SFTL、INC、DEC、CMP

PLC 的功能指令的具体作用如表 3-5-2 所示.

表 3-5-2 PLC 的功能指令

指令	名 称	功 能
MOV	16 位传送指令	将源区中的数据照原样传送到目的区的指令
SEGD	七段码译码指令	将源区中指定的数据译成七段码显示的数据，存入目的区
SFTR	位右移指令	目标位元件中的 n1 个数据，向右移动 n2 位，n2 个源位元件中的数据被补充到空出的目标位元件中
SFTL	位左移指令	目标位元件中的 n1 个数据，向左移动 n2 位，n2 个源位元件中的数据被补充到空出的目标位元件中
INC	二进制加 1 运算指令	将 16 位指定的数据加 1，并存入原数据中
DEC	二进制减 1 运算指令	将 16 位指定的数据减 1，并存入原数据中
CMP	16 位比较指令	将两个源区的 16 位数据进行比较，产生相应的动作输出

活动一 交通信号灯控制程序的设计

一、填空题

1. SFC 程序的基本形式按照结构来分，可以分为三种，分别是________结构、________结构和________结构.

2. 绘制顺序功能图时，两步不能直接相连，必须用一个________将它们隔开；两个转换也不能直接相连，必须用一个________将它们隔开.

3. ________结构的开始称为分支，转换符号只能标在连线之下. 如果满足 Y，则向下执行；如果满足 N，则选择分支执行. ________结构的结束称为合并.

4. 子程序可用来实现程序中的________动作，以简化程序编制.

二、选择题

1. 编程时，子程序应写在主程序之后，即子程序的标号应写在主程序结束指令（　　）的后面，且子程序必须以（　　）指令结束.

A. END　　B. FEND　　C. SRET　　D. RET

2. 子程序的嵌套层数不能超过（　　）层.

A. 3　　B. 4　　C. 5　　D. 6

3. 顺序功能图中，并行结构为了强调转换的同步实现，水平连线用（　　）表示.

A. 单线　　B. 双线　　C. 粗实线　　D. 有向线段

三、操作题

1. 分析图 3-5-1 中所示的梯形图程序的作用.

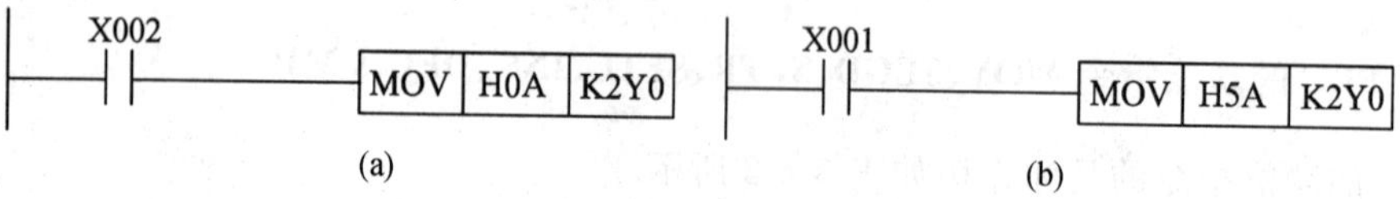

图 3-5-1　MOV 指令梯形图程序

2. 分析图 3-5-2 所示的梯形图程序实现的控制功能.

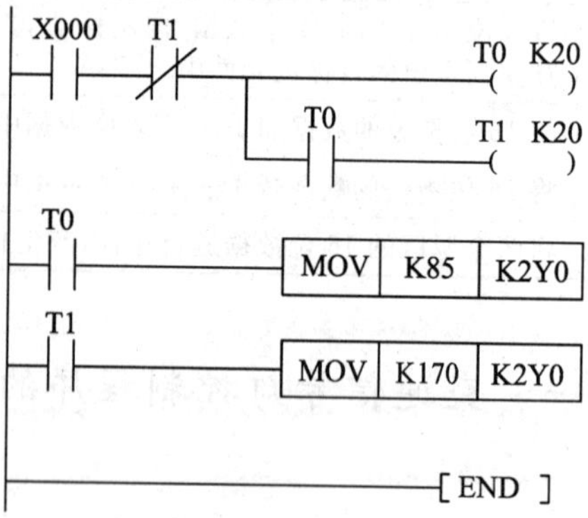

图 3-5-2　控制功能分析的梯形图程序

3. 图 3-5-3 为某专用钻床用来加工圆盘状零件上均匀分布的 6 个孔，操作人员放好工件后，按下启动按钮 SB1，夹紧电动机工作，工件被夹紧，夹紧后压力继电器 SQ7 接通，下降电动机使两只钻头同时开始向下进给. 大钻头钻到由限位开关 SQ2 设定的深度时，上升电动机使它上升，升到由限位开关 SQ1 设定的起始位置时停止上升. 小钻头钻到由限位开关 SQ4 设定的深度时，上升电动机使它上升，升到由限位开关 SQ3 设定的起始位置时停止上升，同时设定值为 3 的计数器 C0 的当前值加 1. 当大小两只钻头都到位后，工作台旋转电动机使工件旋转 120°，旋转到位时 SQ5 接通，旋转结束后又开始钻第二对孔. 三对孔都钻完后，计数器的当前值等于设定值 3，夹紧电动机松开，松开到位时，限位开关 SQ6 为 ON，系统返回初始状态. 根据要求，试绘出 PLC 系统电路图，设计 PLC 程序并输入调试.

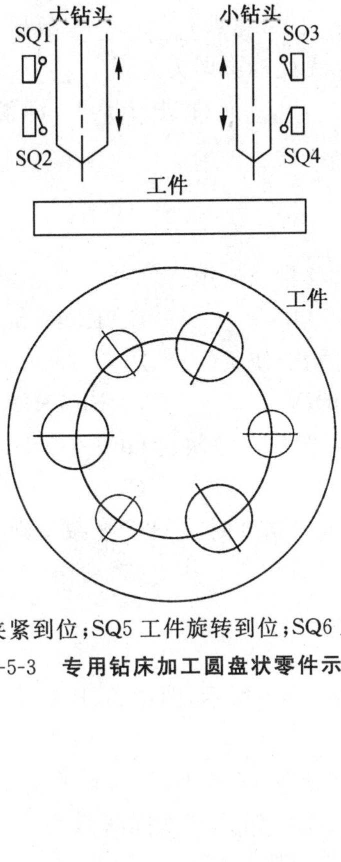

注：SQ7 工件夹紧到位；SQ5 工件旋转到位；SQ6 工件松开到位.

图 3-5-3　专用钻床加工圆盘状零件示意图

活动二　艺术彩灯控制程序的设计

一、填空题

1. DEC 是__________指令的助记符.

2. 如图 3-5-4 所示，当 X010 由 OFF→ON，执行________指令一次. X001、X000 的状态移入________、________. 当 X010 再一次由 OFF →ON，________、________的状态移入

________、________.

3. 如图 3-5-4 所示，当 X011 由 OFF →ON，执行________指令一次. X001、X000 的状态移入________、________. 当 X011 再一次由 OFF →ON，________、________的状态移入________、________.

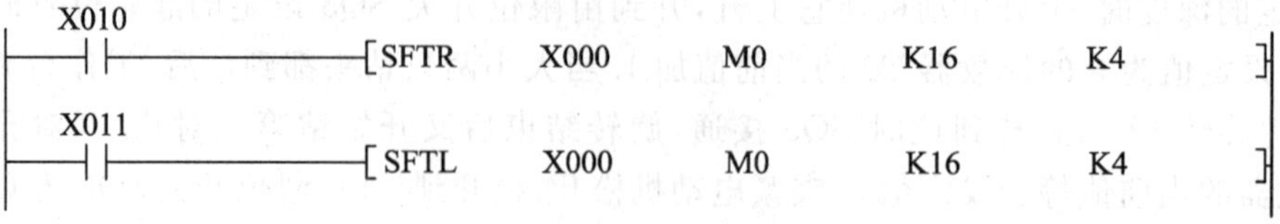

图 3-5-4　移位指令的梯形图

4. 功能指令可处理________位数据或________位数据. 处理________位数据的指令是在助记符前加“ ________”标志，无此标志即为处理________位数据的指令.

5. 位元件移位指令只对________元件进行操作，即源操作数和目的操作数只能是________元件.

二、选择题

1. FX 系列 PLC 中，循环右移指令使用(　　)

A. DADD　　B. SFTR　　C. ROR　　D. SFTL

2. FX 系列 PLC 中，位左移指令使用(　　)

A. SFTL　　B. DDIV　　C. SFTR　　D. ADD

3. 如图 3-5-4 所示，当 X010 第(　　)次由 OFF→ON 时，其状态溢出.

A. 3　　B. 4　　C. 5　　D. 6

4. 在进行 16 位运算执行 DEC 指令时，−32768 减 1 则变为(　　)，标志位(　　).

A. −32769　　B. +32767　　C. 动作　　D. 不动作

三、操作题

某艺术彩灯造型演示板如图 3-5-5 所示，图中 A、B、C、D、E、F、G、H 为八只彩灯，呈环形分布. 控制要求如下：

按下开关 S1，① 八只灯泡同时亮，即 A、B、C、D、E、F、G、H 同时点亮 1s；② 接着 A、C、E、G 四只灯泡同时点亮 2s；③ 接下来八只灯泡又同时亮 1s，即 A、B、C、D、E、F、G、H 同时亮 1s；④ 然后 B、D、F、H 四只灯泡同时点亮 2s；⑤ 然后按此顺序重复执行；⑥ 再次按下开关 S1，所有灯灭.

请分别使用基本指令和功能指令编制该程序.

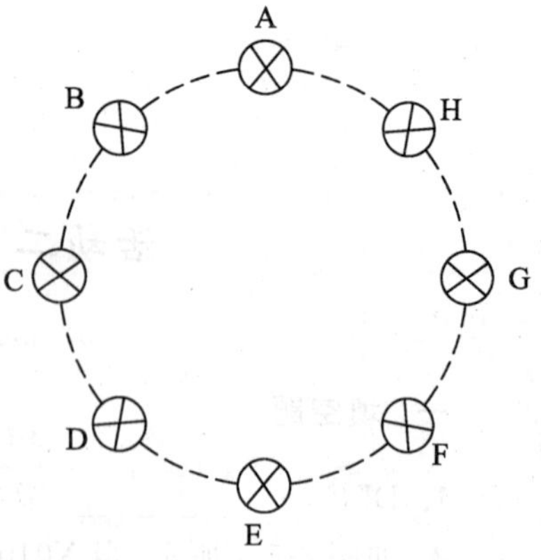

图 3-5-5　艺术彩灯造型演示板

活动三　小车呼叫及工位显示程序的设计

一、填空题

1. FX 系列 PLC 中，16 位的数值传送指令是________.

2. 数码管分为________极数码管和________极数码管. 数码管与 PLC 之间________限流电阻，电源电压采用 12V.

3. 如图 3-5-6 所示，X000 = ON，当 K100 ________ C30 时，Y000 = ON；当 K100 ________ C30 时，Y001 = ON；当 K120 ________ C30 时，Y002 = ON.

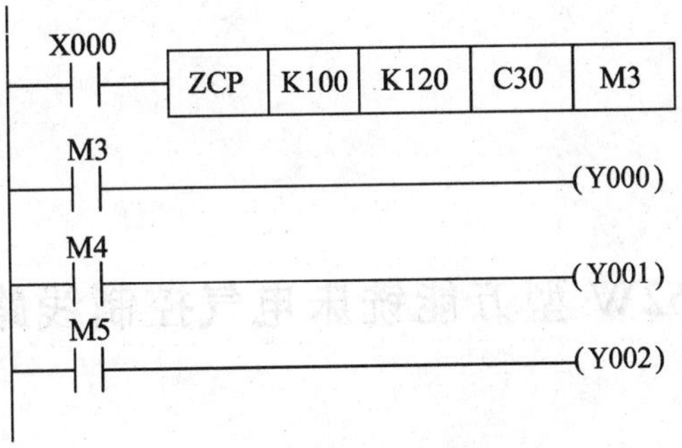

图 3-5-6　比较指令梯形图程序

4. 在 FX 系列 PLC 中，功能指令分为________执行型和________执行型.

5. M0～M15 中，M0、M2 数值都为 1，其他都为 0，那么，K4M0 数值等于________.

二、选择题

1. FX 系列 PLC 中，32 位乘法指令使用(　　)

A. DADD　　B. DMUL　　C. DSUB　　D. DDIV

2. FX 系列 PLC 中，比较两个数值的大小，用(　　)指令.

A. TD　　B. TM　　C. CMP　　D. C

3. M8002 的功能是(　　)

A. 置位　　B. 复位　　C. 常数　　D. 初始化

4. FX 系列 PLC 中，32 位加法指令应用(　　)

A. DADD　　B. ADD　　C. SUB　　D. INC

5. 三菱 FX 型 PLC 输出点中，继电器一个点最大的通过电流为(　　)

A. 1A　　B. 200mA　　C. 2A　　D. 300mA

6. 在 FX 系列 PLC 中，16 位的数值传送指令使用(　　)

A. DMOV　　B. MOV　　C. FMOV　　D. COPY

三、操作题

如图 3-5-7 所示，环形的工作台有导轨、动力系统，可供斗车行驶，工作台上有 8 个工作位，每个工作位均有一个限位开关和一个呼叫斗车的按钮. 当某个工作位呼叫斗车时，系统能自动地选择最短的路程把斗车送到呼叫的工作位；当有工作位呼叫斗车后，其他的工作位就不能呼叫斗车了，要等到斗车到达呼叫的工作位 10s 后才能呼叫.

请根据控制要求，分配 I/O 地址，画出 PLC 的接线图，编写梯形图程序，并输入 PLC 进行调试.

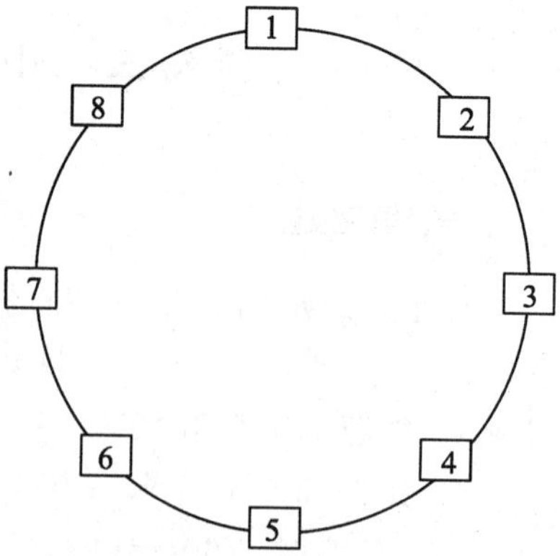

图 3-5-7　环形工作台工作示意图

任务六　X62W 型万能铣床电气控制线路的 PLC 改造

知识回顾

一、改造的方法与步骤

1. 收集并整理技术资料和相关图样，为编制工艺文件做好资料准备.
2. 编制设备电气改造工艺步骤.
3. 编制用 PLC 改造的设备的工艺文件.

二、PLC 改造的具体项目

1. 收集设计资料和相关图样，编制工艺文件.
2. 检查和调试机械部分和润滑部分.
3. 切断 X62W 型万能铣床总电源，做好预防性安全措施及准备工作，如导线头的绝缘处理、安全检查措施、安全监护人员落实等.
4. 进行 PLC 程序设计.
5. 对部分元器件进行更换. 根据调查情况填写元器件缺损明细表，选择新的元器件.
6. 对主电路重新布线，布线要更换导线，并按布线工艺要求进行.
7. 对控制电路进行重新布线，PLC 控制电路要重新画出电路图、接线图，选择导线，并按布线工艺要求进行.
8. 对管线线路进行重新布线，布线要更换导线，并按布线工艺要求进行.
9. 正确安装 PLC，正确接线，并输入程序调试系统.

10. 设备合格后，办理设备移交和资料移交手续，资料移交包括技改图样、安装技术记录、调整试验记录小结等.

活动一 工艺方案的编制

一、填空题

1. 设备大修(改造)需要做好技术准备，机床大修(改造)工艺文件的内容包括：________、________、电气元器件缺损表、改造工艺卡、工艺守则、质量验收单和设备改造小结等.

2. 为便于改造方案的制定，要首先填写________，表中列出各个项目改造(大修)前情况和改造(大修)项目.

3. 编制改造工艺前的技术准备包括：________、现场了解、________.

二、选择题

1. 技术改造之前需要做的事情中，不包括(　　)

A. 现场了解　　B. 设备维修　　C. 制定方案

2. 机床改造前，查阅资料的目的是(　　).

A. 了解其电气控制结构，为制定改造方案做准备工作

B. 确定改造难度　　C. 确定改造的成本

3. 改造前收集 X62W 型万能铣床有关的技术文件，一般有(　　).

A. X62W 型万能铣床说明书　　B. X62W 型万能铣床电路图

C. X62W 型万能铣床设备使用说明书、电路图及设备的维修记录等资料

三、操作题

参照教材中 X62W 型万能铣床的改造工艺的编写方法，编写出 Z3050 型摇臂钻床的 PLC 改造工艺，并填写 PLC 改造工艺卡片.

PLC 改造工艺卡片

设备名称	型号	制造厂名	出厂年月	使用单位	改造编号	复杂系数	总工时	主修人员	备注
序号	工艺步骤，技术要求				使用仪器仪表				
1									
2									
3									
4									
5									
6									
7									
8									
9									
10									

活动二　X62型万能铣床PLC控制电路及程序的设计

一、填空题

1. 对电路进行改造前，首先必须全面、清楚地了解继电器控制系统的____________，明确电路所要完成的____________及应具备的操作方式（手动、自动、连续、单周期、单步等）.

2. 根据PLC系统控制要求，分析继电接触器控制系统的低压电器，确定所需的____________，以及由输出设备驱动的____________.

二、选择题

1. PLC的选择包括机型的选择、容量的选择、（　　）等.

A. I/O模块的选择

B. 输出信号的选择

C. I/O模块的选择、电源模块的选择

2. 通过分析控制对象与PLC之间的（　　）、（　　），根据控制要求的（　　），估算PLC的I/O点数、类型及用户存储器容量.

A. 信号关系，控制要求，复杂程度

B. 信号关系，信号数量，复杂程度

C. 信号关系，信号性质，复杂程度

三、操作题

1. 分析教材中图2-4-3的工作原理，描述X62型万能铣床的控制要求，并绘制控制流程图.

2. 根据控制需要，确定PLC的输入和输出，绘制完整的控制电路，并结合上题绘制的控制流程图，编写相应的梯形图程序，并模拟调试.

活动三　X62W 型万能铣床 PLC 改造电路的安装与调试

一、填空题

1. 控制柜与现场设备间的接线，需要注意电源线、________和________都________布线，分别用电缆敷设.

2. 为了防止负载短路损坏输出单元，可在 PLC 输出线路上安装________，有条件的情况下在每个回路中都装上________.

3. 对电动机正反转控制等需要互锁控制的场合，除了在 PLC 程序设计接点________外，外部器件的接线也必须采取电气________措施，以确保电气系统的安全运行.

二、选择题

1. 信号线与电源线应尽量不要(　　)敷设.

A. 平行　　B. 交叉　　C. 垂直

2. PLC 的接地最好采用(　　)接地，也可与其他设备公共接地，但禁止与其他设备(　　)接地.

A. 专用、串联　　B. 专用、并联　　C. 物理、并联

3. 若使用接近开关、光电开关作输入信号源，由于这类传感器的漏电流较大，可能出现错误的输入信号，可在输入端并联(　　)电阻，以减少输入电阻.

A. 限流　　B. 旁路　　C. 大

三、操作题

根据活动二的控制电路图，在控制板上完成 X62W 型万能铣床控制电路的安装，并输入程序，实现模拟调试.

项目四 物料分拣生产线的PLC控制系统的设计、安装与调试

任务一 机械手的控制

知识回顾

一、机械手的分类与结构、用途

机械手的种类,按驱动方式可分为液压式、气动式、电动式、机械式机械手;按适用范围可分为专用和通用机械手;按运动轨迹控制方式可分为点位控制和连续轨迹控制机械手等.机械手一般由执行机构、驱动机构和控制系统三大部分组成.

二、磁性开关

磁性开关是一种非接触式位置检测开关,这种非接触位置检测不会磨损和损伤检测对象物,响应速度高.当有磁性物质接近磁性开关传感器时,传感器动作,并输出开关信号.在实际应用中,可在被测物体(如在气缸的活塞或活塞杆)上安装磁性物质,在气缸缸筒外面的两端各安装一个磁感式接近开关,就可以用这两个传感器分别标识气缸运动的两个极限位置.

三、电感式接近开关

电感式接近开关属于一种开关量输出的位置传感器,它由 LC 高频振荡器和放大处理电路组成.利用金属物体在接近这个能产生电磁场的振荡感应头时,使物体内部产生涡流,这个涡流反作用于接近开关,使接近开关振荡能力衰减,内部电路的参数发生变化,由此识别出有无金属物体接近,进而控制开关的通或断.

四、PLC 控制系统设计的步骤

PLC 控制系统的设计可以按照制定控制方案、确定 PLC 的 I/O 点数、选择 PLC、确定控制按钮、进行 PLC 程序设计、联机调试、整理技术文件等步骤进行.

活动一　机械手的认识

一、填空题

1. 机械手按驱动方式可分为________、________、________、________机械手.
2. 按运动轨迹控制方式可分为________和________机械手等.
3. 一个完整的气动系统由________、________、________和________四部分组成.

二、选择题

1. 在气压传动具有的优点中,下列说法错误的是(　　).

A. 工作速度稳定性比液压传动好　　B. 工作介质容易取得

C. 空气黏度小,便于远距离传输　　D. 工作环境适应性好

2. 摆动气缸传递的是(　　).

A. 力　　B. 转矩　　C. 曲线运动　　D. 速度

3. 将压力能转换为驱动工作部件机械能的能量转换元件是(　　).

A. 动力元件　　B. 执行元件　　C. 控制元件　　D. 辅助元件

4. 设大气压为 0.1MPa,而压力表读数为 1.5MPa,则被测系统的相对压力为(　　).

A. 1.5MPa　　B. 1.6MPa　　C. 1.4MPa　　D. 2.5MPa

5. 能用压缩空气输出摆动形式的气缸是(　　)

A. 回转气缸　　B. 冲击气缸　　C. 摆动气缸　　D. 气-液阻尼缸

三、问答题

1. 机器人主要由哪几部分组成? 试简述各部分的作用.

2. 试列举机器人应用实例.

3. 写出图 4-1-1 所示气动控制回路所用的气动元件的名称,并叙述各气缸的工作过程.

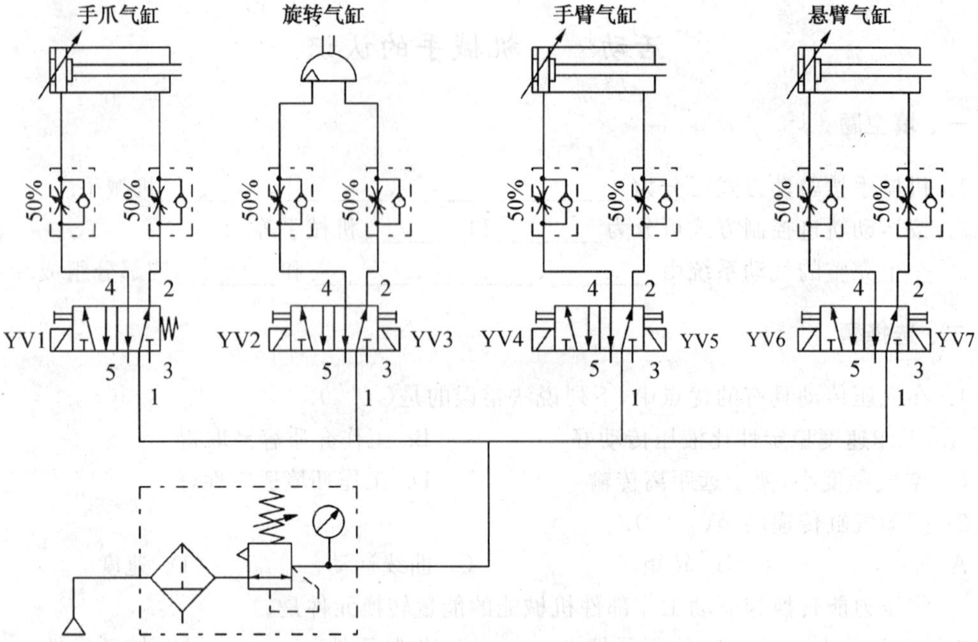

图 4-1-1　气动控制回路

活动二　机械手控制系统的设计与调试

一、填空题

1. 电感式接近开关属于________输出的位置传感器.

2. PLC 选择时主要包括________、________、________、________的选择.

二、选择题

1. 电感式传感器可以识别(　　)类型物料.

A. 金属、非金属　　B. 白色、黑色　　C. 金属、铜

2. 下面(　　)是电感式接近开关的图形符号.

A. 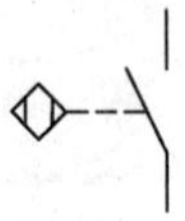　　B. 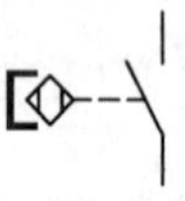　　C. 

3. 溢流阀一般安装在(　　)的出口处,起稳压、安全等作用.

A. 液压缸　　B. 液压泵　　C. 换向阀　　D. 油箱

4. 气动系统的气源输出口的后面通常配置有冷却、过滤、干燥等元件，其目的是为了(　　).

A. 增加压缩性　　　　B. 去除水蒸气

C. 降低黏性　　　　D. 减小压力对黏性的影响

三、问答题

1. 简述 PLC 控制系统设计的基本原则及内容.

2. 在本任务中电感式传感器损坏，能否使用光电式传感器代替，请说明理由.

3. 简述选用磁性开关与电感式接近开关的区别.

任务二　传送带的调速控制

知识回顾

一、变频器的组成及工作原理

变频器(Variable-frequency Drive，简称 VFD)是应用变频技术与微电子技术，通过改变电机工作电源频率方式来控制交流电动机的电力控制设备. 变频器主电路是给异步电动机提供调压调频电源的电力变换部分，主要由三部分构成，将工频电源变换为直流功率的“整流器”，吸收变流器和逆变器产生的电压脉动的“平波回路”，以及将直流功率变换为交流功率的“逆变器”.

二、变频器分类

1. 按变换环节分类：交-交变频器、交-直-交变频器.
2. 按逆变器开关方式分类：PAM(脉冲振幅调制)、PWM(脉宽调制).

3. 按逆变器控制方式分类：U/f 控制变频器、矢量控制变频器、直接转矩控制变频器.
4. 按变频器的用途分类：通用变频器、专用变频器.

三、变频器接线端子

三菱 FR-E740 变频器外部端子主要由主电路接线端子、控制电路接线端子两部分组成.

四、FR-E740 变频器运行模式

FR-E740 变频器可以通过操作面板或通信的命令代码来进行运行模式的切换，主要有外部指令信号执行的运行(外部运行)、通过操作面板以及 PU(FR-PU07/FR-PU04-CH)执行的运行(PU 运行)、PU 运行与外部运行组合的运行(外部/PU 组合运行)、网络运行(使用 RS-485 通信或通信选件时)4 种运行模式.

五、多段速度控制

FR-E740 变频器通过外部端子(RH、RM、RL、REX 信号)的组合可以选择 15 种速度，借助点动频率 Pr. 15、上限频率 Pr. 1、下限频率 Pr. 2，最多可设定 18 种速度.

六、外部端子的功能选择

STF、STR、RL、RM、RH、MRS、RES 输入端子的功能可通过对应参数 Pr. 178～Pr. 184 进行变更.

七、PLC 与变频器的连接方式

当利用变频器构成自动控制系统进行控制时，许多情况是采用与 PLC 等上位机配合使用. PLC 可提供控制信号(如速度)和指令通断信号(启动、停止、反向).

1. 开关型信号的输入.

变频器的开关信号通常有对运行/停止、正转/反转、微动等运行状态进行操作的信号. 变频器通常利用继电器触点或具有继电器触点开关特性的元器件(如晶体管)与上位机连接，获取运行状态指令.

2. 数值型信号的输入.

变频器中也存在一些数值型(如频率、电压等)指令信号的输入，可分为数字输入和模拟输入两种，数字输入多采用变频器面板上的键盘操作和串行接口来设定. 模拟输入则通过接线端子由外部给定，通常通过 0～10V 或 0～5V 的电压信号或 4～20mA 的电流信号输入.

八、变频器通信运行参数

变频器与计算机进行 RS-485 通信时，需对 Pr. 117～Pr. 120、Pr. 123、Pr. 124、Pr. 549 等参数进行设定. 使用三菱变频器协议或 Modbus-RTU 协议，可以进行参数设定、监视等操作. 为使计算机能够与变频器通信，必须在变频器上进行通信规格的初始设定，如果不进行初始设定或设定不当，将无法进行数据交换.

九、PLC 串行通信指令

FX_{2N} PLC 与变频器进行 485 数据通信时，使用 RS 串行通信指令，传送的数据格式由特殊寄存器 D8120 设定.

十、旋转编码器的结构与工作原理

旋转编码器是用来测量转速的装置，以信号原理来分可分为增量脉冲编码器(SPC)和绝对脉冲编码器(APC). 增量式编码器是将位移转换成周期性的电信号，再把这个电信号转变成计数脉冲，用脉冲的个数表示位移的大小. 绝对式编码器的每一个位置对应一个确定的数字码，因此它的示值只与测量的起始和终止位置有关，而与测量的中间过程无关.

十一、高速计数器指令

FX_{2N}系列 PLC 内置高速计数器 C235～C255 共 21 点，只能共享 PLC 上 6 个高速输入端 X000～X005，所以高速计数器一次最多能使用 6 个. 其中单相单计数输入高速计数器地址编号为 C235～C244 共 10 点，单相双计数输入高速计数器地址编号为 C245～C250 共 6 点，双相双计数输入高速计数器地址编号为 C251～C255 共 5 点.

活动一　变频器的认识

一、填空题

1. 变频器按变换环节可分为________型和________型变频器.

2. 由电动机理论可知，三相异步电动机定子每相电动势的有效值为________.

3. 基频以________调速属于恒转矩调速，基频以________调速属于弱磁恒功率调速.

4. 基频以下调速时，变频装置必须在改变输出________的同时改变输出________的幅值.

5. 变频器与外部连接的端子分为________端子和________端子.

二、选择题

1. 变频器的节能运行方式只能用于(　　)控制方式.

A. U/f 开环　　B. 矢量　　C. 直接转矩　　D. CVCF

2. 交-交变频器，其主要优点是没有(　　)，变换效率高，但其连续可调的频率范围较窄，输出频率一般只有额定频率的(　　)以下.

A. 中间环节，$\frac{1}{3}$　　B. 电感，$\frac{1}{2}$　　C. 中间环节，$\frac{1}{2}$　　D. 整流环节，$\frac{1}{3}$

3. 目前，在中小型变频器中普遍采用的电力电子器件是(　　).

A. SCR　　B. GTO　　C. MOSFET　　D. IGBT

4. 变频调速过程中，为了保持磁通恒定，必须保持(　　).

A. 输出电压 U 不变　B. 频率 f 不变　C. U/f 不变　D. $U \cdot f$ 不变

5. 正弦波脉冲宽度调制的英文缩写是(　　).

A. PWM　B. PAM　C. SPWM　D. SPAM

6. 下列(　　)方式不适用于变频调速系统.

A. 直流制动　B. 回馈制动　C. 反接制动　D. 能耗制动

7. 三相异步电动机的转速除了与电源频率、转差率有关外，还与(　　)有关系.

A. 磁极数　B. 磁极对数　C. 磁感应强度　D. 磁场强度

8. 变频器种类很多，其中按滤波方式可分为电压型和(　　)型.

A. 电流　B. 电阻　C. 电感　D. 电容

三、问答题

1. 简述 FR－E740 型变频器运行参数的设置方法(以加减速时间、多段速参数为例).

2. 如果将基频 Pr. 3 的值预置为 60Hz，再观察给定频率为 60Hz、50Hz 时，变频器的输出电压与以前有何不同？为什么会出现这种现象？

3. 已知一电动机的功率为 550W，额定电压为 380V，额定电源频率为 50Hz，请从 FR－E740 系列中选择变频器，若通过变频器 PU 面板操作控制电动机启动与停止运行，运行中可以通过 M 旋钮调节电动机运行频率，需要设置哪些参数？

活动二　变频器控制电动机的正反转

一、填空题

1. 变频器的运行频率设定方法主要有________给定、________给定、________给定和通信给定.

2. 一般来说，变频器对电动机的控制，可以采用________操作模式、________模式或网络运行模式.

二、选择题

1. 对电动机从基本频率向上的变频调速属于(　　)调速.

A. 恒功率　　B. 恒转矩　　C. 恒磁通　　D. 恒转差率

2. 当 Pr. 79＝1 时，表示变频器处于(　　)操作模式.

A. 面板　　B. 外部接线　　C. 网络　　D. 上述都不是

3. 电网电压频率为 50Hz，若电动机的磁极对数 $p=2$，则该电动机的旋转磁场转速为(　　)r/min.

A. 1000　　B. 1500　　C. 2000　　D. 3000

三、问答题

1. 画出 FR-E740 系列变频器连续运行外部操作的控制回路接线图.

2. 简述 FR-E740 系列变频器中，运行模式参数 Pr. 79 设为“0”与设为“1”或“2”的区别.

3. 将 FR-E740 系列变频器设为外部运行模式时，若不使用外部电位器调节运行频率，采用什么办法将电动机运行频率设为 40Hz?

四、操作题

一个小车能在轨道上左右开动.轨道两边有两个限位开关 SQ1、SQ2.小车在停止状态时,当按下左行启动按钮后,小车立刻向左运行.左行过程中碰到 SQ1 后停止 2s,然后向右行驶,右行过程中碰到 SQ2 停止 2s,然后再向左行驶.小车在停止状态时,当按下右行启动按钮之后,小车立刻向右加速运行……按下停止按钮,小车立刻停止在当前位置.小车工作时还需满足如下要求:

(1) 小车加减速时间为 4s,正常运行频率为 40Hz.

(2) 具有左行、右行定向指示.

(3) 只有在小车停止状态下,左行启动开关和右行启动开关才起作用.

试设计系统控制程序并调试.

活动三　变频器的多段速调速

一、填空题

1. 变频器输入控制端子分为________量端子和________量端子.

2. 工业洗衣机甩干时转速快,洗涤时转速慢,烘干时转速更慢,故需要频率器的________控制功能.

3. 三菱 FR-E740 变频器多段速控制端子有________、________、________.

二、选择题

1. 变频器都有多段速度控制功能,三菱 FR-E740 变频器最多可以设置(　　)段不同运行频率.

A. 3　　B. 5　　C. 7　　D. 15

2. 工业洗衣机甩干时转速快,洗涤时转速慢,烘干时转速更慢,故需要变频器的(　　)功能.

A. 转矩补偿　　B. 频率偏置　　C. 多段速度控制　　D. 电压自动控制

3. 为了避免机械系统发生谐振,变频器采用设置(　　)的方法.

A. 基本频率　　B. 上限频率　　C. 下限频率　　D. 回避频率

三、问答题

1. 总结使用变频器外部端子控制电动机点动运行的操作方法.

2. 总结变频器外部端子的不同功能及使用方法.

四、操作题

试设计利用 PLC 控制变频器进行多段速运行，启动后变频器以 5Hz 的输出频率正转运行 20s→15Hz 反转运行 30s→30Hz 反转运行 10s→40Hz 正转运行 20s→50Hz 反转运行 40s→45Hz 正转运行 25s→然后又以 5Hz 正转运行 20s，依次循环运转. 电动机可以随时停止. 试模拟热继电器故障，故障时变频器立即停机并报警，报警指示灯闪烁 10s，然后变频器复位，报警指示灯熄灭，变频器又正常运行.

活动四　变频器与 PLC 的通信

一、填空题

1. 通过________接口可以实现在变频器与变频器之间或变频器与计算机之间进行联网控制.

2. 变频器通信运行指令 HFA 的 b1 位功能是________，b2 位功能是________.

3. 通信双方设置的通信参数应________，并严格遵守________和________中的规定，根据它们来编写通信程序.

4. RS-232C 的传输距离为________m，最大传输速率为________b/s. FX 系列 PLC 可通过专用协议或无协议方式与各种 RS-232C 设备通信.

5. PLC 与变频器通信，使用的主要指令是________.

二、选择题

1. PLC 的 RS485 专用通信模块的通信距离为(　　)

A. 1300m　　B. 200m　　C. 500m　　D. 15m

2. PLC 串行通信指令[RS　D0　K8　D10　K8]中 D0 是(　　).

A. 发送数据的起始地址　　B. 发送数据的数目　　C. 接收数据的起始地址

三、问答题

1. 简述计算机与 PLC 的通信规格.

2. 为了实现变频器与计算机之间的通信，要设置变频器的哪些通信参数，通信参数设置后为什么每次都要复位变频器(重新上电)?

3. 简述计算机与变频器的通信过程.

四、操作题

试设计 PLC 与变频器通信控制系统，要求按下启动按钮 SB1，电动机按图 4-2-1 所示运行曲线加速运行，到达 50Hz 后稳定运行，按下停止按钮 SB2 后，电动机按图所示运行曲线减速运行，直至停止.

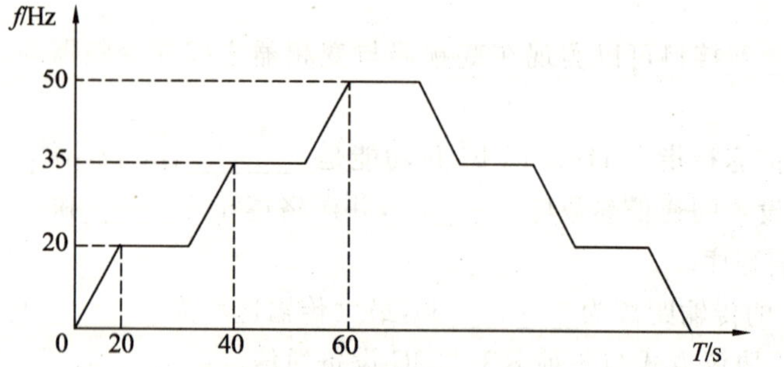

图 4-2-1　电机运行曲线图

活动五　使用编码器实现传送带的定位控制

一、填空题

1. 旋转编码器如以信号原理来分可分为________________、________________.
2. 旋转编码器由________、________、________以及________ 4 部分组成.
3. FX_{2N}系列 PLC 内置高速计数器共________点，编号范围为________.

二、选择题

1. 高速计数器 C235 的计数输入端是(　　).

A. X000　　B. X001　　C. X002　　D. X003

2. 旋转编码器的电线延长时，应使用(　　).

A. 普通软线　　B. 屏蔽线　　C. 多芯电缆线

三、问答题

1. 简述光电式旋转编码器的工作原理.

2. 列举一些旋转编码器应用的实例.

3. 简述增量式旋转编码器与绝对式旋转编码器的区别.

四、操作题

设计传送带 PLC、变频器控制系统，要求皮带机运行时，按下启动按钮，传送带以 20Hz 频率运行，当传送带上光电传感器检测到物料时，传送带以 30Hz 频率运行. 若物料为塑料，则将其送至 B 槽位置停止 5s 后继续以 20Hz 频率运行；若物料为金属，则将其送至 A 槽位置停止 5s 后继续以 20Hz 频率运行. 按下停止按钮，传送带立即停止运行.

任务三 物料分拣机构的控制

知识回顾

一、材料分拣机构

材料分拣机构，它使用了PLC、传感器、位置控制、电气传动和气动技术，可实现不同材料的自动分选和归类功能，并可配置监控软件由上位计算机监控.

二、光纤传感器

光纤传感器的基本工作原理是将来自光源的光经过光纤送入调制器，使待测参数与进入调制区的光相互作用后，导致光的光学性质(如光的强度、波长、频率、相位、偏正态等)发生变化，成为被调制的信号光，再经过光纤送入光探测器，经解调后，获得被测参数.

活动 分拣机构的控制

一、填空题

1. 光纤传感器主要由________、________、________及________组成.

2. 光纤传感器可检测物体的________特性.

3. 可以通过调节光纤传感器的________判别黑白两种颜色物体，将两种物料区分开，从而完成________分拣工序.

二、选择题

1. 分拣机构的推杆的速度控制可以通过调节(　　)实现.

A. 溢流阀　　B. 节流阀

C. PLC中的定时器设定　　D. 气源的气压

2. 推杆气缸的限位是通过(　　)来实现的.

A. 定时器定时　　B. 磁性开关　　C. 接近开关　　D. 光电开关

三、问答题

1. 试分析物料分拣机构中光纤传感器若不能检测黑色，是由什么原因造成的，应如何调试?

2. 试分析物料分拣机构中是如何识别黑色、白色与金属物料的，传感器可有集中设置方案？

四、操作题

编写 PLC 控制程序，实现以下控制功能（设备见教材图 4-4-1）：

将物料由进料口放入，皮带机上无待处理完合格工件后方可放入第二个物料，物料分拣要求如下：

(1) 设备依次将黑色塑料工件、白色塑料工件推入出料斜槽Ⅰ中进行分拣. 物料在到达被推出位置时，皮带输送机应停止运行，然后气缸活塞杆伸出，将工件推入出料斜槽. 气缸活塞杆缩回后，皮带输送机以 40Hz 的频率继续运行.

(2) 设备依次将白色塑料工件、金属工件推入出料斜槽Ⅱ中进行分拣. 物料在到达被推出位置时，皮带输送机应停止运行，然后气缸活塞杆伸出，将工件推入出料斜槽. 气缸活塞杆缩回后，皮带输送机以 40Hz 的频率继续运行.

(3) 对不符合出料斜槽Ⅰ、斜槽Ⅱ分拣要求或多出的物料，则将其推入斜槽Ⅲ. 物料在到达被推出位置时，皮带输送机应停止运行，然后气缸活塞杆伸出，将工件推入出料斜槽. 气缸活塞杆缩回后，皮带输送机以 30Hz 的频率继续运行.

任务四 人机界面的设计与系统调试

知识回顾

一、GT Designer 3 软件操作

1. GT Designer 3 软件操作界面主要由标题栏、菜单栏、工具栏、编辑器页面、画面编辑器、一览表窗口、状态栏等组成.

2. 利用 GT Designer 3 中的图形绘制功能，可在画面上绘制直线、折线、矩形、多边形、

圆形(包括圆弧、椭圆)、扇形、刻度、配管等图形.

3. 利用 GT Designer 3 中的触摸开关功能可编辑位开关、字开关、画面切换开关、站点切换开关、扩展功能开关、按键窗口显示开关、键代码开关等.

4. 在 GT Designer 3 中指示灯有位指示灯、字指示灯、指示灯等功能.

5. 在 GT Designer 3 中可实现在画面上显示文本的功能.

6. 在 GT Designer 3 中数值显示可实现将连接机器的软元件中存储的数据以数值的形式在 GOT 中显示. 数值输入可实现从 GOT 向连接机器的软元件写入任意值的功能.

二、画面切换设置

GOT 画面切换方式有两种:按键切换操作、软元件切换画面. 其中软元件切换画面时,软元件可以是位软元件、字软元件.

活动一　触摸屏基本界面的制作

一、填空题

1. 位开关可执行位软元件的________、________、________等操作.
2. 触摸屏实现数值输入时,要对应 PLC 内部的________元件.
3. 触摸屏系统一般包括________和________两个部分.
4. 常见的触摸屏有________屏、________屏两种.

二、选择题

1. 触摸屏通过(　　)方式与 PLC 交流信息.

A. 通信　　B. I/O 信号控制　　C. 继电连接　　D. 电气连接

2. 触摸屏实现按钮输入时,要对应 PLC 内部的(　　)

A. 输入点 X　　B. 内部辅助继电器 M

C. 数据存储器 D　　D. 定时器

3. 触摸屏实现数值显示时,要对应 PLC 内部的(　　).

A. 输入点 X　　B. 输出点 Y

C. 数据存储器 D　　D. 定时器

4. 触摸屏的尺寸是 5.7 寸,指的是其(　　).

A. 长度　　B. 宽度　　C. 对角线　　D. 厚度

5. 触摸屏实现数值输入时,要对应 PLC 内部的(　　).

A. 输入点 X　　B. 输出点 Y　　C. 数据存储器 D　　D. 定时器

三、问答题

1. 简述触摸屏的工作原理.

2. 常用触摸屏分为哪些类型？三菱触摸屏 GOT 属于哪种类型？

3. 为了使工程运行更稳定，要求对设置延时时间的功能进行保护，一般的操作者不能更改，只有管理员才有权更改，如何才能达到这一功能？

四、操作题

触摸屏可以设计 15 个不同的安全等级，15 为最高级，1 为最低级. 如果知道高等级的密码，可以打开低等级的画面，但是从低等级的画面不能打开高等级的画面. 设计一个工程，如图4-4-1所示，董事长的级别最高，可以打开所有的画面，车间主任的级别最低，不能打开上级的画面.

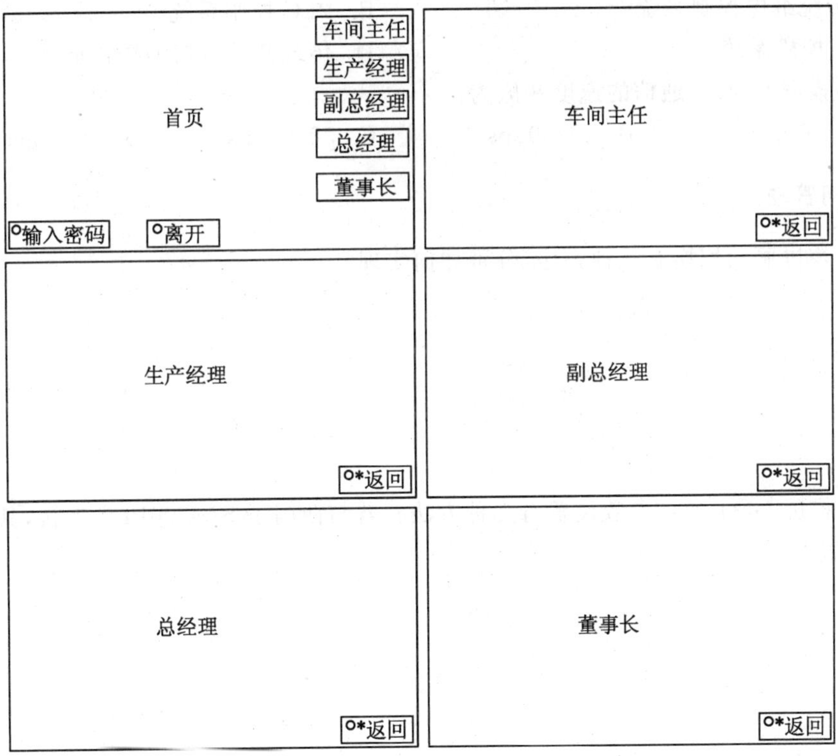

图 4-4-1　触摸屏页面

活动二　物料分拣生产线的PLC控制系统的设计

一、填空题

1. 画面切换的方法有____________、____________.

2. GOT的通信端子有两个:RS232C和RS422. ________和计算机相连,将计算机设计的画面传输到GOT,也可以将计算机编写的程序通过此端口传输到PLC. ________和PLC相连接,实现对PLC的控制和监视.

二、选择题

1. 触摸屏实现切换画面时,必须指定(　　).

A. 当前画面编号　B. 目标画面编号　C. 无所谓　D. 视情况而定

2. 触摸屏不能替代传统操作面板的(　　)功能.

A. 手动输入的常开按钮　B. 指拔开关

C. 急停开关　D. LED信号灯

3. 触摸屏是用于实现替代(　　)设备的功能.

A. 传统继电控制系统　B. PLC控制系统

C. 工控机系统　D. 传统开关按钮型操作面板

4. 触摸屏与PLC通信的速度一般为(　　).

A. 9600bps　B. 19200bps　C. 38400bps　D. 9000bps

三、问答题

1. 触摸屏画面切换有几种方法,分别如何实现?

2. 触摸屏GOT通信参数设置有几种方法?若与西门子S7-200PLC连接,其通信参数应如何设置?

3. 编写 PLC 程序，实现 PLC 与变频器 RS-485 通信，制作触摸屏界面，实现变频器的运行控制、频率设置功能.

四、操作题

编写 PLC 控制程序，实现以下控制功能(设备见教材图 4-4-1).

(1) 设备运行.

在设备处于初始位置时，按下启动按钮 SB1，运行指示灯 HL1 变为亮 1s 灭 1s 方式闪烁，指示设备处在工作状态.

(2) 放料要求.

开始运行后，落料允许指示灯(绿色警示灯)闪烁，表明可以从落料口将工件放到皮带输送机上.此时如将工件放到传送带上，皮带输送机以 35Hz 频率运行向右传送工件，落料允许指示灯熄灭；当在皮带输送机最左侧的光电传感器检测不到工件后再运行 0.5s 后，落料允许指示灯再次闪烁，表明可以放料.

(3) 加工毛坯和零件分拣.

皮带上的工件根据材质不同，金属工件在 A 位置加工 3s 后推入该滑槽；白色塑料工件应在 A、B 位置各加工 2s 后推入 B 处滑槽；黑色工件应在 A、B 和 C 三个位置各加工 1s 后推入 C 处滑槽.在工作过程中如传送带上工件全部推入滑槽，落料口仍无工件放入，则传送带自动停止运行，等待工件放入后再次启动运行.

(4) 加工完成.

毛坯加工完成后，皮带输送机按原来的速度与方向运行.

(5) 设备停止.

在设备运行状态下按下停止按钮 SB2，落料允许指示灯熄灭，传送带上的工件继续加工完毕后推入滑槽.所有工件处理完毕，各部件回到初始位置后，HL1 重新变为常亮.